KURZES LEHRBUCH DER PHYSIOLOGISCHEN CHEMIE

VON

Dr. PAUL HÁRI

O. Ö. PROFESSOR DER PHYSIOLOGISCHEN U. PATHOLOGISCHEN CHEMIE
AN DER UNIVERSITÄT BUDAPEST

ZWEITE, VERBESSERTE AUFLAGE

MIT 6 TEXTABBILDUNGEN

Springer-Verlag Berlin Heidelberg GmbH

1922

ISBN 978-3-662-23405-1   ISBN 978-3-662-25457-8 (eBook)
DOI 10.1007/978-3-662-25457-8

Vorwort zur zweiten Auflage.

In dieser Neuauflage ließ ich dem eigentlichen Text ein kurzes einleitendes Kapitel „Physikalisch-chemische Vorbemerkungen" vorangehen, in dem jedoch bloß solche Tatsachen und Beziehungen Berücksichtigung fanden, die für das Verständnis der nachfolgenden Kapitel notwendig sind. Dabei habe ich spezielle Erörterungen physikalisch-chemischer Natur, die im Texte besser untergebracht sind, an Ort und Stelle belassen. Der übrige Text wurde, um den neueren Forschungsergebnissen Rechnung zu tragen, teils ergänzt, teils umgearbeitet, an manchen Stellen erschienen mir auch Kürzungen geboten.

An dem in der ersten Auflage befolgten Prinzip, im Rahmen eines „kleinen Lehrbuches" zu bleiben, habe ich auch hier festgehalten: ich hielt mich möglichst an bereits Feststehendes und vermied es, Ergebnisse selbst wertvoller Versuche zu häufen, die noch sub judice sind.

Budapest, November 1921.

Dr. Paul Hári.

Inhaltsverzeichnis.

Drittes Kapitel.

Kohlenhydrate.

Inhaltsverzeichnis. VII

Viertes Kapitel.
Fette und fettartige Körper (Lipoide).

Fünftes Kapitel.
Eiweißkörper (Proteine).

Sechstes Kapitel.
Blut, Lymphe und das Sekret der serösen Häute.

Neuntes Kapitel.
Milch und Colostrum.

Zehntes Kapitel.
Chemie verschiedener Organe, Gewebe und Sekrete.

Elftes Kapitel.
Innere Sekretion.

Erstes Kapitel

Physikalisch-chemische Vorbemerkungen.

Der tierische Körper sowohl, wie auch seine Zellen und die meisten seiner Zwischengewebe bestehen ihrer größeren Masse nach aus Wasser, in dem verschiedenste Stoffe gelöst oder in einem lösungsähnlichen Zustand enthalten sind. Es ist daher begreiflich, daß Gesetzmäßigkeiten, die in Lösungen oder Lösungen ähnlichen Flüssigkeiten bestehen, zum Verständnis der Vorgänge im Tierkörper von höchster Wichtigkeit sind. In nachstehendem sollen die wichtigsten dieser Gesetzmäßigkeiten kurz erörtert werden.

I. Elektrolytische Dissoziation.

Unter den Krystalloiden gibt es viele (z. B. Rohrzucker, Traubenzucker), deren wässerige Lösungen den elektrischen Strom kaum leiten; dann wieder andere (Säuren, Basen, Salze), deren Lösungen den elektrischen Strom mehr oder weniger gut leiten. Von letzteren Stoffen, die als Elektrolyten bezeichnet werden, hat es sich herausgestellt, daß sie in mäßig verdünnten Lösungen teilweise, in stark verdünnten Lösungen gänzlich in sog. Ionen zerfallen, dissoziieren, deren Zahl mindestens zwei pro Molekül betragen muß (Arrhenius).

So dissoziieren NaCl, HCl, KOH, $CaCl_2$, $AlCl_3$ wie folgt

$$NaCl = Na^+ + Cl^-;\ HCl = H^+ + Cl^-;\ KOH = K^+ + OH^-;$$
$$CaCl_2 = Ca^{++} + Cl^- + Cl^-;\ AlCl_3 = Al^+ + Cl^- + Cl^- + Cl^-.$$

(Nicht so einfach wie an einwertigen Säuren und Basen liegen die Verhältnisse an den mehrwertigen; so dissoziiert z. B. die dreibasische Phosphorsäure bei einer bestimmten Konzentration ihrer Lösung zunächst wie folgt: $H_3PO_4 = H^+ + H_2PO_4^-$. Aber auch dieser Rest von H_2PO_4 dissoziiert, wenn auch in weit geringerem Grade: $H_2PO_4^- = H^+ + HPO_4^=$; endlich dissoziiert auch HPO_4, jedoch nur mehr in ganz geringem Grade: $HPO_4^= = H^+ + PO_4^{\equiv}$. Es gehen also aus der Dissoziation der Phosphorsäure verschiedene Ionen hervor, es erfolgt eine sog. stufenweise Dissoziation.)

Diese Dissoziation wird als elektrolytische Dissoziation bezeichnet, weil die Zerfallsprodukte, die Ionen, je eine oder mehrere elektrische Ladungen besitzen und dadurch gleichsam Träger der Elektrizität sind. (Die Art und Anzahl der Ladungen werden, wie in obigen Formeln, mit kleinen „Plus"- bzw. „Minus"-Zeichen angedeutet.)

Druckfehlerberichtigung und Ergänzungen.

S. 47. 9. Zeile von oben; lies „Doppelbindungen" statt „Doppelverbindungen".

S. 132. 16. und 19. Zeile von oben; „ „Hämatokrit" statt „Hämotokrit".

S. 163. 5. Zeile von unten; „ „organischen" statt „anorganischen".

S. 173. In der letzten Zeile der Tabelle „ „0,7—0,8" statt „0,07—0,08".

S. 251. 15. Zeile von unten; „ „Zusammensetzung" statt „Zusammenziehung".

S. 283. 8. Zeile von oben; „ „Acetonurie" statt „Aceturie".

S. 295. Letzte Zeile von unten; „ „1,995 x +" statt „1,995 x = ".

S. 297. 4. Zeile von unten; nach „Stäbe" ist einzuschalten: „bzw. die Ventilköpfe, die mit jenen in leitenden Verbindungen stehen".

S. 298. 6. Zeile von oben; nach „Platinstäbe" ist einzuschalten: „bzw. die genannten Ventilköpfe".

S. 302. 17. Zeile von unten; nach „7,6%" ist einzuschalten: „bzw. 3,8%, falls man sich des Mittelwertes von 4,89 kg Cal. bedient".

S. 303. 5. Zeile von oben; nach „30%" ist einzuschalten: „bzw. 15%, falls man sich des Mittelwertes von 5,84 kg Cal. bedient".

S. 315. 7. Zeile von unten; lies „paribus" statt „partibus".

Diese elektrischen Ladungen sind es, denen die Lösung das Vermögen, Elektrizität zu leiten, verdankt, welches Vermögen als elektrische Leitfähigkeit bezeichnet wird. Lösungen, in denen die Moleküle nicht in Ionen zerfallen sind, haben auch keine elektrische Leitfähigkeit.

Als Maß der elektrischen Leitfähigkeit einer Lösung gilt ihre spezifische Leitfähigkeit $\varkappa$, das ist der reziproke Wert des Widerstandes (in Ohm ausgedrückt), der dem elektrischen Strome durch ein Prisma der Lösung geboten wird, dessen Länge 1 cm, und Querschnitt 1 cm² beträgt. Ist in einem solchen Prisma die äquivalente Menge des Elektrolyten gelöst, so wird der aus dem Widerstande berechnete Wert von $\varkappa$ als äquivalente Leitfähigkeit $\varDelta$ bezeichnet.

Denkt man sich dieselbe Lösung auf das Doppelte, Dreifache usw. verdünnt, so, daß in dem genannten Prisma von den erwähnten Dimensionen bloß die Hälfte, der Drittel usw. der äquivalenten Menge des Elektrolyten gelöst ist, wird man vorerst meinen können, daß die spezifische Leitfähigkeit, auf äquivalente Konzentration der Lösung umgerechnet, immer wieder $\varDelta$ ergibt. Die Messungen ergeben jedoch, daß die so erhaltenen Werte von $\varDelta$ um so größer ausfallen, je weiter man verdünnt, bis bei einer unendlichen Verdünnung — an guten Leitern praktisch bereits bei einer 1000fachen Verdünnung, d. h. wenn die äquivalente Menge in 1000 Litern Wasser gelöst ist — ein Grenzwert, $\varDelta_\infty$, erlangt wird. Diese Zunahme der äquivalenten Leitfähigkeit wird durch die zunehmende Verdünnung, bzw. durch die zunehmende Dissoziation der Elektrolytmoleküle verursacht.

Setzt man die Zahl sämtlicher in Lösung gebrachter Moleküle gleich 1, so wird die Zahl der dissoziierten Moleküle durch einen Bruch angezeigt, dessen Wert bei endlichen Verdünnungen kleiner ist als 1, und der bei unendlicher Verdünnung, im Falle vollkommener Dissoziation, gleich 1 ist. Dieser Bruch stellt einen für den Elektrolyten und für die betreffende Verdünnung v charakteristischen Wert dar, wird Dissoziationsgrad genannt und mit α_v bezeichnet. Da die äquivalente Leitfähigkeit $\varDelta_v$ bei einer bestimmten Verdünnung (nach obigem) von dem Grade der Dissoziation abhängt, ja ihr direkt proportional ist, besteht auch die Gleichung

$$\varDelta_v : \varDelta_\infty = \alpha_v : 1; \text{ und hieraus}$$

$$\alpha_v = \frac{\varDelta_v}{\varDelta_\infty} \quad \ldots \ldots \ldots \ldots \ldots \quad \text{(I)}$$

Es gibt Säuren und Basen, die bereits in mäßiger Verdünnung zum größten Teile in ihre Ionen zerfallen: es sind dies die sog. starken Säuren und Basen; andere sind sogar in größerer Verdünnung nur in geringerem Grade dissoziiert: es sind dies die Säuren und Basen, die man als schwache zu bezeichnen pflegt (S. 18). So beträgt z. B. der Dissoziationsgrad in Normallösungen von

Salpetersäure	0,82	Kalilauge	0,77
Salzsäure	0,79	Natronlauge	0,72
Ameisensäure	0,014	Ammoniak	0,0037
Essigsäure	0,0038		

II. Gasgesetze.

In wäßrigen Lösungen von festen Stoffen bestehen wichtige Gesetzmäßigkeiten, die zu allererst an Gasen festgestellt wurden, daher erst in der Form besprochen werden sollen, wie sie an Gasen in Erscheinung treten.

a) Hat eine gewisse Menge eines Gases bei einer bestimmten Temperatur das Volumen v und den Druck p, und verändert man dann bei unveränderter Temperatur den Druck, so wird das Volumen des Gases sich dem Drucke umgekehrt proportional verändern.

Beträgt nämlich der neue Druck	so ist das neue Volumen	Volumen $\times$ Druck
p/3	3 v	v p
p/2	2 v	v p
2 p	v/2	v p
3 p	v/3	v p

Wie aus dem 3. Stabe hervorgeht, ist

$$v\,p = \text{konst.} \quad \ldots \ldots \ldots \ldots \quad \text{(II)}$$

d. h. das Produkt aus Druck und Volumen ist bei unveränderter Temperatur stets konstant (Boyle-Mariottesches Gesetz).

b) Wird eine gewisse Menge eines Gases von $0^{\,0}$ C auf $t^{\,0}$ C erwärmt, dabei jedoch bei konstantem Volumen erhalten, so wird sein neuer Druck p größer sein, als der Druck p_0, den es bei $0^{\,0}$ C hatte; und zwar beträgt der Zuwachs pro je 1 Grad des Unterschiedes zwischen alter und neuer Temperatur den 273. Teil des bei $0^{\,0}$ C ausgeübten Druckes; ist namentlich die neue Temperatur $t^{\,0}$ C, so beträgt der Druckzuwachs das t-fache davon, also ist

$$p = p_0 + \frac{p_0}{273} \cdot t = p_0 \left(1 + \frac{1}{273}\,t \right) {}^{1)} \quad \ldots \ldots \quad \text{(III)}$$

Das ist das Gay-Lussacsche Druckgesetz.

c) Wird eine gewisse Menge eines Gases von $0^{\,0}$ C auf $t^{\,0}$ C erwärmt, dabei jedoch sein Druck konstant erhalten, so wird sein Volumen v größer sein als das Volumen v_0, das es bei $0^{\,0}$ C hatte, und zwar beträgt der Zuwachs pro je 1 Grad des Unterschiedes zwischen alter und neuer Temperatur den 273. Teil des bei $0^{\,0}$ C eingenommenen Volumens; beträgt die neue Temperatur $t^{\,0}$ C, so beträgt der Zuwachs das t-fache; also

$$v = v_0 + \frac{v_0}{273} \cdot t = v_0 \left(1 + \frac{1}{273}\,t \right) \quad \ldots \ldots \quad \text{(IV)}$$

Das ist das Gay-Lussacsche Volumengesetz.

d) Stellen wir uns endlich vor, daß eine gewisse Menge eines Gases, das bei $0^{\,0}$ C das Volumen v_0 hatte und den Druck p_0 ausübte, nun auf

---

[1]) Der Bruch $\frac{1}{273}$ wird auch mit α bezeichnet.

t^0 C erwärmt wird, dabei jedoch der Druck p_0 zunächst unverändert bleibt, dann muß es ein neues Volumen v_1 annehmen, dem laut Gleichung IV folgender Wert zukommt:

$$v_1 = v_0 \left(1 + \frac{1}{273}\, t\right)$$

Wird nun der Druck des Gases unter Beibehaltung der neuen Temperatur t^0 C von p_0 auf einen neuen Druck p gebracht, so wird es wieder ein neues Volumen v annehmen, das leicht berechnet werden kann, da sich laut Gleichung II Volumen und Druck umgekehrt proportional verhalten. Also ist

$$v : v_1 = p_0 : p.$$

Setzt man obigen Wert von v_1 ein, so ist

$$v\; v_0 \left(1 + \frac{1}{273}\, t\right) = p_0 : p; \text{ woraus dann}$$

$$v\,p = v_0\,p_0 \left(1 + \frac{1}{273}\, t\right) \;\dotfill\; (V)$$

Die Temperaturen waren in obigen Ausführungen und Formeln in der willkürlich geschaffenen Skala angegeben, wo die Gefriertemperatur des Wassers als 0^0 C bezeichnet wird. Aus den Gay-Lussacschen Feststellungen geht jedoch hervor, daß bei einer Temperatur von $- 273^0$ C sowohl der Druck p, als auch das Volumen v der Gase den Wert 0 annimmt. Es ist also folgerichtig, für gewisse Berechnungen diese $- 273^0$ C als sogenannten „absoluten Nullpunkt“ anzunehmen und auch die Versuchstemperaturen in diesem Sinne umzurechnen, also mit sog. „absoluten Temperaturen“ T zu rechnen. Da $T^0 = t^0 + 273^0$, ist $t^0 = T^0 - 273^0$, und wird in Gleichung V dieser Wert von t eingesetzt, so erhält man

$$v\,p = v_0\,p_0 \left[1 + \frac{1}{273} \cdot (T - 273)\right] = \frac{v_0\,p_0}{273} \cdot T \;\dots\; (VI)$$

In dieser Gleichung sind sowohl das Boyle-Mariottesche, als auch die beiden Gay-Lussacschen Gesetze enthalten, und sie sagt aus, daß das **Produkt aus Volumen und Druck der absoluten Temperatur proportional ist.**

Der Ausdruck $\frac{v_0\,p_0}{273}$ wird auch abgekürzt mit R bezeichnet und **Gaskonstante** genannt, also

$$v\,p = RT \;\dotfill\; (VII)$$

R hat, soferne es sich um gramm-molekulare Mengen von Gasen handelt, den konstanten Wert von 0,082, denn es hat die gramm-molekulare Menge eines beliebigen Gases bei 0^0 C und bei dem Druck von 1 Atmosphäre das Volumen von 22,4 Litern, daher

$$\frac{v_0\,p_0}{273} = \frac{22,4}{273} = 0,082.$$

III. Osmotischer Druck.

A. Definition und direkte Bestimmung.

Schichtet man vorsichtig über die konzentrierte Lösung eines krystalloiden Stoffes die weniger konzentrierte Lösung desselben Stoffes oder das reine Lösungsmittel, so beginnt sofort ein Abströmen der gelösten Teilchen in der Richtung ihres Konzentrationsgefälles, also von der Flüssigkeit, die in bezug auf den gelösten Stoff die konzentriertere ist, gegen die weniger konzentrierte. Gleichzeitig beginnt aber auch ein Abströmen des Lösungsmittels in umgekehrter Richtung, in der Richtung seines Konzentrationsgefälles, also von der Flüssigkeit, die in bezug auf das Lösungsmittel die konzentriertere (in bezug auf den gelösten Stoff allerdings die weniger konzentriertere) ist, gegen die andere. Dieses entgegengesetzt gerichtete Abströmen von gelöstem Stoff und Lösungsmittel wird als Diffusion bezeichnet und führt nach einer gewissen Zeit zu einem völligen Ausgleich der Konzentrationsunterschiede. Man spricht von freier Diffusion, wenn, wie im obigen Beispiele, die beiden Flüssigkeiten einander unmittelbar berühren; von ihr unterscheidet sich nicht wesentlich die Diffusion durch eine Membran, durch die die Flüssigkeiten voneinander getrennt sind, vorausgesetzt, daß diese Membran für das Lösungsmittel sowohl, wie auch für den gelösten Stoff völlig durchgängig ist.

Ist jedoch die Membran für das Lösungsmittel vollkommen, für den gelösten Stoff jedoch gar nicht durchgängig — man bezeichnet solche als semipermeable Membranen —, so kommt es zu den Erscheinungen der sog. Osmose, die von der Diffusion nicht nur darin verschieden ist, daß nun das Lösungsmittel allein durch die Membran tritt, sondern, hiermit im Zusammenhange, auch in gewissen Druckerscheinungen. Solche semipermeable Membranen können auf folgende Weise hergestellt werden: In der Wandung eines porösen Tongefäßes, das erst in die Lösung von schwefelsaurem Kupfer, dann in eine solche von Ferrocyankalium getaucht wird, entsteht eine aus Ferrocyankupfer bestehende zusammenhängende Niederschlagsmembran, die zwar an sich sehr leicht zerreißlich ist, der jedoch die tönernen Gefäßwandungen als starre Unterlage dienen. Diese Membran ist semipermeabel, also für das Lösungsmittel durchgängig, hingegen undurchgängig für den gelösten Stoff. Wird dieses Gefäß mit der konzentrierteren wäßrigen Lösung eines krystalloiden Stoffes vollständig (also mit Ausschluß von Luft oder auch nur von Luftblasen) gefüllt, und nachher in eine weniger konzentrierte Lösung desselben Stoffes, oder in reines Wasser getaucht, so sieht man das Quecksilber in einem Manometer, das mit dem Gefäßinneren verbunden ist, allmählich ansteigen, zum Zeichen dessen, daß im Gefäß, das die konzentriertere Lösung enthält, ein zunehmender Druck entstanden ist. Steigt das Quecksilber im Manometer nicht mehr an, ist also Gleichgewicht eingetreten, so ist der am Manometer abgelesene Druck gleich der Drucksteigerung, die in der Lösung stattgefunden hatte. Dieser Druck ist infolge der oben beschriebenen Osmose entstanden und wird als osmotischer Druck der Lösung bezeichnet.

Der osmotische Druck kann verschiedenartig aufgefaßt werden. Man kann sagen: Wie bei der Diffusion, so suchen auch hier Wasser und gelöster Stoff in der Richtung ihres jeweiligen Konzentrationsgefälles, also in zwei entgegengesetzten Richtungen von der einen Flüssigkeit gegen die andere zu strömen. Während jedoch das Wasser durch die trennende Membran in der Richtung seines Konzentrationsgefälles ungehindert durchgeht, werden die gelösten Stoffteilchen an dem, ihrem Konzentrationsgefälle entsprechenden Durchtritt durch die Membran verhindert. Sie üben nun auf diese einen Druck aus, der genau so groß ist, wie der entgegengesetzte Druck, mit dem es dem Wasser gelungen ist, durch die Membran zu treten.

Eine andere Erklärungsart ist die folgende: Man denke sich ein zylindrisches, allseits luftdicht geschlossenes Gefäß, dessen Innenraum durch einen leicht beweglichen, gasdicht schließenden Stempel in zwei Abteilungen getrennt ist. Wird die untere Abteilung mit einem Gas angefüllt, die obere jedoch luftleer gelassen, so wird der Stempel nach oben verschoben, weil ja die Gasteilchen das Bestreben haben, sich voneinander zu entfernen resp. einen möglichst großen Raum einzunehmen. Ein analoges Bestreben, sich auf einen möglichst großen Raum zu verteilen, haben auch die Teilchen des in einem Lösungsmittel gelösten Stoffes, woran sie allerdings für gewöhnlich durch sehr stark wirkende Kräfte verhindert werden. Sind jedoch zwei Flüssigkeiten, das reine Lösungsmittel und die Lösung, voneinander durch eine semipermeable Membran getrennt, so besteht für die gelösten Teilchen die Möglichkeit, die erstrebte größere Ausbreitung zu erlangen, nur in einer Vergrößerung des Volumens der Flüssigkeit, in der sie gelöst sind. Diese Volumenvergrößerung kann jedoch nur durch den Übertritt des Lösungsmittels durch die Membran hindurch erreicht werden; es wird also das Lösungsmittel vom gelösten Stoff förmlich angesaugt werden.

Semipermeable Membranen oder solche, die jenen wenigstens annähernd analog funktionieren, kommen auch im Pflanzen- und Tierkörper in großer Mannigfaltigkeit vor, und es kommt ihnen im Ablauf der Lebenserscheinungen, namentlich in Austauschprozessen zwischen Zellinhalt und umgebender Flüssigkeit, die jede für sich eine Lösung von sehr komplizierter Zusammensetzung darstellen, eine überaus große Wichtigkeit zu.

B. Analogie zwischen Gas- und Lösungsgesetzen.

Bestimmungen des osmotischen Druckes sind mit Hilfe der oben beschriebenen künstlichen Membranen zuerst von Pfeffer, später von anderen ausgeführt worden und haben eine Reihe von wichtigen Gesetzmäßigkeiten ergeben, aus denen eine weitgehende Übereinstimmung zwischen Gasen und gelösten Stoffen abgeleitet werden konnte.

a) Es wurden in einer Reihe von Versuchen der osmotische Druck verschieden konzentrierter Rohrzuckerlösungen bei annähernd derselben Temperatur bestimmt und folgendes gefunden:

c (Prozentgehalt)	p (Osmotischer Druck, mm Hg)	p : c
1	535	535
2	1016	508
4	2082	521
6	3075	513

Es ergab sich aus diesen Versuchen, daß der Wert von p : c = const., hieraus auch p = c · const., also der osmotische Druck der Lösungen ihrer Konzentration proportional ist. Es ist aber auch klar, daß die Konzentration einer Lösung, wenn man ihr Volumen durch Hinzufügen vom Lösungsmittel z. B. auf das Doppelte vermehrt, auf die Hälfte verringert wird, umgekehrt, wenn man das Volumen etwa durch Eindampfen auf die Hälfte verringert, die Konzentration auf das Doppelte ansteigt; d. h. bei gegebener Stoffmenge sind Konzentration und Volumen einer Lösung einander umgekehrt proportional, also ist c = 1/v. Ersetzt man nun im obigen Ausdruck c durch 1/v, so erhält man

$$v \cdot p = \text{const.} \quad \ldots \ldots \ldots \ldots \quad (VIII)$$

Also hat, genau wie an den Gasen (siehe Gleichung II), auch in den Lösungen das Produkt aus Volumen und Druck einen konstanten Wert.

b) Wurden die Bestimmungen an einer $1^0/_0$igen Rohrzuckerlösung bei verschiedenen Temperaturen ausgeführt, so ergab sich folgendes:

Temperatur, C^0	Osmotischer Druck, Atmosphären
6,8	0,664
14,2	0,671
22	0,721
36	0,746

Aus diesen Versuchen ließ sich berechnen, daß der osmotische Druck der absoluten Temperatur proportional ist. Dies bedeutet wieder eine völlige Übereinstimmung mit den Gasen, denn, wenn man in dem Gay-Lussacschen Druckgesetz (Gleichung III) die Temperaturen in absoluten Werten ausdrückt, also T — 273 für t einsetzt, erhält die Gleichung die Form

$$p = p_0\left(1 + \frac{1}{273}\,t\right) = \frac{p_0}{273}\,T \text{ und, da } \frac{p_0}{273} = \text{const., ist auch } p = T\,\text{const.}$$

Der Beweis hierfür ist aber auch in folgendem gegeben. Berechnet man nämlich den Druck eines Gases, dessen molare Konzentration der oben verwendeten $1^0/_0$igen Zuckerlösung entspricht, bei den dort angegebenen Temperaturen, so erhält man

Temperatur, C^0	Druck, Atmosphären
6,8	0,665
14,2	0,682
22	0,701
36	0,735

also annähernd dasselbe, wie in den Bestimmungen an der Zucker-lösung; die Unterschiede dürften die zulässigen Versuchsfehler nicht überschreiten.

c) Endlich ließ sich berechnen, daß die vereinigten Boyle-Mariotte-schen und Gay-Lussacschen Gesetze auch für die gelösten Stoffe gültig sind; es besteht also auch hier die Gleichung

$$v \cdot p = RT.$$

In diesem Ausdruck kommt dem Werte R zunächst nur die Rolle eines Proportionalitätsfaktors zu, von dem es sich jedoch herausgestellt hat, daß er in bezug auf gelöste Stoffe, wenn sie in gramm-molekularen Mengen vorhanden sind, denselben Wert von 0,082 hat, wie wir ihn für Gase (S. 4) abgeleitet hatten. Es konnte also von van't Hoff der Satz aufgestellt werden: Der osmotische Druck eines gelösten Stoffes ist genau so groß, wie demselben Stoffe zukäme, falls er dasselbe Volumen, wie in seiner Lösung, bei der-selben Temperatur im gasförmigen Zustande einnehmen würde (wobei jedoch zu bemerken ist, daß dieser Satz nur für ver-dünnte Lösungen gültig ist).

C. Indirekte Methoden der Bestimmung des osmotischen Druckes.

Herstellung und Gebrauch der (S. 5) beschriebenen semipermeablen Membranen sind mit großen technischen Schwierigkeiten verbunden; man bedient sich daher der weit sichereren und bequemeren sog. in-direkten Methoden, deren Wesen immer darin besteht, daß man das Lösungsmittel vom gelösten Stoff (in Dampfform, im festen Zustande) trennt. Die Erfahrung zeigt, und es läßt sich auch theoretisch ableiten, daß der Siedepunkt einer Lösung höher, ihr Gefrierpunkt geringer ist, als der des reinen Lösungsmittels. Erhöhung des Siedepunktes und Erniedrigung des Gefrierpunktes sind aber alle Male dem osmotischen Drucke der Lösung proportional.

Von den indirekten Methoden ist für unsere Zwecke die Bestimmung der Gefrierpunkterniedrigung, die sog. Kryoskopie, die wichtigere. Sie wird mit einer für praktische Zwecke hinreichenden Genauigkeit mittels des Beckmann-schen Apparates bestimmt. Ein größeres Gefäß dient zur Aufnahme eines Kälte-gemisches, bereitet aus drei Teilen zerkleinerten Eises, einem Teil Kochsalz und aus Wasser. In dieses Kältegemisch taucht ein weites eprouvettenartiges Rohr und dient zur Aufnahme eines engeren Ronres, in das 15—20 ccm der zu unter-suchenden Flüssigkeit eingefüllt werden. Der Raum zwischen beiden Glasröhren dient als Luftmantel, der die Flüssigkeit von allen Seiten her gleichmäßig kühlt. In die Flüssigkeit taucht der Quecksilberbehälter eines in 0,01 Grade geteilten Thermometers, sowie ein aus Platin angefertigter, an einen Glasstab befestigter Ring, durch dessen abwechselndes Heben und Senken die Flüssigkeit in ständiger Bewegung und in allen Schichten in gleichmäßiger Temperatur erhalten wird. Im Augenblicke, wo es zur Eisbildung kommt, schnellt die Quecksilbersäule des Thermometers, die bisher konstant gesunken ist, infolge des Freiwerdens der latenten Wärme des Eises ein wenig empor, um dort eine Zeitlang stehen zu bleiben; die betreffende Skalenstelle wird abgelesen und notiert. Nun wird das die Flüssigkeit enthaltende Glasrohr herausgehoben, mit der Handfläche durch bloßes Berühren angewärmt und wieder an seine Stelle gebracht; in der angewärmten Flüssigkeit, die jedoch noch Eis enthält, wird nun die Quecksilbersäule zunächst einen höheren Stand zeigen, um jedoch alsbald wieder zu sinken und an einer Stelle, die der zuerst abgelesenen recht nahe ist, stehen zu bleiben. Jetzt wird wieder abgelesen. Dann wird das innere Rohr wieder herausgehoben, alles Eis durch längere Anwärmung zum Schmelzen gebracht und die früheren Prozeduren noch 1—2mal wiederholt. Aus den bei an- und absteigendem Quecksilber abgelesenen Skalenstellen wird der Mittelwert berechnet; dieser ist der Gefrierpunkt der untersuchten Lösung.

Da die Lösungen oft weit unter ihrem Gefrierpunkt sich kühlen lassen, ohne zu gefrieren, und diese Unterkühlung einen gewissen Versuchsfehler involviert, wird die Flüssigkeit — sobald ihre Temperatur mehrere Zehntelgrade unter ihren beim ersten Versuch erhaltenen Gefrierpunkt gekühlt ist, ohne zu gefrieren — mit einem Eiskryställchen aus destilliertem Wasser geimpft, worauf dann sofort die Eisbildung beginnt.

Die Berechnung des osmotischen Druckes aus der Gefrierpunktserniedrigung, die mit $\varDelta$ bezeichnet wird, basiert auf der Tatsache, daß die wäßrige Lösung eines Stoffes von der molaren Konzentration 1 bei — 1,85° C gefriert, also ist in diesem Falle $\varDelta = 1{,}85°$ C. Nun wissen wir aber, daß eine Lösung von der molaren Konzentration 1 einen osmotischen Druck von 22,4 Atmosphären hat; folglich besteht für eine beliebige Lösung vom gesuchten osmotischen Druck p und der Gefrierpunktserniedrigung $\varDelta$ die Gleichung p : 22,4 $= \varDelta$: 1,85, woraus

$$p = \frac{\varDelta \cdot 22{,}4}{1{,}85} \text{ Atmosphären} \quad \ldots \ldots \quad \text{(IX)}$$

Aus $\varDelta$ läßt sich auch die molare Konzentration c einer Lösung berechnen, denn, wenn in einer wäßrigen Lösung

$$c = 1, \text{ so ist} \qquad \varDelta = 1 \times 1{,}85$$
$$c = 2, \text{ so ist} \qquad \varDelta = 2 \times 1{,}85,$$

woraus dann im allgemeinen

$$c = \frac{\varDelta}{1{,}85} \quad \ldots \ldots \ldots \ldots \quad \text{(X)}$$

D. Osmotischer Druck und elektrolytische Dissoziation.

Die strenge Proportionalität zwischen molarer Konzentration und $\varDelta$ (also auch dem osmotischen Druck) ist in Lösungen von Traubenzucker, Rohrzucker usw. sicher nachgewiesen; sie besteht jedoch nicht in verdünnten Lösungen von starken Säuren, Basen und deren Salzen. Insbesondere ist ihre experimentell ermittelte Gefrierpunktserniedrigung, $\varDelta_{\text{gef.}}$, größer als diejenige, $\varDelta_{\text{ber.}}$, die der Menge des im Wasser aufgelösten Stoffes entspricht. Es ist also

$$\varDelta_{\text{gef.}} = i \cdot \varDelta_{\text{ber.}} \quad \ldots \ldots \ldots \ldots \quad \text{(XI)}$$

wobei mit i, isotonischer Koeffizient (siehe weiter unten), eine jeweils aus dem Experimente berechnete Verhältniszahl bezeichnet wird, die diesem Befunde Rechnung trägt. Der Grund dieses wesentlich verschiedenen Verhaltens zwischen den genannten beiden Gruppen der krystalloiden Stoffe ist darin gelegen, daß die Moleküle der ersten Gruppe, als Nichtelektrolyten, in ihren Lösungen ungeteilt, die der zweiten Gruppe aber, als Elektrolyten, in ihren verdünnten wäßrigen Lösungen mehr oder weniger in Ionen zerfallen, also dissoziiert sind.

Nun hängt aber der osmotische Druck einer Lösung von der Konzentration aller in der Lösung befindlichen Teilchen ab, ungeachtet dessen, ob es Moleküle oder Ionen sind. Es wird also von zwei Lösungen, die den betreffenden Stoff beide in gramm-molekularer Konzentration gelöst enthalten, die eine, die eines Nichtelektrolyten, einen osmotischen Druck haben, der seiner molekularen Konzentration genau entspricht; die andere hingegen, die Lösung eines Elektrolyten, einen größeren osmotischen Druck haben, weil ja in der Lösung die Teilchenzahl, die einzig ausschlaggebend ist, infolge der Dissoziation zugenommen hat.

Daß diese Deutung richtig ist, geht aus folgendem hervor: Wenn (wie auf S. 2) die gesamte Anzahl von Molekülen gleich 1 gesetzt, ferner die Anzahl der durch elektrolytische Dissoziation gespaltenen Moleküle mit α, endlich die Anzahl der Ionen, in die jedes Molekül zerfallen kann, mit n bezeichnet wird, so sind in der Lösung $1 - \alpha$ ungeteilte Moleküle und $n \cdot \alpha$ Ionen vorhanden; die gesamte Teilchenzahl (Moleküle $+$ Ionen) beträgt dann $1 - \alpha + n\alpha = 1 + (n - 1)\alpha$. Es ist also infolge der elektrolytischen Dissoziation die Teilchenzahl in der Lösung von 1 auf $1 + (n - 1)\alpha$ angestiegen, und, wenn die obigen Ausführungen richtig sind, muß auch Δ (also auch der osmotische Druck) im selben Maße angestiegen sein. Also muß auch die Gleichung bestehen

$$\Delta_{\text{gef.}} = [1 + (n - 1)\alpha]\, \Delta_{\text{ber}} \quad \ldots \ldots \quad \text{(XII)}$$

Dann ist aber aus Gleichungen XI und XII

$$i = 1 + (n - 1)\,\alpha.$$

Das ist nun in der Tat der Fall. Wird nämlich an einer und derselben Lösung i aus der Gefrierpunkterniedrigung berechnet $\left(\text{aus Gleichung XI ist } i = \dfrac{\Delta_{\text{gef.}}}{\Delta_{\text{ber.}}}\right)$, andererseits der Wert von $1 + (n - 1)\,\alpha$ durch Leitfähigkeitsbestimmungen ermittelt $\left(\text{laut Gleichung I ist } \alpha = \dfrac{\Lambda_v}{\Lambda_\infty}\right)$, so erhält man nach beiden Methoden annähernd denselben Wert. So war in einer

Lösung von	i	$1 + (n - 1)\,\alpha$
$MgSO_4$	1,20	1,35
KCl	1,93	1,86
$SrCl_2$	2,52	2,51

E. Osmotische Erscheinungen an Pflanzen- und Tierzellen.

Der Anstoß zur Feststellung der vorangehend geschilderten Gesetzmäßigkeiten wurde durch Beobachtungen von Nägeli und dann von de Vries (an Pflanzenzellen), später durch die von Hamburger (an roten Blutkörperchen) gegeben. Erstere fanden, daß gewisse Pflanzenzellen, in eine Reihe von Lösungen verschiedener Konzentration getaucht, sich verschieden verhalten. In verdünnten Lösungen erscheinen die Zellen mit Plasma, das sich überall eng an die Wände anlegt, strotzend gefüllt, in konzentrierteren Lösungen sieht man hingegen den Zellinhalt geschrumpft, von den Zellwänden zurückgezogen (Plasmolyse nach Nägeli). Zwischen verdünnten und konzentrierten Lösungen wird dann eine gefunden, in der die Zellen überhaupt keinerlei Veränderung ihres Inhaltes erfahren.

Nach unseren früheren Erörterungen fällt die Erklärung dieser Erscheinungen überhaupt nicht schwer: Das Zellplasma ist (innerhalb der Zellulosewände, die hier nicht figurieren) von einer semipermeablen Membran, richtiger Schichte, umgeben, durch die Zellinhalt- und Außenflüssigkeit voneinander geschieden sind. Ist es der Zellinhalt, der die krystalloiden Stoffe in größerer Konzentration gelöst enthält, so muß Wasser von außen in das Zellinnere eintreten; man bezeichnet die Außenflüssigkeit der Zelle gegenüber, da letztere einen höheren osmotischen Druck hatte, als hypotonisch. War es hingegen die Außenlösung, in der die Stoffe in größerer Konzentration gelöst enthalten sind, so muß Wasser aus dem Zellinneren nach außen gelangen; in diesem Falle ist es die Außenflüssigkeit, die den höheren osmotischen Druck hat, sie ist dem Zellinneren gegenüber hypertonisch. Ist endlich ein Unterschied in den Konzentrationen, daher auch in den osmotischen Drucken zwischen Zellinnerem und Außenflüssigkeit nicht vorhanden, findet daher auch kein Wasseraustausch statt, so war, wie die Autoren sich ausdrückten, die sog. Grenzlösung bezw. Grenzkonzentration gefunden; in diesem Falle ist die Außenflüssigkeit dem Zellinneren gegenüber isotonisch.

Die quantitative Analyse der aus verschiedenen Stoffen angefertigten, als isotonisch befundenen Lösungen ergab, daß in einer Reihe derselben die Stoffe in einander äquivalenten Mengen gelöst enthalten waren; in einer anderen Reihe aber in einer von Stoff zu Stoff verschiedenen, selbstverständlich auch von der ersten Reihe verschiedenen Konzentration. Die Stoffe der ersten Reihe waren dieselben, die später als Nichtelektrolyte, die der zweiten Reihe solche, die später als Elektrolyte erkannt wurden. Insbesondere waren die als isotonisch befundenen Elektrolytlösungen immer von einer geringeren Konzentration, als die als isotonisch befundenen Nichtelektrolytlösungen. Die Verhältniszahl, durch die diese Abweichung quantitativ ausgedrückt wird, hat man den isotonischen Koeffizienten genannt und wurde diese Bezeichnung auch für das Verhältnis beibehalten, in dem sich (nach S. 9) der osmotische Druck infolge der elektrolytischen Dissoziation vergrößert.

Ein den Pflanzenzellen analoges Verhalten zeigen, in Lösungen von verschiedener Konzentration eingelegt, auch die roten Blutkörperchen. (Weiteres hierüber siehe auf S. 139.)

F. Permeabilität.

Im Anschluß an die Erscheinungen der Osmose sei hier die „Permeabilität" der Zellen im allgemeinen erörtert, die ebenfalls auf Konzentrationsunterschieden zwischen Zellinnerem und Außenflüssigkeit beruht. Wären die Körperzellen von wirklich vollkommen semipermeablen Membranen, oder — da an tierischen Zellen Membranen nur ausnahmsweise festgestellt sind — von solchen Schichten umgeben, so würde kein gelöster Stoff aus den Körpersäften in das Zellinnere gelangen und umgekehrt aus dem Zellinneren nach außen abgegeben werden können. Dies ist jedoch bereits mit Rücksicht auf die Ernährungsbedürfnisse der Zelle undenkbar und steht auch mit allen Erfahrungen in Widerspruch. Denn es haben diesbezügliche Untersuchungen, die meistens an roten Blutkörperchen ausgeführt wurden, und deren Ergebnisse auf die übrigen Körperzellen übertragen werden können, ergeben, daß man sich die genannten Membranen bzw. Außenschichten bloß als unvollkommen semipermeabel vorzustellen habe: für manche gelöste Stoffe sind sie tatsächlich undurchgängig, impermeabel, hingegen lassen sie andere Stoffe durchtreten, sind also für diese durchlässig, permeabel.

Die über die Permeabilität der roten Blutkörperchen gewonnenen Erfahrungen sollen an einer anderen Stelle (S. 138) zusammengefaßt werden. Hier nur folgendes: Die meisten Stoffe, die erfahrungsgemäß leicht in das Zellinnere eindringen, sind in Fetten und Fett-Solvenzien, ferner in Zellbestandteilen, die man als Lipoide zusammenfassen kann, (S. 88) leicht löslich. Es wurde nun von Overton und von Meyer der Satz aufgestellt, daß nur solche Stoffe in das Zellinnere einzudringen vermögen, die in einer supponierten, an Fetten und Lipoiden reichen Membran (Lipoidmembran) bzw. Außenschichte der Zelle leicht löslich sind. Dann müssen im Sinne des Verteilungsgesetzes durch Zellen, die an Fetten und Lipoiden besonders reich sind, in Fetten leicht lösliche Stoffe aus den Körpersäften, in die sie durch Resorption gelangten, besonders leicht und in großen Mengen aufgenommen werden können. Diese Theorie ist sehr ansprechend und deckt sich auch mit so manchen Tatsachen. So macht sie unter anderem auch die Wirkungsweise der in Fetten gut löslichen narkotischen Mittel plausibel: diese würden von den an Lipoiden besonders reichen Zellen der nervösen Zentralorgane in besonders großen Mengen aufgenommen und so ihre spezifische Wirkungen auf diese Zellen ausüben. Es gibt jedoch auch wichtige Tatsachen, die dieser Theorie widersprechen. Eine solche Tatsache ist, daß Wasser, das doch lipoidunlöslich ist, in die Zellen bezw. aus den Zellen nachgewiesenermaßen ein- bezw. austreten kann; eine zweite, daß lipoidunlösliche Nährstoffe bezw. Stoffwechselprodukte in die Zellen bzw. aus ihnen schlechterdings ebenfalls ein- bezw. austreten müssen.

IV. Chemische Gleichgewichte.

A. Reversibilität der Reaktionen.

Die Geschwindigkeit, mit der ein Stoff umgesetzt wird, die sog. Reaktionsgeschwindigkeit, ist nach dem Maßenwirkungsgesetz von Guldberg und Waage jeweils proportional dem Produkte der aktiven Masse, d. h. der Konzentration der an der Reaktion beteiligten Verbindungen. Bezeichnet man die Reaktionsgeschwindigkeit mit v, die molaren Konzentrationen mit c_1 bezw. c_2 bezw. c_3, so besteht die Gleichung

$$v = c_1 \cdot c_2 \cdot c_3 \cdot k.$$

Wenn die Verbindungen an der Reaktion nicht mit je einem, sondern mit a bzw. b bzw. c Molekülen beteiligt sind, figurieren die Konzentrationen mit ihren a-ten bezw. b-ten bezw. c-ten Potenzen, so daß

$$v = c_1{}^a \cdot c_2{}^b \cdot c_3{}^c \cdot k \qquad \qquad \text{(XIII)}$$

Hierbei ist k eine Konstante, die für die betreffende Reaktion jeweils charakteristisch ist, und als deren Geschwindigkeitskonstante bezeichnet wird. Bei den Reaktionen, die wir als vollständig verlaufend anzusehen gewohnt sind (z. B. Sättigung einer Säure durch eine äquivalente Menge von Lauge, Zerlegung des Doppelmoleküls des Rohrzuckers durch Säure), bleiben von dem Ausgangskörper keine nachweisbaren Mengen übrig. Es gibt jedoch eine Reihe von sog. unvollständig ablaufenden Reaktionen, so genannt, weil die Umsetzungen zu einer Zeit stille stehen, wo neben den Umwandlungsprodukten auch noch der Ausgangskörper in einer meßbaren Konzentration vorhanden ist. Bei diesen Reaktionen setzt nämlich, sobald die Umwandlung des Ausgangskörpers mit einer gewissen Geschwindigkeit beginnt und Umwandlungsprodukte entstehen, sofort auch der entgegengesetzte Prozeß mit einer gewissen Geschwindigkeit ein, demzufolge aus den Umwandlungsprodukten wieder der Ausgangskörper entsteht. Derlei unvollkommen ablaufende Reaktionen werden daher auch als umkehrbare, reversible bezeichnet, im Gegensatz zu den früher erwähnten vollkommen ablaufenden, nicht umkehrbaren, irreversiblen.

Bei den umkehrbaren Reaktionen haben die Konzentration des Ausgangskörpers, daher auch die Geschwindigkeit seiner Umwandlung zu Beginn der Reaktion ein Maximum, müssen also im weiteren Verlaufe stetig abnehmen. Umgekehrt haben die Konzentration der Umwandlungsprodukte sowie die Geschwindigkeit ihrer Rückverwandlung in den Ausgangskörper zu Beginn der Reaktion ein Minimum; nehmen aber im weiteren Verlaufe stetig zu. Die entgegengesetzt gerichtete Änderung der beiden Geschwindigkeiten hat aber zur unausbleiblichen Folge, daß sie sich zu einem gewissen Zeitpunkte gegenseitig aufheben: es tritt der Zustand eines sog. chemischen Gleichgewichtes ein.

Es beginne z. B. in einem Gemische der Stoffe a und b ein Prozeß mit der Geschwindigkeit v_1 und es entstehen die Stoffe c und d. Nach obigem ist

$$v_1 = k_1 \cdot c_a \cdot c_b.$$

Es setzt aber sofort auch der entgegengesetzt gerichtete Prozeß mit der Geschwindigkeit v_2 ein und es entstehen aus c und d wieder die Ausgangskörper a und b. Hierbei ist

$$v_2 = k_2 \cdot c_c \cdot c_d.$$

Da v_1 fortwährend abnimmt, v_2 aber fortwährend zunimmt, muß es zu einem gewissen Zeitpunkt dazu kommen, daß $v_1 = v_2$; dann ist der oben erwähnte Gleichgewichtszustand eingetreten, in dem selbstverständlich auch

$$k_1 c_a \cdot c_b = k_2 \cdot c_c \cdot c_d.$$

Hieraus ist $\dfrac{k_1}{k_2} = \dfrac{c_c \cdot c_d}{c_a \cdot c_b}$; weiterhin, da $\dfrac{k_1}{k_2}$ ebenfalls konstant ist, also gleich K gesetzt werden kann, ist

$$K = \frac{c_c \cdot c_d}{c_a \cdot c_b} \qquad \ldots \ldots \ldots \quad (XIV)$$

K ist für die betreffende Reaktion charakteristisch und wird als die **Gleichgewichtskonstante** derselben bezeichnet. So entsteht z. B. in einem Gemische von Äthylalkohol und Essigsäure, wie bekannt, Äthylacetat und Wasser mit der Geschwindigkeit v_1; gleichzeitig setzt aber auch die Gegenreaktion ein, bei der aus Äthylacetat und Wasser wieder Äthylalkohol und Essigsäure mit der Geschwindigkeit v_2 gebildet werden.

$$CH_3COOH + C_2H_5OH \rightleftarrows {}^1) \; CH_3COO \cdot C_2H_5 + H_2O.$$

Bezüglich dieses reversiblen Vorganges ist

$$K = \frac{C_{\text{Äthylacetat}} \cdot C_{\text{Wasser}}}{C_{\text{Äthylalkohol}} \cdot C_{\text{Essigsäure}}} = \frac{{}^2/_3 \cdot {}^2/_3}{{}^1/_3 \cdot {}^1/_3} = 4.$$

Daraus, daß der Wert von K für jede Reaktion ein für allemal gegeben ist, folgt, daß man durch Verwendung von Katalysatoren (S. 57) das Zustandekommen des Gleichgewichtszustandes wohl beschleunigen, das Gleichgewicht einer Reaktion jedoch nicht verschieben kann: das Verhältnis zwischen Umwandlungsprodukt und Ausgangskörper bleibt unverändert, denn durch den Katalysator werden die entgegengesetzten Geschwindigkeiten v_1 und v_2 gleichmäßig beschleunigt. Wohl läßt sich jedoch die Ausbeute an Umwandlungsprodukten erhöhen, wenn sich mindestens eines derselben aus dem Reaktionsgemisch auf irgend eine Weise (Verflüchtigung, Niederschlagbildung usw.) fortlaufend entfernt. Damit nämlich K seinen Wert auch unter diesen Umständen beibehalten könne, muß, da der Zähler im Ausdruck XIV kleiner geworden ist, auch der Nenner entsprechend kleiner werden, also die Konzentration des Ausgangskörpers abnehmen, was ja gleichlautend ist mit einer gesteigerten Umwandlung desselben. Oder aber: waren in einem solchen System zwei Ausgangskörper vorhanden, so läßt sich die Umwandlung des einen dadurch zu einer nahezu vollkommenen steigern, daß man die Konzentration des anderen stark steigert. Dies hat nämlich, da K seinen Wert auch hier konstant beibehalten muß, zur Konsequenz, daß, da nun der Nenner im Ausdruck XIV weit größer geworden ist, auch der Zähler größer werden, also die Konzentration der Umwandlungsprodukte eine größere werden muß.

Weiterhin läßt sich auch zeigen, daß die vollkommen ablaufenden, irreversiblen Reaktionen sich von den soeben behandelten reversiblen nicht prinzipiell unterscheiden. Denn es können auch die ersteren als reversible aufgefaßt werden, mit dem Unterschied, daß ihre Gleichgewichtskonstante K unendlich groß ist, weil im Gleichgewichtszustande die Konzentration des Ausgangskörpers (Nenner!) eine unendlich kleine ist.

${}^1)$ Durch diese beiden Pfeile ist angedeutet, daß der Prozeß in beiden Richtungen vor sich geht. Durch solche Pfeile sind eigentlich auch die Gleichheitszeichen bei der Darstellung der Dissoziation (S. 1) zu ersetzen, um eben anzudeuten, daß der Dissoziationsprozeß auch rückgängig gemacht werden kann.

B. Gleichgewichte in Elektrolytlösungen.

Außer den sub 1 (S. 12) angeführten Vorgängen gibt es noch andere, deren Verlauf durch die Einstellung auf ein bestimmtes chemisches Gleichgewicht geregelt wird. Zu diesen gehört die elektrolytische Dissoziation.

Die elektrolytische Dissoziation hängt von dem Verdünnungsgrade ab, denn sie kann durch einen Überschuß an Lösungsmitteln gesteigert, durch die Entziehung des Lösungsmittels wieder rückgängig gemacht werden. Es läßt sich also die elektrolytische Dissoziation als ein reversibler Vorgang auffassen. Wird z. B. Essigsäure in Wasser gelöst, so beginnt sie sofort in die Ionen CH_3COO^- und H^+ zu zerfallen; daneben setzt aber sofort auch der entgegengesetzt gerichtete Prozeß ein, wobei aus CH_3COO^- und H^+ wieder molekulare Essigsäure gebildet wird, also

$$CH_3COOH \rightleftarrows CH_3COO^- + H^+$$

Im Gleichgewichtszustande ist

$$k_1 \cdot C_{CH_3COOH} = k_2 \cdot C_{CH_3COO^-} \cdot C_{H^+}$$

hieraus aber

$$\frac{k_1}{k_2} = K = \frac{C_{CH_3COO^-} \cdot C_{H^+}}{C_{CH_3COOH}}$$

oder, da die Konzentration der beiden aus je einem Moleküle entstehenden Ionen die gleiche ist, also $C_{CH_3COO^-} = C_{H^+}$, ist auch

$$K = \frac{C^2_{H^+}}{C_{CH_3COOH}}.$$

Wird ferner angenommen, daß von dem betreffenden Stoff 1 Mol, und zwar in v Litern Wasser gelöst vorhanden ist, und wird mit a der Bruchteil eines Moles bezeichnet, der in Ionen zerfällt, so ist im Gleichgewichtszustande die Anzahl der nichtdissoziierten Mole $1 - a$, ihre Konzentration $\frac{1-a}{v}$, die Konzentration der beiden Ionen je $\frac{a}{v}$. Dann ist aber nach obigem

$$K = \frac{\dfrac{a^2}{v^2}}{\dfrac{1-a}{v}} = \frac{a^2}{v(1-a)} \quad \ldots \ldots \ldots \text{(XV)}$$

Der Wert von K wurde aus diesem nach Ostwald benannten Verdünnungsgesetz für eine Reihe von Substanzen berechnet, und auch experimentell ermittelt, und gefunden, daß die auf verschiedenen Wegen erhaltenen Werte gut übereinstimmen (an anorganischen Säuren, Basen und Salzen allerdings nicht). So betragen z. B. die Dissoziationskonstanten von

Ameisensäure	$2,14 \times 10^{-4}$	Kohlensäure	
Essigsäure	$1,80 \times 10^{-5}$	(I. Dissoz.-Stufe)	$3,04 \times 10^{-7}$
Buttersäure	$1,49 \times 10^{-5}$	Cyan-Hydrogen	$4,7 \times 10^{-10}$

K hat selbstverständlich auch im Ausdruck XV die Bedeutung einer Gleichgewichtskonstante, wie in den sub 1 behandelten Fällen. Da aber der Wert von K bei einer bestimmten Verdünnung bloß eine Funktion von α, dem Dissoziationsgrade (S. 2) darstellt, wird K hier auch als Dissoziationskonstante bezeichnet.

C. Zurückdrängung der Dissoziation eines Elektrolyten.

Hat sich ein in Wasser gelöster Elektrolyt in einem der betreffenden Verdünnung entsprechenden Dissoziationsgleichgewicht befunden und wird nun ein zweiter Elektrolyt hinzugefügt, von dessen Ionen eines mit einem der Ionen der ursprünglichen Elektrolyten identisch ist, so wird hierdurch die Dissoziation des ursprünglichen Elektrolyten zurückgedrängt. Es besteht nämlich bezüglich eines in Wasser gelösten Elektrolyten das Gleichgewicht

$$K = \frac{C_{Anion} \cdot C_{Kation}}{C_{Molekül}}.$$

Wird nun zu dieser Lösung das Anion in der Konzentration α hinzugefügt, so wird die Gesamtkonzentration der Anionen nunmehr $C_{Anion} + \alpha$ betragen, also das System (infolge der Vergrößerung des Zählers) aus dem Gleichgewicht gebracht. Dieses Gleichgewicht mit dem charakteristischen Wert von K muß aber wieder hergestellt werden, und dies kann nur so geschehen, daß auch der Wert des Nenners um einen gewissen Betrag zunimmt, indem aus den Ionen wieder Moleküle, z. B. in der Anzahl β entstehen, wobei selbstverständlich auch die Zahl der Anionen sowohl, als auch die der Kationen umgekehrt um β abnehmen muß. Im neu entstandenen Gleichgewichtszustand ist also

$$K = \frac{(C_{Anion} + \alpha - \beta)\,(C_{Kation} - \beta)}{C_{Molekül} + \beta}$$

Es hat also die Konzentration der Moleküle zugenommen, ihre Dissoziation wurde zurückgedrängt.

So wird z. B. die Dissoziation der Essigsäure durch Hinzufügen von essigsaurem Natrium sehr stark zurückgedrängt.

D. Dissoziation des Wassers.

Gewöhnliches Wasser leitet den elektrischen Strom in ganz erheblichem Grade, begreiflicherweise, da es eine ganze Reihe von Elektrolyten gelöst enthält; je gründlicher es durch Destillation unter ganz bestimmten Kautelen gereinigt wird, um so geringer wird seine Leitfähigkeit, um endlich an wirklich reinem Wasser einen nunmehr konstanten minimalen Wert zu erlangen. Es muß also auch reinstes Wasser eine — wenn auch geringe — Menge von Elektrizitätsträgern, Ionen, enthalten, und zwar sind es nachgewiesenermaßen H- und OH-Ionen, in die das Wasser in sehr geringem Grade dissoziiert ist. Die Dissoziationskonstante reinsten Wassers beträgt bei 18° C $0{,}64 \cdot 10^{-14}$, d. h.

$$K = \frac{C_{H^+} \cdot C_{OH^-}}{C_{H_2O}} = 0{,}64 \cdot 10^{-14}$$

oder, da die Konzentration der nicht dissoziierten Wassermoleküle, die in enormem Überschuß vorhanden sind, als konstant angesehen werden kann

$$K = C_{H^+} \cdot C_{OH^-} = 0{,}64 \cdot 10^{-14}.$$

Da ferner die Konzentration der beiden Ionen, die aus einem Molekül hervorgehen, selbstredend die gleiche ist, also $C_{H^+} = C_{OH^-}$ besteht auch die Gleichung

$$C_{H^+} = C_{OH^-} = 0{,}8 \cdot 10^{-7}.$$

E. Über die neutrale, saure und alkalische Reaktion wäßriger Lösungen im physikalisch-chemischen Sinne.

Es gibt wäßrige Lösungen, die sich bezüglich der H- und OH-Ionenkonzentration wie destilliertes Wasser verhalten, in denen also $C_{H^+} = C_{OH^-}$; sie werden als neutral im physikalisch-chemischen Sinne bezeichnet. Es gibt aber auch eine Reihe von Stoffen, in deren wäßrigen Lösungen zwar ebenfalls sowohl H- als auch OH-Ionen abdissoziiert werden, mit dem Unterschiede jedoch, daß hier C_{H^+} nicht gleich ist C_{OH^-}, und gerade durch das Überwiegen entweder der H- oder der OH-Ionenkonzentration werden solchen Lösungen gewisse charakteristische Eigenschaften verliehen: Lösungen, in denen C_{H^+} überwiegt, werden als sauer im physikalisch-chemischen Sinne, Lösungen, in denen C_{OH^-} überwiegt, als alkalisch bezeichnet. Zu den Stoffen, die ein solches Verhalten zeigen, gehören in erster Linie solche, die von längs her als Säuren bezw. als Basen bekannt sind: in Lösungen von Säuren ist C_{H^+} weit größer als C_{OH^-}; umgekehrt in Lösungen von Basen C_{OH^-} weit größer als C_{H^+}.

Die Gleichung $C_{H^+} \cdot C_{OH^-} = 0{,}64 \cdot 10^{-14}$ gilt aber auch für diese Lösungen. Ist nämlich in einer Lösung (z. B. einer Säure) $C_{H^+} = x \cdot 0{,}8 \cdot 10^{-7}$, so ist in derselben Lösung $C_{OH^-} = 1/x \cdot 0{,}8 \cdot 10^{-7}$. Umgekehrt, ist in einer anderen Lösung (z. B. einer Base) $C_{OH^-} = y \cdot 0{,}8 \cdot 10^{-7}$, so ist $C_{H^+} = 1/y \cdot 0{,}8 \cdot 10^{-7}$.

Die physikalisch-chemische Reaktion einer wäßrigen Lösung wird demzufolge ganz eindeutig definiert, wenn man bloß die Konzentration des einen der beiden Ionen, z. B. die des Wasserstoffes, angibt; so durch $C_{H^+} = 0{,}8 \cdot 10^{-7}$ die Reaktion des reinsten destillierten Wassers von 18^0 C.

Von Sörensen wurde hierfür eine wesentlich einfachere Ausdrucksweise vorgeschlagen, bestehend in folgendem: Es sei die fragliche H-Ionen-Konzentration $x \cdot 10^{-a}$; nun ist aber $x \cdot 10^{-a} = 10^{\log x} \cdot 10^{-a} = 10^{\log x - a} = \left(\frac{1}{10}\right)^{a - \log x}$. Der Exponent $a - \log x$ wird als „Wasserstoffionen-Exponent" oder „Wasserstoffzahl" genannt und mit p_{H^+} bezeichnet. So ist bezüglich des reinsten destillierten Wassers (wie wir oben sahen) $C_{H^+} = 0{,}8 \cdot 10^{-7} = 10^{\log 0{,}8} \cdot 10^{-7} = 10^{0{,}90 - 1} \cdot 10^{-7} = 10^{-7{,}1} = \left(\frac{1}{10}\right)^{7{,}1}$. Also ist $p_{H^+} = 7{,}1$.

F. Über die Stärke von Säuren und Basen.

Werden verschiedene Säuren und Basen auf ihre Wirkungen hin geprüft, die sie auf gewisse andere Verbindungen ausüben, so wird man finden, daß manche unter ihnen stärker, andere wieder schwächer wirken. Vergleicht man nun an einer Reihe von Säuren oder Basen die Wirksamkeiten mit den Dissoziationskonstanten (S. 16), so wird man einen unverkennbaren Parallelismus konstatieren können, darin bestehend, daß stärker dissoziierende Säuren und Basen stärker, schwächer dissoziierende schwächer wirken. Der von jeher gebräuchlichen Unterscheidung zwischen starken und schwachen Säuren und Basen ist durch diese Tatsache eine wissenschaftliche Grundlage gegeben; gleichzeitig ist auch, da bloß der in Ionenform abspaltbare H bezw. OH den gemeinsamen Bestandteil aller Säuren bezw. Basen darstellt, erwiesen, daß die Wirksamkeit, d. h. die Stärke einer Säure bezw. Base von der H- bezw. OH-Ionenkonzentration ihrer wäßrigen Lösungen abhängt.

G. Über die neutrale, saure und alkalische Reaktion wäßriger Lösungen, durch Indicatoren bestimmt.

Wäßrige Lösungen, die freie Säure, wenn auch in geringen Mengen enthalten, werden durch gewisse Farbstoffe anders gefärbt als Lösungen, die freie Basen enthalten; ja, es gibt Farbstoffe, die einen dritten Farbenton annehmen, wenn die Lösung weder freie Säuren, noch freie Basen enthält. Ausschließlich auf dieser Grundlage wurde früher die saure, bezw. alkalische, bezw. neutrale Reaktion einer Lösung festgestellt, wobei sich jedoch unter anderen auch die Schwierigkeit ergab, daß manche Lösungen, mit einem Farbstoffe geprüft, sich als sauer, mit einem anderen als alkalisch erwiesen hatten.

Die Forschungen der physikalischen Chemie haben hierüber folgendes ergeben: Die zu obigen Zwecken verwendeten Farbstoffe, Indicatoren, sind ihrer chemischen Konstitution nach sehr schwache Säuren (seltener Basen), deren Farbe verschieden ist, je nachdem sie sich in nichtdissoziiertem Zustande oder zu Ionen dissoziiert befinden: soferne es sich (wie in den meisten Fällen) um Säuren handelt, hat das Molekül eine andere Farbe als das Anion. So ist z. B. Phenolphthalein eine sehr schwache Säure, deren Moleküle farblos sind, während das Anion rotgefärbt ist. Wird zu einer angesäuerten wäßrigen Flüssigkeit, die also H-Ionen in größerer Konzentration als OH-Ionen enthält, Ph. hinzugefügt, so wird die Dissoziation der schwachen Farbstoffsäure vollends zurückgedrängt, in der Lösung werden nur die farblosen Ph.-Moleküle vorhanden sein, die Flüssigkeit wird farblos erscheinen. Wird hingegen Ph. zu einer durch Lauge alkalisch gemachten Flüssigkeit hinzugefügt, die also OH-Ionen in größerer Konzentration als H-Ionen enthält, so werden die wenigen H-Ionen, die aus dem Ph. von vornherein abgespalten waren, durch die OH-Ionen der Lauge sofort abgefangen und mit denselben zu Wasser vereinigt. Dasselbe Schicksal erfahren auch alle übrigen H-Ionen, die aus dem in geringer Menge hinzugefügten Ph. zur Herstellung des Dissoziationsgleichgewichtes nacheinander noch abgespalten werden können, so, daß in der Flüssigkeit nur mehr das rotgefärbte Anion des Ph. frei zurückbleibt, also auch die Flüssigkeit rot gefärbt wird.

Handelt es sich nicht um Ph., sondern um Methylorange, so ist der Vorgang der sich abspielt, derselbe: in einer sauren Flüssigkeit, die H-Ionen in größerer Konzentration enthält, wird die Dissoziation der Farbstoffsäure zurückgedrängt, es sind daher nur ihre roten Moleküle vorhanden, in einer alkalischen Flüssigkeit, in der die OH-Ionenkonzentration die größere ist, werden die Farbstoffmoleküle aufgespalten und es erscheinen dessen gelbe Anionen.

Nach alledem würde man erwarten, daß der Farbenumschlag eines jeden Indicators bei dem minimalsten Überwiegen der H- oder der OH-Ionen eintreten, bezw. daß der Zustand der Neutralität einer Lösung durch jeden Farbstoff gleichmäßig und im oben definierten Sinne der Neutralität angezeigt würde. Das wäre auch der Fall, wenn alle als Indicatoren verwendeten Farbstoffe in genau gleichem Grade äußerst schwach dissoziable Säuren bezw. Basen wären. Dem ist aber durchaus nicht so.

Die Untersuchungen, die an einer ganzen Anzahl als Indicatoren verwendeter Farbstoffe ausgeführt wurden, haben ergeben, daß ihre Dissoziation, bezw. die Zurückdrängung ihrer Dissoziation und damit auch ihr Farbenumschlag bei den — natürlich innerhalb relativ enger Grenzen — verschiedensten H- bezw. OH-Ionenkonzentrationen erfolgt. Es ist also durchaus begreiflich, daß in einer Lösung, die nur sehr geringe Mengen von freier Säure oder freiem Alkali enthält (und nur von solchen Fällen ist hier die Rede) sich zwei Indicatoren nicht identisch verhalten müssen. Handelt es sich z. B. um das sehr schwach dissoziierende Phenolphthalein, so wird dessen Dissoziation bereits durch eine sehr geringe H-Ionenkonzentration der Lösung zurückgedrängt, die Flüssigkeit wird farblos bleiben, also als neutral oder sauer reagierend erachtet werden. Wird hingegen Methylorange, eine stärkere Säure, zur Untersuchung derselben Flüssigkeit verwendet, so kann es sich ergeben, daß die H-Ionenkonzentration obiger Flüssigkeit nicht hinreicht, um die Dissoziation des Farbstoffes zurückzudrängen; es werden dessen gelbe Anionen erscheinen und die Flüssigkeit wird sich, auf diese Weise geprüft, als alkalisch erweisen. Ähnliches wird man erfahren, wenn man dieselbe Flüssigkeit noch mit einer ganzen Reihe anderer Indicatoren prüft, indem man sie bald als neutral, bald als sauer, bald wieder als alkalisch finden kann. Diese Befunde sind demzufolge nur eindeutig, wenn man jedesmal auch angibt, welcher Indicator verwendet wurde, also z. B. sagt: „neutral gegen Lackmus“, oder „sauer gegen Phenolphthalein“ oder „alkalisch gegen Methylorange“.

Hingegen wird die wahre Reaktion einer wäßrigen Lösung ohne jeden Vorbehalt aus dem Verhältnis ihrer H- und OH-Ionen-Konzentrationen (im Sinne des auf S. 17 Gesagten) beurteilt werden können.

2*

H. Bestimmung der H- und OH-Ionenkonzentration mittels Konzentrationselementen.

Die H- und OH-Ionenkonzentration wäßriger Lösungen wird am besten mit sog. Konzentrationselementen bestimmt, die auf dem Prinzip der galvanischen Elemente beruhen.

Wird ein Metallstab in Wasser getaucht, das ein gut dissoziierendes Salz desselben Metalles gelöst enthält, so treten zwei entgegengesetzte Prozesse ein, deren einer oder anderer jedoch das Übergewicht hat. Einerseits sendet nämlich das Metall seine eigenen Atome in Ionenform in die Lösung (man bezeichnet dies Bestreben des Metalles als dessen Lösungsdruck); andererseits lagern sich die in Lösung befindlichen Ionen (infolge ihres sog. Entladungsdruckes) in Form von elektrisch neutralen Molekülen an den Metallstab an. Im ersten Falle nehmen die vom Metallstab in Ionenform sich loslösenden Atome positive Ladungen in die Lösung mit und hinterlassen negative Ladungen am Stabe. Im zweiten Falle übergeben die Ionen in dem Augenblicke, wo sie zu Molekülen werden, ihre positive Ladung dem Metallstabe. Welcher der beiden Prozesse nun im Einzelfall zustande kommt, hängt sowohl von der Größe des Lösungs- bezw. Entladungsdruckes des Metalles ab, wie auch von der Konzentration der Lösung. Ist z. B. der Lösungsdruck des Metalles der größere, wie z. B. der des Zinkes, so wird der erstgenannte Prozeß einsetzen, und zwar mit einer um so größeren Intensität, je verdünnter die Lösung ist. Ist der Lösungsdruck des Metalles der geringere, wie z. B. der des Kupfers, so wird der zweitgenannte Prozeß einsetzen, und zwar mit einer um so größeren Intensität, je konzentrierter die Lösung ist.

Es kann jedoch das Ablösen des Zinks vom Stabe in Ionenform, bezw. die damit einhergehende Aufladung von negativer Elektrizität am Stabe über die ersten minimalen Anfänge nicht hinaus, denn die elektrostatische Anziehung zwischen dem negativ geladenen Stabe und den positiv geladenen Ionen, die noch weiterhin in die Lösung gesandt werden sollen, tut dem Prozeß in kürzester Zeit Einhalt. Desgleichen kann auch am Kupferstabe die Auflagerung molekularen Kupfers über die ersten Anfänge nicht hinaus, da die positive Elektrizität, die dem Kupferstabe durch die in molekularer Form sich anlagernden Kupferionen mitgeteilt wurde und die positiven Ladungen der Ionen, die sich noch weiter anlagern wollten, sich gegenseitig abstoßen, daher auch dieser Prozeß sehr bald aufhört. Werden jedoch Zink- und Kupferstab miteinander durch einen Draht leitend verbunden und auch die beiden Lösungen miteinander leitend in Verbindung gebracht, so werden die beiden entgegengesetzten Elektrizitäten gegeneinander abströmen: demzufolge wird das Zink nicht weiter daran verhindert, in Lösung zu gehen, das Kupfer nicht weiter daran verhindert, sich in molekularer Form anzulagern. Gleichzeitig wird es auch ermöglicht, daß positive Elektrizität am Kupferstabe immerfort sich ansammelt, durch den Verbindungsdraht nach dem Zinkstabe abströmt, und dort den Zinkatomen mitgegeben wird, wenn diese fort und fort als Ionen in Lösung gehen sollen. Die zwei Metallstäbe und die zwei Lösungen, in die jene eintauchen, stellen, so verbunden, das Beispiel eines galvanischen Elementes dar, dessen positiver Pol durch den Kupfer-, der negative durch den Zinkstab gebildet wird. Sein Aufbau kann wie folgt versinnbildlicht werden.

$$Zn/ZnSO_4/CuSO_4/Cu.$$

Mit denselben Erscheinungen hat man es zu tun, wenn man die zwei Stäbe aus einem und demselben Metalle, z. B. aus Silber bereitet, die nicht in die Lösung von zwei verschiedenen Stoffen, sondern in verschieden konzentrierte Lösungen eines und desselben Stoffes, z. B. von salpetersaurem Silber, tauchen. Solche Elemente werden als Konzentrationselemente bezeichnet. Zu diesen gehören auch diejenigen, die auch als Gasketten bezeichnet werden, und von denen die folgendermaßen konstruierte für uns am wichtigsten ist: Wird feinverteiltes Platin, sog. Platinschwarz, das einem Platinblech aufgelagert ist, eine Zeitlang von einer H-Atmosphäre umspült, so nimmt es relativ große Mengen von H auf, kann also auch als eine H-Elektrode angesehen werden. Werden nun zwei solche H-Elektroden in je ein Gefäß mit verdünnter Salzsäure getaucht (die ja auch als eine Lösung von H-Ionen angesehen werden kann), wobei aber die eine Lösung konzentrierter als die andere genommen werden muß, so haben wir es hier mit einem Analogon der obigen Einrichtung zu tun. Es wird nämlich, da der Lösungsdruck des H ein geringer ist, an beiden H-Elektroden (wie oben an den Kupferstäben) molekularer H angelagert und den Elektroden positive Elektrizität mitgeteilt. Aus den (S. 20) angeführten Gründen wird aber dieser Prozeß an beiden Elektroden eben nur einsetzen können und erst, wenn beide Elektroden und beide Lösungen untereinander leitend verbunden sind, wird ein kontinuierlicher Prozeß zustande kommen, bestehend in folgendem: Es wird sich an beiden Elektroden positive Elektrizität ansammeln, jedoch in größerer Menge an derjenigen, die in die konzentriertere Lösung taucht. Die Elektrizität wird also von dieser Elektrode gegen die andere durch den Draht abströmen und an der anderen Elektrode an den Wasserstoff, der in Form von H-Ionen in die Lösung geht, abgegeben werden. Die in die konzentriertere Lösung tauchende Elektrode wird die positive, die andere die negative sein.

Die elektromotorische Kraft E eines solchen Elementes steht in einer bestimmten Proportion zu dem relativen Konzentrationsunterschied zwischen beiden Lösungen; insbesondere besteht, wenn die Konzentration c_1 auf der einen Seite den zehnten Teil der Konzentration c_2 der anderen Seite beträgt, und es sich um einwertige Ionen handelt, die Beziehung

$$E = 0{,}058 \cdot \log \frac{c_2}{c_1}.$$

Auf obiger Grundlage beruht die exakte Bestimmung der H-Ionenkonzentration, wobei jedoch zu bemerken ist, daß verschiedene Umstände, auf die hier nicht näher eingegangen werden kann, komplizierend wirken, denen zufolge obige als rein schematisch anzuschende Einrichtung entsprechend modifiziert werden muß. Hier nur noch so viel, daß, wenn einmal die H-Ionenkonzentration ermittelt ist, die der OH-Ionen sich (nach S. 17) von selbst ergibt.

J. Bestimmung der H- und OH-Ionenkonzentration mittels Indicatorensätze.

Die Zurückdrängung der Dissoziation auch sonst wenig dissoziierender Elektrolyte wird mit gutem Erfolge auch zur Bestimmung der H- bezw. OH-Ionenkonzentration wäßriger Lösungen an Stelle der nicht immer zugänglichen Gasketten benützt. Es wurde (S. 15) gezeigt, daß die Dissoziationskonstante der Essigsäure gleich ist $1{,}8 \cdot 10^{-5}$, d. h.

$$\frac{C_{CH_3COO^-} \cdot C_{H^+}}{C_{CH_3COOH}} = 1{,}8 \cdot 10^{-5}.$$

Wird zu einer Lösung, die Essigsäure in einer Konzentration von C_E enthält, essigsaures Natrium in einer Menge hinzugefügt, daß die Konzentration der Lösung an diesem Salze C_{EN} betrage, so wird durch die große Menge der aus dem stark dissoziierenden Salze frei gewordenen CH_3COO-Ionen die Dissoziation der von vornherein bloß schwach dissoziierten Essigsäure sehr stark zurückgedrängt, ja praktisch gänzlich aufgehoben. Die Konzentration der undissoziierten Essigsäure-Moleküle wird also gleich sein der von vornherein bekannten Konzentration C_E der Essigsäure. Das essigsaure Natrium hingegen ist in der stark verdünnten Lösung praktisch vollkommen dissoziiert, daher die Konzentration der CH_3COO-Ionen der des hinzugefügten essigsauren Natriums C_{EN} gleich gesetzt werden kann. Setzen wir diese Werte in obige Gleichung ein, also C_{EN} statt $C_{CH_3COO^-}$ und C_E statt C_{CH_3COOH}, so ergibt sich:

$$\frac{C_{EN} \cdot C_{H^+}}{C_E} = 1{,}8 \cdot 10^{-5}; \quad \text{woraus} \quad C_{H^+} = 1{,}8 \cdot 10^{-5} \cdot \frac{C_E}{C_{EN}}.$$

Ist demnach der Gehalt einer Lösung an Essigsäure und an hinzugefügtem essigsaurem Natrium bekannt, so läßt sich hieraus auch die H-Ionenkonzentration ohne weiteres ermitteln, denn diese hängt bloß von dem gegenseitigen Mengenverhältnis der Säure und ihres Salzes ab. Weiterhin, und was noch wichtiger ist, sind wir in den Stand gesetzt, durch Variation des genannten Mengenverhältnisses sowie durch Verwendung der obigen ähnlichen Kombinationen eine ganze Reihe von Lösungen herzustellen, in denen die H- bezw. OH-Ionenkonzentrationen (innerhalb gewisser Grenzen) alle erdenklichen Abstufungen aufweisen. Verfügt man über eine solche Reihe, so läßt sich auch ermitteln, welche Ionenkonzentrationen es sind, bei denen die als Indicatoren verwendeten Farbstoffe den für sie charakteristischen Farbenumschlag erleiden. Endlich kann man umgekehrt mit den auf diese Weise geeichten und zu einem sog. Indicatorensatz zusammengestellten Indicatoren die wahre Reaktion, d. i. die H- bezw. OH-Ionenkonzentration, physiologisch wichtiger Flüssigkeiten auch ohne Verwendung der nicht immer zugänglichen Gasketten feststellen. Die Ergebnisse stimmen mit den durch Gasketten erhaltenen gut überein.

K. Über die Bestimmung der Acidität bezw. Alkalinität einer Lösung durch Titration unter Verwendung von Indicatoren.

Die Bestimmung der Acidität bezw. Alkalinität einer Lösung durch Titration unter Verwendung von Indicatoren beruht auf Vorgängen, die sich zwischen den H- bezw. OH-Ionen der Lösung einerseits, und den OH- bezw. H-Ionen der Titrierflüssigkeit andererseits abspielen. Soll z. B. die Acidität einer verdünnten Säure durch Titration bestimmt werden, so läßt man von der Titrierlauge so viel zufließen, bis durch die hinzugefügten OH-Ionen der Lauge die H-Ionen der Säure zu Wasser neutralisiert sind. Der Zeitpunkt der Neutralisation bezw. des ersten kleinen Überschusses an Titrierlauge, wird durch die Indicatoren angezeigt, wobei allerdings zu bemerken ist, daß man bei Verwendung verschiedener Indicatoren (laut S. 19) zur Neutralisation bald um eine Spur mehr, bald um eine Spur weniger Lauge benötigen wird.

Da (nach S. 17) die saure Reaktion durch einen Überschuß an H-, die alkalische durch einen Überschuß an OH-Ionen verursacht wird, könnte man vorerst annehmen, daß das Untersuchungsergebnis, sei es durch die Bestimmung der H-Ionenkonzentration mit Hilfe von Gasketten (S. 21), sei es durch Titration erlangt, unter allen Umständen das gleiche wäre. Dem ist jedoch durchaus nicht so. Haben wir es mit einer hinreichend verdünnten Lösung einer starken Säure bezw. Base (im Sinne von S. 18) zu tun, so ist die H- bezw. OH-Ionenkonzentration nach beiden Methoden bestimmt, annähernd identisch. Ist es jedoch eine schwache Säure bzw. Base, deren H- bezw. OH-Ionenkonzentration bestimmt werden soll, so wird der durch Titration erhaltene Wert ganz erheblich größer ausfallen müssen.

Dies hat folgenden Grund: Im Falle einer starken Säure, die in der großen Verdünnung praktisch als vollkommen dissoziiert angesehen werden kann, spielt sich der Neutralisationsvorgang, der dem Titrationsverfahren zugrunde liegt, zwischen den vollkommen abdissoziierten H-Ionen der Lösung und den OH-Ionen der Titrierlauge ab. Von letzteren wird man genau so viel zufließen lassen müssen, als zur Bindung sämtlicher H-Ionen nötig ist. Anders, wenn es sich z. B. um eine schwache Säure handelt, die (nach S. 18) wenig dissoziiert ist. Mittels der Gasketten erhält man hier wieder den wahren Wert, nämlich die Konzentration der H-Ionen, die in der wenig dissoziierenden Säure zur Zeit der Bestimmung tatsächlich vorhanden sind; bei der Titration werden hingegen durch die zu allererst (in der Lauge) zufließenden OH-Ionen zwar wieder nur die spärlichen H-Ionen der schwach dissoziierten Säure neutralisiert, doch ist der Vorgang hiermit noch nicht abgeschlossen. In der Lösung der schwach dissoziierenden Säure hat nämlich vor dem Beginn der Titration ein dem Verdünnungsgrade entsprechender Gleichgewichtszustand bestanden, indem

$$k = \frac{C_{\text{Säureanion}^-} \cdot C_{\text{H}^+}}{C_{\text{Säure-Molekül}}}.$$

Werden nun die wenigen freien H-Ionen der Säure durch die OH-Ionen der Lauge abgefangen, so hat dies eine Störung des besagten Gleichgewichtes zur Folge, das jedoch sofort wieder hergestellt werden muß, und zwar dadurch, daß ein weiteres Abdissoziieren von H-Ionen stattfindet. Doch werden auch diese durch die OH-Ionen der einfallenden Lauge abgefangen, · das Gleichgewicht wird wieder gestört, durch Abspaltung von H-Ionen wieder hergestellt und so fort, bis überhaupt noch abspaltbare H-Ionen vorhanden sind, also bis die ursprünglich bloß schwach dissoziierende Säure ganz aufgespalten ist. Es ist demnach klar, daß im Falle schwacher Säuren bezw. Basen durch Titration ein weit größerer Wert, als mittels der Gasketten erhalten wird, denn durch die letztere Methode werden nur die von vornherein abdissoziierten, freien, sog. aktuellen H-Ionen angezeigt, durch die Titration hingegen außer diesen auch diejenigen, die zu Beginn der Untersuchung an Anionen gebunden, als sog. potentielle Ionen vorhanden waren, und bloß im Verlaufe der Titration eines nach dem anderen abdissoziiert wurden.

Hieraus geht aber noch weiter hervor: Wird in zwei Lösungen von der gleichen molaren Konzentration, deren eine eine starke, die andere eine schwache Säure enthält, die H-Ionenkonzentration mittels Gasketten bestimmt, so muß dieselbe in der ersten Lösung weit größer als in der zweiten befunden werden, das Ergebnis der Titration muß jedoch in beiden Lösungen eine identische sein.

Das (S. 19) erwähnte verschiedene Verhalten der verschiedenen Indicatoren gegenüber der H- bezw. OH-Ionenkonzentration der zu untersuchenden Lösungen erzeugt im Falle der Aciditäts- bezw. Alkalinitätsbestimmung von Flüssigkeiten, die überwiegend bloß schwache Säuren und schwache Basen enthalten — dies ist der Fall bezüglich der wichtigsten physiologischen Flüssigkeiten — noch weitere Unstimmigkeiten. Es soll z. B. eine solche Lösung mit Phenolphthalein als Indicator titriert werden, das eine sehr schwache Säure darstellt. Die in der Lösung anwesenden Säuren sind alle, wenn auch schwache Säuren, doch mit Einschluß von H_2PO_4 (S. 1) stärkere als der Farbstoff es ist; durch ihre Dissoziation wird daher die des Farbstoffes vollkommen zurückgedrängt, es werden nur die farblosen Moleküle des Farbstoffes vorhanden sein. Durch die während der Titration (mit der Lauge) protionsweise zugesetzten OH-Ionen werden die H-Ionen der Säuren der Reihe nach neutralisiert, frische abdissoziiert, wieder neutralisiert usw. bis endlich alle H-Ionen (aktuelle und potentielle) der Säuren abgespalten und neutralisiert sind. Nun erst kann das Phenolphthalein, dessen Dissoziation bis nun vollkommen zurückgedrängt war, seinem geringen Dissoziationsgrade entsprechend H-Ionen abspalten, wobei gleichzeitig auch sein rot gefärbtes Anion in der Lösung erscheint; erst jetzt ist die Titration, nachdem eine ganz bestimmte Menge an Lauge verbraucht wurde, beendet.

Anders verhält sich die Sache, wenn man dieselbe Flüssigkeit mit Methylorange als Indicator titrieren wollte, das weit stärker als Phenolphthalein und auch stärker als so manche der in den genannten Flüssigkeiten enthaltenen, H-Ionen liefernden Verbindungen dissoziiert. So ist

z. B. die dreibasische Phosphorsäure eine weit stärkere Säure als das Methylorange, die Dissoziation des Farbstoffes wird also, solange H_3PO_4 noch nicht gänzlich in H^+ und $H_2PO_4^-$ aufgespalten ist, vorerst noch zurückgedrängt und die Flüssigkeit rot bleiben. Nun ist aber H_2PO_4, die bei der (S. 1) erwähnten ersten Stufe der Dissoziation gebildet wird, selbst eine schwache Säure, die weiter in H^+ und $HPO_4^=$ dissoziiert; H_2PO_4 ist aber eine **schwächere** Säure als das Methylorange; es wird also nicht die Dissoziation des Farbstoffes durch die der Säure, sondern umgekehrt die der Säure durch die des Methylorange zurückgedrängt. Es werden also zu einer Zeit, wo noch potentielle, nicht abdissoziierte H-Ionen der Säure H_2PO_4 in der Lösung vorhanden sind, diese also noch nicht gänzlich neutralisiert ist, die aus dem Farbstoff abdissoziierten H-Ionen es sein, die von den OH-Ionen der einfallenden Lauge abgefangen werden. Es werden dementsprechend die gelbgefärbten Farbstoff-Anionen in der Flüssigkeit erscheinen, die Titration wird früher als oben bei Verwendung von Phenolphthalein als Indicator beendet, und der Verbrauch an Titrierlauge ein geringerer sein müssen. **Es wird also bei Verwendung von Methylorange als Indicator bloß das erste abdissoziierte H-Ion der Phosphorsäure bestimmt, bei Verwendung von Phenolphthalein aber auch das zweite.**

L. Amphotere Elektrolyte.

Der Säure- bezw. Basencharakter wird einer Verbindung dadurch verliehen, daß sie (laut S. 17) in Wasser gelöst, entweder H- oder OH-Ionen im Überschuß abdissoziiert: Ein Überwiegen der H-Ionen verleiht ihnen der Säurecharakter, Überwiegen der OH-Ionen der Basencharakter. Nun gibt es aber auch Stoffe, die in ihren Lösungen je nach den Umständen bald H-, bald OH-Ionen abzudissoziieren vermögen: man nennt sie **amphotere Elektrolyte** oder **Ampholyte.** Zu diesen gehören unter anderen die Aminosäuren (S. 95), dessen Moleküle man sich, wie z. B. das des Glykokolls, in wäßriger Lösung durch den Eintritt von einem Molekül Wasser an der Aminogruppe wie folgt vorzustellen hat:

$$NH_2 \cdot CH_2 \cdot COOH + H_2O = OH \cdot NH_3 \cdot CH_2 \cdot COOH.$$

In der rein wäßrigen Lösung besteht die Möglichkeit der Abspaltung von H- sowohl als auch von OH-Ionen:

$$OH \cdot NH_3 \cdot CH_2 \cdot COOH \rightleftarrows OH^- + NH_3 \cdot CH_2 \cdot COO^{\pm} + H^+.$$

Wird diese Lösung mit ein wenig Säure versetzt, so wird durch deren freie H-Ionen die H-Abdissoziierung aus dem Glykokoll zurückgedrängt, so daß aus dem Glykokoll nur OH-Ionen abgespalten werden können.

$$OH \cdot NH_3 \cdot CH_2 \cdot COOH \rightleftarrows OH^- + NH_3 \cdot CH_2 \cdot COOH^+.$$

Wird hingegen die Lösung mit ein wenig Lauge versetzt, so wird umgekehrt die OH-Abspaltung aus dem Glykokoll zurückgedrängt und es kommt bloß zum Abdissoziieren von H-Ionen

$$OH \cdot NH_3 \cdot CH_2 \cdot COOH \rightleftarrows OH \cdot NH_3 \cdot CH_2COO^- + H^+.$$

Die amphotere Natur solcher Stoffe gibt sich auch darin kund, daß sie sowohl mit Säuren, als auch mit Basen Salze zu bilden vermögen: in alkalischen Lösungen verbindet sich das Kation der Lauge mit dem Aminosäureanion, in saurer Lösung das Anion der Säure mit dem Aminosäurekation.

M. Hydrolytische Dissoziation.

Die (S. 16) erwähnte Dissoziation des Wassers hat zur Folge, daß gewisse Verbindungen in ihren wäßrigen Lösungen gerade infolge der Anwesenheit der aus dissoziiertem Wasser hervorgegangenen H- bezw. OH-Ionen Veränderungen erleiden, die man eben aus diesem Grunde als Hydrolyse, richtiger hydrolytische Dissoziation bezeichnet. Wird nämlich die Verbindung einer starken Base mit einer schwachen Säure, z. B. KCN, in Wasser gelöst, so erleidet sie zunächst eine elektrolytische Dissoziation in K^+ und CN^-; daneben sind in der Lösung auch die aus dem Wasser abdissoziierten H- und OH-Ionen enthalten. H^+ und CN^- treten nun zu der sehr schwach dissozierenden Säure HCN zusammen, während die zur Herstellung des Gleichgewichtszustandes (S. 17) neu abdissoziierten OH-Ionen, die neben den K-Ionen in der Lösung verbleiben, dieser, obzwar das Salz, das zur Auflösung kam, seiner Konstitution nach ein neutrales war, eine ausgesprochen alkalische Reaktion verleihen.

Umgekehrt: Wird eine Verbindung einer starken Säure mit einer schwachen Base, z. B. NH_4Cl, wieder ein seiner Konstitution nach neutrales Salz, in Wasser gelöst, so entstehen durch elektrolytische Dissoziation NH_4- und Cl-Ionen, daneben sind noch die aus der Dissoziation des Wassers hervorgegangenen H- und OH-Ionen vorhanden. Nun verbinden sich NH_4^+ und OH^- zu dem bloß sehr wenig dissoziierenden NH_4OH, und in der Lösung verbleiben neben den Cl-Ionen die zur Herstellung des Gleichgewichtszustandes noch weiter abgespaltenen H-Ionen, demzufolge die Lösung sauer reagieren muß.

Die hydrolytische Dissoziation solcher aus der Vereinigung starker Basen und schwacher Säuren bezw. starker Säuren und schwacher Basen hervorgegangener Verbindungen ist ein reversibler Vorgang, wie wir es bezüglich der schwachen Säuren und Basen (S. 18) gesehen hatten. Auch hier kommt es zu einem charakteristischen Gleichgewichtszustand, dessen Konstante bestimmt werden kann.

N. Reaktionsregulatoren.

Am Beispiele der Essigsäure und des essigsauren Natriums wurde (S. 16) gezeigt, daß in den Lösungen von derlei Gemischen eine sehr geringe, aber genau definierte H- bezw. OH-Ionenkonzentration besteht, die mit dem Dissoziationsgleichgewicht in Zusammenhang zu bringen ist. Nebst der elektrolytischen Dissoziation erleiden aber diese Verbindungen auch eine hydrolytische Dissoziation (s. oben), die sich ebenfalls auf ein bestimmtes Gleichgewicht einstellt. Es sind daher diese Gemische nicht nur durch eine ganz bestimmte H- bezw. OH-Ionenkonzentration ausgezeichnet, sondern auch dadurch, daß diese

Konzentrationen mit großer Leichtigkeit hartnäckig aufrecht erhalten werden können, wenn das bestehende Gleichgewicht etwa durch Hinzutritt von H- oder OH-Ionen von außen her gestört würde; denn in solchen Fällen wird der ursprünglich vorhanden gewesene Gleichgewichtszustand durch Neuabspaltung von OH- bezw. H-Ionen sofort wieder hergestellt. Als Lösungen solcher Gemische können auch die Körpersäfte (Blut) betrachtet werden, die H_2CO_3 und H_2PO_4 und Eiweiß als schwache Säuren, dann HPO_4 und vermöge seiner amphoteren Natur wieder Eiweiß als schwache Basen enthalten und dafür sorgen, daß die Neutralität (im Sinne des auf S. 17 Gesagten) der genannten Säfte stets erhalten bleibe, auch wenn im Verlaufe der Stoffwechselvorgänge H- und OH-Ionen in größerer Konzentration gebildet und in die Säfte übergehen könnten. Solche Gemische bezeichnet man, da sie von außen drohende Störungen des Gleichgewichtes gleichsam auffangen, auch als „Puffer", oder, da sie einen regulierenden Einfluß auf die Reaktion der Säfte ausüben, als „Reaktionsregulatoren".

V. Viscosität.

Strömt eine Flüssigkeit durch eine enge Capillare, so wird die durch die innere Reibung der Flüssigkeitsteilchen verursachte Verringerung der Strömungsgeschwindigkeit eine sehr merkliche, und zwar wird man finden, daß diese Geschwindigkeit der inneren Reibung, der Viscosität umgekehrt proportional ist. Für physiologische Zwecke wird es angängig sein, anstatt die absolute Viscosität zu bestimmen, sich mit der relativen Viscosität zu begnügen; d. h. mit der Verhältniszahl, die angibt, wie sich die Viscosität einer Lösung zu der des Lösungsmittels (Wasser) verhält, wenn beide Flüssigkeiten im selben Apparate und bei derselben Temperatur untersucht werden. Als Maßstab der Viscosität gilt die Zeitdauer, deren ein gewisses Flüssigkeitsquantum bedarf, um eine gewisse Strecke der Capillare zu passieren, wobei die Flüssigkeit durch ihr Eigengewicht angetrieben wird. Da die Auslaufzeiten auch vom spezifischen Gewicht der Flüssigkeiten, und zwar in gerader Proportion abhängen, wird auch dieses zu berücksichtigen sein. Ist η die Viscosität der zu untersuchenden Flüssigkeit, η_0 die des Wassers (gleich 1), s das spezifische Gewicht der Flüssigkeit, s_0 das des Wassers (gleich 1), t die Auslaufgeschwindigkeit der Flüssigkeit, t_0 die des Wassers, so ist

$$\eta : \eta_0 = s \cdot t : s_0 \cdot t_0 \text{ bezw. } \eta : 1 = s \cdot t : t_0, \text{ woraus}$$

$$\eta = \frac{s \cdot t}{t_0} \ \cdot \cdot \cdot \cdot \cdot \cdot \cdot \cdot \cdot \cdot \ \text{(XVI)}$$

VI. Oberflächenspannung und Adsorption.

Einander benachbarte Teilchen einer Flüssigkeit ziehen sich gegenseitig und in gleichmäßiger Stärke an. Ein Teilchen, das sich im Flüssigkeitsinneren befindet, ist einem in jeder Richtung gleichmäßigen Zug ausgesetzt und die entgegengesetzt gerichteten Anziehungen heben sich gegenseitig auf. Ein Teilchen, das sich an der Oberfläche, also an der

Grenze zwischen Flüssigkeit und Luft befindet, wird von den Seiten her zwar wieder gleichmäßig angezogen, in vertikaler Richtung hingegen einem ungleichmäßigen Zuge ausgesetzt sein: es wird von den Teilchen, die um eine Lage tiefer gelegen sind, wohl mit einer bestimmten Kraft nach dem Flüssigkeitsinneren gezogen; diesem gegen das Flüssigkeitsinnere gerichteten Zuge wird jedoch kein nach oben gerichteter Zug entgegenwirken (wenn man von der geringen Anziehung absieht, die von den oberhalb der Flüssigkeit befindlichen Luftteilchen ausgeübt wird). Dieser einseitige, nach dem Flüssigkeitsinneren gerichtete Zug, den die in der Oberfläche befindlichen Teilchen erleiden, hat zur Folge, daß die Flüssigkeit stets das Bestreben hat, ihre Oberfläche zu verringern.

Erscheinungen der beschriebenen Art sind natürlich an den Grenzflächen zwischen Körpern verschiedenster Aggregatzustände denkbar; uns interessieren hier aber bloß diejenigen, die sich an der Grenze zwischen Flüssigkeiten und Gasen (Luft), ferner zwischen Flüssigkeiten und festen Stoffen abspielen, daher im nachfolgenden immer nur von diesen beiden Fällen die Rede sein wird.

1. An der Grenze zwischen Flüssigkeit und Luft gibt sich das Bestreben der ersteren, ihre Oberfläche zu verringern, in zwei allbekannten Erscheinungen kund. Diese werden auch zur Bestimmung der Oberflächenspannung benutzt.

a) Wird eine Capillare in eine Flüssigkeit getaucht, die ihre Wandungen benetzt, so kriecht ein Flüssigkeitshäutchen auch längs ihrer Innenwände eine ziemliche Strecke weit empor, es wird also eine neue, ziemlich große Oberfläche gebildet, die im Längsschnitt die Form eines hohen schmalen U hat. Nach obigen Ausführungen hat jedoch die Flüssigkeit das Bestreben, ihre Oberfläche zu verringern, und erreicht dies dadurch, daß sie nun längs der benetzten Capillarwand emporschnellt, so, daß nunmehr statt der neugebildeten Oberfläche mit dem Längsschnitt eines hohen U eine weit geringere, einem weniger hohen U entsprechende Oberfläche vorhanden sein wird. Die Steighöhe der Flüssigkeit in der Capillare wird als Basis der Bestimmung der Oberflächenspannung der Flüssigkeit auf Grund folgender Überlegung benutzt werden können: Die Oberflächenspannung γ_1 einer Flüssigkeit ist im Vergleiche mit der des reinen Wassers γ (gleich 1 gesetzt) um so größer, je größer ihre Steighöhe h_1 im Vergleiche zu der des Wassers h, die in derselben Capillare gefunden wird; ferner auch um so größer, je größer ihr spezifisches Gewicht s_1, als das des Wassers s (gleich 1) ist. Daher ist

$$\gamma_1 = \frac{h_1 \cdot s_1 \cdot \gamma}{h \cdot s} = \frac{h_1 \cdot s_1}{h} \quad \cdots \cdots \quad \text{(XVII)}$$

b) Flüssigkeiten nehmen in einem fremden Medium, mit dem sie sich nicht mischen (Flüssigkeit oder Luft), eben, um ihre Oberfläche möglichst zu verringern, die Gestalt einer Kugel an. Läßt man eine auf ihre Oberflächenspannung zu untersuchende Flüssigkeit beim unteren Ende einer engen Capillarröhre ausfließen, so wird sie daselbst zu einer Kugel, zu einem Tropfen geformt, der zunächst dort noch hangen bleibt.

Der Tropfen wird durch Nachfließen der Flüssigkeit immer noch anwachsen, aber infolge seines zunehmenden Gewichtes abreißen, sobald die Oberflächenspannung durch das Gewicht des Tropfens überwunden ist (denn beim Abreißen wird ja eine neue Oberfläche gebildet, die frühere vergrößert und das hiergegen gerichtete Widerstreben der Flüssigkeit ist es, das durch das Gewicht des Tropfens überwunden werden muß). Die Oberflächenspannung ist also eine um so größere, zu je größeren Tropfen die ausfließende Flüssigkeit anwachsen kann, je geringer demnach die Anzahl der Tropfen ist, die in einer gegebenen Zeit sich von dem Capillarende losreißen. Außerdem wird es aber auch einer um so größeren Oberflächenspannung bedürfen, um einen Tropfen am Losreißen zu hindern, je größer dessen spezifisches Gewicht ist. Es wird also bei dieser Tropfmethode die Oberflächenspannung γ_1 einer Flüssigkeit, im Vergleiche zu der des Wassers γ (gleich 1 gesetzt) um so größer sein, je kleiner ihre Tropfenzahl z_1 im Vergleiche zu der des Wassers z (im selben Capillarrohr, Stalagmometer bestimmt), und je größer ihr spezifisches Gewicht s_1 im Verhältnis zu dem des Wassers s (gleich 1) ist. Also ist

$$\gamma_1 = \frac{\gamma \cdot z \cdot s_1}{z_1 s} = \frac{z \cdot s_1}{z_1}.$$

Handelt es sich um wäßrige Lösungen, an denen die Unterschiede im spezifischen Gewicht der Flüssigkeit und des Wassers vernachlässigt werden können, so kommt man zu einer noch einfacheren Formel

$$\gamma_1 = \frac{z}{z_1} \ldots \ldots \ldots \ldots \quad \text{(XVIII)}$$

2. An der Grenzfläche zwischen Flüssigkeit und festem Stoffe ist die Oberflächenspannung einer direkten Messung nicht zugängig, die Tatsache der veränderten Oberflächenspannung jedoch leicht nachweisbar (siehe unten).

Die Bestimmungen der Oberflächenspannung haben nun ergeben, daß es eine ganze Reihe von biologisch wichtigen Stoffen gibt, durch die die Oberflächenspannung des Wassers an der Grenze gegen Luft nicht verändert wird: man nennt diese Stoffe „oberflächeninaktiv". Dann hat man solche gefunden, durch die die Oberflächenspannung des Wassers verändert wird: man bezeichnet solche Stoffe als „oberflächenaktiv", und zwar besteht die Veränderung entweder in einer (oft starken) Herabsetzung, oder in einer (meistens nur geringen) Steigerung der Oberflächenspannung.

Eine für uns wichtige Erscheinung, die mit der Änderung der Oberflächenspannung einhergeht, ist die der Adsorption. Nach dem von Gibbs und Thomson abgeleiteten Theorem kommt es nämlich im Falle der Veränderung der Oberflächenspannung zu folgenden Veränderungen:

a) Die Konzentration der Stoffe, die die Oberflächenspannung des Wassers herabsetzten, nimmt in der Oberfläche zu, es findet hier eine Anreicherung des Stoffes statt, sie werden „positiv adsorbiert". Solche Stoffe sind: freie Fettsäuren, Salze der höheren Fettsäuren, sowie im allgemeinen Stoffe, die als lipoidlöslich (S. 12) bekannt sind. Die positive Adsorption läßt sich, wenn das Adsorbens fest ist, auf folgende Weise nachweisen: Schüttelt man die wäßrige Lösung des zu untersuchenden Stoffes mit einem festen Körper von möglichst großer Oberflächenentwicklung (z. B. Kohle oder Kaolin in fein verteiltem Zustande, oder Seide, Baumwolle usw.), so wird eine etwa stattgehabte positive Adsorption an der Konzentrationsabnahme der Flüssigkeit zu erkennen sein, wenn diese von dem Adsorbens durch Filtrieren getrennt wird.

b) Die Konzentration der Stoffe, die die Oberflächenspannung erhöhen, nimmt nach obigem Gesetze in ·der Oberfläche ab, sie werden in das Flüssigkeitsinnere gedrängt, negativ adsorbiert. Eine solche Wirkung kommt manchen Neutralsalzen zu.

c) Die Konzentration der Stoffe, die oberflächeninaktiv sind, erleidet in der Oberfläche keinerlei Veränderungen, sie werden nicht adsorbiert. Solche sind: die meisten Neutralsalze, Zuckerarten, höhere Alkohole.

Bezüglich einer Reihe von Stoffen, die an der Grenze zwischen Wasser und Luft positiv adsorbiert werden, hat man gefunden, daß sie an der Grenze von Wasser und festen Stoffen von beliebiger Natur sich ebenso verhalten. Von anderen Stoffen hat es sich hingegen herausgestellt, daß sie sich verschiedenen Adsorbenzien gegenüber verschieden verhalten; an Kohle oder Kaolin werden sie positiv adsorbiert, an Eisenhydroxyd und an Tonerde nicht. Es handelt sich diesfalls um Stoffe, die in ihren Lösungen wirklich oder nach Art der Elektrolyte dissoziiert, also im Besitze von elektrischen Ladungen sind. Da es nun andererseits nachgewiesen ist, daß die in Wasser suspendierten Teilchen aller Art meistens Träger von elektrischen Ladungen sind, war es nicht schwer, folgende Gesetzmäßigkeiten festzustellen: Die dissoziierten, daher elektrisch geladenen Teilchen eines Stoffes werden von einem festen Adsorbens nicht adsorbiert, wenn sie und das Adsorbens die gleichen elektrischen Ladungen besitzen; hingegen findet eine positive Adsorption statt, wenn die gelösten Teilchen und das Adsorbens entgegengesetzt gerichtete Ladungen besitzen. So werden z. B. die Anionen gewisser Farbstoffe durch Tonerde adsorbiert, weil die letztere positiv geladen ist, durch das negativ geladene Kaolin aber nicht.

Der Adsorptionsvorgang hat so manche Ähnlichkeit mit den (S. 13) beschriebenen reversiblen Vorgängen. Sowie bei den letzteren, gibt es auch bei der Adsorption zwei einander entgegengesetzt gerichtete Prozesse: Einerseits die Änderung der Konzentration in der Oberfläche, andererseits das Bestreben der einander sich berührenden Lösungen, die entstandenen Konzentrationsunterschiede auf dem Wege der Diffusion auszugleichen. Zu einem Gleichgewichtszustande kommt es, wenn die Geschwindigkeit der beiden entgegengesetzten Prozesse gleich groß geworden ist. Die Formel, durch die dieses Gleichgewicht ausgedrückt wird, ist allerdings verschieden von der, die sich für chemische Gleichgewichte aufstellen ließ; insbesondere muß betont werden, daß sie eine rein empirische ist. Wird mit m die Menge des adsorbierenden, mit x

die des adsorbierten, mit c die Menge des zur Zeit des Gleichgewichtes noch nicht adsorbierten Stoffes bezeichnet, so besteht die Gleichung

$$\frac{x}{m} = a\, c^{\frac{1}{n}} \quad \ldots \ldots \ldots \quad \text{(XIX)}$$

wobei a und n Konstanten darstellen.

Ein wesentlicher Unterschied gegen die in chemischen Prozessen beobachteten Gesetzmäßigkeiten ist, daß man in Lösungen von verschiedener Konzentration die Adsorption relativ um so stärker finden wird, je geringer ihre Konzentration ist; hingegen wurde in Übereinstimmung mit den reversiblen chemischen Prozessen gefunden, daß dasselbe Gleichgewicht erreicht wird, ob zu Beginn des Vorganges der zu adsorbierende Stoff in der Flüssigkeit oder im Adsorbens sich befunden hat. Mit der Reversibilität hängt es auch zusammen, daß der adsorbierte Stoff von dem Adsorbens durch einen Überfluß an reinem Lösungsmittel, also durch „Auswaschen" wieder getrennt werden kann. Desgleichen auch, daß durch einen Stoff, der stärker als ein anderer adsorbiert wird, letzterer aus der Oberfläche verdrängt werden kann. Doch kann die Adsorption auch eine irreversible sein (S. 130, 34.)

VII. Kolloidale Lösungen.

A. Definition.

Ältere Definition. Nach der älteren Definition werden solche Stoffe als kolloidale bezeichnet, die, im Gegensatz zu den krystalloiden, nicht krystallisieren, und an deren wäßrigen Lösungen, wie z. B. an denen des Leimes ($\varkappa o \lambda \lambda a$, daher ihr Name) eine freie „Diffusion" (S. 5) sehr langsam, eine solche „durch Membranen" kaum oder gar nicht stattfindet. Spätere Forschungen haben jedoch einerseits ergeben, daß es sehr viele, für gewöhnlich als krystalloide angesehene Stoffe gibt, die auch als Kolloide auftreten können, daher man, anstatt von krystalloiden und kolloiden Stoffen zu sprechen, richtiger einen krystalloiden und kolloiden Zustand der Stoffe unterscheiden muß; andererseits, was noch wichtiger ist, daß ein prinzipieller Gegensatz zwischen krystalloidem und kolloidem Zustand schon aus dem Grunde nicht besteht, weil ein stetiger Übergang von einem zum anderen nachgewiesen werden kann.

Neuere Definition. Als homogen im strengsten Sinne des Wortes können von allen Flüssigkeiten bloß die reinen Lösungsmittel selbst angesehen werden, denn diese allein sind es, in denen wir voneinander räumlich getrennte Teilchen von differierenden Eigenschaften weder nachweisen, noch auch uns vorstellen können. Sobald aber dem reinen Lösungsmittel noch ein Stoff von beliebiger Art in beliebiger Form zugefügt wird, besteht im Sinne der neueren Auffassung keine Homogenität (die ältere Auffassung kannte auch homogene Lösungen). Solche Flüssigkeiten bilden ein heterogenes System, in dem wir verschiedene „Phasen", d. i. räumlich getrennte Teilchen von differierenden Eigenschaften wahrnehmen oder zum mindesten uns vorstellen können.

Man bezeichnet die Teilchen des Stoffes, der in der Flüssigkeit zerstreut, „dispergiert", ist, als die „disperse Phase", die andere Phase, das Lösungsmittel, in dem der fremde Stoff dispergiert ist, als „Dispersionsmittel". In Wirklichkeit können außer flüssigen Körpern auch feste und gasförmige als Dispersionsmittel figurieren, und kann auch die disperse Phase eine beliebige der drei Aggregatzustände haben. Uns interessieren aber hier ausschließlich die Fälle, in denen das Dispersionsmittel Wasser, die disperse Phase jedoch flüssig oder fest ist.

Die Eigenschaften solcher heterogener Systeme werden in erster Linie von dem Aggregatzustande der dispersen Phase abhängen. Ist diese fest, so hat man es mit einer Suspension zu tun (z. B. Kohlenpulver in Wasser aufgeschwemmt); ist auch die disperse Phase flüssig, so sprechen wir von einer Emulsion (z. B. Öl mit Wasser geschüttelt). Die Eigenschaften der heterogenen Systeme werden aber auch darum verschieden sein, weil die Dimensionen der dispersen Phase naturgemäß sehr verschiedene sein können. Mehr als die sog. makroheterogenen Systeme, in denen die disperse Phase aus groben, sogar dem freien Auge sichtbaren Teilchen besteht, interessieren uns die sog. mikroheterogenen Systeme, und zwar unterscheidet man unter ihnen:

a) solche, in denen die Teilchen der dispersen Phase einen Durchmesser von mehr als 0,1 μ haben;

b) ein anderes Mal ist die Verteilung des Stoffes eine so weitgehende, daß die disperse Phase nicht einmal ultramikroskopisch wahrnehmbar ist: ein solches mikroheterogenes System entsteht, wenn ein Stoff echt gelöst, also in Moleküle zerlegt, oder gar, falls es sich um einen Elektrolyten handelt, in Ionen zerfallen im Dispersionsmittel enthalten ist. Man spricht in diesen Fällen von molekular- bezw. ion-dispersen Systemen. In diesen haben die Teilchen der dispersen Phase einen Durchmesser von weniger als 0,001 μ;

c) die dazwischen liegenden heterogenen Systeme, in denen die disperse Phase aus Molekülaggregaten mit einem Durchmesser von etwa 0,1 μ bis herunter zu etwa 0,001 μ bestehen dürfte, sind durch besondere Eigenschaften gekennzeichnet und unter dem Namen der kolloidalen Lösungen bekannt.

B. Eigenschaften.

Die kolloidalen Lösungen sind durch eine Reihe von Eigenschaften ausgezeichnet; doch ist es nach obigem selbstverständlich, daß diese oder aber ihnen ähnliche Eigenschaften auch jenseits der den Kolloiden gesteckten Grenzen, also an mikroheterogenen Systemen mit einem geringeren oder größeren Teilchendurchmesser angetroffen werden können. Die kolloidalen Lösungen werden (immer Wasser als Dispersionsmittel vorausgesetzt) auch als Hydrosole bezeichnet; nehmen sie die Konsistenz einer Gallerte (siehe weiter unten) an, so spricht man von einem Hydrogel. Die Teilchen der dispersen Phase sind mit einem gewöhnlichen Mikroskope nicht, wohl aber, wenn auch nicht in ihren wirklichen Konturen, mit einem Ultramikroskope sichtbar. Kolloidale

Lösungen werden durch ein durchtretendes Lichtbündel zum Opalisieren gebracht (Tyndall-Phänomen). Frei diffundieren sie langsam, durch eine Membran kaum oder gar nicht. Auf dieser letzteren Eigenschaft beruht auch die sog. Dialyse, bestehend in einer Trennung der kolloidalen Bestandteile einer Lösung von den Krystalloiden, indem letztere in das umgebende Lösungsmittel (Wasser) durch eine die Lösung umgebende Membran hindurchdiffundieren, erstere jedoch in der Lösung zurückbleiben. Gewöhnliche (Papier-)Filter werden durch die Kolloide anstandslos passiert; sucht man sie jedoch durch eigens zubereitete gedichtete Filter von sehr geringer Porenweite zu pressen, so tritt das Dispersionsmittel nebst den eventuell mitanwesenden Krystalloiden durch, die dispergierte Phase bleibt jedoch obenauf am Filter (Ultrafiltration). Da die Porenweite von solchen Filtern frei gewählt werden kann, so lassen sich kolloidale Lösungen von verschiedener Teilchengröße durch eine geeignete Reihe von Ultrafiltern voneinander trennen. Der osmotische Druck kolloidaler Lösungen ist, wenn überhaupt vorhanden, sehr gering, nach einigen Autoren jedoch an den sog. hydrophilen Kolloiden (siehe weiter unten) immerhin meßbar. Die Geringfügigkeit der Ausschläge bei diesen Messungen (Steighöhe des Hg, Gefrierpunktserniedrigung) ist bei dem relativ sehr hohen Molekulargewicht der hierher gehörenden Verbindungen begreiflich, denn die molare Konzentration, der ja der osmotische Druck proportional ist, kann auch in prozentual hochkonzentrierten Lösungen dieser Stoffe bloß ein geringer sein. Eine weitere Eigenschaft der Kolloide ist die der Hysterese, des Alterns, darin bestehend, daß bei noch so feiner, noch so stabil erscheinender Verteilung des Stoffes dieser sich mit der Zeit zu größeren Teilchen von immerfort zunehmenden Dimensionen zusammenballt, um endlich aus dem Dispersionsmittel förmlich auszutreten. An manchen Kolloiden nimmt dieser Vorgang Stunden und Tage, an anderen Wochen und Monate in Anspruch. Im elektrischen Potentialgefälle wandern die kolloidal gelösten Teilchen (wie auch die der gröberen Suspensionen) bald zur Anode, bald aber zur Kathode, welche Erscheinung als Kataphorese bezeichnet wird, und zur Annahme führt, daß die sich fortbewegenden Teilchen Träger von elektrischen Ladungen sind. Für gewisse Kolloide, die Ionen abzudissoziieren vermögen, ist die elektrische Ladung ohne weiteres begreiflich; für andere Fälle kann man mit der Erklärung auskommen, daß in der Flüssigkeit mitanwesende H- bezw. OH-Ionen von den Kolloidteilchen adsorbiert werden und auf diese Weise den letzteren eine positive bezw. negative Ladung mitgeteilt wird. Hierfür spricht die Tatsache, daß man die Wanderungsrichtung kolloidaler Teilchen durch Zusatz von H-Ionen (Säuren) bezw. von OH-Ionen (Laugen) ändern bezw. auch durch eine entsprechende Abstufung dieser Ionenkonzentrationen einen Zustand der kolloidal gelösten Teilchen schaffen kann, in der sie die Erscheinung der Kataphorese nicht mehr zeigen. Dieser Zustand wird auch als isoelektrischer bezeichnet, womit angedeutet werden soll, daß die Teilchen keine freien Ladungen mehr besitzen. Wichtig ist, daß die Kolloide in diesem isoelektrischen Zustande am leichtesten zur Fällung gebracht werden können (S. 113).

Mit Rücksicht auf gewisse Eigenschaften lassen sich die kolloidalen Lösungen in zwei voneinander recht scharf zu trennende Gruppen teilen. Die eine Gruppe, zu der Arsentrisulfid, Eisenhydroxyd, Kieselsäure, kolloidales Gold, Silber usw., alkoholische Lösungen von Mastix oder Kolophonium, die in viel Wasser eingegossen wurden, gehören, weist eher die Eigenschaften von Suspensionen auf, indem die disperse Phase vom Dispersionsmittel scharf getrennt ist: man nennt sie daher Suspensoide oder hydrophobe Kolloide. Eine andere Gruppe der kolloidalen Stoffe wird durch solche gebildet, die auch physiologisch besonders wichtig sind, wie z. B. Eiweiß, Leim, Lecithin, Stärke, Glykogen, Seifen usw.; ihre Lösungen stehen den Emulsionen näher, indem die disperse Phase vom Dispersionsmittel quasi durchdrungen ist, also auch selber nicht als fest angesehen werden kann. Man nennt sie hydrophile oder Emulsionskolloide oder Emulsoide.

Die Hauptunterschiede in den Eigenschaften dieser beiden Gruppen sind die folgenden:

a) In den Suspensionskolloiden (S. P.) ist die Oberflächenspannung der Flüssigkeit kaum, in den Emulsionskolloiden (E. C.) merklich, oft stark herabgesetzt. Daher kommt es in den letzteren oft zu einer besonders starken Anreicherung der dispersen Phase an der Grenzschichte und demzufolge zu einer „Häutchenbildung" als Ausdruck einer irreversiblen Adsorption.

b) Die innere Reibung eines S. C. ist kaum größer als die des reinen Wassers, die eines E. C. größer, oft sogar sehr bedeutend. Wenn ein solches E. C. von etwas größerer Konzentration zu einer sog. Gallerte gesteht, so hat man es eigentlich mit einem heterogenen Systeme von ganz außergewöhnlich großer innerer Reibung zu tun. Die Gallerten können auch als heterogene Systeme aufgefaßt werden, die aus zwei Hauptphasen, einer festeren und einer mehr flüssigen, bestehen; in jeder derselben ist sowohl das Dispersionsmittel als auch die disperse Phase enthalten, jedoch von letzterer in der festeren, von ersterem in der flüssigen mehr.

c) Im elektrischen Potentialgefälle wandern die Teilchen eines S. C. bald zur Kathode (z. B. basische Farbstoffe, kolloidale Metallhydroxyde usw.), bald zur Anode (z. B. kolloidale Kieselsäure, gewisse saure Farbstoffe usw.). Die elektrischen Ladungen, die die suspendierten Teilchen haben müssen, rühren meistens von minimalen Mengen adsorbierter Verunreinigungen her, aus denen H- bezw. OH-Ionen abdissoziierten und dementsprechend an den suspendierten Teilchen negative bezw. positive Ladungen hinterließen. Die Teilchen eines E. C. haben vermöge ihrer chemischen Konstitution richtige elektrische Ladungen, stehen also den Ionen recht nahe, wenn es auch richtig ist, daß die Ladung eines E. C.-Teilchens geändert werden kann (S. 112).

d) S. C. werden durch relativ geringe Mengen von Elektrolyten irreversibel gefällt, und zwar sind es bezüglich der kathodisch wandernden Teilchen die Kationen des Elektrolyten, die den Ausschlag geben, bezüglich der anodisch wandernden aber die Anionen des Elektrolyten. Dabei ist jedesmal die fällende Wirkung eines Iones um so größer, je höher seine Wertigkeit. E. C. verhalten sich gegenüber der fällenden Wirkung der Neutralsalze weit resistenter: zu ihrer Fällung bedarf es weit konzentrierterer Salzlösungen, auch können diese Fällungen nach der Entfernung des fällenden Elektrolyten durch Wasser wieder in Lösung gebracht werden; also ist die Fällung hier eine reversible.

Die weit geringere Fällbarkeit eines E. C. kommt, wenn ein solches in der Lösung eines S. C., oder gar auch in einer echten Suspension mitanwesend ist, auch den beiden letzteren zugute. Die suspendierten Teilchen werden von dem E. C. quasi eingehüllt, hierdurch zu Teilchen umgeformt, die nicht mehr den Charakter eines leicht fällbaren S. C., bezw. einer Suspension haben. Dem E. C. kommt also eine Art von Schutzwirkung auf sonst leicht fällbare Teilchen zu: als sog. Schutzkolloide der S. C. und der feineren Suspensionen spielen sie in verschiedenen Körpersäften eine wichtige Rolle (S. 130, 135, 179, 246, 254).

Zweites Kapitel.

Die chemischen Bestandteile des tierischen Körpers.

I. Elemente.

Der menschliche Körper ist aus folgenden Elementen aufgebaut: Wasserstoff, Kalium, Natrium, Calcium, Magnesium, Eisen (Mangan); Chlor, Jod, Fluor; Kohlenstoff, Sauerstoff, Schwefel, Phosphor, Stickstoff; ferner enthält er sehr geringe Mengen Silicium und nur akzidentell Kupfer, Zink, Blei, Quecksilber, Brom und Arsen. Unter diesen Elementen befinden sich die wichtigsten in ständigem Austausch zwischen der Erdoberfläche und der Atmosphäre, zwischen der Atmosphäre und der lebenden Welt, außerdem zwischen Pflanzen- und Tierreich.

Wasserstoff. Als ein Bestandteil des Wassers und der meisten organischen Verbindungen ist er unentbehrlich im Aufbau und in den Lebensprozessen sowohl der Pflanzen als der Tiere. Freier Wasserstoff entsteht im Magen- und Darmkanal der Tiere (hauptsächlich der Pflanzenfresser) während der daselbst stattfindenden Gärungen und gelangt durch Resorption in sehr geringen Mengen in das Blut und von hier in die Exspirationsluft.

Kalium und Natrium kommen hauptsächlich an Chlor, in geringeren Mengen an Phosphor-, Schwefel- und Kohlensäure gebunden im tierischen und pflanzlichen Körper vor. Das Mengenverhältnis zwischen Kalium und Natrium ist verschieden: Pflanzen enthalten in der Regel weniger, nieder organisierte Tiere mehr Natrium als Kalium; hochorganisierte Tiere ungefähr gleiche Mengen. Die Verteilung ist jedoch auch in den letzteren ungleichmäßig, indem die Natriumsalze hauptsächlich in den Säften (Blutplasma, Lymphe, Pankreassekret), Kaliumsalze aber hauptsächlich in den Zellen und Zellderivaten (Muskeln, Gehirn, Leber), aber auch in der Milch und in der Galle enthalten sind.

Calcium bildet den überwiegenden Bestandteil der Asche des tierischen Körpers; das Gerüst vieler niedriger Organismen besteht sogar fast ausschließlich aus

Calciumsalzen. In besonders großen Mengen ist Calcium im Knochen- und Zahngewebe enthalten; in geringerer Menge im Speichel, Darmsaft, Harn, in jeder Zelle, in allen Zellsäften. Es kommt hauptsächlich an Phosphor- und Kohlensäure, in geringeren Mengen an Fluorwasserstoffsäure (Knochen) und in sehr geringen Mengen an Citronensäure (Milch) gebunden vor.

Magnesium ist in wechselnden Mengen überall neben dem Calcium aufzufinden.

Eisen ist im erwachsenen Menschen in einer Menge von etwa 3 g in Form verschiedener Verbindungen, und zwar zu etwa 2 g in Form von Hämoglobin enthalten, welches die Zufuhr von atmosphärischem Sauerstoff zu den lebenden Zellen vermittelt. Ferner ist Eisen in jeder tierischen Zelle, hauptsächlich in den Zellkernen, in allen Körpersäften, in Sekreten, besonders in der Galle, enthalten. In größeren Mengen kommt es in der Leber vor, in welcher die eisenhaltige Komponente des Hämoglobin der zugrunde gegangenen roten Blutkörperchen abgelagert wird; ferner an Stellen, wo ein Blutaustritt in die Gewebslücken stattgefunden hat.

Mangan ist in geringen Mengen überall neben Eisen nachzuweisen.

Chlor. An Alkali gebunden kommt es in Blut, Lymphe und in allen Körpersäften vor, in Form freier Salzsäure im Magensaft.

Jod kommt im Gerüst von Spongienarten in Form eines jodhaltigen Albuminoids, in manchen Korallenarten in Form eines Di-jod-tyrosins (der früher sog. Jod-Gorgosäure) vor. In der Schilddrüse von Säugetieren ist es in organischer Bindung in einem jodhaltigen Thyreoglobulin enthalten, bezw. nach neuesten, noch nicht als abgeschlossen zu betrachtenden Untersuchungen, in Form von Thyroxin, einer krystallisierbaren jod-substituierten Indolpropionsäure. Ferner soll angeblich im Menstrualblut Jod in relativ größeren Mengen nachzuweisen sein.

Fluor ist in größeren Mengen als Calciumfluorid im Knochen- und Zahngewebe, spurenweise in den Epidermoidalgebilden, im Blut, in der Milch, im Gehirn und im Harn enthalten.

Kohlenstoff bildet ungefähr die Hälfte der Trockensubstanz des pflanzlichen und tierischen Organismus, und zwar überwiegend als charakteristischer Bestandteil der organischen Verbindungen, in geringerer Menge in Form von Carbonaten und Bicarbonaten.

Sauerstoff ist im tierischen Körper in verschiedenen Formen enthalten: als elementarer Sauerstoff in den Luftwegen und in den oberen Verdauungswegen; absorbiert im Blutplasma und in der Lymphe; in lockerer chemischer Bindung im Oxyhämoglobin des Blutes; als Bestandteil von organischen und unorganischen Verbindungen (darunter auch des Wassers), aus welchen der tierische Körper aufgebaut ist. Er unterhält als Bestandteil der atmosphärischen Luft die Verbrennungsprozesse, auf welchen die Lebensvorgänge beruhen, und endlich besteht auch unsere Nahrung zumeist aus sauerstoffhaltigen Verbindungen.

Schwefel ist hauptsächlich in Form von Eiweißkörpern im tierischen Organismus enthalten; in größten Mengen in den Haaren, in Federn usw.; ferner als Chondroitinschwefelsäure im Knorpel und in vielen anderen Geweben. Im Speichel kommt Schwefel als Rhodanalkali vor, im Kot als Eisensulfid, in den Darmgasen als Schwefelwasserstoff. Im Speichel einer Meerschnecke wurde neben schwefelsaurem Alkali freie Schwefelsäure in einer Menge bis zu 1% (!) gefunden.

Phosphor ist im tierischen Organismus in Form von phosphorsaurem Kalium in Muskeln und in der Milch enthalten; als phosphorsaures Calcium und Magnesium in den Knochen. In organischer Bindung kommt er im Lecithin und anderen Phosphatiden, ferner in den Nucleinsäuren vor.

Stickstoff. Elementarer gasförmiger Stickstoff ist wohl in den lufthaltigen Körperhöhlen, ferner im Blutplasma und in der Lymphe absorbiert enthalten; am tierischen Stoffwechsel ist er jedoch nicht beteiligt. Von besonderer Wichtigkeit sind die stickstoffhaltigen organischen Verbindungen, und unter diesen in erster Linie die Eiweißkörper, die den wichtigsten Bestandteil des tierischen Körpers und der Nahrung darstellen.

Silicium kommt in verschiedenen Geweben des tierischen Körpers vor, jedoch bloß in sehr geringen Mengen, und zwar vielleicht in organischer Bindung. Relativ größere Mengen werden in embryonalen Geweben gefunden; so in der Wharton-schen Sulze des Nabelstranges, ferner im Glaskörper des Auges, in Haaren und Federn. In sehr geringen Mengen ist es auch im Harn von Fleischfressern nach-zuweisen; in größeren Mengen im Harn von Pflanzenfressern.

Brom würde im Magensaft mancher Fischarten nachgewiesen.

Arsen soll nach manchen (französischen) Autoren spurenweise in sämtlichen Geweben des tierischen Körpers nachzuweisen sein; nach anderen Autoren jedoch soll es sich da um Spuren von Arsen handeln, welche den zum Nachweis verwendeten Reagenzien als Verunreinigung beigemischt waren.

Kupfer. Im Blute mancher Mollusken ist ein, Hämocyanin genannter, kupfer-haltiger respiratorischer Farbstoff enthalten, der dem Hämoglobin der höheren Tiere einigermaßen entspricht. Kupfer wurde in den Federn mancher Vogelarten in relativ größeren Mengen als regelmäßiger Bestandteil gefunden; hingegen rühren die Spuren, die man in der Leber und Galle höherer Tiere nachgewiesen hat, offenbar nur von Verunreinigung von Speisen und Getränken her, die in den Körper miteingeführt worden sind. Dasselbe gilt offenbar auch für Spuren von Zink, Blei und Quecksilber.

II. Anorganische Verbindungen.

Wasser. Der menschliche Körper besteht zum größeren Anteil, etwa zu 65%, aus Wasser; die Weichteile enthalten noch mehr, bis zu 80%. Mehr als die Hälfte des Körperwassers ist in den Muskeln enthalten, nur etwa 5% im Blute. Es ist unentbehrlich als Haupt-bestandteil der Gewebesäfte, der Sekrete, des Blutes, der Lymphe; und ebenso unentbehrlich in dem durch Eiweiß, Salze und Wasser gebildeten Komplex, den wir „lebendes Eiweiß" nennen. Niedere Organismen enthalten mehr Wasser als höher differenzierte; ein jugendlicher, in Entwicklung begriffener Organismus mehr als ein erwachsener. Der Wassergehalt des normalen Organismus bleibt bei Wasserentziehung, nach Wasserverlusten oder nach Einfuhr größerer Wassermengen nahezu unverändert; dagegen können unter pathologischen Verhältnissen so manche Veränderungen im Wassergehalt eintreten, wobei wieder die Muskeln es sind, die beinahe die Hälfte eines Wasserplus aufnehmen und nicht etwa das Blut.

Anorganische Salze. Von den anorganischen Salzen ist ein Teil, namentlich die Calciumsalze, in ungelöstem Zustande in den Geweben enthalten, worauf eben die Festigkeit der letzteren beruht (Knochen, Zähne); ein anderer Teil kommt in Zellen und Zellsäften gelöst und offenbar teilweise durch die Eiweißkörper adsorbiert vor. Natrium-chlorid und Natriumcarbonat sind hauptsächlich in Blut und Lymphe, Kaliumchlorid in den Gewebezellen und roten Blutkörperchen, Kalium-phosphat in den Muskeln, Calcium-Phosphat, -Carbonat und -Fluorid sowie Magnesiumphosphat hauptsächlich in den Knochen enthalten.

Den gelösten Salzen kommt eine zweifache Funktion zu.

Erstens sind es die Salze, auf denen der in den Warmblütern kon-stante osmotische Druck der Säfte (S. 127) — eine unentbehrliche Lebensbedingung dieser Tiere — beruht.

Zweitens kommt den Ionen, in die die Salze großen Teiles dissoziiert sind (S. 1), nach neuesten Untersuchungen eine besonders wichtige Rolle in den Lebensvorgängen zu. Es ist nämlich längst bekannt, daß man Organe und Gewebe, die man dem Tierkörper entnommen hat, soferne man sie lebend und funktionstüchtig erhalten will, nicht nur in Lösungen von ganz bestimmtem osmotischen Druck, sondern in solchen halten muß, die außerdem noch eine ganz bestimmte qualitative Zusammensetzung haben. Legen wir z. B. ein Frosch-Nerv-Muskelpräparat in eine mit den Säften des Froschkörpers genau isotonische Lösung eines Nichtelektrolyten (z. B. Traubenzucker) ein, so verliert dasselbe alsbald seine Erregbarkeit, die aber wiederkehrt, wenn wir die Lösung mit einer Kochsalzlösung, die abermals isotonisch angefertigt war, vertauschen. Es sind zweifelsohne die Natrium-Ionen, die hier wirksam waren und, ohne diese Ionenwirkung zu kennen, war es bloß die Erfahrung, durch die die früheren Physiologen bewogen wurden, die sog. „physiologische Kochsalzlösung" zu verwenden, die, je nachdem es sich um Gewebe eines Säugetieres oder eines Frosches handelte, 0,9—1,0 resp. 0,6—0,7% stark genommen werden mußte. Später wurde gefunden, daß diese „physiologischen Kochsalzlösungen" in ihrer Verwendbarkeit von solchen Flüssigkeiten weit übertroffen werden, in denen verschiedene Salze, resp. deren Ionen, gelöst enthalten sind. So stellte es sich z. B. heraus, daß ein Froschmuskelpräparat in eine reine Kochsalzlösung gelegt, in anhaltende fibrilläre Zuckungen gerät und sehr bald abstirbt; hingegen hören die Zuckungen auf und wird auch die Lebensdauer des Präparates wesentlich verlängert, wenn man die Lösung mit einer sehr geringen Menge von Kalium- und Calcium-Ionen versetzt. Diese und ähnliche Beobachtungen veranlaßten Ringer und nach ihm Locke zur Bereitung der nach ihnen benannten physiologischen Lösungen, in denen, je nachdem Gewebe resp. Organe vom Frosch oder von Säugetieren funktionstüchtig erhalten werden sollen, ca. 0,6—1,0% NaCl, 0,01 bis 0,04% KCl, 0,01—0,02% $CaCl_2$ und 0,01—0,03% $NaHCO_3$ gelöst enthalten sind.

Es ist offenbar, daß es sich in allen diesen Erscheinungen um ausgeprochene Ionenwirkungen handelt, bezüglich deren mehrere interessante Gesetzmäßigkeiten festgestellt wurden. So fand man, daß die verschiedenen einwertigen Kationen im großen und ganzen dem Natrium-Ion analoge Wirkungen auf gewisse künstliche leblose Systeme, wie auch auf lebende Zellen ausüben, welche Wirkungen durch die Anwesenheit von zwei- und mehrwertigen Kationen — die sich innerhalb gewisser Grenzen wieder gegenseitig vertreten können — paralysiert wird. Es wurde ferner für Kationen sowohl wie auch für Anionen eine Reihenfolge festgestellt, in der sie nach zunehmender Wirksamkeit auf die genannten leblosen Systeme geordnet sind; annähernd dieselbe Reihenfolge ergibt sich für Kationen sowohl als auch für Anionen, wenn man sie nach ihrer Wirksamkeit auf lebende Zellen (Blutkörperchen, Muskeln) ordnet.

Zu den wichtigsten Versuchen, die auf diesem Gebiete ausgeführt wurden, gehören die von J. Loeb. Er fand, daß der Seefisch Fundulus, der in destilliertem Wasser eine Zeit lang sich ebenso gut wie im Meerwasser erhält, in einer reinen Lösung von NaCl oder KCl — wenn auch von derselben Konzentration, wie diese Salze im Meerwasser enthalten sind — unfehlbar zugrunde geht, hingegen auch in einer Lösung von KCl ganz wohlauf bleibt, wenn derselben NaCl in einem ganz bestimmten Verhältnis zugesetzt wird. Das giftige K-Ion wird also durch das an sich ebenfalls giftige Na-Ion entgiftet. Desgleichen gelingt die Entgiftung von K-Ionen schon durch sehr geringe Mengen von Ca-Ionen.

An den Eiern desselben Fisches fand J. Loeb, daß diese nicht nur in Meerwasser, sondern auch in destilliertem Wasser entwicklungsfähig sind, hingegen in einer reinen Kochsalzlösung in kurzer Zeit zugrunde gehen, und zwar auch in dem Falle, wenn deren Konzentration genau dieselbe wie im Meerwasser ist. Wird jedoch die Kochsalzlösung mit einer sehr geringen Menge von Calcium-Ion oder einem anderen mehrwertigen Kation versetzt, so bleiben sowohl die Eier, wie die bereits ausgeschlüpften Tiere weiter entwicklungsfähig. Also kommt den Ca-Ionen eine den giftigen Na-Ionen entgegenwirkende Tätigkeit zu.

Ferner wurde gezeigt, daß eine bestimmte Menge von $MgSO_4$, einem Tiere subkutan beigebracht, an diesem eine förmliche Narkose erzeugt. Bringt man nun dem Tiere ein wenig $CaCl_2$ intravenös bei, hört die Narkose beinahe sofort auf. Es besteht also ein typischer Antagonismus zwischen Mg- und Ca-Ionen.

Auch die Hydroxyl-Ionen haben eine nachweisbare Rolle in manchen physiologischen Erscheinungen, so z. B. bei den Flimmerbewegungen, bei dem Sauerstoffverbrauch in Entwicklung begriffener Eier usw.; desgleichen auch die Wasserstoff-Ionen überall dort, wo es sich um eine sog. Säurewirkung handelt.

III. Stickstofffreie organische Verbindungen.
(Mit Ausnahme von Kohlenhydraten und Fetten.)

A. Aliphatische Reihe.

Kohlenwasserstoffe.

Methan, CH_4, entsteht im Darm von Pflanzenfressern bei der Gärung der Kohlenhydrate, besonders der Cellulose; vom Darm wird es teilweise resorbiert, gelangt in das Blut und von dort in die Exspirationsluft.

Alkohole.

Äthylalkohol, C_2H_6O, ist eine farblose Flüssigkeit von charakteristischem Geruch, die bei 78° C siedet; wurde in sehr geringen Mengen im Gehirn, in Muskeln und in der Leber nachgewiesen.

Nachweis. Er verbindet sich in Gegenwart von Lauge mit Jod (in Jodkali gelöst) zu Jodoform, welche Reaktion auch manchen anderen Verbindungen, wie Aceton usw. eigentümlich ist.

$$
\begin{array}{cc}
& CH_2OH \\
& | \\
CH_3 & CHOH \\
| & | \\
CH_2OH & CH_2OH \\
\text{Äthylalkohol} & \text{Glycerin}
\end{array}
$$

Glycerin, $C_3H_8O_3$, ist eine dicke, farblose, geruchlose, stark süß schmeckende Flüssigkeit, die mit Wasser und Alkohol in jedem Verhältnisse mischbar, in Äther jedoch unlöslich ist.

Freies Glycerin entsteht in geringer Menge als Nebenprodukt bei der alkoholischen Gärung der d-Glucose; ist ferner in sehr geringer Menge im Dünndarminhalt, ferner im Blut enthalten. Von besonderer Wichtigkeit sind die Fettsäureester des Glycerins, die sog. Fette (S. 88 u. ff.).

Nachweis. Wird Glycerin mit wasserfreier Phosphorsäure oder mit trockener Borsäure oder mit wasserfreiem saurem schwefelsaurem Kalium erhitzt, so entsteht Acrolein (S. 90), das an seinem charakteristischen Geruch nach verbranntem Fett erkannt werden kann.

Die quantitative Bestimmung erfolgt mittels des Zeisel-Fantoschen Verfahrens; dieses beruht darauf, daß aus dem Glycerin unter Einwirkung von Jodwasserstoffsäure Isopropyljodid, $CH_3 \cdot CHI \cdot CH_3$, entsteht, das überdestilliert und in einer Lösung von salpetersaurem Silber aufgefangen wird; dabei entsteht Silberjodid, das als Niederschlag gesammelt, getrocknet und gewogen wird.

Glycerinphosphorsäure, $C_3H_9PO_6$, ist eine sirupartige farblose Flüssigkeit, welche durch längeres Erhitzen eines Gemisches von Glycerin und Phosphorsäure dargestellt werden kann; ferner auch durch Spaltung

$$
\begin{array}{ll}
CH_2OH \qquad\quad I & CH_2OH \qquad\quad II \\
|\ \ & |\ \ \\
CHOH & CHO-PO(OH)_2 \\
|\ \ & |\ \ \\
CH_2O - PO(OH)_2 & CH_2OH
\end{array}
$$
Glycerinphosphorsäure

des Lecithins (S. 92) mittels Barytwasser. Sie ist in zwei Modifikationen (I und II) bekannt, von welchen die erste, weil sie ein asymmetrisches C-Atom (S. 44) enthält, optisch aktiv, und zwar linksdrehend, ist. Sie kommt als Spaltungsprodukt des Lecithins in geringen Mengen im Gehirn, im Eigelb, in Transsudaten, im Harn vor.

Cetylalkohol, $C_{16}H_{34}O$, ist ein krystallisierbarer Körper, der in Form des Fettsäureesters im Cetaceum, Spermacet (S. 92) enthalten ist. **Cerylalkohol,** $C_{26}H_{54}O$, als Cerotinsäureester in Wachsarten (S. 92) enthalten. **Myricylalkohol,** $C_{30}H_{62}O$, als Palmitinsäureester im Wachs (S. 92) enthalten.

Thioalkohole, Mercaptane.

Methylmercaptan, CH_4S, entsteht bei der bakteriellen Zersetzung von Eiweiß und Leim; in geringeren Mengen ist es im Harn nach Genuß von Karfiol, Spargeln enthalten.

Thioäther.

Äthylsulfid, $C_4H_{10}S$, kommt im Hundeharn in Form von komplizierten Verbindungen vor, aus welchen es durch Zusatz von Lauge oder Kalkmilch abgespalten werden kann.

$$
\begin{array}{ccc}
 & CH_3 \quad CH_3 & CH_3 \\
 & |\qquad | & | \\
CH_3 & CH_2 \quad CH_2 & CO \\
| & \diagdown\quad\diagup & | \\
SH & S & CH_3
\end{array}
$$
Methylmercaptan   Äthylsulfid   Aceton

Ketone.

Aceton, Dimethylketon, C_3H_6O, eine farblose, leichtbewegliche Flüssigkeit von eigentümlichem obstartigem Geruch, die sich mit Wasser, Alkohol und Äther in allen Verhältnissen mischt. Mit Phenylhydrazin liefert es ein Hydrazon (S. 70); mit Natriumbisulfit eine krystallisierbare Verbindung. Geringe Mengen von Aceton sind im Harn und in der Exspirationsluft regelmäßig nachzuweisen; unter gewissen pathologischen Umständen wird wesentlich mehr ausgeschieden (Nachweis und quantitative Bestimmung, S. 208).

Oxyaldehyde und Oxyketone: Kohlenhydrate
(ausführlich im dritten Kapitel).

Einbasische gesättigte Fettsäuren.

Ameisensäure, CH_2O_2, entsteht aus Eiweiß, wenn dasselbe mit Braunstein und Schwefelsäure oxydiert wird, ferner bei der Spaltung von Kohlenhydraten. In Ameisen und in manchen Raupen ist Ameisensäure in relativ bedeutender Konzentration enthalten; spurenweise wurde sie im Blut, im Schweiß und im Harn des Menschen nachgewiesen.

$$\begin{array}{cc} H & CH_3 \\ | & | \\ COOH & COOH \\ \text{Ameisensäure} & \text{Essigsäure} \end{array}$$

Essigsäure, $C_2H_4O_2$, entsteht durch Oxydation des Alkohols (Wein und Bier) unter dem Einfluß des Mykoderma aceti, ferner bei der trockenen Destillation von Holz. Essigsäure entsteht auch aus Eiweiß, wenn dasselbe der Fäulnis ausgesetzt oder durch Permanganat oxydiert wird; desgleichen auch bei der Gärung von Kohlenhydraten. In geringen Mengen ist sie auch im normalen Kot enthalten; in größeren Mengen im Falle einer akuten Dyspepsie (verdorbener Magen!) im Mageninhalt bezw. im Erbrochenen. Spurenweise wurde sie auch im Schweiße, ferner im Leukämikerblut nachgewiesen.

Normale Buttersäure, $C_4H_8O_2$, ist in größeren Mengen in verdorbener, „ranziger" Butter enthalten. Sie entsteht aus Eiweiß durch Schmelzen mit Kali oder bei der Fäulnis, oder bei der Oxydation mit Braunstein und Schwefelsäure; aus Fett durch Oxydation mit Salpetersäure; aus Kohlenhydraten bei der sog. buttersauren Gärung. Sie wurde in geringen Mengen im Kot nachgewiesen; kommt manchmal im Mageninhalt, zuweilen auch im Harn vor.

$$\begin{array}{cccc}
CH_3 & & CH_3\;\;CH_3 & CH_3 \\
| & CH_3\;\;CH_3 & \diagdown\diagup & | \\
CH_2 & \diagdown\diagup & CH & CH_3\;\;CH_2 \\
| & CH & | & \diagdown\diagup \\
CH_2 & | & CH_2 & CH \\
| & COOH & | & | \\
COOH & & COOH & COOH \\
\text{Normale Buttersäure} & \text{Isobuttersäure} & \text{Isovaleriansäure} & \text{d-Valeriansäure}
\end{array}$$

Isobuttersäure, Dimethylessigsäure, $C_4H_8O_2$, wurde neben der normalen Buttersäure im Kot nachgewiesen.

Isovaleriansäure, Isopropylessigsäure, $C_5H_{10}O_2$, ist in reinem Zustande optisch inaktiv; sie entsteht bei der Oxydation von Eiweiß mit Chromsäure; sie ist im Fett von Delphinarten enthalten; wurde im menschlichen Kot und Schweiß nachgewiesen.

d-Valeriansäure, Methyläthylessigsäure, $C_5H_{10}O_2$; $[\alpha]_D = +17,5^0$ (über die Bedeutung von $[\alpha]_D$ siehe S. 72), wurde in faulendem Käse und Leim nachgewiesen.

Normale Capronsäure, $C_6H_{12}O_2$, kommt in größeren Mengen in faulendem Käse vor; in Form ihres Glycerides ist sie in Milchfetten enthalten; sie wurde auch im Kot des Menschen nachgewiesen. **d-Capronsäure, $C_6H_{12}O_2$,** ist wahrscheinlich kein einheitlicher Körper, sondern ein Ge-

$$
\begin{array}{ccccc}
CH_3 & CH_3 & CH_3 & CH_3 & CH_3 \\
| & | & | & | & | \\
(CH_2)_4 & (CH_2)_6 & (CH_2)_8 & (CH_2)_{10} & (CH_2)_{12} \\
| & | & | & | & | \\
COOH & COOH & COOH & COOH & COOH
\end{array}
$$

Normale Capronsäure   Caprylsäure   Caprinsäure   Laurinsäure   Myristinsäure

misch zweier Isomeren: der Isobutylessigsäure und der Methyläthylpropionsäure; sie wurde in faulendem Käse und Leim gefunden. **Caprylsäure, $C_8H_{16}O_2$,** und **Caprinsäure, $C_{10}H_{20}O_2$,** wurden in Milchfett, letztere auch im Schweiß nachgewiesen. **Laurinsäure, $C_{12}H_{24}O_2$,** und **Myristinsäure, $C_{14}H_{28}O_2$,** kommen im Milchfett in Form ihrer Glyceride, ferner im Cetaceum (S. 92) an Cetylalkohol gebunden vor.

Palmitinsäure, $C_{16}H_{32}O_2$, und **Stearinsäure, $C_{18}H_{36}O_2$;** krystallisierbare Körper mit dem Schmelzpunkte 62,6 resp. 69,2° C. Sie sind im Wasser unlöslich; lösen sich schwer in kaltem, leichter in heißem Alkohol, leicht in Äther, Benzol, Chloroform. Ihre Salze sind als Seifen bekannt; die Alkaliseifen sind in Wasser leicht löslich. In Form ihrer Triglyceride (S. 89) sind sie im Fett enthalten; neben Phosphorsäure und Cholin an Glycerin gebunden, bilden sie das Lecithin (S. 92); mit Cetylalkohol und Cholesterin bilden sie Ester, welche im Cetaceum resp. im Lanolin (S. 94) enthalten sind. In Form ihrer Calciumsalze kommen sie im Kot, als Natriumsalze im Blutserum,

$$
\begin{array}{cccc}
 & & & CH_3 \\
 & & & | \\
 & & & (CH_2)_7 \\
 & & & | \\
 & & & CH \\
 & & & \| \\
CH_3 & CH_3 & & CH \\
| & | & & | \\
(CH_2)_{14} & (CH_2)_{16} & & (CH_2)_7 \\
| & | & & | \\
COOH & COOH & & COOH
\end{array}
$$

Palmitinsäure   Stearinsäure   Oleinsäure

im Eiter, im Harn, in freiem Zustande in verkästen Tuberkeln, in altem Eiter usw. vor. Eine besonders wichtige Tatsache ist die, daß, während die Na-Salze der niederen Fettsäuren ausgesprochene Krystalloide sind, die der Palmitin-, Stearin- und Ölsäure, also die in den physiologischen Flüssigkeiten vorkommenden Seifen, mit Wasser Lösungen kolloidaler Natur geben.

Arachinsäure, $C_{20}H_{40}O_2$, ein krystallisierbarer Körper, der im Milchfett enthalten ist. **Lignocerinsäure, $C_{24}H_{48}O_2$,** Bestandteil des Sphingomyelins (S. 260). **Cerotinsäure, $C_{26}H_{52}O_2$,** und **Melissinsäure, $C_{30}H_{60}O_2$,** krystallisierbare Körper, die zum großen Teil in freiem Zustande im Wachs (S. 92) enthalten sind.

Einbasische ungesättigte Fettsäuren.

Oleinsäure, $C_{18}H_{34}O_2$, ein farbloser, geschmackloser, bei Zimmertemperatur flüssiger Körper, der unterhalb 14° C fest wird, in Wasser unlöslich ist, sich in Äther, Benzol, Chloroform leicht löst. Von ihren Alkalisalzen ist das Natriumoleinat bei Zimmertemperatur fest, das Kaliumoleinat dagegen flüssig; von dem Mengenverhältnisse dieser beiden Verbindungen hängt die Konsistenz der gebräuchlichen Seifen ab. Das Bleisalz ist in Äther und Benzol löslich, und wird zur Bereitung von Pflastern verwendet. Die Oleinsäure ist in Form ihrer Glyceride in den Fetten enthalten, ferner in Lecithinen und anderen Phosphatiden.

Außer der Oleinsäure sind noch andere ungesättigte Fettsäuren mit einer Doppelbindung bekannt; unter anderem wurden solche im Fischtran gefunden; hierher gehört auch die Erucasäure, die im Senföl enthalten ist. Ferner sind ungesättigte Fettsäuren bekannt, die mehr als eine Doppelbindung enthalten und die Eigenschaft haben, durch Aufnahme von Sauerstoff in feste harzartige Verbindungen verwandelt zu werden; solchen Säuren verdanken manche Öle (Mohn-, Lein-, Hanf-, Sonnenblumen-Öl) die Eigenschaft, an der Luft einzutrocknen. Zu diesen Fettsäuren gehören: die Linolsäure, $C_{18}H_{32}O_2$, und Linolensäure, $C_{18}H_{30}O_2$, welche außer in den genannten Pflanzenölen nach manchen Autoren auch im Rindstalg, im Schweinefett, ferner im Fett der Leber, des Herzmuskels, vorkommen sollen.

Glycerinester der einbasischen Fettsäuren: Fette.
(Ausführlich S. 88 ff.)

Mehrbasische Fettsäuren.

Oxalsäure, $C_2H_2O_4$, krystallisiert im monoklinen System mit zwei Molekülen Krystallwasser; ist in Wasser und in Alkohol leicht, in Äther schwerer löslich. Sie schmilzt bei 101^0 C im eigenen Krystallwasser und ist nur schwer von diesem zu befreien. In wäßriger Lösung wird Oxalsäure bei 40^0 C in Gegenwart von Schwefelsäure durch Kaliumpermanganat rasch und vollständig zu Wasser und Kohlensäure oxydiert. Sie ist in verschiedenen Pflanzenteilen oft in größeren Mengen enthalten; in den tierischen Organismus gelangt sie teils mit der pflanzlichen Nahrung, teils wird sie im Organismus selbst gebildet (S. 205). Nachweis und quantitative Bestimmung s. S. 206.

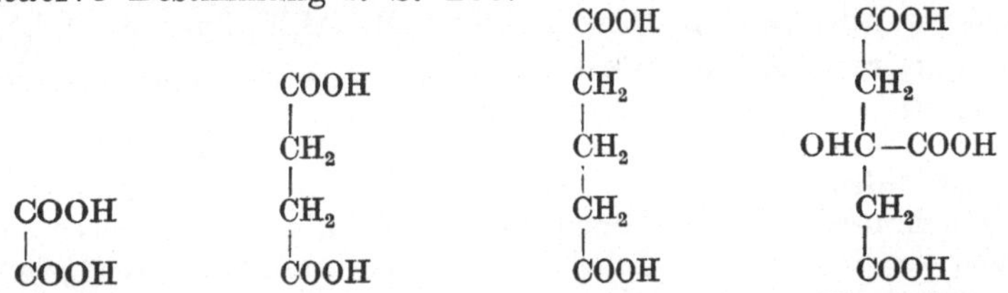

$$
\begin{array}{cccc}
 & & \text{COOH} & \text{COOH} \\
 & \text{COOH} & | & | \\
 & | & \text{CH}_2 & \text{CH}_2 \\
 & \text{CH}_2 & | & | \\
\text{COOH} & | & \text{CH}_2 & \text{OHC-COOH} \\
| & \text{CH}_2 & | & | \\
\text{COOH} & | & \text{CH}_2 & \text{CH}_2 \\
 & \text{COOH} & | & | \\
 & & \text{COOH} & \text{COOH} \\
\text{Oxalsäure} & \text{Bernsteinsäure} & \text{Glutarsäure} & \text{Citronensäure}
\end{array}
$$

Bernsteinsäure, $C_4H_6O_4$, entsteht aus Eiweiß bei dessen Oxydation mit Permanganaten; als Nebenprodukt auch bei der alkoholischen Gärung der d-Glucose. In relativ größeren Mengen ist sie in der Echinokokkusflüssigkeit enthalten; in geringen Mengen im Darminhalt, im Eiter, in der sauren Milch; ferner im Thymus- und Schilddrüsenpreßsaft.

Glutarsäure, $C_5H_8O_4$, wurde neben Bernsteinsäure im Eiter nachgewiesen.

Citronensäure, $C_6H_8O_7$, ein sehr häufiger Bestandteil verschiedenster Fruchtarten; kommt in geringen Mengen in der Milch verschiedener Tierarten vor.

Oxyfettsäuren.

Milchsäure, Oxypropionsäure, $C_3H_6O_3$, ist in Form zweier Isomeren bekannt: α-Oxypropionsäure (Äthylidenmilchsäure) und β-Oxypropion-

$$
\begin{array}{cc}
CH_3 & CH_2OH \\
| & | \\
CHOH & CH_2 \\
| & | \\
COOH & COOH \\
\text{\small}\alpha\text{-Oxypropionsäure} & \text{\small}\beta\text{-Oxypropionsäure}
\end{array}
$$

säure (Äthylenmilchsäure). Im tierischen Organismus kommt bloß die α-Oxypropionsäure vor, die ein asymmetrisches C-Atom enthält.

Als asymmetrisch wird ein C-Atom bezeichnet, das an allen vier Valenzen mit verschiedenen Atomen resp. Atomgruppen belegt ist, wodurch die Existenz von zwei stereoisomeren Modifikationen der betreffenden Verbindung ihre Aufklärung findet. Da nämlich die prozentuale Zusammensetzung der beiden Modifikationen eine identische ist, und sie auch an allen C-Atomen dieselben Atome resp. Atomgruppen tragen, kann nach unserer Vorstellung ein

$$
\begin{array}{cc}
CH_3 & CH_3 \\
| & | \\
HO-C^*-H & H-C^*-OH \\
| & | \\
COOH & COOH
\end{array}
$$

Unterschied zwischen den beiden nur in der Anordnung der Atome bezw. Atomgruppen bestehen, wie sie um das asymmetrische C-Atom gelagert sind. Sie verhalten sich an dem mit einem * bezeichneten C-Atom der voranstehenden Formelbilder, wie Spiegelbilder zueinander, und dieser unserer Annahme entspricht auch die Tatsache, daß sie in ihren chemischen und — mit Ausnahme der optischen — auch in ihren physikalischen Eigenschaften völlig identisch sind. Die einzige Ausnahme bezieht sich darauf, daß sie entgegengesetzt gerichtet optisch aktiv sind.

Man unterscheidet von der α-Oxypropionsäure eine rechtsdrehende Modifikation, die daher als d.α-Oxypropionsäure bezeichnet wird, eine linksdrehende, die l.α-Oxypropionsäure, und außerdem eine optisch inaktive d.l.α-Oxypropionsäure, die durch den Zusammentritt oder durch Vermischung der beiden optisch aktiven Modifikationen entsteht.

d.α-Oxypropionsäure, d-Milchsäure, Para- oder Fleischmilchsäure ist farblos, schwerflüssig; in Wasser und Alkohol leicht, in Äther etwas schwerer löslich. Die Säure selbst ist rechtsdrehend; $[\alpha]_D = + 3{,}5^0$ (über die Bedeutung von $[\alpha]_D$ siehe S. 72); ihre Salze sind linksdrehend. Sie entsteht bei der bakteriellen Gärung der Kohlenhydrate neben größeren Mengen von inaktiver Milchsäure. Sie ist enthalten in Muskeln, im Fleischextrakt, im Gehirn; ferner im Harn unter gewissen pathologischen Umständen (S. 206).

l.α-Oxypropionsäure, l-Milchsäure ist ein Stoffwechselprodukt des Typhusbazillus, ferner des Choleravibrio, wenn er auf zuckerhaltigem Nährboden gezüchtet wird. In höheren Organismen wurde sie bisher nicht nachgewiesen. Die freie Säure dreht nach links; ihre Salze nach rechts.

Inaktive oder d.l-Milchsäure, Gärungsmilchsäure, besteht aus je einem Molekül der d- und der l-Milchsäure. Sie läßt sich aus den meisten Monosacchariden, ferner auch aus Saccharose und Lactose durch Erhitzen mit verdünnten Laugen darstellen. In größeren Mengen entsteht sie bei der sog. milchsauren Gärung der Kohlenhydrate, so unter anderem auch im Magen- und Darmkanal der Säugetiere, darunter auch in dem des Menschen (Nachweis s. S. 169).

Oxybuttersäure, $C_4H_8O_3$, ist in Form zweier Isomeren bekannt: der α- und der β-Oxybuttersäure, die je ein asymmetrisches C-Atom enthalten, daher in je zwei stereoisomeren Modifikationen erscheinen können. (Siehe oben bei der Milchsäure.) Von den je zwei Stereoisomeren, also insgesamt vier Oxybuttersäuren, ist es die l.β-Oxybuttersäure allein, die im tierischen Organismus gebildet wird.

l.β-Oxybuttersäure ist eine farblose Flüssigkeit, die in Wasser, Alkohol und Äther leicht löslich ist; sie ist linksdrehend: $[\alpha]_D = -24{,}1^0$ (über die Bedeutung von $[\alpha]_D$ siehe S. 72). Mit starker Schwefelsäure erhitzt, verwandelt sie sich unter dem Austritt von 1 Molekül Wasser in Crotonsäure; diese Eigenschaft wird auch zu ihrem Nachweis verwendet (S. 207). Mit Hydrogensuperoxyd in Gegenwart von Eisensalzen oxydiert, wird sie in Acetessigsäure (s. unten) verwandelt. Im menschlichen Organismus werden unter gewissen Umständen bedeutende Mengen von β-Oxybuttersäure gebildet (S. 281 ff.).

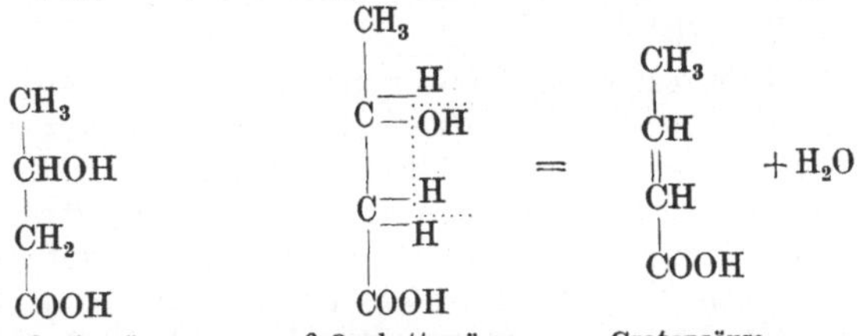

β-Oxybuttersäure β-Oxybuttersäure   Crotonsäure

Ricinolsäure, ein Derivat der Oleinsäure, in der ein Atom Wasserstoff durch eine Hydroxylgruppe ersetzt ist, wurde im Ricinusöl, **Dioxystearinsäure,** ein Derivat der Stearinsäure, in der zwei Atome Wasserstoff durch je eine Hydroxylgruppe ersetzt sind, in Milchfett nachgewiesen.

Ketosäuren.

Brenztraubensäure, $C_3H_4O_3$, eine in Wasser, Alkohol und Äther gut lösliche Flüssigkeit, die bei der hydrolytischen Spaltung verschiedener Eiweißkörper entsteht. Unter der Einwirkung der Carboxylase, eines in der Hefe enthaltenen Enzymes, zerfällt sie rasch in Kohlendioxyd und Acetaldehyd: ein Beispiel der sog. „zuckerfreien Gärung" (Neuberg; siehe auch S. 69): $CH_3 \cdot CO \cdot COOH = CO_2 + CH_3 \cdot COH$.

Acetessigsäure, Diacetsäure, $C_4H_6O_3$, eine farblose Flüssigkeit, die bereits bei Zimmertemperatur und noch viel rascher in der Wärme in Aceton und Kohlensäure zerfällt; ihre Alkalisalze zerfallen ebenso rasch. In den Harn gelangt sie als Oxydationsprodukt der β-Oxybuttersäure. (Ausführlich S. 282.)

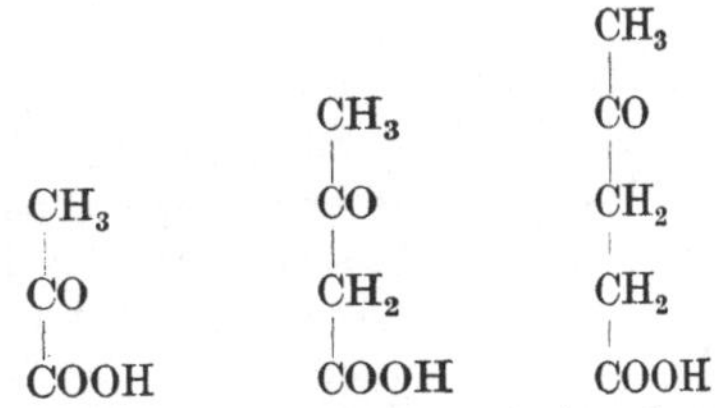

Brenztraubensäure   Acetessigsäure   Lävulinsäure

Lävulinsäure, $C_5H_8O_3$, in Wasser, Alkohol und Äther leicht löslich; entsteht aus Hexosen und aus Polysacchariden, die aus Hexosen aufgebaut sind, beim Kochen mit Mineralsäuren (S. 68).

B. Aromatische Reihe.

Phenole.

Phenol, Carbolsäure, C_6H_6O, ein krystallisierbarer Körper von eigentümlichem Geruch; schmilzt bei $+ 42^0$ C; verflüssigt sich mit wenig Wasser. In Wasser ist Phenol bloß zu 6—7% löslich. Es entsteht aus Eiweißkörpern, wenn sie mit Kali geschmolzen werden, bildet sich auch bei der Eiweißfäulnis im Darm und wird als Phenolschwefelsäure (S. 211) im Harn ausgeschieden.

Nachweis S. 212.

p-Kresol, C_7H_8O, ein krystallisierbarer Körper, der bei $+ 35^0$ C schmilzt. Entstehen und Ausscheidung wie beim Phenol. (Ausführlich S. 211, 212.)

Brenzcatechin, o-Dioxybenzol, $C_6H_6O_2$, ein krystallisierbarer Körper, der bei 104^0 C schmilzt. In wäßriger Lösung gibt es mit Eisenchlorid eine charakteristische Grünfärbung, die auf Zusatz einiger Tropfen einer Lösung von kohlensaurem Natrium in Violett umschlägt. Im Harn der Pflanzenfresser ist es stets, im Menschenharn oft, jedoch nur in geringen Mengen nachweisbar; im Harn der Fleischfresser ist es nicht vorhanden. Ein stickstoffhaltiges Derivat des Brenzcatechin ist das Adrenalin (S. 271).

Hydrochinon, p-Dioxybenzol, $C_6H_6O_2$, ein krystallisierbarer Körper, der bei 170^0 C schmilzt; im normalen Harn ist es, mit Schwefelsäure gepaart, bloß in geringen Mengen nachzuweisen; in größerer Menge nach Einfuhr von Benzol oder Phenol.

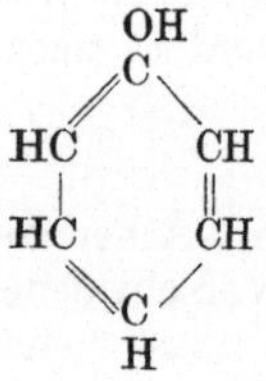

Phenol 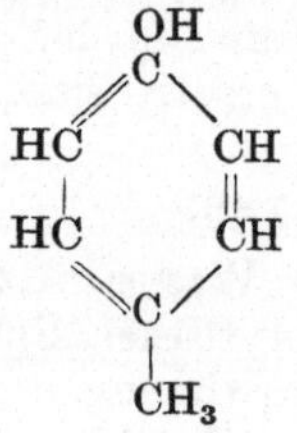　　　　p-Kresol 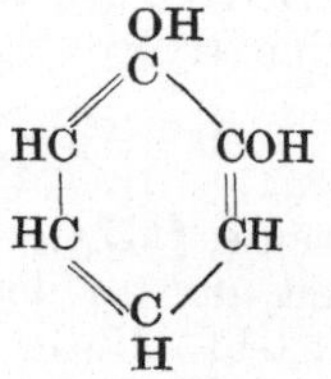　　　　Brenzcatechin 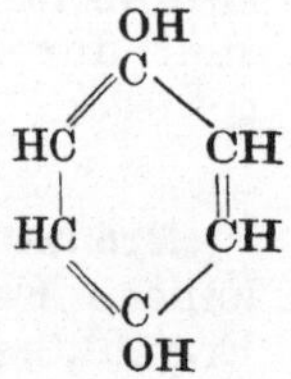　　　　Hydrochinon

Aromatische Säuren.

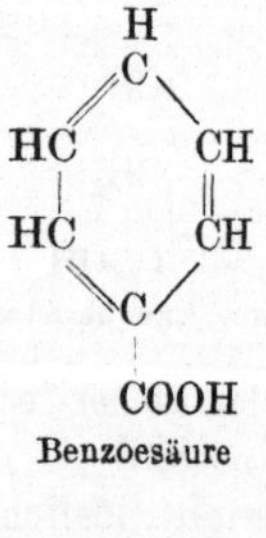

Benzoesäure, $C_7H_6O_2$, ein farbloser, krystallisierbarer Körper von charakteristischem Geruch; in warmem Wasser gut, in Alkohol und Äther leicht löslich; mit Wasserdämpfen destillierbar. Im Menschen und in anderen Säugetieren wird sie mit Glykokoll zu Hippursäure (S. 216), hingegen in Vögeln mit Ornithin zu Ornithursäure (S. 101) gepaart und im Harn ausgeschieden.

Benzoesäure

Phenylessigsäure, **Phenylpropionsäure**. (Ausführlich S. 209.)

Aromatische Oxysäuren.

(Ausführlich S. 210.)

C. Hydroaromatische Verbindungen.

Diese Verbindungen lassen sich aus Kohlenwasserstoffen der aliphatischen Reihe ableiten, indem man sich die Kohlenstoffkette, unter Ausfall je eines Wasserstoffatomes an beiden Enden der Kette, zu einem Ring geschlossen vorstellt.

Hydrobenzole.

In der oben genannten Weise entsteht aus dem Hexan das Hexahydrobenzol oder Cyclohexan, d. h. ein hydriertes Benzol, das keine Doppelverbindungen und anstatt der sechs Wasserstoffatome des Benzols deren zwölf enthält.

Inosit, Hexaoxyhexahydrobenzol, $C_6H_{12}O_6$, entsteht aus dem Cyclohexan, indem sechs Wasserstoffatome durch je eine Hydroxylgruppe ersetzt werden. Es krystallisiert im monoklinen System mit 1 Molekül Krystallwasser. Sein Schmelzpunkt liegt bei 225⁰ C. Es löst sich auch in kaltem Wasser; in Alkohol, Äther ist es unlöslich. Im Pflanzenreich kommt es entweder in freiem Zustande oder in Form zusammengesetzter Verbindungen vor, unter welchen das Phytin, wahrscheinlich

Hexahydrobenzol

Inosit

ein Phosphorsäureester des Inosits, am bekanntesten ist. Inosit kommt auch im Tierreich vor; man findet es in Muskeln, in der Leber, in der Milz usw. und zuweilen auch im Harn. Es ist in zwei optisch aktiven, jedoch auch in einer optisch inaktiven Modifikation bekannt; im Tierkörper hat man es mit einer inaktiven zu tun. Kupfer-, Wismut- und Quecksilbersalze werden durch Inosit nicht reduziert, wohl aber Silbernitrat in ammoniakalischer Lösung; es ist nicht zu vergären; bei der trockenen Destillation liefert es Furfurol.

Der Nachweis erfolgt durch a) die modifizierte Scherersche Probe: Werden einige Tropfen einer inosithaltigen Lösung mit einigen Tropfen einer Lösung von Calciumchlorid eingedampft und der Rückstand mit einigen Tropfen Salpetersäure wieder eingetrocknet, so bleibt ein rosenrot gefärbter Rückstand zurück.

b) Galloissche Probe: Ein Tropfen einer Lösung von Inosit gibt mit einem Tropfen einer Lösung von Mercurinitrat einen gelben Niederschlag, der beim Erwärmen rot wird, beim Abkühlen verblaßt, und bei nochmaligem Erwärmen sich wieder rot färbt.

Sterine.

Im Organismus kommen außer den Hydrobenzolen kompliziert gebaute hydroaromatische Verbindungen vor, die den im Pflanzenreich außerordentlich verbreiteten polycyklischen Terpenen ähnlich aufgebaut sind. Es sind dies die sog. Sterine. Zu diesen gehört:

Cholesterin, $C_{27}H_{46}O$; krystallisiert in weißen, perlmutterglänzenden Schichten oder in farblosen, durchsichtigen Nadeln oder Tafeln; letztere sind in mehreren Lagen übereinander geschichtet und haben charakteristisch zackig ausgebrochene Ränder. Es ist in Wasser, in verdünnten Säuren und Laugen unlöslich; löst sich leicht in Äther, Chloroform, Benzol, in Fetten und ätherischen Ölen; in geringer Menge auch in einer alkalischen Lösung von gallensauren Salzen. Über seine Strukur ist zur Zeit folgendes bekannt: Es ist ein einwertiger Alkohol, der aus einem zusammengesetzten hydroaromatischen Kern und aus einer aliphatischen Seitenkette besteht. Von letzterer ist es als erwiesen zu erachten, daß sie durch eine Octylkette dargestellt wird. Der hydroaromatische Kern dürfte vier hydrierte Ringe enthalten, wovon zwei (*) besser bekannt sind und eine sekundäre Alkoholgruppe, sowie eine Doppelbindung enthalten, während die beiden anderen Ringe (**) noch nicht näher erforscht sind.

$$\begin{array}{l} H_3C \\ {\Large\diagdown} \\ H_3C \end{array}\!\!CH\!-\!CH_2\!-\!CH_2\!-\!CH_2\!-\!CH\!-\!CH_3$$
$$|$$
$$(C_{10}H_{18})^{**}$$
$$|$$
$$(C_9H_{10}OH)^{*}$$

Cholesterin kommt in größter Menge in Gallensteinen vor; ferner in der weißen Substanz des Gehirns, deren Trockensubstanz etwa zur Hälfte aus Cholesterin besteht; weiterhin im Eigelb, Eiter, Sperma, in den roten Blutkörperchen, im Inhalt von Cysten, in Transsudaten, alten Tuberkeln usw., und zwar teils in freiem Zustand, teils in Form von Estern (S. 94). In sehr geringer Menge kann Cholesterin in jeder tierischen Zelle, in jedem Körpersaft nachgewiesen werden.

Die Darstellung erfolgt aus menschlichen Gallensteinen, die gepulvert und mit Äther extrahiert werden. Der nach dem Verjagen des Äthers verbleibende Rückstand wird mehrmals aus 65%igem Alkohol umkrystallisiert.

Nachweis. a) Ein wenig trockenes Cholesterin wird in 2—3 ccm Chloroform gelöst und die Lösung mit konzentrierter Schwefelsäure unterschichtet, worauf eine purpurrote Färbung des Chloroform und eine grüne Fluorescenz der Schwefelsäure entsteht.

b) Ein wenig Cholesterin wird in 2—3 ccm Chloroform gelöst und mit 2 bis 3 Tropfen Essigsäureanhydrid, dann tropfenweise mit konzentrierter Schwefelsäure versetzt; es tritt eine rosenrote Farbenreaktion ein, die später über Blau in Grün übergeht.

c) Soll von tafelförmigen Krystallen, die im mikroskopischen Präparat von dem Sediment eines Harnes, Transsudates usw. gefunden wurden, entschieden werden, ob sie aus Cholesterin bestehen, so läßt man aus einer Mischung von 5 Teilen konzentrierter Schwefelsäure und 1 Teil Wasser einige Tropfen unter das Deckglas fließen. Falls es sich um Cholesterin handelt, sieht man eine von den Rändern der Tafeln ausgehende zarte oder intensive Carminfärbung, die später in Violett übergeht.

Die quantitative Bestimmung nach Windaus beruht darauf, daß das freie, resp. aus den Cholesterinestern in Freiheit gesetzte Cholesterin, mit einer alkoholischen Lösung von Digitonin versetzt, einen aus Digitonin-Cholesterin bestehenden Niederschlag bildet.

Außer dem Cholesterin sind auch Verbindungen bekannt, die dem Cholesterin recht nahe stehen, so Isocholesterin, welches neben dem Cholesterin im Wollfett vorkommt; Koprosterin, ein Umwandlungsprodukt des Cholesterin, das aus diesem im Darm entsteht und aus dem Kote dargestellt wurde; Spongosterin, das in Spongienarten enthalten ist.

Eine ganze Anzahl von Verbindungen, die in gewisser Beziehung dem Cholesterin nahestehen, sich jedoch von diesem unterscheiden lassen, wurden aus Pflanzenteilen dargestellt; sie werden als **Phytosterine** bezeichnet.

Cholsäure oder **Cholalsäure,** $C_{24}H_{40}O_5$. (Ausführlich S. 174.)

IV. Stickstoffhaltige organische Verbindungen.
Mit Ausnahme der Eiweißkörper (S. 94 ff.).

A. Aliphatische Reihe.

Rhodansalze.

Alkalisalze der Rhodanwasserstoffsäure kommen im Speichel vor (S. 163); ferner im Magensaft des Hundes und der Katze, im normalen Harn von Menschen und Tieren usw. Nachweis S. 163.

$$N\equiv C-SH$$
Rhodanwasserstoffsäure

Monoaminosäuren. (Ausführlich S. 95 ff.)

Monoamine[1]).

Die Monoamine können aus Ammoniak abgeleitet werden, in welchem ein, zwei oder drei Wasserstoffatome durch Methylgruppen ersetzt werden; auf diese Weise entstehen **Methylamin,** NH_2CH_3, **Dimethylamin,** $NH(CH_3)_2$ und **Trimethylamin,** $N(CH_3)_3$, basische Körper, die in wäßriger Lösung sich wie Ammoniak mit den Elementen des Wassers verbinden, wobei der früher 3-wertige N der NH_2-Gruppe zu einem 5-wertigen wird.

$$NH_3 + HOH = NH_4OH$$
$$CH_3 \cdot NH_2 + HOH = CH_3 \cdot NH_3 \cdot OH.$$

Mit Gold- und Platinchlorid bilden sie krystallisierbare Doppelverbindungen. Sie kommen in Heringslake vor und entstehen auch bei der Fäulnis von Fibrin, Fischfleisch, Eiern, Harn. Dimethyl- und Trimethylamin sind intermediäre Stoffwechselprodukte, die bei dem Abbau des Cholin und der Betaine entstehen.

---

[1]) Für die Verbindungen, die hier als Monoamine, weiter unten als Diamine beschrieben werden, ferner für gewisse Aminosäure-Derivate, wie Phenyläthylamin (S. 102), Tyramin (S. 103), Histamin (S. 105), Indoläthylamin (S. 104), endlich für gewisse Verbindungen, die (S. 51) als stickstoffhaltige Kohlensäure-Derivate aufgezählt sind, wurde, da sie die NH_2-Gruppe enthalten und wenigstens teilweise aus Eiweißkörpern entstehen können, der Namen „proteinogene Amine", neuestens auch „biogene Amine" vorgeschlagen. Ein Teil dieser Verbindungen kann aus Aminosäuren (S. 95) durch Austritt von CO_2 abgeleitet werden, so das Methylamin aus Glykokoll (S. 98); $CH_2 \cdot NH_2 \cdot COOH - CO_2$ $= CH_3 \cdot NH_2$; oder das Colamin vielleicht aus dem Serin (S. 99): $CH_2 \cdot OH$ $\cdot CH \cdot NH_2 \cdot COOH - CO_2 = CH_2 \cdot OH \cdot CH_2 \cdot NH_2$.

Colamin, Amino-Äthylalkohol, Oxyäthylamin, C_2H_7NO, eine farblose, mit Wasser in jedem Verhältnis mischbare, stark alkalische Flüssigkeit. Es bildet einen Bestandteil verschiedener Lecithine (S. 92).

Cholin, Trimethyl-oxyäthyl-ammoniumhydroxyd, $C_5H_{15}NO_2$, eine sirupartige Flüssigkeit von stark basischen Eigenschaften, die mit Salzsäure, ferner auch mit Platinchlorid charakteristische krystallisierbare Verbindungen liefert. In Wasser und Alkohol ist es löslich, in Äther unlöslich. Es bildet einen Bestandteil verschiedener Lecithine und

$$
\begin{array}{ccc}
CH_2OH & CH_2OH & CH_2 \\
| & | & \| \\
CH_2 & CH_2 & CH \\
| & | & | \\
NH_2 & (OH)N(CH_3)_3 & (OH)N(CH_3)_3 \\
\text{Colamin} & \text{Cholin} & \text{Neurin}
\end{array}
$$

anderer Phosphatide (S. 92), und als deren Spaltprodukt wurde es in der Galle, im Hirnextrakt, im Blute nachgewiesen. Besonders reichlich ist es in der Nebennierenrinde enthalten; wurde auch in verschiedensten Pflanzen nachgewiesen.

Neurin, Trimethylvinyl-Ammoniumhydroxyd, $C_5H_{13}NO$; eine sirupartige Flüssigkeit von stark basischen Eigenschaften, die mit Salzsäure und mit Platinchlorid charakteristische, krystallisierbare Verbindungen liefert. Es wurde von manchen Autoren im Blut, im Hirnextrakt nachgewiesen.

Betaine sind eigentlich Aminosäuren (S. 95), in denen sich an den 5-wertig gewordenen N der Aminogruppe an Stelle der 2 H-Atome 3 CH_3-Gruppen und 1 OH-Gruppe anlagern. Die Betaine kommen in den verschiedensten Pflanzen vor, unter ihnen überwiegt jedoch, besonders in der Rübenmelasse, das sog. Glykokoll-Betain, $C_5H_{11}NO_2$, das

$$
\begin{array}{ccc}
H_2C\text{———}N(CH_3)_3 & & H_2C\text{—}N(CH_3)_3 \\
| \qquad\qquad | & \text{oder} & | \quad\; | \\
O = C\,OH \quad H\,O & & O = C\text{—}O \\
\multicolumn{3}{c}{\text{Glykokoll-Betain}}
\end{array}
$$

spurenweise auch im Harn mancher Tiere nachgewiesen wurde. Es kann aus dem Glykokoll (S. 98) in obiger Weise abgeleitet, aber auch ähnlich wie das Cholin, als ein Trimethylammoniumhydroxyd aufgefaßt werden, an dem die letzte noch freie Valenz von einem Essigsäurerest besetzt ist. Nach Austritt von einem Molekül Wasser kann eine Ringbildung stattfinden.

$$
\begin{array}{l}
COH \\
| \\
CH_2 \\
| \\
(OH)N(CH_3)_3 \\
\text{Muscarin}
\end{array}
$$

Muscarin, $C_5H_{13}NO_2$, ein im Fliegenpilz vorkommender giftiger Körper, der leicht zerfließliche Krystalle bildet. Einem aus Cholin mittels rauchender Salpetersäure künstlich dargestellten Muscarin, das dem natürlich vorkommenden bloß isomer und mit demselben nicht identisch ist, kommt die aus nebenstehender Formel ersichtliche Struktur zu, wonach es also ein Trimethylammonium-Acetaldehyd ist.

Sphingosin, $C_{17}H_{35}NO_2$, ein Aminoalkohol unbekannter Struktur; Bestandteil des Sphingomyelins und des Cerebron (S. 260).

Diaminosäuren. (Ausführlich S. 101.)

Diamine.

Die Diamine sind Körper, die in vielen ihrer Eigenschaften an Pflanzenalkaloide erinnern; daher, und da sie zuerst aus faulenden Cadaverteilen dargestellt wurden, hatte man sie Cadavaralkaloide genannt; später wurden sie als Ptomaine bezeichnet. Am bekanntesten unter ihnen sind

Putrescin, Tetramethylendiamin, $C_4H_{12}N_2$, und **Cadaverin,** Pentamethylendiamin, $C_5H_{14}N_2$; Putrescin ist krystallisierbar, Cadaverin nicht. Beide sind farblose, in Wasser leicht lösliche Verbindungen von ammoniakähnlichem Geruch. Mit Gold- und Platinchlorid bilden sie gut krystallisierbare Verbindungen. Beide kommen in Käse, in faulendem Fleisch vor; ferner im Harn von Cystinurikern (S. 215). Putrescin ist unter Austritt von Ammoniak und Ringbildung leicht in Pyrrolidin (S. 52) zu überführen.

Isoliert werden sie in Form ihrer Benzoylverbindungen; zu diesem Behufe wird die betreffende Lösung mit Ammoniak schwach alkalisch gemacht, dann mit 10%iger Natronlauge versetzt und unter ständigem Kühlen Benzoylchlorid

Diamin   2 mol. Benzoylchlorid   Benzoyldiamin

hinzugefügt. Nun wird solange geschüttelt, bis der Geruch nach Benzoylchlorid verschwindet, der Niederschlag am Filter gesammelt, mit Wasser gewaschen, in Alkohol gelöst und die alkoholische Lösung in Äther gegossen, wobei eine Ausscheidung der Benzoyldiamine erfolgt.

Spermin, C_2H_5N; es wurde in der Annahme, daß sein Molekül die doppelte Größe, $C_4H_{10}N_2$, hätte, aus einem Diamin abzuleiten versucht. Sein phosphorsaures Salz ist in manchem Sputum unter dem Namen der Charcot-Leydenschen, im eintrocknenden Sperma unter dem Namen der Schreiner-Böttcherschen Krystalle bekannt.

Stickstoffhaltige Kohlensäurederivate.

Carbaminsäure. (Ausführlich S. 218.)

Carbamid, Ureum, Harnstoff. (Ausführlich S. 218.)

Oxalursäure. (Ausführlich S. 221.)

Guanidin, CH_5N_3, kann als Harnstoff betrachtet werden, in welchem der Sauerstoff durch eine Iminogruppe ersetzt ist; es erinnert auch in seinen Eigenschaften stark an Harnstoff. Es ist krystallisierbar; in Wasser und in Alkohol leicht löslich. Seine wäßrige Lösung reagiert stark alkalisch und wirkt giftig. Mit Säuren bildet es krystallisierbare Verbindungen. Es entsteht

4*

aus Eiweiß bei dessen Oxydation mit Permanganaten, und zwar wird der Hauptanteil durch den Argininkern (S. 101) der Eiweißkörper geliefert.

Kreatin, Methylguanidinessigsäure. (Ausführlich S. 263.)

Kreatinin, Anhydrid des Kreatin. (Ausführlich S. 222.)

B. Stickstoffhaltige aromatische Verbindungen.

Aromatische Aminosäuren (ausführlich S. 102) und gepaarte aromatische Aminosäuren, wie Hippursäure, Phenacetursäure, Mercapturensäuren (ausführlich S. 216, 217).

C. Heterocyclische Verbindungen.

Pyrrolverbindungen.

Diese Verbindungen enthalten den Pyrrolkern, bestehend aus vier Kohlenstoff- und einem Stickstoffatom.

Pyrrol, C_4H_5N, ist eine farblose Flüssigkeit, die bei der trockenen Destillation von Steinkohlen entsteht; durch seine Dämpfe wird ein mit Salzsäure durchtränkter Fichtenspan rot gefärbt. (Pyrrole s. auch S. 152).

Pyrrolidin, C_4H_9N, läßt sich aus dem Pyrrol ableiten, indem die Doppelbindungen im letzteren in einfache verwandelt werden, und an den frei gewordenen Valenzen Wasserstoffatome eintreten. Pyrrolidin entsteht durch Reduktion des Pyrrol.

α-Pyrrolidincarbonsäure, ein Bestandteil von Eiweißkörpern verschiedener Art. (Ausführlich S. 103.)

Imidazol- oder Glyoxalinverbindungen.

Imidazol (Glyoxalin) entsteht durch den Zusammentritt von je 1 Molekül Formaldehyd und Glyoxal und 2 Molekülen Ammoniak, wobei 3 Moleküle Wasser abgespalten werden.

Histidin, β-Imidazol-α-Aminopropionsäure (S. 105), ein Bestandteil vieler Eiweißkörper.

Allantoin kann sowohl als ein Diureid des Imidazols, wie auch als eine Verbindung von Hydantoin mit Harnstoff angesehen werden. (Ausführlich S. 224.)

Pyrimidinkörper.

Werden im Benzol zwei Kohlenstoffatome durch je ein Stickstoffatom ersetzt, so erhält man die sog. Diazine, die im Sinne der bekannten Nomenklatur je nach dem Ort der Substitution als Ortho-, Meta- und Paradiazine bezeichnet werden. Von diesen interessieren uns hauptsächlich die Metadiazine, die auch Pyrimidine genannt werden. Ihre Grundsubstanz ist das Pyrimidin, ein basischer Körper

$$\text{Orthodiazin} \qquad \text{Metadiazin} \qquad \text{Paradiazin} \qquad \text{Pyrimidin}$$

von charakteristischem Geruch. Um die Derivate des Pyrimidin besser voneinander unterscheiden zu können, werden in dessen Strukturformel, die gewöhnlich, wie beistehend, aufgezeichnet wird, die Kohlenstoff- und Stickstoffatome numeriert.

Oxypyrimidine entstehen, wenn ein oder mehrere Wasserstoffatome des Pyrimidins durch Hydroxylgruppen ersetzt werden; hierbei kommt unter Umwandlung der Doppelbindungen in einfache der Sauerstoff an

$$\underset{\substack{\text{Uracil}\\ \text{(2.6-Dioxypyrimidin)}}}{\begin{array}{l}\text{HN—CO}\\ \text{OC\ CH}\\ \text{HN—CH}\end{array}} \qquad \underset{\substack{\text{Barbitursäure}\\ \text{(2.4.6-Trioxypyrimidin)}}}{\begin{array}{l}\text{HN—CO}\\ \text{OC\ CH}_2\\ \text{HN—CO}\end{array}} \qquad \underset{\text{Dialursäure}}{\begin{array}{l}\text{HN—CO}\\ \text{OC\ CHOH}\\ \text{HN—CO}\end{array}} \qquad \underset{\text{Alloxan}}{\begin{array}{l}\text{HN—CO}\\ \text{OC\ CO}\\ \text{HN—CO}\end{array}}$$

die Substitutionsstelle, der Wasserstoff jedoch an das nächste Kohlen- oder Stickstoffatom zu stehen. Je nachdem ein oder mehrere Wasserstoffatome ersetzt wurden, erhält man verschiedene Oxypyrimidine, unter denen Uracil und Barbitursäure am wichtigsten sind.

Ersetzt man einen Wasserstoff am Kohlenstoffatom „5" der Barbitursäure durch eine Hydroxylgruppe, so erhält man die Dialursäure; ersetzt man beide Wasserstoffatome durch ein Sauerstoffatom, so entsteht das Alloxan.

Nun kann man aber die Barbitursäure, die Dialursäure und das Alloxan auch als Harnstoffverbindung der Malonsäure, resp. der Tartron-

$$\underset{\text{Malonsäure}}{\begin{array}{l}\text{HN—H}\quad\text{OH—CO}\\ \text{OC}\quad+\quad\text{CH}_2\\ \text{HN—H}\quad\text{OH—CO}\end{array}} \;=\; 2\,\text{H}_2\text{O} + \underset{\text{Barbitursäure}}{\begin{array}{l}\text{HN—CO}\\ \text{OC\ CH}_2\\ \text{HN—CO}\end{array}}$$

$$\underset{\text{Tartronsäure}}{\begin{array}{l}\text{HN—H}\quad\text{OH—CO}\\ \text{OC}\quad+\quad\text{CHOH}\\ \text{HN—H}\quad\text{OH—CO}\end{array}} \;=\; 2\,\text{H}_2\text{O} + \underset{\text{Dialursäure}}{\begin{array}{l}\text{HN—CO}\\ \text{OC\ CHOH}\\ \text{HN—CO}\end{array}}$$

$$\underset{\text{Mesoxalsäure}}{\begin{array}{l}\text{HN—H}\quad\text{OH—CO}\\ \text{OC}\quad+\quad\text{CO}\\ \text{HN—H}\quad\text{OH—CO}\end{array}} \;=\; 2\,\text{H}_2\text{O} + \underset{\text{Alloxan}}{\begin{array}{l}\text{HN—CO}\\ \text{OC\ CO}\\ \text{HN—CO}\end{array}}$$

säure resp. der Mesoxalsäure, d. h. als Ureide dieser Säuren betrachten. Hierdurch ist der Zusammenhang zwischen Pyrimidinen und Harnstoff erwiesen. Da ferner Alloxan auch aus Harnsäure entsteht, wenn diese in der Kälte mit Salpetersäure behandelt wird (S. 226), so besteht auch der Zusammenhang zwischen Harnstoff, Harnsäure und Pyrimidin.

Der Wasserstoff der Pyrimidine läßt sich auch durch Methyl- und Aminogruppen ersetzen. So entstehen Cytosin, Thymin und Uramil;

```
   N=C—NH₂              HN—CO                HN—CO
   |   |               |   |                |   |   H
  OC  CH              OC  C—CH₃            OC  C<
   |   ||              |   ||               |   |   NH₂
  HN—CH               HN—CH               HN—CO
2-Oxy-6-Aminopyrimidin  2.6-Dioxy-5-Methylpyrimidin    Uramil
   oder Cytosin           oder Thymin
```

die beiden ersteren wurden in der Nucleinsäurekomponente der Nucleoproteide nachgewiesen.

Purinkörper.

Die Purinkörper sind Verbindungen, die, wie Emil Fischer gezeigt hat, aus dem Purin abgeleitet werden können, in welchem ein oder mehrere Wasserstoffatome durch Hydroxyl-, Amino- oder Methylgruppen ersetzt werden können.

Purin entsteht aus der Vereinigung von je 1 Molekül Pyrimidin und Imidazol, wobei, wie bei dem Zusammentritt von zwei Molekülen Benzol zu Naphthalin, zwei Kohlenstoff- und vier Wasserstoffatome, die einander gegenüber liegen, ausfallen. Zur leichteren Unterscheidung der Purinderivate werden die Kohlenstoff- und Stickstoffatome im Purinkern, wie in nachstehender Formel sichtbar, numeriert und die durch Substitution erhaltenen Verbindungen entsprechend bezeichnet. Außer

```
   N=CH                                         H
   |    |                  H                    N¹=C⁶
  HC   C—H            HC—N                   |    |   H
   |    |                 |    ‖    \CH          HC²  C⁵—N⁷
  N—C—H             HC—N                   ‖    ‖    \C⁸H
   Pyrimidin            Imidazol              N³—C⁴—N⁹/
                                                 Purin
```

der für uns besonders wichtigen Harnsäure (ausführlich S. 225), die im Harn entleert wird, und der Purinbasen (ausführlich S. 228), die Bestandteile der Nucleoproteide (S. 122) und der Muskelsubstanz bilden (S. 263) und auch im Harne enthalten sind, seien hier nur die folgenden, in Nahrungs- und Genußmitteln enthaltenen Methylpurine erwähnt: 1.3-Dimethyl-2.6-Dioxypurin (1.3-Dimethylxanthin) = Theophyllin, das in Teeblättern —; 3.7-Dimethyl-2.6-Dioxypurin (3.7-Dimethylxanthin) = Theobromin, das im Kakao —; 1.3.7-Trimethyl-2.6-Dioxypurin (1.3.7-Trimethylxanthin) = Coffein oder Thein, das in Kaffeebohnen, im Tee enthalten ist.

Indol und Derivate.

Indol, C_8H_7N. Das Indol müssen wir uns als aus je einem Molekül Benzol und Pyrrol entstanden denken. Es bildet seidenglänzende Krystallblättchen von durchdringendem Geruch. In kaltem Wasser ist es schwer, in warmem Wasser leichter löslich; in Alkohol, Chloroform, Äther löst es sich leicht. Mit Wasserdampf kann es überdestilliert werden. Indol entsteht aus Eiweißkörpern, wenn diese mit Kali geschmolzen werden, im lebenden Organismus im Dickdarm bei der Eiweißfäulnis. Es ist ein ständiger Bestandteil des Kotes.

Nachweis. a) Die zu untersuchende Lösung wird mit einigen Tropfen Salpetersäure und 1—2 Tropfen einer $0,02\%$igen Lösung von Kaliumnitrit versetzt, worauf bei Anwesenheit von Indol eine Rotfärbung eintritt, eventuell sich ein roter Niederschlag von Nitrosoindol bildet.

b) Ehrlichsche Probe. 5 ccm der Indollösung werden mit $2^1/_2$ ccm einer 2%igen alkoholischen Lösung von p-Dimethylaminobenzaldehyd versetzt und nun tropfenweise 25%ige Salzsäure hinzugefügt, worauf die Flüssigkeit sich rötet und noch dunkler rot wird, wenn 1—2 Tropfen einer $0,5\%$igen Lösung von Natriumnitrit hinzugefügt werden.

c) Die Indollösung wird mit je einigen Tropfen einer wäßrigen Lösung von Natriumnitroprussid und Natronlauge versetzt, worauf eine blauviolette Farbenreaktion auftritt, die in reines Blau umschlägt, wenn mit Essigsäure oder Salzsäure angesäuert wird.

d) Indol gibt auch die Pyrrolreaktion; wird ein mit starker Salzsäure durchtränkter Fichtenspan in eine alkoholische Lösung von Indol getaucht, so färbt sich der Span kirschrot.

Indolessigsäure, Indolproprionsäure. (Ausführlich S. 232.)

Skatol, Methylindol, C_9H_9N, krystallisiert in mikroskopischen Blättchen, die einen widerlichen fäkulenten Geruch haben. Es löst sich schwer im Wasser, leicht in Alkohol, Äther, Chloroform usw. Mit Wasserdampf läßt es sich leichter als Indol überdestillieren. Es entsteht neben Indol bei der Oxydation und Fäulnis der Eiweißkörper und ist ein ständiger Bestandteil des Kotes.

Nachweis. Skatol gibt teilweise die Reaktionen des Indol (s. oben), doch in etwas abweichender Form:

a) Die Salpetersäure-Kaliumnitritprobe fällt negativ aus.

b) Die Ehrlichsche Probe fällt positiv aus, jedoch mit einem blauvioletten Farbenton.

c) Die Natriumnitroprussid-Laugenprobe fällt positiv mit gelber Farbenreaktion aus; wird die gelbe Flüssigkeit während einiger Minuten mit dem halben Volumen Eisessig gekocht, so schlägt die Farbe in blauviolett um.

---

[1]) Um in Substitutionsprodukten des Indols angeben zu können, an welchem der beiden Kerne und an welchem C-Atom die Substitution erfolgt war, werden der Benzolring mit „B", der Pyrrolring mit „Pr" und außerdem noch die einzelnen C-Atome mit Zahlen bezeichnet, wie es aus nachstehender Formel ersichtlich ist; demzufolge wird das Skatol (s. oben) als Pr-3-Methylindol, die Indolessigsäure (S. 232) als Indol-Pr-3-Essigsäure bezeichnet.

d) Die Pyrrolreaktion fällt nur dann positiv aus, wenn der Fichtenspan zuerst mit der heißen alkoholischen Lösung des Skatols durchtränkt und dann in kalte Salzsäure getaucht wird.

Indoxyl, C_8H_7NO, ein gelber krystallisierbarer Körper, der in Wasser, Alkohol, Äther löslich ist. Im tierischen Körper wird es ständig durch Oxydation des bei der Eiweißfäulnis entstehenden Indols gebildet, jedoch alsbald an Schwefel- oder Glucuronsäure gebunden (S. 104).

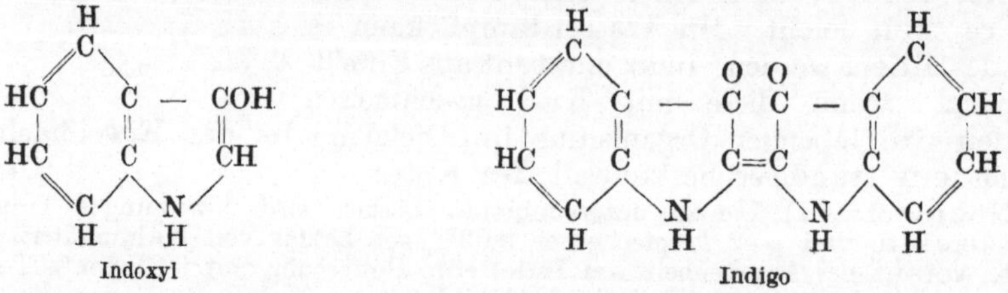

H
C
HC   C — COH
HC   C   CH
C   N
H   H
Indoxyl

H   O O   H
C   C
HC   C — C C — C   CH
HC   C   C=C   C   CH
C   N   N   C
H   H   H   H
Indigo

Wird seine alkalische Lösung an der Luft stehen gelassen, oder mit oxydierenden Reagenzien behandelt, so verbinden sich zwei Moleküle Indoxyl zu Indigo.

Von dem Farbstoff der Purpurschnecke, dem berühmten Purpur, wurde nachgewiesen, daß es Indigo ist, in welchem zwei Wasserstoffatome durch je ein Bromatom substituiert sind.

Indoxylschwefelsäure. (Ausführlich S. 232.)

Chinolinderivate (S. 234).

D. Farbstoffe.

Blut-, Gallen-, Harnfarbstoffe (s. an anderen Stellen).

Andere Farbstoffe.

Melanine. Amorphe braune oder schwarze Körper verschiedenster Zusammensetzung, unter denen manche Schwefel und auch Eisen enthalten, viele aber schwefel- und eisenfrei sind. Insbesondere erwiesen sich die für uns am wichtigsten Melanine, die der Retina, der Chorioidea, ferner die Pigmente aus dem Rete Malpighii, sowie auch die aus den melanotischen Neubildungen, als eisenfrei. Auch kann es als erwiesen erachtet werden, daß sie aus den aromatischen und heterocyclischen Kernen der Eiweißkörper (S. 102) gebildet werden, und nicht etwa unmittelbar durch Veränderung von Blutfarbstoff. Die Melanine sind in Wasser, Alkohol, Äther, ja sogar in konzentrierter Salzsäure unlöslich. Über ihre Struktur wissen wir nichts.

Rhodopsin oder **Erythropsin** wurde in der Retina resp. in den äußeren Teilen der Stäbchen der meisten Tiere gefunden und läßt sich aus der Retina durch eine schwach alkalische Lösung von gallensaurem Natrium extrahieren. Die Lösung des rein dargestellten Rhodopsin ist purpurrot gefärbt; die Farbe schlägt aber im Sonnenlicht sehr bald in Gelb um. Dem Rhodopsin kommt im Sehakt wahrscheinlich eine wichtige Rolle zu; doch ist es auffallend, daß es in der Retina mancher Tiere fehlt.

Lipochrome sind Farbstoffe unbekannter Zusammensetzung, die in Fetten, Alkohol, Äther löslich sind; man findet sie im Eigelb, im Corpus luteum, im Blutserum usw.

E. Stoffe von spezifischen Wirkungen und größtenteils gänzlich unbekannter Zusammensetzung und Struktur.

Außer den vorangehend behandelten, chemisch mehr oder minder definierten Stoffen gibt es auch solche — wahrscheinlich in noch weit größerer Anzahl —, die sich der Beobachtung nur in ihren für den tierischen und pflanzlichen Haushalt äußerst wichtigen, ja ausschlaggebenden Wirkungen offenbaren, jedoch chemisch nur ganz ausnahmsweise faßbar sind. Sie sollen hier im Zusammenhange behandelt werden.

1. Enzyme.

Die chemischen Vorgänge, die sich im pflanzlichen und tierischen Organismus abspielen, lassen sich nur in einer verschwindend geringen Anzahl von Fällen auf so einfache Bedingungen zurückführen, wie sie in der Laboratoriums-Chemie gegeben sind. Weitaus in den meisten Fällen sind die Vorgänge in der lebenden Welt so verwickelt und von dem uns vom Laboratorium her bekannten Geschehen so verschieden, daß von jeher die Intervention einer — früher wohl recht mystisch gedachten — „Lebenskraft" angenommen werden mußte. Heute ist nicht mehr daran zu zweifeln, daß man es auch im lebenden Organismus mit rein physikalischen und chemischen Vorgängen zu tun hat, die jedoch durch die Intervention gewisser Produkte der lebenden Zellen sehr wesentlich modifiziert werden. Diese Produkte der lebenden Zellen sind es, die man als Enzyme bezeichnet.

Definition. Unter den chemischen Reaktionen gibt es solche, die, wie z. B. die Ionenreaktionen, mit äußerster, sogar unmeßbarer Geschwindigkeit verlaufen, und wieder andere, bei denen die Reaktionsgeschwindigkeit eine wesentlich geringere ist, ja ohne Hinzutritt eines förderndes Momentes unmeßbar gering sein kann. Stoffe, die die Reaktionen der letzten Art zu beschleunigen imstande sind, werden als Katalysatoren[1]) bezeichnet. Charakteristisch für katalytische Vorgänge ist, daß der Katalysator dabei nicht verändert wird und in keines der Reaktionsprodukte eintritt, obwohl für manche Fälle angenommen werden muß, daß der Katalysator mit dem zu katalysierenden Stoff, dem Substrat, wenn auch vorübergehend, in nähere Beziehung tritt, mit ihm eine Art Verbindung eingeht. Ferner ist für die Katalyse charakteristisch, daß vom Katalysator relativ sehr geringe Mengen genügen, um Umsetzungen relativ sehr großen Umfanges hervorzurufen.

---

[1]) Katalysatoren können auch im Sinne einer Verlangsamung einer Reaktion wirksam sein. In diesem Falle spricht man von einer negativen, in obigen Fällen von einer positiven Katalyse.

Wir kennen anorganische und organische Katalysatoren. Den anorganischen Katalysatoren kommt eine überragende Wichtigkeit in den Vorgängen der leblosen Welt, in der chemischen Technologie, und eine gewisse Rolle auch im lebenden Organismus zu. Für diesen sind aber die organischen Katalysatoren — vorläufig allerdings kaum bekannter Natur — weitaus wichtiger, daher sie uns in erster Linie interessieren. Altbekannte Beispiele der Katalyse durch organische Stoffe sind: a) die Spaltung des Traubenzuckers in Kohlendioxyd und Äthylalkohol durch Hefe und b) die Spaltung der Eiweißkörper in Aminosäuren durch gewisse Bestandteile des Bauchspeichels.

Man hat früher, entsprechend obigen beiden Beispielen, zwei Gruppen der durch organische Stoffe bewirkten Katalysen unterschieden. Zu der ersten Gruppe sollte die Vergärung des Traubenzuckers gehören, bei der die lebende Hefezelle es wäre, die auf Grund ihrer Stoffwechselvorgänge als katalysierendes Prinzip wirkt: solche lebende Katalysatoren hat man als lebende, geformte Fermente bezeichnet. Zur zweiten Gruppe der organischen Katalysatoren sollten solche gehören, die, wie das eiweißspaltende Prinzip im Bauchspeichel, ohne Mitwirkung der Zellen, bloß im Sekret gelöst, die katalytische Wirkung ausüben: diese Stoffe hat man als ungeformte Fermente, später als Enzyme bezeichnet.

Seitdem jedoch von Buchner der Beweis erbracht worden ist, daß auch der filtrierte Preßsaft der Hefe, der keinerlei Zellen oder Bruchstücke solcher enthält, genau so wirksam ist wie die lebenden Hefezellen selbst, ja, daß aus ihrem Preßsaft das wirksame Prinzip niedergeschlagen und in Form eines trockenen Pulvers erhalten und wirksam aufbewahrt werden kann, liegt kein Grund mehr vor, neben Enzymen auch Fermente zu unterscheiden. Um so weniger, da später gefunden wurde, daß auch Bakterien, die den Alkohol in Essigsäure, oder solche, die Kohlenhydrate in Milchsäure zu verwandeln vermögen, diese ihre Eigenschaft auch in abgetötetem Zustande beibehalten.

Wir können also aussagen, daß unter Enzymen organische Katalysatoren zu verstehen sind, die von lebenden Zellen produziert werden.

Manche Enzyme sind in Sekreten enthalten; man nennt sie extracellulare Enzyme, z. B. Pepsin, Trypsin. Andere Enzyme bleiben innerhalb des Zellkörpers; man nennt sie Endoenzyme, z. B. die autolytischen Enzyme. Zerstört man die Zellen, so lassen sich die Endoenzyme durch Auspressen oder durch Extrahieren mit Wasser oder Glycerin gewinnen.

Darstellung. Manche Enzyme können aus den Sekreten, in denen sie enthalten sind, isoliert werden, andere werden mit Wasser oder Glycerin oder Alkohol aus den Zellen, in denen sie eingeschlossen sind (s. oben) in Lösung gebracht; zu letzterem Behufe müssen manche Zellarten durch Verreiben mit Quarzsand zertrümmert, unter Umständen muß sogar die so erhaltene Masse unter hohem Druck ausgepreßt werden. Die auf verschiedene Weise erhaltenen Lösungen, resp. das Sekret, werden zunächst von Eiweiß und Zucker tunlichst befreit und nun eine Fällung des Enzyms versucht. Diese gelingt bald durch

Alkohol, bald durch Aceton, bald aber durch die Eigenschaft der Enzyme, durch Niederschläge, die man in ihren Lösungen erzeugt, mitgerissen zu werden. So erhält man endlich die Enzyme in Form von Lösungen oder trockenen Pulvern, die aber durchaus nicht frei von fremden Beimengungen sind.

Eigenschaften. Da die Reindarstellung der Enzyme bisher nicht gelungen ist, können wir über ihre Zusammensetzung, über ihre Struktur nichts aussagen. Manche von ihnen geben in dem Zustande, in dem sie isoliert werden, Eiweißreaktionen; andere sind eiweißfrei. In ihren Lösungen zeigen sie vielfach die Eigenschaften der Kolloide; sie sind kaum diffundierbar und in ihren Lösungen (manchmal auch in trockenem Zustande) unstabil; sie werden sowohl durch Kohle, Kaolin usw., wie auch durch andere Kolloide adsorbiert. Ihre Lösungen sind thermolabil und dies ist die Eigenschaft, durch die die Enzyme sich am wesentlichsten von den anorganischen Katalysatoren unterscheiden: die meisten Enzyme gehen beim Erhitzen schon bei etwa 70° C zugrunde; ja manche, wie z. B. eine Trypsinlösung, büßen ihre Wirksamkeit schon durch kurzes Stehen bei 30° C ein. Besonders empfindlich sind manche Enzyme gegen Lauge, andere wieder gegen Säure.

Spezifität. Die meisten Enzyme sind streng spezifisch, indem sie nur auf ganz bestimmte Verbindungen, resp. auf ganz bestimmte Gruppen derselben, und zwar in einer ganz bestimmten Weise einwirken. Nach Emil Fischer besteht zwischen dem Enzym und der betreffenden Substanz, dem Substrat, dasselbe Verhältnis, wie zwischen dem Schlüssel und dem Schloß, zu dem jener gehört: das Schloß kann nur mit diesem Schlüssel geöffnet werden, resp. ein Schlüssel öffnet nur ein ganz gewisses Schloß. So wirken manche Enzyme bloß auf Eiweißkörper, andere wieder bloß auf Kohlenhydrate; von letzteren Enzymen wirkt das eine bloß auf kolloidale Polysaccharide, das andere bloß auf krystallisierbare Disaccharide.

Aktivierung von Enzymen und Enzymwirkungen. Viele Enzyme sind in den Zelleibern oder aber in den Sekreten in Form einer unwirksamen Vorstufe, des sog. Proenzyms oder Zymogens vorhanden und werden erst durch Hinzutritt eines sog. Aktivators (auch Kinase genannt) in die wirksame Form überführt. Auch gibt es Enzyme, die an und für sich wohl schwach wirksam sind, jedoch eine energische Wirkung erst in Gegenwart eines Aktivators erlangen. So wird das Trypsinogen durch die Enterokinase (S. 180), die Pankreaslipase durch die in der Galle enthaltenen Gallensäuren aktiviert (S. 177). Hierher gehören auch die sog. Co-Enzyme, hochmolekulare Stoffe unbekannter Natur, die meistens nicht dialysabel, jedoch hitzebeständig sind; die also selbst keine Enzyme sind, an deren Anwesenheit jedoch das Zustandekommen gewisser Enzymwirkungen geknüpft ist. So wurde z. B. nachgewiesen, daß Hefepreßsaft, durch ein eigens präpariertes Filter gepreßt, sich in zwei Anteile trennen läßt, deren einer am Filter bleibt, während der andere in das Filtrat übergeht. Für sich allein sind beide Anteile unwirksam, wieder zusammengebracht werden sie wirksam. Wird der am Filter verbliebene Anteil vorher erhitzt, so ist auch das

Gemisch beider Anteile unwirksam geworden, wird das Filtrat allein erhitzt, so bleibt das Gemisch wirksam. Hieraus läßt sich folgern, daß der am Filter verbliebene Anteil das thermolabile Enzym darstellt, während der in das Filtrat übergegangene hitzebeständige Anteil das Co-Enzym ist.

Als Aktivatoren können auch anorganische Verbindungen fungieren, so z. B. Kalksalze, richtiger Ca-Ionen, bei der Aktivierung des Prothrombins (S. 129).

Hemmung von Enzymwirkungen. Es gibt Stoffe, welche die Wirkung der Enzyme zu hemmen oder zu verlangsamen imstande sind. In diesem Sinne wirken in erster Linie die durch die Enzymwirkung entstandenen Spaltungsprodukte selbst; ferner die sog. Antienzyme oder Antifermente, Stoffe, die in manchen Flüssigkeiten vorgebildet sind (durch normales Serum wird z. B. die Wirkung des Labfermentes gehemmt), oder durch das sog. Immunisationsverfahren in den Körpersäften erzeugt werden. Endlich werden die Enzyme entweder direkt geschädigt oder bloß in ihren Wirkungen gehemmt durch eine Reihe von sog. Paralysatoren oder Enzymgiften, wie z. B. Sublimat, Wasserstoffhyperoxyd, Formaldehyd, Blausäure, die jedoch oft nur auf die eine oder andere Enzymart einwirken.

Wirksamkeit. Die Wirksamkeit der Enzyme ist an gewisse Bedingungen geknüpft. So wurde für viele Enzyme eine gewisse — für die einzelnen Enzyme recht verschiedene — H- resp. OH-Ionenkonzentration als optimale, d. h. solche festgestellt, bei der die betreffende Reaktion am raschesten verläuft. Diesseits und jenseits der so gefundenen Konzentrationen ist die Wirksamkeit eine weit geringere. Die Wirksamkeit der Enzyme ist auch an eine gewisse Temperatur des Mediums gebunden. Diejenige Temperatur, bei der die Reaktion am raschesten verläuft, wird als die optimale, die niedrigste resp. höchste, bei der eine Wirksamkeit noch überhaupt vorhanden ist, als die minimale resp. maximale bezeichnet.

Synthesen durch Enzyme. Die meisten der von alters her bekannten enzymatischen Vorgänge bestehen in einer Zerlegung hochmolekulärer Stoffe in einfachere Körper. Neuerdings sind jedoch auch enzymatische Synthesen von Stoffen bekannt geworden, die merkwürdigerweise durch dasselbe Enzym gefördert werden, das für gewöhnlich die Aufspaltung desselben Stoffes bewirkt. Es wurde zum ersten Male von der Maltase festgestellt, daß dieses Enzym nicht nur, wie gewöhnlich, die Maltose in deren Komponenten, zwei Moleküle d-Glucose, zu zerlegen, sondern unter Umständen auch aus d-Glucosemolekülen das Disaccharid (allerdings nicht Maltose, sondern Isomaltose) aufzubauen vermag. Zur Erklärung dieser Erscheinung muß nicht eine rätselhafte, spaltende und gleichzeitig synthetische Wirkungsfähigkeit des Enzymes angenommen werden. Es genügt, das vor Augen zu halten, was bezüglich der Gleichgewichtszustände in reversiblen Vorgängen schon längst bekannt ist (S. 13). Der Gleichgewichtszustand ist nämlich unabhängig davon, ob zu Beginn der Reaktion bloß der Ausgangskörper oder bloß die Endprodukte vorhanden waren. In dem oben gewählten Beispiel muß also, sobald es zu einem Gleichgewicht gekommen ist, theoretisch dasselbe Verhältnis zwischen der Konzentration der Maltose und der d-Glucose bestehen, ob man die Maltase auf eine Lösung von Maltose oder auf eine Lösung von d-Glucose einwirken läßt. Der Nachweis, daß dem so ist, läßt sich allerdings nur schwer erbringen, denn die Reaktionsgeschwindigkeit ist in der Richtung Maltose → Glucose unverhältnismäßig größer als in der entgegengesetzten, so daß im Gleichgewichtszustand die Konzentration der Maltose neben der d-Glucose beinahe verschwindet. Demzufolge muß die mit der Maltase zu versetzende Lösung der d-Glucose äußerst konzentriert genommen werden, damit in derselben nach sehr langem Stehen nachweisbare Mengen des Disaccharides entstehen.

Die Fähigkeit, unter Umständen eine Synthese zu fördern, ist später auch an dem fettspaltenden Enzym, an der Lipase, festgestellt worden.

Die Benennung der Enzyme erfolgt teils nach dem Substrat, auf das sie einwirken (z. B. Proteasen, Amylasen usw.), teils nach der Wirkungsart (z. B. Oxydasen, Hydrolasen usw.), zuweilen auch nach dem entstehenden Produkt. Die Einteilung der Enzyme erfolgt am besten auf Grund der chemischen Vorgänge, die sie zu beschleunigen imstande sind. So unterscheidet man:

1. Oxydierende Enzyme, die die Oxydation gewisser Verbindungen beschleunigen und deren Anwesenheit durch verschiedene Reaktionen nachgewiesen werden kann; so z. B. dadurch, daß sie die im Guajac-Harz enthaltene Guajaconsäure zu einer derzeit noch unbekannten Verbindung von blauer Farbe oxydieren; oder daß sie aus einer angesäuerten verdünnten Lösung von Jodkalium Jod in Freiheit setzen, durch welches zugesetzte Stärke blau gefärbt wird; oder durch die Indophenolreaktion, indem man die zu prüfende Flüssigkeit mit einem Reagens versetzt, bestehend aus einer alkalischen Lösung von gleichen Teilen von p-Phenylendiamin und α-Naphthol, worauf in Gegenwart eines oxydierenden Enzyms Indophenolblau entsteht.

Von manchen Autoren werden die oxydierenden Enzyme in Oxydasen und Peroxydasen eingeteilt. Die Oxydasen übertragen den Sauerstoff der atmosphärischen Luft unmittelbar auf die zu oxydierende Substanz, sie bläuen also Guajac-Harz ohne weiteren Zusatz; hingegen beruht die oxydierende Fähigkeit der Peroxydasen darauf, daß sie aus Peroxyden (z. B. Wasserstoffhyperoxyd) aktiven Sauerstoff abspalten; sie bläuen also Guajac-Harz bloß in Gegenwart von Wasserstoffhyperoxyd. Andere Autoren unterscheiden auch Oxygenasen und Peroxydasen, die sich in ihren Wirkungen gegenseitig ergänzen. Erstere sind eiweißartige, vielleicht gar nicht zur Klasse der Enzyme gehörende Körper, die den Luftsauerstoff aufnehmen und so in Peroxyde verwandelt werden; aus diesen sollen dann die Peroxydasen wirksamen Sauerstoff abspalten.

Oxydierende Enzyme können in den verschiedensten Geweben und Säften des Pflanzen- und Tierkörpers nachgewiesen werden; sie haben wahrscheinlich eine wichtige Rolle bei den im Tierkörper ablaufenden Oxydationsprozessen. Hierher gehört auch die in der Leber enthaltene

Aldehydase, durch welche gewisse Aldehyde zu den betreffenden Säuren oxydiert werden; ferner die Tyrosinase (S. 103), die die Fähigkeit hat, den Tyrosinkern der Eiweißkörper in braune Substanzen zu verwandeln. Dann gibt es oxydierende Enzyme, die das Hypoxanthin zu Xanthin und dieses zu Harnsäure zu oxydieren, endlich auch sog. „Uricasen", welche Harnsäure oxydativ abzubauen vermögen.

2. Reduzierende Enzyme, die z. B. Schwefelwasserstoff zu Schwefel, Methylenblau zu einer farblosen Verbindung reduzieren usw.

3. Hydrolasen oder hydrolytische Enzyme, welche die hydrolytische Spaltung verschiedener Verbindungen beschleunigen. Es ist hierunter der Vorgang zu verstehen, daß eine Verbindung die Bestandteile des Wassers in sein Molekül aufnimmt, dabei aber selbst in zwei bis drei kleinere Moleküle zerfällt. Hydrolytisch wirken:

a) Die Proteasen oder proteolytischen Enzyme, durch welche die Eiweißkörper gespalten werden; z. B. Pepsin (S. 166), Trypsin (S. 171), Chymosin (S. 168). Hierher gehören auch die autolytischen Enzyme. Wird eine Leber in möglichst frischem Zustande im ganzen oder zu Brei verrieben, bei Körpertemperatur stehen gelassen und durch Zusatz von Chloroform oder Toluol vor Fäulnis bewahrt, so kommt es allmählich zu einer Verflüssigung des Lebergewebes; in der Flüssigkeit lassen sich dann alle möglichen Abbaustufen der Eiweißkörper nachweisen. Diese Autolyse oder Autodigestion der Leber wird den in ihr enthaltenen autolytischen Enzymen' zugeschrieben. Sie wurden auch in anderen Organen nachgewiesen und haben wahrscheinlich eine wichtige Rolle in gewissen pathologischen Prozessen, wie akute gelbe Leberatrophie, Phosphorvergiftung; ferner bei der Verflüssigung von festeren Exsudaten, die erst in diesem verflüssigten Zustande resorbiert werden können.

b) Esterasen, durch die die Ester, die das Glycerin mit niederen Fettsäuren bildet, z. B. Monobutyrin, gespalten werden. Ferner Lipasen, die die Glyceride der höheren Fettsäuren spalten (S. 172).

c) Carbohydrasen oder kohlenhydratspaltende Enzyme, z. B. Diastasen oder Amylasen (S. 82), welche Stärke und Glykogen zu Maltose spaltet; Maltase (S. 180), welche Maltose in d-Glucose zerlegt; Invertin (S. 180), welches Rohrzucker spaltet usw.

d) Arginase, die Arginin spaltet (S. 101).

e) Nucleinacidasen, durch die die Nucleinsäuren in Nucleotide (S. 122) gespalten werden; weiterhin Nucleotidasen, durch die Nucleotide (S. 122) und Nucleosidasen, durch die die Nucleoside (S. 123) abgebaut werden.

f) Adenase, Guanase, die Adenin, Guanin desaminieren (S. 230).

g) Urease, durch die Harnstoff zersetzt wird (S. 221).

4. Enzyme, die gewisse Verbindungen ohne Hydrolyse spalten:

a) Emulsin, das im Pflanzenreich sehr verbreitet ist, und Glucoside (S. 84), ferner Raffinose, Stachyose (S. 81) usw. spaltet.

b) Zymase, einer der wirksamen Bestandteile der Hefe; sie spaltet verschiedene Monosaccharide in Kohlensäure und Äthylalkohol (S. 69).

c) **Carboxylase**, die ebenfalls in der Hefe enthalten ist und Brenztraubensäure spaltet (S. 45).

5. **Katalasen**, welche Wasserstoffsuperoxyd sehr energisch in Wasser und Sauerstoff zerlegen. Man hat sie in jedem bisher darauf untersuchten pflanzlichen und tierischen Gewebe, in besonders kräftiger Form im subkutanen Fettgewebe nachweisen können.

2. Toxine, Antitoxine, Agglutinine, Lysine, Präcipitine, proteolytische Abwehrfermente.

Wird Eiweiß oder ein eiweißähnlicher Stoff nicht per os, sondern subkutan, oder intra venam, also parenteral eingeführt, so kann es nicht zu dem Abbau resp. zu der Umformung im Darme kommen (S. 183), durch die aus dem „artfremden" Eiweiß „arteigenes" gemacht wird. Dieses in die Säfte gelangte „artfremde" Eiweiß hat die Eigenschaft als „Antigen" zu wirken, d. h. die Neubildung von Stoffen, „Antikörpern" auszulösen, deren Wirkung gerade gegen die Körper gerichtet ist, durch die sie entstanden sind, wobei aber (wie bei den Enzymen) strengste Spezifität besteht.

Es handelt sich um folgende Fälle:

a) **Toxine und Antitoxine.** Als Toxine werden organische Verbindungen unbekannter Zusammensetzung bezeichnet, welche in relativ sehr geringen Mengen stark giftig wirken; doch bedarf es immer einer gewissen Zeit, „Inkubationsdauer", bis es zur Entfaltung dieser Wirkung kommt. Die Toxine haben die besondere Eigenschaft, in dem Tierkörper, in welchem sie entstanden sind, oder welchem sie beigebracht wurden, die Bildung ihrer eigenen Gegengifte, der sog. Antitoxine, hervorzurufen; und zwar besteht diesbezüglich eine strenge Spezifizität, indem jedes Toxin nur die Bildung des ihm entsprechenden Antitoxin veranlassen kann und jedes Antitoxin nur gegen das betreffende Toxin als Gegengift wirkt. Gegen höhere Temperaturen sind die Toxine meistens ebenso empfindlich wie die Enzyme; desgleichen auch gegen oxydierende Reagenzien, Säuren und Laugen; doch kann ein Toxin, das seine Giftwirkung infolge der Behandlung mit den genannten chemischen Agenzien verloren hat, noch die Fähigkeit beibehalten haben, die Bildung von Antitoxin hervorzurufen. Die meisten Toxine werden durch die Enzyme des Verdauungstraktus, insbesondere durch das Trypsin, zerstört. Über ihre chemische Konstitution wissen wir derzeit gar nichts, da ihre Reindarstellung noch in keinem Falle gelungen ist. In manchen von ihnen ist Eiweiß nachzuweisen, welches aber offenbar nur eine Verunreinigung darstellt; andere sind ganz eiweißfrei.

Toxine kommen sowohl in Pflanzen als in Tieren vor. Von den **pflanzlichen Toxinen** sind diejenigen am wichtigsten, die durch Bakterien produziert werden und entweder in die Nährböden derselben übergehen oder in den Bakterienleibern verbleiben. Von den Toxinen, welche von höher organisierten Pflanzen produziert werden, sind zu erwähnen: das Ricin der **Ricinussamen** und das **Abrin** der **Jequiritybohnen**.

Tierische Toxine kommen vielfach im Blute und in den Sekreten von Kaltblütern vor; so im Blut und im Hautsekret der Kröte, in gewissen Spinnen, im Speichel und Blut mancher Schlangen, in Skorpionen, im Blute des Aales usw.

b) **Agglutinine.** Im Blute eines Exemplares der Tierart „A", dem Blutkörperchen der Tierart „B" parenteral beigebracht wurden, entsteht ein Stoff, „Agglutinin" genannt, der die roten Blutkörperchen der Tierart „B" zusammenbacken, agglutinieren läßt.

c) **Lysine.** Werden einem Tiere zellige Gebilde, wie Bakterien oder fremde Blutkörperchen, oder fremde parenchymatöse Zellen (der Niere, der Leber) beigebracht, so entstehen im Blute des Tieres Stoffe, die **Lysine** (Bakterio-, Hämo-,

Zyto-Lysine) genannt werden, weil sie die genannten zelligen Gebilde zu lösen vermögen.

d) Präcipitine. Wird einem Tiere Milch oder Serumeiweiß einer anderen Tierart beigebracht, so erhält das Blutserum des Tieres die Eigenschaft, mit der zu dem Versuche verwendeten Milch oder dem Serumeiweiß (jedoch nicht mit einer anderen Milch oder mit einem anderen Serum) einen Niederschlag zu bilden: Wir sagen, es haben sich in dem Blut des behandelten Tieres „Präcipitine" gebildet.

e) Proteolytische Abwehrfermente. Die Bildung solcher eigenartig und streng spezifisch wirkender Stoffe wird jedoch nicht nur durch die Einfuhr von „artfremden", also dem betreffenden Tierexemplar eo ipso „körperfremden" Eiweiß ausgelöst, sondern auch durch Eiweißstoffe oder eiweißähnliche Stoffe, die in dem betreffenden Tierkörper für gewöhnlich nicht vorhanden sind, aber in ihm unter gewissen Umständen entstehen, in sein Blut gelangen, also wenn auch nicht „körperfremd" im obigen Sinne, jedoch gewissermaßen „blutfremd" sind, und als solche Veranlassung zur Bildung solcher Stoffe geben, die gegen sie gerichtet sind. Solche eiweißartige, blutfremde (wenn auch nicht körperfremde) Substanzen entstehen in der Placenta der graviden Frau, gelangen in ihr Blut, worauf Stoffe gebildet werden, die gegen die blutfremde Substanz gerichtet sind. Man kann auf diese Weise eine „biologische Reaktion" auf das Bestehen der Schwangerschaft ausführen, weil dem Blutserum der graviden Frau die Fähigkeit zukommt, das Eiweiß der menschlichen Placenta abzubauen (Abderhaldensche Schwangerschaftsdiagnose), eine Fähigkeit, die dem Serum der Nichtgraviden nicht zukommt.

3. Hormone.

Es ist eine längst bekannte Tatsache, daß die verschiedenen Organe und Gewebe des tierischen Körpers nicht ganz unabhängig voneinander sind; namentlich, daß Veränderungen (sowohl physiologische als auch pathologische), die in einem Organe eintreten, von Veränderungen in einem anderen, entfernt gelegenen Organe gefolgt sein können, daß demnach eine Korrelation zwischen verschiedenen Organen besteht. Früher wurde angenommen, daß diese Korrelation überall durch Nervenbahnen vermittelt wird, die die verschiedenen Organe miteinander teils unmittelbar, teils auf dem Wege über das zentrale Nervensystem verbinden. Heute wissen wir, daß die Korrelation vieler Organe nicht auf Nervenverbindungen beruht, sondern auf chemischem Wege vermittelt wird, indem Stoffwechselprodukte des einen Organes in die Blutbahn und mit dem Blute zu einem anderen Organe gelangen und dort entweder physiologische oder pathologische Vorgänge hervorrufen können. Diese Stoffwechselprodukte werden als Hormone (Starling) bezeichnet und es sind derzeit bereits einige derselben bekannt, welchen im normalen Ablauf der Lebenserscheinungen eine wichtige Rolle zukommt. Ein solches Hormon ist das Adrenalin (S. 271), ein Produkt der inneren Sekretion der Nebenniere, das den Blutdruck reguliert; ferner auch das Secretin (S. 172), das in der Darmwand gebildet wird, auf dem Wege des Blutstromes zum Pankreas gelangt und dieses zur sekretorischen Tätigkeit anregt. Hierher gehören auch die vorläufig noch unbekannten Körper, die in den Sexualdrüsen gebildet werden usw. (s. hierüber auch das Kapitel „Drüsen mit innerer Sekretion").

Drittes Kapitel.

Kohlenhydrate.

Als Kohlenhydrate werden die Aldehyde und Ketone mehrwertiger Alkohole, die sog. Oxyaldehyde und Oxyketone bezeichnet. Es gehört eine große Gruppe der stickstofffreien organischen Verbindungen hierher, welche im Reiche der Pflanzen hauptsächlich als wichtigste Gewebsbestandteile, im Tierreich jedoch hauptsächlich als wichtige Nahrungsmittel figurieren. Die zu dieser Gruppe gehörenden Verbindungen werden außer zahlreichen gemeinsamen chemischen Eigenschaften auch dadurch charakterisiert, daß in den meisten von ihnen Wasserstoff und Sauerstoff in demselben Verhältnis ($H_2 : O$) wie im Wasser enthalten sind: daher wurden sie auch als Kohlenhydrate bezeichnet. Nun werden einerseits natürlich nicht alle organische Verbindungen, welche Wasserstoff und Sauerstoff in genanntem Verhältnis enthalten, zu den Kohlenhydraten gezählt (so z. B. weder Essigsäure, $C_2H_4O_2$, noch Milchsäure, $C_3H_6O_3$). Andererseits hat man chemische Verbindungen kennen gelernt, die vermöge ihrer Abstammung, sowie auch zufolge ihrer physikalischen und chemischen Eigenschaften unbedingt den Kohlenhydraten angehören, wiewohl sie Wasserstoff und Sauerstoff nicht im genannten Verhältnis enthalten, wie z. B. Rhamnose $C_6H_{12}O_5$. Trotzdem hat man für diese Verbindungen die Bezeichnung ,,Kohlenhydrate‘‘ beibehalten, die Definition der ,,Kohlenhydrate‘‘ jedoch in dem eingangs erwähnten Sinne geändert.

Die Kohlenhydrate lassen sich in folgende Hauptgruppen einteilen:

I. Je ein Oxyaldehyd oder Oxyketon stellt für sich allein ein Kohlenhydrat dar, dessen Spaltprodukte jedoch nicht mehr den Charakter eines Kohlenhydrates haben. Sie werden als Monosaccharide bezeichnet.

II. Zwei oder mehrere Oxyaldehyde oder Oxyketone treten unter Austritt von Wasser zu größeren ätherartigen Molekülen zusammen und stellen krystallisierbare Verbindungen dar: die sog. krystallisierbaren Polysaccharide.

III. Die Anzahl der zu einem Äther vereinigten Moleküle kann eine sehr große sein, wobei Polysaccharide kolloidaler Natur und von sehr großem Molekulargewichte entstehen.

IV. Wichtige Derivate der Kohlenhydrate sind: Glucoside, in welchen ein Oxyaldehyd mit einem Alkohol ätherartig verknüpft ist; Kohlenhydratester; Aminokohlenhydrate, in welchen das OH einer CHOH-Gruppe durch NH_2 ersetzt ist; Glucuronsäure, in welcher eine endständige CH_2OH-Gruppe eines Kohlenhydrates zu COOH oxydiert ist.

Die Monosaccharide werden, je nachdem sie Oxyaldehyde resp. Oxyketone sind, als Aldosen resp. Ketosen bezeichnet; ferner nach der Anzhl der C-Atome als Triosen, Tetrosen, Pentosen usw. Uns interessieren hauptsächlich die Pentosen und Hexosen, welche je nach ihrer Struktur und der Zahl der C-Atome als **Aldopentosen** und **Aldohexosen** resp. als **Ketopentosen** und **Ketohexosen** bezeichnet werden. Die krystallisierbaren Polysaccharide werden nach der Anzahl der Monosaccharide, die zu ihrer Bildung zusammengetreten sind, **Di-, Tri- und Tetrasaccharide** genannt. Die **Monosaccharide** und die **krystallisierbaren Polysaccharide** werden auch **Zucker** genannt.

Wir beginnen die Beschreibung der Kohlenhydrate mit den Monosacchariden, und zwar mit dem Bemerken, daß viele ihrer Eigenschaften und Reaktionen auch bei den übrigen Zuckerarten und deren Derivaten gefunden werden.

I. Monosaccharide.

A. Allgemeine Eigenschaften.

Sie sind farblose, geruchlose, meistens gut krystallisierbare Verbindungen, welche in Wasser leicht löslich sind und Lösungen von süßem Geschmack geben. In Alkohol sind sie schwerer, in Äther gar nicht löslich. Die Anzahl aller Monosaccharide, die teils in der Natur vorkommen, teils Laboratoriumsprodukte sind, ist eine sehr große.

Bildung von Isomeren. Ihre Vielfältigkeit beruht einerseits darauf, daß die Kohlenstoffkette, wenigstens im Prinzip, einer sehr bedeutenden Verlängerung fähig ist; andererseits aber auf der Bildung von Isomeren. So kann

a) dieselbe monosaccharidartige Verbindung mit einer Kohlenstoffkette von bestimmter Länge und von derselben prozentischen Zusammensetzung bereits dadurch in zwei einander isomeren Modifikationen, jedoch mit abweichenden physikalischen und chemischen Eigenschaften, vorkommen, daß die eine ein Oxyaldehyd, die andere aber ein Oxyketon ist; z. B. Glucose und Fructose.

$$
\begin{array}{cc}
\text{COH} & \text{CH}_2\text{OH} \\
| & | \\
\text{CHOH} & \text{CO} \\
| & | \\
\text{CHOH} & \text{CHOH} \\
| & | \\
\text{CHOH} & \text{CHOH} \\
| & | \\
\text{CHOH} & \text{CHOH} \\
| & | \\
\text{CH}_2\text{OH} & \text{CH}_2\text{OH} \\
\text{Glucose} & \text{Fructose}
\end{array}
$$

b) Die Monosaccharide, deren Kohlenstoffkette aus mehr als zwei Gliedern besteht, enthalten mindestens ein asymmetrisches Kohlenstoffatom; die uns am meisten interessierenden Hexosen aber deren vier. Im Falle eines einzigen asymmetrischen C-Atomes sind nur zwei Stereoisomeren denkbar, die sich in ihrer Struktur und auch in ihrer optischen Aktivität wie Spiegelbilder verhalten, in allen ihren sonstigen Eigenschaften jedoch identisch sind (s. auch S. 44). Durch das Vorhandensein von mehr als einem asymmetrischen C-Atom wird aber die Existenz von mehreren Stereoisomerenpaaren bedingt, wobei je zwei Stereoisomeren sich bezüglich der räumlichen Anordnung der um die asymmetrischen C-Atome gelagerten Atome und Atomgruppen (H und OH) wohl wieder wie Spiegelbilder verhalten, von Paar zu Paar jedoch eine verschiedene Gruppierung des H und OH aufweisen, und sich in ihren physikalischen sowohl als auch in ihren chemischen Eigenschaften voneinander verschieden verhalten können. Es läßt sich leicht berechnen, daß von den für uns am wichtigsten Monosacchariden, den Aldohexosen, acht Stereoisomerenpaare, also insgesamt 16 Verbindungen, existieren, von denen zur Zeit **vierzehn** teils aus der Natur bekannt sind, teils künstlich dargestellt wurden. I und II, bezw. III und IV

I	II	III	IV
$C\!\!<^O_H$	$C\!\!<^O_H$	$C\!\!<^O_H$	$C\!\!<^O_H$
H—C—OH	HO—C—H	H—C—OH	HO—C—H
HO—C—H	H—C—OH	HO—C—H	H—C—OH
H—C—OH	HO—C—H	HO—C—H	HO—C—H
H—C—OH	HO—C—H	HO—C—H	H—C—OH
CH_2OH	CH_2OH	CH_2OH	CH_2OH

der obigen Strukturbilder verhalten sich genau wie Spiegelbilder, während Paar III und IV sich von Paar I und II in der Anordnung der H-Atome und der OH-Gruppen an dem von unten gerechneten zweiten C-Atom unterscheidet.

Natürliche Synthese. Die den sog. Blattfarbstoff, das Chlorophyll, enthaltenden Pflanzenteile nehmen nachgewiesenermaßen am Licht Kohlensäure auf und scheiden Sauerstoff aus. Das Chlorophyll oder richtiger (da es gelungen ist, aus jedem Blattfarbstoff mehrere chemisch wohl definierte Verbindungen darzustellen) die Chlorophylle haben die Fähigkeit, Lichtstrahlen zu absorbieren und deren strahlende Energie unter Mitwirkung eines bisher noch nicht bekannten, offenbar enzymartigen Stoffes in chemische Energie zu verwandeln. Hierbei wird aus der Kohlensäure und dem Wasser, die chemische Energie nicht enthalten, unter Reduktion der Kohlensäure das chemische Energie enthaltende Formaldehyd nach der Formel $CO_2 + H_2O = HCOH + O_2$ gebildet. Das so gebildete Formaldehyd aber wird auf eine bisher nicht sicher erwiesene Weise zunächst zu Mono-, dann zu Polysacchariden polymerisiert.

Die **künstliche Synthese** der Monosaccharide ist zu allererst Emil Fischer gelungen, indem er Glycerin durch gelinde Oxydation in Glycerose, eine Aldotriose, verwandelte, deren zwei Moleküle in Gegenwart von Lauge sich zu Acrose (S. 68) vereinigten. Später ist es gelungen, Glucose durch Vereinigung von sechs Molekülen des Formaldehyd zu erzeugen. Durch Anlagerung einer CN-Gruppe (aus Blausäure) und nachfolgende Verseifung und Reduktion läßt sich die C-Kette eines Monosaccharides zunächst um ein Glied, nachher auf dieselbe Weise wieder um ein Glied usw. verlängern. Mittels dieses Verfahrens lassen sich Heptosen, Octosen, Nonosen künstlich darstellen.

Die **Isolierung** der Monosaccharide aus Lösungen, welche auch andere Stoffe gelöst enthalten, erfolgt durch Darstellung ihrer Hydrazone (S. 70), oder durch sog. „Benzoylierung"; schüttelt man nämlich die Lösung in Anwesenheit von Lauge mit einem Überschuß von

Benzoylchlorid, so wird das Monosaccharid in Form seines Benzoesäureesters gefällt; der Niederschlag wird isoliert und aus diesem das Monosaccharid durch Mineralsäure in Freiheit gesetzt.

Optische Aktivität. Die asymmetrischen Kohlenstoffatome, welche die oben erwähnte Bildung von Stereoisomeren bedingen, verursachen, daß die Lösungen der Monosaccharide die Ebene des polarisierten Lichtes drehen, also optisch aktiv sind. Von den S. 67 abgebildeten Stereoisomeren sind diejenigen (I. und II. bezw. III. und IV.), welche als gegenseitige Spiegelbilder betrachtet werden können, gleich stark, jedoch in entgegengesetztem Sinne optisch aktiv. Sind stereoisomere Moleküle mit entgegengesetzter und gleich starker optischer Aktivität in gleicher Anzahl vorhanden, so wird die optische Aktivität gleich Null; dies ist häufig der Fall und man kann nun entweder bloß eine Mischung oder aber eine mehr-minder feste chemische Vereinigung der entgegengesetzt aktiven Moleküle zu einer inaktiven, sog. Racemverbindung annehmen. Eine solche inaktive Modifikation der Fructose liegt vor, wenn dieselbe in der (S. 67) erwähnten Weise synthetisch dargestellt wird; dieses Produkt nannte man Acrose.

Die rechts-aktive Modifikation der Glucose wird als d-Glucose bezeichnet, die links-aktive als l-Glucose; **die Bezeichnung sämtlicher anderer Monosaccharide, resp. ihrer Modifikationen mit dem Vorzeichen d- resp. l- erfolgt jedoch nicht darnach, ob sie rechts- oder links-aktiv sind, sondern je nachdem sie aus der d-Glucose resp. aus der l-Glucose abgeleitet werden können.** So wird z. B. jene Fructose, welche von der d-Glucose abgeleitet werden kann, d-Fructose genannt, obzwar sie links-aktiv ist. Die Racemverbindungen werden mit den Vorzeichen **r-** oder **d.l-** versehen.

Reduktions- und Oxydationsprodukte. Mittels Natriumamalgam lassen sich die Monosaccharide zu den betreffenden Polyalkoholen reduzieren, z. B. die d-Glucose zu Sorbit. Unter der Einwirkung gelinder Oxydationsmittel, wie Chlor- oder Bromwasser, werden die Aldohexosen zu Monocarbonsäuren, durch energische Oxydationsmittel aber, wie Salpetersäure, zu Dicarbonsäuren mit unveränderter Kohlenstoffanzahl oxydiert, so z. B. die Glucose zu Gluconsäure resp. Zucker-

CH$_2$OH	CH$_2$OH	COOH
CHOH	CHOH	CHOH
CHOH	CHOH	CHOH
CHOH	CHOH	CHOH
CHOH	CHOH	CHOH
CH$_2$OH	COOH	COOH
Sorbit	Gluconsäure	Zuckersäure

Furfurol

Oxymethylfurfurol

säure. Ketohexosen werden bei ihrer Oxydation in Moleküle mit kleinerer Kohlenstoffanzahl zerlegt. Mit Mineralsäuren erhitzt werden die Hexosen in Lävulinsäure (S. 45), die Pentosen in Furfurol (Furanaldehyd) verwandelt. Ketohexosen liefern unter diesen Umständen Oxymethylfurfurol.

Laugenwirkung. Unter Einwirkung von verdünnten Laugen, Carbonaten, Acetaten, Bleihydroxyd usw. sind einige unter den weiter unten anzuführenden Monosacchariden einer gegenseitigen Umwandlung fähig, so daß z. B. in einer Lösung von d-Glucose, wenn sie schwach alkalisch gemacht wird, nach einer gewissen Zeit auch d-Mannose und

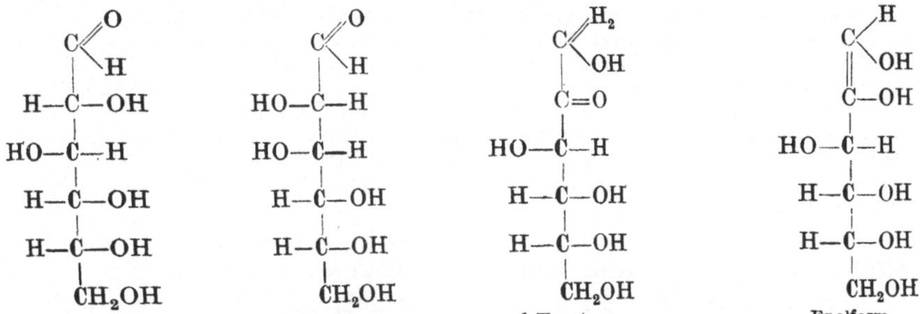

C⟨^O_H	C⟨^O_H	C⟨$^{H_2}_{OH}$	C⟨$^H_{OH}$
H—C—OH	HO—C—H	C=O	C—OH
HO—C—H	HO—C—H	HO—C—H	HO—C—H
H—C—OH	H—C—OH	H—C—OH	H—C—OH
H—C—OH	H—C—OH	H—C—OH	H—C—OH
CH_2OH	CH_2OH	CH_2OH	CH_2OH
d-Glucose	d-Mannose	d-Fructose	Enolform

d-Fructose erscheinen. Dieser Übergang wird dem Verständnisse näher gerückt, wenn man bedenkt, daß die genannten drei Zuckerarten bezüglich ihrer sterischen Konfiguration an den (in obigen Formeln fettgedruckten) vier unteren C-Atomen identisch sind, daher sich ohne Zwang vorstellen läßt, daß sie unter gewissen Umständen leicht ineinander übergehen, und zwar vielleicht über die in obigen Formeln ebenfalls abgebildete sog. Enolform.

Gärfähigkeit. a) Eine wichtige Eigentümlichkeit der Monosaccharide ist die, daß sie mit Bierhefe (Saccharomyces cerevisiae), resp. mit der aus ihr darstellbaren Zymase (S. 62) vergären und im Endergebnis zu Äthylalkohol und Kohlensäure zerfallen (S. 75). Doch sind es unter den Monosacchariden nur die Triosen, Hexosen und Nonosen, deren gewisse Vertreter vergärbar sind, während Monosaccharide mit einer anderen C-Zahl überhaupt nicht vergären. Ferner ist es besonders interessant, daß unter den Hexosen d-Glucose, d-Mannose und d-Fructose leicht vergären (was wieder mit der oben erwähnten teilweisen Übereinstimmung in der sterischen Konfiguration zusammenhängen mag); d-Galaktose jedoch weit schwerer; ihre optischen Antipoden, die l-Modifikationen der obigen drei Zuckerarten aber gar nicht. Ja sogar, es vergärt von beiden Komponenten der d.l-Modifikation die d-Glucose, während die l-Glucose unverändert zurückbleibt.

Der Mechanismus der alkoholischen Gärung ist ein höchst komplizierterer und zur Zeit durchaus nicht in allen Einzelheiten klar. Es wird von vielen Autoren angenommen, daß das Zuckermolekül zunächst aus der gewöhnlichen in die sog. Enolform (s. oben) übergeht und diese sich unter Einwirkung eines Enzymes, der sog. **Phosphatese**, mit Phosphorsäure zu einer sog. **Hexose-Diphosphorsäure** verbindet. Erst in dieser Form soll das Zuckermolekül einem Abbau zugänglich sein, der nach Neuberg in folgendem besteht: Zunächst entsteht aus Traubenzucker auf einem zur Zeit noch nicht bekannten Wege Methylglyoxal, $CH_3CO \cdot COH$, das von den Elementen des Wassers den O aufnimmt und hierdurch in Brenztraubensäure, $CH_3CO \cdot COOH$ verwandelt wird. Diese Säure wird durch das Enzym Carboxylase, das ebenfalls in der Hefe enthalten ist, in Acetaldehyd und Kohlensäure zerlegt (s. S. 45). Dadurch wäre das Entstehen eines der beiden Endprodukte der alkoholischen Gärung, der Kohlensäure, bereits erklärt. Was

das andere Endprodukt, den Äthylalkohol anbelangt, war es anzunehmen, daß
es aus dem Acetaldehyd durch Aufnahme von zwei H-Atomen (des Wassermoleküls,
das oben auch den O lieferte) entstehe, welche Annahme sich auch als richtig
erwiesen hatte. Wird nämlich der aus der Zerlegung der Brenztraubensäure entstehende Aldehyd durch Zusatz von Sulfit gebunden, „abgefangen", so entsteht
zwar aus der Brenztraubensäure die berechnete Menge an Kohlensäure, jedoch
kein Alkohol. Auch findet der H, der sonst zur Überführung des Acetaldehydes
in Alkohol verwendet wird, nunmehr eine andere Verwendung: Da er in den
durch das Sulfit gebundenen Aldehyd nicht eintreten kann, tritt er in das Molekül
des Methylglyoxal ein, das hierdurch in Brenztraubenalkohol, $CH_3 \cdot CO \cdot CH_2OH$,
verwandelt wird; dieser wird aber durch Aufnahme von Wasser leicht in Glycerin
überführt. Daß dem in der Tat so ist, geht aus der Erfahrung Neubergs hervor,
daß bei dem genannten Sulfitverfahren kein Alkohol, sondern Glycerin in großen
Mengen entsteht, sowie auch aus der längst bekannten Tatsache, daß Glycerin
in geringen Mengen auch bei dem normal ablaufenden Gärungsprozeß stets gebildet wird.

b) Unter der Einwirkung gewisser Bakterien kommt es zur milchsauren oder buttersauren Gärung der Monosaccharide (S. 75).

Verhalten der Stereoisomeren im Organismus. Die optischen Antipoden können sich auch innerhalb des höheren Tierorganismus abweichend verhalten: die eine wird zersetzt, die andere nicht. Diese
Erscheinung, sowie die verschiedene Gärfähigkeit zeugen für die besondere Wichtigkeit der sog. inneren Konfiguration der Monosaccharide.

Reduktionsfähigkeit. Vermöge ihrer freien COH- resp. CO-Gruppen
sind die Monosaccharide imstande, in alkalischer Lösung Kupfer-,
Wismut-, Quecksilber- und Silbersalze zu reduzieren.

Bildung von Hydrazonen und Osazonen. Mit Phenylhydrazin resp.
mit deren Substitutionsprodukten (S. 72) geben die Monosaccharide
charakteristische Verbindungen:

a) Findet die Reaktion in verdünnter alkoholischer Lösung ohne
Zusatz von Säure derart statt, daß je ein Molekül von Zucker und
Hydrazin aufeinander einwirken, so entstehen sog. Hydrazone. Die
Hydrazone der verschiedenen Monosaccharide sind vermöge ihrer ver-

$$
\begin{array}{c}
\overset{\displaystyle O}{\underset{\displaystyle H}{C}}\!\!\diagdown \qquad H_2 \!=\! N\!-\!NH(C_6H_5) \\
| \\
CHOH \quad + \qquad\qquad = \quad H_2O + \overset{\displaystyle N-NH(C_6H_5)}{\underset{\displaystyle H}{C}} \\
| \\
CHOH
\end{array}
$$

Glucose   Phenylhydrazin   Phenyl-Glucose-Hydrazon

$$
\begin{array}{c}
CH_2OH \qquad\qquad\qquad\qquad\qquad CH_2OH \\
| \qquad\qquad\qquad\qquad\qquad\qquad\quad | \\
C = O \quad H_2 \!=\! N\!-\!NH(C_6H_5) \;=\; H_2O + C = N\!-\!NH(C_6H_5) \\
+
\end{array}
$$

Fructose   Phenylhydrazin   Phenyl-Fructose-Hydrazon

schiedenen Schmelzpunkte und ihres optischen Verhaltens einerseits zur
Identifizierung der Monosaccharide, andererseits aber auch zu ihrer
Reindarstellung geeignet, indem sie, mittels konzentrierter Salzsäure
oder mit Benzaldehyd oder auch mit Formaldehyd zersetzt, das betreffende Monosaccharid in chemisch reinem Zustand gewinnen lassen.

b) Findet die Reaktion in wäßriger Lösung in Gegenwart von Essigsäure und bei Überschuß des Hydrazins statt, so bildet je ein Molekül des Zuckers mit zwei Molekülen des Hydrazins krystallinische, meistens gelbgefärbte Verbindungen, die sog. Osazone (während das übrige Hydrazin durch H_2 teilweise in NH_3 und Anilin zersetzt wird). Die Osazone sind zur Identifizierung der Monosaccharide in mancher Hinsicht den Hydrazonen überlegen, indem sie im Wasser schwer löslich und daher auch in geringeren Mengen leichter zu isolieren sind; ihr

$$C\!\!<\!\!{}^{O}_{H} \quad + \quad H_2 = N\!-\!NH(C_6H_5)$$
$$C - HOH \quad + \quad H_2 = N\!-\!NH(C_6H_5) \quad = \quad 2\,H_2O + H_2 + C\!\!<\!\!{}^{N\!-\!NH(C_6H_5)}_{H}$$
$$C = N\!-\!NH(C_6H_5)$$

Glucose — Phenylhydrazin — Phenylglucosazon

$$C\!\!<\!\!{}^{H}_{{}^{H}_{OH}}$$
$$C = O \quad + \quad H_2 = N\!-\!NH(C_6H_5) \quad = \quad 2\,H_2O + H_2 + C\!\!<\!\!{}^{N\!-\!NH(C_6H_5)}_{H}$$
$$C = N\!-\!NH(C_6H_5)$$

Fructose — Phenylhydrazin — Phenylfructosazon

Schmelzpunkt sowie auch ihre optische Aktivität ist für die meisten Monosaccharide charakteristisch. Bemerkenswert ist, daß die Hydrazone der Isomeren, die an den vier C-Atomen (nach S. 69) die gleiche räumliche Anordnung der H- und OH-Gruppen haben, verschieden, ihre Osazone jedoch identisch sind. So sind z. B. Phenylglucosazon, Phenylfructosazon und Phenylmannosazon identisch. Aus den Osazonen lassen sich die Monosaccharide nicht so leicht wie aus den Hydrazonen zurückgewinnen.

B. Qualitativer Nachweis der Monosaccharide.

Manche der im vorangehenden erwähnten Eigenschaften der Monosaccharide werden zu ihrem qualitativen und quantitativen Nachweise verwendet, wobei aber zu bemerken ist, daß die nachgenannten Verfahren teilweise auf alle Zuckerarten, ja sogar auf ihre Derivate anwendbar sind, teilweise jedoch bloß auf einzelne Gruppen der Monosaccharide.

Wir unterscheiden a) allgemeine und b) Spezialreaktionen auf Zuckerarten.

a) Allgemeine Reaktionen.

1. Die Schiffsche Anilinacetatprobe. Wird Zucker in einer Eprouvette mit starker Schwefelsäure gekocht oder trocken destilliert, so entwickeln sich Dämpfe von Furfurol, welche einen mit Anilinacetat getränkten Streifen Filterpapier kirschrot färben.

2. Die Molisch-Udránszkysche α-Naphtholprobe. Zu 1 ccm der auf Zucker zu untersuchenden Lösung wird ein Tropfen einer 20%igen alkoholischen Lösung von α-Naphthol hinzugefügt und 2 ccm konzentrierter Schwefelsäure unterschichtet, worauf an der Berührungsfläche der beiden Flüssigkeiten ein violetter Ring entsteht; werden diese Flüssigkeiten durch Schütteln vermischt, so entsteht eine

diffuse, violett-rote Färbung. Diese Farbenreaktion rührt wahrscheinlich von einem Farbstoff her, welcher aus der Vereinigung des α-Naphthols mit dem aus dem Zucker abgespaltenen Furfurol hervorgeht.

b) Spezialreaktionen.

1. **Reduktionsproben.** Alle Monosaccharide und mehrere krystallisierbare Polysaccharide reduzieren in alkalischer Lösung und in der Wärme Kupfer-, Wismuth-, Quecksilber- (S. 200) und Silbersalze; die letzteren vielfach auch in der Kälte. Durch die **Barfoed**sche Probe können auch Monosaccharide und Disaccharide voneinander unterschieden werden, da letztere das **Barfoed**sche Reagens nicht reduzieren (S. 79).

2. **Phenylhydrazinprobe.** Alle Monosaccharide und mehrere krystallisierbare Polysaccharide bilden mit Phenylhydrazin oder mit dessen Substitutionsprodukten (Diphenyl-, Methylphenyl-, p-Bromphenylhydrazin) charakteristische Verbindungen (S. 70).

3. Die **Selivanoff**sche Resorcinprobe, die nur von Ketosen gegeben wird (S. 202).

4. Die **Tollens**sche Orcin- und die **Tollens**sche Phloroglucinproben, die nur von Pentosen und Glucuronsäure gegeben werden (S. 202).

C. Quantitative Bestimmungsmethoden.

1. Das Polarisationsverfahren.

Stellen wir mittels des Polarimeters die Drehung fest, welche die Ebene des polarisierten Lichtes durch eine optisch-aktive Lösung erleidet und kennen wir das spezifische Drehungsvermögen der gelösten Substanz, so läßt sich aus diesen beiden Daten und aus der Länge des Polarisationsrohres auch die Konzentration der gelösten Substanz berechnen.

Als spezifisches Drehungsvermögen einer Substanz wird der Winkel bezeichnet, um den die Ebene des polarisierten Lichtes gedreht wird, wenn 1 ccm der Lösung 1 g der betreffenden Substanz gelöst enthält und wenn das Polarisationsrohr 1 dm lang ist. Da die Stärke der Drehung auch von der Temperatur der Lösung, sowie auch von der Wellenlänge des verwendeten Lichtes abhängt, wurde das spezifische Drehungsvermögen laut Vereinbarung für die meisten untersuchten Substanzen bei 20° C und bei homogenem Natriumlicht (an der D-Linie des Spektrums) festgestellt und mit $[\alpha]_D$, resp. mit $[\alpha]_D^{20}$ bezeichnet.

Wird zur Polarisation nicht ein Rohr von 1 dm, sondern von L dm Länge benützt und enthält 1 ccm der Lösung nicht 1 g, sondern p g der Substanz, so wird der am Polarimeter abgelesene Drehungswinkel β dem spezifischen Drehungsvermögen $[\alpha]_D$ nicht gleich sein, sondern

$$\beta = [\alpha]_D \times L \times p.$$

Hieraus berechnet beträgt p, d. i. die Menge der in einem Kubikzentimeter gelösten Substanz

$$p = \frac{\beta}{[\alpha]_D \times L}\, g$$

und die Menge der in 100 ccm gelösten Substanz, d. i. die gesuchte Konzentration der Lösung

$$\frac{100 \times \beta}{[\alpha]_D \times L}\, \%.$$

Bei der polarimetrischen Bestimmung mancher Zuckerlösungen darf es nicht unbeachtet bleiben, daß die frisch bereitete Lösung ein stärkeres Drehungsvermögen besitzt als der Konzentration der Lösung entspräche;

dies ist bei d-Glucose der Fall; es kann aber auch umgekehrt anfangs ein schwächeres Drehungsvermögen vorkommen, wie z. B. bei der Maltose. Die während des Stehens erfolgende Veränderung der optischen Aktivität einer Lösung wird im allgemeinen als Mutarotation, speziell die stärkere Aktivität der frisch bereiteten Lösung als Multirotation bezeichnet. Als Ursache der Multirotation der d-Glucose nimmt man neuestens an, daß es zwei Modifikationen der d-Glucose gibt, eine α- und eine β-Modifikation (s. S. 85). Erstere soll stärker optisch aktiv sein und in der trockenen d-Glucose, wie zunächst auch in der frisch bereiteten Lösung, überwiegen. Die Abnahme der optischen Aktivität der Lösung bis zu einem bald sich einstellenden konstanten Wert soll aber davon herrühren, daß eine teilweise Umwandlung der α-Modifikation in die optisch weniger aktive β-Modifikation erfolgt.

Es muß weiterhin beachtet werden, daß die Monosaccharide bei längerer Berührung mit Alkalien usw. eine Umwandlung in stereoisomere Verbindungen erfahren können (S. 69), wodurch auch das Drehungsvermögen der Lösung verändert wird.

2. Reduktionsverfahren.

Die Reduktionsfähigkeit des Zuckers kann auch zu dessen quantitativer Bestimmung verwendet werden; nur muß man beachten, daß **die Menge des reduzierten Salzes mit der Menge des anwesenden Zuckers nicht in einer stöchiometrischen Proportion, sondern bloß in einem empirisch feststellbaren Verhältnisse steht.** Dieses Verhältnis ist für die verschiedenen Zuckerarten sehr verschieden; so werden nach Soxhlet durch je 0,5 g der nachstehenden Zuckerarten, die in 50 g Wasser gelöst sind, folgende Volumina der Fehlingschen Lösung reduziert:

> d-Glucose . . . . 105,2 ccm
> d-Fructose . . . . . . 97,2 „
> d-Galaktose . . . . . 98,0 „

Es wird das genannte Verhältnis sogar bei einer und derselben Zuckerart, je nach Konzentration der Lösung, verschoben, so, daß z. B. nach Allihn-Pflüger (S. 74) bestimmt

25 mg d-Glucose in 85 ccm Wasser gelöst 67,6 mg Cuprooxyd ergeben,
50 „   „   „ 85 „   „   „ 124,8 „   „   „
100 „   „   „ 85 „   „   „ 239,0 „   „   „
200 „   „   „ 85 „   „   „ 444,3 „   „   „

Endlich hängt die Menge des Reduktionsproduktes auch von der Konzentration der Kupferlösung ab.

Es sind daher die Vorschriften, die für jede einzelne der Reduktionsbestimmungen ausgearbeitet wurden, streng vor Augen zu halten und zur Berechnung des Ergebnisses sind die empirisch ermittelten Tabellen zu verwenden.

a) Am ältesten ist das Fehlingsche Titrationsverfahren, welches zur Bestimmung ca. 1%iger Zuckerlösungen geeignet, jedoch in seiner ursprünglichen Form kaum mehr gebräuchlich ist. Es gehören zu diesem Verfahren zwei Lösungen: eine Lösung von Kupfersulfat und eine Lösung von Natronlauge, welche auch

Seignettesalz (weinsaures Kalinatron) enthält. Von diesen beiden Lösungen werden unmittelbar vor dem Gebrauch genau gleiche Volumina vermischt, genau abgemessene 20 ccm dieser Mischung mit 40 ccm destilliertem Wasser in einer tieferen Porzellanschale bis zum Sieden erhitzt und ihr nun von der zu untersuchenden Zuckerlösung aus einer Bürette solange zugesetzt, bis die letzte Spur des Kupfersulfates aus der Flüssigkeit verschwunden ist. (Wird eine kleine der Flüssigkeit entnommene Probe auf Zusatz von Ammoniak blau oder auf Zusatz von Essigsäure und Ferrocyankalium braun, so ist noch unreduziertes Kupfersulfat vorhanden und die Titration noch nicht beendet.)

b) Weit exakter ist das Titrationsverfahren nach Pavy in der Modifikation von Sahli; noch besser in der von Kumagawa und Suto. Das Prinzip dieses Verfahrens, welches in $0,1—0,2\%$igen Lösungen gute Resultate gibt, besteht darin, daß das durch die Reduktion entstehende Cuprohydroxyd in Gegenwart von Ammoniak und unter Ausschluß des Sauerstoffes sich zu einer farblosen Verbindung löst und so die Entfärbung der Flüssigkeit, welche die Beendigung der Reduktion anzeigt, scharf erkannt werden kann.

c) Im ganz vorzüglichen Verfahren von Bertrand wird das durch die Reduktion entstandene Cuprooxyd auf einem Asbestfilter gesammelt und in Ferrisulfat enthaltender Schwefelsäure gelöst; hierbei wird ein entsprechender Teil des Ferrisulfat zu Ferrosulfat reduziert:

$$Cu_2O + Fe_2(SO_4)_3 + H_2SO_4 = 2CuSO_4 + 2FeSO_4 + H_2O$$

und die Menge des entstandenen Ferrosulfates durch Titration mit einer Lösung von Kaliumhypermanganat bestimmt. Dieses Verfahren läßt sich für $0,05—0,5\%$ige Zuckerlösungen verwenden.

d) Das Bangsche Verfahren beruht darauf, daß durch den reduzierenden Zucker das Cuprirhodanid der Bangschen Lösung zu Cuprorhodanid reduziert wird, das sich in der Flüssigkeit farblos löst, während die Menge des unverändert gebliebenen Cuprisalzes durch Titration mit einer Lösung von schwefelsaurem Hydroxylamin festgestellt wird. Die Reduktion ist vollendet, sobald die Flüssigkeit vollkommen entfärbt ist.

e) Im Allihn-Pflügerschen Verfahren wird das Reduktionsprodukt gravimetrisch bestimmt, und zwar entweder als solches (Cuprooxyd), oder nach seiner Umwandlung in metallisches Kupfer oder in Cuprioxyd.

f) Das Knappsche Verfahren beruht auf der Reduktion des Mercuricyanid in Gegenwart von Lauge zu metallischem Quecksilber. Die Titration ist beendet, sobald Quecksilber im Filtrate durch Schwefelammonium nicht mehr nachweisbar ist.

3. Gärverfahren.

3. Die Menge des gärungsfähigen Zuckers kann auch aus der Kohlensäure bestimmt werden, welche bei der alkoholischen Gärung entsteht (S. 201).

D. Einzelbeschreibung der Monosaccharide.

Aldohexosen.

d-Glucose (Dextrose, Traubenzucker), $C_6H_{12}O_6$, kommt im Pflanzenreich besonders in Trauben, aber auch in anderen Früchten vor; im Tierreich in großen Mengen im Honig, in geringerer Menge in Gewebssäften, im Blutplasma, im Harn gesunder Tiere und Menschen; in größerer Menge im Harn von zuckerkranken Tieren und Menschen.

Die Darstellung erfolgt am zweckmäßigsten durch Spaltung des Rohrzuckers; zu diesem Behufe wird 90%iger Alkohol im Verhältnis von $100 : 4$ mit Salzsäure versetzt, das Gemisch auf $40—50°$ C erhitzt und in demselben 32% Rohrzucker gelöst; nach Ablauf von zwei Stunden wird das Gemisch auf Zimmertemperatur abgekühlt, mit einigen Kryställchen von d-Glucose geimpft und stehen gelassen. Die im Verlaufe der nächsten Tage ausfallenden Krystallmassen werden 1—2 mal aus Alkohol umkrystallisiert. Oder es wird eine konzentrierte Lösung von käuflichem Kartoffelzucker, d. i. unreinem Traubenzucker, mit dem gleichen Volumen starken Alkohols versetzt, die Lösung mittels Tierkohle entfärbt und das Filtrat wie oben zur Krystallisation gebracht.

Eigenschaften. Die d-Glucose krystallisiert in wasserfreien Nadeln mit dem Schmelzpunkt von 146° oder mit 1 Molekül Krystallwasser in tafelförmigen Krystallen, resp. Krystallmassen, welche bereits unter 100° schmelzen und ihr Krystallwasser bei 110° verlieren. Sie ist in Wasser leicht löslich; desgleichen auch in heißem Alkohol; schwerer in kaltem Alkohol. Optische Aktivität: $[\alpha]_{20}^{D} = +52{,}8$; eine frisch bereitete Lösung zeigt starke Multirotation. Durch Bierhefe (Saccharomyces cerevisiae) oder dessen Zymase enthaltenden Preßsaft wird sie bei 28—30° vergoren, wobei neben geringen Mengen von Glycerin, Bernsteinsäure usw. bloß Alkohol und Kohlensäure entstehen (S. 69):

$$C_6H_{12}O_6 = 2\,CO_2 + 2\,CH_3 \cdot CH_2OH.$$

Unter Einwirkung des Bacterium lactis wird die d-Glucose zu Milchsäure, und zwar zur inaktiven d.l-Modifikation vergoren.

$$C_6H_{12}O_6 = 2\,CH_3 \cdot CHOH \cdot OOOH.$$

Sie kann auch eine Buttersäuregärung erleiden:

$$C_6H_{12}O_6 = CH_3 \cdot CH_2 \cdot CH_2 \cdot COOH + 2\,CO_2 + 2\,H_2.$$

Durch Wasserstoff in statu nascendi wird d-Glucose zu dem entsprechenden Alkohol, d-Sorbit reduziert.

Das Phenylglucosazon schmilzt bei 205°; in Pyridinalkoholgemisch (4 : 6) gelöst, ist es links-aktiv und hierdurch leicht von der rechtsaktiven Lösung des Phenylmaltosazon zu unterscheiden.

d-Galaktose, $C_6H_{12}O_6$, kommt im Pflanzenreich in Form von Galaktanen, d. h. aus Galaktosemolekülen aufgebauten Polysacchariden, vor; ferner in Form von Galaktosiden (S. 84); solche sind das Digitonin der Digitalissamen oder gewisse Saponine (Sapotoxine). Im Tierkörper finden wir sie ebenfalls in Form von Galaktosiden im Gehirn (S. 260); als Komponente der Lactose (S. 252) in der Milch. Sie ist durch Spaltung der Lactose leicht darzustellen, indem diese mit der zehnfachen Menge 2%iger Schwefelsäure am Wasserbade erwärmt wird.

Eigenschaften. Die d-Galaktose ist krystallisierbar. Optische Aktivität: $[\alpha]_D = +81°$. Durch Bierhefe wird sie langsam, jedoch vollständig vergoren; sie reduziert weniger Kupfer als die d-Glucose. Das Phenylgalaktosazon schmilzt bei 196°, das α-Methylphenyl-Hydrazon bei 190° C. (Letzteres wird dargestellt, indem man die zu prüfende Lösung mit α-Methylphenylhydrazin versetzt, und durch 5 Minuten am Wasserbade läßt, worauf sich die in Wasser schwer löslichen Krystalle von obigem Schmelzpunkte abscheiden.) Das Reduktionsprodukt der Galaktose ist der Alkohol Dulcit. Die Galaktose gibt mit der Tollensschen Phloroglucinprobe (S. 202) eine rote

$$
\begin{array}{c}
\mathrm{C}\!\!\diagup\!\!{}^{O}_{H}\\
|\\
H\!-\!\mathrm{C}\!-\!OH\\
|\\
HO\!-\!\mathrm{C}\!-\!H\\
|\\
HO\!-\!\mathrm{C}\!-\!H\\
|\\
H\!-\!\mathrm{C}\!-\!OH\\
|\\
\mathrm{CH_2OH}
\end{array}
$$

d-Galaktose

Reaktion, doch fehlt im Spektrum der Flüssigkeit der charakteristische Absorptionsstreifen. Mit Salpetersäure erhitzt wird sie zu einer sehr charakteristischen Dicarbonsäure, zur Schleimsäure oxydiert, die in Wasser schwer löslich ist und in Form von Krystallen ausfällt.

d-Mannose, $C_6H_{12}O_6$, kommt im Pflanzenreiche vor; so im Dattelkern und in der Kaffeebohne, und zwar hauptsächlich in Form von glucosidartigen Verbindungen und von Polysacchariden (den sog. Mannanen). Durch Bierhefe wird sie leicht vergoren; ihr Reduktionsprodukt, d. h. der entsprechende Alkohol, ist das **Mannit.** Unter der Einwirkung verdünnter Laugen wird sie leicht in d-Glucose verwandelt.

Ketohexosen.

d-Fructose, Lävulose, Fruchtzucker, $C_6H_{12}O_6$. Im Pflanzenreich kommt sie neben der d-Glucose in den Früchten vor; ferner als eine Komponente der Saccharose im Zuckerrohr, in der Zuckerrübe; im Tierreich im Honig; selten im Menschenharn. Ihre Darstellung erfolgt am leichtesten durch Spaltung des Inulin (S. 83), welches zu diesem Zweck mit der zwei- bis dreifachen Menge 0,2%iger Salzsäure am Wasserbad erwärmt wird. Sie läßt sich durch Fällen von invertiertem Rohrzucker (S. 80) mit Calciumhydroxyd darstellen, wobei eine wasserunlösliche Kalkverbindung der d-Fructose entsteht, welche von der Flüssigkeit getrennt und mit Salzsäure zersetzt wird.

Eigenschaften. Die d-Fructose ist weit schwerer zu krystallisieren als die d-Glucose; sie ist in Wasser sehr leicht, in heißem Alkohol leicht löslich. Ihre optische Aktivität wechselt mit der Konzentration, indem $[\alpha]_D$ zwischen -91^0 und -93^0 angegeben wird. Ihre Reduktionsprodukte sind Sorbit und Mannit. Durch Bierhefe wird sie leicht vergoren; sie reduziert weniger Kupfersalz als die d-Glucose; Phenylfructosazon und Phenylglucosazon sind identisch (S. 71). Charakteristisch ist das Methylphenyl-Fructosazon und die Seliwanoffsche Probe (S. 202).

Sorbose, $C_6H_{12}O_6$, bildet sich im Preßsaft der Früchte von Sorbus Ancuparia offenbar unter der Einwirkung von Spaltpilzen.

Pentosen.

Die Pentosen kommen in den Pflanzen in größeren Mengen, zu Polysacchariden, den sog. Pentosanen verbunden, vor. Im Tierkörper sind sie in geringer Menge enthalten, und zwar in esterartiger Bindung als Bestandteil der Nucleoproteide (S. 122); so bilden z. B. die Pentosen etwa 2,5% der Trockensubstanz des Pankreas und etwa 0,5% der der Leber, Thymus, Thyreoidea, Milz, der Nieren.

Eigenschaften. Sie reduzieren Kupfer- und andere Salze und bilden krystallisierbare Osazone; zumeist können sie mit Bierhefe nicht vergoren werden; mit Mineralsäuren erwärmt, liefern sie Furfurol (S. 68), jedoch keine Lävulinsäure, wie die Hexosen.

Ihr Nachweis erfolgt mittels der allgemeinen Reaktionen der Monosaccharide; ferner mit der Tollensschen Orcin- und der Tollensschen Phloroglucinprobe (S. 202), die auch von den gepaarten Glucuronsäuren gegeben wird.

Ihre quantitative Bestimmung erfolgt:

a) mittels Reduktionsbestimmungen (S. 73);

b) in einem Gemisch von Pentosen oder in Pentosanen wird eine Bestimmung des gesamten Pentosegehaltes nach dem Tollensschen Verfahren ausgeführt. Dieses Verfahren beruht auf der Eigenschaft der Pentosen und der etwa anwesenden Glucuronsäuren, daß sie, mit Salzsäure vom spezifischen Gewicht 1,06 destilliert, Furfurol liefern, während aus anderen Kohlenhydraten, wie z. B. aus Hexosen, unter gleichen Umständen kein Furfurol abgespalten wird. Man destilliert einige Gramm der Substanz mit 100 ccm der Salzsäure vom spez. Gew. 1,06, wobei man jedesmal, wenn 30 ccm abdestilliert sind, ebensoviel Salzsäure aus einem kleinen Scheidetrichter, der luftdicht durch den Stopfen des Destillierkolbens gesteckt ist, nachfließen läßt; und zwar wird so lange destilliert, bis das Destillat die Menge von 400 ccm erreicht hat, resp. kein Furfurol mehr übergeht. Das Furfurol wird im Destillate daran erkannt, daß ein Tropfen des letzteren auf einem mit Anilinacetat befeuchteten Filterpapierstreifen eine Rotfärbung erzeugt. Das Furfurol enthaltende Destillat wird in Salzsäure vom spez. Gew. 1,06, das einen Überschuß von Phloroglucin gelöst enthält, aufgefangen, wobei Furfurol und Phloroglucin zu einer blaugrünen, unlöslichen Verbindung zusammentreten. Der Niederschlag wird nach einigen Stunden auf einem Filter gesammelt, getrocknet und gewogen. Aus dem Gewicht des Furfurolphloroglucins wird die Menge der Pentosen nicht nach dem stöchiometrischen Verhältnis, sondern auf Grund einer empirisch ermittelten Tabelle berechnet.

Alle bisher in der Natur angetroffenen Pentosen wurden als Aldosen erkannt; die bekanntesten sind:

l-Arabinose, $C_5H_{10}O_5$, bildet prismen- und tafelförmige Krystalle. Optische Aktivität: $\alpha_D = + 104,5^0$. Ihre Darstellung erfolgt aus Kirschgummi. Charakteristisch ist ihr Diphenylhydrazon, das sehr schwer löslich ist und zur Isolierung der Arabinose verwendet werden kann. Das Phenylarabinosazon schmilzt bei 160^0. Die l-Arabinose wurde auch im Menschenharn nach dem Genuß von pentosanhaltigen Früchten, wie Pflaumen, Kirschen gefunden (alimentäre Pentosurie S. 202).

$$
\begin{array}{ccc}
\mathrm{C}\!\!<\!\!\begin{smallmatrix}O\\H\end{smallmatrix} & \mathrm{C}\!\!<\!\!\begin{smallmatrix}O\\H\end{smallmatrix} & \mathrm{C}\!\!<\!\!\begin{smallmatrix}O\\H\end{smallmatrix} \\
\mathrm{H-C-OH} & \mathrm{H-C-OH} & \mathrm{H-C-OH} \\
\mathrm{HO-C-H} & \mathrm{HO-C-H} & \mathrm{H-C-OH} \\
\mathrm{HO-C-H} & \mathrm{H-C-OH} & \mathrm{H-C-OH} \\
\mathrm{CH_2OH} & \mathrm{CH_2OH} & \mathrm{CH_2OH} \\
\text{l-Arabinose} & \text{l-Xylose} & \text{d-Ribose}
\end{array}
$$

d.l-Arabinose, $C_5H_{10}O_5$. Ihr Vorkommen im Harn (S. 202) ist um so merkwürdiger, als es bisher nicht gelungen ist, Arabinose als Bestandteil tierischer Gewebe nachzuweisen. Das Phenylosazon der racemischen Arabinose schmilzt ebenfalls bei 160^0.

l-Xylose, $C_5H_{10}O_5$, bildet nadelförmige Krystalle und wird am besten aus Weizenstroh dargestellt. Das Phenylxylosazon schmilzt bei 150^0.

d-Ribose, $C_5H_{10}O_5$, wurde in Nucleinsäuren (S. **123**) nachgewiesen.

In den Pflanzen kommen sog. **Methylpentosen** vor, wie z. B. die **Rhamnose**, und zwar wahrscheinlich in Form von Polysacchariden, die sie mit Hexosen bilden.

II. Krystallisierbare Polysaccharide.

Sie entstehen dadurch, daß sich 2—4 Moleküle gleichartiger Monosaccharide (Hexose + Hexose oder Pentose + Pentose) unter Wasseraustritt zu einem größeren Molekül vereinigen; sie können daher auch als Kohlenhydratäther, bezw. als Glucoside (S. 84) betrachtet werden. Durch manche von ihnen werden Kupfer und andere Salze ebenso reduziert wie durch die Monosaccharide; andere wieder ermangeln

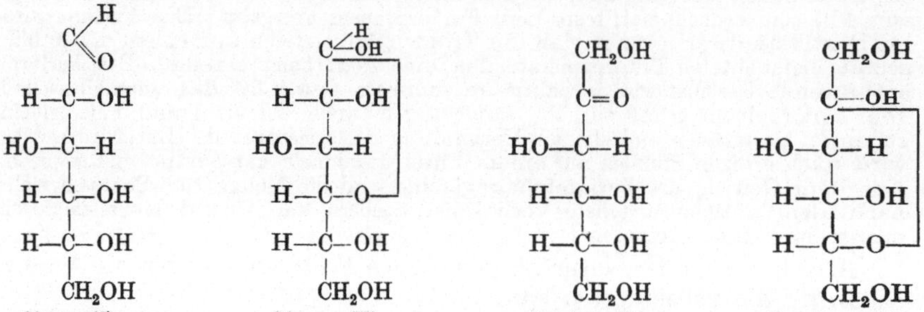

H–C=O	H–C–OH	CH_2OH	CH_2OH
H–C–OH	H–C–OH	C=O	C–OH
HO–C–H	HO–C–H	HO–C–H	HO–C–H
H–C–OH	H–C–O	H–C–OH	H–C–OH
H–C–OH	H–C–OH	H–C–OH	H–C–O
CH_2OH	CH_2OH	CH_2OH	CH_2OH
Glucose (I)	Glucose (II)	Fructose (I)	Fructose (II)

dieser reduzierenden Wirkung. Ob einem krystallisierbaren Polysaccharide reduzierende Eigenschaften zukommen oder nicht, hängt davon ab, ob bei dem Zusammentritt der Monosaccharide deren reduzierende COH- resp. CO-Gruppen unverändert erhalten bleiben oder nicht. Aus gewissen Gründen muß angenommen werden, daß in den nicht reduzierenden Polysacchariden die Monosaccharide nicht in ihrer gewöhnlichen Form (I), sondern in einer tautomeren Nebenform (II) enthalten sind.

Es rückt nämlich von der OH-Gruppe an dem — von der COH- resp. CO-Gruppe an gerechneten — dritten, d. i. in γ-Stellung befindlichen C-Atome der H zur COH- resp. zur CO-Gruppe (je nachdem es eine Aldose oder eine Ketose war), wodurch diese in eine CHOH- resp. COH-Gruppe verwandelt werden, während der O der besagten OH-Gruppe an Ort und Stelle, am γ-C-Atom verbleibt. Der O verbindet sich aber mit seiner freigewordenen Valenz mit dem C-Atom, an dem früher die COH- resp. die CO-Gruppe (die jetzt in CHOH resp. COH verwandelt wurde) gesessen war. Infolge dieser Veränderungen ist das Monosaccharidmolekül seiner reduzierenden COH- resp. CO-Gruppen, daher auch seiner Reduktionsfähigkeit, verlustig geworden und wird die so entstandene Nebenform auch als aus einer γ-Oxyd-Ringbildung hervorgegangen bezeichnet. Sind alle Monosaccharidkomponenten eines Polysaccharides von dieser Veränderung betroffen, so geht dem Polysaccharide die Reduktionsfähigkeit vollständig ab; ist wenigstens eines der Monosaccharide in seiner ursprünglichen Form (Formeln Nr. I) erhalten, so wird auch das Polysaccharid reduzieren, da in diesem Falle die unverändert gebliebene Komponente sich nicht an ihrer aktiven, reduzierenden Gruppe, sondern an ihrer CH_2OH-Gruppe mit der anderen Komponente verbindet.

Es folge hier das Beispiel je eines nichtreduzierenden und eines reduzierenden Polysaccharides.

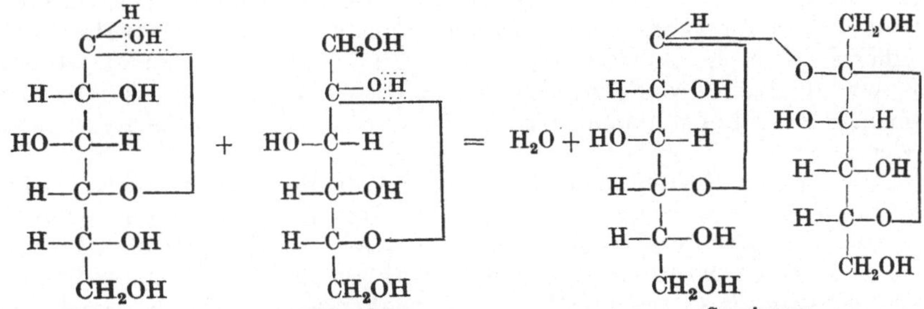

d-Glucose
(nicht reduzierend)

d-Fructose
(nicht reduzierend)

Saccharose
(nicht reduzierend)

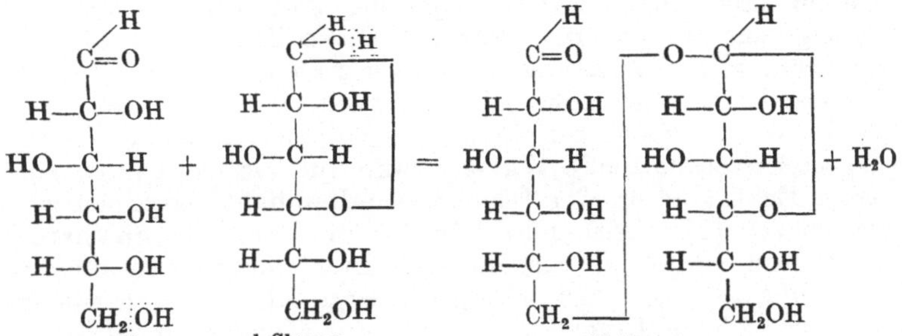

d-Glucose
(reduzierend)

d-Glucose
(nicht reduzierend)

Maltose
(reduzierend)

Am wichtigsten unter den krystallisierbaren Polysacchariden sind die folgenden Disaccharide:

$$\text{Saccharose} = \text{d-Glucose} + \text{d-Fructose.}$$
$$\text{Maltose} = \text{d-Glucose} + \text{d-Glucose,}$$
$$\text{Lactose} = \text{d-Glucose} + \text{d-Galaktose.}$$

Ihr synthetischer Aufbau aus den betreffenden Monosacchariden ist bisher noch nicht gelungen.

Der Nachweis der Polysaccharide erfolgt auf Grund ihres Verhaltens in den angeführten Reduktionsproben, ihres optischen Verhaltens, der Eigenschaften ihrer Osazone und ihrer Spaltungsprodukte. Zu einer vorläufigen Orientierung kann das Barfoedsche Reagens (eine $3-4\%$ige Lösung von essigsaurem Kupfer in 1%iger Essigsäure) verwendet werden, indem durch eine Lösung von d-Glucose das essigsaure Kupfer beim Kochen reduziert wird, durch die Polysaccharide jedoch nicht.

Die quantitative Bestimmung der Polysaccharide erfolgt durch Polarisation, die der reduzierenden Polysaccharide auch durch die (S. 73) beschriebenen Reduktionsverfahren, wobei jedoch zu bemerken ist, daß zwischen der Menge eines reduzierenden Disaccharides und der Menge des reduzierten Kupfersalzes kein stöchiometrisches, sondern nur ein empirisch festgestelltes Verhältnis besteht, ebenso wie bei den Monosacchariden (S. 73); das Verhältnis ist ein verschiedenes, je nach der Qualität der Disaccharide, nach der Konzentration der aufeinander einwirkenden Lösungen, nach dem Kupferüberschuß usw.

Saccharose, Sucrose, Rohrzucker, $C_{12}H_{22}O_{11}$ (Strukturbild s. oben), ist im Pflanzenreich stark verbreitet. In größter Menge kommt sie im

Zuckerrohr und in der Zuckerrübe vor. Sie krystallisiert im monoklinen System; ihr Schmelzpunkt liegt bei 160°; bei weiterer Erhitzung findet eine Bräunung statt, wobei die Saccharose in „Caramel" verwandelt wird. Sie ist im Wasser sehr leicht löslich; schwerer in konzentriertem Alkohol. Optische Aktivität: $[\alpha]_D = +66{,}5$. Durch Saccharose werden Kupfer- und andere Salze nicht reduziert; sie geht auch keine Verbindung mit Phenylhydrazin ein. Mit verdünnter Mineralsäure erhitzt oder unter der Einwirkung eines Enzymes, der Invertase (S. 180), zerfällt sie in ihre beiden Komponenten, d-Glucose und d-Fructose. Eine Lösung von Saccharose, in welcher diese Spaltung vorgenommen wurde, reduziert Kupfer- und andere Salze so wie es die Monosaccharide tun. Da von beiden Komponenten die linksaktive d-Fructose ein stärkeres Drehungsvermögen besitzt als die rechtsaktive d-Glucose, so wird eine Lösung von Saccharose, die ursprünglich rechtsaktiv war, nach erfolgter Spaltung linksaktiv sein: ihre optische Aktivität hat also eine Umkehrung, eine Inversion, erfahren. Diese Bezeichnung wird auch auf den Vorgang der Spaltung selbst übertragen und die mit Säure oder Invertase behandelte Rohrzuckerlösung als invertiert, als eine Lösung von Invertzucker, bezeichnet, desgleichen auch das Enzym, dem eine saccharosespaltende Wirkung zukommt, Invertase genannt. Ein solches Enzym ist in der Dünndarmschleimhaut, ferner neben Zymase auch in der Hefe vorhanden. Durch Hefe wird die Saccharose nicht unmittelbar vergoren, sondern erst nach ihrer durch die Invertase erfolgten Spaltung. Ein wäßriger Auszug der Hefe enthält reichlich die leicht lösliche Invertase, jedoch keine Zymase; mit diesem Auszug läßt sich die Saccharose spalten, ohne daß sie vergärt. Da das Blut keine Invertase enthält, wird Saccharose, die unter die Haut oder in das Blut eingespritzt wurde, unverändert im Harn ausgeschieden.

Trehalose, $C_{12}H_{22}O_{11}$, kommt im Mutterkorn und in der Trehala-Manna vor; sie besteht aus zwei Molekülen d-Glucose; sie reduziert nicht.

Maltose, Malzzucker, $C_{12}H_{22}O_{11}$ (Strukturbild auf S. 79), krystallisiert in feinen Nadeln mit 1 Molekül Krystallwasser; ist in Wasser leicht, auch in Alkohol gut löslich. Optische Aktivität: $[\alpha]_D = +138°$. Die Lösung wirkt reduzierend auf Kupfer- und andere Salze; jedoch reduziert sie von Fehlingscher Lösung weit weniger als die d-Glucose. Sie vergärt mit Bierhefe. Die Maltose entsteht aus Stärke und Glykogen unter der Einwirkung gewisser Enzyme pflanzlichen und tierischen Ursprunges, Diastasen oder auch Amylasen genannt, wie solche z. B. im keimenden Samen, ferner im Mund- und Bauchspeichel des Menschen enthalten sind. Mit verdünnten Mineralsäuren erhitzt, ferner unter der Einwirkung gewisser Enzyme, die als Maltasen bezeichnet werden und die in der Dünndarmschleimhaut, sowie auch im menschlichen Blutserum vorkommen, zerfällt sie in zwei Moleküle d-Glucose. Durch Invertase und Lactase wird Maltose nicht gespalten. 1—$1\frac{1}{2}$ Stunden mit Phenylhydrazin erhitzt, liefert sie das Phenylmaltosazon mit dem Schmelzpunkt 205°; dieses kann durch seine weit bessere Wasserlöslichkeit vom Phenylglucosazon unterschieden resp. isoliert werden.

Isomaltose, $C_{12}H_{22}O_{11}$, ist der Maltose isomer. Sie entsteht in konzentrierten Lösungen von d-Glucose durch den Zusammentritt von zwei Molekülen der d-Glucose unter der Einwirkung desselben Enzymes, der Maltase, welche, wie (S. 60) gezeigt wurde, die fertige Maltose spaltet. Die Isomaltose stimmt in fast allen ihren Eigenschaften mit der Maltose überein; sie ist aber von dieser durch ihr Phenylosazon zu unterscheiden, dessen Schmelzpunkt bei 153° liegt.

Lactose, Milchzucker, $C_{12}H_{22}O_{11}$ (S. 252).

Melibiose, $C_{12}H_{22}O_{11}$, ist der Lactose isomer und besteht aus je einem Molekül d-Glucose und d-Galaktose, die in ihren tautomeren Nebenformen (ohne reduzierende COH-Gruppe) vorhanden sind.

Cellobiose, $C_{12}H_{22}O_{11}$, besteht aus zwei Molekülen d-Glucose und entsteht durch hydrolytische Spaltung der Cellulose mittels verdünnter Mineralsäure. Sie wirkt reduzierend, ist jedoch nicht vergärbar.

Raffinose, $C_{18}H_{32}O_{16}$, ist im Pflanzenreich sehr verbreitet; so unter anderem im Baumwollsamen, ferner häufig in bedeutender Menge, neben der Saccharose, in der Zuckerrübe. Die Raffinose besteht aus je einem Molekül d-Glucose, d-Fruktose und d-Galaktose; sie ist in feinen Nadeln krystallisierbar und enthält fünf Moleküle Krystallwasser. Ihre Lösung ist weniger süß. Optische Aktivität: $[\alpha]_D = + 105,5°$; sie reduziert nicht. Sie wird durch Enzyme gespalten, doch wechselt die Stelle der Spaltung, je nach der Art des spaltenden Enzymes.

Stachyose, $C_{24}H_{42}O_{21}$, kommt in Knollen von Stachys tuberifera vor und besteht aus je einem Molekül d-Glucose und d-Fructose und zwei Molekülen d-Galactose.

III. Polysaccharide kolloidaler Natur.

Kolloidale Polysaccharide entstehen dadurch, daß sich eine sehr große Anzahl gleichartiger Monosaccharide (Hexose + Hexose oder Pentose + Pentose), oder auch verschiedenartiger Monosaccharide (Hexose + Pentose) unter Wasseraustritt zu einem großen Molekül vereinigen. Pflanzlichen Ursprunges sind: 1. aus Aldohexosen bestehend: Mannane, Galaktane, Stärke und ihre Umwandlungsprodukte (verschiedene Dextrine), Cellulose; 2. aus Ketohexosen bestehend: Inulin; 3. aus Pentosen zusammengesetzt: Pentosane; 4. aus verschiedenartigen Monosacchariden zusammengesetzt: Pflanzengummi, Pektin- und Schleimsubstanzen.

Kolloidale Polysaccharide tierischen Ursprunges sind: Glykogen und das sog. tierische Gummi.

Ihr Molekulargewicht konnte bisher nicht festgestellt werden; jedenfalls sind ihre Moleküle sehr groß und können durch entsprechende Eingriffe stufenweise zu kleineren Molekülen, dann zu Disacchariden abgebaut und endlich in Monosaccharide gespalten werden.

Stärke, Amylum $(C_6H_{10}O_5)_x$; ist in Samen, Wurzeln und Knollen von Pflanzen in großen Mengen enthalten, und zwar in Körnchen, die als Sphärokrystalle angesehen werden; sie haben eine eigentümliche Form und Schichtung, die für die betreffende Pflanze charakteristisch ist. Die Stärke stellt ein weißes Pulver dar, welches im kalten Wasser unlöslich ist, während es in heißem Wasser zu dem sog. Stärkekleister anquillt, wobei eine Sprengung der einzelnen Stärkekörnchen erfolgt. Die Stärke ist in Alkohol und Äther unlöslich. Mit Wasser überhitzt oder mit Glycerin gekocht, wird sie in eine wasserlösliche Modifikation, in sog. lösliche Stärke (Amylum solubile, Amidulin, Amylodextrin) überführt. Durch Jod werden in Anwesenheit von Jodkali oder Jodwasserstoffsäure sowohl die Stärkekörnchen als auch gequollene und gelöste Stärke dunkelblau gefärbt; diese Färbung schwindet auf Zusatz von Alkohol oder durch Erwärmung, kehrt jedoch nach dem Abkühlen der Flüssigkeit zurück.

Jedes Stärkekörnchen besteht aus zwei Substanzen: a) aus Amylose, die in Lauge und in heißem Wasser löslich ist, die Hauptmasse der Stärkekörnchen bildet und auch Trägerin der blauen Jodreaktion ist; b) aus Amylopektin, das sich mit Jod rot bis violett färbt, in heißem Wasser aufquillt und der Stärke die Kleisterkonsistenz gibt, wenn sie mit kochendem Wasser behandelt wird.

Auch in reinster Stärke kann Phosphorsäure nachgewiesen werden und es ist möglich, daß diese keine Verunreinigung ist, sondern zum Stärkemolekül gehört.

Die Stärke läßt sich durch verschiedene Eingriffe in Verbindungen von kleinerem Molekulargewicht abbauen:

a) Wird sie trocken auf 200—210° erhitzt (geröstet), oder mit Wasser, das ein wenig Salpetersäure enthält, befeuchtet und dann bei 110° getrocknet, entsteht das Dextrin. Unter diesem Worte hat man sich keine einheitliche Verbindung vorzustellen, sondern ein Gemenge, bestehend aus einer ganz großen Reihe von noch relativ hochmolekularen Verbindungen, Stärke-Abbauprodukten verschiedenster Molekulargröße. Dieses gewöhnliche Dextrin stellt ein weißes oder gelbes Pulver dar, das sich in Wasser in der Regel leicht, in Alkohol und Äther nicht löst. Die Lösung übt keine reduzierende Wirkung auf Kupfer- und andere Salze aus; sie vergärt nicht. Erst in neuester Zeit ist es gelungen, krystallisierte, also chemisch wohldefinierte Dextrine darzustellen, deren eines aus vier, das andere aus sechs Molekülen von der Zusammensetzung $C_6H_{10}O_5$ bestehen soll.

b) Unter der Einwirkung gewisser, Diastase oder Amylase genannten Enzyme, welche in keimenden Samen, im Mund- und Bauchspeichel des Menschen enthalten sind, wird die Stärke hydrolytisch gespalten und durch fortschreitenden Abbau erst in Amylodextrin verwandelt, welches sich mit Jod noch blau färbt; dann in Erythrodextrin, das sich mit Jod nur mehr rötlich färbt; fernerhin in Achroodextrin, das mit Jod keine Farbenreaktion mehr gibt. Der größte Teil dieser Dextrine zerfällt schließlich in Maltose und Isomaltose, während das restliche Dextrin nicht weiter gespalten wird, und als sog. Maltodextrin zurückbleibt. Es ist heute festgestellt, daß Maltose nicht bloß gegen Ende der diastatischen Spaltung entsteht, sondern in gewissen Mengen schon zu Beginn derselben, bei dem Zerfall des Stärkemoleküls in Erythrodextrin, in Achroodextrin usw. Der weitere Abbau der Maltose und Isomaltose erfolgt durch die Maltase.

c) Wird Stärke mit verdünnter Mineralsäure gekocht, so zerfällt das Stärkemolekül in kurzer Zeit zu d-Glucose, wobei aber vorübergehend auch obige Spaltungsprodukte von höherem Molekulargewicht entstehen.

Die quantitative Bestimmung der Stärke erfolgt, indem die Stärke in d-Glucose gespalten und diese nach einer der (S. 73) erwähnten Methoden bestimmt wird.

Inulin, $(C_6H_{10}O_5)_x + H_2O$, kommt in verschiedenen Kompositenarten, in besonders großer Menge in den Wurzeln von Inula Helenium, in Knollen von Dahlien in Form von Sphärokrystallen vor; es ist ein stärkemehlartiges Pulver, das in heißem Wasser ohne Kleisterbildung löslich ist. Die Lösung ist optisch links-aktiv. Das Inulin wird durch Jod gelb gefärbt. Mit verdünnter Schwefelsäure gespalten, zerfällt es in d-Fructose.

Cellulose, $(C_6H_{10}O_5)_x$. Die Cellulose ist der charakteristische Bestandteil der Zellmembran der Pflanzen und wird im ganzen Tierreich bloß bei den Tunicaten angetroffen; diese Cellulose wird als Tunicin bezeichnet und ist mit der Cellulose der Pflanzen wahrscheinlich identisch.

Sie löst sich in keinem der bekannten Lösungsmittel, bloß in Kupferoxydammoniak, dem sog. Schweizerschen Reagens. Aus dieser Lösung durch Säure gefällt stellt sie ein weißes amorphes Pulver dar. Mit Salpetersäure oder einem Gemisch von Salpetersäure und Schwefelsäure behandelt, wird die Cellulose in Nitrocellulose verwandelt. Wird sie eine Zeitlang mit Schwefelsäure in der Kälte behandelt und dann längere Zeit mit verdünnter Schwefelsäure gekocht, so zerfällt sie in d-Glucose. Im menschlichen Darm wird nur die Cellulose der zartesten Pflanzengebilde (in Form von Gemüsen), und auch diese bloß zum Teil abgebaut, hierdurch aber erreicht, daß die in den nunmehr aufgeschlossenen Zelleibern enthaltenen sonstigen Zellbestandteile der Verdauung resp. der Resorption zugänglich werden. Hingegen wird im Darm des Pflanzenfressers auch gröbere Cellulose in großer Menge gespalten, wobei den Darmbakterien eine wichtige Rolle zukommt.

Die celluloseartigen Körper, die im Holz und in Baumrinden enthalten sind, unterscheiden sich in mancher Hinsicht von der gewöhnlicher Cellulose; sie sind aus Hexosen und Pentosen zusammengesetzt und werden als Hemicellulosen bezeichnet.

Pflanzengummi, -Pektin und -Schleimsubstanzen sind keine einheitlichen chemischen Verbindungen, sondern Gemische verschiedener Polysaccharide. Die Schleimsubstanzen, als deren Beispiel das von den Bakteriologen verwendete Agar-Agar dienen kann, liefern bei der hydrolytischen Spaltung nicht nur d-Glucose, sondern auch d-Galaktose und Pentosen.

Glykogen, tierische Stärke, $(C_6H_{10}O_5)_x$, wurde in jedem der bisher untersuchten Tiere, ob Wirbeltiere oder Wirbellose, aufgefunden; doch gibt es Autoren, die an der Identität der aus verschiedenen Tieren resp. aus verschiedenen Geweben dargestellten Glykogenpräparate zweifeln. Seine Menge kann bei den Askariden bis zu 34% der Trockensubstanz, bei den Tänien sogar bis 47% betragen. Es ist beinahe in jedem Gewebe der Wirbeltiere nachgewiesen, jedoch immer nur im Zellplasma, nie in den Kernen. Es ist in größter Menge in der Leber und in den Muskeln, in geringer Menge in den übrigen Geweben, in relativ großen Mengen in embryonalen Geweben enthalten.

Das Glykogen stellt ein weißes Pulver dar, welches in kaltem Wasser schwer, in heißem Wasser leicht, in Alkohol und Äther nicht löslich ist. Seine wäßrige Lösung zeigt auffallende Opalescenz. Optische Aktivität: $[\alpha]_D = $ ca. $+ 196^0$. Aus seiner wäßrigen Lösung wird das Glykogen durch Alkohol, konzentriertes Barytwasser, Tanninlösung, Bleiessig usw. gefällt. Eine Lösung von Glykogen färbt sich mit Jod je nach ihrer Konzentration gelbrot bis dunkelrot. Kupfer- und andere Salze werden durch eine Lösung von Glykogen nicht reduziert. Mit Mineralsäure erhitzt oder unter Einwirkung von Diastase (Amylase) liefert es dieselben Spaltungsprodukte wie die Stärke (S. 82).

Die Darstellung erfolgt am besten aus der Leber oder aus Pferdefleisch.

a) Nach Brückes Verfahren wird das Glykogen der zerkleinerten Organe mit kochendem Wasser oder mit starker Lauge im Wasserbad in Lösung gebracht, die Lösung eingeengt, durch Fällen mit Quecksilberjodid-Jodkalium und Salzsäure enteiweißt und im Filtrat das Glykogen mit Alkohol gefällt.

b) Weit zweckmäßiger ist das Isolierungsverfahren, welches Pflüger in der von ihm ausgearbeiteten, nachstehend beschriebenen Bestimmungsmethode eingeschlagen hat.

Die quantitative Bestimmung des Glykogen nach Pflüger geschieht folgenderweise: Das zu untersuchende Organ wird zu einem Brei verkleinert und 100 g desselben werden mit 100 ccm $60\,^0/_0$iger Kalilauge 2—3 Stunden lang in einem in kochendes Wasser getauchten Becherglas erhitzt. Nach dieser Zeit hat sich der Organbrei in der Regel restlos gelöst; die Flüssigkeit wird nach dem Abkühlen mit Wasser auf 400 ccm aufgefüllt und mit 800 ccm $96\,^0/_0$igem Alkohol gefällt. Nach 12 Stunden wird die über dem Glykogenniederschlag stehende Flüssigkeit durch ein Filter dekantiert; das am Boden des Becherglases befindliche Glykogen wird wiederholt mit $66\,^0/_0$igem Alkohol (dem 1 ccm gesättigte Kochsalzlösung pro 1 Liter beigemischt war) gewaschen und die Waschflüssigkeit immer durch dasselbe Filter gegossen. Nun wird der Niederschlag mit absolutem Alkohol und Äther gewaschen und endlich sowohl das auf dem Filter befindliche, wie auch das im Becherglas verbliebene Glykogen in heißem Wasser gelöst. Ist die Lösung noch etwas gefärbt, so wird sie mit einigen Tropfen Essigsäure angesäuert, wodurch die Verunreinigung in Form von braunen Flocken aus der Lösung fällt. Die nunmehr farblose Lösung wird auf ein bestimmtes Volumen gebracht und ihr Glykogengehalt entweder durch Polarisation oder aber nach Verzuckerung des Glykogen durch irgend ein Reduktionsverfahren (S. 73) bestimmt. Zur Verzuckerung werden 100 ccm der Glykogenlösung mit 5 ccm Salzsäure vom spez. Gew. 1,19 durch drei Stunden am Wasserbad erwärmt, nach dem Abkühlen schwach alkalisch gemacht und die durch die Erwärmung etwas eingeengte Flüssigkeit wieder auf 100 ccm ergänzt.

Das **tierische Gummi,** welches im Harn, in der Milch usw. gefunden wird, ist nach neueren Untersuchungen kein einheitlicher Körper, sondern ein Gemisch von stickstoffhaltigen Kohlenhydraten oder Kohlenhydratestern.

IV. Kohlenhydrat-Derivate.

1. **Glucoside.** Die Monosaccharide bilden als Polyalkohole ätherartige Verbindungen, sog. Polysaccharide, nicht nur miteinander, sondern auch mit anderen Alkoholen. Diese ätherartigen Verbindungen werden, je nach dem in ihnen enthaltenen Monosaccharid als Glucoside, Galaktoside

usw. bezeichnet. Da Kupfer- und andere Salze durch Glucoside nicht
reduziert werden, nimmt man für sie ebenso wie dies bei den krystallisierbaren Polysacchariden erörtert war, an, daß in ihrem Molekül das
Monosaccharid in der (S. 78) erwähnten tautomeren Form enthalten ist.

Mit verdünnten Mineralsäuren erhitzt, zerfallen sie in ihre Komponente (Zucker und Alkohol); desgleichen auch unter der Einwirkung
spezifisch wirkender Enzyme. Aus diesem Gesichtspunkte lassen sich
die Glucoside in zwei große Gruppen einteilen. Zu der einen Gruppe
gehören solche, die sich durch Bierhefe wohl, durch Emulsin nicht
spalten lassen: man bezeichnet sie als α-Glucoside; die andere Gruppe
besteht aus solchen, die umgekehrt durch Emulsin wohl, durch Bierhefe jedoch nicht spaltbar sind, sie werden als β-Glucoside bezeichnet.

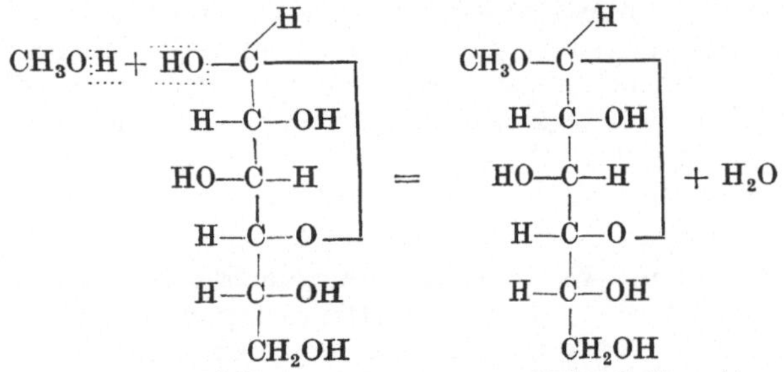

$$
\begin{array}{ccc}
\text{CH}_3\text{O:H} + \text{HO}{-}\overset{\displaystyle H}{\underset{|}{C}}{-} & & \text{CH}_3\text{O}{-}\overset{\displaystyle H}{\underset{|}{C}}{-} \\
\text{H}{-}\underset{|}{C}{-}\text{OH} & & \text{H}{-}\underset{|}{C}{-}\text{OH} \\
\text{HO}{-}\underset{|}{C}{-}\text{H} & = & \text{HO}{-}\underset{|}{C}{-}\text{H} \quad + \text{H}_2\text{O} \\
\text{H}{-}\underset{|}{C}{-}\text{O} & & \text{H}{-}\underset{|}{C}{-}\text{O} \\
\text{H}{-}\underset{|}{C}{-}\text{OH} & & \text{H}{-}\underset{|}{C}{-}\text{OH} \\
\text{CH}_2\text{OH} & & \text{CH}_2\text{OH} \\
\alpha\text{-d-Glucose} & & \alpha\text{-Methyl-d-Glucosid}
\end{array}
$$

$$
\begin{array}{ccc}
\text{H}{-}\overset{\displaystyle OH}{\underset{|}{C}}{-} + \text{H:O CH}_3 & & \text{H}{-}\overset{\displaystyle OCH_3}{\underset{|}{C}}{-} \\
\text{H}{-}\underset{|}{C}{-}\text{OH} & & \text{H}{-}\underset{|}{C}{-}\text{OH} \\
\text{HO}{-}\underset{|}{C}{-}\text{H} & = & \text{HO}{-}\underset{|}{C}{-}\text{H} \quad + \text{H}_2\text{O} \\
\text{H}{-}\underset{|}{C}{-}\text{O} & & \text{H}{-}\underset{|}{C}{-}\text{O} \\
\text{H}{-}\underset{|}{C}{-}\text{OH} & & \text{H}{-}\underset{|}{C}{-}\text{OH} \\
\text{CH}_2\text{OH} & & \text{CH}_2\text{OH} \\
\beta\text{-d-Glucose} & & \beta\text{-Methyl-d-Glucosid}
\end{array}
$$

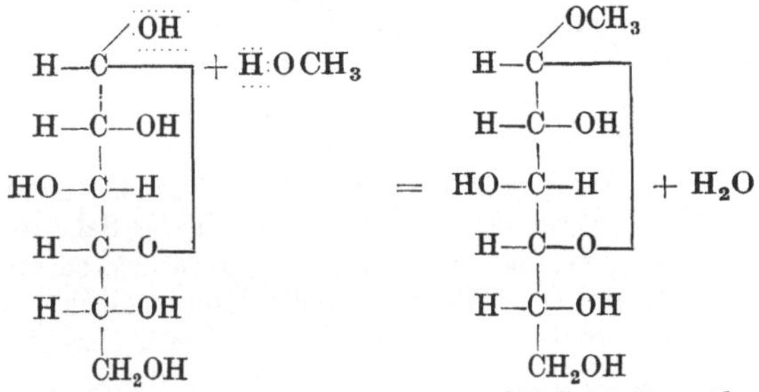

In den ersteren soll eine α-d-Glucose, in den letzteren eine β-d-Glucose
enthalten sein, welch beide Modifikationen bezüglich ihrer sterischen
Konfiguration sich bloß an dem (in obigen Strukturbildern) oberen
endständigen C-Atom unterscheiden.

Das einfachste Beispiel eines Glucosids ist das Methylglucosid, entstanden aus Methylalkohol und d-Glucose unter Austritt von einem
Molekül Wasser. Je nach seiner Spaltbarkeit durch Hefe resp. durch
Emulsin wird auch hier zwischen einem α- und einem β-Methylglucosid
unterschieden.

Es gibt ferner auch Glucoside von komplizierterem Bau, wie etwa
das in bitteren Mandeln enthaltene Amygdalin, welches aus zwei
Molekülen d-Glucose und je einem Molekül Benzaldehyd und Cyan-
wasserstoffsäure besteht und welches durch das Enzym Emulsin, das

gleichfalls in den bitteren Mandeln enthalten ist, in seine Komponenten zerlegt wird. Durch das Hefeferment wird aus dem Amygdalin bloß ein Molekül Glucose abgespalten.

Zu den wichtigsten Glucosiden gehören: das Phlorizin (S. 277), das sich in Phloretin und Glucose spalten läßt; das Phloretin selbst besteht aus Phloroglucin und Phloretinsäure. Wegen ihrer Heilwirkung sind sehr wichtig die zu den Glucosiden gehörenden wirksamen Bestandteile der Digitalisblätter, ferner das Strophanthin. Hierher gehören auch die verschiedenen Saponine, ferner auch das sog. pflanzliche Indican (S. 233), bestehend aus d-Glucose und Indoxyl.

2. Kohlenhydratester. Die Monosaccharide gehen als Polyalkohole mit Säuren esterartige Verbindungen ein; unter diesen sind besonders wichtig: der Phosphorsäureester, welcher im Molekül der Nucleinsäuren (S. 123), der Schwefelsäureester, der im Molekül der Chondroitinschwefelsäure (S. 122) enthalten ist; ferner die Glucothionsäure, die in Leber, Pankreas und anderen Organen nachgewiesen wurde; endlich der Glucuronsäure-Benzoesäureester (S. 88). Den mit Phosphorsäuren gebildeten Estern kommt eine Rolle in der alkoholischen Gärung des Traubenzuckers zu (S. 69).

3. Aminozucker. Es sind dies Monosaccharide oder Komplexe derselben, in welchen das OH einer CHOH-Gruppe durch die Gruppe NH_2 ersetzt ist. Diese Verbindungen stehen ihrer Struktur nach in naher Beziehung zu den Oxyaminosäuren (Serin, S. 99) und können auch als Übergangsverbindungen von Kohlenhydraten zu den Eiweißkörpern betrachtet werden; um so mehr, als der aus den Eiweißkörpern abspaltbare Zucker (S. 95) im Eiweißmolekül in Form eines einfachen oder komplizierter zusammengesetzten Aminozuckers enthalten ist.

$$
\begin{array}{c}
C\!\!\nwarrow^{O}_{H} \\
| \\
H\!-\!\!C\!-\!NH_2 \\
| \\
HO\!-\!\!C\!-\!H \\
| \\
H\!-\!\!C\!-\!OH \\
| \\
H\!-\!\!C\!-\!OH \\
| \\
CH_2OH
\end{array}
$$

α-Amino-d-Glucose

Der einfachste Aminozucker ist die α-**Amino-d-Glucose**, Glucosamin, $C_6H_{13}NO_5$, die am besten aus entkalkten Hummerschalen mit konzentrierter Salzsäure dargestellt wird; sie ist schwer zum Krystallisieren zu bringen; sie löst sich in Wasser mit alkalischer Reaktion Ihre Salzsäureverbindung ist leicht krystallisierbar. Optische Aktivität: $[a]_D = +70^\circ$. Sie reduziert Kupfersalze; ist mit Bierhefe nicht vergärbar. Das Phenylosazon ist mit dem der d-Glucose identisch. Zum Nachweis eignet sich am besten die in alkalischer Lösung entstehende Verbindung mit Phenylisocyanat, die auf Zusatz von Salzsäure in das in Essigsäure schwer lösliche Anhydrid verwandelt wird.

Das bei den Crustaceen und Insekten so ausgebreitet vorkommende Chitin besteht der Hauptsache nach in einer Verbindung von Glucosamin mit Essigsäureresten, aus sog. Acetyl-Glucosaminen; seine genaue Struktur ist jedoch bis heute noch nicht bekannt.

4. d-Glucuronsäure, $C_6H_{10}O_7$, eine Aldehydsäure, ist das Oxydationsprodukt der d-Glucose, in welcher die endständige CH_2OH-Gruppe zu COOH oxydiert ist. Die freie Säure ist eine sirupdicke, farblose, nicht krystallisierbare Verbindung, die beim Stehen in sein Lacton (inneres

Anhydrid), in das sog. Glucuron, übergeht; dieses ist leicht krystallisierbar. Auch die Alkalisalze der Glucuronsäure sind krystallisationsfähig.
Die d-Glucuronsäure ist optisch aktiv; am Glucuron
geprüft ist $[a]_D = + 19,2$. Besonders charakteristisch ist
ihre Bromphenylhydrazinverbindung, die in Alkohol vollkommen unlöslich, in einem Alkohol-Pyridingemisch (4 : 6)
jedoch leicht löslich ist; in dieser Lösung ist $[a]_D = - 369^0$.
Unter dem Einfluß von Fäulnisbakterien wird aus der
Glucuronsäure ein Molekül Kohlensäure abgespalten und
es bleibt ein Rest, bestehend aus Xylose, zurück.

Nachweis. Viele Reaktionen der Monosaccharide sind auch
für die Glucuronsäure charakteristisch, so die Molisch-
Udránszkysche (S. 71), die Mooresche (S. 200), die Tollensschen Pentosereaktionen mit Orcin und Phloroglucin (S. 202), die
Reduktionsproben (S. 200). Kupfersalze werden bereits in der Kälte
reduziert; hingegen findet eine Vergärung durch Hefe nicht statt.

Recht charakteristisch ist die Naphthoresorcinprobe nach Tollens (S. 204),
die aber mit gewissen Abweichungen auch von anderen Kohlenhydraten gegeben wird.

Gepaarte Glucuronsäuren. In der Natur kommt die Glucuronsäure
in freiem Zustande nicht vor; bloß in Form der sog. gepaarten Glucuronsäuren, die teils zur Gruppe der Glucoside, teils zu den Estern gehören. In der Glucuronsäure sind nämlich mehrere Hydroxylgruppen
enthalten, welche der Säure gleichzeitig auch den Charakter eines
Alkohols verleihen; als Alkohol tritt sie aber mit anderen Alkoholen zu
zusammengesetzten Äthern, mit Säuren zu Estern zusammen. Die zusammengesetzten Äther können auch als Glucoside betrachtet werden,
deren Kohlenhydratkomponente nicht d-Glucose, sondern d-Glucuronsäure ist, und es gehört die überwiegende Anzahl der bisher bekannten
gepaarten Glucuronsäuren dieser glucosidischen Gruppe an. Am besten
ist unter ihnen die Euxanthinsäure bekannt, die in Form ihres
Magnesiumsalzes im Farbstoff „Piuri" oder „Jaune indien" enthalten ist.

Der Farbstoff stammt aus Ostindien und wird dort aus dem Harn von Kühen
bereitet, die mit Mangoblättern gefüttert werden. Das euxanthinsaure Magnesium
wird durch Salzsäure zerlegt, die freie Euxanthinsäure im Autoklaven mittels
Schwefelsäure bei 130^0 C zersetzt, wobei die Alkoholkomponente, das sog.
Euxanthon, einen ungelösten Rückstand bildet, während die abgespaltene
Glucuronsäure in der Lösung verbleibt und aus dieser gewonnen werden kann.

Im tierischen Organis-
mus wird hauptsächlich
die glucosidische Gruppe
der gepaarten Glucuron-
säuren gebildet; es sind
dies die Phenol-, p-Kresol-
und Indoxyl-Glucuron-
säure. Ihre Glucuron-
säurekomponente ent-
steht wahrscheinlich als
intermediäres Oxyda-
tionsprodukt aus der
d-Glucose, die andere Komponente durch Oxydation von Eiweiß.
Werden Kampfer, Menthol, Chloralhydrat usw. in den Organismus

eingeführt, so gehen diese ebenfalls glucosidische Verbindungen ein und werden in Form von Kampfer- resp. Menthol-Glucuronsäure resp. Urochloralsäure usw. im Harn ausgeschieden.

Zur Gruppe der Ester gehörende gepaarte Glucuronsäuren sind in weit geringerer Anzahl bekannt; so eine gepaarte Säure, die Benzoesäure als Säurekomponente enthält.

Eigenschaften. Die gepaarten Glucuronsäuren sind in einem Gemisch von Alkohol und Äther löslich; ihre Alkalisalze meistens gut wasserlöslich. Mit verdünnter Mineralsäure gekocht oder auch unter der Einwirkung gewisser Enzyme zerfallen sie in ihre Komponenten. Charakteristisch für sie ist, daß sie (mit wenigen Ausnahmen) alle linksaktiv sind, während die freie Säure rechts-aktiv ist. In Gegenwart von Ammoniak werden sie aus ihren Lösungen durch Bleiessig gefällt. Während wie erwähnt, die freie Säure Kupfersalze reduziert, tun dies die gepaarten Glucuronsäuren erst nach ihrer Spaltung durch Mineralsäuren. Man nimmt daher hier ebenso wie bei den nicht reduzierenden Disacchariden (S. 78) an, daß die Kohlenhydrat-Komponente, also die Glucuronsäure, keine freie, reduzierende Gruppe enthält, indem sie nicht in ihrer ursprünglichen, sondern in ihrer tautomeren Nebenform enthalten ist.

Die **quantitative Bestimmung** erfolgt: a) nach dem Phloroglucidverfahren (S. 77 und 203); b) bei der Destillation mit Salzsäure wird aus ihnen neben Furfurol auch Kohlensäure abgespalten, welche aufgefangen und zur Berechnung der Glucuronsäuren verwendet werden kann; c) durch Bestimmung der anderen Komponenten.

Viertes Kapitel.

Fette und fettartige Körper (Lipoide).

In diesem Kapitel sollen außer den als Fette allgemein bekannten Körpern auch solche erörtert werden, die in ihrer Struktur den Fetten nahe stehen, daher als fettähnliche Substanzen, als Lipoide, bezeichnet werden. Unter die Lipoide werden auch Körper gereiht, die, wenngleich den Fetten chemisch nicht verwandt, sich in den sog. Fettsolventien, wie Äthyläther, Chloroform usw. lösen und auch in gewissen physikalisch-chemischen, daher offenbar auch physiologischen Beziehungen den Fetten nahe stehen.

I. Fette.

Neben Wasser und Eiweißkörpern sind es die Fette, welche den hervorragendsten Anteil an der Bildung des Tierkörpers nehmen. Sie sind nie fehlende Bestandteile der Zellen und in denselben entweder an andere Zellbestandteile gebunden enthalten und in diesem Falle zur lebenden Zellsubstanz gehörend; oder aber in den Zellen gleichsam als Fremdstoffe, als sog. „Reservefett" eingelagert und in Form von gröberen oder feineren Tröpfchen oder einer eben noch sichtbaren staubförmigen Trübung unter dem Mikroskop zu erkennen. Im ersteren

Falle ist das Fett aus den Geweben nicht ohne weiteres durch Fettsolventien zu extrahieren, im zweiten wohl.

Der Fettgehalt der verschiedenen Organe und Gewebe ist sehr verschieden. An manchen Körperstellen ist das Innere **jeder** Gewebszelle vollständig von einem einzigen großen Fetttropfen eingenommen: es kommt zur Bildung des sog. Fettgewebes, das am reichlichsten unter der Haut, unter dem Bauchfell, in den Muskelinterstitien usw. angetroffen wird.

Als eigentliche Fette werden die Glycerinester oder Triglyceride der höheren Fettsäuren bezeichnet, welche aus Gly-

$$\begin{array}{lllll}
C_{17}H_{35}{-}CO\vdots OH & H\vdots O{-}CH_2 & & C_{17}H_{35}{-}CO{-}O{-}CH_2 & \\
& & & & | \\
C_{17}H_{35}{-}CO\vdots OH & + \ H\vdots O{-}CH & = 3\,H_2O + & C_{17}H_{35}{-}CO{-}O{-}CH & \\
& & & & | \\
C_{17}H_{35}{-}CO\vdots OH & H\vdots O{-}CH_2 & & C_{17}H_{35}{-}CO{-}O{-}CH_2 &
\end{array}$$

3 mol. Stearinsäure   Glycerin   Stearinsäuretriglycerid

cerin und Fettsäuren (in voranstehendem Beispiele ist es die Stearinsäure) unter Wasseraustritt entstehen, wenn diese in geschlossenem Rohre auf 200° erhitzt werden.

Außer den „homoaciden" Fetten, Tripalmitin, Tristearin und Triolein, also Triglyceriden, die bloß einerlei Fettsäuren im Molekül enthalten, gibt es auch sog. „heteroacide" Fette, in denen, innerhalb eines Triglycerides verschiedene Fettsäuren enthalten sind. Solche sind z. B. das Stearo-Dipalmitin, das Oleo-Distearin usw.; es gibt auch ein Palmito-Stearo-Olein.

Im Vergleiche zu den Kohlenhydraten sind die Fette sehr O-arme Verbindungen. Diese O-Armut macht sich im Gaswechsel bemerkbar, wenn die Relation zwischen Fett- und Kohlehydraten, die zu einer gegebenen Zeit im Organismus verbrennen, zugunsten der Fette verschoben ist (S. 294); insbesondere aber, wenn aus dem O-armen Fett O-reiche Kohlenhydrate gebildet werden oder umgekehrt (S. 292). Bemerkenswert ist auch ihr hoher Gehalt an chemischer Energie (S. 299).

Mit Laugen erwärmt zerfallen die Fette unter Aufnahme von Wasser in ihre Komponenten Glycerin und Fettsäure, wobei sich letztere mit der betreffenden Base zu fettsaurem Alkali, d. h. zu einer Seife verbindet; daher wird auch der ganze Spaltungsprozeß als Verseifung bezeichnet. Auf dieselbe Weise werden die Fette auch durch Säuren, durch überhitzten Wasserdampf und durch die Lipasen (S. 62) gespalten.

Die Fette werden auch, wenn sie frei an der Luft und am Licht stehen, verändert, indem die Fettsäuren zu flüchtigen, übelriechenden Verbindungen (Oxyfettsäuren, Aldehyden) gespalten werden: das Fett wird „ranzig". Es sind insbesondere die viel ungesättigte Fettsäuren enthaltenden Fette, die dieser Veränderung leicht unterliegen.

In chemisch reinem Zustande sind die Fette farblose und geruchlose Körper, welche im Wasser nicht, in kaltem Alkohol schwer, in warmem Alkohol leichter, in Äther, Benzol, Chloroform, Schwefelkohlenstoff, Kohlenstofftetrachlorid und in ätherischen Ölen leicht löslich sind. Sie sind nicht flüchtig. Ihr Schmelzpunkt liegt verschieden hoch; Tristearin und Tripalmitin sind bei Zimmertemperatur fest, Triolein flüssig. Da in den verschiedenen bekannten Fettarten alle genannten Triglyceride, jedoch in verschiedenen Mengen enthalten sind, ist auch die Konsistenz der Fette bei Zimmertemperatur verschieden. Mit reinem Wasser geschüttelt bilden die Fette eine wenig haltbare Emulsion; in Anwesenheit von wenig Fettsäure und Soda, die miteinander Seife bilden, entstehen, eben infolge der Anwesenheit von Seife, haltbare Emulsionen; desgleichen auch, wenn Fett mit einer Lösung von Gummi oder Eiweiß geschüttelt wird. Werden die Fette über 205° erhitzt, besonders in Anwesenheit von trockenem Kaliumbisulfat, wasserfreier Phosphorsäure oder von Borsäure, so wird die Glycerinkomponente in Acrolein verwandelt, welches sich durch einen charakteristischen stechenden Geruch kennbar macht.

$$\begin{array}{c} CH_3 \\ \| \\ CH \\ | \\ COH \end{array}$$

Acrolein

Tierische Fette. Das Fett verschiedener Tiere ist infolge seines verschiedenen Gehaltes an Tripalmitin, Tristearin und Triolein bei Zimmertemperatur von verschiedener Konsistenz, und zwar sind diejenigen Fette, die relativ mehr Tripalmitin und Tristearin enthalten, fester, als diejenigen, die mehr Triolein enthalten. Das bei Zimmertemperatur relativ feste Fett des Hammels, der sog. Hammeltalg, schmilzt bei etwa 44—50°, das weichere Schweinefett bei etwa 36—46° C, das noch weichere Menschenfett noch tiefer; das Fett der Kaltblüter ist aber bei Zimmertemperatur flüssig. Aber auch das Fett, das an verschiedenen Stellen eines und desselben Tierkörpers abgelagert ist, weist bezüglich seiner Konsistenz beträchtliche Verschiedenheiten auf: im allgemeinen ist das Fett des Unterhautzellgewebes fester als das, welches in den verschiedenen inneren Organen enthalten ist. Das Butterfett (S. 253) besteht zu einem wesentlich größeren Teil aus Triglyceriden der Stearin-, Palmitin- und Oleinsäure, zu einem weitaus kleineren Teile aus Triglyceriden flüchtiger Fettsäuren. Im sog. Fischtran wurden die Glyceride verschiedener ungesättigter Fettsäuren nachgewiesen.

Pflanzenfette. Von Pflanzenfetten haben die festeren, wie z. B. Palmöl, Cocosfett, ·Kakaobutter, dieselbe Zusammensetzung wie das Fett der Warmblüter; die bei Zimmertemperatur flüssigen Pflanzenfette, die sog. Pflanzenöle, wie Olivenöl, Mandelöl usw. bestehen hauptsächlich aus Triolein, das Ricinusöl aus Triglyceriden der Ricinolsäure (S. 45). Während die Fette tierischen Ursprunges und die meisten Pflanzenfette und Pflanzenöle nicht eintrocknen, gibt es einige Pflanzenöle, die in dünner Schicht ausgebreitet, an der Luft unter Sauerstoffaufnahme eintrocknen (S. 43). Pflanzenfette, die infolge ihres hohen Gehaltes an ungesättigten Fettsäuren verschiedener Art zu Nahrungszwecken unverwendbar sind, können durch neuere Verfahren „gehärtet" werden, indem an Stelle der Doppelbindung in der ungesättigten Fettsäure-Komponente Wasserstoffatome eingeführt werden und dadurch die ungesättigten Säuren in gesättigte überführt, gleichzeitig auch der Schmelzpunkt des Fettes erhöht wird.

Agnoszierung der Fette. Die tierischen sowohl als die Pflanzenfette stellen Gemische variierender, jedoch für je eine Fettart recht charakteristischer Mengen von gewissen Triglyceriden dar, deren genauer qualitativer und quantitativer Nachweis in einem Gemisch allerdings kaum durchführbar ist.

Für praktische Zwecke (Ursprungsnachweis, Aufdeckung von Fälschungen) genügen die folgenden Feststellungen:

a) Menge der aus 100 g des Fettes abspaltbaren, in Wasser unlöslichen Fettsäuren, d. i. die Hehnersche Zahl.

b) Die Menge Kaliumhydroxyd in Milligramm, welche zur Neutralisation der in 1 g Fett enthaltenen freien Fettsäuren, bei Verwendung von Phenolphthalein als Indikator, nötig ist, d. i. die sog. Säurezahl.

c) Die Menge $\frac{n}{10}$-Lauge in Kubikzentimeter, welche zur Neutralisation der aus 5 g Fett abspaltbaren und mit Wasserdampf abdestillierbaren flüchtigen Fettsäuren nötig ist, d. i. die Reichert-Meißlsche Zahl.

d) Die Menge von Kaliumhydroxyd in Milligramm, die zur vollständigen Verseifung von 1 g Fett nötig ist, d. i. die Verseifungszahl oder Köttsdorfer Zahl.

e) Die Menge von Jod in Gramm, welche das Fett (100 g) vermöge seines Gehaltes an ungesättigten Fettsäureradikalen aufnimmt; d. i. die sog. Hüblsche Jodzahl.

Quantitative Bestimmung der Fette.

1. Einige Gramm der im Vakuumtrockenschrank oder im Exsiccator über Schwefelsäure getrockneten und gut pulverisierten Substanz werden in eine Hülse aus entfettetem Filtrierpapier gefüllt und im Soxhletschen Apparat mit Äthyläther oder mit Petroleumäther, der unter 60° C siedet, 48 Stunden lang extrahiert, der ätherische Auszug eingedampft und der Rückstand im Vakuumtrockenschrank bis zur Gewichtskonstanz getrocknet und gewogen.

Nach Dormeyer wird die zu extrahierende Substanz vorangehend mit Pepsinsalzsäure digeriert, wodurch auch das eventuell an Eiweiß gebundene Fett in Freiheit gesetzt und extrahierbar wird. Für gewisse Fälle ist es angezeigt, die Extraktion mit siedendem Alkohol zu beginnen und erst dann im Soxhletschen Apparat zu vollenden.

2. Nach Liebermann und Székely werden 5 g (von einem fettreichen Körper weniger) der zu untersuchenden Substanz in einem langhalsigen Kolben mit 30 ccm 50%iger Kalilauge eine halbe Stunde gekocht, abgekühlt und nach Zusatz von 30 ccm 94%igen Alkohols weitere 10 Minuten erhitzt, wodurch das gesamte Fett verseift wird. Nachdem die Flüssigkeit erkaltet ist, werden die Fettsäuren durch Zusatz von 100 ccm 20%iger Schwefelsäure in Freiheit gesetzt und durch Schütteln mit 50 ccm Petroleumäther (welches unter 60° C siedet) extrahiert (es soll 30mal je 10 Sekunden geschüttelt werden). Nun wird so viel konzentrierte Kochsalzlösung hinzugefügt, daß das Volumen der wäßrigen Flüssigkeit insgesamt 240 ccm beträgt und vom Petroleumäther, nachdem es sich von der wäßrigen Flüssigkeit getrennt hat, 20 ccm abpipettiert, 40 ccm 90%igen Alkohols und 1 ccm einer 1%igen alkoholischen Lösung von Phenolphthalein hinzugefügt und mit einer alkoholischen $\frac{n}{10}$-Kalilauge titriert. Nach vollendeter Titration wird die Flüssigkeit eingedampft und der aus fettsaurem Kalium bestehende Rückstand gewogen.

Die Umrechnung in Fett geschieht folgendermaßen: Vom Gewicht des Rückstandes werden so viele 0,1 mg-Äquivalente Kalium (0,0039 g) substrahiert als Kubikzentimeter der $\frac{n}{10}$-Lauge bei der Titration verbraucht wurden und ebenso viele $\frac{0,1}{3}$ mg-Äquivalente Glycerinrest (0,00136 g) hinzuaddiert; endlich noch 0,01 g entsprechend dem Gewicht des hinzugefügten Phenolphthaleins subtrahiert.

3. Auch die Fettbestimmung nach Kumagawa und Suto beruht auf der Verseifung der Fette mit nachfolgender Spaltung der entstandenen Seifen, deren Fettsäurekomponente in Freiheit gesetzt und dann mit Äther extrahiert wird. In manchen Substanzen läßt sich die Verseifung direkt ausführen, andere (z. B. Blut, Faeces usw.) müssen erst mit Alkohol extrahiert werden; in diesem Extrakte erfolgt dann die Verseifung.

II. Wachsarten.

Zu den Fetten im weiteren Sinne gehören die Wachsarten, die ebenfalls aus esterartigen Verbindungen zwischen Alkoholen und höheren Fettsäuren bestehen; mit dem Unterschiede, daß die Alkoholkomponente nicht Glycerin ist, sondern ein einwertiger Alkohol mit längerer Kohlenstoffkette und daß sie mit Lauge schwer verseifbar sind. Hierher gehört das Pflanzenwachs, das auf der Oberfläche von Blättern und Früchten anzutreffen ist; ferner auch das Cetaceum oder Cetin (Spermacet), welches sich krystallinisch aus dem ölartigen Inhalt der subkutanen Taschen am Schädel mancher Walarten abscheidet und hauptsächlich aus dem Palmitinsäureester des Cetylalkohols (S. 40) besteht. Das Bienenwachs besteht aus einem in warmem Alkohol löslichen Teil, der Cerotinsäure (S. 42) und aus einem nicht löslichen Teil, dem sog. Myricin, dem Palmitinsäureester des Myricylalkohols (S. 40).

III. Phosphatide.

Eng an die Fette schließen sich manche phosphor- und stickstoffhaltige Verbindungen, welche gleichfalls Glycerinester sind; jedoch mit dem Unterschiede, daß sie nicht bloß Fettsäuren enthalten, sondern auch Orthophosphorsäure, an die wieder eine oder mehrere organische, substituierte Aminobasen gebunden sind. Diese Verbindungen werden Phosphatide, und zwar je nach der Anzahl der in ihnen enthaltenen Phosphorsäureradikale Mono-, Diphosphatide usw. und nach der Anzahl ihrer Aminobasen Monoamino-, Diaminophosphatide usw. genannt. Am wichtigsten sind unter ihnen die

Lecithine. Es sind dies Monoaminomonophosphatide, welche verschiedene, uns von den Fetten her bekannte Fettsäureradikale mit langen Kohlenstoffketten enthalten; ja, es können in einem Lecithinmolekül zwei verschiedene Fettsäuren enthalten sein, von denen aber nach den neuesten Angaben wenigstens eines immer eine ungesättigte Fettsäure ist. „Lecithin" ist daher eine allgemeine Bezeichnung für Verbindungen sehr ähnlicher Zusammensetzung, ebenso wie es auch die Bezeichnung „Fett" ist.

Die Aminobasenkomponente der Lecithine ist das Cholin (S. 50) oder nach neueren Angaben auch das Colamin (S. 50); auch soll reinstes Lecithin ein Gemenge von Lecithinen sein, die teils Cholin, teils Colamin als Basenkomponente enthalten. Hingegen ist die ältere Annahme, wonach auch Neurin (S. 50) als Basenkomponente des Lecithin figurieren könnte, offenbar unrichtig und wurde durch die Tatsache verursacht, daß bei der Zersetzung des Lecithin Neurin aus

Cholin durch Austritt von einem Molekül Wasser leicht entsteht. Im nachstehenden Beispiel eines Lecithins ist ein Molekül Glycerin mit zwei Molekülen Oleinsäure und mit je einem Molekül Orthophosphor-

$$
\begin{array}{l}
C_{17}H_{33}-COOH \\
C_{17}H_{33}-COOH
\end{array}
+
\begin{array}{l}
CH_2\,OH \\
CH\,OH \\
CH_2O\,H
\end{array}
+
\begin{array}{l}
OH \\
OH-P-OH \\
\quad\ \|\\
\quad\ O
\end{array}
+
\begin{array}{l}
OH-N(CH_3)_3 \\
CH_2 \\
OH-CH_2
\end{array}
=
$$

$$
=
\begin{array}{l}
C_{17}H_{33}COO-CH_2 \\
C_{17}H_{33}COO-CH \\
\quad CH_2-O-P-O-CH_2 \\
\qquad\qquad\ \|\\
\qquad\qquad\ O
\end{array}
\quad
\begin{array}{l}
(OH)N(CH_3)_3 \\
OH \quad CH_2
\end{array}
+ 4\,H_2O
$$

Lecithin

säure und Cholin unter dem Austritt von vier Molekülen Wasser zu Lecithin verbunden. Wird umgekehrt dasselbe Lecithin mit Lauge erhitzt, so zerfällt es in Glycerinphosphorsäure, Fettsäuren und Cholin.

In reinstem Zustande ist Lecithin eine Substanz von Salbenkonsistenz; im Vakuum getrocknet ist es pulverisierbar. Es löst sich in Alkohol, Benzol, Schwefelkohlenstoff, Äther; es ist aus seiner ätherischen Lösung durch Aceton fällbar. Mit viel Wasser bildet es haltbare Emulsionen.

Lecithin geht mit Eiweiß lockere Verbindungen, Lecithalbumine genannt, ein, welche so labil sind, daß sie bereits bei einer Temperatur, bei der das Eiweiß gerinnt, in ihre Komponenten zerfallen; das Vitellin der Eier (S. 269) ist ein typisches Beispiel der Lecithalbumine. Es werden solche auch in den Verdauungsresten der Magenschleimhaut, in der Leber, den Nieren und Lungen gefunden. Es ist jedoch möglich, daß Lecithalbumine überhaupt keine eigentlichen Verbindungen, sondern bloß Adsorptionsbindungen zwischen Eiweiß und Lecithin sind. Ähnliches ist mit Wahrscheinlichkeit für das Jecorin (S. 135) anzunehmen, dessen Zusammensetzung je nach der Art seiner Herstellung variiert; man erhält ätherlösliche jecorinartige Körper schon durch Eindampfen eines Gemisches der Lösung von Lecithin und d-Glucose.

Lecithine sind in jeder Gewebszelle und in allen Gewebesäften nachweisbar; in größter Menge (9%) im Eigelb; ferner in der Hirn- und Nervensubstanz, im Sperma, in der Milch, weniger in Eiterkörperchen und im Blutplasma; und zwar teils frei, teils in Form von Lecithalbuminen.

Außer den Lecithinen kommen im Tierkörper auch deren Spaltungsprodukte vor: die Glycerinphosphorsäure (S. 40), Cholin (S. 50) und aus zersetztem Cholin entstandenes Neurin (S. 50).

Die physiologische Bedeutung der Lecithine liegt wahrscheinlich darin, daß sie, neben anderen Lipoiden und Fetten in größerer Menge in der oberflächlichsten Schichte der Zellen enthalten sind und dieser den Charakter einer sog. „Lipoidmembran" verleihen (s. S. 12 u. 93).

Die Darstellung erfolgt am leichtesten aus dem Eigelb; dieses wird mit Äther extrahiert und aus dem Extrakt das Lecithin mit Aceton gefällt.

Zur quantitativen Bestimmung des Lecithingehaltes wird die zu untersuchende Substanz erst mit absolutem Alkohol, dann mit Chloroform extrahiert und im Trockenrückstand des Extraktes eine Phosphorbestimmung vorgenommen; aus der Menge des Phosphors kann die des Lecithin berechnet werden.

Andere Phosphatide. Zu den Monoamino-Monophosphatiden gehören auch das Kephalin der Hirnsubstanz, das angeblich Cholin sowohl, wie auch Colamin enthält, ferner auch die wenig bekannten sog. Myelinsubstanzen. Zu den Monoamino-Diphosphatiden gehört das sog. Cuorin, dessen Aminobase nicht Cholin ist und welches aus dem Ochsenherzen dargestellt wurde. Ein Diamino-Monophosphatid ist das in der Hirnsubstanz aufgefundene Sphingomyelin, das als Fettsäure-komponente Lignocerinsäure (S. 42) enthält, als Basenkomponenten Cholin und Sphingosin (S. 50).

Zu diesen Körpern gehört auch das Protagon, das aus der Hirnsubstanz dargestellt, jedoch auch in anderen Organen (Leukocyten, Nieren) aufgefunden wurde, von dem es aber fraglich ist, ob es eine einheitliche Substanz darstellt. Es kommt vielfach in pathologisch verfetteten Organen vor, wo es durch seine Doppelbrechung auffällt.

IV. (Cholesterin und) Cholesterin-Ester.

Zu den Lipoiden wird auch das Cholesterin gerechnet (S. 47), das allerdings in seiner Struktur nichts mit den Fetten gemeinsam hat, sowie dessen mit höheren Fettsäuren gebildete Ester; letztere können mit Recht als Homologe der Fette angesehen werden, jedoch mit dem Unterschiede, daß sie weit schwerer als diese zu verseifen sind. Im Blute wurden Palmitinsäure- und Oleinsäure-Cholesterinester nachgewiesen, im Wollfett der Stearinsäureester. Die Cholesterinester im Wollfett haben die Eigentümlichkeit, große Mengen von Wasser aufzunehmen und damit aufzuquellen; das zu Heilzwecken verwendete Lanolin besteht hauptsächlich aus solchen mit Wasser angequollenen Cholesterinestern. Cholesterinester werden auch in der Vernix caseosa der Neugeborenen gefunden.

Fünftes Kapitel.

Die Eiweißkörper (Proteine).

Die Eiweißkörper sind die wichtigsten und unentbehrlichsten Bestandteile des pflanzlichen und tierischen Organismus. Sie sind von weit komplizierterem Bau als Kohlenhydrate und Fette; und während letztere großenteils schon chemisch vollkommen definierte Verbindungen darstellen, ist die Lehre über den Aufbau der Eiweißkörper erst vor kurzem über die erste Phase ihrer Entwicklung hinausgekommen.

Die Eiweißkörper sind stickstoffhaltige und (mit alleiniger Ausnahme der Protamine) schwefelhaltige organische Verbindungen; ihr Molekül besteht zum größten Teil aus α-Aminosäuren, die in wechselnder Qualität und Anzahl miteinander verbunden sind. Sie geben fast durchwegs charakteristische Farbenreaktionen; durch Trypsin und Pepsin werden die meisten unter ihnen hydrolytisch gespalten.

Sie enthalten in ihrem Molekül C, H, N, S und O, manche auch noch Eisen; andere wieder Phosphor. Soferne sie in Wasser löslich sind, geben sie keine echten, sondern kolloidale Lösungen (S. 31 ff.).

Die Lösungen sind optisch aktiv, und zwar meistens links-drehend; doch hängt das Drehungsvermögen vielfach vom gleichzeitigen Salzgehalt, sowie von der Reaktion und von der Reinheit der Lösung ab.

Die wichtigsten Reaktionen der Eiweißkörper sind teils Farben-, teils Präzipitationsreaktionen; da diese am charakteristischesten bei einer Hauptgruppe, bei den einfachen Eiweißkörpern ausfallen, sollen diese dort (S. 113—115) ausführlich erörtert werden.

Werden Eiweißkörper mit starker Lauge gekocht, so wird ein Teil des Schwefels abgespalten und in Alkalisulfid umgewandelt und kann als solcher mit Bleiacetat nachgewiesen werden.

In vielen Eiweißkörpern sind Kohlenhydratgruppen, Aminozucker, enthalten, die durch Erhitzen mit einer Mineralsäure abgespalten werden können, worauf die Lösung Kupfersalze reduziert, wogegen unveränderten Eiweißlösungen die Reduktionsfähigkeit abgeht. Wir unterscheiden — ob mit Recht, steht noch dahin — unter den kohlenhydrathaltigen Eiweißkörpern solche, die im Molekül selbst einen aus Aminozucker bestehenden Kohlenhydratkern enthalten; andererseits solche, die aus einem Eiweiß- und einem Kohlenhydratmolekül zusammengesetzt sind. Die Menge des abspaltbaren Zuckers ist sehr verschieden: aus manchen Mucinen erhielt man bis zu $35^0/_0$ Zucker, aus Serumalbumin wenig, aus Casein gar keinen.

Durch gelinde Oxydation mit Kaliumpermanganat entstehen aus den Eiweißkörpern charakteristische Verbindungen, wie z. B. die Oxyprotsulfosäure. Wird stärker oxydiert, so finden sich unter den Oxydationsprodukten Oxaminsäure, Oxalsäure, Bernsteinsäure, Guanidin usw. Bei der Eiweiß-Fäulnis entstehen Sumpfgas, Kohlensäure, Ammoniak, Skatol, Putrescin, Cadaverin, Methylmercaptan, Indolpropion- und Indolessigsäure usw.

I. Allgemeine Eigenschaften der Aminosäuren.

Der größte und gleichzeitig der am besten gekannte Teil des Moleküls der Eiweißkörper wird durch α-Aminosäuren gebildet, welche untereinander imidartig verbunden sind. Diese Bindung kommt zustande, indem die NH_2-Gruppe der einen Aminosäure mit der Carboxylgruppe der anderen sich unter Austritt eines Wassermoleküls zu CO-NH verbindet. Daß solche CO-NH-Gruppen im Molekül der Eiweißkörper tatsächlich enthalten sind, geht einerseits aus der Synthese der Peptide

(S. 108) hervor, andererseits aus dem positiven Ausfall der Biuretreaktion (S. 113), welche für gewisse Gruppen, so auch für die CO-NH-Gruppe, charakteristisch ist. Unterliegt es nun auch keinem Zweifel, daß die Imidbindung überwiegt, so kommen in den Molekülen der

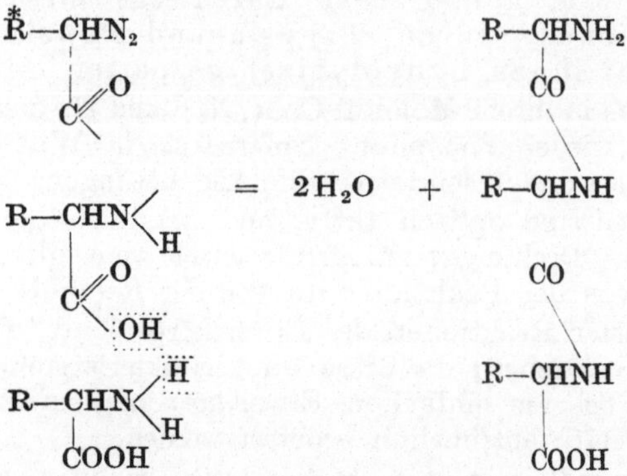

$$
\begin{array}{cccc}
\overset{*}{R}\text{—CHN}_2 & & & R\text{—CHNH}_2 \\
\quad\diagdown\!\!\diagup O & & & \text{CO} \\
\text{C} & & & | \\
& & & \\
R\text{—CHN}\diagdown_{H} & = 2\,H_2O & + & R\text{—CHNH} \\
\quad\diagdown\!\!\diagup O & & & \text{CO} \\
\text{C}\diagdown_{OH} & & & | \\
& & & \\
R\text{—CHN}\diagup^{H}_{\diagdown H} & & & R\text{—CHNH} \\
\text{COOH} & & & \text{COOH}
\end{array}
$$

Eiweißkörper doch auch andere Bindungen vor; so ist für das Arginin (S. 101), welches in allen Eiweißkörpern vorkommt, die Bindung NH-CH$_2$ charakteristisch; außerdem kommen wahrscheinlich auch äther- oder esterartige Bindungen vor.

Synthese. Ihre Synthese erfolgt nach verschiedenen Verfahren; am einfachsten läßt man Ammoniak auf das α-Monohalogensubstitutionsprodukt einer Fettsäure einwirken; z. B.

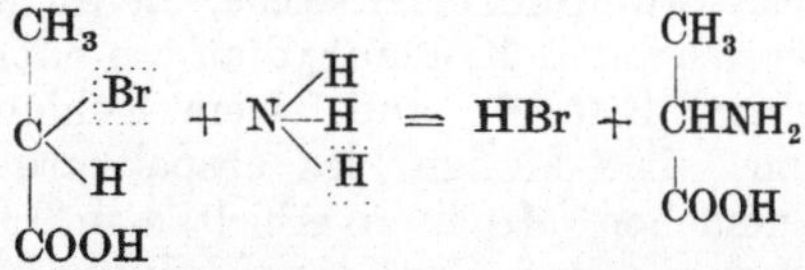

$$
\begin{array}{ccccc}
\text{CH}_3 & & & & \text{CH}_3 \\
| & & & & | \\
\text{C}\diagup^{Br}_{\diagdown H} & + & N\diagup^{H}_{H}\diagdown_{H} & = \text{HBr} + & \text{CHNH}_2 \\
| & & & & | \\
\text{COOH} & & & & \text{COOH}
\end{array}
$$

α-Monobrompropionsäure   α-Aminopropionsäure

Physikalische Eigenschaften. In Wasser sind sie in der Regel leicht, in Alkohol schwer löslich; sie krystallisieren leicht. In sämtlichen Aminosäuren — mit alleiniger Ausnahme des Glykokolls — ist das C-Atom, an dem die NH$_2$-Gruppe angelagert ist, asymmetrisch (s. S. 44), daher sind auch diese Aminosäuren optisch aktiv und in zwei stereoisomeren, einer rechts-drehenden d-Form und in einer links-drehenden l-Form, und ferner in einer optisch inaktiven, racemischen d.l-Form bekannt. Letztere besteht aus einem Gemisch oder aus einer Verbindung zweier optisch entgegengesetzt aktiver Moleküle. Die durch Enzymspaltung der Eiweißkörper erhaltenen Aminosäuren sind optisch aktiv; die synthetisch dargestellten hingegen sind optisch inaktive Racemverbindungen. Letztere können auf verschiedenen Wegen gespalten werden; so gelingt bei manchen die Spaltung und Isolierung durch fraktioniertes Krystallisieren der Brucin- (oder anderer) Salze, indem die eine Modifikation rascher als die andere krystallisiert. Andere

---

* R bedeutet einen Alkylrest.

werden durch Schimmel- oder Hefezellen gespalten und die eine
Modifikation wird gleichzeitig auch zersetzt, während die andere unverändert zurückbleibt. So wird aus dem optisch inaktiven d.l-Alanin
das d-Alanin durch Hefe abgebaut, während das l-Alanin unverändert
zurückbleibt.

Schließlich gibt es racemische Aminosäuren, welche, dem Tierkörper
einverleibt, dort in die beiden optischen Antipoden gespalten werden,
deren eine verbrannt, die andere jedoch unzersetzt im Harn ausgeschieden wird.

Chemische Eigenschaften. a) Die Aminosäuren sind Ampholyte
(S. 25): vermöge ihrer NH_2-Gruppen haben sie den Charakter einer
Base, vermöge der COOH-Gruppe jedoch gleichzeitig den einer Säure;
daher bilden sie Salze sowohl mit Säuren als auch mit Basen. Amino-
säuren mit zwei COOH-Gruppen (S. 100) haben einen ausgesprochenen
Säure-, solche mit zwei NH_2-Gruppen (S. 101) einen ausgesprochenen
Basencharakter.

b) Mit Alkohol gehen sie esterartige Verbindungen ein, die in Wasser
unlöslich sind und mit Säuren gut krystallisierbare Verbindungen liefern.
Diese Ester gehen sehr leicht in das Anhydrid der betreffenden Aminosäure über, welcher Vorgang bei der
Synthese der Polypeptide (S. 107) Verwendung findet.
Ferner kommt den Estern eine sehr wichtige Rolle in
dem Verfahren zu, welches zur Isolierung der Aminosäuren aus ihrem Gemenge verwendet wird (S. 106).

$$CH_2NH_2$$
$$|$$
$$COO{-}CH_2CH_3$$
Glykokolläthylester

c) Mit β-Naphthalinsulfochlorid, oder mit Phenylisocyanat, oder mit
Naphthylisocyanat, oder mit Pikrolonsäure liefern die Aminosäuren
leicht krystallisierbare Verbindungen, die zu ihrer Isolierung und
Agnoszierung wichtig sind.

d) Versetzt man 10 ccm einer auf Aminosäuren zu untersuchenden
Flüssigkeit mit 0,2 ccm einer 1%igen Lösung von Triketohydrinden-
hydrat, auch Ninhydrin genannt, erhitzt, und hält dadurch eine Minute
im Sieden, so entsteht bei Anwesenheit von Aminosäuren eine sehr
schöne blaue Färbung der Flüssigkeit. Außer Aminosäuren verhalten
sich in dieser Reaktion auch Polypeptide, Peptone und Eiweiß positiv.

e) Mit salpetriger Säure werden die Aminosäuren so zersetzt, daß
der Stickstoff der Aminosäure in Form von Stickstoffgas ausgeschieden
wird; diese Reaktion
wird im D. D. van
Slykeschen Verfahren
zur quantitativen Be-
stimmung des in NH_2-

$$CH_2NH_2 + HNO_2 = CH_2OH + N_2 + H_2O$$
$$\quad\ \ |$$
$$COOH\ COOH$$

Form vorhandenen Stickstoffes benützt; nur muß beachtet werden,
daß bei der Zersetzung je einer NH_2-Gruppe auch der Stickstoff je
eines Moleküls HNO_2 frei wird.

f) Die NH_2-Gruppen der Aminosäuren lagern leicht Aldehyde, so
unter anderen auch Formaldehyd, an, wobei aber der basische Charakter, den die NH_2-Gruppe dem Aminosäuremolekül verliehen hatte,
verloren geht. Vermöge ihrer unverändert gebliebenen COOH-Gruppe

hat die so in eine sog. Methylenaminosäure verwandelte Aminosäure nunmehr den Charakter einer reinen Säure. Hierauf beruht die sog. Formoltitration der Aminosäuren nach Sörensen. Da aber an dieser Reaktion nur die freien NH_2- und COOH-Gruppen beteiligt sind, läßt sich mit ihrer Hilfe auch feststellen, ob die Aminosäuren in einer Lösung frei,

$$\begin{array}{ccc}
CH_3 & & CH_3 \\
| & H & | \\
CHNH_2 + C{\displaystyle \mathop{}^{O}_{H}} = H_2O + & CHN = CH_2 \\
| & & | \\
COOH & & COOH \\
\text{\small α-Aminopropion-} & \text{\small Formaldehyd} & \text{\small Methylen-α-Amino-} \\
\text{\small säure} & & \text{\small propionsäure}
\end{array}$$

oder zu kleineren oder größeren Molekülen verbunden, enthalten sind; denn es ist klar, daß, wenn drei Moleküle Aminosäuren in einer Lösung frei vorhanden sind, das dreifache dessen an Lauge zur Neutralisation nötig ist, als wenn die drei Moleküle nach S. 96 verbunden sind.

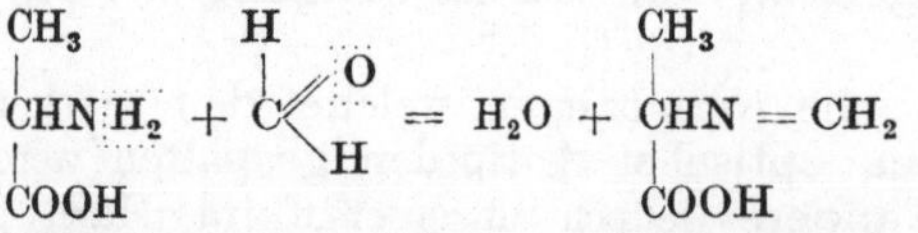

II. Einzelbeschreibung der Aminosäuren.

Die Einteilung der Aminosäuren erfolgt teils darnach, ob der Ersatz eines Wasserstoffatoms durch die NH_2-Gruppe in einer einfachen Fettsäure (aliphatische Aminosäuren), oder aber in der aus einer Fettsäure bestehenden Seitenkette einer homocyclischen oder heterocyclischen Verbindung (homocyclische und heterocyclische Aminosäuren) stattfindet; teils darnach, ob in der betreffenden Fettsäure 1 oder 2 Atome Wasserstoff durch NH_2-Gruppen ersetzt werden (Mono- und Diaminosäuren); teils auch darnach, ob die betreffenden Fettsäuren ein- oder mehrwertig sind (Aminomono- und Aminodicarbonsäuren).

Nachfolgend seien die wichtigsten Aminosäuren, und zwar bei jeder Aminosäure von den beiden optischen Antipoden nur diejenigen Modifikationen beschrieben, die in den verschiedenen Eiweißkörpern enthalten sind bezw. aus ihnen erhalten werden können.

A. Aliphatische Aminosäuren.

1. Monoaminosäuren.

Glykokoll (Glycin, Leimsüß, Aminoessigsäure), $C_2H_5NO_2$, ist in größter Menge in Seidenfibroin, ferner im Leim enthalten; bildet auch einen Bestandteil der Glykocholsäure und der Hippursäure. Seine Krystalle sind auch in kaltem Wasser gut löslich und von süßem Geschmack; in Alkohol, Äther sind sie unlöslich.

$$\begin{array}{l}
CH_2NH_2 \\
| \\
COOH
\end{array}$$

Seine wäßrige, siedende Lösung löst frisch gefälltes Cuprihydroxyd; aus der erkaltenden Lösung scheidet sich Glykokollkupfer krystallinisch aus.

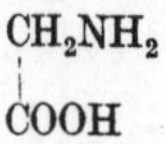

Darstellung. In einem großen Kolben werden 100 g Seidenabfälle mit 300 ccm rauchender Salzsäure vom spez. Gew. 1,19 am Wasserbad bis zur vollständigen Lösung erwärmt; sodann wird ein Rückflußkühler aufgesetzt und die Flüssigkeit durch 6 Stunden gekocht, dann bei vermindertem Druck bei 35—40° C eingeengt und der dickflüssige Rest mit einem halben Liter absolutem Alkohol übergossen. Nun wird trockenes Salzsäuregas durch die Flüssigkeit bis zur Sättigung geleitet, wodurch das ganze Glykokoll in Glykokoll-Äthylester-Chlorhydrat umgewandelt wird, welches sich aus der Flüssigkeit in großen Mengen ausscheidet, wenn man sie auf zwei Drittel ihres Volumen eindampft, dann auf Eis kühlt und mit einem Kryställchen des genannten Chlorhydrates impft. Wird nun das Esterchlorhydrat in Wasser gelöst und 33%ige Natronlauge zugesetzt, so findet eine Spaltung statt: der freie Ester geht in den zugesetzten Äther über und bleibt nach dem Verjagen des Äthers zurück. Nun wird der Ester bei 44^0 C und einem Druck von 11 mm Hg abdestilliert, durch kochendes Wasser zersetzt und die Lösung eingeengt, worauf das Glykokoll krystallinisch ausfällt.

d-Alanin, α-Aminopropionsäure, $C_3H_7NO_2$, kommt in größter Menge in Seidenfibroin vor; ist krystallisierbar, in Wasser leicht, in Alkohol nicht löslich. In salzsaurer Lösung ist $[\alpha]_D = + 10{,}3^0$.

l-Serin, α-Amino-β-oxypropionsäure, $C_3H_7NO_3$, findet sich in den Eiweißkörpern des Fischsperma; ist in kaltem Wasser schwer, in warmem Wasser leichter löslich; in reinwäßriger Lösung ist es links-aktiv; in salzsaurer Lösung $[\alpha]_D = + 14{,}4^0$.

d-Valin, α-Aminoisovaleriansäure, $C_5H_{11}NO_2$, konnte bisher nur in geringen Mengen aus Eiweißkörpern isoliert werden, weil es schwer vom Leucin (s. weiter unten) zu trennen ist; es ist in Wasser schwer löslich. In salzsaurer Lösung ist $[\alpha]_D = + 29^0$.

Von den Isomeren der Capronsäure können die folgenden drei Aminosäuren abgeleitet werden:

a) **Norleucin**, α-Amino-n-[1])capronsäure, $C_6H_{13}NO_2$, wurde neuerdings aus Nervengewebe erhalten.

b) **l-Leucin**, auch eine α-Aminocapronsäure, und zwar α-Aminoisobutylessigsäure, $C_6H_{13}NO_2$, wurde in faulender Epidermis, im Inhalt von Atheromen, im Eiter, im Harn von Leberkranken nachgewiesen; es wird bei der Säurehydrolyse, bei der Enzymspaltung und Fäulnis der Eiweißkörper erhalten. Durch den Schimmelpilz Penicillium glaucum wird racemisches Leucin gespalten und bloß d-Leucin zersetzt, während l-Leucin unzersetzt zurückbleibt. Rein dargestellt krystallisiert es in weißen Blättchen, die in Wasser schwer löslich sind. Aus tierischem Eiweiß abgespaltenes Leucin, das nie chemisch rein ist, bildet konzentrisch geschichtete Knollen, welche sich in Wasser leichter lösen. In salzsaurer Lösung ist $[\alpha]_D = + 15{,}9^0$.

c) **d-Isoleucin**, auch eine α-Aminocapronsäure, und zwar Methyläthyl-α-aminopropionsäure, $C_6H_{13}NO_2$, wurde in Melasse nachgewiesen; ist in Wasser leichter löslich als das Leucin. In rein wäßriger Lösung ist $[\alpha]_D = + 9{,}7^0$; in salzsaurer Lösung $+ 36{,}8^0$.

l-Asparaginsäure, Aminobernsteinsäure, $C_4H_7NO_4$, wird aus Eiweißkörpern sowohl durch Säurehydrolyse als auch durch Enzymspaltung

---

[1]) „n" ist die Abkürzung für „normal".

7*

erhalten; sie löst sich schlecht in kaltem Wasser, besser in warmem; in rein wäßriger Lösung ist sie links-aktiv; in salzsaurer Lösung ist $[\alpha]_D = + 25{,}7^0$. Im Pflanzenreich kommt sie weit verbreitet als sog.

Asparagin, d. i. das Amid der Asparaginsäure, in Knospen, unbelichteten Keimen, Knollen vor.

$$\begin{array}{ccc}
\text{COOH} & \text{CONH}_2 & \text{COOH} \\
| & | & | \\
\text{CHNH}_2 & \text{CHNH}_2 & \text{CHNH}_2 \\
| & | & | \\
\text{CH}_2 & \text{CH}_2 & (\text{CH}_2)_2 \\
| & | & | \\
\text{COOH} & \text{COOH} & \text{COOH} \\
\text{Asparaginsäure} & \text{Asparagin} & \text{Glutaminsäure}
\end{array}$$

d-Glutaminsäure, α-Aminoglutarsäure, $C_5H_9NO_4$, wird in großen Mengen aus Casein und Leim erhalten; ist in Wasser schwer löslich. Die salzsaure Verbindung ist leicht zur Krystallisation zu bringen; in rein wäßriger Lösung ist $[\alpha]_D = + 10{,}5^0$; in salzsaurer Lösung $+ 31{,}7^0$.

l-Cystin, $C_6H_{12}N_2S_2O_4$; α-Diamino-β-di-thio-Milchsäure. In größter Menge kommt es in Haaren, Nägeln, Hörnern, Federn, in der Epidermis vor; selten im Harn als krystallinisches Sediment oder in Form eines sog. Cystinsteines. Es krystallisiert in sechseckigen Tafeln, die in Wasser sehr schwer, in Essigsäure, Alkohol und Äther gar nicht, in Salzsäure, Oxalsäure und in Laugen gut löslich sind. In salzsaurer Lösung ist $[\alpha]_D = - 224^0$. Am Platinblech erhitzt verbrennt es mit blaugrüner Farbe.

$$\begin{array}{cc}
\text{CH}_2\text{S} & \text{SCH}_2 \\
| & | \\
\text{CHNH}_2 & \text{CHNH}_2 \\
| & | \\
\text{COOH} & \text{COOH} \\
\multicolumn{2}{c}{\text{Cystin}}
\end{array}$$

Darstellung: 100 g Menschen- oder Roßhaare werden in 300 ccm Salzsäure vom spez. Gew. 1,19 am Wasserbade gelöst, die Lösung 6 Stunden am Rückflußkühler gekocht, nach dem Abkühlen mit 800 ccm Wasser verdünnt und mit Natronlauge bis zu schwachsaurer Reaktion versetzt, die Flüssigkeit behufs Entfärbung mit Tierkohle gekocht, das Filtrat genau neutralisiert und in den Eisschrank gestellt. Das krystallinisch ausfallende, jedoch unreine Cystin wird in 10%igem Ammoniak gelöst und nachher mit Eisessig gefällt.

Nachweis: 1. Wird Cystin auf einem Silberblech oder auf einer blanken Silbermünze mit einigen Tropfen Natronlauge erhitzt, so entsteht ein brauner Fleck, der mit Wasser nicht abzuwaschen ist und auf der Bildung von Ag_2S beruht.

2. Wird Cystin in einer Eprouvette mit Natronlauge und wenig essigsaurem Blei aufgekocht, so entsteht eine braune, auf Bildung von PbS beruhende Farbenreaktion.

Cystein, α-Amino-β-thio-Milchsäure, $C_3H_7NSO_2$, ist in Wasser sehr leicht löslich, entsteht durch Reduktion des Cystins mit Zinn und Salzsäure und verwandelt sich in alkalischer Lösung leicht wieder in Cystin. Es ist leicht möglich, daß in den Eiweißkörpern nicht Cystin, sondern Cystein enthalten ist, welch letzteres jedoch bei der Hydrolyse quantitativ in Cystin verwandelt wird.

$$\begin{array}{c}
\text{CH}_2\text{S}-\text{H} \\
| \\
\text{CHNH}_2 \\
| \\
\text{COOH} \\
\text{Cystein}
\end{array}$$

Nachweis: 1. Mit Natronlauge und essigsaurem Blei verhält es sich wie Cystin.

2. Mit einigen Tropfen einer Lösung von Eisenchlorid gibt es eine rasch verschwindende indigoblaue Farbenreaktion.

3. Mit einer wäßrigen Lösung von Nitroprussidnatrium und Natronlauge gibt es eine purpurrote Farbenreaktion.

Taurin, Aminoäthylsulfonsäure, $C_2H_7NSO_3$. Das Cystein (s. oben) wird durch Oxydation in Cysteinsäure und diese durch Abspaltung von

Kohlensäure in Taurin (Aminoäthylsulfonsäure) überführt. Es kommt in freiem Zustand in den Muskeln von Mollusken und im Blut des Hais, ferner, an Cholalsäuren gebunden, in der Galle (S. 174) vor.

2. Diaminosäuren.

Wie die Monoaminosäuren, haben auch die Diaminosäuren sowohl den Charakter einer Säure als auch den einer Base; jedoch ist ihr basischer Charakter vermöge der zwei NH_2-Gruppen, die sie enthalten, mehr ausgeprägt. Mit Gold- und Platinsalzen bilden sie Doppelsalze; aus ihren Lösungen sind sie durch Phosphorwolfram- und Phosphormolybdänsäure fällbar. Aus dem Hydrolysenprodukte der Eiweißkörper werden zwei Diaminosäuren (Arginin und Lysin) im Vereine mit einer dritten, heterocyclischen Aminosäure (Histidin) in einer Fraktion gewonnen; diese drei, 6 Kohlenstoffatome enthaltende Aminosäuren wurden zur Zeit, als ihre Konstitution noch nicht bekannt war, Hexonbasen genannt. Am meisten ist von ihnen in den Protaminen und Histonen enthalten. Tritt aus den Diaminosäuren ein Molekül Kohlensäure aus, so bleiben sog. Diamine (S. 51, 102) zurück.

d-Arginin, Guanidin-α-Amino-n [1])-Valeriansäure, $C_6H_{14}N_4O_2$, wurde zu allererst in keimenden Samen nachgewiesen, späterhin auch in Eiweißkörpern, namentlich in Protaminen und Histonen; derzeit ist kein Eiweißkörper bekannt, in dem es nicht wenigstens in geringer Menge nachzuweisen wäre. Es ist in Wasser leicht, in Alkohol nicht löslich. Seine Lösungen sind rechts-aktiv. Mit Kaliumpermanganat oxydiert liefert es Guanidin. Wird inaktives, racemisches Arginin, das d.l-Arginin, mit Leberbrei bei 37^0 C digeriert, so erfolgt durch ein in der Leber befindliches Enzym, welches Arginase genannt wird, eine Spaltung, wobei die d-Modifikation unter Wasseraufnahme in Harnstoff und Ornithin zerfällt, die l-Modifikation aber unverändert zurückbleibt. Auch mit Barytwasser behandelt, erleidet das d-Arginin dieselbe Spaltung.

d-Ornithin, α-δ-Diaminovaleriansäure, $C_5H_{12}N_2O_2$, kommt unter den Hydrolysenprodukten der Eiweißkörper nicht vor und entsteht bloß sekundär aus dem Arginin. Wird es mit Natronlauge und Benzoylchlorid geschüttelt, so paart es sich zu Dibenzoylornithin (s. auch S. 46). Derselbe Vorgang findet auch im Organismus des Huhnes statt, wenn diesem Benzoesäure per os gegeben wird: die Benzoesäure paart sich mit Ornithin, der einen Komponente des Arginin (s. oben), das in den Molekülen des Nahrungs- und des Körpereiweißes der Tiere vorhanden ist, zu Dibenzoylornithin, auch Ornithursäure genannt. Diese wird im Harn entleert. Wird das Ornithin trocken erhitzt, oder unter Ausschluß von Sauerstoff der Einwirkung

---

[1]) „n" ist die Abkürzung für „normal".

von Fäulnisbakterien ausgesetzt, so geht es durch Abspaltung eines CO_2-Moleküls in Putrescin (Tetramethylendiamin) über.

Lysin, α-ε-Diamino-n[1])-Capronsäure, $C_6H_{14}N_2O_2$, wurde hauptsächlich in Protaminen nachgewiesen; es ist nicht krystallisierbar, löst sich leicht in Wasser. Wird es mit Benzoylchlorid und Natronlauge ge-

$$\begin{array}{ccc}
CH_2NH_2 & CH_2NH_2 & CH_2NH_2 \quad\quad CH_2NH_2 \\
(CH_2)_2 \quad = CO_2 + \quad (CH_2)_2 & (CH_2)_3 \quad = CO_2 + \quad (CH_2)_3 \\
CHNH_2 \quad\quad\quad CH_2NH_2 & CHNH_2 \quad\quad\quad CH_2NH_2 \\
COOH & COOH
\end{array}$$

Ornithin	Putrescin	Lysin	Cadaverin

schüttelt, so erhält man die Verbindung **Dibenzoyllysin**, die sog. **Lysursäure**. Durch Fäulnis bei Ausschluß von Sauerstoff wird das **Lysin** unter Abspaltung eines CO_2-Moleküls in **Cadaverin** (Pentamethylendiamin) verwandelt.

B. Aromatische und heterocyclische Aminosäuren.

Es sind dies Verbindungen, die aus einem aromatischen oder heterocyclischen Kern und aus einer, durch eine Aminosäure gebildete Seitenkette bestehen. Es ist sehr bemerkenswert, daß in vier von den fünf nachfolgend anzuführenden Verbindungen die Seitenkette jedesmal durch die α-Aminopropionsäure gebildet wird.

l-Phenylalanin, Phenyl-α-aminopropionsäure, $C_9H_{11}NO_2$, ist in kaltem Wasser schwer, in warmem leicht löslich. Optische Aktivität: $[\alpha]_D = -35{,}1^0$; durch Fäulnis wird es in Phenylessigsäure verwandelt. Wird Phenyl-Alanin mit Salpetersäure versetzt, so tritt Gelbfärbung ein;

Phenylalanin		Phenyläthylamin

diese Reaktion ist identisch mit der **Xanthoprotein-Reaktion** (S. 114) der Eiweißkörper. Durch Austritt von CO_2 wird das Phenylalanin in **Phenyläthylamin**, ein sog. „proteinogenes Amin" verwandelt. Dieser Vorgang findet im Darmkanal unter der Einwirkung von Bakterien statt.

l-Tyrosin, Oxyphenyl-Alanin, p-Oxyphenyl-α-aminopropionsäure, $C_9H_{11}NO_3$, findet sich in großen Mengen in altem Käse; in Alkalien und

---

[1]) „n" ist die Abkürzung von „normal".

Säuren löst es sich leicht, schwerer im Wasser, daher fällt es auch bei der Spaltung der Eiweißkörper in der Regel als erstes aus. In chemisch reinem Zustande bildet es seidenglänzende Nadeln, in unreinem Zustande dem Leucin ähnliche Kügelchen. In salzsaurer Lösung ist $[\alpha]_D = -13^0$. Mit Salpetersäure versetzt, entsteht in Tyrosin enthaltenden Substanzen eine Gelbfärbung. Diese Reaktion ist identisch mit der Xanthoprotein-Reaktion (S. 114) der Eiweißkörper. Wäßrige Lösungen von Tyrosin werden durch wäßrige Lösungen gewisser Pilze, in denen das Enzym „Tyrosinase" enthalten ist, bald rot gefärbt; später kommt es zur Ausscheidung eines schwarzen Pigmentes. Ein solches Enzym wurde auch in Kartoffelschalen, im Darmsaft hungernder Mehlwürmer usw. nachgewiesen. Durch Austritt von CO_2 wird das

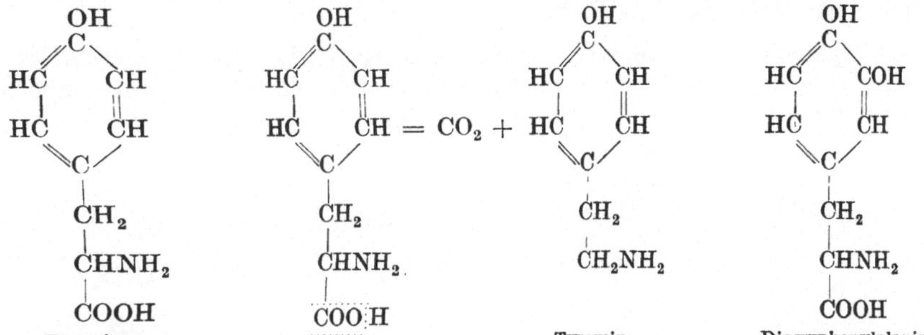

<table>
<tr><td>Tyrosin</td><td></td><td>Tyramin</td><td>Dioxyphenylalanin</td></tr>
</table>

Tyrosin in p-Oxyphenyläthylamin, auch Tyramin genannt, verwandelt. Es ist dies ein sog. „proteinogenes Amin", das im Darmkanal durch Bakterienwirkung aus der Tyrosinkomponente des Eiweißmoleküls entstehen kann.

Der Nachweis des Tyrosins erfolgt

1. nach Piria; wird Tyrosin in konzentrierter Schwefelsäure unter Erwärmen gelöst, die Lösung nach dem Erkalten mit Wasser verdünnt, mit kohlensaurem Barium neutralisiert, filtriert und das Filtrat mit Eisenchlorid versetzt, so entsteht eine violette Farbenreaktion,

2. nach Denigès; es wird ein Vol. Formaldehyd ($40^0/_0$) mit 45 Vol. Wasser und 55 Vol. konzentrierter Schwefelsäure versetzt; wird festes oder gelöstes Tyrosin mit diesem Gemenge erhitzt, so erhält man eine grüne Farbenreaktion.

3. Mit Millonschem Reagens (S. 114) gibt Tyrosin eine rote Farbenreaktion.

3-4-Dioxyphenyl-Alanin, $C_9H_{11}NO_4$, ist aus Pflanzengebilden dargestellt worden; es geht durch Oxydation in Farbstoffe über.

l-Prolin, α-Pyrrolidincarbonsäure, $C_5H_9NO_2$, krystallisiert in flachen Nadeln, ist in Wasser und Alkohol leicht löslich. Optische Aktivität

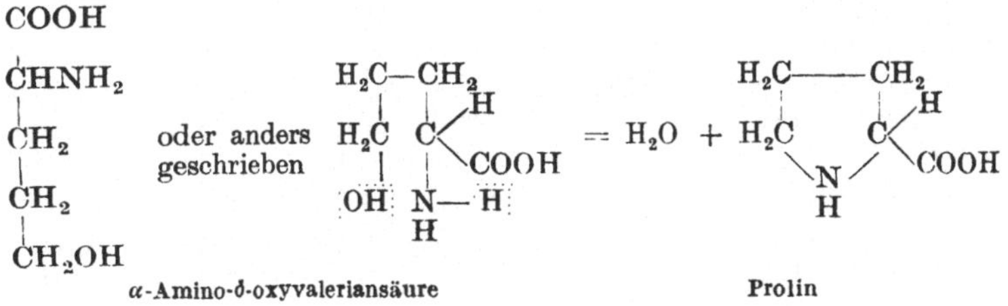

α-Amino-δ-oxyvaleriansäure   Prolin

$[a]_D = -77,4^0$. Es ist in vielen Eiweißkörpern, wie Casein, Leim usw. enthalten. Auf seine Zugehörigkeit zu den α-Aminosäuren war bereits daraus zu schließen, daß es in den Spaltungsprodukten der Eiweißkörper zu finden ist, und vollends ist dies erwiesen worden, als die Darstellung des Prolins aus der α-Amino-δ-oxyvaleriansäure durch Erhitzen mit Salzsäure gelungen war; die Umsetzung, die hierbei stattfindet, besteht in dem Austritt eines Moleküls Wasser und in einer ringförmigen Schließung der Kohlenstoffkette. Es ist möglich, daß das Prolin in den Eiweißkörpern nicht als solches enthalten ist, sondern in Form der oben erwähnten Säure und aus dieser erst während der Darstellung (Hydrolyse usw.) auf ·die oben genannte Weise entsteht.

Oxyprolin, Oxypyrrolidincarbonsäure, $C_5H_9NO_3$, ist ebenfalls in vielen Eiweißkörpern enthalten.

l-Tryptophan, Indol-α-aminopropionsäure, $C_{11}H_{12}N_2O_2$ (früher fälschlich als Skatolaminoessigsäure angesehen). Es wird aus Eiweißkörpern in besonders großen Mengen bei der Trypsinverdauung und Fäulnis

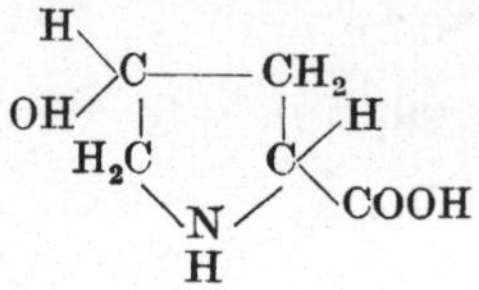

Oxyprolin 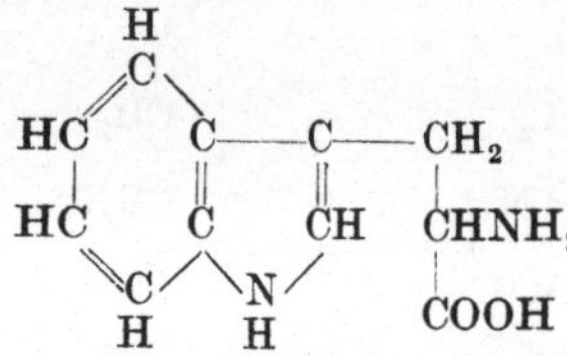   Tryptophan

derselben erhalten; es ist in kaltem Wasser schwer, in warmem leichter löslich. In rein wäßriger Lösung ist $[\alpha]_D = -30^0$, in $\frac{n}{2}$-Lauge gelöst $+6,3^0$. Durch Fäulnisbakterien wird es bei Ausschluß von Sauerstoff in Indolpropionsäure, bei Anwesenheit von Sauerstoff in Indolessigsäure verwandelt (S. 232). (Diese Verbindungen wurden früher fälschlich als Skatolessigsäure bzw. Skatolcarbonsäure angesehen.) Erhitzt, verwandelt sich das Tryptophan in Indol und Skatol. Im Darm wird vom

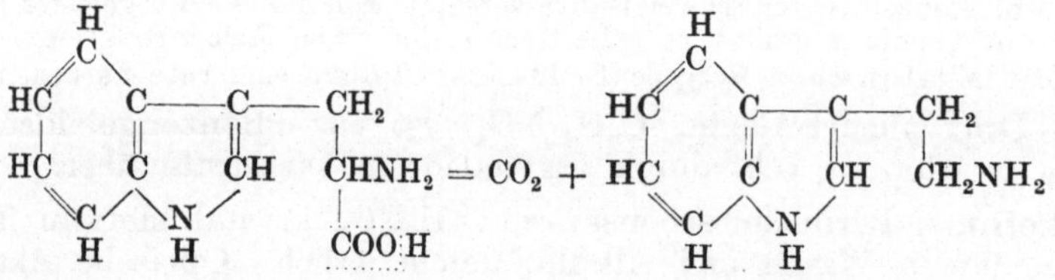

Indoläthylamin

Tryptophan, welches aus dem faulenden Eiweiß entsteht, die aus Alanin bestehende Seitenkette abgespalten und Indoxyl bleibt zurück; dieses wird resorbiert und in der Leber an Schwefelsäure oder Glucuronsäure gebunden (S. 87), endlich in Form von Salzen dieser Doppelsäuren im Harn entleert. Durch Austritt von CO_2 wird Tryptophan in **Indoläthylamin,** ein sog. „proteinogenes Amin" verwandelt. Dieser Vorgang findet ebenfalls unter Einwirkung von Darmbakterien statt.

Nachweis. 1. Eine Lösung, die freies Tryptophan enthält, gibt mit Chlor-oder Bromwasser eine violette Farbenreaktion.

2. Wird ein Fichtenspan in Salzsäure getränkt, dann abgewaschen und in eine konzentrierte Lösung von Tryptophan getaucht, so nimmt er getrocknet eine purpurrote Färbung an (Pyrrolreaktion).

3. Wird eine Lösung von Tryptophan mit Glyoxylsäure (S. 114) versetzt und dann konzentrierte Schwefelsäure unterschichtet, so entsteht an der Berührungs-stelle der beiden Flüssigkeiten eine violette Farbenreaktion, die sich beim Um-schütteln der ganzen Flüssigkeit mitteilt.

4. Wird eine Lösung von Tryptophan oder die eines Körpers, der in seinem Molekül Tryptophan enthält, mit einer schwach schwefelsauren Lösung von p-Dimethylaminobenzaldehyd versetzt und konzentrierte Schwefelsäure unter-schichtet, so entsteht an der Berührungsstelle eine rotviolette Farbenreaktion.

5. Mit Salpetersäure entsteht eine Gelbfärbung, die identisch ist mit der Xanthoproteinreaktion (S. 114) der Eiweißkörper.

Darstellung. 100 g Casein werden in 1 l Wasser suspendiert und nach Zusatz von wenig Ammoniak, 10 g Pankreatin und Toluol eine Woche stehen gelassen. Nach Ablauf dieser Zeit wird die ganze Flüssigkeit aufgekocht und filtriert; das Filtrat wird mit soviel Schwefelsäure versetzt, daß seine Konzen-tration 5 % betrage, dann mit einer 10 %igen Lösung von Mercurisulfat in 5 %iger Schwefelsäure gefällt, der Niederschlag in Wasser suspendiert, mit Schwefel-wasserstoff zersetzt und filtriert. Das Filtrat wird mit obiger Quecksilberlösung bis zur beginnenden Trübung versetzt, worauf zunächst die Ausscheidung des Cystins erfolgt; von diesem wird abfiltriert, aus dem Filtrat die Schwefelsäure mit Baryt entfernt und das neuerliche Filtrat bei 40° C am Wasserbad eingeengt, worauf das Tryptophan krystallinisch ausfällt.

l-Histidin, α-Amino-β-imidazolpropionsäure, $C_6H_9N_3O_2$; es ist in relativ großen Mengen aus dem Globin zu erhalten. In Wasser ist es leicht, in Alkohol schwer löslich; in wäßriger Lösung ist $[\alpha]_D = -39{,}7°$; in salzsaurer Lösung ist es rechts-aktiv. Charakteristisch für das Histidin ist die Diazoreaktion (S. 114). Nach manchen Autoren soll auch der

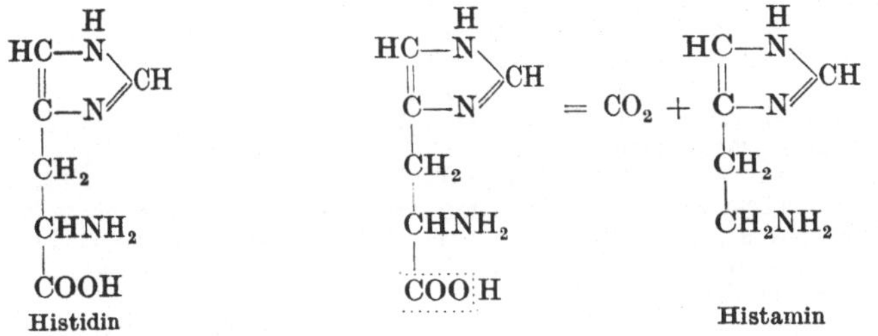

$$
\begin{array}{ccc}
\mathrm{HC-N}\diagdown & \mathrm{HC-N}\diagdown & \mathrm{HC-N}\diagdown \\
\ \ \ \ \|\ \ \ \ \ \ \mathrm{CH} & \ \ \ \ \|\ \ \ \ \ \ \mathrm{CH} & \ \ \ \ \|\ \ \ \ \ \ \mathrm{CH} \\
\mathrm{C-N}\diagup & \mathrm{C-N}\diagup = CO_2 + & \mathrm{C-N}\diagup \\
| & | & | \\
CH_2 & CH_2 & CH_2 \\
| & | & | \\
CHNH_2 & CHNH_2 & CH_2NH_2 \\
| & | & \\
COOH & COOH & \\
\text{Histidin} & & \text{Histamin}
\end{array}
$$

positive Ausfall der Ehrlichschen Diazoreaktion in manchen Harnen (S. 210) von Histidin bedingt sein. Durch Austritt von CO_2 wird es in β-Imidazol-äthylamin, auch Histamin genannt, verwandelt. Es ist dies ein physiologisch sehr wirksames, sog. „proteinogenes Amin", das unter der Einwirkung von Darmbakterien aus dem Histidinkern der Eiweißkörper entsteht.

III. Aminosäuren im Molekül der Eiweißkörper.

Daß es tatsächlich die Aminosäuren sind, aus welchen die Eiweißkörper sich aufbauen, folgt

1. daraus, daß unter den Zersetzungsprodukten der durch totale Hydrolyse zersetzten Eiweißkörper Aminosäuren in großen Mengen enthalten sind;

2. aus der Möglichkeit, aus Aminosäuren sog. Peptide synthetisch aufzubauen;

3. aus den Ergebnissen der partiellen Hydrolyse.

1. Totale Hydrolyse. Die hydrolytische Spaltung der Eiweißkörper geschieht auf verschiedene Weise: durch überhitzten Wasserdampf, durch Fäulnis, durch sog. proteolytische Enzyme und endlich am erfolgreichsten durch Mineralsäuren. Die Säurehydrolyse erfolgt je nach Bedarf (s. unten) mit rauchender Salzsäure vom spez. Gew. 1,19, oder mit 25%iger Schwefelsäure durch Erwärmen am Wasserbad bis zur erfolgten Lösung des Eiweißkörpers; nun wird die Flüssigkeit so lange gekocht, bis eine kleine Probe derselben keine Biuretreaktion mehr gibt, d. h. die Hydrolyse beendet ist. Mit Salzsäure ist dies nach 6 Stunden, mit Schwefelsäure nach 16 Stunden der Fall.

Aus dem Hydrolysat wird ein Teil der Aminosäuren (Glutaminsäure, Cystin, Tyrosin und Tryptophan) mittels Verfahren, die bereits lange bekannt sind, isoliert. Die Isolierung der übrigen Aminosäuren hingegen bereitete große Schwierigkeiten, indem es sich um Verbindungen handelt, welche in ihren Eigenschaften vielfach ähnlich sind und sich in ihrer Löslichkeit gegenseitig beeinflussen, demzufolge schwer zum Krystallisieren zu bringen sind. Endlich sind sie auch auf Grund ihres optischen Verhaltens nur schwer zu erkennen resp. zu unterscheiden, weil sie leicht zu racemischen Verbindungen zusammentreten, wodurch Gemische von optisch aktiven und inaktiven Modifikationen entstehen.

Die Isolierung dieser Aminosäuren wird durch Emil Fischers Esterverfahren außerordentlich erleichtert; es besteht darin, daß die sonst voneinander nicht zu trennenden Aminosäuren in ihre Äthylester umgewandelt und diese durch fraktionierte Destillation voneinander getrennt werden.

Selbstredend wird das Esterverfahren auf die vorangehend genannten Aminosäuren (Glutaminsäure, Cystin, Tyrosin, Tryptophan), die auf einem anderen Wege einfacher isoliert werden können, nicht angewendet.

Die Isolierung der Bausteine eines Eiweißkörpers nach der hydrolytischen Spaltung desselben geschieht folgendermaßen:

a) Ein Teil des Salzsäurehydrolysates wird eingeengt und nach Sättigung mit Salzsäuregas kalt gestellt; aus der Flüssigkeit fällt das Chlorhydrat der Glutaminsäure krystallinisch aus.

b) Ein anderer Teil des Salzsäure-Hydrolysates wird mit 33%iger Natronlauge bis zur schwach sauren Reaktion neutralisiert und stehen gelassen. Die ausgeschiedene, aus Tyrosin und Cystin bestehende Krystallmasse wird in 10%igem Ammoniak gelöst und die Flüssigkeit mit Eisessig neutralisiert, worauf das Cystin krystallinisch ausfällt.

c) Eine zweite Portion des Eiweißkörpers wird mit Schwefelsäure hydrolysiert, die Schwefelsäure mit Baryt entfernt und das Filtrat eingeengt, worauf Tyrosin krystallinisch ausfällt.

d) Zur Isolierung des Tryptophans können Eiweißkörper, die mit Säure hydrolysiert wurden, nicht verwendet werden, weil das Tryptophan durch die Säure zersetzt wird; es wird nach dem (S. 105) erwähnten Verfahren aus dem durch Trypsinverdauung abgebauten Eiweißkörper erhalten.

e) Die Isolierung der Hexonbasen (Lysin, Arginin und Histidin) erfolgt am einfachsten durch Fällen des Hydrolysates mit Phosphorwolframsäure.

f) Zur Gewinnung der übrigen, bloß durch das Esterverfahren isolierbaren Aminosäuren wird eine größere Menge des Eiweißkörpers mit Salzsäure hydrolysiert, das Hydrolysat filtriert und das Filtrat bei einem Druck von 15 mm Hg am Wasserbad von 40° C zu Sirupdicke eingeengt, mit absolutem Alkohol versetzt und mit trockenem Salzsäuregas gesättigt. Die Flüssigkeit wird nun bei einem Druck von 10 mm Hg am Wasserbad von 40° C auf zwei Drittel seines Volumens eingeengt, in Eis gekühlt und mit einem Kryställchen von Glykokoll-Äthylester-Chlorhydrat geimpft, worauf die Krystallisation alsbald beginnt. Hierdurch ist die Isolierung des größten Teils des Glykokolls bereits erreicht.

Die Mutterlauge, die die Esterchlorhydrate der übrigen Aminosäuren enthält, wird zu Sirupdicke eingeengt, und die Esterchlorhydrate mit Natronlauge und Kaliumcarbonat zersetzt. Die in Freiheit gesetzten Ester lösen sich im zugesetzten Äther und werden nach Abtreiben desselben einer fraktionierten Destillation unterworfen. In der Regel genügt es, vier Fraktionen gesondert aufzufangen:

Fraktion   I: bei einem Druck von 12 mm Hg und einer Temperatur des Wasserbades bis 60⁰ C;

   „   II: bei einem Druck von 12 mm Hg und einer Temperatur des Wasserbades bis 100⁰ C;

   „   III: bei einem Druck von 0,1—0,5 mm Hg und einer Temperatur des Wasserbades bis 100⁰ C;

   „   IV: bei einem Druck von 0,1—0,5 mm Hg und einer Temperatur des Ölbades bis 170⁰ C.

Fraktion I enthält Ester des Alanin und des noch zurückgebliebenen Glykokolls; Fraktion II und III enthalten solche des Alanin, Valin, Leucin und Isoleucin; Fraktion IV enthält Ester des Serin, Phenylalanin und der etwa zurückgebliebenen Glutaminsäure. Innerhalb der einzelnen Fraktionen erfolgt die Isolierung der Aminosäuren auf Grund ihrer spezifischen Reaktionen.

Außer den genannten Estern sind in den Fraktionen I—III auch die des Prolin enthalten, welches von den übrigen Aminosäuren auf Grund seiner Alkohollöslichkeit getrennt werden kann. Zu diesem Behufe wird das Gemisch der Ester 6—8 Stunden mit Wasser gekocht, wodurch die Aminosäuren in Freiheit gesetzt werden; wenn nun die wäßrige Lösung eingedampft und der Rückstand mit Alkohol extrahiert wird, so geht das Prolin in Lösung, während die übrigen Aminosäuren zurückbleiben.

Addiert man die prozentualen Mengen der aus dem hydrolysierten Eiweißkörper erhaltenen und agnoszierten wohldefinierten Bausteine, so ergibt sich immer ein Abgang von mindestens 15—20%/0. Dieser Abgang ist entweder der Unvollkommenheit der Technik zuzuschreiben, oder aber dem Umstande, **daß es im Eiweißmolekül außer den bereits bekannten Bausteinen auch solche gibt, die derzeit noch unbekannt sind.**

Die Tatsache, daß mittels Säurehydrolyse der Eiweißkörper Aminosäuren erhalten werden können, beweist an sich noch nicht, daß das Molekül die Aminosäuren auch tatsächlich vorgebildet enthält; denn, es wäre ja auch möglich, daß es aus chemischen Verbindungen von ganz anderer, bisher unbekannter Struktur besteht, welche durch die tief eingreifende Behandlung mit der Säure in Aminosäuren umgewandelt werden. Mit großer Wahrscheinlichkeit geht jedoch der Aufbau aus Aminosäuren daraus hervor, daß wir im großen und ganzen immer **dieselben Aminosäuren erhalten, gleichviel, ob die Hydrolyse durch heiße Mineralsäuren oder durch heiße Lauge, oder aber durch proteolytische Enzyme bei Körpertemperatur vorgenommen wird.**

2. Aufbau von Peptiden aus Aminosäuren. Emil Fischer und seinen Schülern ist es gelungen, durch Aneinanderketten einer größeren Anzahl von Aminosäuren neue Verbindungen zu erhalten, die in ihren Eigenschaften in so mancher Hinsicht an Eiweißkörper, richtiger deren Pepsin-Salzsäure-Verdauungsprodukte, an die Peptone (Albumosen) erinnern und daher auch Peptide genannt werden, und zwar je nach der Anzahl der in ihnen enthaltenen Aminosäuren Di-, Tri-, resp. Polypeptide. Mit Hilfe geeigneter Verfahren wurde eine ganze Anzahl von Polypeptiden dargestellt, darunter durch E. Fischer eines, das 18 Glieder

enthält, durch **Abderhalden** und **Fodor** eines mit 19 Gliedern. Auf
alle Fälle ist aber die Anzahl der bisher dargestellten Polypeptide verschwindend gering im Verhältnis zu der Anzahl der theoretisch möglichen Kombinationen, welche sich durch Variation der Qualität, der
Anzahl und der Reihenfolge der zu verbindenden Aminosäuren schier
ins Unendliche vermehren lassen; insbesondere wenn noch bei je einer
Aminosäure auch die Stereoisomeren in Betracht gezogen werden.

Diese Synthese erfolgt nach einem älteren Verfahren aus dem Äthylester der
betreffenden Aminosäure, der leicht in das Anhydrid übergeht; wird nun dieses
Anhydrid mit konzentrierter Salzsäure erhitzt, so erfolgt eine Sprengung des
Ringes (an der in nachfolgendem Strukturbild mit einem Pfeil bezeichneten
Stelle), und unter Aufnahme von 1 Molekül Wasser vollzieht sich die Umwandlung in das Peptid. So entsteht aus zwei Molekülen des Glykokolls (das
auch als Glycin bezeichnet wird) das Dipeptid Glycyl-Glycin

$$
\begin{array}{ccc}
\text{2 mol. Glykokolläthylester} & & \text{Glykokollanhydrid}
\end{array}
$$

$$
\begin{array}{cc}
\text{Glykokollanhydrid} & \text{Glycylglycin}
\end{array}
$$

Auf dieselbe Weise lassen sich auch zwei verschiedene Aminosäuren, z. B. Glykokoll
und Alanin, zu einem Doppelmolekül vereinigen, wobei aber zwei Verbindungen
von verschiedenen Eigenschaften resultieren können. Denn in einem Falle verbindet sich die COOH-Gruppe des Glykokoll mit der NH₂-Gruppe des Alanin
und es entsteht das Glycyl-Alanin, im anderen Falle aber die COOH-Gruppe
des Alanin mit der NH₂-Gruppe des Glykokoll, und es entsteht das Alanyl-
Glycin.

Weit häufiger anwendbar ist eine neuere Art der Synthese, die in folgendem
besteht. Läßt man auf 1 Molekül einer Aminofettsäure 1 Molekül derselben Fettsäure einwirken, welches 1 Wasserstoffatom in der Alkylgruppe und das Hydroxyl
in der Carboxylgruppe durch Halogen ersetzt enthält, so entsteht aus der Vereinigung der beiden Moleküle ein halogensubstituiertes Doppelmolekül der Aminosäure, welches unter Einwirkung von Ammoniak das Halogen abgibt und dadurch
zu einem Dipeptid wird.

$$
\text{Chloracetylchlorid}
$$

$$
\text{Glycylglycin}
$$

Nach diesen älteren Methoden erfolgt die Verlängerung der Kette an der freien Aminogruppe des bereits fertigen Peptides. Nach einem neuesten Verfahren gelingt es auch, die Verlängerung der Kette von der Carboxylgruppe aus vorzunehmen.

Die Peptide sind in der Regel stärker optisch aktiv als die Aminosäuren, aus denen sie sich zusammensetzen; sie werden durch Phosphorwolframsäure gefällt; manche unter ihnen auch durch Ammoniumsulfat, stehen daher diesbezüglich den Peptonen bezw. Albumosen nahe. Durch salpetrige Säuren werden sie so zersetzt, daß der Stickstoff der freien NH_2-, nicht jedoch der CONH-Gruppe, mittels deren die Aminosäuren zusammenhängen, in Freiheit gesetzt wird (Verfahren von D. D. van Slyke, S. 97). Werden sie in wäßriger Lösung mehrere Stunden gekocht, so zerfallen sie in die Aminosäuren, aus denen sie zusammengesetzt sind.

Viele Polypeptide werden durch Trypsin in ihre Bestandteile zerlegt und gerade diese Spaltungen liefern lehrreiche Beispiele für den engen Zusammenhang zwischen der inneren Struktur und dem biologischen Verhalten einer Verbindung. So hängt z. B. die Spaltbarkeit eines Peptides durch Trypsin unter anderem von der Reihenfolge ab, in der die betreffenden Aminosäuren aneinander geknüpft sind: Alanylglycin wird gespalten, das Glycylalanin nicht. Weiterhin hängt die Spaltbarkeit auch davon ab, um welche der Stereoisomeren der Aminosäuren es sich handelt, aus denen das Peptid aufgebaut ist; sind nämlich im Peptid dieselben Stereoisomeren der Aminosäuren enthalten, welche auch aus den natürlich vorkommenden Verbindungen (Eiweißkörpern) gewonnen werden, so läßt sich das Peptid durch Trypsin spalten; enthält es aber, wenn auch nur eine Aminosäure, die sich optisch entgegengesetzt verhält, wie dieselbe Aminosäure, wenn sie aus den Eiweißkörpern abgespalten wird, so wird es durch Trypsin nicht gespalten. So werden z. B. d-Alanyl-d-Alanin, d-Alanyl-l-Leucin, l-Leucyl-d-Glutaminsäure gespalten, hingegen d-Alanyl-l-Alanin, l-Leucyl-d-Leucin nicht gespalten, weil l-Alanin und d-Leucin in den Eiweißkörpern nicht vorkommen.

Bemerkenswert ist, daß die Polypeptide durch Pepsin nicht gespalten werden.

3. Partielle Hydrolyse. Wird die Säurehydrolyse nicht in der Siedehitze, sondern bei Zimmertemperatur vorgenommen, so erfolgt eine sog. partielle Hydrolyse, bei der man unter den Spaltprodukten der Eiweißkörper Peptide erhält, ganz ähnlich den künstlich dargestellten, die sub 2. beschrieben sind.

IV. Einteilung und Beschreibung der tierischen Eiweißkörper[1]).

Von einer Reindarstellung der Eiweißkörper kann zur Zeit nur ausnahmsweise, soferne sie krystallisiert erhalten werden, die Rede sein; bei anderen ist eine Darstellung in relativ reinem Zustande nur in dem Sinne möglich, daß sie aus ihren natürlichen Lösungen

---

[1]) Unter kurzer Berührung einiger pflanzlichen Eiweißkörper.

(Körperflüssigkeiten), in denen sie neben verschiedensten, anderen Verbindungen enthalten sind, gefällt, ausgesalzen werden können; bei einer großen Anzahl versagt jedoch auch diese Art der Darstellung. Diese Schwierigkeiten, im Vereine mit den Hindernissen, die einer erschöpfenden Analyse des Eiweiß-Moleküls noch im Wege sind, machen es begreiflich, daß es derzeit auch an einer entsprechenden Basis zu einer rationellen Einteilung der Eiweißkörper fehlt. Insbesondere ist eine solche Einteilung auch auf Grund unserer im Laufe der letzten Jahre erworbenen Kenntnisse über ihre Bausteine und deren quantitative Verhältnisse zur Zeit noch nicht durchführbar.

Es ist möglich, daß eine weitere Vervollkommnung und quantitative Ausbildung der Isolierungsverfahren der an dem Aufbau der Eiweißkörper beteiligten Aminosäuren eine rationelle und natürlichere Einteilung der Eiweißkörper ermöglichen wird, und zwar eben auf Grund der in ihnen enthaltenen Aminosäuren. Vorläufig jedoch darf nicht übersehen werden, daß ein großer Teil der (S. 106) geschilderten Verfahren durchaus nicht als quantitativ angesehen werden kann, und daß speziell die Bestimmung der Monoaminosäuren als kaum annähernd genau bezeichnet werden muß.

Es haben jedoch bereits diese unzureichenden Verfahren große Verschiedenheiten und eine große Mannigfaltigkeit in dem Aminosäurengehalt der verschiedenen Eiweißkörper erscheinen lassen; so fällt besonders das Fehlen des Glykokolls im Serumalbumin und im Casein auf; ferner das Fehlen des Tyrosins im Leim; andererseits die große Menge des Cystins im Keratin, des Glykokolls im Fibroin.

Nachfolgende, auszugsweise mitgeteilte Zusammenstellung[1]) zeigt den nur beiläufig angenäherten prozentualen Aminosäuregehalt einiger Eiweißkörper tierischer Herkunft:

	Glykokoll %	Alanin %	Leucin %	Cystin %	Arginin %	Phenyl-alanin %	Tyrosin %	Prolin %
Krystallisiertes Ovalbumin	0	3	7	0,3	2	4,5	1,0	2,5
Serumglobulin	3,5	2,2	15	1,2	—[2])	3,8	2,5	2,8
Kuhmilchcasein	0	0,9	10,5	0,06	4,8	3,2	4,5	3,1
Fibrin	3	3,6	15	1,0	3,0	2,5	3,5	3,6
Keratin aus Roßhaar	4,7	1,5	7,1	8	4,4	—	3,2	3,4
Elastin	26	6,6	21	—	0,3	3,9	0,3	1,7
Leim	19	3,0	9,2	0	9,2	1,0	0	7,7

Um wenigstens eine Übersicht über die Eiweißkörper zu haben, müssen wir uns aus obigen Gründen derzeit bei der Einteilung derselben teils an ziemlich unwesentliche Eigenschaften, wie Löslichkeit, Fällbarkeit halten, teils an den Umstand, ob aus dem Gesamtmolekül gewisse kleinere Moleküle abzuspalten sind oder nicht, teils an ihr Vorkommen in verschiedenen Geweben. Endlich müssen auch gewisse Verbindungen hier behandelt werden, die aus der Umwandlung von Eiweißkörpern hervorgehen, dabei jedoch gewisse Eigenschaften der letzteren beibehielten.

---

[1]) Nach den neuesten Auflagen der Abderhaldenschen und Hammarstenschen Lehrbücher.

[2]) „—" heißt: nicht untersucht.

Wir unterscheiden, im wesentlichen nach Hammarsten, folgende Gruppen der Eiweißkörper:

Einfache Eiweißkörper.

a) Albumine.
b) Globuline.
c) Prolamine.
d) Phosphorglobuline (früher als Nucleoalbumine bezeichnet).
e) Koagulierte Eiweißkörper.
f) Histone.
g) Protamine.

Umwandlungsprodukte von Eiweißkörpern.

a) Albuminate.
b) Albumosen.
c) Peptone.

Zusammengesetzte Eiweißkörper (Proteide).

a) Hämoglobin.
b) Glykoproteide.
c) Nucleoproteide.

Albuminoide.

a) Keratin.
b) Elastin.
c) Collagen.
d) Reticulin.
e) Skeletine.

Auf Grund des Gehaltes an Diaminosäuren, die sich weit genauer als die Monoaminosäuren bestimmen lassen, hat man auch versucht, eine Anzahl der oben erwähnten Eiweißkörper wie folgt zu gruppieren:

Eiweißkörper mit einem Diaminosäuregehalt von ca. $80\,^0/_0$: Protamine,
„　　　„　　　„　　　　　　　„　　　　　„　„ $20—30\,^0/_0$: Histone,
„　　　„　　　„　　　　　　　„　　　　　„　„ $10—15\,^0/_0$: z. B. Albumine,
　　　　　　　　　　　　　　　　　　　　　　　　　　　　　　　　　Globuline,
„　　　„　　　„　　　　　　　„　　　von weniger als $10\,^0/_0$: Albuminoide.

A. Einfache Eiweißkörper.

Sie sind nie fehlende Bestandteile der tierischen Zellen, die mit wenigen Ausnahmen in alle Sekrete übergehen können; ihre mittlere Zusammensetzung ist nach Hammarsten:

$$
\begin{array}{ll}
\text{C} & 50{,}6—54{,}5\,^0/_0 \\
\text{H} & 6{,}5—7{,}3\,^0/_0 \\
\text{N} & 15{,}0—17{,}6\,^0/_0 \\
\text{S} & 0{,}3—2{,}2\,^0/_0 \\
\text{O} & 21{,}5—23{,}5\,^0/_0 \\
\text{P} & \text{in manchen einfachen Eiweißkörpern.}
\end{array}
$$

1. Allgemeine Eigenschaften.

Sie sind in der Regel nur schwer rein darzustellen, aschenfrei schon gar nicht; es ist auch möglich, daß ein Salzgehalt in der Höhe von 0,2 bis 0,5% zum Eiweißmolekül gehört. Ihr Molekulargewicht beträgt einige bis viele Tausende. Sie sind geschmack- und geruchlos, meistens amorph; einige von ihnen können auch krystallisiert erhalten werden; so von den Albuminen das Serumalbumin, das Ovalbumin und das Lactalbumin; von den Globulinen namentlich solche pflanzlichen Ursprunges, wie z. B. das aus Hanfsamen darstellbare Edestin. Doch ist zu bemerken, daß es sehr schwer fällt, resp. unmöglich ist, krystallisiertes Eiweiß ganz rein, namentlich aschenfrei zu erhalten.

Die einfachen Eiweißkörper sind in Wasser löslich, und zwar teils sogar in reinem destillierten Wasser, teils jedoch bloß in Gegenwart von Säuren, oder Basen, oder Salzen. Die Lösungen sind keine echten, sondern kolloidale Lösungen, und zwar gehören sie zur Gruppe der sog. Emulsions- oder hydrophilen Kolloide. Als solche sind die Eiweißlösungen durch Eigenschaften ausgezeichnet, die S. 32 ff, zusammengefaßt sind.

Die Eiweißkörper sind, wie die Aminosäuren, aus denen sie bestehen, amphotere Elektrolyte (S. 25), denn an den Aminosäuren gehen, wenn sie sich (laut S. 96) zu Eiweißkörpern verbinden, die zwischenliegenden COOH- bezw. NH_2-Gruppen infolge der Vereinigung zur CONH-Gruppe zwar verloren, aber an dem einen freien Ende des neugebildeten Eiweißmoleküls muß unter allen Umständen eine COOH-, am anderen eine NH_2-Gruppe intakt erhalten bleiben. Nach dem (S. 25) mitgeteilten Beispiele des Glykokolls kann man sich die Konstitution des Eiweiß-Moleküls durch die schematische Formel OH · Albumin · H versinnbildlicht vorstellen.

In Anwesenheit von Säure bezw. deren H-Ionen spielt sich infolge der Zurückdrängung der H-Ionen-Abspaltung aus Eiweiß folgendes ab:

$$OH \cdot Albumin \cdot H \rightleftarrows OH^- + Albumin \cdot H^+.$$

In alkalischer Lösung hingegen infolge der Zurückdrängung der OH-Ionen-Abspaltung:

$$OH \cdot Albumin \cdot H \rightleftarrows OH \cdot Albumin^- + H^+.$$

Dieser Auffassung entspricht auch die Tatsache, daß im Kataphorese-Versuche die Eiweißteilchen einer sauren Eiweißlösung im elektrischen Potentialgefälle als Kationen (Albumin · H^+) zur Kathode, in alkalischer Lösung hingegen als Anionen (OH · $Albumin^-$) zur Anode wandern. Entsprechend ihrer Doppelnatur besitzen die Eiweißkörper ein ausgesprochenes Säure- und Basenbindungsvermögen. Dies läßt sich unter anderem auch daraus folgern, daß verdünnte Säuren und Laugen von einem bestimmten Gefrierpunkt nach Eiweißzusatz einen höheren Gefrierpunkt erlangen, eben weil Säure-Anionen bezw. Laugen-Kationen aus der Lösung verschwinden. Auf dieselbe Weise läßt sich aber auch zeigen, daß Kochsalz von Eiweiß nicht gebunden wird.

2. Fällbarkeit.

Aus ihren Lösungen werden Eiweißkörper gefällt:

α) durch konzentrierte Lösungen von Neutralsalzen (Magnesium-, Ammonium-, Zink-, Natriumsulfat, Natriumchlorid);

β) durch Alkohol;

γ) durch verdünnte Lösungen von Schwermetallsalzen (Mercurichlorid, Bleiacetat, Kupfersulfat);

δ) durch Erhitzen. Diese Art der Fällung wird als Hitzekoagulation bezeichnet. Die verschiedenen Eiweißarten werden bei verschiedenen Temperaturen koaguliert; doch hängt die Koagulations-Temperatur von dem Gehalt der Lösung an Eiweiß sowohl als auch an Salzen ab. Ferner ist zur Hitzekoagulation auch eine gewisse Wasserstoff-Ionen-Konzentration erforderlich, die für die meisten Eiweißarten mit dem isoelektrischen Punkt (S. 33) zusammenfällt;

ε) durch sog. Alkaloidreagenzien, wie Phosphorwolfram-, Phosphormolybdänsäure, Kaliumquecksilberjodid, Kaliumwismutjodid usw.;

ζ) durch Trichloressigsäure.

In den Fällen α und β stellt die Fällung einen reversiblen Vorgang dar; d. h. das durch Neutralsalze und Alkohol gefällte Eiweiß ist in Wasser wieder löslich; in allen anderen Fällen ist der Vorgang irreversibel: das gefällte Eiweiß ist wasserunlöslich. Jedoch wird auch das durch Alkohol gefällte Eiweiß unlöslich, wenn es längere Zeit unter Alkohol aufbewahrt wird. Eiweiß, welches noch im Besitze aller seiner ursprünglichen Eigenschaften, darunter auch seiner Löslichkeit sich befindet, wird als natives Eiweiß, hingegen irreversibel gefälltes oder mit Säure, Lauge usw. behandeltes Eiweiß, das seine ursprünglichen Eigenschaften teilweise verloren hat, als denaturiertes Eiweiß bezeichnet.

3. Nachweis.

Der Nachweis der Eiweißkörper erfolgt durch Farben- und Präzipitationsreaktionen, welche, wiewohl sie vielfach auch anderen Eiweißkörpern eigentümlich sind, an dieser Stelle erörtert werden, weil sie bei den einfachen Eiweißkörpern am charakteristischesten ausfallen, während bei manchen übrigen bald die eine, bald die andere Reaktion negativ ausfallen kann.

a) Farbenreaktionen.

a) Biuretreaktion. Diese Reaktion ist vielen solchen Verbindungen eigentümlich, in denen die Gruppen $CONH_2$, CH_2NH_2 usw. zu zweit in einer ganz bestimmten Bindungsart enthalten sind, wie z. B. im Biuret (S. 219), wonach auch die Reaktion benannt ist; die Reaktion wird auch gegeben von zahlreichen Säureamiden, von höheren Eiweißspaltprodukten und endlich von allen gelösten Eiweißkörpern. Doch ist zu bemerken, daß unter den Trypsinverdauungsprodukten der Eiweißkörper eine ganze Reihe von relativ hochmolekularen, aus zahlreichen Aminosäuren aufgebauten Verbindungen angetroffen werden, welche die Biuretprobe nicht geben, daher als abiurete Verbindungen bezeichnet werden; während umgekehrt, relativ einfach zusammengesetzte Peptide, ja einzelne Aminosäuren, wie das Histidin, die Reaktion geben. Zur Ausführung der Biuretprobe wird die zu untersuchende Lösung mit Kali- oder Natronlauge stark alkalisch gemacht und nun tropfenweise mit einer verdünnten Lösung von stark verdünntem Kupfersulfat versetzt: der Niederschlag von Cuprihydroxyd löst sich in Anwesenheit von Eiweiß beim Umschütteln der Flüssigkeit mit violettblauer-violettroter Farbe. Ein Überschuß von Kupfersulfat resp. von Cuprihydroxyd wirkt störend. Auch die Gegenwart von Ammoniumsalzen wirkt störend auf die Reaktion; in diesem Falle kann man durch Verwendung einer sehr starken Lauge noch zum Ziele kommen.

b) **Xanthoproteinreaktion.** Durch konzentrierte Salpetersäure wird sowohl gelöstes als auch koaguliertes Eiweiß bereits in der Kälte, besonders aber in der Wärme, gelb gefärbt; durch Zusatz von Ammoniak geht das Gelb in Orange über. Diese Reaktion wird durch den Phenyl-Alanin-, Tyrosin- und Tryptophankern des Eiweißes bedingt (s. S. 102, 103, 105).

c) **Millonsches Reagens** erzeugt in einer Lösung von Eiweiß eine weiße Fällung; in der Wärme färbt sich die Flüssigkeit und ebenso auch der Niederschlag rosenrot bis dunkelrot. Die Reaktion wird durch den Tyrosinkern des Eiweiß bedingt; sie fällt auch am koagulierten Eiweiß positiv aus. Das Millonsche Reagens ist eine Lösung von Mercurinitrat, die etwas salpetrige Säure enthält. Es wird bereitet durch Auflösen von 1 Gewichtsteil Quecksilber in 2 Gewichtsteilen Salpetersäure vom spez. Gew. 1,42, erst in der Kälte, dann am Wasserbade in der Wärme; sodann wird die Lösung mit der doppelten Menge Wasser verdünnt und nach halbtägigem Stehen filtriert.

d) **Adamkieviczsche Probe.** An festem Eiweiß wird sie so ausgeführt, daß dieses in Eisessig gelöst, die Lösung mit konzentrierter Schwefelsäure versetzt und dann erwärmt wird. Handelt es sich um eine Eiweißlösung, so werden einige Kubikzentimeter derselben mit einem Gemenge erwärmt, welches aus 1 Volum konzentrierter Schwefelsäure und 2 Volumina Eisessig besteht. In beiden Fällen erhält man eine violettrote Färbung. Diese Reaktion wird durch das im Eiweißmolekül enthaltene, an andere Aminosäuren gekettete Tryptophan bedingt; hingegen ist die (S. 105) erwähnte Chlor- und Bromreaktion nur dem freien Tryptophan eigentümlich.

e) Nach **Hopkins** und **Cole** ist in der Adamkiewiczschen Reaktion nicht der Eisessig das wirksame Prinzip, sondern die Glyoxylsäure, $CH \cdot (OH)_2 \cdot COOH$ oder $COH \; COOH + H_2O$, eine in Wasser leicht lösliche, schwer krystallisierbare Verbindung, die der Essigsäure als Verunreinigung beigemischt ist; daher ist es zweckmäßiger, die Reaktion mit einer Glyoxylsäure-Lösung anzustellen. Diese wird dargestellt aus 1 l einer konzentrierten Lösung von Oxalsäure und 60 g Natriumamalgam; nachdem die Entwicklung von Wasserstoff aufgehört hat, wird die Flüssigkeit vom Quecksilber abgegossen und mit dem dreifachen Volumen Wasser verdünnt. Die zu untersuchende Flüssigkeit wird mit einer geringen Menge des Reagens versetzt und konzentrierte Schwefelsäure unterschichtet, worauf im Falle der Anwesenheit von Eiweiß an der Grenzfläche zwischen beiden Flüssigkeiten eine violettrote Färbung eintritt.

f) **Liebermannsche Probe.** Wird festes Eiweiß mit konzentrierter Salzsäure gekocht, so entsteht eine Violettfärbung, die durch den Tryptophankern bedingt ist.

g) **Reaktion nach Neubauer und Rohde.** Wird eine Eiweißlösung mit 5 bis 10 Tropfen einer 5%igen schwach-schwefelsauren Lösung von p-Dimethyl-aminobenzaldehyd versetzt und unter Umschütteln vorsichtig mit konzentrierter Schwefelsäure versetzt, so entsteht eine violettrote Farbenreaktion, die ebenfalls durch den Tryptophankern bedingt ist.

h) **Diazoreaktion.** Die zu untersuchende Lösung wird mit Sodalösung alkalisiert und mit einigen Zentigramm Diazobenzolsulfonsäure, $C_6H_5N \cdot N : SO_3H$, in einigen Kubikzentimetern Sodalösung gelöst, versetzt. Bei Anwesenheit von Eiweiß tritt bald eine intensiv kirschrote Färbung ein, die auf dem Histidin- und Tyrosingehalt des Eiweißmoleküls beruht. (Die Diazobenzolsulfonsäure wird am besten frisch, und zwar wie folgt, bereitet: 2 g feingepulverter Sulfanilsäure werden mit 3 ccm Wasser und 2 ccm konzentrierter Salzsäure verrieben und unter ständiger Kühlung in eine Lösung von 1 g Kaliumnitrit in 2—3 ccm Wasser eingetragen. Der weiße Niederschlag von Diazobenzolsulfonsäure wird abgesaugt und mit Wasser gewaschen.)

b) Präzipitationsreaktionen.

a) **Kochprobe** (Koagulationsprobe). Da Eiweiß nur in schwachsaurer Lösung koaguliert, wird die Lösung entweder noch vor dem Erhitzen mit 1—2 Tropfen verdünnter Essigsäure angesäuert, oder nach dem Erhitzen mit 10—15 Tropfen verdünnter Salpetersäure versetzt. Ist die Lösung salzarm, so wird in derselben soviel festes Kochsalz gelöst, daß die Konzentration ca. 1% betrage.

b) **Hellersche Probe.** Unter die zu untersuchende Lösung wird vorsichtig konzentrierte Salpetersäure geschichtet, worauf an der Trennungsfläche beider Flüssigkeiten eine weiße, scharf begrenzte Schichte (auch als „Ring" bezeichnet) von gefälltem Eiweiß entsteht. Ebenso wirken konzentrierte Schwefelsäure, Salzsäure, Metaphosphorsäure (Orthophosphorsäure nicht!)

c) **Ferrocyankalium-Essigsäureprobe.** Die zu untersuchende Lösung wird mit 10%iger Essigsäure stark angesäuert und mit 10—15 Tropfen einer 10%igen Lösung von Ferrocyankalium versetzt; bei Anwesenheit von Eiweiß entsteht eine Trübung oder Fällung.

d) **Sulfosalicylsäureprobe.** 15—20 Tropfen einer 20%igen Lösung des Reagens erzeugen in einer Eiweißlösung eine Trübung oder Fällung.

4. Quantitative Bestimmung.

a) Die Lösung wird zunächst entsprechend verdünnt (bei einem zu erwartenden Eiweißgehalt von 2—3% 2—5fach, von 5—6% 5—10fach), mit Essigsäure sehr schwach angesäuert, mit Kochsalz bis zu einem Gehalt von etwa 1% versetzt, aufgekocht, durch ein vorher sorgfältig gewogenes Filter gegossen, der Niederschlag mit Wasser, Alkohol, Äther gewaschen, getrocknet und samt dem Filter gewogen.

b) Aus glykogenfreien Lösungen kann das Eiweiß auch mittels Alkohol quantitativ gefällt werden; zu diesem Behufe wird die Lösung genau neutralisiert und in derselben soviel Kochsalz gelöst, daß ihr Gehalt ungefähr 1% betrage; dann mit soviel Alkohol versetzt, daß 1 Volumen der Flüssigkeit 0,7—0,8 Volumen Alkohol enthalte. Die weitere Behandlung des Niederschlags erfolgt wie oben.

c) Die zu untersuchende Lösung wird mit Gerbsäure gefällt und in dem am Filter gesammelten Niederschlag eine Stickstoffbestimmung nach **Kjeldahl** (S. 214) ausgeführt. Da der durchschnittliche Stickstoffgehalt des Eiweißes 16%, d. h. $\dfrac{1}{6,25}$ Teil beträgt, ist Eiweiß gleich 6,25mal Stickstoff. Gefällt wird mit der sog. **Alménschen** Lösung, die wie folgt bereitet wird: Man löst 4 g Gerbsäure in 8 ccm 25%iger Essigsäure und fügt 90 ccm 50%igen Alkohol hinzu.

5. Beschreibung der einfachen Eiweißkörper.

Albumine.

Sie sind auch in salzfreiem Wasser löslich; zu ihrer Hitzekoagulation ist die Anwesenheit von Salzen nötig. Mit Kochsalz und mit Magnesiumsulfat werden sie bloß aus sauren Lösungen gefällt, aus neutralen Lösungen nicht. Vollständig werden sie gefällt durch Sättigung der Lösung mit Ammoniumsulfat. Ihr Schwefelgehalt beträgt 1,6—2,2%. Ihrem Molekül fehlt das Glykokoll. Hierher gehören:

Serumalbumin. Es ist enthalten im Blutserum, in der Lymphe, bei Nierenentzündung im Harn; koaguliert je nach der Konzentration der gelösten Salze zwischen 70 und 85° C. Optische Aktivität: $[\alpha]_D$ schwankt zwischen —47 und —61°. (S. auch S. 134.)

Ovalbumin. Es ist leicht krystallisierbar, im Eiklar enthalten (S. 268).

Lactalbumin; in der Milch enthalten (S. 254).

Von wichtigeren Pflanzeneiweißarten gehört das **Ricin** zu den Albuminen.

Globuline.

Sie sind in salzfreiem Wasser nicht löslich, lösen sich leicht in verdünnten Lösungen von Neutralsalzen, fallen jedoch bei Verdünnung der Lösung wieder aus; sie sind auch in verdünnter Lauge löslich, werden aber durch Neutralisieren der Lösung wieder gefällt; aus ihrer Lösung werden sie durch Kohlensäure gefällt, jedoch löst sich der Niederschlag im Überschuß der Kohlensäure. Die Globuline werden durch Sättigung mit Magnesiumsulfat auch aus neutralen Lösungen gefällt; durch Ammoniumsulfat bereits bei Halbsättigung. Die Globuline sind schwache Säuren; ihr Schwefelgehalt beträgt ca. 1%. Sie enthalten in ihrem Molekül Glykokoll. Hierher gehören:

Serumglobuline; enthalten in Blutserum, in der Lymphe, bei Nierenentzündung im Harn; koagulieren bei etwa 75° C. Optische Aktivität $[a]_D = -47{,}8°$. (S. auch S. 134.)

Lactoglobulin; in geringer Menge in der Milch enthalten (S. 255).

Thyreoglobuline, darunter ein jodhaltiges (S. 270), wurden aus der Schilddrüse verschiedener Tiere dargestellt.

Fibrinogen; im Blutplasma in einer Menge von etwa 0,4%, ferner in der Lymphe, enthalten (S. 133);

Myosin und vielleicht auch das Myogen der Muskeln (S. 262, 263).

Von wichtigeren Pflanzeneiweißarten gehört das Legumin (aus Erbsen, Linsen) sowie das Edestin (aus Hanfsamen) zu den Globulinen.

Prolamine.

Alkohollösliche Eiweißarten pflanzlicher Herkunft, die durch einen hohen Prolingehalt, sowie durch Mangel oder wenigstens hochgradige Armut an Lysin ausgezeichnet sind. Hierher gehört das Gliadin des Weizen-, das Hordein des Gersten- und das Zein des Maiskornes.

Phosphorglobuline; früher Nucleoalbumine genannt.

Sie unterscheiden sich von allen anderen einfachen Eiweißkörpern durch ihren Phosphorgehalt. Jedenfalls ist die Bezeichnung „Nucleoalbumine" unrichtig, weil diese Eiweißkörper vermöge ihrer Eigenschaften eher den Globulinen als den Albuminen zuzuzählen sind, und weil sie mit den Nucleoproteiden (S. 122) nur den Phosphorgehalt gemein haben. Auch ist es richtig, daß sie, mit Pepsinsalzsäure verdaut, einen phosphorhaltigen Niederschlag liefern, wie die Nucleoproteide; jedoch enthält der durch Verdauung der Nucleoproteide entstehende Niederschlag, das sog. Nuclein, Kohlenhydrate und Purinkörper, während die Nucleoalbumine, ähnlich behandelt, das sog. Pseudonuclein liefern, welches frei von Kohlenhydraten und Purinkörpern ist. Hierher gehören:

Casein; in der Milch (S. 254).

Ovovitellin; im Elgelb (S. 269).

Koagulierte Eiweißkörper.

Fibrin (S. 133), welches unter der Einwirkung des Thrombin aus dem Fibrinogen des Blutplasma entsteht.

Koaguliertes Eiweiß, insofern die Koagulation irreversibel erfolgt ist (S. 113); es ist in verdünnten Säuren und Laugen, auch in Salzlösungen unlöslich. Der chemische Vorgang, welcher der Koagulation zugrunde liegt, ist unbekannt.

Auch in tierischen Geweben gibt es Eiweißkörper, welche weder in Wasser, noch in Salzlösungen, noch aber auch in verdünnten Säuren und Laugen löslich sind.

Histone.

Sie unterscheiden sich von den weiter oben behandelten Eiweißkörpern durch einen weit größeren, 20—30% betragenden Gehalt an Diaminosäuren, besonders an Arginin. Daher haben sie auch einen mehr ausgesprochen basischen Charakter und bilden einen Übergang von den oben beschriebenen Eiweißkörpern zu den noch mehr basischen Protaminen. Sie, sowie auch ihre Salze sind wasserlöslich; die Lösungen sind bloß nach Zusatz von Salzen hitzekoagulabel. Sie wurden zu allererst aus den roten Blutkörperchen der Gans, später aus den Leukozyten und Zellen der Thymus dargestellt: dies sind die **Nucleohistone**. Aus dem Sperma einzelner Fischarten erhält man die sog. **Spermanucleohistone**. Als Histon muß auch das **Globin**, die Eiweißkomponente des Hämoglobin (S. 141), angesehen werden. In allen diesen Verbindungen kommen die Histone nicht frei, sondern an irgend eine komplexe organische Säure, z. B. an Nucleinsäure, gebunden vor.

Protamine.

Sie unterscheiden sich von allen anderen Eiweißkörpern durch ihren besonders hohen Gehalt an Diaminosäuren, der 80% und darüber betragen kann. Ihr Molekül enthält kein Cystin und ist auch sonst schwefelfrei, sie unterscheiden also auch hierin sich von allen anderen Eiweißkörpern, sofern diese den Schwefel nicht infolge einer Umwandlung verloren haben. Sie werden aus Fischsperma dargestellt, in welchem sie, an Nucleinsäure gebunden, enthalten sind. Und zwar erhält man aus Hering-Sperma das **Clupein**, aus Lachs-Sperma das **Salmin**, aus Makrelen-Sperma das **Scombrin**. Es sind dies verhältnismäßig einfach gebaute Körper; es entfallen z. B. im Scombrin auf je 3 Moleküle Arginin je 1 Molekül Prolin und Alanin.

Manche Autoren nehmen an, daß das Molekül eines jeden Eiweißkörpers einen innersten, durch **Protamine** gebildeten Kern enthält, und daß es die Monoaminosäuren seien, die, in sehr großer Anzahl und in den verschiedensten Variationen um den Protaminkern gelagert, die außerordentlich große Mannigfaltigkeit der Eiweißkörper bedingen.

Die Protamine lösen sich in Wasser mit alkalischer Reaktion; ihre Lösungen sind nicht hitzekoagulabel; sie geben die Biuretreaktion auch ohne Zusatz von Lauge; manche von ihnen geben auch die **Millon**sche Probe.

B. Umwandlungsprodukte der Eiweißkörper.

Acid- und Alkalialbuminate.

Wird eine Eiweißlösung, wenn auch nur für kurze Zeit, der Einwirkung einer stärkeren Säure oder Lauge ausgesetzt, so wird das Eiweiß denaturiert, d. h. so umgewandelt, daß es nicht mehr mit allen ursprünglichen Eigenschaften versehen wiedererhalten werden kann: das Eiweiß wird in Acidalbuminat resp. in Alkalialbuminat verwandelt. Welche chemische Vorgänge sich bei dieser Umwandlung abspielen, wissen wir nicht; soviel ist jedoch sicher, daß durch stärkere Lauge Stickstoff und auch Schwefel aus dem Eiweiß abgespalten wird.

Da die Lauge stärker auf Eiweiß einwirkt, als die gleich starke Säure, ist es leicht verständlich, daß Acid- und Alkalialbuminate nicht identische Verbindungen sind und daß Acidalbuminat durch Lauge wohl in Alkalialbuminat umgewandelt, jedoch aus Alkalialbuminat durch Säure kein Acidalbuminat erhalten werden kann.

Acid- und Alkalialbuminate sind in Wasser unlöslich, in verdünnten Säuren und Laugen sind sie löslich; wird die Säure bezw. Lauge neutralisiert, so fallen sie wieder aus.

Albumosen und Peptone.

Als Albumosen (Proteosen, Propeptone) werden die Umwandlungsprodukte von Eiweißkörpern bezeichnet, welche zu Beginn der Hydrolyse, insbesondere der Enzymhydrolyse entstehen. Das Albumosemolekül ist kleiner, als das des entsprechenden Eiweißkörpers, was schon aus seiner größeren Diffusionsfähigkeit hervorgeht. In ihren Eigenschaften stimmen die Albumosen mit den Eiweißkörpern teils überein, teils stehen sie ihnen nahe. Sie sind

a) schwefelhaltig,
b) nicht krystallisierbar,
c) in Wasser, in verdünnten Laugen und Säuren fast ohne Ausnahme löslich,
d) nicht hitzekoagulabel,
e) sie geben alle Farbenreaktionen der Eiweißkörper, jedoch oft mit einer anderen Farbennuance.

Aus ihrer Lösung werden sie gefällt durch

f) konzentrierte Salpetersäure, ⎫ Der Niederschlag löst sich beim
g) Essigsäure-Ferrocyankalium, ⎬ Erwärmen und kehrt beim Er-
h) Sulfosalicylsäure, ⎭ kalten wieder
i) Lösungen von Neutralsalzen,
k) Lösungen von Mercurichlorid, Gerbsäure, Phosphorwolframsäure,
l) Äthylalkohol.

Unter Peptonen verstehen wir die den Albumosen nächstfolgenden Produkte einer hydrolytischen Spaltung der Eiweißkörper; ihr Molekül ist noch kleiner als das der Albumosen; sie haben manche Eigenschaften, welche teils allen Eiweißkörpern gemeinsam sind, teils nur noch an den Albumosen vorkommen; in anderen weichen sie aber von diesen beträchtlich ab. Sie sind

a) schwefelfrei,
b) nicht krystallisierbar und außerordentlich hygroskopisch,
c) in Wasser, Säuren und Laugen löslich,
d) nicht hitzekoagulabel,
e) sie geben alle Farbenreaktionen der Eiweißkörper; die Biuretreaktion mit einer roten Nuance.

Aus ihren Lösungen werden sie durch

f) konzentrierte Salpete säure
g) Essigsäure-Ferrocyankalium
h) Sulfosalicylsäure
i) Neutralsalze } nicht gefällt,

k) durch Mercurichlorid, Gerbsäure, Phosphorwolframsäure, Phosphormolybdänsäure
l) Alkohol } gefällt.

Die Darstellung der Albumosen und Peptone erfolgt, indem man eine entsprechend lang künstlich verdaute Eiweißlösung sorgfältig neutralisiert und aufkocht; das koagulierte Eiweiß wird durch Filtrieren entfernt und aus dem abgekühlten Filtrat die Albumosen durch Ammoniumsulfat gefällt, während die Peptone in Lösung bleiben.

Nach Kühne werden die Eiweißkörper durch Pepsinsalzsäure zum größten Teil in Albumosen, zum kleineren Teil in Peptone verwandelt; während der Trypsinverdauung hingegen entsteht neben Albumosen auch viel Pepton, welches rasch in Hemipepton und Antipepton zerfällt. Das Hemipepton zerfällt sehr bald in weitere Spaltprodukte, während das weit schwerer spaltbare Antipepton auch dem Trypsin widersteht. Das bei der Pepsinverdauung entstehende Pepton, welches durch Pepsin nicht, wie durch Trypsin, in Hemi- und Antipepton gespalten werden kann, wird von Kühne als Amphopepton bezeichnet.

Man hat auch versucht, aus einem hauptsächlich nur mehr Albumosen enthaltenden Verdauungsgemisch verschiedene Albumosen als fortlaufende Abbaustufen durch Aussalzen unter verschiedenen Bedingungen darzustellen. Auf diese Weise entstand auch die Kühnesche sowie andere Einteilung der Albumosen, nach der man zwischen primären (Proto-) und sekundären, Hetero- und Deutero-Albumosen usw. unterscheiden könnte.

Nun können aber Albumosen, die aus verschiedenen Eiweißkörpern erhalten werden, als einheitliche chemische Verbindungen schon aus dem Grunde nicht angesehen werden, weil sie ebenso wie die verschiedenen Eiweißkörper, aus welchen sie entstanden sind, aus einer verschiedenen Anzahl verschiedener Aminosäuren aufgebaut sein müssen. Weiterhin ist es wahrscheinlich, daß auch die aus einem und demselben Eiweißkörper, je nach dem verwendeten Verfahren — Verdauung mit Pepsinsalzsäure, oder mit Trypsin — erhaltenen Albumosen nicht identisch sind. Ferner ist es sicher, daß die durch fraktioniertes Aussalzen isolierten Albumosen nur Kunstprodukte sind, die nicht als chemisch reine Verbindungen angesehen werden können; wissen wir doch, daß Verbindungen kolloidaler Natur aus ihren Lösungen durch Aussalzen kaum voneinander zu trennen sind, weil sie ja vielfach gleichzeitig, und nicht jede für sich, in Fällung gehen. Und wenn es auch gelingen sollte, sie einzeln, voneinander getrennt, zu fällen, so wäre die chemische Individualität der einzelnen Fraktionen noch immer nicht erwiesen, da uns ja sehr einfach aufgebaute Polypeptide (z. B. tyrosinhaltige Tripeptide) bekannt sind, die mit Ammoniumsulfat fällbar, umgekehrt auch Eiweißderivate von kompliziertem Aufbau, die mit Ammoniumsulfat nicht mehr zu fällen sind. Auch hat es sich gezeigt, daß der unter verschiedenen Bedingungen erfolgenden Aussalzung der verschiedenen Fraktionen nicht so sehr die fortlaufend abnehmende Molekulargröße zugrunde liegt, als eher die Anordnung, d. h. das Nebeneinander gewisser Aminosäuren, wie Tyrosin, Cystin und Tryptophan, innerhalb des betreffenden Albumose-Moleküles.

Hiermit entfällt aber auch die Basis, auf welche die Trennung sowohl der einzelnen Albumosefraktionen als auch der Albumosen von den Peptonen gegründet ist.

Durch neuere, über Albumosen und Peptone angestellte Untersuchungen wurden die älteren Angaben auch in anderer Hinsicht teils ergänzt, teils richtiggestellt.

a) So hatte es sich z. B. herausgestellt, daß auch bei der Pepsinverdauung — ähnlich wie bei der Trypsinverdauung — neben dem Pepton krystallinische Spaltprodukte (Aminosäuren) entstehen, wenn nur genügend lang verdaut wird.

b) Während man sich früher den Vorgang der Enzymhydrolyse des Eiweißes so vorgestellt hatte, daß das Eiweißmolekül erst zu Albumosen, diese zu Peptonen, endlich letztere über eine Reihe nicht näher gekannter Verbindungen zu Aminosäuren zerfallen, so ist heute von manchen Eiweißarten bekannt, daß aus ihrem Molekül das Tyrosin bereits nach zweitägiger Trypsinverdauung, bald nachher auch der Cystin- und Tryptophankern vollständig abgespalten werden, während Alanin, Leucin usw. viel später folgen; ja, es bleibt hierbei eine festgefügte Gruppe von Molekülen übrig, hauptsächlich aus Phenylalanin und Prolin bestehend, die durch Trypsin überhaupt nicht gespalten wird und nur durch Säurehydrolyse zum Zerfallen gebracht werden kann. Diese Gruppe ist wahrscheinlich identisch mit dem von Kühne sog. Antipepton (S. 119).

c) Es wurde bereits erwähnt, daß die durch fraktionierte Fällung (S. 119) erhaltenen Albumosen nicht als wohldefinierte Gruppen verschiedener Verbindungen angesehen werden können. Doch gibt es unter ihnen auch solche, die zumindest in betreff ihres Aminosäurengehaltes voneinander tatsächlich verschieden sind; so enthalten die Heteroalbumosen wenig Tyrosin und viel Leucin und Glykokoll, während die Protalbumosen viel Tyrosin, wenig Leucin und gar kein Glykokoll enthalten.

d) Weiterhin ist es Siegfried gelungen, aus Fibrin und Leim, welche durch Pepsinsalzsäure und Trypsin verdaut wurden, mit Hilfe von Eisen-Ammonium-Alaun gut charakterisierte Peptone von verhältnismäßig konstantem Aminosäuregehalt zu isolieren.

e) Als ganz eigenartige Eiweißumwandlungsprodukte müssen diejenigen betrachtet werden, die Siegfried durch drei Wochen währendes Hydrolysieren von Eiweiß mit 12—16%iger Salzsäure bei 38—30° C unter ständigem Schütteln erhielt. Siegfried nennt diese Verbindungen Kyrine, und zwar je nach ihrer Herkunft: Fibrino-, Caseino- und Glutokyrine, und nimmt an, daß diese es sind, durch die der nicht sehr abwechslungsreiche Kern der verschiedensten Eiweißkörper gebildet wird. Es sind dies Verbindungen (nach manchen Autoren bloß Gemenge) von relativ kleinem Molekulargewicht, welche hauptsächlich aus Diaminosäuren bestehen, in Wasser löslich sind und die Biuretreaktion mit bordeauxroter Farbennuance geben. Das Caseinokyrin besteht aus 1 Molekül Arginin, 2 Molekülen Lysin und 1 Molekül Glutaminsäure.

f) Wird eine nicht zu sehr verdünnte Lösung von Albumose mit Magensaft oder Magenschleimhautauszug versetzt, so entsteht ein Niederschlag, der von manchen Autoren als ein durch Enzymsynthese (S. 60) wieder hergestelltes Eiweiß angesehen und als Plastein oder Koagulose bezeichnet wird. Diese Versuche wurden später mit Pankreassekret, mit dem Extrakt autolysierter Organe usw., erfolgreich wiederholt.

C. Zusammengesetzte Eiweißkörper, oder Proteide.

Die Proteide bestehen aus einem einfachen Eiweißkörper und einer sog. prosthetischen Gruppe; letztere wird 1. durch einen Farbstoff, oder 2. durch Kohlenhydrat, oder 3. durch Nucleinsäure dargestellt.

1. Hämoglobin (S. 140 ff.).

2. Glykoproteide.

Sie bestehen aus einem phosphorfreien Eiweißkörper und aus einem Kohlenhydrat, und zwar Glukosamin oder Chondroitinschwefelsäure. Da das reduzierende Kohlenhydrat aus diesen zusammengesetzten Eiweißkörpern, ebenso wie aus den kohlenhydrathaltigen einfachen Eiweißkörpern nur durch energische Hydrolyse abgesprengt werden kann, halten manche Autoren es für nicht gerechtfertigt, die Glykoproteide bloß aus dem Grunde in eine gesonderte Gruppe einzuteilen, weil sie mehr Kohlenhydrat als viele andere Eiweißkörper enthalten.

Je nachdem die Glykoproteide Glukosamin oder Chondroitinschwefelsäure als prosthetische Gruppe enthalten, werden sie als Mucine resp. als Chondroglykoproteide bezeichnet.

a) Mucin. Es ist in Schleimdrüsen, im Hautsekret von Schnecken, in der Nabelschnur usw. enthalten; aus diesen wird es als weißgelbes Pulver gewonnen, welches in Wasser nicht, in verdünnter Lauge leicht löslich ist. Die Lösung ist nicht hitzekoagulabel; sie ist durch Essigsäure fällbar; der Niederschlag löst sich nicht im Überschuß der Essigsäure. Durch Ferrocyankalium wird das Mucin nicht gefällt, durch Alkohol bloß in Gegenwart von Neutralsalzen. Es gibt alle Farbenreaktionen der Eiweißkörper. Nach der Spaltung durch verdünnte Mineralsäuren wirkt es reduzierend auf Kupfersalze.

Die Darstellung erfolgt am leichtesten aus der Glandula submaxillaris: der wäßrige Auszug der Drüse wird mit Salzsäure bis zu einem Gehalt von 1,5% versetzt und dann mit Wasser auf das Doppelte oder Dreifache verdünnt. Hierbei bleiben Nucleo- und andere Proteide in Lösung, während das Mucin gefällt wird.

Aus manchen Organen können den Mucinen ähnliche, kohlenhydrathaltige Proteide dargestellt werden, die sich von jenen bloß in mancher Hinsicht unterscheiden; so werden sie z. B. aus ihren Lösungen durch Essigsäure nicht gefällt; man hat sie als Mucinoide oder Mucoide von den Mucinen unterschieden, nur darf nicht vergessen werden, daß viele Mucinoide untereinander ebenso verschieden sind, wie von den Mucinen selbst. Mucinoide wurden erhalten: aus dem Glaskörper des Auges (Hyalomucoid), aus Harn (Harnmucoid) usw. Hierher gehören auch das Kolloid und Pseudomucin (S. 162), die in der Flüssigkeit von Cysten und Ovarialkystomen enthalten sind; ferner auch das Ovomucoid (S. 268), welches einen Bestandteil des Eiklars bildet.

b) **Als Chondroglykoproteide** werden die zusammengesetzten Eiweißkörper bezeichnet, welche aus einem einfachen Eiweißkörper und aus Chondroitinschwefelsäure bestehen. Die Chondroitinschwefelsäure ergibt bei der hydrolytischen Zersetzung Schwefelsäure, Essigsäure, Glucuronsäure und Glucosamin (Chondrosamin). Nach manchen Autoren läßt sich die Chondroitinschwefelsäure stufenweise in Schwefelsäure und Chondroitin, $C_{18}H_{27}NO_{14}$; das Chondroitin wieder in Essigsäure und Chondrosin, $C_{12}H_{21}NO_{11}$; das Chondrosin aber in Glukosamin und Glucuronsäure spalten.

Am genauesten unter den Chondroglykoproteiden ist das **Amyloid** bekannt, das in der normalen Arterienwand, in der degenerierten Milz, Niere, Leber usw. enthalten ist; jedoch ist das aus verschiedenen Organen zu erhaltende Amyloid offenbar von nicht ganz identischer Zusammensetzung. Es stellt ein weißes amorphes Pulver dar, welches in Wasser, Alkohol und Äther nicht löslich ist, sich jedoch in verdünnter Lauge löst. Es gibt sämtliche Farbenreaktionen der Eiweißkörper; durch eine Lösung von Jodjodkalium wird es rotbraun bis violett, durch Methylviolett und Essigsäure rot gefärbt. Als Chondroglykoproteid wird es durch starke Lauge in Eiweiß und Chondroitinschwefelsäure gespalten; mit starker Säure erhitzt wird ein reduzierender Anteil aus ihm abgesprengt. In seinem Hydrolysat wurden Glykokoll, Leucin, Tyrosin, Prolin, Arginin, Lysin nachgewiesen.

Dargestellt wird es aus dem Brei amyloidhaltiger Organe, der erst mit salzsäurehaltigem Wasser extrahiert, dann während mehrerer Tage mit Pepsinsalzsäure verdaut wurde. Der Rückstand, der nur mehr Amyloid und Nuclein enthält, wird mit Barytwasser extrahiert, wobei das Amyloid in Lösung geht; aus diesem wird es durch Salzsäure gefällt.

Es gibt auch unter den Chondroglykoproteiden solche, die in manchen Eigenschaften den Mucinen gleichen; sie werden ebenfalls als Mucoide bezeichnet. Man hat aus Knorpeln das **Chondromucoid**, aus Sehnen das **Tendomucoid**, aus Knochen das **Osseomucoid** dargestellt.

c) Aus einzelnen tierischen Flüssigkeiten wurden phosphorhaltige Verbindungen mit typischen Mucinreaktionen dargestellt; man hat sie **Phosphorglykoproteide** genannt.

3. Nucleoproteide.

Sie kommen überwiegend bloß in den Zellkernen vor; sie bestehen aus einem phosphorfreien einfachen Eiweißkörper und aus Nucleinsäure. Die **Eiweißkomponente** wird meistens durch ein Protamin, oft durch ein Histon, zuweilen vielleicht durch eine andere Eiweißart gebildet. Die **Nucleinsäuren** sind sehr kompliziert aufgebaute Verbindungen, deren Struktur erst in der jüngsten Zeit mit großer Wahrscheinlichkeit festgestellt wurde. Sie bestehen aus Phosphorsäure, Kohlenhydraten, Purin- und Pyrimidinbasen.

Man unterscheidet:

a) **Einfache Nucleinsäuren**, die aus je einem Molekül Orthophosphorsäure, d-Ribose und einer Purinbase bestehen, jedoch keinen Pyrimidinkörper enthalten. Sie werden auch als **Nucleotide** bezeichnet. Genau bekannte Nucleotide sind die Inosinsäure, die aus Fleisch resp. Fleischextrakt, und die Guanylsäure, die aus Pankreas, Leber und Milz dargestellt wurde. Die angegebene Zusammensetzung der beiden Nucleotide geht daraus hervor, daß es gelungen ist, ihr dreifach zusammengesetztes Molekül an zwei verschiedenen Stellen in je zwei verschiedene Doppelmoleküle zu spalten. So erhielt man aus der Inosinsäure d-Ribose-Phosphorsäure und d-Ribose-Hypoxanthin (auch Hypoxanthosin oder Inosin genannt); aus der Guanylsäure aber d-Ribose-Phosphorsäure und d-Ribose-Guanin (auch Guanosin genannt). Pentose-Purinbasenkomplexe, wie das Hypoxanthosin und Guanosin werden auch als Nucleoside bezeichnet.

b) Zusammengesetzte oder echte Nucleinsäuren, wie die aus Hefe dargestellte Hefe-Nucleinsäure, aus Thymus dargestellte Thymonucleinsäure, und aus Weizen-Embryonen dargestellte Tritico-Nucleinsäure. Sie enthalten in ihrem Molekül so, wie die einfachen Nucleinsäuren, Orthophosphorsäure, d-Ribose (daneben auch Hexosen), Purinbasen und im Gegensatze zu den einfachen Nucleinsäuren auch Pyrimidinbasen. Es ist gelungen, aus den echten Nucleinsäuren Phosphorsäure-Pentose-Pyrimidinbase-Komplexe, also den Nucleotiden analoge Verbindungen zu isolieren, die an Stelle der Purinbase eine Pyrimidinbase enthalten; ferner auch solche, die an Stelle der Pentose eine Hexose enthalten; dann auch wirkliche Nucleoside, wie das oben erwähnte Guanosin, ferner d-Ribose-Adenin (auch Adenosin genannt); endlich den Nucleosiden analoge Doppelverbindungen, die an Stelle der Purinbase eine Pyrimidinbase enthalten, wie z. B. das d-Ribose-Cytosin (auch Citidin genannt) und das d-Ribose-Uracil (auch Uridin genannt); und auch ein solches, in dem an Stelle der Pentose eine Hexose tritt, das Hexose-Guanin.

Aus allem dem geht hervor, daß man die echten Nucleinsäuren mit Recht als aus den einfachen Nucleinsäuren (Nucleotiden) zusammengesetzt sich vorstellt und sie als zusammengesetzte Nucleinsäuren oder Polynucleotide bezeichnet, resp. umgekehrt, die einfachen als Spaltprodukte der zusammengesetzten ansieht.

Eigenschaften. Die Nucleinsäuren stellen amorphe weiße Pulver dar, welche in verdünnter Lauge leicht, in Alkohol und in Äther nicht löslich sind. Sie sind optisch aktiv, und zwar mit Ausnahme der linksaktiven Inosinsäure rechts-drehend. Sie geben die Biuret- und die Millonsche Probe.

Die Nucleoproteide sind schwache Säuren; im Wasser sind sie am besten in Anwesenheit von wenig Lauge löslich und werden aus dieser Lösung durch Essigsäure wieder gefällt; sie sind hitzekoagulabel, enthalten zumeist auch Spuren von Eisen. Sie geben sämtliche Farbenreaktionen der Eiweißkörper; ihre Lösungen sind rechts-drehend. Werden Nucleoproteide durch Pepsinsalzsäure verdaut, so scheidet sich die Nucleinsäurekomponente samt einem Bruchteil der Eiweißkomponente als sog. Nuclein aus, das durch Pankreassaft weiter in Eiweiß und Nucleinsäuren zerlegt wird. Dieses Nuclein ist gänzlich verschieden vom Pseudonuclein (S. 254), welches bei der Pepsinverdauung der Phosphorglobuline entsteht und wohl phosphorhaltig, jedoch purin- und pyrimidinfrei ist. Das Nuclein stellt ein amorphes weißes Pulver dar, welches in kaltem Wasser nicht, in verdünnten Laugen leicht löslich ist. Es wird aus kernreichen Geweben, wie es die Drüsen sind, durch Verdauung mit Pepsinsalzsäure dargestellt; der ungelöste Rest wird in verdünntem Ammoniak gelöst und die Lösung mit Salzsäure gefällt.

D. Albuminoide (Albumoide).

Als Albuminoide werden einige Eiweißkörper bezeichnet, welche weder unter die einfachen Eiweißkörper (S. 111), noch unter die Proteide (S. 121) gerechnet werden können, und da überhaupt noch wenig über sie bekannt ist, oft bloß nach ihrem anatomischen Vorkommen benannt werden. Einem genaueren Studium der Albuminoide liegt hauptsächlich die Unmöglichkeit im Wege, sie auch nur annähernd rein darzustellen, weil sie in den meisten Solventien unlöslich sind und in den meisten Fällen eben der Rest, der aus den betreffenden Organen nach Entfernung der einfachen Eiweißkörper und Proteide zurückbleibt, als Albuminoid bezeichnet wird.

Keratin. Es ist ein charakteristischer Bestandteil der Epidermoidalgebilde (Epidermis, Hörner, Haare, Nägel, Hufe, Federn), der Schalenhaut des Vogeleies und, als Neurokeratin, der markhaltigen Nervenfasern; doch sind erhebliche Unterschiede in der Zusammensetzung der Keratine verschiedenen Ursprunges nachzuweisen, besonders bezüglich der aus ihnen abspaltbaren Aminosäuren. Keratin ist in Wasser und Alkohol nicht löslich; es wird weder durch Pepsinsalzsäure, noch durch Trypsin angegriffen. Manche Keratinarten enthalten wenig Schwefel, andere $2—5\%$, also mehr als welch anderer Eiweißkörper immer. Das Neurokeratin ist durch einen besonders hohen Kohlenstoffgehalt gekennzeichnet. Die Xanthoprotein- und die Millonsche Reaktion fallen positiv aus.

Um das Keratin darzustellen, wird das betreffende Organ oder Gewebe nacheinander mit heißem Wasser, verdünnter Säure und Lauge extrahiert, mit Pepsinsalzsäure und mit Trypsin verdaut, und der Rest mit Wasser, Alkohol und Äther gewaschen.

Elastin kommt in den sog. elastischen Fasern des Bindegewebes der höheren Wirbeltiere vor, in größerer Menge im Ligamentum nuchae des Rindes, ferner in den Wandungen der Blutgefäße. Es stellt ein gelblichweißes Pulver dar, welches in Wasser, Alkohol und Äther unlöslich ist; sein Schwefelgehalt beträgt $0{,}1—0{,}4\%$. Es ist den verschiedenen Reagenzien gegenüber sehr widerstandsfähig; löst sich jedoch in warmer Salz- und Salpetersäure. Durch Pepsinsalzsäure und Trypsin wird es allmählich zersetzt. Die Xanthoprotein- und die Millonsche Reaktion fallen positiv aus.

Behufs Darstellung des Elastin wird das betreffende Gewebe zerkleinert, die Mucoide und andere Proteide mit halbgesättigtem Kalkwasser extrahiert, der Rest mit Wasser gewaschen, dann während mehrerer Stunden mit 10%iger Essigsäure und ebenso lange mit 5%iger Salzsäure gekocht und zum Schluß mit Wasser säurefrei gewaschen.

Kollagen ist der Hauptbestandteil des Bindegewebes der Wirbeltiere, der organischen Grundsubstanz der Knochen und der Knorpel. Durch Kochen, besonders in Anwesenheit von ein wenig Säure, wird es in Leim (Glutin) umgewandelt (s. unten) und eben aus dem Grunde, weil diese Umwandlung bei dem Versuche einer Darstellung des Kollagen sehr leicht vor sich geht, wissen wir über die Zusammensetzung und Eigenschaften des unveränderten Kollagen recht wenig. Kollagen ist in Wasser, in verdünnten Säuren und Laugen unlöslich; in verdünnten Säuren und starken Laugen quillt es an. Aufgequollenes Kollagen wird durch Eisensulfat, Mercurichlorid, Gerbsäure zum Schrumpfen gebracht; derart behandelt, widersteht es der Fäulnis. (Auf der Behandlung mit Gerbsäure beruht auch die Lederfabrikation.)

Glutin (Leim) ist amorph, in dünner Schicht durchsichtig, farblos; in kaltem Wasser quillt es auf, in warmem löst es sich. Wenn seine Lösung eine gewisse Konzentration erreicht, so erstarrt sie in der Kälte. Aus seinen Lösungen wird es weder durch Kochen, noch durch Mineralsäuren, noch auch durch die meisten Schwermetallsalze gefällt, wohl aber bei einem Überschuß von Salzsäure durch Ferrocyankalium; ferner durch Pikrinsäure, jedoch bloß in der Kälte; beim Erwärmen geht in beiden Fällen der Niederschlag wieder in Lösung. In saurer Lösung wird Leim auch durch konzentrierte Lösungen von Ammoniumsulfat, Natriumsulfat und Kochsalz, ferner in Gegenwart von Salzsäure auch durch Phosphorwolframsäure, Phosphormolybdänsäure, Kaliumquecksilberjodid gefällt; endlich auch durch Gerbsäure und Alkohol in Gegenwart von Neutralsalzen. Seinem Molekül fehlt das Tyrosin, Cystin und das Tryptophan, daher liefert es bei der Fäulnis zwar Phenylessigsäure und Phenylpropionsäure (aus dem Phenylalaninkern), jedoch weder Indol noch Skatol. Es wird durch Pepsinsalzsäure und Trypsin weit schwerer als Eiweiß und nur allmählich gespalten.

Von den Farbenreaktionen der Eiweißkörper fallen die **Biuret**probe positiv, die **Adamkiewicz**sche und die **Liebermann**sche Probe negativ aus; die Xanthoproteinsäure und die **Millon**sche Probe fallen um so schwächer aus, je reiner, je eiweißfreier das Glutin ist. Die **Darstellung** erfolgt aus käuflicher Gelatine (gereinigter Leim); diese läßt man in kaltem Wasser anquellen; wäscht wiederholt mit kaltem Wasser, löst dann in warmem Wasser und fällt mit Alkohol.

Retikulin ist die Grundsubstanz des sog. retikulären Gewebes und enthält Phosphor in organischer Bindung. Es ist in Wasser, Alkohol, Äther und in verdünnten Säuren nicht löslich; seinem Molekül fehlt das Tyrosin. Die Biuret-, Xanthoprotein- und **Adamkiewicz**sche Probe fallen positiv, die **Millon**sche Probe negativ aus.

Sericin, Seidenleim, eines der beiden Bestandteile der Seidenfäden von Bombyx Mori, ist aus der Seide durch $10\,^0/_0$ige Lauge extrahierbar und aus der alkalischen Lösung mittels Alkohol fällbar; es löst sich auch in heißem Wasser und aus seinen Lösungen wird es durch Mineralsäuren gefällt. Die Biuret-, **Millon**sche und die Essigsäure-Ferrocyankalium-Reaktion fallen positiv aus.

Fibroin ist der zweite Bestandteil der Seidenfäden von Bombyx Mori, wird aus Seide erhalten, indem aus derselben das Sericin mit $1\,^0/_0$iger Salzsäure und heißem Wasser entfernt wird. Es ist durch seinen großen Gehalt an Monoaminosäuren gekennzeichnet. Es gibt die Farbenreaktionen der Eiweißkörper.

Skeletine. Als solche werden mehrere eiweißartige Körper bezeichnet, welche das Skelett wirbelloser Tiere bilden und sich sehr wesentlich voneinander unterscheiden. Über ihre Struktur ist vorläufig nur sehr wenig bekannt. Hierher gehören das Conchiolin der Muscheln, das jodhaltige Spongin der Spongien usw.

Sechstes Kapitel.

Blut, Lymphe und das Sekret der serösen Häute.

Das Blut.

Das Blut der Wirbeltiere besteht aus Blutplasma und Formelementen: letztere sind die roten Blutkörperchen, die weißen Blutkörperchen und die Blutplättchen.

Das Blut vermittelt einerseits den Transport der von außen eingeführten und entsprechend umgewandelten Nährstoffe und des Sauerstoffs zu sämtlichen Gewebeelementen, andererseits den Abtransport der in den Geweben durch den Stoffwechsel entstandenen Verbindungen, sei es der Spaltprodukte, die aus dem Körper eliminiert werden sollen, sei es der Hormone (S. 64), die an anderen Stellen des Organismus ihre Wirkungen ausüben. Im Blute zirkulieren auch die Immunkörper, die in der Abwehr resp. in der Heilung gewisser Krankheitsprozesse eine Rolle spielen.

I. Eigenschaften des Blutes.

A. Physikalische und physikalisch-chemische Eigenschaften.

Farbe. Das Blut ist eine rote undurchsichtige Flüssigkeit (deckfarben), die seine Farbe den roten Blutkörperchen bezw. dem in ihnen enthaltenen Hämoglobin verdankt. Das sauerstoffreiche Arterienblut ist scharlachrot, auch in dünnsten Schichten noch rötlich; während das sauerstoffärmere Venenblut in dicken Schichten dunkelblaurot, in dünneren Schichten grünlich erscheint (Dichroismus). Das Blut wird dunkler, doch gleichzeitig auch durchscheinend (lackfarben), wenn das Hämoglobin aus den Blutkörperchen austritt; umgekehrt wird es heller und noch weniger durchsichtig, wenn die roten Blutkörperchen durch Zusatz einer starken Salzlösung zum Schrumpfen gebracht werden.

Unter pathologischen Verhältnissen kann eine Veränderung der Blutfarbe eintreten: so kann z. B. auch das arterielle Blut dunkler werden, wenn infolge von Respirations- oder Zirkulationsstörungen sein Sauerstoffgehalt geringer, sein Kohlensäuregehalt größer ist als normal. Im Gegensatz hierzu ist das Blut der Chlorotiker und Leukämiker heller als normales Blut.

Das spezifische Gewicht des normalen Blutes schwankt zwischen 1,045 und 1,075; unter pathologischen Verhältnissen, besonders im Falle schwerer Anämien, kann es auf 1,035 sinken. Da mit sinkendem Blutdruck der Wassergehalt des Blutes zunimmt, muß auch sein spezifisches Gewicht abnehmen.

Zur Bestimmung des spezifischen Gewichtes des Blutes ist das Hammerschlagsche Verfahren besonders geeignet: Man mischt Chloroform und Benzol in einem solchen Verhältnis, daß das spezifische Gewicht des Gemisches ca. 1,050 betrage. Läßt man von dem zu untersuchenden Blut 1 Tropfen in dieses Gemisch fallen, so sinkt der Blutstropfen zu Boden oder steigt empor, je nachdem sein spezifisches Gewicht größer oder kleiner als das des Gemisches ist. Nun wird solange

Chloroform resp. Benzol zugetropft, bis der Blutstropfen im Gemisch stehen bleibt, und das spezifische Gewicht des Gemisches mittels eines Aräometers oder auf eine andere Weise festgestellt. Der so ermittelte Wert gibt auch das spezifische Gewicht des Blutes an.

Viscosität. Die relative Viscosität (S. 27) des Menschenblutes beträgt gegen 5. Da die relative Viscosität des Blutplasmas weit geringer, bloß ca. 2 ist, ist es klar, daß jener hohe Wert am Blute durch die roten Blutkörperchen bedingt ist; was übrigens auch daraus hervorgeht, daß im Falle einer Erhöhung der relativen Anzahl der Blutkörperchen auch die relative Viscosität des Blutes zunimmt.

Elektrische Leitfähigkeit. Die spezifische Leitfähigkeit des Blutes verschiedener Säugetiere beträgt $40\text{---}60 \times 10^{-4}$; die des Plasmas oder des Serums derselben Blutarten weit mehr, gegen 100×10^{-4}; die der roten Blutkörperchen allein weit weniger, gegen 2×10^{-4} resp. umsoweniger, je stärker das Blut zentrifugiert wurde, also je weniger Flüssigkeit zwischen ihnen zurückgeblieben war. Hieraus läßt sich mit Recht folgern, daß die roten Blutkörperchen den elektrischen Strom überhaupt nicht leiten. Daß das Plasma allein besser leitet als das native Blut, ist nicht allein dem Umstande zuzuschreiben, daß in einem bestimmten Volumen des Blutes nur etwa das halbe Volumen durch das gut leitende Plasma gebildet wird, sondern auch dem Umstande, daß die im Blute suspendierten roten Blutkörperchen den wandernden, die Leitung des elektrischen Stromes vermittelnden Ionen im Wege stehen, und deren gerade gerichtete Bewegung in gebrochene Linien drängen.

Der osmotische Druck und die molare Konzentration können aus der Gefrierpunktserniedrigung (ausgeführt nach S. 8) berechnet werden. Die Gefrierpunktserniedrigung des Blutes verschiedener Säuger liegt zwischen 0,53 und $0,62^{0}$, die des Blutes gesunder Menschen bei 0,55—0,58, an Herzkranken mit Kompensationsstörungen oft wesentlich höher, bis zu etwa 1^{0} C (A. v. Korányi), vielleicht infolge der Überladung des Blutes mit CO_2, die nachgewiesenermaßen zu einer Zunahme der Trockensubstanz des Blutplasmas führt. Dieselben Werte erhält man auch, wenn man nicht Blut, sondern dessen Serum ·oder Plasma gefrieren läßt, eben weil die Formbestandteile des Blutes als suspendierte Partikelchen auf die osmotische Konzentration der flüssigen Phase keine Wirkung haben.

Da die Gefrierpunktserniedrigung wäßriger Lösungen von der molaren Konzentration 1 genau $1,85^{0}$ beträgt (S. 9), ist die molare Konzentration des Menschenblutes 0,56 : 1,85 = 0,3; da ferner einer molaren Konzentration von 1 der osmotische Druck von 22,4 Atmosphären entspricht, so läßt sich der osmotische Druck des Blutes zu etwa 7 Atmosphären berechnen. Dreiviertel dieses Druckes kommen auf Rechnung von Elektrolyten, ein Viertel auf Nichtleiter; und wiederum Dreiviertel des auf die Elektrolyte entfallenden Anteiles rühren von Kochsalz her, ein Viertel von den sog. Achloriden, d. h. Natriumhydrocarbonat, Phosphaten. Der osmotische Druck ist an Warmblütern, ferner an Amphibien, Reptilien, manchen Knochenfischen usw. äußerst konstant, daher werden diese Tiere auch als homöotonische bezeichnet; im

Gegensatze zu den weitaus meisten Meeresbewohnern, darunter auch der meisten Knochenfische, an denen eine solche Konstanz des osmotischen Druckes nicht vorhanden ist, daher man sie auch als heterotonische Tiere bezeichnet, indem sich der osmotische Druck ihrer Säfte jeweils dem wechselnden osmotischen Drucke ihrer Umgebung (Fluß-, Meerwasser) anpaßt. Ihre Hömotonie verdanken die Warmblüter einem präzise funktionierenden Regulierungs-Mechanismus (s. S. 189), der dafür sorgt, daß ein etwaiger Überschuß am Lösungsmittel (Wasser) einerseits, an gelösten Molekülen (Kristalloiden) andererseits, aus dem Körper in kürzester Zeit (durch den Harn, den Schweiß) entfernt werde.

Reaktion, Säure- und Basen-Bindungsvermögen. Bestimmungen mittels Gasketten (S. 21) haben ergeben, daß die Konzentration der H-Ionen im Blute $0{,}3$—$0{,}7 \times 10^{-7}$ beträgt, also die wahre Reaktion des Blutes eine nahezu vollkommen neutrale ist. So wie der Organismus seinen konstanten osmotischen Druck unter allen Umständen festzuhalten bestrebt ist, so gelingt es ihm auch, dank der sog. Reaktions-Regulatoren (S. 26), seine neutrale Reaktion, die ebenfalls eine unentbehrliche Lebensbedingung darstellt, unverändert beizubehalten, wenn entweder H- oder OH-Ionen, die im Verlaufe der chemischen Umsetzungen entstehen, die Reaktion verschieben könnten.

Die wahre Reaktion des Blutes läßt sich mit Hilfe der gewöhnlichen Indicatoren nicht bestimmen (S. 18). So erweist sich z. B. Blut oder Blutserum mit Lackmuspapier geprüft als ausgesprochen alkalisch, während es in Wirklichkeit nahezu neutral ist (s. oben).

Hingegen erhalten wir durch Titration unter Verwendung von Indicatoren Aufschluß über die Säuren- resp. Basenbindungsfähigkeit der Flüssigkeiten, also auch des Blutes. Die Menge des sog. titrierbaren Alkali im Menschenblut beträgt — auf kohlensaures Natrium berechnet — etwa $0{,}4\,^0/_0$.

B. Zusammensetzung.

Im Säugetierblut sind enthalten:

```
Wasser  . . . . . . . . . . . . . . .   77—82 %
Trockensubstanz . . . . . . . . . . . . 18—23 „
Von der Trockensubstanz organisch . . 17—22 „
    „        „           „      anorganisch . 0,6—1,0 „
```

Die organische Trockensubstanz besteht überwiegend aus einfachen Eiweißkörpern und Hämoglobin. In verschiedenen pathologischen Zuständen, so namentlich in Fällen schwerer Anämie, kann der Trockensubstanzgehalt bis auf etwa $7\,^0/_0$ sinken.

C. Blutgerinnung.

Das Blut des Menschen gerinnt bald, nachdem es dem Blutgefäße entnommen wurde, und zwar beginnt die Gerinnung nach 2—3 Minuten und ist in etwa 7—8 Minuten beendet. Das Blut anderer Säugetiere gerinnt bald rascher, bald langsamer als das des Menschen; von allen Säugetierblutarten gerinnt das des Pferdes am langsamsten. Die

Gerinnungsgeschwindigkeit des Vogelblutes übertrifft die des Säugetierblutes, während das Blut der Kaltblüter nur ganz allmählich gerinnt.

Die Gerinnungsfähigkeit ist eine sehr wichtige Eigenschaft des Blutes; ohne sie käme es bei geringfügiger Verletzung zu tödlichen Blutverlusten. Eine pathologische Bedeutung kommt dem Gerinnungsprozesse zu, wenn die Gerinnung innerhalb der Gefäße des lebenden Menschen stattfindet.

Gerinnt Blut, das man für diese Zwecke am besten in einem schmalen hohen Gefäß aufgefangen hatte, schnell, so entsteht eine rote gelatinöse Masse; erfolgt die Gerinnung langsam, so sinken die roten Blutkörperchen vermöge ihres höheren spezifischen Gewichtes alle oder zum größten Teil zu Boden, noch ehe die Gerinnung erfolgt, so daß an der geronnenen Masse eine oberste, von roten Blutkörperchen freie, gelbgraue Schichte wohl zu unterscheiden ist. Diese Schichte kam anläßlich der in früheren Zeiten (besonders im Falle entzündlicher Erkrankungen) üblichen Aderlässen häufig zur Beobachtung und wurde Speckhaut, Crusta inflammatoria oder phlogistica genannt.

Das Wesen des Gerinnungsprozesses besteht darin, daß sich im Blute Fibrin in äußerst zarten, reich verzweigten Fäden ausscheidet; obzwar die Menge des Fibrins kaum 0,2% der ganzen Blutmenge beträgt, bildet es doch ein relativ festes netzartiges Gerüst, in dessen Maschen die Formelemente des Blutes eingeschlossen sind. Bald nach erfolgter Gerinnung beginnt eine Kontraktion der Fibrinfäden und aus der geronnenen Masse wird eine Flüssigkeit, das sog. Blutserum ausgepreßt; übrig bleibt der sog. Blutkuchen, Placenta sanguinis.

Daher ist: Plasma = Serum + Fibrin (richtiger Fibrinogen),
Serum = Plasma — Fibrin (richtiger Fibrinogen),
Blutkuchen = Blut — Serum = Fibrin + Formelemente.

Wenn das den Blutgefäßen entnommene Blut mit einem Glas-, Holz- oder Fischbeinstäbchen „geschlagen" wird, so scheidet sich das Fibrin in Form eines weißen elastischen Faserwerks aus und übrig bleibt das sog. defibrinierte Blut = Serum + Formelemente.

Der Mechanismus der Blutgerinnung ist ein recht komplizierter, und noch heute sind uns die physikalischen und chemischen Einzelvorgänge, die sich dabei abspielen, nicht alle klar. Es wurde ganz allgemein angenommen, daß die Gerinnung ein fermentativer, enzymatischer Vorgang ist und daß das Fibrin aus dem im Blut gelösten Fibrinogen unter Einwirkung des Thrombins (des sog. Fibrin-Fermentes) entsteht, welches seinerseits aus dem ebenfalls im Blut gelöst enthaltenen Thrombogen hervorgeht. Das Thrombogen wird nämlich durch die Thrombokinase der weißen Blutkörperchen und der Blutplättchen in Prothrombin verwandelt, dieses durch die Calcium-Ionen des Plasma zu wirksamem Thrombin aktiviert und durch dieses das gelöste Fibrinogen in unlösliches Fibrin verwandelt[1]). Die

---

[1]) Nach einer anderen Nomenklatur ist Thrombogen = Plasmozym, Thrombokinase = Zytozym, Thrombin = Holozym.

Vorgänge, die sich bei der Umwandlung von Fibrinogen in Fibrin abspielen, sind nicht bekannt; möglicherweise findet eine hydrolytische Spaltung in lösliches Fibringlobulin und unlösliches Fibrin statt.

Nach obigem kann die Gerinnung erst beginnen, wenn weiße Blutkörperchen und Blutplättchen in größerer Menge zugrunde gehen und die in ihnen eingeschlossene Thrombokinase in Lösung übergeht: dies ist der Fall, wenn das Blut mit einer Oberfläche in Berührung kommt, die es benetzt, weil hierbei Blut, bezw. deren weiße Blutkörperchen und Blutplättchen in dünner Schichte rasch antrocknen und zugrunde gehen. Solche Oberflächen haben unsere gewöhnlichen Glas- oder Porzellangefäße, ferner auch ein an der Innenfläche erkranktes und entartetes Blutgefäß. Im Gegensatz hierzu gerinnt das Blut nicht in einem Glas- oder Porzellangefäße, das mit Öl oder Paraffin ausgegossen wurde, und gerinnt auch nicht in Blutgefäßen mit normaler Endothelauskleidung, eben weil es diese Oberflächen nicht benetzt.

Daß die Gerinnung tatsächlich von den weißen Blutkörperchen (und Blutplättchen), die die Thrombokinase liefern, ausgeht, kann am Pferdeblutplasma gezeigt werden, das, wenn es keine weißen Blutkörperchen und Blutplättchen enthält, sogar 24 Stunden und darüber flüssig bleibt; jedoch nach Zugabe eines aus weißen Blutkörperchen bereiteten Auszuges alsbald gerinnt.

Außer den weißen Blutkörperchen und Blutplättchen ist wahrscheinlich auch in den Zellen der meisten Körpergewebe Thrombokinase enthalten. Dies geht aus folgendem Versuche hervor: entnehmen wir einem Vogel Blut durch eine Kanüle, die in eine Arterie eingebunden ist, so bleibt das Blut lange ungeronnen; lassen wir jedoch das Blut über eine dem Vogel versetzte Wunde fließen, wo es mit dem Zellprotoplasma der Gewebe in Berührung kommt, gerinnt es fast sofort.

Da weiße Blutkörperchen auch im gesunden kreisenden Blut ständig, wenn auch in geringer Anzahl, zugrunde gehen, wird auch normalerweise ständig eine geringe Menge von Thrombokinase frei und daher auch Thrombin gebildet; nur wird letzteres durch das Antithrombin, welches ebenfalls ständig, und zwar wahrscheinlich in der Leber, entsteht, an der Entfaltung seiner Wirkung verhindert. Hierfür spricht, daß Thrombin sich als wirkungslos erweist, wenn es in das Blut eines lebenden Tieres eingespritzt wird; offenbar ist auch hier das Antithrombin im Spiele.

Den neuesten Anschauungen entsprechend wurde es versucht, den Gerinnungsprozeß auf physikalisch-chemischem Wege zu erklären: Im Blutplasma ist eine Reihe von kolloidalen Substanzen gelöst enthalten (etwa solche, die dem Fibrinogen, dem Thrombogen und der Thrombokinase entsprechen), die sich dort gegenseitig in Lösung erhalten, wobei eine der anderen gegenüber als Schutzkolloid (S. 35) wirksam ist. Das recht labile Lösungsgleichgewicht erfährt jedoch leicht eine Störung, entweder, wenn gewisse Substanzen (z. B. Ca-Ionen) hinzutreten, oder aber durch Momente, durch die es zu einer Bildung oder Vergrößerung von aktiven Oberflächen kommt, an denen erfahrungsgemäß leicht eine irreversible Adsorption von kolloid gelösten Körpern stattfindet.

Die Gerinnungsgeschwindigkeit des Blutes hängt von verschiedenen Faktoren ab; so gerinnt das sauerstoffarme Erstickungsblut langsamer als normales Venenblut; dieses wieder langsamer als das sauerstoffreiche Blut der Arterien. In der Kälte gerinnt das Blut langsamer als in der Wärme. Nach einem größeren Blutverlust ist die Gerinnbarkeit des Blutes gesteigert. Die Gerinnbarkeit des Blutes ist herabgesetzt in manchen schweren Leberkrankheiten, in der Blutfleckenkrankheit des Menschen usw., ferner im Falle der seltenen Anomalie, die aber große Gefahren in sich birgt und „Hämophilie" genannt wird, charakterisiert durch mangelhafte Gerinnungsfähigkeit des Blutes; in solchen Fällen kann es selbst aus kleinen Wunden, wie solche etwa durch Extraktion eines Zahnes entstehen, zu einem tödlichen Blutverlust kommen. Es wird angenommen, daß es sich in diesen Fällen um einen gänzlichen Mangel oder aber um einen gegen die Norm stark herabgesetzten Gehalt an Thrombokinase im Blute handelt.

Gerinnungshemmend wirken:

a) Lösungen von Neutralsalzen in mittlerer Konzentration. Daß die gerinnungshemmende Wirkung der Neutralsalze an eine gewisse Konzentration derselben gebunden ist, geht daraus hervor, daß die Gerinnung sofort in Gang kommt, wenn man das mit der Lösung des Neutralsalzes versetzte Blut mit der 4—5fachen Menge Wasser verdünnt.

b) Oxalaures und Fluor-Alkali in geringer Konzentration (s. S. 132); ferner gallensaure Salze, Eiereiweiß, Zucker, Glycerin, Kobragift.

c) Albumosen. Spritzt man einem Hunde Witte-Pepton (das hauptsächlich aus Albumosen besteht) in wäßriger Lösung in das Blutgefäßsystem, und zwar in einer Menge von 0,3—0,5 g pro 1 kg Körpergewicht, so wird sein Blut für die nächsten 4—5 Stunden ungerinnbar.

d) Hirudin. Es ist längst bekannt, daß es aus den Wunden, die von Blutegeln gesetzt werden, oft noch lange fortblutet und daß das Blut, mit denen sich Blutegel vollsaugen, in ihnen ungeronnen bleibt. Als gerinnungshemmendes Prinzip des Blutegels wurde das Hirudin erkannt, welches aus den Speicheldrüsen des Egels dargestellt und mit vorzüglichem Erfolg zu Versuchszwecken verwendet werden kann; und zwar sowohl am kreisenden Blut, dem es durch eine intravenöse Einspritzung beigemischt wird, als auch am Blut, das einem Tiere entnommen wurde. In beiden Fällen genügt 0,0001 g pro 1 ccm Blut.

Gerinnungsfördernd wirken auf das den Blutgefäßen entnommene Blut fein verteiltes Platin, Stromata von roten Blutkörperchen, verschiedene Organextrakte (von Thymus, Hoden, Lymphdrüsen). Am lebenden Tiere wird die Gerinnungsfähigkeit des Blutes befördert durch intravenöse Einspritzung von Gelatine, ferner durch Calciumsalze, die per os appliziert werden.

II. Die einzelnen Blutbestandteile.

Blutplasma und Formelemente können einzeln untersucht werden, wenn man das Blut gerinnungsunfähig macht und dann sedimentieren läßt oder zentrifugiert. So ist es besonders leicht, Plasma aus Pferdeblut zu erhalten, welches ohnedies langsamer gerinnt als das Blut anderer Säugetiere. Fängt man das Pferdeblut in hohen schmalen Glasgefäßen auf und bewahrt es dann im Eisschrank bei 0°, so bleibt es stundenlang flüssig und liefert durch Selbstsedimentierung ein klares, von Formelementen freies Plasma. Diese besondere Leichtigkeit der Beschaffung des Pferdeblutplasma macht es begreiflich, daß dasselbe unter allen Plasmaarten am häufigsten untersucht wurde. Es ist vielleicht noch leichter Gänseblutplasma zu erhalten; nur muß darauf geachtet werden, daß das aus dem Blutgefäß ausströmende Blut mit der Wundfläche nicht in Berührung komme (S. 130) und das zum Auffangen des Blutes bestimmte Gefäß staubfrei oder eventuell mit Paraffin ausgegossen sei.

Das sog. Salzplasma wird erhalten, wenn man Blut in die Lösung eines sog. Neutralsalzes ($MgSO_4$, Na_2SO_4, $NaCl$) von mittlerer Konzentration einfließen läßt. Oxalat- bezw. Fluorid-Plasma werden auf dieselbe Weise mittels Alkalioxalat bezw. Natriumfluorid erhalten, wobei der Gehalt des Blut-Salzlösunggemisches zu $0,1\%$ Oxalsäure resp. $0,3\%$ Fluorid berechnet werden muß.

Am bequemsten, wenn auch kostspieliger, erhält man Plasma aus Blut, das mit Hirudin versetzt war (s. oben); ferner auch aus „Pepton"-blut (s. oben).

A. Relative Volumina des Blutplasma und der roten Blutkörperchen.

Die relativen Volumina des Blutplasma und der roten Blutkörperchen (unter Vernachlässigung der weißen Blutkörperchen und der Blutplättchen) werden in einem, „Hämotokrit" genannten Röhrchen bestimmt. Zu diesem Behufe macht man das Blut durch Zusatz von $0,1\%$ oxalsaurem Alkali ungerinnbar, verdünnt es mit dem gleichen Volumen von $0,9\%$iger Kochsalzlösung, füllt es in das Hämotokritröhrchen und zentrifugiert so lange, bis die Höhe der Blutkörperchensäule nicht mehr abnimmt. Bei der Berechnung der relativen Volumina muß natürlich die vorgenommene Verdünnung des Blutes in Rechnung gezogen werden. Das relative Volumen der roten Blutkörperchen wird von verschiedenen Autoren sehr verschieden angegeben, was ja nicht zu verwundern ist, wenn man bedenkt, daß das Untersuchungsergebnis davon abhängen wird, wie weit es gelingt, das Plasma aus den Zwischenräumen zwischen den roten Blutkörperchen zu verdrängen. Im Durchschnitt wurden für Plasma und rote Blutkörperchen des Mannes je 50 Vol.-$\%$ gefunden; für die Blutkörperchen der Frau um etwa 10% weniger. Manche Autoren fanden auch für die Blutkörperchen des Mannes geringere Werte.

B. Zusammensetzung des Blutplasma und des Blutserums.

Der Wassergehalt des Blutplasma beträgt bei den verschiedenen Säugetierarten 90 bis 93%, der Trockensubstanzgehalt 7 bis 10%; das Vogelblutplasma enthält bloß 5,4, das Froschblutplasma gar nur $2,5\%$ Trockensubstanz. Von der Trockensubstanz entfallen im Blutplasma des Menschen 7% auf Eiweiß, beim Hunde 6%, beim Pferd 8%. Der Wassergehalt im Blutplasma eines Tieres ist im allgemeinen recht konstant. Wird nämlich Wasser in den Kreislauf aufgenommen, so wird alsbald der Überschuß teils durch die Nieren im Harn, teils in Form von Schweiß, teils in Form von Wasserdampf in der Exspirationsluft ausgeschieden; teils aber strömt es gegen die Gewebe ab.

In pathologischen Zuständen kann sich das Mengenverhältnis des Wasser- und Trockengehaltes des Blutplasma verschieben; so kann eine starke Eindickung durch profusen Wasserverlust, wie etwa bei der Cholera, eintreten, derart, daß der Eiweißgehalt weit über die Norm steigt. Umgekehrt kann der Wassergehalt größer und dementsprechend der Eiweißgehalt kleiner als im normalen

Blutplasma sein. Es wurden Verringerungen des Eiweißgehaltes bis auf etwa 4% beobachtet. Diese Veränderung wird als Hydrämie bezeichnet und kommt weit häufiger vor als die oben erwähnte Eindickung. Zur Hydrämie kommt es entweder ·infolge hochgradiger Eiweißverluste (Inanition, Blutverluste, maligne Neubildungen, infektiöse Krankheiten), oder infolge der Retention von Wasser durch das Plasma (Nierenkrankheiten, Herzschwäche), wobei jedoch nicht vergessen werden darf, daß gerade in Fällen, wo ersichtlich große Mengen von Wasser im Körper zurückgehalten werden (Ödeme), diese Retention in der Haut und in den Muskeln erfolgt (S. 37), nicht jedoch, oder nur zu einem geringen Anteile, im Blute.

Die Bestandteile des Blutplasma sind:

1. Eiweiß. Im menschlichen Blutplasma sind durchschnittlich enthalten:

$$\begin{array}{ll}\text{Fibrinogen} \quad \ldots \ldots & 0,4\,\% \\ \text{Serumglobulin} \ldots \ldots & 2,8\,,, \\ \text{Serumalbumin} \ldots \ldots & 4,0\,,,\end{array}$$

a) Fibrinogen (Metaglobulin), die Muttersubstanz des Fibrins (s. unten) ist außer im Blutplasma noch in der Lymphe, in Ex- und Transsudaten, im Knochenmark enthalten. Das Fibrinogen gehört in die Gruppe der Globuline, unterscheidet sich aber von anderen Gliedern dieser Gruppe durch die Fällbarkeit mittels stärker konzentrierter Kochsalzlösung. Es ist optisch aktiv, $[\alpha]_D = -52,5^0$. Gebildet wird es wahrscheinlich in der Leber; vielleicht auch im Knochenmark. Für die Bildung in der Leber spricht die Verarmung des Blutes an Fibrinogen bei Phosphorvergiftung und in Fällen von Leberdegeneration, verursacht durch Einspritzung von hepatotoxischem Serum.

Die rasche Regenerationsfähigkeit des Fibrinogen wird durch folgenden Versuch erwiesen: Wird einem Tier das Blut entzogen, sodann defibriniert und wieder in das Blutgefäßsystem eingebracht, so erreicht der Fibrinogengehalt des Blutes nach kurzer Zeit wieder seine normale Höhe.

In gewissen Krankheiten weicht der Fibrogengehalt des Blutes von der Norm ab, ohne jedoch, daß eine diagnostisch verwertbare Gesetzmäßigkeit festgestellt werden könnte. So wird aus dem Blute mehr Fibrin abgeschieden (Hyperinosis) in den fieberhaften Erkrankungen, die mit der Bildung eines Exsudates einhergehen, wie bei Lungen- und Brustfellentzündung, bei Phlegmone, Gelenksentzündung usw. Weniger Fibrin wird abgeschieden (Hypinosis) in Fällen von Typhus abdominalis, Septikämie, chronischen Eiterungsprozessen usw.

Darstellung: Das durch entsprechenden Oxalatzusatz ungerinnbar gemachte Blut wird mit dem gleichen oder doppelten Volumen einer konzentrierten kalkfreien Kochsalzlösung gefällt, der Niederschlag in 6—8%iger Kochsalzlösung gelöst, wieder gefällt usw.

Fibrin entsteht aus dem Fibrinogen bei der Gerinnung einer Fibrinogen enthaltenden Flüssigkeit; in seinen Eigenschaften gleicht es den Eiweißkörpern, die durch Hitze koaguliert werden. Es ist in Wasser, Alkohol, Äther unlöslich; in 1%iger Salzsäure quillt es auf; gelöst wird es bei 40° C durch verdünnte Lösungen von Neutralsalzen, wahrscheinlich unter Mitwirkung der proteolytischen Enzyme, welche das Fibrin bei seiner Fällung mitreißt; das Fibrin geht auch in Lösung, wenn es mit Blut stehen gelassen wird (Fibrinolyse). Reines Fibrin wird erhalten, wenn man koliertes Blutplasma mit einem Fischbeinstäbchen schlägt und das Gerinnsel nacheinander mit 5%iger Kochsalzlösung, Wasser, Alkohol und Äther wäscht.

Die übrigen Eiweiß-Bestandteile des Blutplasma wurden hauptsächlich an dem weit leichter darzustellenden und zu verarbeitenden Blutserum untersucht und daher auch Serumglobulin, Serumalbumin benannt.

b) **Serumglobuline** (Paraglobuline) kommen außer im Blutplasma noch in der Lymphe, in Ex- und Transsudaten, ferner im Falle gewisser Nierenerkrankungen im Harn vor. (Eigenschaften s. S. 116). Wird Blutserum schwach angesäuert und mit destilliertem Wasser mehrfach verdünnt, oder mit Magnesiumsulfat gesättigt, oder auch mit Ammoniumsulfat halb gesättigt, so entsteht ein reichlicher Niederschlag, der mehrere Globuline enthält; der eine, mit Ammoniumsulfat leichter (bei etwa $\frac{1}{3}$ Sättigung) fällbare Anteil wird auch als **Euglobulin**, der schwerer (bei etwa Halbsättigung) fällbare als **Pseudoglobulin** bezeichnet.

Die Darstellung der Globuline erfolgt am besten aus Rinderblutserum; dasselbe wird sehr schwach angesäuert und mit dem 10—20fachen Volumen destillierten Wassers verdünnt; der Niederschlag wird in verdünnter Lauge oder in der verdünnten Lösung eines Neutralsalzes gelöst, mit Essigsäure gefällt usw.

c) **Serumalbumin** kommt überall neben den Globulinen in den vorher genannten Flüssigkeiten vor (Eigenschaften s. S. 115). Unter normalen Verhältnissen übertrifft im Serum die Menge der Albumine die der Globuline um etwa das $1\frac{1}{2}$fache; in gewissen Krankheiten kann jedoch das Verhältnis ein entgegengesetztes sein, so daß mehr Globuline vorhanden sind.

Dargestellt wird es aus Rinderblutserum, aus welchem die Globuline durch Fällung mit Magnesiumsulfat entfernt wurden. Das Filtrat wird mit Essigsäure bis zu einem Gehalt von 1% versetzt, der Niederschlag am Filter gesammelt, in verdünnter Lauge gelöst, durch Dialysieren von den Salzen befreit und bei niedriger Temperatur eingedampft.

Die **quantitative Bestimmung** der Eiweißkörper (Globuline $+$ Albumine) wird bequemer im Serum als im Plasma unter Vernachlässigung des Fibrinogens vorgenommen, und zwar

a) auf chemischem Wege nach den (S. 115) erörterten Methoden,
b) weit einfacher durch Refraktometrie.

Dringt ein Lichtstrahl aus einem (optisch) dünneren Medium, z. B. aus Luft, in ein (optisch) dichteres, z. B. in destilliertes Wasser, so erfährt er eine Brechung, und zwar wird in diesem Fall der vom Einfallslot berechnete Brechungswinkel r kleiner als der Einfallswinkel i sein, wobei aber der Wert $\dfrac{\sin i}{\sin r}$ eine für die genannten Medien und für die genannte Richtung des Strahlengangs charakteristische, und vom Einfallswinkel i unabhängige Konstante darstellen wird. Diese Konstante wird **Brechungsindex** genannt und mit n bezeichnet. Also ist

$$n = \frac{\sin i}{\sin r}.$$

Der auf Luft bezogene Brechungsindex des normalen Blutserums, wenn also der Lichtstrahl aus der Luft in das Serum übertritt, schwankt zwischen 1,3487 und 1,3517. Nun wissen wir aber, daß der Brechungsindex des destillierten Wassers 1,3332 beträgt; ferner wurde festgestellt, daß im Brechungsindex des Blutserums die nicht-eiweißartigen Bestandteile mit dem recht konstanten Wert von 0,0028 figurieren. Hieraus ließ sich durch die vergleichende Untersuchung der Blutsera von bekanntem Eiweißgehalt berechnen, daß je einem Prozent Eiweißgehalt des Blutserums ein Wert von 0,0017 entspricht. Demzufolge läßt sich umgekehrt der Eiweißgehalt jedes Blutserums berechnen, wenn man nur dessen Brechungsindex bestimmt, und die für das destillierte Wasser und die nicht eiweißartigen Bestandteile oben angeführten konstanten Werte in Abzug bringt. Die Bestimmung des Brechungsindex erfolgt mit dem Abbeschen oder Pulfrichschen Refraktometer.

2. **Sonstige stickstoffhaltige Bestandteile.** Im Blutplasma sind außer den vorangehend genannten Eiweißkörpern auch solche stickstoffhaltige Verbindungen enthalten, die im Gegensatz zu jenen nicht hitzekoagulabel sind, die also im Filtrat zurückbleiben, wenn man das Blutplasma oder Serum erhitzt und die koagulierten Eiweißkörper durch Filtration entfernt. Der in diesen Verbindungen enthaltene Stickstoff wird als „Reststickstoff" oder „nicht koagulabler Stickstoff" bezeichnet. Unter normalen Verhältnissen beträgt seine Konzentration im Blutplasma $0,02—0,035\%$. Der Reststickstoff ist hauptsächlich auf folgende Verbindungen verteilt:

a) Harnstoff; im Hungerzustand in einer Menge von $0,01—0,02\%$; wesentlich mehr nach Fleischgenuß.

b) Aminosäuren bis zu $0,02\%$.

c) Albumosen, die im Blutplasma des gesunden Menschen nur in minimaler, in gewissen Krankheitszuständen jedoch in größerer Menge enthalten ist.

d) Harnsäure; gewöhnlich nur in Spuren bis zu $0,004\%$; in größeren Mengen nach Genuß von Speisen, die viel Nucleinsäure enthalten und in gewissen Krankheitszuständen, wie Gicht, Leukämie, Pneumonie. Im Blutplasma sind zuweilen mehr Harnsäure bezw. harnsaure Salze enthalten, als ihrer maximalen Löslichkeit entsprechen würde. Nach manchen Autoren handelt es sich hierbei nicht um eine sog. Übersättigung der Lösung, sondern darum, daß die Säure bezw. ihre Salze zwar gefällt sind, jedoch in so feiner Verteilung, daß sie durch das Plasma-Eiweiß, als durch ein Schutzkolloid (S. 35) in feinster Suspension erhalten werden.

e) Ammoniak in minimalen Mengen.

Die Menge des Reststickstoffes kann in gewissen Nierenkrankheiten wesentlich, bis auf das Vielfache des obigen Wertes, ansteigen.

3. **d-Glucose** soll nach älteren Angaben nur zu einem Teil frei gelöst, zu einem anderen Teil in organischer Bindung, mit Lecithin zu **Jecorin** (S. 93) verbunden, enthalten sein. Neuerdings wurde mit Hilfe der sog. **osmotischen Kompensation** festgestellt, daß der gesamte Traubenzucker im Blutplasma in frei diffusibler Form vorhanden ist.

Läßt man Blutplasma durch eine Membran gegen isotonische Kochsalzlösungen diffundieren, denen verschiedene Mengen von Traubenzucker zugesetzt wurden, so wird 24 Stunden später die Zuckerkonzentration der Außenflüssigkeit in demjenigen Versuche unverändert gefunden, in dem die Zuckerkonzentration auf beiden Seiten der Membran, also in der Kochsalzlösung und im Blutplasma, auch zu Beginn des Versuches die gleiche war (Methode der osmotischen Kompensation). In diesem Falle ist also die gesuchte Konzentration des diffusiblen Zuckers im Plasma gleich der in der angewendeten Kochsalzlösung. Da nun weiterhin festgestellt wurde, daß die Konzentration des gesamten Traubenzuckers im Blutplasma, auf anderem Wege bestimmt, denselben Wert liefert, wie durch osmotische Kompensation erhalten wird, läßt sich folgern, daß der gesamte Traubenzucker in frei-diffusibler Form vorhanden ist.

Die Konzentration des Traubenzuckers ist recht konstant und beträgt im Menschenblutplasma ca. $0,1\%$. Ist der Gehalt auf $0,2—0,3\%$ und darüber erhöht, besteht also eine sog. Hyperglykämie, so wird die Glucose durch den Harn in erhöhter Menge ausgeschieden; es tritt also Glucosurie auf. Wird Blut stehen gelassen, so nimmt sein Traubenzuckergehalt allmählich ab; man bezeichnet diese Erscheinung als „Glykolyse" und schreibt sie der Wirkung eines „glykolytischen" Enzyms zu. Früher hatte man angenommen, daß der Traubenzucker des Blutes bloß im Plasma gelöst enthalten sei; neuere Untersuchungen weisen darauf hin, daß er auch in den roten Blutkörperchen nicht fehlt.

Zur quantitativen Bestimmung des Traubenzuckers werden 50 ccm Plasma oder Serum mit der 15fachen Menge Wasser verdünnt, mit Essigsäure schwach angesäuert, durch Schütteln mit Kaolin ($20—25$ g auf 100 ccm Flüssigkeit) enteiweißt, das Filtrat auf $20—30$ ccm eingeengt und die Konzentration des Traubenzuckers durch irgend ein Reduktionsverfahren oder polarimetrisch bestimmt.

Soll Traubenzucker nicht im Plasma oder im Serum, sondern im Blute selbst bestimmt werden, so wird das Blut zwanzigfach mit Wasser verdünnt und mit einer berechneten Menge ($2,5—3$ ccm auf 1 g Blut) kolloidaler Eisenlösung (Liquor ferri oxydati dialysati) versetzt; dann wird 1 g gepulvertes Magnesiumsulfat oder noch besser Natriumsulfat hinzugefügt und umgeschüttelt; das Filtrat wird bei schwach saurer Reaktion eingeengt und wie oben behandelt.

4. Fette und Lipoide. Der Fettgehalt des Blutplasma hängt in hohem Grade von der Nahrungsaufnahme ab; er beträgt $0,1—0,6\%$ im Hungerzustand; nach Zufuhr fettreicher Nahrung oft mehr als 1% (physiologische Lipämie). Kommt Fett in größerer Menge zur Resorption, so ist es im Blutplasma in Form von feinsten Tröpfchen, sonst nur in Form eines feinsten Staubes (Hämokonien), allenfalls noch ultramikroskopisch, sichtbar. In gewissen Krankheitszuständen steigt der Fettgehalt auf 2, 6, sogar 20%; so bei Tuberkulose, Alkoholismus und namentlich im diabetischen Koma. Wenn ein solches Blut zentrifugiert wird, sammelt sich oben eine 1 bis mehrere Millimeter dicke Fettschicht an.

Außer Fetten enthält das Plasma noch wenig freie Fettsäuren, Seifen und Spuren von freiem Glycerin, sowie auch Cholesterin und Cholesterin-Ester (S. 94). Ist Cholesterin in größeren Mengen vorhanden (Schwangerschaft, Diabetes, Nierenkrankheiten), so spricht man von einer Hypercholesterinämie.

Wenn Blut stehen gelassen, noch besser, wenn Luft durchgeleitet wird, nimmt die Menge der ätherlöslichen Stoffe ab; diese Erscheinung wird als Lipolyse bezeichnet, was nur so viel besagen soll, daß die Fette aus dem ätherlöslichen in einen ätherunlöslichen Zustand übergegangen sind.

5. Farbstoffe. a) Das Plasma verdankt seine eigentümliche Farbe einem gelben, der Gruppe der Lipochrome angehörenden Farbstoffe.

b) Es enthält auch Bilirubin (S. 175) in sehr geringen Mengen; in gewissen Krankheiten jedoch weit mehr.

Der Nachweis des Bilirubin erfolgt auf Grund der Ehrlichschen Diazoreaktion: 1 Vol. des Plasmas (oder Serums) wird mit 2 Vol. 96%igen Alkohol gefällt, zentrifugiert und 1 Vol. des Zentrifugates mit $1/4$ Vol. des Reagens versetzt. War Bilirubin vorhanden, so entsteht eine schöne rot-violette Farbenreaktion. Das Reagens wird wie folgt bereitet: 1 g Sulfanilsäure und 15 ccm

Salzsäure werden in Wasser zu 1 Liter gelöst und 25 ccm dieser Lösung unmittelbar vor der Ausführung der Reaktion mit 0,75 ccm einer $0,5\%$igen Lösung von Natriumnitrit vermischt.

c) Hämoglobin ist normalerweise im Plasma nicht enthalten (S. 139).

6. Fleischmilchsäure, d-Milchsäure (S. 44), ist gewöhnlich in einer Konzentration von $0,01—0,02\%$ vorhanden; in größerer Menge nach Fleischgenuß, bei starker Muskelarbeit und bei Sauerstoffmangel.

7. Enzyme werden im Plasma in großer Anzahl angetroffen; so das Thrombin resp. seine Vorstufe. Ferner wurden nachgewiesen: ein glykolytisches Enzym, ein proteolytisches Enzym, das aber im frischen Serum nicht zur Geltung kommt, weil daselbst auch das entsprechende Antienzym vorhanden ist; eine Diastase, die Stärke und Glykogen spaltet; oxydierende Enzyme, wie Oxydase, Peroxydase; hingegen ist Katalase im Blutplasma nicht enthalten, sondern bloß im Stroma der roten Blutkörperchen.

8. Salze. So wie viele anderen Bestandteile wurden auch die anorganischen Bestandteile des Blutplasma am Blutserum bestimmt, welches bloß um eine Spur Calcium, Magnesium und Phosphorsäure weniger enthält als das Blutplasma, indem das Fibrin bei der Gerinnung des Blutes minimale Salzmengen mit sich reißt. Der gesamte Salzgehalt des Blutserums beträgt am Menschen sowohl wie auch an einer ganzen Reihe daraufhin untersuchter Säugetiere übereinstimmend ca. $0,75\%$. In 100 Gewichtsteilen Menschenblutserum wurden gefunden

K	0,031	G.-T.	Cl	0,36	G.-T.
Na	0,32	,,	P	0,005	,,
Ca	0,011	,,	S	0,004	,,
Mg	0,006	,,	J	Spuren	
Fe	Spuren				

(In den für P und S angegebenen Mengen sind selbstverständlich diejenigen nicht inbegriffen, die in organischer Bindung im Eiweiß oder in anderen Verbindungen enthalten waren.)

Aus obiger Zusammenstellung ist ersichtlich, daß das Kochsalz ungefähr 75% des gesamten Salzgehaltes ausmacht; der Rest entfällt zum größeren Teile auf Carbonate (Bicarbonate), zu einem geringeren Teil auf Phosphate, hauptsächlich des Natrium. Ein ansehnlicher Anteil des Alkali ist nicht an anorganische Säurereste, sondern an Eiweiß gebunden und bildet das sog. ,,nicht diffundible Alkali``. Durch die Methode der osmotischen Kompensation (S. 135) wurde festgestellt, daß das Calcium zum großen Teil in Form von nicht diffundiblen, das Chlor hingegen seiner ganzen Menge nach in Form frei diffundibler Verbindungen im Blutplasma enthalten ist.

Das **Blutserum** ist eine gelbliche, klebrige, durchsichtige Flüssigkeit; nach Genuß von fetten Speisen ist es leicht opalisierend und bisweilen durch eine große Anzahl feinster Fettkörperchen stark getrübt. Sein spezifisches Gewicht beträgt 1,027—1,032; mit Lackmus geprüft reagiert es alkalisch. Es unterscheidet sich in seiner Zusammensetzung von der des Blutplasma bloß durch den Mangel an Fibrinogen, das bei der Gerinnung des Blutes in Fibrin umgewandelt aus der Lösung gefallen ist; ferner fehlen ihm geringe Mengen von Salzen und Enzymen, die das ausfallende Fibrin mit sich reißt.

C. Rote Blutkörperchen.
1. Physikalische und physikalisch-chemische Eigenschaften.

Das **spezifische Gewicht** der roten Blutkörperchen beträgt 1,090 bis 1,105; da sie demnach schwerer sind als Blutplasma, müssen sie, soweit das Blut nicht früher gerinnt, im Plasma zu Boden sinken. Dasselbe findet weit schneller beim Zentrifugieren statt.

Osmotischer Druck. Blutkörperchen verhalten sich, in wäßrigen Lösungen gewisser Stoffe suspendiert, so, wie wenn sie von einer semipermeablen Membran begrenzt wären. Ist die Lösung hypertonisch, so kommt es infolge der Wasserentziehung zur Schrumpfung der Blutkörperchen; ist die Lösung hypotonisch, so schwellen die Blutkörperchen infolge von Wasser-Aufnahme an; ist endlich die Lösung isotonisch, so erleiden die Blutkörperchen keinerlei Veränderung ihres Volumens.

Hiervon kann man sich auf folgende Weise überzeugen. Beim Zentrifugieren des Blutes in einem engen Glasröhrchen mit aufgeätzter Teilung, in einem sog. Hämatokriten, werden die roten Blutkörperchen zu einer Säule von bestimmter Höhe zusammengedrängt. Wird jetzt dieselbe Blutmenge im selben Röhrchen nach Zusatz einer hypertonischen Lösung zentrifugiert, so wird man beobachten können, daß die Höhe der Blutkörperchensäule geringer ausfällt als am Blute selbst, eben weil jedes einzelne Blutkörperchen zur Schrumpfung gebracht wurde. Wird dieselbe Menge Blutes mit einer hypotonischen Lösung zentrifugiert, wird man im Gegenteil finden, daß die Blutkörperchensäule eine höhere ist, als im Blute allein gefunden wurde; eben weil nun jedes einzelne Blutkörperchen angeschwollen war, also eine Volumzunahme erfahren hatte. Mit einer isotonischen Lösung zentrifugiert wird die Blutkörperchensäule genau dieselbe Höhe haben, wie es das reine Blut allein gab. (Über Hyper-, Hypo- und Isotonie s. S. 11.)

So läßt sich mit Hilfe einer Lösungsreihe von bekannten osmotischen Konzentrationen auch die osmotische Konzentration der roten Blutkörperchen ermitteln; auf diese Weise wurde festgestellt, daß die roten Blutkörperchen sämtlicher Säugetiere mit einer 0,9—1,0%igen Lösung von Kochsalz isotonisch sind.

Hämolyse. Werden rote Blutkörperchen in stark hypotonischen Lösungen oder gar in destilliertem Wasser suspendiert, so schwellen sie dort dermaßen an, daß es zu einem Austritt von Hämoglobin kommen kann, und zwar infolge einer Lockerung oder eines direkten Berstens der äußeren Schichten der Blutkörperchen. Dieser Vorgang wird als Hämolyse bezeichnet. Doch wäre es verfehlt, anzunehmen, daß Hämolyse sofort erfolgt, sobald die der Isotonie entsprechende Konzentration der Lösung etwas unterschritten wird. Tatsächlich wird man finden, daß, obzwar die roten Blutkörperchen aller Säugetiere mit einer 0,9—1,0%igen Kochsalzlösung isotonisch sind, die Hämolyse oft erst in weit verdünnteren Lösungen eintritt. Die Eigenschaft der Blutkörperchen, dem hämolytischen Einfluß zu widerstehen, wird als Resistenz derselben bezeichnet. Diese Resistenz ist je nach der Provenienz der Blutkörperchen verschieden; so werden z. B. Blutkörperchen des Pferdes schon in einer Kochsalzlösung von $0,7\%$ hämolysiert, während es zu einer Hämolysierung der Blutkörperchen des Menschen einer Kochsalzlösung von nur $0,45\%$ bedarf.

Es sind uns aber auch Stoffe bekannt, die sogar in isotonischen Lösungen verwendet, rote Blutkörperchen zu hämolysieren imstande sind. Es sind dies hauptsächlich Stoffe, von denen nachzuweisen war, daß sie in Lipoiden löslich sind (s. unten), wie z. B. Alkohol, Harnstoff, Glycerin usw. Ferner wirken hämolytisch Äther, Chloroform, Gallensäuren, Saponine, Bakterienhämolysine, Hämolysine aus höheren Pflanzen und Tieren (Schlangen-, Kröten-, Spinnengift) usw. Für die letzteren Stoffe haben wir eine direkte Schädigung der Blutkörperchenoberfläche als Ursache der Hämolyse anzunehmen. Endlich läßt sich auch durch wiederholtes Gefrieren- und Auftauenlassen resp. auch durch gröbere mechanische Eingriffe erreichen, daß das Hämoglobin aus den Blutkörperchen austritt, so z. B. durch Verreiben mit feinem Quarzsand.

Findet die Hämolyse im kreisenden Blute statt, so gelangt das ausgetretene Hämoglobin in das Blutplasma; dieser Zustand wird als Hämoglobinämie bezeichnet und hat, sobald die Konzentration des Hämoglobins im Plasma eine gewisse Grenze überschreitet, die Ausscheidung von Hämoglobin im Harn, die sog. Hämoglobinurie, zur Folge. Hämoglobinämie und Hämoglobinurie kommen vor bei gewissen Vergiftungen, die z. B. durch chlorsaures Kalium, Arsenwasserstoff, Nitrobenzol, Antifebrin, gallensaure Salze erzeugt werden; ferner auch nach dem Bisse von Giftschlangen, endlich in besonders schweren Fällen mancher Infektionskrankheiten. Sie bilden schließlich die wichtigste Erscheinung einer Krankheit, die als paroxysmale Hämoglobinurie bezeichnet wird und in welcher es anfallsweise, oft in nachweisbarem Zusammenhange mit der Abkühlung einzelner Körperteile, in anderen Fällen wieder ohne jede nachweisbare Veranlassung, nebst schweren Allgemeinerscheinungen, zu einem massenhaften Austritt von Hämoglobin aus den roten Blutkörperchen kommt.

Permeabilität. Wir haben oben gesehen, daß manche Stoffe, wie Alkohol, Harnstoff, Glycerin auch in isotonischen Lösungen hämolytisch wirken; es wurde auch erwähnt, daß diese Stoffe in Lipoiden löslich sind. Von anderen Stoffen, die unter solchen Umständen nicht hämolytisch wirken, ist im Gegenteil bekannt, daß sie in Lipoiden nicht löslich sind, z. B. Traubenzucker, Rohrzucker, Neutralsalze usw. Dieser Zusammenhang zwischen Hämolysierungsfähigkeit und Lipoidlöslichkeit wird so erklärt, daß diejenigen Stoffe, die in den Lipoiden der äußeren Schichten der Blutkörperchen löslich sind, infolge dieser Löslichkeit auch in das Innere der Blutkörperchen eindringen können (s. auch S. 12), daher die osmotische Konzentration im Blutkörpercheninneren über die der Lösung erheben, worauf es dann, wie bei der Suspension in hypotonischer Lösung zur Schwellung der Blutkörperchen und zum Hämoglobinaustritt kommt. Für diese Stoffe besteht also eine Permeabilität der Blutkörperchenoberfläche, die wir bereits S. 12 als unvollkommen semipermeabel erkannt haben.

Über die Permeabilität der roten Blutkörperchen für verschiedene Stoffe wurde folgendes erhoben: Es besteht eine Impermeabilität für neutrale Salze der fixen Alkalien und der Erdalkalien, für 5- und 6wertige Alkohole und die zu diesen gehörenden Zuckerarten. Eine geringe Permeabilität besteht für Aminosäuren, eine bessere für niedere Alkohole, eine gute für einwertige Alkohole, für Aldehyde, Aceton, Äther, Ester; ferner für Harnstoff und endlich für Ammoniumsalze, insbesondere für Ammoniumchlorid. Eine Permeabilität ist auch für gewisse Anionen der Neutralsalze erwiesen, die undissoziiert, wie oben erwähnt war, nicht eindringen können. Wird nämlich Kohlendioxyd durch Blut geleitet, so erfährt das titrierbare Alkali im Blutserum eine nachweisliche Zunahme, der Chlorgehalt eine Abnahme. Diese Erscheinung wird so erklärt, daß die Alkalieiweißverbindungen der roten Blutkörperchen mit dem Kohlendioxyd in Reaktion treten; hierbei werden Kohlensäureanionen frei, die in das Serum austreten, während an ihre Stelle Chloranionen in die Blutkörperchen eintreten.

2. Zusammensetzung.

Die roten Blutkörperchen bestehen: a) aus einem Gerüst, dem sog. Stroma und b) Hämoglobin, das in die Lücken des Stroma quasi imbibiert ist. Wenn das Hämoglobin aus dem roten Blutkörperchen austritt, lassen sich die Stromata von dem flüssigen Teile des Blutes durch Zentrifugieren trennen und chemisch analysieren; sie bestehen zu etwa zwei Dritteilen aus Eiweiß, zu einem Dritteil aus Cholesterin und Lecithin.

Die roten Blutkörperchen enthalten 57—64 % Wasser und 36—43 % Trockensubstanz. Am Aufbau der Trockensubstanz ist das Hämoglobin beim Menschen zu etwa 87—94 % beteiligt; an kernhaltigen Blutkörperchen ist die Beteiligung des Hämoglobins eine weit geringere, indem die Trockensubstanz bei der Gans bloß zu 63 und bei der Schlange gar bloß zu 47 % aus Hämoglobin besteht.

Es bestehen ferner bemerkenswerte Unterschiede im Kationengehalt der Blutkörperchen verschiedener Herkunft: beim Schwein, Pferd und Kaninchen fehlt das Natrium; beim Menschen ist Natrium wohl vorhanden, jedoch in weit geringerer Menge als Kalium; beim Rind, Schaf und Hund, bei der Ziege und Katze findet sich wesentlich mehr Natrium als Kalium.

Die durch lange Zeit strittig gewesene Frage, ob die Blutkörperchen ebenso wie das Plasma Zucker enthalten oder nicht, wurde neuestens im ersteren Sinne entschieden.

D. Hämoglobin.

An manchen Wirbellosen ist das Hämoglobin in den Körpersäften gelöst enthalten, an Wirbeltieren unter physiologischen Umständen bloß in den roten Blutkörperchen; nach manchen Autoren soll es jedoch hier nicht in der Form vorhanden sein, in der wir es „rein dargestellt" kennen, sondern in Form einer komplizierteren Verbindung von bisher unbekannter Zusammensetzung, in Form des sog. Hämochroms, das sich alsbald nach seinem Austritt aus den roten Blutkörperchen in das uns wohlbekannte Hämoglobin verwandelt. Im nachfolgenden wird überall die Rede bloß von Hämoglobin sein, sei es, daß es sich um den Farbstoff innerhalb, sei es außerhalb des roten Blutkörperchens handelt.

Die Menge des Hämoglobins beträgt 14% des Blutes beim Mann, 13% beim Weib, 20—21% beim Neugeborenen; in den ersten Lebensjahren des Kindes sinkt sie auf etwa 11%, um dann gegen das zwanzigste Lebensjahr wieder 13—14% zu erreichen. Der Hämoglobingehalt des Hundeblutes ist dem des Menschenblutes ungefähr gleich; Ziegen- und Kaninchenblut enthalten etwas weniger.

Im Hungerzustand kann sich das Verhältnis zwischen dem Hämoglobingehalt und dem gesamten Eiweißgehalt zugunsten des ersteren verschieben, weil die Eiweißkörper des Blutplasma rascher verbrannt werden als das Hämoglobin. Unter pathologischen Verhältnissen kann eine Verringerung im Hämoglobingehalt des Blutes eintreten; einmal durch Abnahme des Hämoglobingehaltes der einzelnen Blutkörperchen (z. B. bei Chlorose); ein andermal durch Abnahme der Blutkörperchenzahl (z. B. bei perniziöser Anämie).

Das Hämoglobin ist ein Proteid und besteht aus einem eisenfreien, der Gruppe der Histone angehörenden Eiweißkörper, dem Globin, und aus dem eisenhaltigen Hämochromogen; letzteres ist nur zu etwa 4% am Aufbau des Moleküls beteiligt.

Das Hämoglobin bildet mit verschiedenen Gasen mehr oder minder lockere Verbindungen, von denen das mit Sauerstoff gebildete für uns am wichtigsten ist, weil diese die Form darstellt, in der das Hämoglobin im Blute in überwiegender Menge enthalten ist. Aus dieser Verbindung kann das reine Hämoglobin durch Reduktion erhalten werden, daher es als reduziertes Hämoglobin bezeichnet wird. Wir haben uns erst mit diesem, dann mit den verschiedenen Gasverbindungen zu beschäftigen.

1. Reduziertes Hämoglobin.

Es bildet dunkel purpurrote Krystalle, die jedoch sehr schwer zu erhalten sind, daher für Analysenzwecke immer das weit leichter krystallisierende Oxyhämoglobin (s. weiter unten) verwendet wird. Das reduzierte Hämoglobin ist in Wasser leicht, in Alkohol, Äther, Chloroform und Benzol jedoch nicht löslich. Seine Lösung ist in dicker Schichte dunkelkirschrot, in dünner Schichte ausgesprochen grünlich. Sein Spektrum ist durch ein zwischen die Linien D und E fallendes breites Absorptionsband charakterisiert, dessen Mitte mit der Wellenlänge 559 $\mu\mu$ zusammenfällt (s. Nr. 3 und 5 in Abb. 3 auf S. 146); ein zweiter, im ultravioletten Teil des Spektrums befindlicher Streifen, dessen Mitte der Wellenlänge 429 $\mu\mu$ entspricht, läßt sich nur photographisch nachweisen. Hämoglobin ist optisch aktiv; $^\alpha[C] = +10^0$. Es hat den Charakter einer schwachen Säure; durch Säuren, Laugen und durch manche anorganische Salze wird es zersetzt. Aus allgemeinem biologischem Standpunkt ist es recht interessant, daß neuerdings ein naher Zusammenhang zwischen Hämoglobin und Chlorophyll gefunden wurde (S. 152).

2. Hämoglobin-Gasverbindungen.

a) Oxyhämoglobin ist die Verbindung von Hämoglobin mit Sauerstoff. Im normalen kreisenden Blute sind reduziertes Hämoglobin und Oxyhämoglobin in Abhängigkeit von der Art des betreffenden Blutgefäßes und von Zirkulations- und Respirationsverhältnissen zu wechselnden Anteilen enthalten. So ist z. B. im arteriellen Blut sehr wenig, im venösen mehr und im Erstickungsblut viel reduziertes Hämoglobin enthalten. Wird eine wäßrige Lösung von reduziertem Hämoglobin mit Luft oder mit Sauerstoff geschüttelt, so werden vom Hämoglobin ansehnliche Mengen von Sauerstoff aufgenommen und es wird dementsprechend alles Hämoglobin in Oxyhämoglobin überführt. Die durch 1 g Hämoglobin bei Zimmertemperatur und einem Luftdruck von 760 mm Hg gebundene Menge Sauerstoffs wird als Sauerstoff-Kapazität des Hämoglobins bezeichnet; sie beträgt nach Hüfner 1,34 Normal-Kubikzentimeter (d. h. bei 0° C und 760 mm Hg gemessen) und aus ihr läßt sich nach Hüfner berechnen, daß im Molekül des Oxyhämoglobins auf 1 Molekül Hämoglobin 1 Molekül Sauerstoff entfällt, und daß demnach das Molekulargewicht des Oxyhämoglobins etwa 16 700 betragen dürfte.

Umgekehrt läßt sich durch Sauerstoffentziehung das in Wasser gelöste Oxyhämoglobin in Hämoglobin verwandeln. Der Sauerstoff kann entzogen werden: durch Vakuum, oder indem man ein indifferentes Gas durch die Lösung durchleitet; durch reduzierende Mittel, wie Ammoniumhydrosulfid $(NH_4)HS$, oder noch besser Ammoniumsulfid $(NH_4)_2S$, durch eine ammoniakalische Lösung von weinsaurem Eisen (Stokessches Reagens), oder durch wenig Natriumhydrosulfit (unterschwefligsaures Natrium), $Na_2S_2O_4$, durch eine 50%ige wäßrige Lösung von Hydrazinhydrat. Auch die lebenden sauerstoffverzehrenden Gewebe verwandeln das Oxyhämoglobin in Hämoglobin.

Das Stokessche Reagens wird bereitet, indem man 1 g Eisensulfat und 0,7 g weinsaures Ammonium in einigen Kubikzentimetern destillierten Wassers löst, dann soviel Ammoniak zusetzt, daß sich der entstehende Niederschlag wieder löst, und nun mit destilliertem Wasser auf 10 ccm aufgießt. Für 10 ccm 100fach verdünntes Blut genügen 0,1 ccm des dunkelgrünen Reagens.

Oxyhämoglobin ist leichter zur Krystallisation zu bringen als Hämoglobin, und unter „krystallisiertem Hämoglobin" wird gemeinhin Oxyhämoglobin verstanden.

Oxyhämoglobin läßt sich aus gewaschenen roten Blutkörperchen auf folgende Weise darstellen: Eine größere Menge derselben wird nach Zusatz von Äther mit zwei Teilen destillierten Wassers geschüttelt, wodurch es zur Hämolyse kommt. Nun wird der Äther abgegossen, die klare Lösung von der trüben Schichte, die die Stromata enthält, getrennt, der in der ersteren gelöste Äther durch einen Luftstrom verjagt, die Flüssigkeit auf 0° C abgekühlt, mit dem $^1/_4$ Volumen kalten Alkohols versetzt und in ein Kältegemisch gestellt, worauf nach 24—48 Stunden die Krystallisation erfolgt.

Die Oxyhämoglobinkrystalle sind blutrot, seidenglänzend und durchsichtig; je nachdem sie von verschiedenen Blutarten herstammen, zeigen sie gewisse Unterschiede in der Wasserlöslichkeit, im Krystallwassergehalt und in der Krystallform. So krystallisiert das Oxyhämoglobin aus Eichhörnchenblut, sowie aus dem Blute des Hamsters und der Maus im hexagonalen, das der übrigen Wirbeltiere im rhombischen System; doch liefert auch Eichhörnchenhämoglobin nach wiederholtem Umkrystallisieren Krystalle des rhombischen Systems. Die Angabe, daß Meerschweinchenhämoglobin im regulären System krystallisieren sollte, hat sich als irrig herausgestellt.

Auch in der chemischen Zusammensetzung soll das Oxyhämoglobin je nach dem verschiedenen Ursprung, ja sogar im Blute desselben Tieres, je nach den Angaben verschiedener Autoren Verschiedenheiten aufweisen, wie aus nachstehender Zusammenstellung ersichtlich ist:

$$C: \; 53,8 \; -54,9 \; \%$$
$$H: \;\;\; 7,0 \; - \; 7,4 \;\; ,,$$
$$N: \; 16,1 \; -17,4 \;\; ,,$$
$$S: \;\;\; 0,39 - \; 0,66 \;\; ,,$$
$$Fe: \;\; 0,34 - \; 0,59 \;\; ,,$$
$$O: \; 19,6 \; -21,8 \;\; ,,$$

Diese Unterschiede gaben Veranlassung zur Annahme, daß jede Tierart ein Hämoglobin von eigener Zusammensetzung besitze; ja daß sogar im Blute eines Tieres mehrere verschiedene Hämoglobinarten kreisen. Namentlich waren es die ganz bedeutenden Unterschiede im Eisengehalt des Hämoglobins, die die Autoren veranlaßten, das Sauerstoffbindungsvermögen des Hämoglobins nicht auf dessen Gewichtseinheit zu beziehen, sondern auf 1 g in Hämoglobin enthaltenes Eisen. Die auf 1 g Eisen bezogene Menge Sauerstoffs wurde als spezifische Sauerstoffkapazität des Hämoglobins bezeichnet.

Nun kann man aber sicher annehmen, daß die genannten Unterschiede bloß davon herrühren, daß die Untersucher keine reinen Präparate in Händen hatten; denn es ergaben die neuesten Analysen, daß das Hämoglobin verschiedener Tiere denselben Eisengehalt, und zwar $0,34\%$, aufweist, demzufolge auch die Aufstellung des Begriffes der oben genannten spezifischen Sauerstoffkapazitäten überflüssig erscheint. Um Verunreinigung handelt es sich offenbar auch im Betreff der Phosphorsäure, die im Vogelbluthämoglobin gefunden wurde.

Das Molekulargewicht des Oxyhämoglobins läßt sich auch aus dem Eisengehalt $(0,34\%)$, ebenso wie aus dem (S. 142) genannten Verhältnis zwischen Hämoglobin und Sauerstoff (je 1 Molekül) annähernd berechnen, und zwar wieder zu ca. 16 500.

Während frisch krystallisiertes, abgepreßtes, doch noch feuchtes Oxyhämoglobin einige Tage lang (besonders in der Kälte aufbewahrt) unverändert bleibt, ist die wäßrige Lösung des Oxyhämoglobins leicht dissoziabel. Die Bindung des Sauerstoffes durch das Hämoglobin ist nämlich ein reversibler Vorgang (S. 13) und kann, wenn reduziertes Hämoglobin mit Hb, Oxyhämoglobin mit HbO_2 bezeichnet wird, durch die Gleichung ausgedrückt werden

$$Hb + O_2 \rightleftarrows HbO_2.$$

Um das Sauerstoffbindungsvermögen des Hämoglobins bei verschiedenen Partialdrucken des Sauerstoffes zu bestimmen, wird eine Hämoglobinlösung von genau bekannter Konzentration in einem geeigneten Gefäße mit Gasgemischen, welche variierende Mengen von Sauerstoff enthalten, so lange geschüttelt, bis Gleichgewicht eingetreten ist. Nun wird einerseits der Partialdruck des Sauerstoffes im Gasraum oberhalb der Lösung, andererseits der Sauerstoffgehalt der Lösung (nach S. 157) bestimmt und aus diesen Daten berechnet, wieviel Prozente des gesamten Hämoglobins bei den verschiedenen Sauerstoff-Tensionen am Ende eines jeden Versuches als Oxyhämoglobin, wieviel als reduziertes Hämoglobin vorhanden waren. Diese Mengen sind (nach den etwas schematisierten Versuchsergebnissen von Barcroft) bei einer Temperatur von 38° C

Bei der O_2-Tension von	HbO_2 %	Hb %
0 mm Hg . . .	0	100
10 ,, ,, . . .	55	45
20 ,, ,, . . .	72	28
40 ,, ,, . . .	84	16
100 ,, ,, . . .	92	8

Diese beiden Zahlenreihen kann man in je ein Koordinatensystem als Ordinaten eintragen, in denen die Sauerstoff-Partialtensionen auf die Abszissenachse aufgetragen sind, und sich dabei bezüglich der ersten Zahlenreihe denken, daß von einer Lösung ausgegangen wurde, die bloß reduziertes Hämoglobin enthielt, das bei zunehmenden Sauerstoff-Partialdrucken zu einem zunehmenden Anteil mit Sauerstoff gesättigt wurde, daher die Konzentration des Oxyhämoglobins immer mehr zunahm; bezüglich der zweiten jedoch, daß man es ursprünglich mit einer Lösung zu tun hatte, die bloß Oxyhämoglobin enthielt, das aber bei abnehmendem Sauerstoff-Partialdruck immer mehr und mehr in Hämoglobin und Sauerstoff dissoziiert, daher die Konzentration des reduzierten Hämoglobins immer mehr zugenommen hatte.

Auf diese Weise entstehen zwei Kurven, deren eine (Abb. 1) als die Sauerstoff-Sättigungs-Kurve des Hämoglobins, die zweite

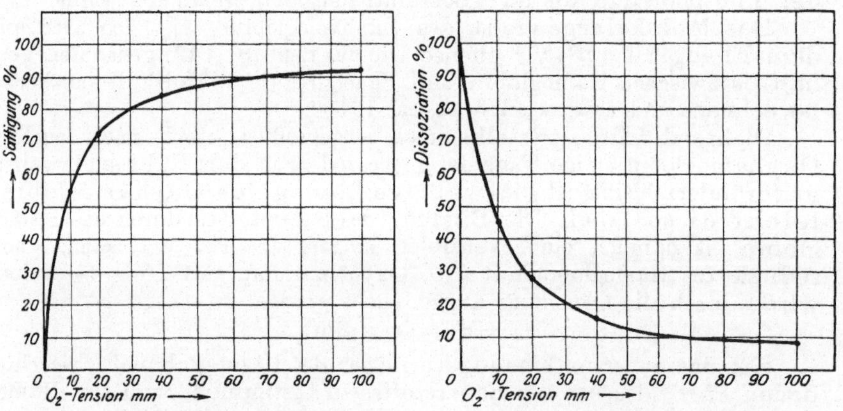

Abb. 1. Sauerstoff-Sättigungs-Kurve des Hämoglobins.

Abb. 2. Dissoziations-Kurve des Oxyhämoglobins.

(Abb. 2) als die Dissoziations-Kurve des Oxyhämoglobins bezeichnet wird.

Die beiden Beziehungen werden selbstverständlich durch eine der beiden Kurven allein schon ausgedrückt, da ja die Summe der beiden

Ordinaten naturgemäß immer gleich 100 ist und demzufolge die Werte für die Dissoziation des Oxyhämoglobins auch der Kurve 1 entnommen werden können, nur ist in diesem Falle für jeden einzelnen Punkt der Kurve als Ordinate der Abstand von der oberen Abszisse anzusehen.

Von besonderer Wichtigkeit ist es, daß, wie aus Abb. 1 zu ersehen ist, mit zunehmendem Partialdruck des Sauerstoffes die Menge des chemisch locker gebundenen Sauerstoffes anfangs rapid, später jedoch immer langsamer ansteigt, so daß die Lösung als mit Sauerstoff bereits annähernd vollkommen gesättigt betrachtet werden kann, wenn dessen Partialdruck im Gasraum 100 mm erreicht und als beinahe gesättigt bei einem Sauerstoffpartialdruck von 70 mm Hg.

Ist der Vorgang der Sauerstoffbindung durch das Hämoglobin, wie oben gesagt wurde, wirklich ein reversibler, dann müssen auch folgende Beziehungen bestehen: Bezeichnen wir die Reaktionsgeschwindigkeit in der Richtung $Hb + O_2 = HbO_2$ mit v_1, in der Richtung $HbO_2 = Hb + O_2$ mit v_2, ferner die Konzentration des Hämoglobins, des Sauerstoffes und des Oxyhämoglobins mit C_{Hb}, C_{O_2} und C_{HbO_2}, so ist entsprechend dem Massenwirkungsgesetze (S. 12)

$$v_1 = k_1\, C_{Hb} \cdot C_{O_2} \quad \text{und} \quad v_2 = k_2\, C_{HbO_2}.$$

Zu einem Gleichgewichtszustand kommt es (nach S. 13), wenn $v_1 = v_2$, also auch $k_1 C_{Hb} \cdot C_{O_2} = k_2 \cdot C_{HbO_2}$, woraus

$$\frac{C_{HbO_2}}{C_{Hb} \cdot C_{O_2}} = \frac{k_1}{k_2} = \text{const.}$$

Nun war in obigen Versuchen der gesamte Hämoglobingehalt der Lösung von vornherein bekannt; C_{HbO_2}, d. i. der Gehalt an Oxyhämoglobin, wurde in jedem einzelnen Versuche festgestellt, woraus auch C_{Hb}, d. i. der Gehalt an reduziertem Hämoglobin berechnet werden konnte; statt C_{O_2}, d. i. die Sauerstoff-Konzentration in der Lösung, konnte aber, als derselben proportional, der Sauerstoff-Partialdruck im Gasraum oberhalb der Lösung gesetzt werden. Auf diese Weise konnte dann in jedem einzelnen der obigen Versuche der Wert der Endkonstante berechnet und hinreichend übereinstimmend gefunden werden. Also war die oben aufgestellte These richtig, und es kann als erwiesen erachtet werden, daß die O_2-Bindung durch Hämoglobin einen reversiblen Vorgang darstellt.

Die wäßrige Lösung des Oxyhämoglobins ist durch zwei sehr charakteristische Absorptionsstreifen gekennzeichnet; die Mitte des einen Streifens fällt mit der Wellenlänge 576 $\mu\mu$, die des anderen mit der Wellenlänge 541 $\mu\mu$ zusammen; ein dritter breiter Streifen, dessen dunkelste Stelle bei Wellenlänge 415 $\mu\mu$, im ultravioletten Teil des Spektrums gelegen ist, läßt sich nur photographisch nachweisen.

In den Photogrammen 2 und 4 der Abb. 3 auf S. 146 sind die beiden erstgenannten Streifen voneinander deutlich getrennt zu sehen; violettwärts von 450 $\mu\mu$ beginnt eine starke Lichtabsorption, deren Maximum sich in der obengenannten ultravioletten Spektralstelle befindet.

Es wird jedoch das Licht vom Oxyhämoglobin nicht bloß an den genannten Stellen, sondern auch zwischen beiden Streifen, sowie auch rot- und violettwärts von denselben absorbiert, wie dies an konzentrierteren Lösungen bereits mit dem einfachen Spektroskop wahrzunehmen ist, indem dann die beiden Streifen zunächst miteinander, an noch konzentrierteren Lösungen auch mit der violettwärts gelegenen Verdunklung vollkommen zusammenfließen.

Wird die Lichtabsorption spektrophotometrisch bestimmt (S. 150), so ergibt sich, daß dieselbe längs des ganzen Spektrums stattfindet,

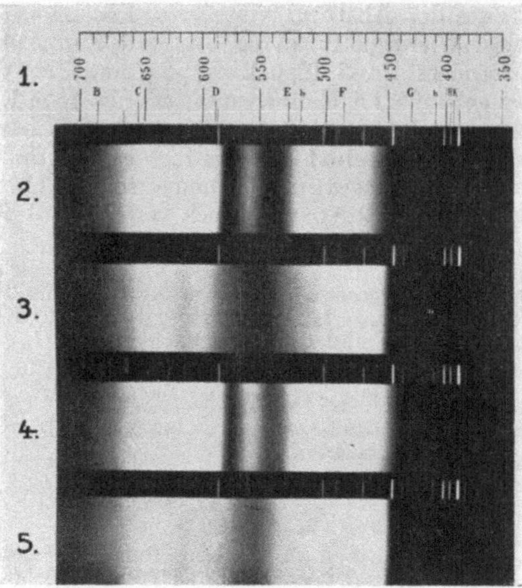

Abb. 3. 1. Wellenlängenskala. 2. Oxyhämoglobin (70fach verdünntes Blut). 3. Reduziertes Hämoglobin (70fach verdünntes Blut + Schwefelammonium). 4. Oxyhämoglobin (100fach verdünntes Blut). 5. Reduziertes Hämoglobin (100fach verdünntes Blut + Schwefelammonium). (Nach Rost, Franz und Heise.)

allerdings in sehr verschiedenem Grade. In nachstehender Abb. 4 ist die Lichtabsorption des Oxyhämoglobins sowie des reduzierten Hämoglobins in spezifischen Extinktionskoeffizienten (Extinktionskoeffizient einer 0,1%igen Lösung) ausgedrückt, die als Ordinaten aufgetragen sind. Die beiden Spitzen der Oxyhämoglobin-Kurve sowie die eine

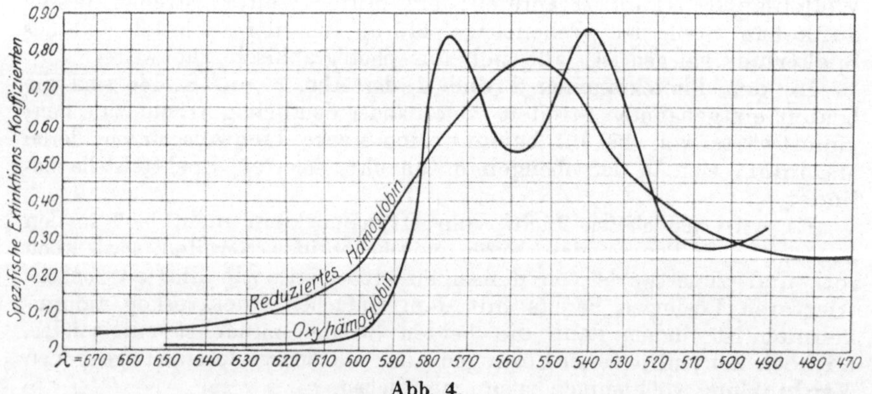

Abb. 4.

Kuppe der Kurve des reduzierten Hämoglobins in Abb. 4 entsprechen den am Photogramm in Abb. 3 sichtbaren beiden dunklen Streifen des Oxy-, bezw. dem einzigen Streifen des reduzierten Hämoglobins.

b) Methämoglobin. Es besteht ebenfalls aus je einem Molekül Hämoglobin und Sauerstoff; nur ist die Bindung hier fester und durch Vakuum nicht zu lösen. Es entsteht aus Oxyhämoglobin unter Einwirkung von Kaliumpermanganat, chlorsauren Salzen, Amylnitrit, Pyrogallol, Ferricyankalium, welch letzteres auch zu seiner Darstellung besonders geeignet ist:

Zu einer Lösung von Oxyhämoglobin wird eine konzentrierte Lösung von Ferricyankalium gegossen, das Gemisch auf 0^0 gekühlt, mit $^1/_4$ Volumen kaltem Alkohol versetzt und zur Krystallisation in ein Kältegemisch gestellt.

Es bildet braune, nadel- und tafelförmige Krystalle, die in Wasser leicht löslich sind; die neutrale und saure Lösung ist braun, die alkalische Lösung rot gefärbt. Das Spektrum der wäßrigen Lösung ist je nach der Konzentration und Reaktion der Lösung verschieden; besonders charakteristisch ist der im Rot gelegene Streifen der neutralen Lösung, der bei Zusatz von Natriumfluorid im Gelb erscheint. Durch reduzierende Substanzen (Schwefelammonium usw.) wird das Methämoglobin in reduziertes Hämoglobin verwandelt.

Es wurde oben erwähnt, daß sich das Oxyhämoglobin unter der Einwirkung von Ferricyankalium in Methämoglobin verwandelt. Bei dieser Umwandlung wird der locker gebundene Sauerstoff des Oxyhämoglobins in Freiheit gesetzt; dies scheint damit im Widerspruch zu stehen, daß, wie oben erwähnt, im Methämoglobin, ebenso wie im Oxyhämoglobin, ein Molekül Sauerstoff an ein Molekül Hämoglobin gebunden ist. Zur Klärung dieses Widerspruches wird angenommen, daß das Oxyhämoglobin unter dem Einflusse des Ferricyankalium wohl ein Molekül Sauerstoff abgibt, dafür aber zwei Moleküle OH aufnimmt, so daß in dem Sauerstoffgehalt von Oxy- und Methämoglobin kein Unterschied besteht; der Unterschied im Wasserstoffgehalt jedoch bei der Größe der Moleküle nicht nachzuweisen ist.

c) Kohlenoxydhämoglobin entsteht aus der Vereinigung von je einem Molekül Hämoglobin und Kohlenoxyd. Die Kohlenoxydkapazität des Hämoglobins ist gleich seiner Sauerstoffkapazität (S. 142): 1,34 ccm pro 1 g Hämoglobin. Das Kohlenoxydhämoglobin ist in kristallisiertem Zustande beinahe ebenso beständig, wie das Oxyhämoglobin; in wäßriger Lösung ist es dissoziabel, doch in weit geringerem Grade als das Oxyhämoglobin; daher bedarf es zur Sättigung des Hämoglobins mit Kohlenoxyd eines weit geringeren Partialdruckes des Kohlenoxyds; und ist es selbstverständlich, daß bei gleich großem Partialdruck des Sauerstoffes resp. des Kohlenoxydes die Dissoziation des Kohlenoxydhämoglobins weit geringer ist als die des Oxyhämoglobins.

Partialdruck des O_2 oder CO	Dissoziation; % des Oxyhämoglobin	des Kohlenoxydhämoglobin
10	70,0	0,7
20	35,3	0,4
30	18,4	0,3
50	4,6	0,15

Aus demselben Grunde nimmt Hämoglobin aus einem Sauerstoff-kohlenoxydgemisch nur in dem Falle gleiche Volumina von beiden Gasen auf, wenn in dem Gemisch etwa hundertmal mehr Sauerstoff als Kohlenoxyd enthalten ist.

Hierauf beruht auch die Giftwirkung des Kohlenoxyds, indem es den Sauerstoff aus dem Oxyhämoglobin austreibt und dieses so zum Sauerstofftransport unfähig macht. Das Kohlenoxydhämoglobin seinerseits wird durch Stickoxyd, NO, zersetzt und das Kohlenoxyd quantitativ aus ihm ausgetrieben.

Die Darstellung des krystallisierten Kohlenoxydhämoglobins erfolgt nach dem beim Hämoglobin angeführten Verfahren aus Blut oder Hämoglobin, welches vorher mit Kohlenoxyd gesättigt wird. Die Krystalle sind ziemlich beständig, ihre Farbe ist blaurot.

Das Spektrum seiner wäßrigen Lösung (Abb. 5, Photogr. 3 u. 5) ist durch zwei Absorptionsstreifen gekennzeichnet, welche fast identisch

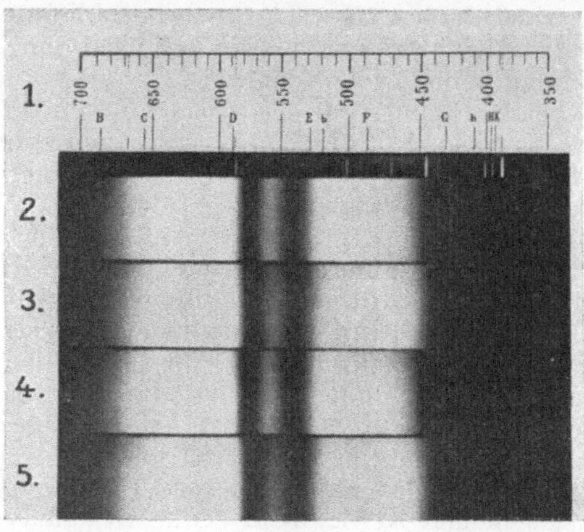

Abb. 5. 1. Wellenlängenskala. 2. Oxyhämoglobin (100fach verdünntes Blut). 3. CO-Hämoglobin (100 fach verdünntes Blut). 4. Oxyhämoglobin (100 fach verdünntes Blut). 5. CO-Hämoglobin (133 fach verdünntes Blut). (Nach Rost, Franz und Heise.)

mit denen des Oxyhämoglobins, doch ein wenig gegen das violette Ende des Spektrums verschoben sind; auch ein dritter, im ultravioletten Teil gelegener Streifen ist beinahe identisch mit dem des Oxyhämoglobins.

Durch eine gesättigte Lösung von Ferricyankalium wird aus dem Kohlenoxydhämoglobin das Kohlenoxyd in Freiheit gesetzt (genau so wie der Sauerstoff aus dem Oxyhämoglobin) und dabei auch das Hämoglobin in Methämoglobin verwandelt. Kohlenoxydhämoglobin wird durch reduzierende Substanzen nicht verändert. Blut, dessen Hämoglobin mit Kohlenoxyd gesättigt ist, widersteht der Fäulnis und bleibt in einer Atmosphäre von Kohlenoxyd in einer zugeschmolzenen Röhre beliebig lange unverändert.

d) Kohlensäurehämoglobin besteht aus je einem Molekül Hämoglobin und Kohlensäure. Da das Hämoglobin gleichzeitig je ein Molekül Sauerstoff und Kohlensäure aufzunehmen vermag, nimmt man an, daß die beiden Gase an zwei verschiedenen Stellen des Hämoglobinmoleküls gebunden werden, und zwar Sauerstoff an der eisenhaltigen, Kohlensäure aber an der eisenfreien (Eiweiß-) Komponente.

e) Cyanhämoglobin entsteht, wenn in Blut oder in eine Lösung von Hämoglobin Blausäure oder Cyangas eingeleitet wird; es ist krystallisierbar. Das Spektrum seiner wäßrigen Lösung gleicht dem des Hämoglobin; es zersetzt sich weder im Vakuum noch durch Durchleiten von indifferenten Gasen.

f) Stickoxyd (NO)-Hämoglobin entsteht, wenn eine Lösung von Hämoglobin mit NO gesättigt wird; es ist krystallisierbar. Die Verbindung zwischen Hämoglobin und NO ist fester als die zwischen Hämoglobin und Kohlenoxyd, so daß letzteres aus seiner Hämoglobinverbindung durch NO auszutreiben ist.

3. Nachweis und quantitative Bestimmung des Hämoglobin und seiner Gasverbindungen.

Nachweis Manche der vorangehend angeführten Eigenschaften des Hämoglobin lassen sich zum Nachweis von Blut im Harn oder in einer anderen Flüssigkeit, im Kot, oder in Flecken auf Wäsche und Kleiderstoff, endlich auch in einer beliebigen eingetrockneten Masse verwenden.

In einer durchsichtigen Flüssigkeit kann der Blutgehalt am Spektrum des Hämoglobins, oder Oxy-, oder Methämoglobins erkannt werden. Handelt es sich um eine eingetrocknete Masse, so wird an derselben zum Blutnachweis die Häminprobe, und zwar folgenderweise vorgenommen: Ein kleines Krümelchen der pulverisierten Substanz wird mit einer Spur von trockenem Kochsalz vermischt, auf einen Objektträger gebracht und mit einem Deckgläschen bedeckt. Nun läßt man ein wenig Eisessig zufließen, erhitzt über einer kleinen Flamme durch kurze Zeit und nur so weit, daß es eben zum Aufkochen des Eisessigs komme. Unter dem Mikroskop sucht man dann nach den dunkelbraunen Teichmannschen Häminkrystallen (S. 151).

Oder es wird nach Donogány ein Krümelchen der Substanz mit einigen Tropfen Pyridin und Schwefelammonium ebenso behandelt wie bei der Teichmannschen Probe; war Blutfarbstoff vorhanden, so sind im Präparate die roten Krystalle von Hämochromogen (S. 151) zu sehen, die ein charakteristisches Spektrum besitzen.

Wenn Blut in einem Fleck an Wäsche oder Kleiderstoff nachzuweisen ist, wird die betreffende Stelle mit Wasser ausgelaugt und am Verdampfungsrückstand der Flüssigkeit die Häminprobe angestellt.

Unter Umständen wird es auch erwünscht sein, zu unterscheiden, ob eine zu untersuchende Blutprobe Oxyhämoglobin, oder reduziertes Hämoglobin oder Kohlenoxydhämoglobin enthält.

a) Blut, welches Hämoglobin enthält, unterscheidet sich im folgenden von Blut, das Oxyhämoglobin enthält:

Reduziertes Hämoglobin enthaltendes Blut ist dunkler; es zeigt Dichroismus (S. 126). Auf reduziertes Hämoglobin wirken Schwefelwasserstoff sowie andere Substanzen, die das Oxyhämoglobin in Methämoglobin verwandeln, nicht ein.

Durch Zusatz reduzierender Substanzen zu oxyhämoglobinhaltigem Blut wird dessen Spektrum verändert, indem an Stelle der beiden Streifen des Oxyhämoglobins der für das Hämoglobin charakteristische Streifen tritt; das Spektrum des Blutes, welches bloß reduziertes Hämoglobin enthält, wird durch Zusatz reduzierender Substanzen nicht verändert.

b) Blut, welches Kohlenoxydhämoglobin enthält, unterscheidet sich im folgenden von Oxyhämoglobin enthaltendem Blut:

Kohlenoxydhaltiges Blut ist hellrot, sein Spektrum wird durch reduzierende Substanzen nicht verändert. Oxyhämoglobin enthaltendes Blut gibt mit Natronlauge vom spez. Gew. 1,3 einen schmutzigbraunen Niederschlag, während Kohlenoxydhämoglobin enthaltendes Blut, auf dieselbe Weise behandelt, einen lebhaftroten Niederschlag liefert. Oxyhämoglobinhaltiges Blut gibt mit einer Lösung von Gerbsäure im Überschuß versetzt, einen braunen, kohlenoxydhaltiges einen roten Niederschlag.

Quantitative Bestimmung. Der relative Hämoglobingehalt des Blutes kann mit einer für klinische Zwecke hinreichenden Genauigkeit durch colorimetrische Verfahren bestimmt werden, wie solche von Fleischl, Gowers, Sahli u. a. ausgearbeitet wurden. Eine genaue quantitative Bestimmung sowohl des Hämoglobins als auch seiner Gasverbindungen läßt sich auf dem Wege der Spektrophotometrie durchführen.

Wenn ein Lichtstrahl durch eine Farbstofflösung dringt, erfährt seine Intensität an gewissen charakteristischen Stellen des Spektrums eine Verringerung; als Maß dieser Intensitätsverringerung, die durch das Spektrophotometer bestimmt wird, dient der sog. Extinktionskoeffizient, der der Konzentration der Farbstofflösung proportional ist. Es besteht nämlich zwischen der Konzentration c der Farbstofflösung und dem Extinktionskoeffizienten ε die Relation $\dfrac{c}{\varepsilon}$, wobei $c =$ Farbstoff in Gramm, enthalten in einem Kubikzentimeter der Lösung. Diese Relation wird Absorptionsverhältnis genannt und mit A bezeichnet. A ist für die verschiedenen Farbstofflösungen durchwegs verschieden; auch verschieden für eine einzelne Farbstofflösung an verschiedenen Stellen des Spektralbandes; jedoch für eine Farbstofflösung an einer Stelle des Spektralbandes konstant und charakteristisch. Man hat das Absorptionsverhältnis für Hämoglobin und seine Gas-Verbindungen an zwei verschiedenen Stellen des Spektralbandes, einerseit szwischen den Wellenlängen 554 und 565 $\mu\mu$, andererseits zwischen 531,5 und 542,5 $\mu\mu$ bestimmt und gefunden für

	zwischen 554 u. 565 $\mu\mu$	zwischen 531,5 u. 542,5 $\mu\mu$
Oxyhämoglobin	0,002070	0,001312
Hämoglobin	0,001354	0,001778
Kohlenoxydhämoglobin	0,001382	0,001263
Methämoglobin	0,002077	0,001754

Wenn wir daher den Extinktionskoeffizienten einer Farbstofflösung, speziell der Lösung von Blutfarbstoff, mittels Spektrophotometers bestimmen, läßt sich aus diesem Wert und dem des Absorptionsverhältnisses die gesuchte Konzentration berechnen, denn aus $A = \dfrac{c}{\varepsilon}$ folgt, daß $\varepsilon A =$ die gesuchte Konzentration c, d. i. Gramm Farbstoff enthalten in 1 ccm der Lösung. Da ferner auch das Verhältnis der Extinktionskoeffizienten ε' und ε einer Farbstofflösung, an verschiedenen Stellen des Spektralbandes bestimmt, konstant und für die Farbstofflösung charakteristisch ist, läßt sich das Verhältnis $\varepsilon' : \varepsilon$ auch zum Nachweis der Reinheit einer Lösung der verschiedenen Blutfarbstoffe verwenden; so beträgt $\varepsilon' : \varepsilon$, an den oben genannten Stellen des Spektralbandes gemessen, für

Hämoglobin	0,762
Oxyhämoglobin	1,578
Methämoglobin	1,185
Kohlenoxyhämoglobin	1,095

4. Spaltungsprodukte des Hämoglobins.

Unter Einwirkung von Säuren und Laugen zerfällt das Hämoglobin in eine eisenfreie und eine eisenhaltige Komponente.

Das Globin, die eisenfreie Komponente, bildet den überwiegenden Bestandteil — etwa 94% — des Hämoglobinmoleküls; wird es der Hydrolyse unterworfen, so finden wir unter den Spaltprodukten eine größere Menge von Hexonbasen, namentlich viel Histidin; daher wird auch das Globin in die Gruppe der Histone eingereiht. Es enthält auch viel Leucin. Lösungen des Globin drehen die Ebene des polarisierten Lichtes nach links.

Die eisenhaltige Komponente, der das Hämoglobin seine Sauerstoffbindungsfähigkeit verdankt, bildet nur etwa 4% des Hämoglobinmoleküls und wird, je nachdem die Spaltung des Hämoglobins bei Ausschluß oder Anwesenheit von Sauerstoff erfolgt, als Hämochromogen oder Hämatin erhalten. Diese beiden Verbindungen unterscheiden sich voneinander im Sauerstoffgehalt; durch Oxydation wird das Hämochromogen in Hämatin, umgekehrt Hämatin durch Reduktion in Hämochromogen überführt.

Hämochromogen. Es wird aus Blut oder Hämoglobin durch Behandeln mit 32%iger Lauge bei Zimmertemperatur oder durch Kochen mit verdünnter Lauge bei Ausschluß von Sauerstoff erhalten. Seine alkalische Lösung ist kirschrot gefärbt; sein Spektrum ist durch drei charakteristische Absorptionsstreifen gekennzeichnet, welche zwischen den Linien D und E, E und b und im ultravioletten Teil gelegen sind; ihre Mitte fällt mit den Wellenlängen 556, 520 und 411 $\mu\mu$ zusammen. Ein Molekül des Hämochromogen bindet je ein Molekül Sauerstoff oder Kohlenoxyd, jedoch viel fester als das Hämoglobin. Da das Hämochromogen bisher noch nicht rein dargestellt werden konnte, ist auch seine empirische Formel unsicher.

Hämatin, $C_{34}H_{33}N_4FeO_5$ oder $C_{34}H_{35}N_4FeO_5$. Es wird aus Blut oder Hämoglobin durch Behandeln mit Säuren oder Lauge in Anwesenheit von Sauerstoff erhalten; es ist ein amorphes, blauschwarzes Pulver; in Wasser, Alkohol, Äther und Chloroform unlöslich; es löst sich in verdünnter Lauge und in säurehaltigem Alkohol. In saurer Lösung ist sein Spektrum durch mehrere Absorptionsstreifen gekennzeichnet, von welchen die zwischen C und D und zwischen D und E gelegenen besonders auffallen. Die alkalische Lösung weist nur ein breites Absorptionsband zwischen C und D auf.

Mit Salzsäure geht das Hämatin eine wichtige Verbindung ein: das salzsaure Hämatin oder Hämin, $C_{34}H_{33}N_4FeClO_4$. Es bildet mikroskopische, schwarzbraune, längliche, rhomboide Krystalle, die sog. Teichmannschen Krystalle. Die Löslichkeitsverhältnisse des Hämin stimmen mit denen des Hämatin überein.

Zu seiner Darstellung im großen werden gewaschene rote Blutkörperchen durch Kochen oder durch Alkohol koaguliert, ausgepreßt und mit Alkohol, der 1% Schwefelsäure enthält, stehen gelassen, filtriert, das Filtrat auf 70^0 C erwärmt, mit Salzsäure versetzt und nun einige Tage stehen gelassen. Während dieser Zeit scheiden sich Häminkrystalle in großer Menge aus.

Wenn man reines Hämin in Lauge löst und die Lösung mit Schwefelsäure ansäuert, wird das Hämin in Hämatin zurückverwandelt und in Form eines Niederschlages gewonnen.

Hämatoporphyrin, $C_{34}H_{38}N_4O_6$, steht dem Bilirubin (S. 175) nahe. Es entsteht aus dem Hämatin durch Abspaltung von Eisen unter der Einwirkung von konzentrierter Schwefelsäure oder Eisessig und Bromwasserstoffsäure. Die nach den verschiedenen Darstellungsarten erhaltenen Präparate sind nicht ganz identisch. Es ist amorph, braun; in Alkohol, Laugen und Säuren leicht löslich; seine saure Lösung ist purpurrot gefärbt. Sein Spektrum ist je nach dem Lösungsmittel und der Konzentration der Lösung verschieden; in saurer Lösung weist es zwei Absorptionsstreifen zwischen C und D resp. D und E auf; die alkalische Lösung ist durch vier Absorptionsstreifen gekennzeichnet. Es ist in sehr geringen Mengen wahrscheinlich auch im normalen Harn enthalten; in größerer Menge jedoch namentlich bei akuter Sulfonalvergiftung, nach längerem Gebrauch von Sulfonal und verwandten Verbindungen, endlich auch bei chronischer Bleivergiftung. Es gehört zu den sog. sensibilisierenden Stoffen, indem es, Versuchstieren beigebracht, die Lichtempfindlichkeit der dem Lichte ausgesetzten Körperstellen, also der Haut des Tieres, sehr erhöht. Werden solche mit Hämatoporphyrin behandelten Tiere dem Sonnenlichte ausgesetzt, so entstehen an ihrer Haut intensive Reizerscheinungen, die sofort schwinden, wenn das Tier wieder ins Dunkle gebracht wird.

Wird Hämatoporphyrin reduziert, so erhält man das Mesoporphyrin, $C_{34}H_{38}N_4O_4$, das in Farbe und Spektrum dem Hämatoporphyrin noch nahe steht; durch weitere Reduktion erhält man das Porphyrinogen, $C_{34}H_{42}N_4O_4$, eine farblose Verbindung, die große Ähnlichkeit mit entsprechenden Abbauprodukten des Chlorophylls hat, was an sich schon auf nahe Beziehungen zwischen Blut- und Blattfarbstoff hinweist. Diese werden vollends erwiesen durch den Umstand, daß man durch weiteren Abbau aus beiden Ätioporphyrin, $C_{31}H_{36}N_4$, andererseits auch Hämatinsäuren und Hämopyrrole erhalten kann (s. weiter unten).

5. Struktur der eisenhaltigen Komponente des Hämoglobins.

An Hämin ausgeführte systematische Abbauversuche (von Piloty, Küster, H. Fischer, Willstätter usw.) haben wichtige Anhaltspunkte dafür ergeben, wie man sich etwa die Struktur der eisenhaltigen Komponente des Hämoglobins vorzustellen habe. Man erhält nämlich durch Reduktion und nachfolgende Destillation des Hämins, auf je ein Molekül desselben gerechnet, je zwei Moleküle Phonopyrrol, d. i. Dimethyläthylpyrrol, und Phonopyrrolcarbonsäure, d. i. Dimethyl-Pyrrol-Propionsäure. Das Molekül des Hämins würde demnach aus je

$$CH_3-C\overline{\quad\quad}C-CH_2\cdot CH_3 \qquad\qquad CH_3-C\overline{\quad\quad}C-CH_2\cdot CH_2\cdot COOH$$

$$CH_3-C \qquad CH \qquad\qquad\qquad\quad CH_3-C \qquad CH$$

$$\diagdown N \diagup \qquad\qquad\qquad\qquad\qquad \diagdown N \diagup$$

$$H \qquad\qquad\qquad\qquad\qquad\qquad\quad H$$

Phonopyrrol   Phonopyrrol-Carbonsäure zwei Phonopyrrol- und Phonopyrrol-Carbonsäure-Molekülen bestehen, die aber offenbar noch komplizierter sind, als die, die durch Abspaltung bereits tatsächlich erhalten wurden (s. S. 152). Diese vier Moleküle bilden miteinander ein großes komplexes Molekül, in dem a) je ein Phonopyrrol und eine Phonopyrrolcarbonsäure an je zwei C-Atomen, b) die beiden Phonopyrrolcarbonsäuren an je einem C Atom miteinander, und c) die beiden, je ein Phonopyrrol und eine Phonopyrrolcarbonsäure enthaltenden Molekülhälften, miteinander an den N-Atomen durch eine FeCl-Gruppe verbunden sind.

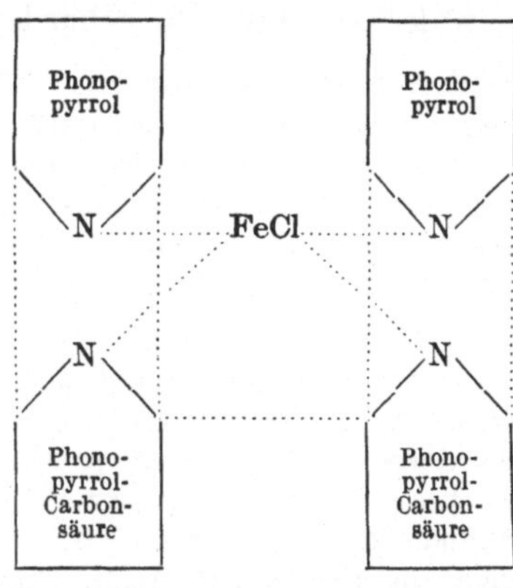

Aus Blutfarbstoff läßt sich auf einem anderen Wege auch das Imid der dreibasischen Hämatinsäure darstellen, eine Verbindung, die auch aus Bilirubin erhalten werden kann, die aber nichts anderes ist, als eine Phonopyrrolcarbonsäure, in der ein H und eine CH₃-Gruppe durch je einen Sauerstoff ersetzt sind. Von Wichtigkeit ist auch, daß die verschiedenen aus Blutfarbstoff darstellbaren Pyrrole durch Oxydation in das Methyläthyl-Malein-Imid überführt werden können, eine Verbindung, die man, wie auch die dreibasische Hämatinsäure, aus dem Bilirubin ebenfalls erhalten kann.

$$\begin{array}{l} COOH \\ | \\ C{-}CH_3 \\ || \\ C{-}CH_2 \cdot CH_2 \cdot COOH \\ | \\ COOH \end{array} \quad \begin{array}{c} \text{oder} \\ \text{anders} \\ \text{geschrieben} \end{array} \quad \begin{array}{c} CH_3{-}C{=}C{-}CH_2CH_2COOH \\ \quad | \quad | \\ HO\,OC \quad CO \\ H\,O \end{array}$$

Dreibasische Hämatinsäure

$$\begin{array}{c} CH_3{-}C{=\!=}C{-}CH_2 \cdot CH_2 \cdot COOH \\ \quad | \quad\quad | \\ OC \quad\quad CO \\ \diagdown O \diagup \end{array} \qquad \begin{array}{c} CH_3{-}C{=\!=}C{-}CH_2 \cdot CH_2 \cdot COOH \\ \quad | \quad\quad | \\ OC \quad\quad CO \\ \diagdown N \diagup \\ H \end{array}$$

Hämatinsäure-Anhydrid   Hämatinsäure-Imid

$$\begin{array}{l} COOH \\ | \\ C \cdot CH_3 \\ || \\ C \cdot CH_2 \cdot CH_3 \\ | \\ COOH \end{array} \quad \begin{array}{c} \text{oder} \\ \text{anders} \\ \text{geschrieben} \end{array} \quad \begin{array}{c} CH_3{-}C{=}C{-}CH_2 \cdot CH_3 \\ \quad | \quad | \\ HO\,OC \quad CO \\ H\,O \end{array} \qquad \begin{array}{c} CH_3{-}C{=\!=}C{-}CH_2 \cdot CH_3 \\ \quad | \quad\quad | \\ OC \quad\quad CO \\ \diagdown O \diagup \end{array}$$

Methyläthyl-Maleinsäure   Methyläthylmaleinsäure-Anhydrid

$$\begin{array}{c} CH_3{-}C{=\!=}C{-}CH_2 \cdot CH_3 \\ \quad | \quad\quad | \\ OC \quad\quad CO \\ \diagdown N \diagup \\ H \end{array}$$

Methyläthylmaleinsäure-Imid.

E. Blutgase.

Im Blute ist eine große Menge von Gasen enthalten, welche

a) entweder einfach physikalisch gelöst, absorbiert, oder aber
b) locker chemisch gebunden sind.

Man kann sie aus dem Blut in Freiheit setzen durch Vakuum oder indem man ein indifferentes Gas durch das Blut leitet, ferner durch Herabsetzung des Partialdruckes des betreffenden Gases im Gasraum oberhalb des Blutes auf Null, und endlich durch Zersetzung der Hämoglobin-Gasverbindungen mittels gewisser Verbindungen. Diese Gase sind Sauerstoff, Kohlensäure und Stickstoff.

a) Die Menge eines Gases, welches einfach physikalisch gelöst im Blut enthalten ist, wird durch dessen Absorptionskoeffizienten bei der betreffenden Temperatur bestimmt, d. h. durch das Volumen des Gases in Normal-ccm (d. h. bei 760 mm Hg und 0° gemessen), welches von 1 ccm der betreffenden Flüssigkeit absorbiert wird, wenn der Partialdruck des Gases 760 mm Hg beträgt. Dieser Wert hängt aber auch von der Menge fester Stoffe ab, die außer den Gasen gelöst sind. Nach Bohr beträgt der Absorptionskoeffizient der genannten Gase im Blut von 38° C

für Sauerstoff . . . 0,022
„ Kohlensäure . . 0,511
„ Stickstoff . . . 0,011

b) Die Menge der chemisch gebundenen Gase hängt ab von der chemischen Affinität zwischen den Gasen und den im Blut gelösten festen Stoffen, von der Temperatur der Flüssigkeit und von dem Partialdruck jedes einzelnen der im Gasraum über der Flüssigkeit befindlichen Gase.

1. Das Gasbindungsvermögen des Blutes und die Verteilung der Blutgase zwischen Blutplasma und roten Blutkörperchen.

a) **Sauerstoff.** Schütteln wir Blut bei Zimmertemperatur mit Sauerstoff oder atmosphärischer Luft, so wird durch 100 ccm Blut ein ganz bestimmtes Volumen des Sauerstoffes gebunden: dieses Volumen wird als Sauerstoffkapazität des Blutes bezeichnet. Wird Blut mit reinem Sauerstoff geschüttelt, so erhält man einen etwas höheren Wert. Der im Blute enthaltene Sauerstoff besteht zum weitaus größten Anteile aus solchem, der vom Hämoglobin im Sinne der Ausführungen (auf S. 142) gebunden ist; eine geringere Menge ist im Blutplasma rein physikalisch gelöst enthalten. Die Abhängigkeit der Sauerstoffbindung des Blutes von der Sauerstofftension im Gasraume oberhalb der Flüssigkeit wurde in Versuchen bestimmt, die genau so wie die auf S. 143 erörterten eingerichtet waren.

So fand Krogh folgenden Zusammenhang zwischen dem Sauerstoffgehalt des Pferdeblutes von 38° C und den Sauerstoffpartialdrucken:

Partialdruck des Sauerstoffs im Gasraum mm Hg	In 100 ccm Pferdeblut sind enthalten Sauerstoff ccm	
	chemisch locker gebunden	im Plasma gelöst
10	6,0	0,02
20	12,9	0,04
30	16,3	0,06
40	18,1	0,08
50	19,1	0,10
60	19,5	0,12
70	19,8	0,14
80	19,9	0,16
90	19,9	0,18
.	.	.
.	.	.
.	.	.
150	20,0	0,30

Aus den Ergebnissen solcher Versuche hat man wie auf S. 144 einerseits die Sauerstoffsättigungskurve des Blutes, andererseits die Dissoziationskurve des im Blute enthaltenen Oxyhämoglobins konstruiert. Vergleicht man die Sauerstoffsättigungs- und Sauerstoffdissoziationskurven des Blutes von verschiedenen Tieren, resp. auch an demselben Tierindividuum zu verschiedenen Zeiten, so können wir im Verlauf dieser Kurven manche Unterschiede nachweisen. Neben der (S. 143) erwähnten Unstimmigkeit in der Zusammensetzung des Hämoglobins verschiedener Provenienz sind es namentlich diese Unterschiede, welche B o h r zu der Annahme veranlaßten, daß nicht nur verschiedene Tiere nicht dasselbe Hämoglobin in ihrem Blute haben, sondern auch, daß es im Blute eines Tieres mehrere verschiedene Hämoglobine gibt. Würde sich dies bewahrheiten, so könnte natürlich auch der für die Sauerstoffkapazität des Hämoglobins angenommene Wert kein konstanter sein. Nun hat es sich aber aus neueren Untersuchungen ergeben, daß die erwähnten Verschiedenheiten der Kurven durch den verschiedenen Gehalt des Blutes an Kohlensäure und an verschiedenen Salzen verursacht werden. Bestimmt man nämlich erst die Sauerstoffbindung reiner Hämoglobinlösungen von beliebigen Tierarten bei verschiedenen Sauerstoff-Partialdrucken, so erhält man immer eine Kurve, die genau mit der (S. 144) mitgeteilten übereinstimmt. Löst man nun in derselben Hämoglobinlösung variierende Mengen verschiedener Salze, oder bringt man die Lösung mit Gasgemischen ins Gleichgewicht, in denen der Partialdruck der Kohlensäure variiert wird, so ergibt sich ein Verlauf der Sauerstoffsättigungskurve, die sich von der zuerst erhaltenen recht bemerkbar unterscheidet und zwar, was besonders wichtig ist, in dem Sinne, daß bei zunehmendem Kohlensäurepartialdruck die Sauerstoffbindungsvermögen des Hämoglobins abnimmt. Letzterer Umstand hat zur wichtigen Folge, daß im Blute der Kapillaren trotz der fortschreitenden Abnahme des Sauerstoffes gerade infolge der Kohlensäurezunahme beständig eine genügende Menge von Sauerstoff an das Blutplasma, resp. an die Gewebe abgegeben werden kann.

Es kann also einerseits als erwiesen erachtet werden, daß das Gleichgewicht $Hb + O_2 \rightleftarrows HbO_2$ im Sinne der Ausführungen auf S. 145 zwar besteht, jedoch nur, wenn es sich wirklich um salz- und Kohlensäurefreie Lösungen von Hämoglobin handelt; sonst ist das Gleichgewicht verschoben; andererseits, daß zur Zeit kein Grund zur Annahme verschiedener Arten von Hämoglobin in verschiedenen Tieren oder gar in einer Blutart vorliegt.

Auch in der Festigkeit der Sauerstoffverbindung gibt es beträchtliche Unterschiede zwischen Blut, Hämoglobin und dessen Derivaten; so hält das Hämoglobin, zu dessen Darstellung Alkohol verwendet war, den Sauerstoff besonders fest; noch mehr ist dies der Fall beim Methämoglobin und beim Hämochromogen, die genau soviel Sauerstoff zu binden vermögen als das Hämoglobin, ihn aber so fest halten, daß er auf physikalischem Wege nicht auszutreiben ist.

b) **Kohlensäure.** Während die überwiegende Menge des Sauerstoffs im Blute in den roten Blutkörperchen enthalten ist, ist an der Bindung der Kohlensäure das Blutplasma in größerem Maße beteiligt. Kohlensäure findet sich im Blute in drei verschiedenen Formen: $^1/_{10}$—$^1/_{20}$ der Gesamtmenge ist einfach physikalisch gelöst; ein anderer Teil ist an Alkali festgebunden als kohlensaures, richtiger doppeltkohlensaures Alkali; der Rest ist in Form von leicht dissoziierenden Verbindungen chemisch locker, und zwar hauptsächlich an Eiweiß gebunden.

Bohr stellte folgenden Zusammenhang zwischen dem CO_2-Gehalt 38^0igen Blutes und dem CO_2-Partialdruck im Gasraum fest:

Partialdruck der Kohlensäure mm Hg	In 100 ccm Blut sind enthalten Kohlensäure ccm
0,6	7,1
2,3	13,7
5,1	19,5
8,2	24,7
10,6	27,0
28,3	38,1
54,3	46,7
82,0	55,7

Noch ist zu bemerken, daß die im Blute enthaltenen Eiweißalkaliverbindungen bei Zunahme des Partialdruckes der Kohlensäure durch diese zersetzt werden, wobei es zu einer Vereinigung der Kohlensäure mit dem freigewordenen Alkali kommt. Umgekehrt wird bei abnehmendem Partialdruck der Kohlensäure das leicht dissoziierende Alkalicarbonat zersetzt und es findet eine Wiedervereinigung der freigewordenen Kohlensäure mit dem Eiweiß zu Eiweißalkali statt:

$$CO_2 + H_2O + \text{Na-Album.} \rightleftarrows NaHCO_3 + \text{H-Album.}$$

Daß es im Blute tatsächlich Verbindungen gibt, die dem in obiger Gleichung enthaltenen Ausdruck Na-Album. entsprechen, geht unter anderem daraus hervor, daß ein Teil des Blutalkali daselbst in nicht diffundibler Form enthalten ist (s. S. 137). Dieselbe Rolle kommt auch dem Hämoglobin zu, welches, wie S. 149 erwähnt war, mittels seiner eisenhaltigen

Komponente Sauerstoff, mit der eisenfreien jedoch Kohlensäure zu binden vermag.

Eine Veränderung des Partialdruckes der Kohlensäure bedingt auch eine Verschiebung ihrer Verteilung zwischen dem Blutplasma und den roten Blutkörperchen; letztere enthalten nämlich mehr Alkali als das Plasma, demzufolge bei zunehmendem Partialdruck der Kohlensäure mehr Alkalicarbonat in den roten Blutkörperchen entstehen muß als im Plasma.

c) **Stickstoffgas** ist bloß physikalisch gelöst im Blutplasma enthalten. Nimmt der Luftdruck ab oder zu, so wird auch der Stickstoffgehalt des Blutplasma entsprechend geringer oder größer.

2. Quantitative Bestimmung der Blutgase.

a) Der Gasgehalt des Blutes wurde früher ausschließlich mittels der Blutgaspumpe bestimmt.

Ein Glasrezipient wird mit Hilfe einer Quecksilberluftpumpe evakuiert und dann ein genau gemessenes Volumen des zu untersuchenden Blutes eingefüllt, wobei dessen sämtliche physikalisch absorbierte und chemisch locker gebundene Gase in Freiheit gesetzt werden, besonders wenn das Blut etwas erwärmt wird. Die Gase werden in einem Eudiometer gesammelt und dann in der bekannten Weise quantitativ analysiert.

b) Der Sauerstoff- und Kohlensäuregehalt auch kleinerer Blutmengen (bis herunter zu 0,1 ccm) kann sehr bequem nach Haldane's resp. Barcroft's Vorgang bestimmt werden.

Zu diesem Behuf wird die genau abgemessene Menge Blutes in einem geeigneten Gefäße mit einer Lösung von Ferricyankalium versetzt, wodurch der gesamte locker gebundene Sauerstoff in Freiheit gesetzt wird; aus der Zunahme des Druckes, welchen das über dem Blute abgeschlossene Gasgemenge hierdurch erfährt, läßt sich die Menge des in Freiheit gesetzten Sauerstoffes leicht berechnen. Dann wird mittels einer Lösung von Weinsäure die Kohlensäure in Freiheit gesetzt und ihre Menge abermals aus der Druckzunahme berechnet.

3. Der Gasgehalt des kreisenden Blutes.

a) Die Menge des Sauerstoffes beträgt:

	im arteriellen Blut Volum-%, ca.	im venösen Blut Volum-%, ca.
beim Menschen	22	12—16
,, Hund	18	12—14
,, Pferd	14	7
,, Kaninchen	13	—
,, Huhn	11	4

Das arterielle Blut enthält um ein Geringes weniger locker gebundenen Sauerstoff, als seiner Sauerstoffkapazität entspricht, und zwar aus dem Grunde, daß die Blutgase nicht mit der atmosphärischen Luft, sondern mit der Alveolarluft im Gleichgewicht stehen, in welcher der Partialdruck des Sauerstoffes in der Regel bloß 100—110 mm Hg beträgt. Der Sauerstoffgehalt des venösen Blutes ist, je nachdem, welchem Gefäße es entnommen wurde, sehr verschieden: das Blut des rechten Herzens, welches ein Gemisch des venösen Blutes des ganzen Körpers darstellt, enthält durchschnittlich um 7% weniger Sauerstoff als das arterielle Blut.

Der Sauerstoffgehalt des Blutes hängt auch von der Temperatur ab: bei höherer Temperatur wird er geringer. Er hängt auch von dem

Alkaligehalt des Blutes ab, indem durch einen größeren Alkaligehalt eine Zunahme des Kohlensäuregehaltes bedingt wird, wodurch wieder das Sauerstoffbindungsvermögen des Blutes herabgesetzt wird (S. 155). Die Menge des physikalisch gelösten Sauerstoffes ist von dem Luftdrucke direkt abhängig, hingegen ist das Blut mit locker gebundenem Sauerstoff beinahe noch gesättigt, wenn der Luftdruck auf die Hälfte, also der O_2-Partialdruck auf etwa 80 m/m Hg gesunken ist (S. 145).

b) Die Menge der Kohlensäure beträgt:

	im arteriellen Blut Volum-$^0/_0$, ca.	im vernösen Blut Volum-$^0/_0$, ca.
beim Menschen	40	—
„ Hund	34—40	44—50
„ Pferd	49	56
„ Kaninchen	34	—
„ Huhn	48	57

Der Kohlensäuregehalt des arteriellen Blutes ist größeren Schwankungen unterworfen als sein Sauerstoffgehalt; so nimmt z. B. bei der Muskelarbeit infolge der Bildung von sauren Produkten die Alkaleszenz des Blutes und hiermit auch sein Kohlensäuregehalt ab. Dieser ist aber auch von der Lungenventilation abhängig, indem der Partialdruck der Kohlensäure in den Alveolen, die für gewöhnlich 35—45 mm Hg beträgt, durch vermehrte Ventilation für eine gewisse Zeit ansehnlich herabgesetzt werden kann, worauf auch eine Abnahme im Blute erfolgen muß.

Der Kohlensäuregehalt des Venenblutes unterliegt naturgemäß größeren Schwankungen; er ist nicht nur verschieden, je nachdem, welcher Vene das Blut angehört, sondern er ist auch innerhalb derselben Vene sehr variierend, je nach der Geschwindigkeit des Blutstromes und je nach der Intensität des Stoffwechsels im betreffenden Organ. Das venöse Blut im rechten Herzen enthält durchschnittlich um 8$^0/_0$ mehr Kohlensäure als das arterielle Blut.

c) Die Menge des im Blutplasma gelösten Stickstoffes beträgt ca. 1,2 Volum-$^0/_0$.

d) Kohlenoxyd soll nach einigen Autoren auch im normalen Blut enthalten sein; so 0,04 Volum-$^0/_0$ im Kaninchenblut und 0,08 Volum-$^0/_0$ im Hundeblut. Größere Mengen bei Kohlenoxydvergiftung (Leuchtgas, „Kohlendunst").

Der Gasgehalt des Blutes kann unter pathologischen Umständen in manchen Punkten von der Norm abweichen. So enthält das arterielle Blut mancher Herz- oder Lungen-Kranker weniger Sauerstoff als das arterielle Blut des Gesunden. Da die Gewebe von dem Sauerstoff, welcher in 100 ccm durchströmenden Blutes enthalten ist, durchschnittlich 6,5 ccm verbrauchen, ist es klar, daß das Sauerstoffbedürfnis der Gewebe schwer befriedigt werden kann, wenn der Sauerstoffgehalt des arteriellen Blutes erheblicher herabgesetzt ist, schon gar nicht, wenn er auf weniger als 6,5 ccm Volum-$^0/_0$ sinkt. Dasselbe ist der Fall, wenn der Sauerstoffgehalt des arteriellen Blutes zwar normal ist, jedoch infolge verlangsamter Zirkulation dem Blute während seines Durchströmens durch die Gewebe mehr Sauerstoff als in der Norm entzogen wird. Auch ist noch zu erwähnen, daß bereits die normalen Schwankungen der Blutalkaleszenz einen erheblichen Einfluß auf den Gasgehalt des Blutes ausüben können; in weit höherem

Grade ist dies der Fall, wenn größere Mengen von Säuren in Zirkulation kommen, sei es von außen durch eine Vergiftung, sei es infolge gewisser pathologischer Vorgänge, wie etwa im diabetischen Koma. Durch den Säureüberschuß wird ein großer Teil des Blutalkali gebunden und hierdurch das Kohlensäurebindungsvermögen und der Kohlensäuregehalt des Blutes erheblich herabgesetzt.

4. Die Spannung der Gase im kreisenden Blute.

Der Druck oder die Spannung der Gase, z. B. des Sauerstoffes im kreisenden Blute ist nicht identisch mit dem, der aus dem Sauerstoffgehalt desselben Blutes mit Hilfe der Sauerstoffsättigungskurve (siehe Abb. 1 auf S. 144) berechnet werden kann; denn die Spannung des Sauerstoffes kann auch bei demselben Sauerstoffgehalt eine verschiedene sein, unter anderem auch, je nachdem dessen Kohlendioxydgehalt ein verschiedener ist (S. 155). Die wirkliche Spannung der Blutgase läßt sich daher nur am kreisenden Blut selbst feststellen, zu welchem Behufe verschiedene sog. tonometrische Verfahren ausgearbeitet wurden.

a) Manche dieser Verfahren beruhen darauf, daß, wenn eine möglichst geringe Menge Blutes längs einer möglichst großen Oberfläche mit einem abgeschlossenen Gasgemenge in Berührung bleibt, dessen Zusammensetzung mit dem der Blutgase annähernd übereinstimmt, es bald zu einem Gleichgewicht zwischen den Blutgasen und den Gasen im Raum oberhalb des Blutes kommt. Aus der Zusammensetzung dieses Gasgemenges am Ende des Versuches und seinem Gesamtdruck läßt sich der Partialdruck jedes einzelnen der Gase berechnen. Diese Partialdrucke sind im Falle des Gleichgewichtes gleich den Tensionen der betreffenden Gase im Blute.

So läßt sich mittels des Pflügerschen Lungenkatheters der Druck der Gase in dem durch die Lungenkapillaren strömenden, vom rechten Herzen herkommenden Blute bestimmen; der Katheter wird durch einen der Hauptbronchien hinuntergeschoben und durch Aufblasen des oberhalb der unteren Katheter-Mündung angebrachten Gummiballons ein Teil der Lunge gänzlich aus der Respiration ausgeschlossen; in dem, jenseits des Gummiballons befindlichen, gänzlich abgeschlossenen Gasraum, in dem das untere Ende des Katheter-Rohres hineinragt, und der durch Bronchien und Alveolen gebildet wird, setzen sich die Gase mit den Gasen des in diesem Lungengebiete zirkulierenden Blutes bald ins Gleichgewicht, so daß die Partialdrucke für jedes Gas im Blute und im Gasraume gleich groß sind. Mittels des Katheters läßt sich leicht eine Probe dieses Gases entnehmen.

Auf demselben Prinzipe beruht auch die Verwendung der sog. Aerotonometer, z. B. des von Bohr konstruierten. Dieser Apparat wird mit einer Arterie des Tieres verbunden, worauf das Blut, während es durch eine weite Röhre strömt, mit einem in der Röhre abgeschlossenen Gasgemenge in Berührung kommt und nachher durch die Vena jugularis wieder in den Tierkörper zurückströmt. Wird die Gerinnung des Blutes durch intravenöse Injektion von Hirudin oder Pepton hintangehalten, so kann die Durchströmung des Apparates mit Blut so lange fortgesetzt werden, bis das Gleichgewicht zwischen Blutgasen und dem im Apparat eingeschlossenen Gasmenge hergestellt ist.

b) Haldane und Smith lassen durch das Versuchsindividuum Luft von genau bekanntem Kohlenoxydgehalt so lange einatmen, bis der Kohlenoxydgehalt des Blutes nicht mehr zunimmt. Da das gleichzeitige Bindungsvermögen des Blutes für Kohlenoxyd und Sauerstoff von dem Verhältnis der Tensionen dieser Gase abhängt (S. 147), läßt sich aus dem Kohlenoxydgehalt auch der Druck des im Blute gebundenen Sauerstoffes berechnen.

c) Am handlichsten dürfte das Kroghsche Mikrotonometer sein, in dem man ein minimales Luftbläschen längere Zeit hindurch von dem zu untersuchenden Blute umspülen läßt und dann den O_2- resp. CO_2-Gehalt des in ein calibriertes Capillarrohr überführten Luftbläschens aus seiner Volumabnahme berechnet, die es während der Berührung mit Lösungen erleidet, die CO_2 absorbieren (starke Lauge) resp. O_2 absorbieren (alkalische Pyrogallussäure).

Die Werte, welche nach verschiedenen Methoden und von verschiedenen Autoren erhalten wurden, sind aber recht verschieden; so fanden ältere Autoren für die Tension des Sauerstoffes im arteriellen Blute 75—80, Bohr 101—144; für die Tension der Kohlensäure wurden 17—30 mm Hg gefunden. Im venösen Blut fand man für Sauerstoff 17—37, für Kohlensäure 32—54 mm Hg.

Aus dem Vergleich der Partialdrucke der einzelnen Gase im kreisenden Blute und in der Alveolarluft folgerte Bohr, daß der Austausch der Gase zwischen beiden nicht allein auf Diffusion beruhen kann, denn er fand in seinen Versuchen die Tension des Sauerstoffes im Blut oft höher und die der Kohlensäure oft kleiner als in der Alveolarluft. Wenn es nun trotzdem zu einer Aufnahme von Sauerstoff und zu einer Abgabe von Kohlensäure von seiten des Blutes kam, kann dies nach Bohrs Ansicht nur durch eine aktive, sekretorische Tätigkeit des Alveolarepithels erklärt werden, ebenso, wie wenn durch eine Drüse irgend eine Substanz aus dem Blute in größerer Konzentration abgeschieden wird, als sie im Blut selbst gelöst enthalten ist. Zwar wurde diese Gassekretionstheorie später vom Autor selbst fallen gelassen, doch kann die Möglichkeit einer physiologischen Gassekretion durch lebende Membranen (wo also eine rein physikalische Erklärung nicht hinreicht) nicht von vorneherein abgewiesen werden, wenn man bedenkt, daß der O_2-Gehalt der Gase in der Schwimmblase mancher Fische bis zu 80 % beträgt.

F. Weiße Blutkörperchen und Blutplättchen.

Die weißen Blutkörperchen bestehen ihrer Hauptmasse nach aus Globulinen und Nucleoproteiden. Außer Eiweißkörpern enthalten sie auch Phosphatide (Lecithin), Cholesterin, ferner auch Glykogen. Es folge hier das Beispiel einer Analyse von Leukozyten. In der Trockensubstanz waren enthalten:

Eiweiß	10,4 %
Nuclein	68,9 „
Lecithin	7,5 „
Fett	4,0 „
Cholesterin	4,4 „
Glykogen	0,8 „

Den Blutplättchen, Thrombocyten kommt wahrscheinlich eine wichtige Rolle in der Blutgerinnung zu. Es wurden einfache Eiweißkörper und Nucleoproteide in ihnen nachgewiesen.

Die Lymphe.

Die Lymphe ist eigentlich Blutplasma, welches durch die Wandungen der kleinsten Gefäße hindurchtritt, in die Gewebslücken gelangt und einerseits den Zellen und Zellderivaten Nährstoffe zuführt, andererseits aber deren Stoffwechselprodukte aufnimmt. Von den Gewebslücken gelangt die Lymphe auf Wegen, die uns noch nicht ganz genau bekannt sind, in die Lymphcapillaren und auf dem Wege der großen Lymphgefäße in das Blut zurück.

Der Umstand, daß die Lymphe bei ihrem Austritt aus der Blutbahn eine Membran passieren muß, macht es begreiflich, daß sie krystalloide Verbindungen in ähnlicher Konzentration, kolloidale Verbindungen aber in anderer Konzentration enthält als das Blutplasma. Auch ist es begreiflich, daß die Zusammensetzung der Lymphe an verschiedenen Teilen des Körpers nicht dieselbe sein kann, da sie ja nebst den Bestandteilen des Blutplasmas auch die Stoffwechselprodukte der betreffenden Gewebe enthält. Zur Untersuchung der Eigenschaften und der Zusammensetzung der Lymphe ist diejenige Flüssigkeit am geeignetsten, welche ohne Unterbrechung auch im Hungerzustand sich in den Lymphgefäßen des Darmes sammelt und gegen den Ductus thoracicus strömt; in der Tat ist es diese Lymphe, an der die meisten Untersuchungen ausgeführt wurden. Diese Lymphe ist eine klare, schwach opalisierende, gelbliche Flüssigkeit vom spezifischen Gewicht von etwa 1,020; sie reagiert auf Lackmus schwach alkalisch und gerinnt leicht. Ihre Bestandteile sind:

Wasser	93,5—95,8 %
Trockensubstanz	4,2— 6,5 „
von der Trockensubstanz organisch	3,4— 5,8 „
„ „ „ anorganisch	0,7— 0,8 „
von der organischen Trockensubst. Eiweiß	3,0— 4,5 „
„ „ „ „ Fett	0,4— 0,9 „
d-Glucose	0,1 „

Von Eiweißkörpern sind vorhanden Serumalbumin, Serumglobulin, wenig Fibrinogen. Unter den anorganischen Bestandteilen überwiegt das Kochsalz.

Die Lymphe enthält auch Gase gelöst, und zwar mehr Kohlensäure als das arterielle und weniger als das venöse Blut, hingegen kaum Spuren von Sauerstoff.

Während der Resorption der eingeführten Nahrung erfährt die Lymphe im Ductus thoracicus durch den Hinzutritt der Verdauungslymphe, des sog. Chylus, eine wesentliche Änderung ihrer Zusammensetzung, namentlich ihres Fettgehaltes, der auf 3—15 % ansteigen kann.

Das Sekret der serösen Häute.

Unter physiologischen Umständen enthalten die meisten serösen Höhlen so wenig Flüssigkeit, daß ihre Menge zu einer genauen Analyse nicht reicht; nur die perikardiale und die Zerebrospinalflüssigkeit sind auch am gesunden Menschen in größerer Menge vorhanden. Im allgemeinen läßt sich sagen, daß die in die serösen Höhlen sich ergießende Flüssigkeit Lymphe ist, sich daher von Blutplasma nur durch den geringeren Gehalt an kolloidalen Bestandteilen unterscheidet. Eine Ausnahmestellung nehmen die Zerebrospinal- und Synovialflüssigkeiten ein, die, offenbar infolge des eigentümlichen anatomischen Aufbaues der sie abscheidenden Häute, wesentlich anders als die übrigen serösen Flüssigkeiten zusammengesetzt sind.

Die Zerebrospinalflüssigkeit hat ein spezifisches Gewicht von 1,007—1,008; sie reagiert auf Lackmus schwach alkalisch; in physikalisch-chemischem Sinne ist sie jedoch neutral, wie das Blutplasma;

der Trockensubstanzgehalt beträgt ca. 1%, wovon vier Fünftel anorganisch sind. Von dem organischen Teil entfallen ca. $0,02\text{---}0,03\%$ auf Eiweiß; außerdem sind noch wenig Harnstoff, Traubenzucker usw. vorhanden.

Die **Synovialflüssigkeit** hat einen Trockensubstanzgehalt von $3\text{---}5\%$; hiervon entfallen $1,5\text{---}3\%$ auf Eiweiß, $0,3\%$ auf mucinähnliche Substanzen und 1% auf anorganische Verbindungen.

Unter pathologischen Umständen kann in den serösen Höhlen eine Ansammlung größerer Flüssigkeitsmengen stattfinden.

a) Je nach dem Prozesse, dem sie ihr Entstehen verdanken, werden diese Flüssigkeiten als **Transsudate** oder **Exsudate** bezeichnet. Sie reagieren auf Lackmus alkalisch, in physikalisch-chemischem Sinne jedoch neutral, wie Blutplasma. Sie sind zuweilen farblos, meistens aber blaßgelb oder blaßgrün, klar oder von Formelementen getrübt; letztere bestehen aus roten und weißen Blutkörperchen, desquamierten Epithelien, Fetttropfen, Cholesterinkrystallen usw. Sie enthalten, ebenso wie die Lymphe, Fibrinogen, und zwar die ersteren mehr, die letzteren weniger. Auf dem Fibrinogengehalt beruht die Gerinnbarkeit mancher Exsudate im Ganzen, sowie auch die Gerinnselbildung in manchen Transsudaten. In selteneren Fällen sind diese Flüssigkeiten milchig getrübt und es läßt sich in ihnen ein erhöhter Fettgehalt nachweisen. Der Ursprung dieses Fettplus ist nicht immer klar, jedoch läßt sich für die meisten Fälle eine Beimischung von Chylus annehmen (auf welchem Wege diese Beimischung erfolgt, ist allerdings meistens ungeklärt geblieben); für andere Fälle hat man angenommen, daß das Fett aus Zellen herrühre, die in großer Zahl der Verfettung anheimfielen.

Die **Transsudate** enthalten in der Regel sehr wenig weiße Blutkörperchen; ihr spezifisches Gewicht beträgt gegen $1,010\text{---}1,015$; sie enthalten Serum-Albumin und -Globulin, gewöhnlich im selben Verhältnis, wie das Blutplasma des betreffenden Individuums; doch ist der gesamte Eiweißgehalt, wenn auch sehr wechselnd, meistens wesentlich geringer als in der Lymphe: von $0,1\%$ bis zu mehreren Prozenten. Außer Eiweiß läßt sich noch Traubenzucker, Harnstoff und zuweilen auch Bernsteinsäure nachweisen. Besonders eiweißreich sind die Aszites- und Hydrozelenflüssigkeiten.

Die **Exsudate** enthalten meistens wesentlich mehr weiße Blutkörperchen; auch ist ihr spezifisches Gewicht höher als das der Transsudate; desgleichen enthalten sie auch mehr Eiweiß, $3\text{---}6\%$, insbesondere in der Regel mehr Fibrinogen.

Es ist jedoch zu bemerken, daß oft genug eiweißreiche Transsudate von relativ höherem spezifischem Gewicht und eiweißarme Exsudate von relativ geringem spezifischem Gewicht angetroffen werden.

b) Zu den pathologischen Flüssigkeiten gehört auch der Inhalt von Echinokokkuscysten, der eiweißfrei ist, jedoch Bernsteinsäure, Inosit usw. enthält.

c) In menschlichen Ovarien bilden sich unter pathologischen Umständen sog. Kystome, deren Inhalt je nach der Qualität und Menge der in ihnen enthaltenen Verbindungen mehr flüssig oder gallertartig ist. Diese Verbindungen sind das **Pseudomucin** und das **Kolloid**, die dem Mucin nahe stehen, indem aus ihnen Glucosamin abgespalten werden kann, die sich aber vom Mucin dadurch unterscheiden, daß sie mit Essigsäure nicht fällbar sind. Der verschiedenen Zusammensetzung entsprechend, schwankt auch das spezifische Gewicht der Kystomflüssigkeiten zwischen $1,005$ und $1,055$.

d) Der Inhalt der **Parovarialcysten**, die sich im Ligamentum latum entwickeln, ist dünnflüssig, frei von Pseudomucin; sein spezifisches Gewicht beträgt $1,003\text{---}1,009$, ist also geringer als das der Kystomflüssigkeiten.

Siebentes Kapitel.

Chemische und physikalisch-chemische Vorgänge im Verdauungstrakt.

Die durch den Mund eingeführte Nahrung muß, um resorbiert und dann verwertet werden zu können, eine entsprechende Umwandlung erfahren; diese erfolgt teils auf mechanischem Wege (Zerkleinerung), teils auf chemischem Wege. Die chemische Vorbereitung besteht hauptsächlich in hydrolytischen Spaltungsprozessen, die in der Mundhöhle, im Magen und im Darm vor sich gehen und denen zufolge kompliziert aufgebaute Verbindungen in einfachere überführt werden.

I. Mundverdauung.

Die in den Mund gelangte Nahrung wird mittels der Zähne zerkleinert, vermahlen und mit dem in die Mundhöhle ergossenen Sekret, dem Speichel, vermischt. Hierdurch werden einerseits gewisse Teile der zerkleinerten Nahrung in Lösung gebracht, teilweise auch chemisch verändert; andererseits wird die zum Bissen geformte Masse schlüpfrig und hierdurch zum Hinunterschlucken geeignet gemacht.

Unter den Drüsen, die den Mundspeichel liefern, unterscheidet man sog. seröse oder Eiweißdrüsen, die ein dünnes, an Mucin armes, koagulierbares Eiweiß enthaltendes Sekret liefern. Zu dieser Gruppe gehören am Menschen die Parotis und ein Teil der in der Mundschleimhaut zerstreuten kleinen Drüsen. Eine zweite Gruppe wird durch die sog. Schleimdrüsen gebildet, welche ein eiweißarmes, jedoch mehr Mucin enthaltendes, stärker alkalisch reagierendes Sekret absondern. Hierher gehören die Gl. sublingualis des Menschen und der andere Teil der zerstreuten kleinen Drüsen. Endlich unterscheidet man die sog. gemischten Drüsen, deren Sekret sowohl Eiweiß als auch Mucin enthält; eine gemischte Drüse ist die Gl. submaxillaris des Menschen.

Die Menge des vom Menschen täglich abgeschiedenen gemischten Speichels beträgt ca. 1,5 Liter. Der Speichel ist eine farblose, opalisierende, schwach alkalisch reagierende Flüssigkeit, deren Trockensubstanzgehalt 0,5—1% beträgt. Seine Gefrierpunktserniedrigung beträgt 0,1—0,2° C, er ist also dem Blute gegenüber hypotonisch. Die Trockensubstanz besteht zu einem kleineren Teil aus anorganischen Verbindungen, wie Kochsalz, Carbonaten, Phosphaten und Spuren von Rhodanalkali. Letzteres ist im menschlichen Speichel immer, im Hundespeichel häufig, im Speichel unserer pflanzenfressenden Haustiere nicht vorhanden.

Nachweis des Rhodanalkali: Der Speichel wird mit Salzsäure schwach angesäuert und mit einer verdünnten Lösung von Eisenchlorid versetzt, worauf eine schwache Rotfärbung infolge der Bildung von Rhodaneisen eintritt.

Von anorganischen Substanzen sind enthalten: ein koagulables Eiweiß, Mucin und als wichtigster Bestandteil eine Diastase (Amylase), auch Ptyalin genannt, ferner auch geringe Mengen von Maltase.

Das Ptyalin ist am Menschen im Sekret sämtlicher Speicheldrüsen enthalten; am Kaninchen und am Schwein bloß im Sekret der Parotis;

11*

im Hunde- und Katzenspeichel fehlt es vollkommen. Saccharose und Cellulose werden durch Ptyalin nicht, Stärke und Glykogen sehr energisch gespalten, doch nur bis zu Maltose, die weiterhin infolge eines geringen Maltasegehaltes des Speichels teilweise in d-Glucose zerlegt wird. Die stärkespaltende Wirkung des Ptyalins ist so bedeutend, daß, wenn man 1 ccm menschlichen Speichels auf 1 g löslicher oder zu Kleister verkochter Stärke einwirken läßt, binnen $2^1/_2$ Stunden keine mit Jod sich bläuende Stärkebestandteile mehr nachzuweisen sind. Am kräftigsten wirkt Ptyalin bei minimaler saurer Reaktion; doch übt die Salzsäure bereits in einer Konzentration von ca. 0,01% eine hemmende Wirkung aus. (Die Angaben verschiedener Forscher lauten sehr widersprechend.) Gefördert wird die Wirkung des Ptyalins durch Kochsalz.

Zusammensetzung und Quantität des Speichels sind, wie an Hunden, denen eine Speichelfistel nach Pavlow angelegt wurde, leicht nachgewiesen werden kann, der Art der eingeführten Nahrung angepaßt. Einmal scheiden die Speicheldrüsen eine große Menge mucinarmen Speichels, des sog. „Verdünnungsspeichels" ab; ein anderes Mal einen mucinreichen Speichel, den sog. „Gleit- oder Schmierspeichel".

Speichelsteine bilden sich in den Ausführungsgängen der Speicheldrüsen oder in den Drüsenacinis selbst; neben weniger organischer Substanz und Phosphaten bestehen sie hauptsächlich aus kohlensaurem Calcium.

II. Magenverdauung.

Die Funktion des Magens besteht darin, a) daß er die ganze, oft umfangreiche Menge der während einer Mahlzeit eingeführten Nahrung aufnimmt und kleinweise gegen den Darm weiterbefördert; b) daß unter der Einwirkung des Magensaftes bereits im Magen die Verdauungsprozesse einsetzen, welche später im Darm in weit größerer Intensität verlaufen und dort auch zu Ende geführt werden

A. Der Magensaft.

Das Sekret der Magendrüsen, der sog. Magensaft, läßt sich am Menschen bloß ausnahmsweise rein erhalten, weil ihm in der Regel Speichel, Schleim, eventuell auch Speisenreste beigemischt sind. Der aus dem Hundemagen auf entsprechende Weise (S. 169) rein erhaltene Magensaft stellt eine dünne, klare, farblose, stark saure Flüssigkeit dar, mit dem spezifischen Gewicht von 1,008—1,010. Die Trockensubstanz dieses reinen Magensaftes besteht zu einem kleineren Teil aus anorganischen Verbindungen, wie Salzsäure und Kochsalz, zum größeren Teile aus organischen Stoffen. Unter diesen findet man ein koagulierbares Eiweiß, zuweilen auch Milchsäure, und vor allem die für die Magenverdauung wichtigen Enzyme: Pepsin, Chymosin, (Magenlipase). Im Magensaft des Hundes und der Katze ist auch Rhodanalkali enthalten.

1. Salzsäure.

Im reinen Magensaft ist der größte Teil der Salzsäure frei; nach der Nahrungseinfuhr wird jedoch ein mehr oder minder großer Teil an das in der Nahrung eingeführte Eiweiß locker gebunden. Der von den Magendrüsen abgeschiedenen freien Salzsäure kommt eine ausgesprochene bakterien- und toxinfeindliche Wirkung zu, wie dies am Choleravibrio und am Streptokokkus, ferner an Diphtherie- und Tetanustoxin einwandfrei nachgewiesen wurde. Auch ist häufig zu beobachten, daß es, falls freie Salzsäure im Mageninhalt fehlt, zu Gärung- und Fäulnisprozessen kommt, die sonst nicht oder kaum wahrnehmbar sind.

Der **Nachweis** der freien Salzsäure erfolgt auf verschiedene Weise:

a) 2 g Phloroglucin und 1 g Vanillin werden in 30 g absolutem Alkohol gelöst und ein wenig Magensaft mit einigen Tropfen des Reagens in einer Porzellanschale am Wasserbad oder vorsichtig über einer kleinen Flamme eingedampft. War freie Salzsäure vorhanden, so färbt sich der Eindampfungsrückstand ganz oder an seinen Rändern intensiv carminrot. (Günsburgsche Probe.)

b) Eine 1%ige alkoholische Lösung von Dimethylaminoazobenzol ist ein sehr empfindliches Reagens auf freie Mineralsäuren, und umso besser verwertbar, als organische Säuren nur in Konzentrationen auf dasselbe einwirken, die im Mageninhalt nicht vorkommen. Werden dem Magensaft 1—2 Tropfen der orangegelben Farbstofflösung zugesetzt, so entsteht, falls Salzsäure vorhanden war, eine deutliche carminrote Färbung.

c) Vielfach werden Indicatorpapiere verwendet, die mit Kongorot, Tropäolin-oo usw. getränkt sind; rotes Kongopapier wird durch freie Salzsäure blau, das gelbe Tropäolinpapier violett gefärbt.

Acidität der Magenflüssigkeit. Die wahre Acidität, also die Wasserstoffionenkonzentration (nach S. 21 bestimmt) des Magensaftes sowohl, als auch des Filtrates des Mageninhaltes nach der Nahrungsaufnahme, beträgt unter normalen Umständen $3—9 \cdot 10^{-2}$.

Titrations-Acidität des Magensaftes. a) Es ist gebräuchlich, den Titrationswert, der bei Verwendung von Kongorot, Methylorange oder Dimethylaminoazobenzol usw. erhalten wird, auf freie Salzsäure zu beziehen, und dies dürfte — wenigstens am reinen Magensaft — annähernd entsprechen; so erhält man am menschlichen Magensaft, je nachdem er mehr oder weniger mit alkalisch reagierendem Speichel verunreinigt gewonnen wird, 0,1—0,3%; an dem von Beimengungen freien nach S. 169 gewonnenen Hundemagensaft weit mehr: 0,5—0,6%.

Die Titration wird folgendermaßen ausgeführt: 5 ccm der Flüssigkeit werden mit $\frac{n}{10}$-Lauge unter Benützung einer 1%igen alkoholischen Lösung von Kongorot oder Dimethylaminoazobenzol als Indicator titriert; die Titration ist beendet, sobald durch einen Tropfen der hinzugefügten Lauge die blaue Farbe des Kongorot in violettrot, oder die carminrote Farbe des Dimethylaminoazobenzol in Orangerot umschlägt.

b) Wird Phenolphthalein als Indikator verwendet, so erhält man durch Titration die gesamten aktuellen und potentiellen Wasserstoffionen (S. 24), d. h. den gesamten durch Metall ersetzbaren Wasserstoff; dieser Wert ist höher als der oben erhaltene und wird als **Gesamtacidität** bezeichnet, worunter die zur Neutralisation von 100 ccm Magensaft nötige Anzahl von ccm $\frac{n}{10}$-Lauge zu verstehen ist, wenn eine 1%ige alkoholische Lösung von Phenolphthalein als Indicator verwendet wird. Die Titration selbst wird in 5—10 ccm der Flüssigkeit ausgeführt.

2. Pepsin.

Pepsin ist, mit Ausnahme mancher Fischarten, im Magensafte jedes erwachsenen Wirbeltieres enthalten. Es ist in Form eines gelbweißen Pulvers oder gelblicher durchsichtiger Blättchen zu erhalten, die sich in Wasser und in Glycerin leicht lösen. Man erhält eine recht wirksame Pepsinlösung auch durch Extraktion der Magenschleimhaut frisch getöteter Tiere mit 0,2—0,5%iger Salzsäure, oder mit Glycerin.

In neutraler Lösung auf 55% erhitzt, wird Pepsin zerstört; in 0,2%iger Salzsäure gelöst kann es jedoch, ohne Schaden zu nehmen, auf 65% erhitzt werden. Sehr empfindlich ist es gegen Carbonate und Laugen, durch die es schon bei sehr geringer Konzentration und bei Zimmertemperatur zerstört wird.

Durch die Drüsen der Magenschleimhaut wird Pepsin nicht als solches, sondern in Form eines unwirksamen Proenzymes, des sog. Propepsin oder Pepsinogen abgesondert, welches gegen Alkalien weit widerstandsfähiger ist.

Dies geht aus folgendem Versuch hervor: Wird der mit verdünnter Salzsäure aus der Magenschleimhaut eines gut ernährten Tieres bereitete Auszug mit kohlensaurem Natrium alkalisch gemacht, so wird das Pepsin zerstört und der Auszug erhält seine Wirksamkeit auch durch nachträgliche Ansäuerung nicht wieder. Wird jedoch zu diesem Versuch ein Tier verwendet, das vorher gehungert und dessen Magenschleimhaut demzufolge keine Salzsäure produziert hatte, so wird der aus dieser Magenschleimhaut bereitete Auszug, auch wenn er vorher alkalisch gemacht wurde, bei nachträglicher Ansäuerung kräftig verdauend wirken, da das Propepsin durch das Alkali nicht zerstört und bei der Ansäuerung in wirksames Pepsin verwandelt wurde.

In Anwesenheit von Salzsäure werden durch Pepsin die meisten Eiweißkörper auf dem Wege der Hydrolyse gespalten, „verdaut", und zwar entstehen zunächst Acidalbuminate, dann Albumosen, Peptone, jedoch soferne es sich wirklich um reinen Magensaft handelt, der also frei von regurgitierendem Dünndarminhalt resp. von Trypsin ist, keine freien Aminosäuren.

Die verschiedenen Eiweißkörper werden ungleich rasch verdaut: ein Fibrinkoagulum in kürzester Zeit, geronnenes Eiereiweiß weit langsamer. Das Kollagen des Bindegewebes, sowie auch das der Knochen und der Knorpel wird zuerst in Glutin verwandelt, dann in niederere Stufen zerlegt, die den Albumosen und Peptonen entsprechen. Elastin wird durch Pepsin nur langsam, Fibroin und Keratin überhaupt nicht angegriffen. Die meisten Eiweißkörper werden durch Pepsin langsamer, als durch Trypsin verdaut, Elastin, Bindegewebe und die Eiweißkörper des Blutserums rascher.

Die Pepsinverdauung bedarf

a) einer gewissen Säurekonzentration, da hierdurch erst das unwirksame Pepsinogen zu wirksamem Pepsin aktiviert wird. Es wurde durch vergleichende Versuche erwiesen, daß unter allen Säuren die Salzsäure am wirksamsten ist, und zwar in einer Konzentration von 0,2—0,4%. In Salzsäure allein, ohne Pepsin, kommt es bloß zu einer Quellung, jedoch nicht zu einer Spaltung, Verdauung der Eiweißkörper. Nach der Ansicht mancher Autoren ist es aber die Quellung, durch die das Eiweiß dem Pepsin zugänglich gemacht wird und hierin soll die

Bedeutung der Salzsäure für die Magenverdauung gelegen sein, nicht aber in dem Aktivieren des Pepsinogens zu Pepsin.

b) Die Pepsinverdauung bedarf auch einer bestimmten Temperatur; sie geht zwar auch bei Zimmertemperatur, ja sogar um 0^0 herum vor sieh, jedoch äußerst langsam; weit rascher bei höherer Temperatur: das Optimum liegt bei etwa 40^0 C.

c) Salicylsäure, Phenol, auch Alkohol in größerer Konzentration, wirken hemmend ein.

Da die eingeführte Nahrung verhältnismäßig kurz, etwa 2—5 Stunden im Magen verweilt, ist es begreiflich, daß ein Teil $(20—40\%)$ der genossenen Eiweißkörper unverändert in den Darm gelangt und erst dort unter der Einwirkung kräftigerer Enzyme gespalten wird.

Im allgemeinen wird man sagen müssen, daß die Pepsinverdauung der Eiweißkörper im Magen durch die weit kräftigere Trypsinwirkung im Dünndarm wohl ersetzt werden kann, was auch durch den Versuch an Hunden, denen der Magen total entfernt war, erhärtet wurde, indem solche Tiere Eiweiß ebenso gut, wie normale Tiere verdaut hatten. Ebenso sicher ist aber auch, daß die Eiweißkörper durch Trypsin rascher abgebaut werden, wenn sie vorangehend der Pepsinwirkung ausgesetzt waren.

Es ist eine vielfach erörterte Frage, warum durch den Magensaft die lebende Schleimhaut des gesunden Magens nicht verdaut wird, während dies doch im Leichenmagen sehr häufig der Fall ist, indem nicht nur die Schleimhaut, sondern auch die darunter liegenden Schichten, ja sogar durch die entstandene Lücke hindurch auch benachbarte Organe mehr weniger angedaut werden können. Manche Autoren erklären die Widerstandsfähigkeit der lebenden Magenschleimhaut aus den in ihr zirkulierenden alkalischen Säften, wie Blut und Lymphe; andere schreiben sie dem in der Schleimhaut enthaltenen Antipepsin zu. Die Frage ist derzeit noch nicht geklärt. Tatsache ist, daß wir eine Verdauung der Schleimhaut des lebenden Tieres, allerdings nur an eng umschriebenen Stellen, durch Sistierung des Blutkreislaufes in der betreffenden Region künstlich hervorrufen können, sei es durch Unterbindung der dazu gehörenden Blutgefäße, sei es auf andere Weise. Es ist aber auch möglich, daß die Magenschleimhaut durch trypsinhaltigen Darminhalt verdaut wird, wenn dieser gegen das Mageninnere regurgitiert, indem die Magenschleimhaut nur gegen das eigene Sekret widerstandsfähig ist, jedoch nicht gegen das proteolytische Prinzip des Pankreassaftes.

Zur quantitativen Bestimmung des Pepsins im Magensaft oder im Mageninhalt stehen uns nur annähernde, vergleichende Methoden zur Verfügung.

a) Nach Grützner wird die zu untersuchende Flüssigkeit mit einem durch Carmin rot gefärbten Fibrinflöckchen versetzt und 3—4 Stunden im Thermostaten bei $38—40^0$ C stehen gelassen. Je mehr Pepsin vorhanden ist, bezw. je mehr Fibrin verdaut wird, desto mehr Carmin geht in Lösung; seine Menge wird auf colorimetrischem Wege bestimmt.

b) Nach Mett werden dünn ausgezogene Glascapillaren mit verdünntem Eierklar gefüllt und dieses durch Eintauchen in siedendes Wasser zur Koagulation gebracht. Nun zerschneidet man die Capillaren in 2—3 cm lange Stücke, wirft einige derselben in die zu untersuchende Flüssigkeit und läßt diese einige Stunden im Thermostaten bei 38 bis 40^0 C stehen. Das koagulierte Eiweiß wird durch das Pepsin von beiden offenen Enden der Capillaren her angedaut und in Lösung gebracht: die Verkürzung der Eiweißsäule kann als Maßstab der Verdauungstüchtigkeit der Flüssigkeit resp. ihres Pepsingehaltes dienen.

c) Nach Hammerschlag werden je 10 ccm einer verdünnten Lösung von Eierklar in zwei Eprouvetten gefüllt, die eine Probe mit einigen Kubikzentimetern der zu untersuchenden Flüssigkeit, die andere mit ebensoviel destilliertem Wasser versetzt und beide einige Stunden im Thermostaten bei 38—40° C stehen gelassen. Nun wird in beiden Proben eine quantitative Eiweißbestimmung nach Esbachs Methode (S. 236) vorgenommen. In der mit der pepsinhaltigen Flüssigkeit angesetzten Eiweißlösung wird die von unverdautem Eiereiweiß herrührende Fällung umso geringer sein, je mehr Pepsin vorhanden gewesen war.

Eine quantitative Bestimmung von Propepsin kann nur in Frage kommen, wenn die zu untersuchende Flüssigkeit keine freie Salzsäure enthalten hatte. Man verfährt nach den oben angegebenen Methoden, jedoch mit dem Unterschiede, daß vorher Salzsäure bis zu einer Konzentration von 0,2—0,3% hinzugefügt wird.

3. Chymosin.

Dem Chymosin, Labferment, das meistens im Sekret des Kälber- und Menschenmagens untersucht wurde, kommt die Fähigkeit zu, Casein aus seiner wäßrigen Lösung oder aus der Milch auszufällen (S. 255). Auch dieses Enzym wird von der Magenschleimhaut in Form seines unwirksamen Proenzymes abgesondert, welches erst durch Salzsäure wirksam gemacht wird. Es ist noch weniger hitzebeständig als Pepsin; daher gelingt es durch Erhitzen auf 40—45° C, das Chymosin im Magensaft zu zerstören, ohne das Pepsin in seiner Wirksamkeit zu beeinträchtigen. Diese Tatsache ist ein wichtiges Argument gegen die Annahme mancher Autoren, daß Pepsin und Chymosin ein identisches Enzym darstellen würden, dem sowohl die eiweißverdauende wie auch caseinfällende Wirkung zukäme. Gegen die Identität beider Enzyme läßt sich auch anführen, daß Pepsin bloß bei entschieden saurer Reaktion, das Chymosin dagegen sowohl bei saurer als auch bei neutraler und sogar bei schwach alkalischer Reaktion wirkt.

Der Nachweis des Chymosin geschieht folgendermaßen: 1 bis 2 ccm der Magenflüssigkeit werden mit kohlensaurem Natrium sorgfältig neutralisiert, mit 10 ccm Milch vermischt, mit einigen Tropfen einer 10%igen Lösung von $CaCl_2$ versetzt und in einen bei 38—40° gehaltenen Thermostaten gestellt; bei normalem Chymosingehalt der Magenflüssigkeit gerinnt die Milch innerhalb 20 Minuten. Das Neutralisieren ist unerläßlich, da die Milch durch freie Säure auch ohne Chymosin gerinnt; auch muß man sich vorher überzeugen, ob die Milch nicht schon in der Wärme allein ohne Magensaft gerinnt.

4. Magenlipase.

Die sog. Magenlipase rührt nach einzelnen Autoren von regurgitiertem Duodenalinhalt, bezw. von dem in diesem enthaltenen Pankreas-Sekret her, ist also Pankreaslipase (S. 172). Durch diese Regurgitation, die insbesondere nach der Einfuhr sehr fettreicher Nahrung erfolgt (Boldyreff), wird zwar die an eine saure Reaktion gebundene Pepsinverdauung im Magen sistiert, hingegen erreicht, daß die an eine alkalische Reaktion gebundene Fettspaltung durch die Pankreaslipase noch im Magenlumen beginnen kann. Nach anderen Autoren soll die Magenlipase von der des Pankreas verschieden sein und tatsächlich von der Magenschleimhaut abgesondert werden.

5. Milchsäure.

Milchsäure entsteht im Mageninhalt, besonders bei Fehlen von freier Salzsäure, durch welche die milchsaure Gärung der Kohlenhydrate hintangehalten wird.

Der Nachweis der Milchsäure erfolgt durch die Uffelmannsche Probe: 5—10 ccm einer sehr stark verdünnten Lösung von Eisenchlorid werden mit einigen Tropfen einer Phenollösung versetzt und zu der nun amethistblau gewordenen Lösung einige Tropfen der zu untersuchenden Flüssigkeit gefügt. War in letzterer Milchsäure vorhanden, so erfolgt ein Umschlag von Blau in Grüngelb (Kanariengelb).

B. Mechanismus der Magensaftabsonderung.

Über den Mechanismus der Magensaftabsonderung wissen wir recht wenig; auch hat sich die Annahme älterer Autoren, wonach das Pepsin durch die Hauptzellen, die Salzsäure durch die Belegzellen abgesondert würde, nicht bewahrheitet. Soviel scheint sicher zu sein, daß die Absonderung von Pepsin und Salzsäure in der Regel parallel vor sich gehen, obzwar auch Magensaftflüssigkeiten beobachtet werden, die keine freie Salzsäure, wohl aber Propepsin enthalten; dieses kann durch Zusatz von Salzsäure in wirksames Pepsin verwandelt werden. Ferner ist es auch sicher, daß die Chlorionen der Salzsäure durch das Kochsalz des Blutes geliefert werden; denn wenn das Kochsalz aus der zugeführten Nahrung eliminiert wird, nimmt auch die Menge der abgesonderten Salzsäure rasch bis zum gänzlichen Versiegen ab; dasselbe ist auch im Hungerzustande der Fall.

Die freien H-Ionen, deren es zur Bildung der freien Salzsäure bedarf, werden von den in den Säften gelösten sauren Phosphaten und der Kohlensäure geliefert, daher muß es im selben Maße, als freie Säure gegen das Magenlumen abgegeben wird, zu einer Zunahme des basischen Charakters der Säfte bzw. unmittelbar darauf auch des Harnes kommen; dieser wird zur Zeit der Verdauung in der Tat häufig ausgesprochen alkalisch (S. 188).

Beim Studium der Magensaftabsonderung des Menschen muß man sich darauf beschränken, den Mageninhalt einige Zeit nach Einführung der Nahrung mittels eines durch den Schlund eingeführten elastischen Schlauches wieder zu gewinnen. Selbstredend hat diese Art der Untersuchung den sehr großen Nachteil, daß man hierbei den Magensaft mit fester und flüssiger Nahrung und mit Speichel vermischt erhält, und demzufolge weder über die Menge des Magensaftes, noch über die Konzentration der abgesonderten Salzsäure ein richtiges Bild bekommt, da ja die Säure durch genossenes Wasser verdünnt, durch Speichelalkali neutralisiert und außerdem an Eiweiß gebunden wird, ferner stark alkalisch reagierender Dünndarminhalt gegen den Magen regurgitieren kann. Pawlow gelang es, diese Schwierigkeiten der Untersuchung, wenigstens im Tierversuch auf zwei verschiedenen Wegen zu umgehen:

a) Durch „Scheinfütterung". Es wird an einem Tiere eine Ösophagus- und eine Magenfistel angelegt. Nimmt nun das Tier Nahrung zu sich, so kommt es zu einer durch Sinnesempfindungen, wie Sehen, Riechen, Schmecken des eingeführten Gerichtes, angeregten reflektorischen Absonderung von Magensaft, der durch die Magenfistel abfließt. Dieser Magensaft ist ganz rein, da der verschluckte Bissen bei der Ösophagusfistel herausfällt, sich also dem Mageninhalt nicht beimischen kann; der Saft wird als „cerebraler" oder „psychischer", auch als „Appetitsaft" bezeichnet.

b) Ein kleinerer Teil des Magens, ein sog. „kleiner Magen" eines Versuchstieres wird vom übrigen Magen operativ derart abgegrenzt, daß seine Höhlung mit dem übrigen, „großen Magen" nicht kommuniziert; eine Fistel, die am „kleinen Magen" angelegt wird und an der vorderen Bauchwand nach außen mündet, gestattet, seinen Inhalt quantitativ aufzufangen. Wird nun das Tier gefüttert, so wird durch den Reiz, den die verschluckten Speisen auf die Schleimhaut des „großen Magens" ausüben, auf reflektorischem Wege die Sekretion sowohl im „großen" als auch im „kleinen" Magen angeregt, umsomehr, da die Nerven und Gefäße des letzteren beim operativen Eingriff in ihrer Kontinuität erhalten bleiben. Aus dem „kleinen Magen" ergießt sich nun reines Sekret, dem keine Nahrung beigemischt ist, und das auch als „chemischer Magensaft" bezeichnet wird.

Aus solchen Versuchen ging nun einerseits hervor, daß durch Ingesta, die weder auf die Sinne, noch chemisch auf die Magenschleimhaut einzuwirken imstande sind, eine Sekretion von Magensaft nicht ausgelöst werden kann, demnach der mechanische Reiz, dem man früher eine wichtige Rolle bei der Magensaftsekretion zugeschrieben hat, wirkungslos ist. Andererseits wurde durch diese Versuche auch festgestellt, daß der Magensaft, je nach der Art der eingeführten Nahrung in einer dem momentanen Zweck entsprechenden Menge und Zusammensetzung abgesondert wird; so wird z. B. nach dem Genuß von Brot mehr Magensaft produziert als nach dem Trinken von Milch, und nach Fleischgenuß ein an Salzsäure reicherer Saft als nach Einfuhr von Mehlspeisen. Auch will man neuestens aus der Schleimhaut der Pars pylorica einen Körper gewonnen haben, der, ähnlich wie dies beim Secretin (S. 172) der Fall ist, unter der Einwirkung von Salzsäure aktiviert wird, auf dem Wege der Blutbahn zu den Magendrüsen gelangt und sie zur Magensaftabsonderung anregt.

Auch im nüchternen Magen wird von der Schleimhaut pepsin- und salzsäurehaltiger Magensaft abgesondert, doch ist dessen Menge am Gesunden in der Regel eine geringe; meistens sind es einige ccm, zuweilen darüber bis etwa 80 ccm.

· Unter pathologischen Umständen kann das Sekret seiner Menge nach sowohl, als auch seiner Zusammensetzung nach von der Norm abweichen. Mangel an Salzsäure und an Pepsin wird als Achylia gastrica, Mangel an freier Salzsäure als Achlorhydrie, Überschuß an freier Salzsäure als Hyperchlorhydrie, Überschuß an Magensaft als Hypersecretion bezeichnet.

III. Verdauungsprozesse im Dünndarm.

Der Darm, insbesondere aber der Dünndarm, ist der Sitz wichtiger Verdauungsvorgänge, in welchen dem Pankreassekret und der Galle eine wichtigere Rolle, als dem vom Darm selbst abgesonderten Saft zukommt. Darum sollen auch jene zuerst besprochen werden.

A. Der Bauchspeichel, das Sekret des Pankreas.

Das Pankreas ist den Speicheldrüsen im Mund ähnlich gebaut; sein Sekret wird auch Bauchspeichel genannt. In reinem Zustand kann dieses Sekret nur von einem Tiere, am besten vom Hunde, erhalten werden, dem eine Pankreasfistel nach Pawlow folgendermaßen angelegt wurde: Das distale Ende eines der beiden Ausführungsgänge des Pankreas wird dort, wo er in das Lumen des Duodenums mündet, samt der umgebenden Schleimhaut ausgeschnitten und in eine Öffnung der Bauchwand eingenäht; nach Heilung der gesetzten Wunden kann das Sekret quantitativ und völlig rein aufgefangen werden. Am Menschen konnte nur in den seltenen Fällen einer Pankreasfistel die Menge des abgeschiedenen Bauchspeichels bestimmt, bzw. der Bauchspeichel rein aufgefangen werden; man fand, daß der Mensch täglich etwa 500—600 ccm Bauchspeichel produziert.

Das reine Pankreassekret ist eine dünne Flüssigkeit mit einem Trockensubstanzgehalt von $1,3—1,5\%$; es reagiert infolge seines relativ hohen Gehaltes an kohlensaurem Natrium auf Lackmuspapier alkalisch und ist auch mit physikalisch-chemischen Methoden untersucht ausgesprochen alkalisch, indem die Wasserstoffionenkonzentration weit geringer ist, als die Hydroxylionenkonzentration.

Das Pankreassekret enthält außer Albumin und Globulin mehrere wichtige Enzyme, wie Trypsin, eine Diastase und eine Lipase.

Trypsin läßt sich rein ebensowenig darstellen wie die übrigen Enzyme; es ist sowohl im Pankreas selbst als auch im Pankreassekret in Form seines unwirksamen Proenzymes, des Protrypsin oder Trypsinogen enthalten, welches erst durch Hinzutritt der vom Dünndarm abgeschiedenen Enterokinase (S. 180) aktiviert wird. Eine wirksame trypsinhaltige Lösung kann aus zerkleinertem frischem Pankreas durch Extraktion mit Glycerin oder mit Chloroformwasser bei Zimmertemperatur erhalten werden; doch ist eine solche Lösung nicht längere Zeit haltbar und gegen Wärme besonders empfindlich: sie verliert bereits durch kurzes Stehen bei Bruttemperatur an Wirkung, und verliert diese vollständig, wenn sie einige Minuten lang auf 45^0 erhitzt wird. Die Trypsinverdauung geht auch bei neutraler und sehr schwach saurer Reaktion vor sich; jedoch am besten in einer alkalischen, $0,2—0,3\%$ kohlensaures Natrium enthaltenden Lösung bei etwa 40^0 C. Trypsin wirkt sehr kräftig, jedoch wird das Eiweißmolekül durch Trypsin nicht gleichmäßig fortschreitend in immer kleinere Moleküle zerlegt, sondern es werden zunächst schon nach ganz kurzer Wirkungsdauer Tyrosin, Tryptophan und Cystin aus dem noch recht großen Eiweißmolekül abgesprengt und nachher folgt erst der weitere Abbau in Aminosäuren. Auch so bleibt häufig ein ungespaltener und auch weiterhin durch Trypsin allein nicht mehr spaltbarer Rest zurück, der dem von Kühne sog. Antipepton (S. 119, 120) entspricht und hauptsächlich Prolin und Phenylalanin enthält. Die verschiedenen Eiweißkörper zeigen dem Trypsin gegenüber verschiedene Widerstandsfähigkeit; so werden die Eiweißkörper des Blutserums, sowie auch Elastin, Bindegewebe zwar durch Pepsin rascher verdaut, auf die übrigen

Eiweißkörper wirkt aber Trypsin weit kräftiger als Pepsin ein, so daß Aminosäuren weit rascher und in größerer Menge abgespalten werden.

Die Diastase des Pankreassaftes, auch Pankreas-Ptyalin genannt, ist offenbar identisch mit dem Ptyalin des Mundspeichels. Stärke und Glykogen werden durch Ptyalin über Dextrine (S. 82) in Maltose gespalten; da hierbei auch d-Glucose in geringen Mengen entsteht, wird angenommen, daß im Pankreassaft auch Maltase enthalten ist. Im Bauchspeichel von neugeborenen Kindern im ersten Lebensmonat ist kein Ptyalin enthalten.

Die Lipase des Pankreassaftes, auch Pankreas-Steapsin genannt, spaltet Fette besonders rasch und ausgiebig, wenn sie fein emulgiert sind, und zwar sowohl bei neutraler als saurer und alkalischer Reaktion; jedoch wird es hierbei durch die Galle, die selbst unwirksam ist, wesentlich unterstützt, indem seine spaltende Wirkung in Anwesenheit von Galle auf das Drei- und Vierfache gesteigert ist. Von den Gallenbestandteilen sind es die Gallensäuren, denen diese aktivierende Wirkung zukommt.

Um ein Pankreasextrakt auf seine fettspaltende Fähigkeit zu prüfen, wird es mit fein emulgiertem Fett (Milch oder mit Wasser angerührtes Eigelb), dessen Gehalt an freier Fettsäure vorher bestimmt wurde, vermischt und einige Stunden im Thermostaten bei 38—40⁰ C stehen gelassen; dann wird im Gemisch eine Bestimmung der freien Fettsäure vorgenommen; der Zuwachs an letzterem ergibt die Menge des gespaltenen Fettes. Die Bestimmung der freien Fettsäuren wird im petroleum-ätherischen Auszug durch Titration mit $\frac{n}{10}$ alkoholischer Kalilauge unter Verwendung von Phenolphthalein als Indicator vorgenommen. Als Maß der Fettspaltung kann auch die Menge des in Freiheit gesetzten Glycerins dienen, die (nach S. 39) bestimmt wird.

Die wichtige Rolle, die dem Pankreassaft zukommt, ist besonders klar in den Fällen zu sehen, wo es infolge einer Erkrankung des Organes zu einem Versiegen der Sekretion kommt, oder infolge eines mechanischen Hindernisses der Pankreassaft nicht gegen den Dünndarm abfließen kann. In solchen Fällen wird nicht nur das Nahrungseiweiß infolge des Ausfalles der Trypsinwirkung unvollkommen verdaut; noch weit auffallender macht sich der Mangel an Pankreassaft in der Fettverdauung bemerkbar. Denn das Alkali des Pankreassaftes ist es, das sich mit den im Fett in geringen Mengen eingeführten Fettsäuren zu Seifen verbindet, die dann im Vereine mit den in der Galle enthaltenen gallensauren Alkalien durch ihre die Oberflächenspannung herabsetzende Wirkung die Emulsion des Nahrungsfettes herbeiführen. Weiterhin muß aber, wenn das Fett mangels an Lipase nicht gespalten werden kann, auch dessen Resorption unterbleiben, so daß es großenteils unverändert in den Dickdarm übertritt, um dann im Kote ausgeschieden zu werden, dem es die Konsistenz einer Salbe von niederem Schmelzpunkt verleiht. Dieser Zustand wird als Steatorrhöe bezeichnet.

Invertin ist im Bauchspeichel nicht enthalten.

Secretin. Neben Sekretionsreflexen, die vom Chymus von der Oberfläche der Dünndarmschleimhaut auf chemischem Wege ausgelöst und dem Pankreas auf dem Wege von Vagus- und Sympathikusfasern zugeführt werden, scheint das Secretin die wichtigste Rolle zu spielen. Es ist in der Schleimhaut des Duodenum und Jejunum in Form des unwirksamen Prosecretin enthalten und wird während des Durchtrittes des in Resorption befindlichen sauren Chymus hauptsächlich durch die Salzsäure, wahrscheinlich auch durch die verseiften Fette, in Secretin verwandelt. Dieses gelangt auf dem Wege des Blutes zum Pankreas und regt es zur Sekretion an. Das Secretin läßt sich aus der Dünndarmschleimhaut extrahieren; es ist ein hitzebeständiger, in Alkohol löslicher, offenbar kein enzymartiger, derzeit noch nicht genau gekannter Körper.

B. Die Galle, das Sekret der Leber.

Die dem Ductus choledochus entströmende Galle stellt ein Gemisch zweier Sekrete dar: eines dünnen Sekretes, das von den Leberzellen abgeschieden wird und die eigentliche Galle darstellt, und einer fadenziehenden, mucinhaltigen Flüssigkeit, die von der Schleimhaut der Gallenwege und der Gallenblase abgeschieden wird.

Die Gallen verschiedener Tiere zeigen verschiedene Schattierungen von Gelb oder Grün, je nachdem bei der betreffenden Tierart Bilirubin oder Biliverdin in der Galle überwiegen (S. 175); Menschengalle ist gelbgrün bis braungelb. Auch der Geschmack der Galle ist sehr verschieden: rein-bitter beim Kaninchen, süßlich bitter beim Menschen und beim Rind. Die Menge der in 24 Stunden vom Menschen abgeschiedenen Galle ist auf etwa 700—1100 ccm zu setzen. Blasengalle hat ein spezifisches Gewicht von 1,010—1,040; sie reagiert alkalisch.

1. Zusammensetzung und Bestandteile.

Die charakteristischen Bestandteile der Galle sind Gallensäuren und Gallenfarbstoffe; außer diesen enthält die Galle noch Cholesterin, Lecithin, Seifen, Ätherschwefelsäuren, Natrium- und Kaliumchlorid, Calcium- und Magnesiumphosphat, wenig Eisen; ferner von Gasen viel Kohlendioxyd.

Nach Hammarsten enthält frische Lebergalle in Prozenten:

Wasser	96,5 —97,5
Trockensubstanz	2,5 — 3,5
Gallenfarbstoffe	0,4 — 0,5
Gallensaures Alkali	0,9 — 1,8
Cholesterin	0,06— 0,16
Anorganische Salze	0,07— 0,08

Während ihres Verweilens in der Gallenblase wird die Galle durch Wasserverlust (Resorption) sehr stark eingedickt; jedoch so, daß dabei die anorganischen Salze in noch größerem Ausmaße als das Wasser resorbiert werden. An der Zunahme der Konzentration sind daher nur organische Bestandteile beteiligt. Der gleichzeitige Verlust an Wasser und an gelösten Salzen hat zur Folge, daß die Gefrierpunktserniedrigung der frisch sezernierten und der während des Verweilens in der Gallenblase eingedickten Galle nicht wesentlich verschieden ist: sie beträgt beinahe genau wie die des Blutes 0,54—0,58° C.

Die Gallensäuren.

Die Gallensäuren sind Doppelverbindungen verschiedener Zusammensetzung, die in der Galle fast sämtlicher Wirbeltiere nachgewiesen wurden und durch Erhitzen mit Laugen oder Säuren in die Komponenten gespalten werden können. Die eine Komponente ist die Cholalsäure (Cholsäure), oder die ihr sehr nahe stehende Choleinsäure (oder die in manchen Eigenschaften sich abweichend verhaltende Hyocholsäure in der Schweinsgalle, Chenocholsäure in der Gänsegalle usw.). Die andere Komponente wird durch Glykokoll (S. 98) oder durch Taurin (S. 100) dargestellt. (In der Galle mancher Fischarten wurden anstatt Gallensäuren Doppelverbindungen der Schwefelsäure nachgewiesen, an die als zweite Komponente eine sowohl der Cholalsäure als auch dem Cholesterin nahe stehende Verbindung gebunden ist.)

Cholalsäure oder Cholsäure, $C_{24}H_{40}O_5$; ein krystallinischer, in Wasser sehr schwer, in Alkohol leichter löslicher Körper. Die Alkalisalze sind im Wasser leicht löslich und in dieser Lösung optisch aktiv; $[\alpha]_D = +27^0$ bis $+37^0$. In ihrer Struktur, die jedoch noch nicht völlig geklärt ist, gleicht die Cholalsäure vielfach dem Cholesterin: sie enthält zwei primäre und eine sekundäre Alkoholgruppe, sowie auch eine Carboxylgruppe, ist also eine Trioxymonocarbonsäure. Sie enthält vier hydrierte Ringe, wie das Cholesterin (S. 48); die nahe Verwandtschaft zu dem Cholesterin geht aber auch daraus hervor, daß aus beiden je eine Säure von der Zusammensetzung $C_{24}H_{40}O_2$ erhalten werden kann, die zwar nicht identisch, jedoch einander isomer sind.

Nachweis. a) 1 ccm einer $4^0/_0$igen alkoholischen Lösung der Cholalsäure wird mit 2 ccm einer $\frac{n}{10}$-Jodlösung und hierauf allmählich mit Wasser versetzt, worauf die ganze braungefärbte Flüssigkeit alsbald krystallinisch erstarrt. Eine kleine Probe der Krystallmasse erweist sich, unter dem Mikroskop betrachtet, als aus gelben Krystallnadeln bestehend, die in durchfallendem Licht blau erscheinen. Diese Probe ist bloß der freien Cholalsäure eigentümlich.

b) Die Pettenkofersche Probe (S. 213) fällt sowohl bei den freien als auch bei den gepaarten Gallensäuren positiv aus.

Die uns am häufigsten unterkommenden Gallensäuren sind die folgenden:

Glykocholsäure = Glykokoll + Cholalsäure, $C_{26}H_{43}NO_6$, ist in der Menschen- und Rindergalle enthalten; fehlt in der Galle der Fleischfresser; sie ist krystallisierbar, schmeckt süß und zugleich bitter.

Glykocholeinsäure = Glykokoll + Choleinsäure, $C_{26}H_{43}NO_5$, ist krystallisierbar; in der Menschen- und Rindergalle enthalten, schmeckt rein bitter.

Taurocholsäure = Taurin + Cholalsäure, $C_{23}H_{45}NSO_7$; krystallisierbar, im Wasser leicht löslich, in der Hundegalle enthalten, schmeckt süß und zugleich ein wenig bitter.

Taurocholeinsäure = Taurin + Choleinsäure, $C_{26}H_{45}NSO_6$, ist nicht krystallisierbar, im Wasser leicht löslich, in der Hundegalle enthalten, schmeckt widerlich bitter.

Die gepaarten Gallensäuren kommen in der Galle nie frei, sondern nur in Form ihrer Alkali- (zumeist Natrium-) Salze vor; diese Salze sind in Wasser und Alkohol leicht löslich und aus der alkoholischen Lösung durch Äther fällbar.

Bezüglich des Entstehens der gepaarten Gallensäuren ist nachgewiesen, daß sie in der Leber gebildet werden: wird einem Versuchstier der Ductus choledochus abgebunden, so findet infolge Behinderung des natürlichen Abflusses der Galle eine Resorption derselben in das Blut statt und es lassen sich in demselben alsbald Gallensäuren nachweisen. Wird hingegen die Leber gänzlich entfernt, so findet man nicht einmal Spuren von Gallensäuren im Blut. Der Ursprung der Cholalsäurekomponente ist uns nicht sicher bekannt, doch ist bei der Ähnlichkeit der Struktur von Cholalsäure und Cholesterin wohl an letzteres zu denken. Die Glykokollkomponente wird vom zerfallenden Eiweiß fertig geliefert; die Taurinkomponente wird durch die Leberzellen aus Cystin bereitet (S. 100).

Der Nachweis erfolgt durch die Pettenkofersche Probe; da dieser Nachweis in der Regel im Harn oder in Eiweiß enthaltenden Flüssigkeiten geführt werden soll, müssen die Gallensäuren erst aus der genannten Flüssigkeit isoliert werden (S. 213).

Gallenfarbstoffe.

Es sind uns eine ganze Reihe von Gallenfarbstoffen bekannt, die jedoch sämtlich Oxydationsstufen eines Farbstoffes, des Bilirubins, sind. In der frischen Galle kommt außer diesem nur noch das Biliverdin vor, während Choleprasin, Bilifuscin, Choletelin usw. teils in der Leichengalle, teils in Gallensteinen gefunden wurden.

Bilirubin, $C_{33}H_{36}N_4O_6$. Es steht dem Hämatoporphyrin (S. 152) sehr nahe, ist sogar nach manchen Autoren demselben isomer. Der Zusammenhang zwischen Bilirubin und Hämoglobin ist durch neuere Untersuchungen sichergestellt, indem es gelungen ist, aus dem Bilirubin durch Reduktion und nachfolgende Oxydation ein Methyläthyl-Malein-Imid darzustellen, das dem Hämatinsäure-Imid (s. S. 153), einem Abkömmling des Hämoglobins, nahesteht. Es ist auch wahrscheinlich geworden, daß das Bilirubinmolekül, ebenso wie das des Hämins, aus je zwei substituierten Pyrrolen und Pyrrol-Carbonsäuren besteht (s. S. 152). Ein Unterschied in der Struktur zwischen Hämin und Bilirubin besteht insoferne, daß im Bilirubin das FeCl, das am Hämin die beiden Molekülhälften zusammenhält, fehlt, und ein Zusammenhang bloß an den C-Atomen vorhanden ist.

Das Bilirubin bildet gelbe oder braune Krystalle oder ein amorphes gelbbraunes Pulver; ist unlöslich in Wasser und löst sich in Chloroform und Dimethylanilin leicht. Es hat den Charakter einer Säure, bildet daher mit Alkalien und alkalischen Erden Salze. Bilirubinalkali ist in Wasser löslich und stellt auch die Form dar, in welcher dieser Farbstoff in der Galle gelöst enthalten ist. Wird eine Lösung von Bilirubin in Chloroform mit verdünnter Lauge geschüttelt, so entsteht die Alkaliverbindung des Farbstoffes, die in Chloroform unlöslich ist und in die wäßrige Schichte übergeht. Die Calciumverbindung, der sog. Bilirubinkalk, ist in Wasser unlöslich; sie ist in manchen Gallensteinen enthalten.

Läßt man eine Lösung von Bilirubinalkali an der Luft stehen, so nimmt sie eine grüne Farbe an, als Zeichen dessen, daß das Bilirubin durch Aufnahme von Sauerstoff in Biliverdin (s. unten) verwandelt ward. Durch weitere Oxydation entstehen Cholecyanin und Choletelin.

Durch Wasserstoff in statu nascendi wird Bilirubin reduziert. Das Reduktionsprodukt wurde als Hydrobilirubin bezeichnet, von dem es sich jedoch herausstellte, daß es keine einheitliche Verbindung ist. Eine ähnliche Reduktion findet auch im Dickdarm unter der Einwirkung von reduzierenden Bakterien statt; das Reduktionsprodukt ist Urobilin (S. 240). Hierdurch wird es erklärlich, daß in normalem Menschenkot Bilirubin nicht nachweisbar ist. (Über Reduktionsprodukte des Bilirubin siehe weiteres auf S. 240.)

Die Darstellung des Bilirubin erfolgt am leichtesten aus den an diesem Farbstoff reichen Gallensteinen des Rindes; sie werden durch Äther von Cholesterin und durch Essigsäure von mineralischen Bestandteilen befreit; das Bilirubin wird sodann durch kochendes Chloroform extrahiert.

Nachweis im Blutplasma (S. 136); im Harn (S. 243).

Biliverdin, $C_{33}H_{36}N_4O_8$, ist kaum krystallisierbar, löslich in Alkohol und Eisessig; es wird durch Schwefelammonium zu Bilirubin reduziert. Seine Darstellung erfolgt durch Oxydation (Stehenlassen an der Luft) einer alkalischen Lösung von Bilirubin. Bilirubin und Biliverdin sind in der frischen Galle nebeneinander enthalten, jedoch wechselt das Mengenverhältnis je nach der Tierart. So enthält die Galle von Fleischfressern mehr Bilirubin, jene von Pflanzenfressern mehr Biliverdin; die Galle von Omnivoren jedoch je nach Art der aufgenommenen Nahrung bald von einem, bald vom anderen mehr.

Entstehen der Gallenfarbstoffe. Die Muttersubstanz sämtlicher Gallenfarbstoffe, das Bilirubin, wird fast ausschließlich in der Leber, und zwar aus dem Hämoglobin zerfallender roter Blutkörperchen gebildet. Hierfür zeugt folgender Versuch: Wird ein Tier mit Phosphor, Arsenwasserstoff, Toluylendiamin usw. vergiftet, wodurch seine roten Blutkörperchen in großer Anzahl zugrunde gehen, oder wird ihm eine Lösung von Hämoglobin intravenös eingespritzt, so wird zwar ein Teil des Hämoglobins unverändert im Harn ausgeschieden, ein anderer Teil jedoch in Globin und Hämochromogen gespalten, und letzteres wahrscheinlich erst in Hämatin und dann durch Abspalten von Eisen in Bilirubin verwandelt. Der Beweis dafür, daß die Umwandlung der eisenhaltigen Komponente des Hämoglobin zu Bilirubin in der Leber erfolgt, wurde durch Versuche erbracht, die man an Gänsen angestellt hatte: Wird nämlich an diesen Tieren die Leber vor der Vergiftung mit Arsenwasserstoff exstirpiert, so findet, trotzdem rote Blutkörperchen in großer Anzahl zugrunde gehen, keine Neubildung von Bilirubin statt.

Um einen der oben beschriebenen Umwandlung nahe stehenden Prozeß dürfte es sich handeln, wenn unter dem Einflusse anderer Gifte, wie Sulfonal, Trional usw. nicht Bilirubin, sondern Hämatoporphyrin (S. 152) gebildet wird.

In alten Blutextravasaten (z. B. nach Hirnblutungen) entstehen zuweilen Krystalle von sog. Hämatoidin, welches mit dem Bilirubin entweder identisch ist, oder ihm sehr nahe steht.

2. Absonderung der Galle.

Die Gallenabsonderung konnte früher bloß an Menschen und Tieren, die eine Gallenblasenfistel trugen, studiert werden; neuestens geschieht dies mit weit besserem Erfolg an Tieren, welchen nach Pawlow das distale Ende des Ductus choledochus in die vordere Bauchwand eingepflanzt wurde. An solchen Tieren wurde festgestellt, daß die Gallenabsonderung eine kontinuierliche ist, also auch im Hungerzustande anhält; jedoch mit dem Unterschiede, daß durch die Nahrungsaufnahme sowohl die Menge als auch der Trockensubstanzgehalt der Galle gesteigert wird. Diese Steigerung beginnt etwa $1/2$—$1^1/_2$ Stunden nach erfolgter Nahrungsaufnahme und erreicht in etwa 3—6 Stunden ihr Maximum; sie ist am stärksten nach Einführung von Fleisch, geringer nach der von Kohlenhydraten.

Im Dünndarm erfolgt eine teilweise Rückresorption einzelner Gallenbestandteile; unter diesen sind es namentlich die Gallensäuren, welche, in die Blutbahn gelangt, die Leberzellen zur Gallensekretion anregen. Durch diesen „enterohepatischen" Kreislauf (Leber-Darm-Leber) der Galle wird es auch erklärlich, daß die Gallenabsonderung auch im Hungerzustand fortdauert. Die Absonderung der Galle hängt auch von der Blutversorgung der Leber ab: bei sinkendem Blutdruck, resp. verlangsamter Zirkulation in der Leber, sinkt auch die Menge der abgesonderten Galle. Daß in gewissen Krankheitszuständen eine gesteigerte Gallensekretion (Polycholie) bestünde, wurde zwar behauptet, konnte jedoch bisher nicht sicher bewiesen werden; ebenso wird derzeit einer Reihe von Substanzen, die früher als Cholagoga, d. h. gallentreibende Mittel bezeichnet und verwendet wurden, jede Wirkung abgesprochen.

3. Physiologische Bedeutung der Galle.

Im Verlaufe der Verdauungs- und Resorptionsvorgänge im Darm entwickelt die Galle folgende wichtige Tätigkeit:

a) Sobald sich die alkalisch reagierende Galle im Duodenum, zugleich mit dem Bauchspeichel, dem sauren Chymus beimischt, wird deren freie Säure neutralisiert; bei der nun herrschenden neutralen oder alkalischen Reaktion wird die Pepsinverdauung aufgehoben, dagegen die Trypsinverdauung gefördert.

b) Die Galle trägt zur Emulgierung der Fette bei, indem den gallensauren Salzen neben den Seifen eine starke, die Oberflächenspannung herabsetzende Wirkung zukommt (S. 29).

c) Sie fördert die Spaltung der Fette, indem die fettspaltende Wirkung des Bauchspeichels in Anwesenheit von Gallensäuren nachgewiesenermaßen auf das Drei- bis Vierfache gesteigert ist.

d) Die Gallensäuren bilden mit den aus den Fetten abgespaltenen hochmolekulären, im Wasser sonst unlöslichen Fettsäuren, wasserlösliche Verbindungen, wodurch die Resorption der Fettsäuren erst überhaupt möglich wird. Durch die Gallensäuren wird auch die Löslichkeit der Seifen gesteigert.

e) Neuestens wurde nachgewiesen, daß durch die Galle die Peristaltik des Dünndarmes nicht gesteigert wird, wohl aber die des Dickdarmes.

f) Eine bakterientötende Wirkung, wie früher vielfach angenommen wurde, kommt der Galle nicht zu.

4. Pathologische Veränderung der Gallenabsonderung.

Gallensäuren. Unter pathologischen Umständen, namentlich in Leberkrankheiten, kann der Gehalt der Galle an Gallensäuren wesentlich verringert sein; desgleichen auch in Fällen von Stauungsikterus (s. unten), indem die Leberzellen gerade infolge der Gallenstauung in ihrer Gallensäure bildenden Funktion geschädigt werden. Im Harn solcher Kranken können Gallensäuren vollkommen fehlen, hingegen Gallenfarbstoffe in grossen Mengen enthalten sein.

Gallenfarbstoffe. Eine pathologische Änderung im Gallenfarbstoff kann wohl zustande kommen, jedoch, soviel wir derzeit wissen, nur im Sinne einer Zunahme des Farbstoffgehaltes. Dieser Zustand wird als Pleiochromie bezeichnet und kommt bei solchen Vergiftungen (S. 176) resp. Krankheitszuständen (Anaemia perniciosa, venöse Stauungen) vor, die mit dem Zerfall zahlreicher roter Blutkörperchen einhergehen.

Als Ikterus, Gelbsucht, wird ein Zustand bezeichnet, in welchem es infolge einer Anhäufung von Gallenfarbstoff im Blute zu einer mehr-minder starken Gelbfärbung der Haut, der Skleren usw. kommt, sowie auch zu einem Übertritt von Gallenfarbstoff in manche Sekrete, wie Harn und Schweiß; während andere Sekrete, wie Speichel, Tränen, Milch, frei vom Farbstoff bleiben.

Die Ursache des Ikterus liegt einmal in einer Stauung und konsekutiven Rückresorption der Galle durch Blut- und Lymphgefäße, die umso leichter zustande kommt, da die Gallenabsonderung unter dem verhältnismäßig geringen Druck von etwa 15 mm Hg stattfindet. Die Stauung kann sowohl durch Eindickung der Galle, als auch durch einen Verschluß der distalen Mündung des Ductus choledochus infolge der katarrhalischen Schwellung der Duodenalschleimhaut bedingt sein.

Dieser „hepatogenen" Form des Ikterus, dem sog. Stauungsikterus, hat man die „hämatogene" Form, welche in den (S. 176) erwähnten Vergiftungen vorkommt, gegenübergestellt, in der Annahme, daß die Umwandlung des aus den zerstörten roten Blutkörperchen ausgetretenen Hämoglobins im Blute selbst stattfindet. Da wir nun wissen, daß auch diese Umwandlung in den Leberzellen erfolgt, kann man von einem hämatogenen Ikterus in obigem Sinne nicht sprechen.

Neuestens nimmt man an, daß es neben einem „Icterus per stasin", der dem alten Stauungsikterus entspricht, einen „Icterus per diapedesin" gibt; bei letzterem soll sich die von den Leberzellen abgeschiedene Galle a priori nicht in die Gallen-, sondern gegen die Blut- und Lymphcapillaren ergießen.

An zwei Dritteilen aller Neugeborenen wird der sog. Icterus neonatorum beobachtet, dessen Ursache nicht genau bekannt ist; manche Autoren leiten ihn ab von den roten Blutkörperchen, die infolge Aufhörens des Plazentarkreislaufes in großer Anzahl zugrunde gehen; andere von dem bedeutenden Gallenfarbstoffgehalt des Mekoniums, der jedoch bakterienfrei ist, demzufolge es nicht zu der (S. 240) besprochenen Umwandlung des Bilirubins in Urobilin kommen kann. Andere Autoren nehmen eine bakterielle Infektion des vor der Geburt sterilen Darminhaltes der Neugeborenen an, wodurch es zu einer Schwellung der Duodenalschleimhaut und zu einem konsekutiven Verschluß der Choledochusmündung kommt. Bei dem Icterus neonatorum kommt es nicht zu einem Übertritt von Gallenfarbstoff in den Harn.

In den meisten Fällen von Ikterus ist sowohl im Blute wie auch im Harn bloß Bilirubin nachzuweisen; zuweilen jedoch auch Urobilin (S. 240), welches zweifelsohne durch Reduktion des Bilirubin im Darm entstanden ist.

Den im Blute kreisenden Gallenbestandteilen wird manche im Ikterus zur Beobachtung gelangende Krankheitserscheinung zugeschrieben; so erzeugen die Gallensäuren vasomotorische Störungen, Verlangsamung der Herzaktion, unter Umständen auch nervöse Störungen. Das bei Ikterus häufig vorkommende Hautjucken soll durch den Gallenfarbstoff, der in der Haut abgelagert wird, bedingt sein.

5. Gallensteine.

In der Gallenblase bilden sich häufig — seltener auch in den Gallengängen — Konkremente, sog. Gallensteine, die aus Cholesterin oder aus Bilirubinkalk, oder aus phosphorsaurem Kalk bestehen. Am Rinde kommen Bilirubinkalkkonkremente häufig vor; hingegen bestehen Gallensteine der Menschen überwiegend aus Cholesterin und stellen verschieden große, rundliche oder polyedrisch fazettierte, rein weiße, oder durch Bilirubinkalk gefärbte Gebilde dar, welche am Querschnitt oft eine ausgesprochene konzentrische Schichtung aufweisen.

Das Entstehen der Cholesterinsteine ist eine noch nicht völlig geklärte Frage. Früher wurde einfach angenommen, daß das Cholesterin aus der Galle ausfällt, sobald deren Cholesteringehalt ein gewisses Maß überschreitet. Diese Annahme mußte fallen gelassen werden, als nachgewiesen wurde, daß die in der Galle anwesenden gallensauren Salze und Seifen noch erheblich mehr Cholesterin in Lösung zu erhalten befähigt wären. Später hat man die Gallenstauung verantwortlich gemacht und angenommen, daß es in der gestauten Galle zu einer Zersetzung der Gallensäuren kommt, welche das Cholesterin in Lösung erhielten. Endlich wurde nachgewiesen, daß die Gallenstauung nicht die unmittelbare Ursache eines Ausfallens von Cholesterin ist, sondern daß die Gallenstauung zunächst nur die Möglichkeit einer bakteriellen Infektion der Galle fördert. Die ungehindert abfließende Galle bildet nämlich ein kaum zu überwindendes Hindernis für Bakterien, die etwa vom Darm aus durch den Ductus choledochus hinaufwandern sollten; fällt jedoch dieses Hindernis beim Eintritt einer Gallenstauung weg, so erfolgt tatsächlich eine Invasion der Bakterien und in kürzester Zeit kommt es zu einer Entzündung der Schleimhaut der Gallenblase und der Gallengänge. Die im Verlaufe des Entzündungsprozesses desquamierten Epithelien werden in der Galle aufgelöst, das in ihnen enthaltene, nicht vollkommen gelöste Cholesterin wird frei und liefert den Krystallisationskern für die durch Apposition allmählich sich vergrößernden Cholesterinsteine.

Neuestens wird versucht, das Zustandekommen des ersten Cholesterinniederschlages physikalisch-chemischen Vorgängen zuzuschreiben. Nach manchen Autoren wären die Gallensäuren als Schutzkolloide (S. 35) des gleichfalls in kolloidaler Lösung befindlichen Cholesterins anzusehen; kommt es zu einer Zerstörung der ersteren in der stagnierenden Galle, so muß letzteres aus der Lösung fallen. Nach anderen Autoren handelt es sich um Eiweiß, welches entweder aus abgestorbenen Bakterienleibern herrührt oder mit dem Sekret der entzündeten Schleimhaut der Galle beigemischt wird: Eiweiß und Cholesterin sollen sich nun gegenseitig ausflocken.

C. Das Sekret der Dünndarmschleimhaut.

Der Dünndarm ist der Ort, wo wichtige hydrolytische Spaltungen unter der Einwirkung des Bauchspeichels und der Galle verlaufen, auch werden, wie bereits (S. 172) erwähnt, Reflexe, welche regulierend in die Absonderungstätigkeit des Pankreas eingreifen, durch den Chymus von der Oberfläche der Dünndarmschleimhaut ausgelöst. Außerdem ist aber der Dünndarm an den Verdauungsvorgängen auch direkt beteiligt: es werden durch seinen Drüsenapparat gewisse Körper abgesondert, deren Studium jedoch auf manche Hindernisse stößt. Einerseits läßt sich nämlich das Dünndarmsekret vom Chymus, dem Bauchspeichel und der Galle normalerweise nicht trennen, andererseits gehen manche vom Dünndarm produzierte wirksame Körper nicht in sein Sekret über, sondern verbleiben in der Darmwand selbst. So sahen wir z. B. (S. 173), daß das Prosecretin in der Darmwand gebildet, dort in wirksames Secretin verwandelt wird und auf dem Wege des Blutes zum Pankreas gelangt, so daß im Dünndarmsaft Secretin kaum nachzuweisen ist.

Dünndarmsaft ist aus einer isolierten, mit einer Fistel versehenen Dünndarmschlinge, in Form einer gelblichen, auf Lackmus alkalisch reagierenden Flüssigkeit zu erhalten, die sich auch physikalisch-chemisch untersucht als alkalisch erweist. Der Dünndarmsaft enthält 0,2—0,5% kohlensaures Natrium und 0,4—0,5% Kochsalz, seine Gefrierpunktserniedrigung ist größer als die des Blutes. Beträchtlich ist die Zahl der Enzyme, die vom Dünndarm produziert werden:

Enterokinase, ein im Dünndarmsaft enthaltener, enzymartiger, hitzeunbeständiger Körper, der auf Eiweißkörper direkt nicht einwirkt, sondern nur, indem er inaktives Trypsinogen zu wirksamem Trypsin aktiviert; von manchen wird die Enzymnatur der Enterokinase bestritten.

Erepsin, welches native oder koagulierte Eiweißkörper nicht zu spalten vermag, dagegen umso intensiver auf Albumosen und Peptone einwirkt und sie rasch und leicht bis zu Aminosäuren abbaut. Durch die Schleimhaut des Jejunum wird mehr Erepsin abgesondert, als durch die des Duodenum. Insbesondere erweist sich das Erepsin als sehr wirkungsvoll gegenüber größeren, hauptsächlich aus Prolin und Phenylalanin bestehenden Komplexen (S. 120), die während einer noch so kräftig einsetzenden Trypsinverdauung ungespalten bleiben, durch das Erepsin jedoch leicht abgebaut werden können.

Invertin oder Invertase, das Saccharose spaltende Enzym, ist unter allen Geweben und Organen des tierischen Körpers bloß in der Dünndarmwand enthalten. Da es im Dünndarmsekret nicht aufzufinden ist, muß angenommen werden, daß die Spaltung der per os eingeführten Saccharose während ihrer Resorption in der Darmwand selbst stattfindet. (Neuestens wurde nachgewiesen, daß sich unter Umständen Invertin auch im Blutplasma bildet, wo es normalerweise nicht vorkommt.)

Maltase, das Maltose spaltende Enzym, findet sich ebenfalls eher in der Wand des Dünndarmes als in dessen Sekret.

Lactase, das Lactose spaltende Enzym, wird im Dünndarm von Säugetieren, und zwar in deren ersten Lebensjahren angetroffen. Neuestens wurde nachgewiesen, daß Lactase auch im erwachsenen Tiere vorkommt, wenn es einige Tage hindurch Milch zu sich genommen hat.

Außer den genannten Enzymen wurde im Dünndarmsaft ein wenig Ptyalin, Arginase und Lipase nachgewiesen.

IV. Vorgänge im Dickdarm.

Der Dickdarmschleimhaut dürfte kaum eine Absonderung von Enzymen zukommen; nur im Sekret seines obersten Teiles fanden manche Autoren wenig Erepsin. Hingegen kommt eine große Bedeutung den Gärungsprozessen zu, die durch die reiche Bakterienflora des Dickdarmes vermittelt werden, und denen zufolge Kohlenhydrate, darunter im Darm von Pflanzenfressern auch die Cellulose, der massigste Bestandteil ihrer Nahrung, in lösliche, daher resorbierbare und verwertbare Verbindungen, wie Ameisen-, Essig-, Butter-, Milchsäure gespalten wird. Die gasförmigen Nebenprodukte dieser Gärungsprozesse sind Kohlensäure, Wasserstoff und Methan.

Neben den Gärungsprodukten kommt es im Dickdarm auch zu einer richtigen Fäulnis, wobei durch Abspaltung von CO_2 aus Aminosäuren sog. proteinogene Amine (S. 49) entstehen; so z. B. aus Lysin das Cadaverin (S. 51), aus Tyrosin das Tyramin (S. 103), aus Histidin das Histamin (S. 105); durch weiteren Abbau aus homocyclischen Eiweißbausteinen Phenylessigsäure, Phenol, p-Kresol, aus heterocyclischen Bausteinen Indol, Skatol, endlich auch Fettsäuren, Schwefelwasserstoff, Kohlensäure.

Der Kot wurde früher in seiner ganzen Menge als aus Resten der genossenen Nahrung bestehend angesehen. Neuere Untersuchungen haben jedoch ergeben, daß die Zusammensetzung des Kotes zwar je nach der Qualität der eingeführten Nahrung verschieden ist, daß er jedoch, wenn auch zum geringeren Teile, durch Verdauungssäfte resp. deren Überreste gebildet wird. Dies geht bereits aus der Tatsache hervor, daß auch der hungernde Mensch ständig, wenn auch nur wenig, Kot entleert, welcher auffallend viel, ca. 30% Fett resp. durch Äther extrahierbare Substanzen enthält; dieses Fett kann keineswegs von der Nahrung herrühren, die vor Beginn der Hungerperiode eingeführt wurde. Besteht die Nahrung bloß aus leicht und rasch resorbierbaren Verbindungen, wie Eiweiß, Fett und löslichen Kohlenhydraten, so wird kaum mehr und auch nicht wesentlich anders zusammengesetzter Kot als im Hungerzustand entleert. Handelt es sich jedoch um sog. gemischte Kost, die viel schwerer oder überhaupt nicht verdauliche Bestandteile enthält, wie z. B. gröbere Cellulosewände der pflanzlichen Nahrung, oder gröberes, aus der Fleischnahrung herrührendes Bindegewebe, so wird bedeutend mehr Kot abgesetzt, der nicht nur die genannten unverdaulichen Bestandteile selbst enthält, sondern auch wechsende Mengen von sonst gut löslichem Eiweiß, Kohlenhydrat usw., welche in Cellulose- oder Bindegewebshüllen eingeschlossen, sowohl der Aufschließung als auch der Resorption entgehen.

Der Kot besteht zu einem wechselnden, recht bedeutenden Anteil aus Bakterienleibern. Auffallend ist sein relativ hoher Calciumgehalt.

V. Resorption.

Im Magen ist die Rolle der Resorption eine recht untergeordnete; am ehesten werden noch Alkohol und die darin etwa gelösten Substanzen resorbiert; ferner in geringer Menge auch Eiweißabbauprodukte; Wasser aber überhaupt nicht. Der weitaus überwiegende Teil der aufgenommenen und nach entsprechender Umwandlung in Lösung gegangenen Nahrung wird im Dünndarm resorbiert, während im Dickdarm hauptsächlich nur mehr die Resorption von Wasser stattfindet, wodurch der dünnflüssige Chymus eingedickt wird. Da d-Glucose, Albumosen in beschränkter Menge auch von der Dickdarmschleimhaut aufgenommen werden, läßt sich das Leben während einiger Zeit auch durch Ernährung per rectum, d. h. durch Applikation von d-Glucose und Albumosen enthaltenden Klysmen fortfristen.

Resorption von Kohlenhydraten. Unter allen Kohlenhydraten sind es die Monosaccharide allein, welche, in der Nahrung eingeführt, ohne weiteres, und zwar zum überwiegend größten Teil auf dem Wege der Blutcapillaren und nur zu einem sehr geringen Teil auf dem Wege der Lymphcapillaren resorbiert und dann entweder verbrannt oder in Form von Glykogen in gewissen Organen eingelagert werden. Daß dem so ist, geht auch daraus hervor, daß z. B. d-Glucose in nicht zu großen Mengen subkutan oder intravenös eingespritzt ebenso verbrannt oder in Glykogen verwandelt wird, wie nach der Einführung per os.

Im Gegensatz zu den Monosacchariden können Disaccharide nicht eher verwertet werden als bis sie durch die betreffenden, spezifisch wirkenden Enzyme in der Darmhöhle resp. in der Darmwand selbst (während ihrer Resorption) in Monosaccharide gespalten werden.

Die Polysaccharide und unter diesen in erster Linie die in der Ernährung des Menschen so überaus wichtige Stärke müssen im Darm erst in Di- und schließlich in Monosaccharide zerlegt werden, ehe sie resorbiert werden können.

Resorption der Fette. Im Darmkanal werden die Fette in Glycerin und Fettsäuren gespalten, die jedoch nach ihrer Resorption noch innerhalb der Darmwand wieder zu Fetten zusammentreten und in dieser Form in die Lymphgefäße, dann auf dem Wege des Ductus thoracicus in das Blut und von da zu den einzelnen Organen hingelangen.

Die Tatsache, daß sich während der Resorption in den Darmepithelien Fetttröpfchen mikroskopisch nachweisen lassen, schien für die Annahme der älteren Autoren zu sprechen, wonach das Fett die Darmwand in ungespaltenem Zustande als sog. Neutralfett passiert, und gegen die oben ausgeführte Lehre, wonach die Fette vor ihrer Resorption eine Spaltung erleiden. Nun ist aber der Nachweis gelungen, daß man dasselbe mikroskopische Bild auch dann zu sehen bekommt, wenn nicht Neutralfett, sondern Fettsäuren oder Seifen eingeführt und resorbiert werden; es mußte also in diesem Falle eine Fettsynthese in den Darmepithelien stattgefunden haben, und zwar aus der eingeführten Fettsäure und aus Glycerin, das vom Organismus geliefert wurde. Es besteht daher kein Grund mehr, daran zu zweifeln, daß auch die eingeführten Neutralfette vor ihrer Resorption eine Spaltung erleiden, aber jenseits des Darmes aus den Spaltstücken sofort wieder rekonstruiert werden.

Daß die Resorption der Fette nur nach vorangehender Spaltung möglich ist, geht indirekterweise auch daraus hervor, daß das aus schwer verseifbaren Cholesterinestern bestehende Lanolin (S. 94) vom Darm aus nicht resorbiert wird.

Die Fette werden umso leichter resorbiert, je niedriger ihr Schmelzpunkt ist. Bezüglich der Fette kommt dem Organismus nicht die absolute Selektionsfähigkeit zu, wie wir dies bezüglich der Eiweißkörper sehen werden (S. 183), denn, wenn die Zufuhr eines fremden Fettes in großen Mengen erfolgt und längere Zeit hindurch andauert, erleidet das Fett eines Versuchstieres eine derartige Veränderung seiner Zusammensetzung, daß sich das fremde Fett durch seinen abweichenden Schmelzpunkt resp. durch seinen abweichenden Gehalt an ungesättigten Fettsäuren nachweisen läßt. So konnte in Hunden die Ablagerung von Hammeltalg erzielt werden; ja es ist sogar gelungen, jodierte und bromierte Fette zur Ablagerung zu bringen.

Resorption von Eiweißkörpern. Die aus dem Magen in den Darm gelangten Acidalbuminate, Albumosen, Peptone, sowie auch

gewisse Mengen von unverändertem Eiweiß werden im Darm unter
der kombinierten Einwirkung von Trypsin und Erepsin in die einfachsten Bausteine, in Aminosäuren zerlegt, die dann von der Dünndarmschleimhaut, und zwar auf dem Wege der Blutcapillaren resorbiert
werden. Allerdings ist es möglich, daß kleine Mengen von Eiweiß
unverändert resorbiert werden, wie dies z. B. von rohem Eiklar oder
fremdem Blutserum leicht zu beweisen ist, da sie in den Harn übergehen können; auch ist es möglich, daß ein geringer Teil der Albumosen
resp. der Peptone unabgebaut in das Blut übertritt; der weitaus größte
Teil der Eiweißkörper tritt jedoch sicherlich nur in Form von Aminosäuren in das Blut über.

Hieraus ginge nun notwendigerweise hervor, daß man nach Verfütterung von Eiweiß im Blute der betreffenden Tiere eine Ansammlung
von Aminosäuren nachweisen könne. Doch läßt sich dieser Nachweis
aus zwei Gründen nur schwer führen: Erstens, weil infolge der großen
Strömungsgeschwindigkeit des Blutes die relativ geringen Mengen von
Aminosäuren sehr rasch fortgeschwemmt und in der ganzen Blutmenge
aufgelöst werden, wo sie dann nur in einer sehr geringen Konzentration
vorhanden sind. Zweitens, weil sich die Aminosäuren sehr rasch,
wahrscheinlich noch während ihres Durchtrittes durch die Darmwand,
wieder zu Eiweiß synthetisieren.

Ein Beweis dafür, daß die Eiweißkörper nur nach ihrer Zerlegung
in Aminosäuren resorbiert werden können, wird dadurch geliefert, daß
man durch Verfütterung von solchem Eiweiß, welches Mono- und
Diaminosäuren in einer qualitativ und quantitativ anderen Zusammensetzung enthält, als das Körpereiweiß des Versuchstieres, den Eiweißbestand des letzteren nicht umformen kann. Hieraus wird mit Recht
gefolgert, daß die in den Darm gelangten Eiweißkörper tatsächlich in
Aminosäuren zerlegt werden und von diesen Aminosäuren vermöge einer
eigenartigen Selektionsfähigkeit des Organismus nur diejenigen und in
solcher Menge zur Eiweißsynthese verwendet werden, die sowohl bezüglich ihrer Qualität als auch ihrer Quantität dem Körpereiweiß des
Tieres entsprechen.

Der definitive Beweis hierfür wurde zuerst durch A b d e r h a l d e n und
R ó n a, dann von anderen durch Versuche erbracht, in welchen die
Tiere als Futter Eiweiß erhielten, das durch künstliche Verdauung
vollkommen in Aminosäuren zerlegt war und durch das die Tiere
wenigstens eine Zeitlang im Stickstoff- resp. Eiweißgleichgewicht erhalten werden konnten (S. 293).

R e s o r p t i o n s m e c h a n i s m u s. Sowohl die anorganischen wie auch
die organischen Bestandteile des Chymus müssen beim Übertritt aus
dem Darmlumen in die Darmwand (resp. in deren Lymph- und Blutcapillaren) in gelöstem Zustande sich befinden; was für Kohlenhydrate
und Eiweißkörper schon längst, für Fette erst später anerkannt wurde.
Strittig war und blieb teilweise noch bis zum heutigen Tage, welche
Triebkräfte es sind, die den Durchtritt der Flüssigkeit regeln, d. h.
worauf denn eigentlich die Flüssigkeitsbewegung durch die Darmwand
beruht?

Es könnte sich nämlich um einfache Filtration, ferner um reine Diffusion handeln, oder um Osmose durch unvollkommen halbdurchlässige Membranen; es könnte aber auch sein, daß außer obigen einfachen physikalischen Vorgängen auch solche komplizierterer, zur Zeit näher nicht analysierbarer Art mitwirken, die wir als physiologische bezeichnen, weil sie an die Tätigkeit lebender Zellen gebunden sind.

Für das Bestehen von Filtrationsvorgängen spricht die Erfahrung, daß durch Drucksteigerung im Darmlumen, hervorgerufen durch Darmkontraktionen, auch die Resorptionsgeschwindigkeit mancher Stoffe nachweislich gesteigert wird. Desgleichen würde auch dem von Brücke angenommenen Resorptionsmechanismus Filtration auf Grund von Druckdifferenzen zugrunde liegen. Dieser Mechanismus bestünde, wenigstens für resorbierte Fette, darin, daß infolge der Kontraktion der glatten Muskelzellen in den Darmzotten der Inhalt ihrer zentraler Lymphräume mesenterialwärts ausgepreßt wird, beim Erschlaffen der Muskelzellen jedoch sich der Hohlraum wieder herstellt. Demzufolge muß bei der Erschlaffung der Zotten eine Druckverminderung und daher auch ein nach dem Zotteninneren gerichtetes Druckgefälle zwischen Lymphraum und Darmlumen entstehen, wodurch die Filtration durch das oberflächliche Zottengewebe hindurch gefördert wird. Es gibt aber eine ganze Reihe von Erscheinungen im Resorptionsvorgang, die sich durch Filtration allein nicht erklären lassen.

Diffusion kann dem Resorptionsvorgang ebenfalls nicht allein zugrunde liegen. Denn allerdings gehen Diffusions- und Resorptionsgeschwindigkeiten vieler Stoffe parallel einher; es läßt sich aber auch leicht zeigen, daß unter sonst leicht diffundiblen Stoffen wesentliche Unterschiede in ihrer Resorptionsgeschwindigkeit bestehen. So tritt z. B. Traubenzucker überaus leicht durch die Darmwand, hingegen viele Disaccharide kaum oder gar nicht. Hierbei ist von dem Unterschied in der Resorptionsfähigkeit verschiedener Stoffe abgesehen, darin bestehend, daß erfahrungsgemäß solche Stoffe, die sich in Lipoiden leicht lösen, auch die Darmwand leichter passieren; z. B. Alkohol leichter als Kochsalz.

Um eine Osmose durch unvollkommen semipermeable Membranen allein kann es sich ebenfalls nicht handeln. So gestaltet sich zwar z. B. die Resorption von Kochsalzlösungen im allgemeinen entsprechend dem osmotischen Druckgefälle zwischen dem flüssigen Darminhalt und den Säften, die in der Darmwand zirkulieren; auch findet, wenn z. B. eine sehr konzentrierte Kochsalzlösung in das Darmlumen eingegossen wird, ein Übertritt von Wasser aus der Darmwand gegen das Darmlumen statt. Jedoch wird andererseits Kochsalz auch aus hypotonischen Lösungen resorbiert; ja sogar das Serum eines Tieres, das in dessen Darmlumen eingebracht wurde, wird resorbiert, wo doch in diesem Falle sicherlich keine osmotische Druckdifferenz besteht.

Aus der Tatsache, daß die Resorption weder durch Filtration, noch durch Diffusion, noch durch Osmose allein erklärt werden kann, folgt bereits, daß der Resorption auch kompliziertere Vorgänge zugrunde liegen müssen. Daß es speziell solche physiologischer Natur sind, also solche, die an die Tätigkeit lebender Zellen gebunden sind, geht aus folgender Beobachtung hervor: Werden die beiden Abteilungen eines Doppelgefäßes, dessen trennende Querwand durch ein Stück Darm gebildet wird, der einem soeben getöteten Tiere entnommen wurde, mit der gleichen verdünnten Kochsalzlösung angefüllt, so wird eine Zeit hindurch ein Abströmen der Flüssigkeit von einer Abteilung gegen die andere zu beobachten sein, und zwar von der Abteilung, die auf der Seite der Mucosa gelegen ist, gegen die, die der Serosa zugekehrt ist. Die Strömung erfolgt also auch im herausgeschnittenen überlebenden Darm in derselben Richtung, wie im Lebenden zur Zeit der Resorption. Durch Hinzugabe von Chloroform, Fluor-Natrium usw., die das Zellplasma bloß „lähmen", jedoch sicher nicht töten, wird auch der Durchtritt der Salzlösung sistiert, zum Zeichen dessen, daß es sich in der Tat um eine physiologische Zelleistung gehandelt hatte.

Achtes Kapitel.

Der Harn.

Ein großer Teil der Stoffwechselendprodukte, sowie der Stoffe, welche in der Nahrung aufgenommen werden, jedoch den Organismus unverändert passieren, wird durch die Nieren im Harn eliminiert. Und zwar enthält der Harn

a) den größten Teil des Wassers, das aus der Verbrennung organischer Verbindungen entstanden ist oder in der Nahrung eingeführt wurde;

b) alle stickstoffhaltigen, während des Stoffwechsels entstandenen Zersetzungsprodukte, wenn man von den geringen Mengen absieht, welche den Körper auf anderen Wegen (im Kot, Schweiß) verlassen, oder von den größeren Mengen von Eiweiß, die zu gewisser Zeit im Sperma, im Menstrualblut, in der Milch ausgeschieden werden;

c) die überwiegende Menge der eingeführten oder durch die Verbrennungsprozesse freigewordenen Salze;

d) unter Umständen auch von außen eingeführte Gifte.

Die Konzentration der im Harne gelösten Substanzen ist wesentlich verschieden von der Konzentration, in der dieselben im Blutplasma enthalten sind. So enthält das Blutplasma gegen $0,6\%$ Kochsalz, der Harn meist über 1%, das Plasma $0,01$ bis $0,03\%$ Harnstoff, der Harn meistens über 2%; das hyperglycämische Plasma höchstens einige $0,1\%$, der diabetische Harn auch mehrere ganze $\%$ d-Glucose. Es ist klar, daß, wenn diese Substanzen vom Orte der geringeren Konzentration gegen den der höheren sich bewegen sollen, es hierzu eines besonderen Energieaufwandes, der sog. Konzentrationsarbeit von seiten der Niere bedarf. Sie ist für jeden einzelnen der in Betracht kommenden Stoffe berechnet worden, woraus sich annäherungsweise ergab, daß es zur Bereitung von 1 Liter eines Harnes, der Kochsalz und Harnstoff in der Konzentration von 1 bezw. 2% enthält, eines Arbeitsaufwandes von über 300 m/kg bedarf (Rhorer). Eine Unfähigkeit, diese Konzentrationsarbeit zu leisten, mag die Ursache des als Harnruhr (Diabetes insipidus) bezeichneten Krankheitszustandes sein, in dem die Abfallstoffe zwar im selben Ausmaße, wie im Gesunden aus dem Körper entfernt werden; da jedoch die erwähnte Konzentrationsarbeit nicht geleistet werden kann, können sie nur durch die ungeheuer gesteigerte Diurese hinausgespült werden.

I. Physikalische und physikalisch-chemische Eigenschaften des Harns.

A. Menge.

Im Falle gleichmäßiger Lebensweise und Nahrungsaufnahme ist die 24stündige Harnmenge innerhalb gewisser Grenzen konstant: sie beträgt beim erwachsenen Mann ca. 1,5, beim erwachsenen Weib ca. 1,2 Liter, kann jedoch auch unter physiologischen Verhältnissen wesentliche

Schwankungen aufweisen, wenn nämlich diejenigen Faktoren eine Veränderung erleiden, von welchen die normale Harnbereitung abhängt. Diese Faktoren sind: der Blutdruck, die Strömungsgeschwindigkeit des Blutes in den Nieren, der Gehalt des Blutes an Wasser und an gewissen, sog. harnfähigen Substanzen, die entweder im Organismus selbst entstanden sind (z. B. Harnstoff) oder aber von außen eingeführt wurden (anorganische Salze, Coffeinsalze usw.) und welche die Harnsekretion anzuregen imstande sind. Bei niedriger Außentemperatur oder nach einer größeren Flüssigkeitseinfuhr kann die Harnmenge auf mehrere Liter ansteigen; bei großer Hitze nach stärkerem Schweiß auf $\frac{1}{2}$ Liter sinken.

Eine pathologische Steigerung der Harnmenge, Polyurie, tritt ein unter dem Einflusse vorübergehender psychischer Affekte, allgemeiner Nervosität, bei gewissen Erkrankungen des Nervensystems, bei Schrumpfniere, Amyloiddegeneration der Niere, bei Diabetes insipidus, Diabetes mellitus, zur Zeit der Resorption großer Exsudate und Transsudate. Eine pathologische Verringerung der Harnmenge, Oligurie, tritt ein nach größeren Wasserverlusten (Diarrhöe, Cholera), bei jeder fieberhaften Erkrankung, bei akuter Nierenentzündung, bei Zirkulationsstörungen, nach Blutverlusten, zur Zeit des Entstehens großer Exsudate und Transsudate. Bei akuter Nierenentzündung oder infolge des Verschlusses der Ureteren, der Urethra, kann die Harnsekretion vollständig aufhören, welcher Umstand als Anurie bezeichnet wird.

B. Optische Eigenschaften.

Durchsichtigkeit. Der normale Harn des Erwachsenen ist vollständig klar und durchsichtig; wird er zentrifugiert, so fällt ein sehr spärliches Sediment zu Boden, bestehend aus Plattenepithelien der Harngänge, wenigen Leukozyten, Schleimfäden und amorph oder krystallinisch ausgefallenen Harnbestandteilen (Harnsäure, harnsaure Salze, Oxalate). Läßt man normalen Harn einige Stunden stehen, so wird oft eine wolkenartige, knäuelförmige Trübung, die sog. Nubekula sichtbar, bestehend aus einem Netzwerk von mikroskopischen Schleimfäden und aus den oben erwähnten Formelementen, die in den Lücken des Netzwerkes eingeschlossen sind. Nach längerem Stehen kann auch im normalen Harn ein reichlicher, gelber, graugelber oder ziegelroter Niederschlag von harnsauren Salzen, Sedimentum lateritium, entstehen, der sich beim gelinden Erwärmen des Harns leicht löst. Menschlicher Harn, der alkalisch reagiert, kann von ausgeschiedenen Carbonaten oder Phosphaten trübe sein. Die Trübung des Harns von Pflanzenfressern wird meistens durch Carbonate verursacht. Der aus Carbonaten oder Phosphaten bestehende Niederschlag verschwindet nicht beim Erwärmen, wohl aber auf Zusatz von Säure, und zwar unter Gasbildung (Kohlensäure), wenn es sich um Carbonate handelt. In den ersten Lebenstagen des Neugeborenen kann der Harn bereits beim Entleeren aus der Blase von ausgefallenen harnsauren Salzen trübe sein.

Unter pathologischen Umständen kann auch der frisch aus der Blase entleerte Harn trübe sein; die Trübung wird verursacht durch Epithelien, Formelemente des Blutes, Eiter, sog. Zylinder, Bakterien, Phosphate usw.

Farbe. Der menschliche Harn verdankt seine Farbe hauptsächlich seinem Gehalte an Urochrom (S. 238); er ist hell- bis dunkelweingelb, entsprechend seiner geringeren oder größeren Konzentration. Nach reichlicher Flüssigkeitsaufnahme kann auch der normale Harn eines gesunden

Menschen auffallend hell, infolge Entziehung von Trinkwasser oder nach starkem Schweiß auffallend dunkel sein.

Unter pathologischen Umständen werden mannigfaltige Veränderungen in der Farbe des Harnes beobachtet; der Harn ist heller bei Diabetes, Chlorose, chronischer Nierenentzündung, dunkler bei fieberhaften Erkrankungen, perniziöser Anämie, akuter Nierenentzündung, Zirkulationsstörungen.

Statt der normalen weingelben Färbung können noch folgende Farbenveränderungen vorkommen: der Harn ist gelbrot infolge größeren Gehaltes an Urobilin (S. 240), bei Verdauungsstörungen; rötlich in durchfallendem und grünlich in auffallendem Licht im Falle einer Beimischung von Blut oder Hämoglobin; grünlich, wenn er Gallenfarbstoff enthält; braun, wenn ihm Blut beigemengt ist oder wenn er Methämoglobin oder Homogentisinsäure (S. 210) enthält.

Eine Veränderung der Harnfarbe kann auch nach dem Einführen gewisser Arzneien eintreten; so kann der Harn z. B. goldgelb sein (auf Zusatz von Lauge rot!) nach Verwendung von Rheum, Senna, Santonin; rot nach Antipyrin, Sulfonal, Trional; blaugrün nach Methylenblau; braun bis braunschwarz nach Phenol, Kresol, Resorcin; rosenrot nach Pyramidon; schwarzgrün nach Salol. Harn, der nach Einführung von Phenolphthaleinpräparaten entleert wird, kann auf Zusatz von Lauge eine rote Farbe annehmen.

Spektrum. Das Spektrum des normalen Harns ist an seinem ganzen violetten Ende verdunkelt; pathologische Harne können Verbindungen enthalten, welche, wie z. B. Urobilin, Blutfarbstoff usw., durch charakteristische Absorptionsstreifen gekennzeichnet sind.

Fluorescenz. Normaler Harn zeigt eine schwache Fluorescenz, und zwar fluoresciert dünner Harn mit bläulicher, konzentrierter Harn mit grüngelber Farbe.

Optische Aktivität. Normaler Harn besitzt ein schwaches Drehungsvermögen (einige 0,01°) nach links, das es seinem Gehalt an gepaarten Glucuronsäuren, sowie seinem sehr geringen Eiweißgehalt verdankt.

Pathologische Harnbestandteile, wie vermehrter Gehalt an d-Glucose, Eiweiß, ferner ein Gehalt an β-Oxybuttersäure steigern die optische Aktivität des Harnes in hohem Grade. Da die genannten Substanzen vielfach in entgegengesetzter Richtung optisch aktiv sind, können sie ihre Wirkungen gegenseitig verringern oder gar aufheben; besonders häufig wird dies in Harnen beobachtet, welche einerseits linksdrehende β-Oxybuttersäure oder gepaarte Glucuronsäuren, andererseits rechtsdrehende d-Glucose enthalten.

C. Geruch.

Normaler Harn des Menschen hat einen schwachen, eigentümlichen, an Fleischbouillon erinnernden Geruch.

Tritt im Harn eine ammoniakalische Gärung auf (innerhalb der Blase oder nach deren Entleerung), so wird auch der Geruch ammoniakalisch. Durch Beimischung von Kot wird der Geruch des Harnes fäkulent; er riecht nach Schwefelwasserstoff in manchen Fällen von Blasenkatarrh; er riecht obstartig, wenn er Aceton enthält. Durch manche von außen eingeführte Substanzen kann der Geruch des Harnes verändert werden; so riecht er veilchenartig nach dem Einführen von Terpentin; besonders unangenehm riecht der Harn nach dem Genuß von Spargeln oder Knoblauch.

D. Spezifisches Gewicht.

Das spezifische Gewicht des Harns wird am besten mittels Urometer (speziell diesem Zwecke dienende Aräometer) festgestellt, und zwar ist es zweckmäßig, zwei solche Urometer vorrätig zu haben; das eine für verdünnte und das andere für konzentrierte Harne.

Zur Bestimmung des spezifischen Gewichtes wird der Harn unter möglicher Vermeidung der Schaumbildung in ein weites Zylinderglas gegossen, etwaiger Schaum mit einem Streifen Filterpapier entfernt, das Urometer langsam in den Harn gesenkt, und zwar so, daß es die Glaswand nicht berühre. Da die meisten Urometer für $+ 15^0$ C geeicht sind, muß auch die Temperatur des Harnes bestimmt und das abgelesene spezifische Gewicht auf eine Temperatur von $+ 15^0$ C reduziert werden. Zu diesem Behufe wird für je 3^0 des Unterschiedes zwischen 15^0 und der abgelesenen Temperatur die dritte Dezimale im spez. Gewicht um eine Einheit vergrößert oder verringert, je nachdem der Harn wärmer oder kälter ist als 15^0 C.

Der Einfachheit halber wird gewöhnlich das bis zur dritten Dezimalstelle festgestellte spezifische Gewicht mit 1000 multipliziert, so daß man z. B. anstatt 1,022 einfach 1022 angibt.

Das spezifische Gewicht des Harns hängt ab von der Menge der in demselben gelösten Bestandteile; in erster Linie aber von der Konzentration des Kochsalzes und des Harnstoffes. Im normalen Harn schwankt es zwischen 1,012 und 1,024; kann jedoch auch unter physiologischen Umständen wesentlich geringer oder größer sein; so kann es nach reichlichem Wassertrinken auf 1,002 sinken, nach starkem Schwitzen bis 1,040 ansteigen. Wenn während des Stehens und Abkühlens des Harns eine Ausscheidung von harnsauren Salzen erfolgt, so wird sein spezifisches Gewicht hierdurch natürlich geringer; in diesem Falle wird der Harn erst sorgfältig bis zur erfolgten Lösung des Niederschlages erwärmt und dann erst das spezifische Gewicht bestimmt.

Unter pathologischen Umständen kann das spezifische Gewicht des Harnes vom normalen Wert wesentlich verschieden sein; so ist es im allgemeinen im Falle einer Oligurie größer, im Falle einer Polyurie kleiner; doch kann es auch trotz bestehender Oligurie geringer sein, wie z. B. bei Zirkulationsstörungen, im urämischen Zustande; umgekehrt trotz bestehender Polyurie größer, wie infolge des Zuckergehaltes, besonders bei Diabetes mellitus.

E. Reaktion.

Die wahre Reaktion (S. 17) des normalen Menschenharnes ist für gewöhnlich eine saure, indem die H-Ionenkonzentration bis zu 1×10^{-5} zu betragen pflegt. Die Verbindungen, aus denen aktuelle H-Ionen abgegeben werden, sind saure Phosphate und die Salze mehrerer organischer Säuren (Harnsäure, gepaarte Schwefelsäuren, Hippursäure usw.).

Mehr als diese wahre Reaktion interessiert uns das Verhalten des Harns Indicatoren, speziell dem Lackmus gegenüber, da wir diesbezüglich über althergebrachte Erfahrungen verfügen, die auch in der Krankheitsdiagnose verwendet werden können. Auch mit Lackmus geprüft erweist sich normaler Menschenharn als sauer, desgleichen der von Omnivoren und Fleischfressern, während der Harn des Pflanzenfressers gewöhnlich alkalisch reagiert; doch nimmt auch der Harn des Pflanzenfressers im Hungerzustand eine saure Reaktion an, weil das Tier in diesem Falle seinen eigenen Körperstand, also wie der Fleischfresser, tierische Substanzen zersetzt.

Unter gewissen Umständen kann auch normaler Menschenharn eine recht stark alkalische Reaktion annehmen durch Absonderung besonders großer Mengen von Salzsäure durch die Magenschleimhaut, oder unter pathologischen Verhältnissen infolge eines starken Verlustes an Salzsäure durch anhaltendes Erbrechen (bei Pylorusstenose) oder durch die Beimischung alkalisch reagierender

Säfte (Blut, Eiter) oder bei Blasenkatarrh, wo der Harnstoff unter der Einwirkung von Micrococcus ureae und Bacterium ureae zu Kohlensäure und Ammoniak zerfällt. (Auch der normale Harn wird, wenn er nach dem Entleeren längere Zeit, besonders in der Wärme, steht, ammoniakalisch zersetzt.)

Bei der sog. Titrationsacidität (S. 23) handelt es sich um die Bestimmung sämtlicher durch Metall ersetzbarer (also aktueller plus potentieller) H-Ionen.

Um diese zu bestimmen, werden 10 ccm Harn mit Wasser auf das Zehnfache verdünnt, mit einigen Tropfen einer 1%igen alkoholischen Lösung von Phenolphthalein versetzt und mit $\frac{n}{10}$-Lauge titriert. Der so erhaltene Wert entspricht unter normalen Umständen etwa 1—2 g Salzsäure in der 24stündigen Harnmenge.

Der Grad der Acidität wird durch die Art der Ernährung wesentlich beeinflußt; der Harn wird saurer nach Einfuhr größerer Fleischmengen; weniger sauer nach Einfuhr solcher organischer Säuren, welche im Organismus zu Kohlensäure und Wasser verbrennen. Die Acidität des Harns nimmt einige Stunden nach der Aufnahme von Fleisch infolge der Abscheidung ansehnlicher Mengen von Salzsäure durch die Magenschleimhaut ab.

F. Osmotischer Druck.

Ein konstanter osmotischer Druck des Blutes, der Gewebsflüssigkeiten usw. (S. 128) gehört zu den unentbehrlichen Lebensbedingungen der hömöotonischen Tiere. Nun gibt es zahlreiche Umstände, die diese Konstanz durch Erhöhung oder Erniedrigung der molekularen Konzentration gefährden könnte; so könnte der osmotische Druck erniedrigt werden durch Wasseraufnahme, gesteigert werden durch Aufnahme von Krystalloiden oder durch das Entstehen größerer Mengen von Krystalloiden aus kolloidalen Verbindungen des Körperbestandes resp. der eingeführten Nahrung. Daß die molekulare Konzentration, daher auch der osmotische Druck der Körpersäfte trotz der genannten Umstände im großen und ganzen eine konstante bleibt und höchstens geringe Veränderungen von kurzer Dauer erleidet, ist hauptsächlich der Funktion der Nieren zu verdanken, die bald wenig, bald mehr — in wechselnden Mengen von Wasser gelöste — Moleküle in Form von Harn aus dem Körper eliminieren und auf diese Weise den osmotischen Druck im Körper regulieren.

Die Nieren passen sich in dieser ihrer Funktion dem jeweiligen Bedürfnisse an und wie groß ihre Akkommodationsfähigkeit ist, geht bereits daraus hervor, daß die osmotische Konzentration des Harns, aus seiner Gefrierpunktserniedrigung (nach S. 8) bestimmt, innerhalb sehr weiter Grenzen schwankt. Wird viel Wasser getrunken, kann der Gefrierpunkt des Harns auf — $0,3^{\circ}$ ansteigen; umgekehrt, nach Einführung von Krystalloiden oder nach einem beträchtlichen Wasserverlust unter — $3,5^{\circ}$ sinken. Der Unterschied zwischen dieser minimalen und maximalen Gefrierpunktserniedrigung des Harns eines Individuums wird als Akkomodationsbreite seiner Nieren bezeichnet.

Auch bei der Aufnahme der gewöhnlichen sog. gemischten Nahrung wechselt die Gefrierpunktserniedrigung des normalen Menschenharns zwischen etwa 0,9 und 2,7°, je nach der Menge der eingeführten Krystalloide und der Größe des Wasserumsatzes. (Gerade die wechselnden Mengen des im Harn ausgeführten Wassers lassen es zweckmäßig erscheinen, nicht die Gefrierpunktserniedrigung des Harns allein in verschiedenen Fällen zu vergleichen, sondern das Produkt aus Gefrierpunktserniedrigung und dem Harnvolum. Dieses Produkt wird als Valenzwert bezeichnet und beträgt an normalen Individuen 1000 bis 3500.)

Während der durch die gesunde Niere abgeschiedene Harn, dem jeweiligen Bedürfnisse entsprechend, einen osmotischen Druck besitzt, der bald größer, bald geringer ist als der des Blutes, kann die Akkommodationsfähigkeit der kranken Niere eine wesentliche Einschränkung erfahren, indem sie bloß solchen Harn zu bereiten imstande ist, dessen osmotischer Druck (Gefrierpunktserniedrigung) dem des Blutes recht nahe steht. Dieser Zustand wird von A. v. Korányi als Hyposthenurie bezeichnet. Am gesunden Menschen ist die Gefrierpunktserniedrigung im Sekret beider Nieren die gleiche; im Falle einer Erkrankung bloß einer Niere läßt sich durch die Untersuchung der gesondert aufgefangenen Sekrete beider Nieren feststellen, welche Niere krank ist.

Ist $\varDelta$ die Gefrierpunktserniedrigung des Harns, so wird durch $\dfrac{\varDelta}{1,85}$ die molekulare Konzentration des Harns ausgedrückt (S. 9), und ist V das Harnvolum, so ist $\dfrac{\varDelta}{1,85} \cdot V$ proportional der Menge der ausgeschiedenen Moleküle; dieser Wert gilt als Maß der sog. „molekularen Diurese", und schwankt am gesunden Menschen zwischen 0,8 und 1,7. Im Fall einer pathologischen Nierenfunktion wird auch ein Sinken der molekularen Diurese beobachtet.

Nach A. v. Korányi besteht am gesunden Menschen eine gewisse Konstanz im Verhältnis zwischen der Gefrierpunktserniedrigung und dem prozentualen Kochsalzgehalt des während 24 Stunden gesammelten Harns, indem $\dfrac{\varDelta}{\mathrm{NaCl}\,^0/_0}$ = 1,23 —1,69. Im Falle einer Verlangsamung des Blutstromes, wie sie in Herzkrankheiten beobachtet wird, fällt dieser Quotient oft größer aus, teils weil infolge der behinderten Wasserausscheidung das Harnvolumen in erheblicherem Grade abnimmt als die Anzahl der gelösten Moleküle und Ionen, daher $\varDelta$ größer wird, teils weil die Ausscheidung des Kochsalzes mehr behindert ist als die der übrigen gelösten Harnbestandteile.

II. Chemische Eigenschaften des Harns.

A. Trockensubstanzgehalt.

Der Trockensubstanzgehalt eines normalen Menschenharnes beträgt bei gemischter Kost ca. $4^0/_0$.

Der Trockensubstanzgehalt des Harns wird bestimmt, indem man 10—20 ccm desselben in einer vorher genau abgewogenen Platinschale eindampft und den Rückstand bei 100° C trocknet. Ein wesentlicher Fehler dieser Bestimmung ergibt sich jedoch daraus, daß ein Teil des Harnstoffes während des Eindampfens und Trocknens durch die sauren Phosphate zersetzt wird und sich hierbei Ammoniak verflüchtigt. Dieser Fehler kann korrigiert werden, wenn man das entweichende Ammoniak in einem bestimmten Volumen einer Säure von bestimmter Konzentration auffängt und seine Menge durch Titration ermittelt.

Der Trockensubstanzgehalt des Harns kann annähernd auch mittels des Haeserschen Koeffizienten, 2,33, auf Grund folgender Formel berechnet werden: $1000 \cdot (s-1)\,2,33$ = Trockensubstanzgehalt von 1 Liter Harn in Gramm; wo s = spezifisches Gewicht des Harns.

B. Aschengehalt.

Der Aschengehalt des Harns ist wechselnd, unter anderem je nach der Menge der in der Nahrung eingeführten Salze.

Bestimmung: Man dampft 20—25 ccm Harn in einer Platinschale ein und verkohlt den Rückstand vorsichtig bei schwacher Rotglut. (Scharfes Glühen könnte einen Verlust an Alkalichloriden, die ein wenig flüchtig sind, zur Folge haben.) Der verkohlte Rückstand wird wiederholt mit heißem Wasser übergossen und mit einem Glasstab zerdrückt und die Flüssigkeit jedesmal durch ein aschenfreies Filter dekantiert, die Filtrate aber in einem Becherglas vereinigt. Nun wird die in der Platinschale befindliche Kohle, die keine flüchtigen Salze mehr enthält, samt dem vorher getrockneten Filter verascht und scharf geglüht, worauf die ganze Kohle verbrennt und nur mehr eine weiße Asche zurückbleibt. Zu dieser Asche wird das gesamte Filtrat der wasserlöslichen Salze hinzugegossen, eingedampft, und der Rückstand, falls er noch gelblich oder schwachbraun gefärbt wäre, vorsichtig geglüht und dann gewogen.

C. Zusammensetzung.

Der in 24 Stunden entleerte Harn des erwachsenen Menschen enthält durchschnittlich 60 g gelöste Substanz, wovon 25 g anorganisch, 35 g organisch sind. Die Menge der einzelnen Harnbestandteile weist je nach der Menge und Art der aufgenommenen Nahrung große Schwankungen auf und es können die nachstehenden Ziffern, die sich auf die wichtigsten Harnbestandteile des gemischte Kost genießenden Erwachsenen beziehen, nur als annähernde Durchschnittswerte angesehen werden:

K	2—3 g	S	0,3—1,3 g
Na	4—5,5 g	P	0,4—2,0 g
NH_3	0,3—1,2 g	Harnstoff	20—30 g
Ca	0,09—0,28 g	Harnsäure	0,5—1 g
Mg	0,03—0,24 g	Kreatinin	1,8—2,4 g
Cl	6—9 g	Hippursäure	0,2—2 g

Außer einer großen Anzahl von krystalloiden Stoffen gibt es im Harn auch eine Reihe von Substanzen colloidaler Natur, die die Oberflächenspannung des Harnwassers herabsetzen: sie werden als Stalagmone bezeichnet.

Es können aber im Harn auch Stoffe erscheinen, die normalerweise nicht oder höchstens in äußerst geringen Mengen vorkommen. Es beruht dies bald in der Bildung abnormer Mengen dieser Stoffe, bald in einer erhöhten Durchlässigkeit der Niere gegenüber diesen Stoffen. Während z. B. die gesunde Niere nur Spuren von Eiweiß (S. 234) aus dem Blutplasma in den Harn austreten läßt, findet sich im Harn von Nierenkranken das Eiweiß in wechselnden, oft bedeutenden Mengen; so auch in Zirkulationsstörungen, offenbar infolge der mangelhaften Blut- resp. Sauerstoffversorgung des Nierenepithels; ferner unter dem Einflusse verschiedener Substanzen, welche eine Giftwirkung auf das Nierenepithel ausüben; endlich bei verschiedenen, die Niere allein betreffenden Krankheiten. Umgekehrt kann auch die Durchlässigkeit der Niere für die verschiedenen Bestandteile des Blutplasma verringert sein. So ist in Fällen von nicht-kompensierten Herzleiden die Durchlässigkeit für Wasser verringert; desgleichen auch für manche gelöste Harnbestandteile.

D. Anorganische Bestandteile.

Kalium und Natrium.

Bei gemischter Kost verhält sich die Menge von Kalium und Natrium im Harn wie 3 : 5, jedoch kann sich dieses Verhältnis unter den weiter unten anzuführenden Bedingungen ändern oder gänzlich umkehren.

Kalium.

Kalium ist im Harn hauptsächlich an Phosphorsäure gebunden enthalten; in 24 Stunden werden etwa 2—3 g entleert; nach Fleischgenuß mehr, nach vegetabilischer Nahrung weniger. Der Harn des Hungernden enthält relativ mehr Kalium als Natrium, weil er seinen kalireichen Körperbestand (Muskeln usw.) verbrennt; auch der Fieberharn enthält mehr Kalium, während im Harn von Rekonvaleszenten Kalium vollkommen fehlen kann.

Natrium.

In 24stündigem Harn sind etwa 4—5,5 g Natrium, und zwar hauptsächlich in Form von Natriumchlorid enthalten. Die Menge des Natrium im Harn wird außer durch die Einfuhr von Natriumsalzen auch durch die Einfuhr von citronensaurem oder kohlensaurem Kalium wesentlich gesteigert; im Hunger und in fieberhaften Krankheiten nimmt sie dagegen wesentlich ab.

Ammonium.

Ammoniumsalze entstehen fortgesetzt in großen Mengen aus zersetztem Eiweiß; da jedoch ihre überwiegende Menge in Harnstoff verwandelt wird, erscheint nur ein geringer Teil, etwa 3—5 % des Stickstoffes der abgebauten stickstoffhaltigen Verbindungen, in Form von Ammoniumsalzen im Harn. Im 24stündigen Harn sind 0,3—1,2, durchschnittlich 0,7 g Ammoniumsalze (auf Ammoniak berechnet) enthalten; nach Fleischgenuß mehr, bei vegetabilischer Nahrung weniger.

Die Menge der Ammoniumsalze nimmt zu, wenn Mineralsäuren oder solche organische Säuren eingeführt werden, welche im Organismus nicht zu Kohlendioxyd und Wasser verbrennen; denn das Ammoniak, das an solche unverbrennliche Säuren gebunden wird, ist einer Umwandlung in Harnstoff nicht fähig und wird unverändert ausgeschieden. Dasselbe ist der Fall, wenn solche Säuren infolge einer Stoffwechselanomalie im Organismus selbst entstehen. So findet z. B. im Diabetes zuweilen eine reichliche Bildung von β-Oxybuttersäure (S. 206) statt, der zufolge 10 bis 20, ja sogar bis zu 40 % des Stickstoffes in Form von Ammoniumsalzen ausgeschieden werden. Ähnliches findet man auch im Falle einer Erkrankung der Leber, des wichtigsten harnstoffbildenden Organes.

Zu einer Verminderung des Gehaltes des Harns an Ammoniumsalzen kommt es nach der Einfuhr von Alkalien oder kohlensauren Salzen oder solchen organischen Salzen, deren Säurekomponente leicht verbrennt; denn die Basen, welche auf diese Weise eingeführt werden, binden eine größere Menge von Säuren, die sonst Ammoniak gebunden hätten, so daß dieses in größerer Menge in Harnstoff verwandelt wird.

Nachweis. Der Harn wird in einen Kolben gefüllt und mit Kalkmilch versetzt; in den Kolbenhals wird ein Streifen von feuchtem Curcuma- oder von rotem Lackmuspapier befestigt und der Kolben verschlossen. Nach einiger Zeit zeigt die Bräunung des Curcuma-, resp. die Bläuung des Lackmuspapieres an, daß durch die Kalkmilch Ammoniak aus den Ammoniumsalzen in Freiheit gesetzt wurde. (Würde man anstatt der Kalkmilch Lauge verwenden, so könnte Ammoniak auch aus anderen stickstoffhaltigen Verbindungen abgespalten werden.)

Aus Harn, der ammoniakalisch gärt, entweicht auch freies Ammoniak; wird über einen solchen Harn ein in starke, (jedoch nicht rauchende!) Salzsäure getauchter Glasstab gehalten, so entsteht ein weißer, aus Chlorammonium bestehender Nebel.

Quantitative Bestimmung:

a) Nach Neubauer und Schlösing. Man läßt in eine Schale, die sich am Boden eines gut schließenden Exsiccators befindet, genau 25 ccm einer $\frac{n}{10}$-Schwefelsäure fließen; auf die Schale wird ein Glastriangel und auf dieses eine zweite flache Schale gestellt, und in dieser genau 25 ccm des Harns mit ca. 15 ccm Kalkmilch vermischt, sodann zur Verhinderung der Fäulnis mit einigen Kryställchen von Thymol versetzt. Der Exsiccator wird durch 3—5 Tage gut verschlossen aufbewahrt, nach Ablauf dieser Zeit die Schwefelsäure titriert, und aus der Abnahme der freien Säure die Menge des absorbierten Ammoniaks berechnet.

b) Nach dem Verfahren von Krüger-Reich werden 25 ccm Harn mit 10 ccm Kalkmilch versetzt, das in Freiheit gesetzte Ammoniak bei einer Temperatur von 43° C und einem Druck von 30—40 mm Hg abdestilliert, in 25 ccm $\frac{n}{10}$-Schwefelsäure aufgefangen und letztere titriert.

c) Im Folinschen Verfahren erfolgt die Zersetzung der Ammoniumsalze durch kohlensaures Natrium; 25 ccm Harn werden mit 1 g kohlensaurem Natrium versetzt und während $1^1/_2$ Stunden ein rascher Luftstrom durch den Harn und durch ein genau abgemessenes Volumen $\frac{n}{10}$-Schwefelsäure geleitet, und zum Schluß die Schwefelsäure titriert. Zur Verhütung der sonst sehr starken Schaumbildung wird der Harn mit ein wenig Petroleum versetzt.

d) Das Malfattische Verfahren beruht auf der Reaktion, welche zwischen Ammoniumsalzen und Formaldehyd in dem Sinne verläuft, daß sich letzteres mit der Ammoniumbase verbindet, die betreffende Säure jedoch in Freiheit gesetzt wird. Bestimmt man daher zunächst die Acidität von 10 ccm Harn, wobei Phenolphthalein als Indicator verwendet wird, und versetzt andere 10 ccm des Harns mit einigen Kubikzentimetern einer genau neutralisierten Lösung von Formaldehyd (Formalin, Formol) und titriert, so wird in der zweiten Harnportion um soviel mehr Lauge verbraucht werden, als Säureradikale an die Ammoniumbase gebunden waren. Da die Aminosäuren auf Formaldehyd ebenso reagieren (S. 97) wie Ammoniumsalze, ist das Malfattische Verfahren mit einem methodischen Fehler behaftet, der umso größer ist, je mehr Aminosäuren im Harn enthalten sind.

Calcium und Magnesium.

Während die überwiegende Menge der Alkalimetalle, die zur Ausscheidung kommen, im Harn entleert wird, werden die Erdalkalien in der Regel bloß zu etwa einem Dritteil im Harn ausgeschieden, die größere Menge aber im Kot; daher ist es auch unmöglich, den Umsatz der Erdalkalien aus dem Harn allein zu bestimmen.

Das Verhältnis der im Harn enthaltenen Mengen von Calcium und Magnesium ist unter anderem auch von der Nahrungszufuhr abhängig. Außerdem gibt es auch vielfache Widersprüche zwischen den Angaben der einzelnen Autoren; so geben die meisten an, es sei im Harn etwa doppelt soviel Magnesium als Calcium enthalten, während andere das Gegenteil finden.

Calcium.

Calcium kommt im Harn hauptsächlich an Phosphorsäure gebunden vor, und zwar als primäres Calciumphosphat, $CaH_4(PO_4)_2$, und als sekundäres Calciumphosphat, $CaHPO_4$. Wird der Harn erhitzt, so zerfällt das sekundäre Phosphat in primäres und neutrales Phosphat, $Ca_3(PO_4)_2$, welch letzteres als unlöslich ausfällt. Die Menge des Calciums unterliegt großen Schwankungen; manche Autoren fanden 0.09 g in 24 stündigem Harn, andere das Dreifache hiervon.

Wird in der Nahrung eine größere Menge gelöster Phosphorsäure (in Form von Alkaliphosphat) eingeführt, so werden die Calciumsalze im Darminhalt teilweise in das schwer lösliche und darum nicht resorbierbare neutrale Calciumphosphat verwandelt; demzufolge muß der Calciumgehalt des Harns entsprechend abnehmen.

Im Hungerzustande werden nicht nur Muskel-, Drüsen- und andere Gewebe, sondern auch Knochensubstanz eingeschmolzen; dementsprechend nimmt auch die Calciumausscheidung im Harn zu; letzteres ist auch im Diabetes der Fall.

Nachweis. Man versetzt den Harn mit Ammoniak und bringt den aus phosphorsaurem Calcium und phosphorsaurem Ammoniummagnesium bestehenden Niederschlag durch Zusatz von Essigsäure in Lösung; nun fügt man erst ein wenig Chlorammoniumlösung und hierauf eine Lösung von oxalsaurem Ammonium hinzu, wodurch das Calcium in Form seines oxalsauren Salzes gefällt wird.

Quantitative Bestimmung.

a) 200 ccm Harn werden mit Ammoniak stark alkalisch gemacht, worauf eine Trübung resp. Niederschlagbildung erfolgt. Nun wird über Nacht stehen gelassen, am nächsten Tag filtriert, der Niederschlag gewaschen, in wenig warmer verdünnter Salzsäure gelöst, reichlich mit einer Lösung von essigsaurem Ammonium und wenig Eisessig versetzt, aufgekocht und tropfenweise mit einer Lösung von oxalsaurem Ammonium versetzt, wobei das Calcium in Form seines oxalsauren Salzes gefällt wird, das Magnesium jedoch in Lösung bleibt. Die Flüssigkeit wird bis zum nächsten Tage an einem warmen Orte stehen gelassen, dann filtriert, der Niederschlag mit ammoniakhaltigem Wasser gewaschen, in einem Platintiegel verascht und scharf geglüht, wobei das oxalsaure Calcium sich in Calciumoxyd verwandelt; dieses wird gewogen.

b) Den noch feuchten Niederschlag von oxalsaurem Calcium kann man in Schwefelsäure lösen und (noch warm) mit einer Lösung von Kaliumpermanganat titrieren.

Ist der Harn durch bereits vorher ausgeschiedene Calcium- und Magnesiumsalze getrübt, so werden diese erst durch Zusatz von verdünnter Salzsäure in Lösung gebracht, dann wird wie oben verfahren.

Magnesium.

Magnesium ist im Harn hauptsächlich an Phosphorsäure gebunden enthalten, und zwar in Form des primären und sekundären Salzes; bei der ammoniakalischen Gärung fällt es krystallinisch als phosphorsaures Ammoniummagnesium aus. Der Magnesiumgehalt des Harns ist in hohem Grade abhängig von der Nahrungszufuhr. Die Angaben der Autoren über die Quantität sind sehr schwankend; manche fanden 0,03 g, andere das Vielfache davon im 24 stündigen Harn.

Nachweis. Wird das Filtrat des mit oxalsaurem Ammonium gefällten Harns (siehe oben bei Calcium) mit Ammoniak stark alkalisch gemacht, so entsteht ein Niederschlag von phosphorsaurem Ammoniummagnesium, $Mg(NH_4)PO_4$.

Quantitative Bestimmung.

a) Das Filtrat des mit oxalsaurem Ammonium gefällten Harns (s. oben bei Calcium) wird mit einem Dritteil 10%igen Ammoniaks versetzt, die trübe Flüssigkeit 12 Stunden stehen gelassen und der aus phosphorsaurem Ammoniummagnesium bestehende Niederschlag am Filter gesammelt, mit ammoniakhaltigem Wasser gewaschen, im Tiegel verascht und dort $1/4$ Stunde geglüht, hierdurch in Magnesiumpyrophosphat verwandelt und als solches gewogen.

b) Man löst den Niederschlag von phosphorsaurem Ammoniummagnesium in Essigsäure und führt eine Bestimmung der Phosphorsäure aus (S. 198).

Eisen.

Eisen kommt im Harn bloß organisch gebunden vor, so daß es mit den gewöhnlichen Eisenreagenzien nicht nachzuweisen ist; seine Menge beträgt im 24stündigen Harn des gesunden Menschen kaum mehr als ein Milligramm; bei perniziöser Anämie mehr. Von außen eingeführtes Eisen wird größtenteils im Kote ausgeschieden; vom resorbierten Anteil erscheinen bloß sehr geringe Mengen im Harn, der größere Teil wird im Körper (von der Leber) zurückgehalten.

Chlor.

Von dem aus dem Organismus zu eliminierenden Chlor werden bloß Spuren im Kot gefunden, mehr im Schweiß, der überwiegende Teil jedoch im Harn, und zwar fast ausschließlich in Form von Natriumchlorid; zu einem sehr geringen Teil vielleicht auch in organischer Bindung. Bei gemischter Kost sind im 24stündigen Harn des gesunden Menschen 6—9 g Chlor enthalten; doch kann seine Menge je nach dem Kochsalzgehalte der Nahrung weit weniger oder weit mehr betragen. Im Hungernden kann die Menge des Chlor auf 0,2—0,3 g herabsinken, desgleichen auch in manchen fieberhaften Krankheiten, wie z. B. bei kruppöser Pneumonie und zur Zeit des Entstehens größerer Transsudate. Mehr Chlor wird ausgeschieden nach der Chloroformnarkose sowie zur Zeit der Resorption größerer Exsudate und Transsudate.

Nachweis. Der Harn wird mit Salpetersäure stark angesäuert und dann mit einer 10%igen Lösung von Silbernitrat versetzt; bei normalem Chlorgehalt entsteht hierbei ein voluminöser, weißer, käsiger Niederschlag; wenn weniger Chlor vorhanden war, so entsteht bloß eine weiße Trübung.

Die quantitative Bestimmung nach Volhard beruht auf dem Prinzip, daß das Chlor mit einem Überschuß von salpetersaurem Silber gefällt und die Menge des nicht an Chlor gebundenen Silbers durch Titration mit Rhodanalkali bestimmt wird.

Man versetzt 10 ccm des Harns in einem Meßkolben von 100 ccm Rauminhalt mit genau abgemessenen 20—30 ccm einer $\frac{n}{10}$-Lösung von salpetersaurem Silber und 4 ccm Salpetersäure, füllt mit destilliertem Wasser bis zur Marke auf, schüttelt um und filtriert durch ein trockenes Filter. Nun versetzt man genau 50 ccm des Filtrates mit 5 ccm einer kaltgesättigten wäßrigen Lösung von Ferriammoniumsulfat oder Eisennitrat und titriert mit einer $\frac{n}{10}$-Lösung von Rhodanalkali. Die einfallende Rhodanlösung erzeugt in der Flüssigkeit nebst dem weißen Niederschlag von Rhodansilber eine rote Farbenreaktion, welche auf der Bildung

13*

von Rhodaneisen beruht; diese Färbung verschwindet aber rasch beim Umschütteln der Flüssigkeit, und zwar auf Grund folgender Reaktion:

$$Fe_2(CNS)_6 + 6AgNO_3 = Fe_2(NO_3)_6 + 6AgCNS.$$

Im weiteren Verlauf der Titration erfolgt die Entfärbung der Flüssigkeit immer langsamer, bis die rote Farbe endlich überhaupt nicht mehr verschwindet: dies ist in dem Augenblick der Fall, wo auch die letzte Spur des Überschusses an salpetersaurem Silber als Rhodansilber gefällt ist. Bei der Berechnung des Endergebnisses darf nicht vergessen werden, daß die Titration bloß in der Hälfte der auf 100 verdünnten 10 ccm des Harns ausgeführt wurde.

Schwefel.

Die Hauptquelle des Schwefels des Harns ist das Nahrungs- und Körpereiweiß; daher besteht auch eine relativ konstante Proportion (ca. 1 : 5) zwischen dem Schwefel- und dem Stickstoffgehalt des Harns. Seine Menge nimmt nach Fleischnahrung zu, bei ausschließlicher vegetabilischer Nahrung ab, so daß es bis etwa 1,3 g pro 24 Stunden ansteigen, aber auch unter 0,3 g sinken kann; der Durchschnitt beträgt 0,8 g.

Schwefel kommt im Harn in verschiedenen Verbindungen vor:

a) zu Schwefelsäure oxydiert, als sog. **saurer oder oxydierter** Schwefel: α) der größere Teil des sauren Schwefels wird in Form von Alkalisulfat entleert und **präformierte, oder Sulfat-, oder A-Schwefel-säure** genannt; dieser Teil ist durch Bariumchlorid ohne weiteres fällbar; β) ein kleiner Teil des sauren Schwefels wird in Form von Estern, an Alkohole oder Phenole gebunden, ausgeschieden und als Äther- oder B-Schwefelsäure bezeichnet; dieser Teil ist mit Bariumchlorid nur nach vorangehender Spaltung durch Mineralsäure fällbar.

b) Der Rest des Schwefels wird in Form anderer Verbindungen entleert, in welchen es weniger stark oder gar nicht oxydiert enthalten ist; so z. B. in Form von Rhodanalkali, Oxy-, Alloxy-, Antoxyprotein-säure, Cystin usw. Dieser Teil wird als **nicht oxydierter oder neutraler Schwefel** bezeichnet und ist durch Bariumchlorid erst fällbar, wenn man ihn durch Oxydation in Schwefelsäure überführt.

Im normalen Menschenharn bildet der neutrale Schwefel durchschnittlich ein Fünftel des gesamten Schwefels, der oxydierte vier Fünftel; ein Zehntel des gesamten oxydierten Schwefels ist in Form von Ätherschwefelsäuren enthalten.

Die Menge des oxydierten Schwefels kann bei fieberhaften Erkrankungen zunehmen, bei Anämie, in der Rekonvaleszenz abnehmen. Vom oxydierten Schwefel entfällt ein größerer Teil auf Ätherschwefelsäure nach Einfuhr von Phenol oder Kresol oder im Falle von stärkerer Eiweißfäulnis im Darm; vom Gesamtschwefel ein größerer Teil auf den neutralen Schwefel bei Vorhandensein eines zerfallenden Karzinoms, bei Lungentuberkulose.

Nachweis. a) **Sulfatschwefelsäure** wird nachgewiesen, indem man den Harn mit Essigsäure oder verdünnter Salzsäure ansäuert und mit einer Lösung von Bariumchlorid versetzt; hierbei entsteht ein in Säuren unlöslicher Niederschlag von Bariumsulfat;

b) zum Nachweis der **Ätherschwefelsäuren** wird das Filtrat vom Niederschlag, den man nach Fällung der Sulfatschwefelsäure erhält, mit starker Salzsäure gekocht, wodurch die Ätherschwefelsäuren gespalten werden und die in Freiheit gesetzte Schwefelsäure von dem im Überschuß vorhandenen Bariumchlorid in Form von Bariumsulfat gefällt wird;

c) um **neutralen Schwefel** nachzuweisen, wird zu dem in einer Eprouvette befindlichen Harn ein Stückchen Zink zugefügt und Schwefelsäure bis zum

Beginn der Gasentwicklung hinzugesetzt; nun befestigt man in den obersten Teil der Eprouvette einen Streifen von Filterpapier, welches mit einer Mischung von Bleiessig und Lauge befeuchtet wurde und verschließt die Mündung der Eprouvette. Nach einiger Zeit wird das Papier durch den Schwefelwasserstoff, in welchen der neutrale Schwefel verwandelt wurde, gebräunt.

Quantitative Bestimmung. Da bei der Fällung der Sulfatschwefelsäure mit Bariumchlorid aus dem schwach angesäuerten Harn immer eine geringe, jedoch schwer zu entfernende Menge von Bariumphosphat mitgerissen wird, muß folgendermaßen vorgegangen werden:

a) Man versetzt 25 ccm Harn mit 20 ccm $20^0/_0$iger Salzsäure, kocht eine halbe Stunde und fällt mit einer vorher erwärmten $5^0/_0$igen Lösung von Bariumchlorid; nun läßt man einige Stunden an einem warmen Ort, dann aber über Nacht in der Kälte stehen und filtriert am nächsten Tag. Der Niederschlag wird solange gewaschen, bis das Waschwasser chlorfrei abläuft, dann getrocknet, geglüht und gewogen. Auf diese Weise erhalten wir den gesamten oxydierten Schwefel = Sulfatschwefelsäure + Ätherschwefelsäuren.

b) 125 ccm desselben Harns werden mit 75 ccm destilliertem Wasser und 30 ccm $20^0/_0$iger Salzsäure versetzt, mit 20 ccm einer $5^0/_0$igen Lösung von Bariumchlorid gefällt und nach einer halben Stunde durch ein trockenes Filter filtriert; 125 ccm des Filtrates, genau die Hälfte der ursprünglichen Harnmenge, werden eine halbe Stunde gekocht, wobei das anfangs klare Filtrat sich allmählich trübt und einen Niederschlag zu Boden fallen läßt, der, wie sub a) weiter behandelt wird, und den Schwefel der Ätherschwefelsäuren enthält. Wird dieser Wert von dem oben erhaltenen Wert des gesamten oxydierten Schwefels substrahiert, so erhalten wir die Menge der Sulfatschwefelsäure.

c) 50 ccm desselben Harns werden in einer Platinschale mit 9 g Natriumnitrat und 3 g Natriumcarbonat eingedampft und verascht, die Schmelze in Wasser gelöst, mit Salzsäure versetzt und wieder eingedampft; dies wird so oft wiederholt, bis die Salpetersäure völlig vertrieben ist. Nun wird der Rückstand wieder in Wasser gelöst, etwa ausgeschiedene Kieselsäure durch Filtration entfernt und das Filtrat wie sub a) mit Bariumchlorid gefällt. Der aus dem Niederschlag berechnete Wert entspricht dem gesamten Schwefel im Harn; wird hiervon die sub a) erhaltene Menge des gesamten oxydierten Schwefels substrahiert, so erhalten wir die Menge des neutralen Schwefels.

Phosphor.

Phosphor ist im Harn in sehr geringen Mengen in organischer Bindung als Glycerinphosphorsäure und Phosphorfleischsäure, in überwiegender Menge in Form von phosphorsauren Salzen enthalten, die ihrerseits der Hauptmenge nach bereits als solche mit der Nahrung in den Organismus gelangen und bloß zu einem geringen Teile aus der Verbrennung phosphorhaltiger organischer Verbindungen, wie Lecithin, Nucleoproteide usw. hervorgehen, oder aber aus dem Knochengewebe herrühren. Die Eliminierung der Phosphorsäure aus dem Organismus erfolgt teils im Harn, teils im Kot, und zwar wird beim Fleischfresser im Harn, beim Pflanzenfresser im Kot mehr ausgeschieden. Auch die unter die Haut gespritzten phosphorsauren Salze verlassen den Körper teils im Harn, teils im Kot.

Bei gemischter Kost werden im 24stündigen Harn des Menschen 0,4—2,0, also durchschnittlich mehr als 1 g Phosphor ausgeschieden, und zwar zu etwa zwei Dritteilen in Form von Alkaliphosphat und zu einem Dritteil als Erdalkaliphosphate. Nach Fleischaufnahme nimmt der Phosphorgehalt des Harns zu, und in diesem Falle, sowie auch im Hungerzustand ist das Verhältnis zwischen ausgeschiedenem Phosphor und Stickstoff im großen und ganzen konstant, und zwar 1 : 18. Der

Phosphorgehalt des Harns nimmt ab, wenn in der Nahrung mehr Calcium und Magnesium eingeführt werden, denn diese vereinigen sich im Darme mit der Phosphorsäure zu schwerlöslichen, kaum resorbierbaren Verbindungen.

Der Phosphorgehalt des Harns kann unter pathologischen Verhältnissen von dem normalen Gehalt sehr verschieden sein. So ist er z. B. in Diabetes gesteigert; im Hungerzustand wird mehr Phosphor ausgeschieden als nach der Einfuhr phosphorarmer Nahrung, weil im Hungerzustand eine reichliche Einschmelzung phosphorreicher Gewebe, wie z. B. der Knochen, stattfindet. Eine Abnahme des Phosphors wird in fieberhaften Erkrankungen beobachtet.

Nimmt die Acidität des Harns ab, so kann eine teilweise Fällung des Calcium- und Magnesiumphosphates bereits vor der Entleerung des Harns erfolgen; es wird in diesem Falle ein trüber Harn entleert, der sich auf Zusatz von Säure sofort klärt. Die Entleerung eines von ausgeschiedenen Phosphaten trüben Harns wird als Phosphaturie bezeichnet, womit aber nicht eine Vermehrung des Phosphorsäuregehaltes des Harns gemeint ist.

Nachweis. Da der Phosphor, wie oben erwähnt, im Harn hauptsächlich in Form von phosphorsauren Salzen enthalten ist, werden zu seinem Nachweis und zur quantitativen Bestimmung ausschließlich jene Verfahren angewendet, die sich auf Phosphorsäure beziehen.

a) Einige Kubikzentimeter des Harns werden mit Magnesiamischung versetzt, worauf ein krystallinischer, aus Ammoniummagnesiumphosphat bestehender Niederschlag entsteht.

b) Einige Kubikzentimeter des Harns werden mit Essigsäure angesäuert und mit einer Lösung von essigsaurem oder salpetersaurem Uranyloxyd versetzt, wobei ein gelblichweißer Niederschlag von phosphorsaurem Uranyloxyd entsteht.

Quantitative Bestimmung.

a) Durch Titration. Dieses Verfahren beruht darauf, daß phosphorsaure Salze mit essigsaurem oder salpetersaurem Uran einen unlöslichen Niederschlag von phosphorsaurem Uranyloxyd (Ur_2OHPO_4) bilden; als Indicator wird eine Lösung von Ferrocyankalium verwendet.

Man versetzt 50 ccm des Harns mit 5 ccm eines Gemisches, welches 10% essigsaures Natrium und 3% Essigsäure enthält; nun wird der Harn aufgekocht und man läßt ihm aus einer Bürette, welche eine $3,5\%$ige Lösung von essigsaurem oder salpetersaurem Uran enthält, soviel zufließen, bis ein Tropfen des Harns, den man mittels eines Glasstabes auf eine Porzellanschale bringt, mit 1 Tropfen einer 10%igen Lösung von Ferrocyankalium eine gelbbraune Farbenreaktion gibt. Diese Farbenreaktion zeigt an, daß bereits ein Überschuß an Uransalz vorhanden ist, bezw. der Harn keine Phosphate mehr gelöst enthält. Während der Titration muß der Harn wiederholt aufgekocht werden. (Sollte der Harn durch vorangehende Ausscheidung von Phosphaten getrübt sein, so müssen diese erst durch Zusatz von Essigsäure in Lösung gebracht werden.)

Zur Bestimmung des Titers der benützten Uranlösung wird Dinatrium-hydrophosphat verwendet. Da dieses Salz wenig beständig ist, indem es sein Krystallwasser sehr leicht verliert, wird eine 10%ige Lösung derselben bereitet; 50 ccm derselben werden eingedampft, getrocknet und geglüht, wobei eine Umsetzung zu pyrophosphorsaurem Natrium stattfindet; dieses wird gewogen und aus seinem Gewicht der Phosphorsäuregehalt der Lösung berechnet. Diese Lösung wird in der oben angegebenen Weise mit der Uranlösung titriert und dadurch der Titre der letzteren festgestellt.

b) Durch Gewichtsanalyse, beruhend auf dem Prinzip, daß die Phosphorsäure der Harnasche in Form von phosphormolybdänsaurem Ammonium gefällt, dieses in phosphorsaures Ammoniummagnesium verwandelt, geglüht, und in Form von Magnesiumpyrophosphat gewogen wird.

Es werden 20 ccm Harn mit 1,5 g salpetersaurem Natrium und 3,5 g kohlensaurem Natrium eingedampft und verascht; die Schmelze wird in Wasser gelöst, mit Salpetersäure angesäuert und die Lösung in einem Becherglas mit 15 ccm einer 75%igen (konzentrierten) Lösung von Ammoniumnitrat und 50 ccm einer Molybdänlösung gefällt. (Letztere wird bereitet, indem eine 10%ige Lösung von molybdänsaurem Ammonium zu dem gleichen Volumen Salpetersäure vom spez. Gewicht 1,2 unter ständigem Mischen hinzugefügt wird.) Nach erfolgter Fällung läßt man die Flüssigkeit einen halben Tag an einem warmen Orte stehen, decantiert die über dem gelben (aus phosphormolybdänsaurem Ammonium bestehenden) Niederschlag befindliche klare Flüssigkeit durch ein Filter, wäscht den Niederschlag wiederholt mit einer 15%igen Lösung von Ammoniumnitrat, und gießt das Waschwasser jedesmal durch das Filter; endlich wird sowohl der am Filter befindliche als auch der noch am Boden des Becherglases zurückgebliebene Niederschlag in einer $2^1/_2$%igen Lösung von Ammoniak gelöst und die Lösung mit Magnesiamischung versetzt. (Die Magnesiamischung ist eine $2^1/_2$%ige Lösung von Ammoniak, welche 5% Magnesiumchlorid und 7% Ammoniumchlorid gelöst enthält.) Hierbei entsteht ein Niederschlag von phosphorsaurem Ammoniummagnesium, der auf einem aschenfreien Filter gesammelt und dort mit einer $2^1/_2$%igen Lösung von Ammoniak so lange gewaschen wird, bis das Waschwasser chlorfrei abläuft; nun wird der Niederschlag getrocknet, durch Glühen in Magnesiumpyrophosphat, $Mg_2P_2O_7$, verwandelt und gewogen.

Carbonate.

Carbonate sind im Harn in wechselnden Mengen enthalten; ihre Menge nimmt nach Einfuhr organischer Säuren oder deren Salze zu und ist im Harn von Pflanzenfressern so groß, daß dieser auf Zusatz von Säure aufschäumt.

E. Stickstofffreie organische Bestandteile.

Kohlenhydrate.

Normaler menschlicher Harn enthält eine gewisse Menge reduzierender Substanzen, deren Gesamtmenge, in d-Glucose ausgedrückt, ca. 0,2% beträgt; hiervor ist der fünfte Teil tatsächlich d-Glucose. Außer dieser wird im Harn ein wenig Isomaltose gefunden, sowie ein stickstoffhaltiges Kohlenhydrat, wahrscheinlich ein Derivat der Chondroitinschwefelsäure (S. 122). Unter pathologischen Verhältnissen kann der Gehalt des Harns an Kohlenhydraten ein bedeutender sein. (Siehe bei den einzelnen Zuckerarten.) Der Nachweis der häufiger beobachteten Zuckerarten ist in der Regel nicht schwer; wohl aber bereitet es oft große Schwierigkeiten, seltenere, sowie mehrere Zuckerarten nebeneinander nachzuweisen.

d-Glucose (Dextrose, Traubenzucker, Harnzucker), $C_6H_{12}O_6$ (Eigenschaften S. 74), ist in jedem normalen Harn in einer Menge von etwa 0,04% enthalten; in größeren Mengen findet sie sich: a) nach Einfuhr größerer Mengen von d-Glucose: alimentäre Glucosurie; b) unter der Einwirkung verschiedener Gifte, wie Alkohol, Opiumalkaloide, Adrenalin, Curare, Kohlenoxyd, Chloroform, Phlorrhizin; weiterhin bei Gehirntumoren, namentlich des Kleinhirns, im Falle einer Degeneration oder experimentellen Entfernung des Pankreas; c) im Diabetes, dessen Ätiologie noch vielfach unergründet ist.

Nachweis. Für die meisten Proben ist es notwendig, erst das etwa vorhandene Eiweiß zu entfernen; zu diesem Behufe wird der Harn mit 1—2 Tropfen verdünnter Essigsäure angesäuert (eventuell auch mit einer Messerspitze Kochsalz versetzt), einige Minuten gekocht und dann filtriert.

a) **Mooresche Probe**; 5—10 ccm Harn werden mit 2—3 ccm Natron- oder Kalilauge gekocht, wobei aus dem Zucker außer anderen Zersetzungsprodukten (Ameisensäure, Milchsäure, Brenzcatechin usw.) sich auch Huminsubstanzen bilden, die den Harn gelb bis braun färben; gleichzeitig entwickelt sich ein charakteristischer caramelartiger Geruch, der auf Säurezusatz stärker wird.

b) **Trommersche Probe**; 10 ccm des Harns werden mit 2—3 ccm Natron- oder Kalilauge versetzt und dann eine stark verdünnte Lösung von Kupfersulfat solange tropfenweise hinzugefügt, bis der blaue Niederschlag von Cuprihydroxyd, welches mit der Glucose eine komplexe, wasserlösliche, blaue Verbindung eingeht, beim Umschütteln der Flüssigkeit eben noch in Lösung geht. Nun wird erhitzt, worauf, noch bevor es zum Sieden kommt, ein gelber oder roter Niederschlag entsteht, je nachdem das Cuprihydroxyd zu Cuprohydroxyd oder Cuprooxyd reduziert wurde. Im Harn entsteht meistens der gelbe, in anderen Flüssigkeiten (Blutserum, Transsudate) meistens der rote Niederschlag.

Die **Trommersche** Probe hat den Nachteil, daß es schwer hält, gerade die richtige Menge von Kupfersulfat zu treffen, demzufolge das Ergebnis der Reaktion ein zweideutiges sein kann. Wird nämlich zu wenig Kupfersulfat hinzugefügt, so wird die geringe Menge des entstandenen Cuprihydroxydes auch von den normalen reduzierenden Harnbestandteilen reduziert, und die blaue Farbe des Gemisches schlägt in Gelb um, auch, wenn gar kein Zucker vorhanden war. Umgekehrt kommt es, falls Kupfersulfat im Überschuß hinzugefügt wurde, beim Kochen zu einer Umwandlung des nicht gelösten Cuprihydroxyd in braunes Cuprioxyd, welches die gelbe resp. rote Farbe des Cuprohydroxyd resp. des Cuprooxyd verdecken kann.

c) In der **Fehling**schen, richtiger **Worm-Müller**schen Probe sind die Nachteile der **Trommer**schen Probe dadurch vermieden, daß man eine 5—6%ige Lauge verwendet, welche ca. 17% weinsaures Kaliumnatrium (Seignette-Salz) gelöst enthält: Mit letzterem geht nämlich das in noch so reichlicher Menge entstehende Cuprihydroxyd eine wasserlösliche Verbindung ein, wodurch verhütet wird, daß der Überschuß von Cuprihydroxyd (das sich nicht mit Zucker verbinden konnte), bei der Erwärmung in der alkalischen Flüssigkeit in braunes Cuprioxyd verwandelt werde.

Zur Ausführung der Probe werden gleiche Volumina einer ca. 3,5%igen Lösung von Kupfersulfat und des Laugengemisches vermengt, hiervon 2—3 ccm zu 10 ccm Harn gefügt und erwärmt; die Reduktion erfolgt auf dieselbe Weise wie bei der **Trommer**schen Probe. Manche Autoren ziehen es vor, 10 ccm Harn und 3 ccm des Reagens (durch Vermischen gleicher Anteile der Kupfersulfat- und der alkalischen Seignettesalzlösung bereitet) gesondert zu erwärmen und warm zusammenzugießen.

Mitunter enthält auch normaler Harn größere Mengen von Substanzen, wie Harnsäure, Kreatinin, Ammoniumsalze, welche die Reduktionsproben entweder dadurch stören, daß auch sie Kupfersulfat reduzieren, oder aber dadurch, daß sie das durch d-Glucose reduzierte Kupfersalz in Lösung halten und so den positiven Ausfall der Probe verdecken. Dieses störende Moment kann entweder dadurch eliminiert werden, daß man den Harn mit dem gleichen Volumen Wasser verdünnt: in dieser verringerten Konzentration sind die genannten Substanzen wirkungslos; oder dadurch, daß man die erwähnten störenden Bestandteile aus dem mit Schwefelsäure stark angesäuerten Harn durch Fällen mit einer 10%igen Lösung von Phosphorwolframsäure entfernt und die Probe im neutralisierten Filtrat ausführt.

d) **Böttgersche Probe**; 10 ccm des Harns werden mit einer kleinen Messerspitze Bismutum subnitricum und 2—3 ccm Lauge versetzt, aufgekocht und während einiger Minuten im Sieden erhalten. Bei Anwesenheit von d-Glucose färbt sich die Flüssigkeit erst gelb, dann braun, unter Umständen auch schwarz, und es setzt sich ein schwarzer Niederschlag von metallischem Bismut zu Boden. In der **Nyland**erschen Modifikation dieser Probe wird statt des pulverförmigen Bismutum subnitricum eine 2%ige Lösung desselben in 10%iger Lauge verwendet, in welcher das Bismutsalz durch einen Zusatz von 4% Seignette-Salz in Lösung gehalten ist.

In den Bismutproben darf der Harn keine Spur von Eiweiß enthalten, weil Eiweiß ebenfalls einen schwarzen, aus Bismutsulfid bestehenden Niederschlag liefert.

e) **Phenylglucosazonreaktion** (S. 71); 20 ccm Harn werden in einer Eprouvette mit je 10—20 Tropfen Phenylhydrazin und 50%iger Essigsäure versetzt, umgeschüttelt, auf $1/_2$—1 Stunde in ein siedendes Wasserbad und dann für einige Stunden in kaltes Wasser getaucht; nach dieser Zeit hat sich am Boden der Eprouvette ein Niederschlag von Phenylglucosazon gesammelt, der, unter dem Mikroskop betrachtet, aus gelben, nadelförmigen, in garben- oder strahlenförmig angeordneten Krystallen mit dem Schmelzpunkt 205° besteht. Außer den erwähnten Krystallen findet man im Niederschlag auch gelbe eckige Schollen und kugelförmige Gebilde, die aber nicht dem Phenylglucosazon angehören.

Anstatt Phenylhydrazin und Essigsäure ist es zweckmäßiger, 1—2 g salzsaures Phenylhydrazin und 2—4 g essigsaures Natrium zu verwenden.

Quantitative Bestimmung.

a) **Durch Polarisation.** Wird der d-Glucose enthaltende Harn in einem Rohre von 1,894 dm Länge polarisiert, so ist, da $[\alpha]_D$ für d-Glucose $+ 52,8°$ beträgt, in der Formel $\dfrac{\beta \cdot 100}{[\alpha]_D \cdot L}$ (S. 72), welche den Gehalt an aktiver Substanz in Prozenten angibt, $[\alpha]_D \cdot L = 100$; folglich gibt die Ablesung am Polarimeter, β, unmittelbar den Gehalt des Harns an d-Glucose in Prozenten an.

Normaler Harn ist, auch in einem kürzeren Rohr untersucht, viel zu dunkel gefärbt, um direkt polarisiert werden zu können; daher wird ein genau abgemessenes Volumen des Harns mit genau $1/_{10}$-Volumen einer 25%igen Bleizuckerlösung gefällt und durch ein trockenes Filter gegossen. Der Bleiniederschlag reißt den größten Teil der Harnfarbstoffe mit und man erhält ein nahezu farbloses Filtrat. (Der abgelesene Prozentwert muß natürlich mit 1,1 multipliziert werden.) Da d-Glucose aus einer alkalischen Lösung durch Bleizucker teilweise mitgefällt werden kann, muß alkalischer Harn vor der Fällung mit Essigsäure angesäuert werden.

Enthält der Harn Eiweiß, so muß dasselbe nach schwacher Ansäuerung mit Essigsäure (und eventuellem Zusatz einer Messerspitze Kochsalz) durch Kochen entfernt werden. Ist in dem Harn auch β-Oxybuttersäure enthalten, die linksaktiv ist, so erhält man in dem d-Glucose enthaltenden Harn eine geringere Rechtsdrehung als dem Zuckergehalt entspricht; der Gegensatz zwischen diesem Ergebnis und dem der angestellten Gärungsprobe (s. unten) weist geradezu auf die Anwesenheit von β-Oxybuttersäure hin. Auch die im Harn regelmäßig vorkommenden linksaktiven gepaarten Glucuronsäuren verringern die durch die d-Glucose verursachte Rechtsdrehung des Harns. Läßt man in einem solchen Falle die d-Glucose durch Hefe vergären und polarisiert dann den Harn, so wird er linksdrehend gefunden, entsprechend seinem Gehalt an gepaarten Glucuronsäuren; addiert man nun den Wert der Linksdrehung zu der im unvergorenen Harn abgelesenen Rechtsdrehung, so erhält man den richtigen Gehalt des Harns an d-Glucose.

b) **Durch Vergärung.** Unter Einwirkung der Bierhefe zerfällt d-Glucose in Alkohol und Kohlensäure (S. 75); die optimale Temperatur für diesen Vorgang liegt bei 28—30° C. Läßt man die Gärung in einem geschlossenen Gefäß vor sich gehen, so kann aus dem Volumen oder aus dem Druck der gebildeten Kohlensäure auf die Menge der vorhanden gewesenen d-Glucose geschlossen werden. Unter mehreren für diesen Zweck angegebenen Apparaten ist der von Lohnstein besonders handlich: durch den Druck der Kohlensäure wird Quecksilber in einer Röhre emporgetrieben, welche mit einer empirischen Skala versehen ist; die an der Skala angebrachten Ziffern geben unmittelbar den Zuckergehalt des Harns in Prozenten an. Da auch die verwendete Hefe Zucker enthalten kann, so wird in einem Apparat der Zuckergehalt des Harns und in einem zweiten der der Hefe bestimmt, und letzterer Wert vom ersteren abgezogen.

c) **Reduktionsverfahren** (S. 73, 74) werden beim Harn nur im Falle sehr geringer Zuckermengen angewendet.

d-Fruktose, Lävulose, Fruchtzucker, $C_6H_{12}O_6$ (ausführlich S. 76), kommt im Harn weit seltener vor als d-Glucose. Am seltensten sind die Fälle von chronischer, reiner Lävulosurie; häufiger ist die alimentäre Lävulosurie und die Ausscheidung kleiner Mengen von d-Fruktose neben d-Glucose in Fällen von Diabetes.

Es wurde nachgewiesen, daß die Oxydationsfähigkeit des Organismus gegenüber der d-Fruktose bei Leberleidenden auffallend verringert ist: bestimmt man die Menge der d-Fruktose, die einem solchen Kranken beigebracht werden muß, damit sie im Harne erscheine, so wird man sie weit geringer als bei Gesunden finden.

Nachweis. a) Phenylfruktosazon ist mit dem Phenylglucosazon identisch; das Methylphenylfruktosazon hingegen hat abweichende Eigenschaften.

b) Durch Polarisation; hierbei darf nicht der gepaarten Glucuronsäuren vergessen werden, die ebenfalls linksaktiv sind; weiterhin, daß in alkalisch reagierenden, z. B. in ammoniakalisch gärendem Harn d-Glucose in nicht zu vernachlässigender Menge in d-Fruktose verwandelt werden kann (S. 69).

c) Charakteristisch ist die Seliwanoffsche Resorcinprobe, die allen Oxyketonen gemeinsam ist; 5—10 ccm Harn werden mit so viel Salzsäure versetzt, daß deren Konzentration ungefähr 12% betrage und nun einige Kryställchen von Resorcin (1.3-Dioxybenzol) hinzugefügt. Nach 20 Sekunden Erwärmen färbt sich der Harn in Anwesenheit von d-Fruktose rot, resp. es bildet sich ein roter Niederschlag; dieser Farbenreaktion liegt eine Verbindung zugrunde, die aus der Vereinigung des durch Salzsäure aus der d-Fruktose abgespaltenen Oxymethylfurfurols (S. 68) mit dem Resorcin entsteht. Mit konzentrierter Salzsäure durch längere Zeit erhitzt, geben auch andere Monosaccharide eine ähnliche Rotfärbung.

d-Galaktose, $C_6H_{12}O_6$ (ausführlich S. 75), wurde neben Lactose mehrmals im Harn von magen- und darmkranken Säuglingen gefunden.

Zum Nachweis dienen: a) das Phenylgalaktosazon, b) die Schleimsäurereaktion, ausgeführt an der aus dem Harn isolierten Substanz (S. 76), c) die Eigenschaft der d-Galaktose, mit Hefe, wenn auch langsamer als Traubenzucker, zu vergären, während die Lactose nicht vergärt (S. 252).

Pentosen. (Eigenschaften s. S. 76). Sie kommen im Harn vor: a) nach Einfuhr pentosehaltiger Nahrung (Kirschen, Pflaumen usw.): alimentäre Pentosurie; b) aus unbekannten Gründen als sog. chronische Pentosurie, deren bis heute ca. 30 Fälle beschrieben sind; mit Ausnahme einiger Fälle handelte es sich dabei um die Ausscheidung der inaktiven d.l-Arabinose. c) in geringer Menge neben d-Glucose in vielen Fällen von Diabetes.

Nachweis. a) Auf Pentosen verdächtig ist ein Harn, der Kupfersalze reduziert, jedoch optisch inaktiv ist und sich bei der Gärungsprobe negativ verhält. Auch erfolgt die Reduktion nicht vor dem Eintritte des Siedens, wie an den Hexosen, sondern erst während des Kochens. Als Grund hierfür wird angeführt, daß die Pentosen im Harn nicht frei, sondern an Harnstoff gebunden vorkommen, welche Bindung erst während des Kochens in der alkalischen Flüssigkeit gelöst wird.

b) Tollenssche Phloroglucinreaktion; 5 ccm Harn werden mit dem gleichen Volumen rauchender Salzsäure und einer kleinen Messerspitze Phloroglucin (1.3.5-Trioxybenzol) erhitzt, worauf eine kirschrote Farbenreaktion auftritt. Diese zeugt jedoch nur dann für Pentosen, wenn die spektroskopische Untersuchung des rotgefärbten Harns oder seines amylalkoholischen Auszuges einen charakteristischen, zwischen den Linien D und E befindlichen Absorptionsstreifen ergibt. Auch die im normalen Harn vorkommenden gepaarten Glucuronsäuren geben diese Reaktion.

c) Tollenssche Orcinreaktion; 5 ccm des Harns werden mit dem gleichen Volumen rauchender Salzsäure und einer Messerspitze Orcin (1-Methyl-, 3.5-Dioxybenzol) erhitzt, worauf eine bläulichviolette oder grünliche Farbenreaktion auftritt, die jedoch nur dann für Pentosen zeugt, wenn die spektroskopische Untersuchung des Harns oder seines amylalkoholischen Auszuges einen charakteristischen, zwischen den Linien C und D befindlichen Absorptionsstreifen ergibt.

Die im normalen Harn vorkommenden gepaarten Glucuronsäuren geben auch diese Reaktion. Darum schlägt Bial die folgende Modifikation der Probe vor:

in 1 Liter 30%iger Salzsäure werden 2 g Orcin gelöst und 50 Tropfen einer 10%igen Lösung von Eisenchlorid hinzugefügt; 4 ccm dieses Reagens werden aufgekocht und 1 ccm des zu untersuchenden Harns zugefügt. An der in dieser Form ausgeführten Reaktion sind die Glucuronsäuren nicht beteiligt.

Die quantitative Bestimmung erfolgt:

a) durch Reduktionsverfahren, wobei aber die verzögerte Reduktion störend einwirkt;

b) nach Tollens auf Grund der Eigenschaft der Pentosen, daß sie, mit Salzsäure erhitzt, Furfurol abspalten, welches mit Phloroglucin einen in Wasser unlöslichen Niederschlag liefert (S. 77). Bei diesem Verfahren werden die gepaarten Glucuronsäuren, die sich ebenso verhalten, mitbestimmt.

Da das aus den Pentosen abgespaltene Furfurol teilweise von Harnstoff gebunden wird, muß das ursprüngliche Tollenssche Verfahren in folgender Modifikation angewendet werden: 250 ccm des Harns werden mit 5 ccm Ammoniak und 150 ccm Bleiessig gefällt, der die Pentosen enthaltende Niederschlag am Filter gesammelt, mit $^3/_4$ Liter Wasser gewaschen, dann samt dem Filter in einen Destillierkolben gebracht und mit 100 ccm 12%iger Salzsäure übergossen. Nun wird zunächst so lange destilliert, bis das Destillat 30 ccm beträgt, sodann ebensoviel 12%iger Salzsäure nachgefüllt und wieder destilliert, und dies so oft wiederholt, bis etwa $^1/_2$ Liter übergegangen ist. Das Destillat wird mit etwa doppelt soviel Phloroglucin versetzt als der zu erwartenden Ausbeute an Furfurol entspricht (für 250 ccm normalen, also bloß Glucuronsäure, jedoch keine Pentosen enthaltenden Harn 0,25 g Phloroglucin), und der sich bildende schwarzgrüne Niederschlag von Furfurol-Phloroglucid nach 16 Stunden auf einem Goochschen Tiegel gesammelt, mit Wasser gewaschen, 4 Stunden bei 100° getrocknet und gewogen. Das Endergebnis wird mittels empirisch festgestellter Tabellen berechnet.

Anhang. Cammidge hat gefunden, daß wenn der Harn von Pankreaskranken mit Mineralsäuren gekocht und nach Entfernung der Glucuronsäure in einer ganz bestimmten Weise mit Phenylhydrazin behandelt wird, im Sediment eigentümliche charakteristische Krystalle gefunden werden; neuere Untersuchungen haben ergeben, daß dies wahrscheinlich Phenylpentosazone sind.

Lactose, Milchzucker, $C_{12}H_{22}O_{11}$ (ausführlicher S. 252), kommt im Harn zuweilen in den letzten Tagen der Gravidität oder einige Tage nach der Entbindung vor; ferner im Harn von magen- und darmkranken Säuglingen, sowie auch bei Erwachsenen nach übermäßigem Milchgenuß.

Zum Nachweis dienen: a) das Phenyllactosazon; b) die Schleimsäurereaktion (S. 76), die vermöge der Galaktosekomponente der Lactose positiv ausfällt und die an der aus dem Harn isolierten Substanz ausgeführt wird; c) das Unvermögen der Lactose, mit Hefe zu vergären, was sie von der Galaktose unterscheidet.

Maltose, Malzzucker, $C_{12}H_{22}O_{11}$ (ausführlich S. 80) kommt im Harn selten vor.

Der Nachweis erfolgt auf Grund: a) des Phenylmaltosazons, b) des Reduktionsvermögens, welches weit kleiner, und des spezifischen Drehungsvermögens, das weit größer ist als das der d-Glucose.

d-Glucuronsäure, $C_6H_{10}O_7$ (ausführlich S. 87); kommt im normalen Harn an Phenol, p-Kresol und Indoxyl gebunden, in Form sog. gepaarter Glucuronsäuren vor, und zwar in einer Menge von etwa 0,03—0,04 g pro 24 Stunden. Über die Art und Weise ihres Entstehens wissen wir recht wenig; jedenfalls ist sie als intermediäres Oxydationsprodukt der d-Glucose zu betrachten, das aber wahrscheinlich sehr bald weiter oxydiert wird.

Nachweis. a) Ein Harn, der gepaarte Glucuronsäuren enthält, ist optisch linksaktiv; werden die gepaarten Säuren durch Kochen mit Salzsäure gespalten, so wird der Harn rechtsaktiv.

b) Erhält ein nicht reduzierender Harn nach dem Kochen mit Salzsäure reduzierende Eigenschaften, so weist dies auf das Vorhandensein von gepaarten Glucuronsäuren hin.

c) Charakteristisch ist die Tollenssche Naphthoresorcinprobe; 5 ccm des Harns werden mit $^1/_2$ ccm einer 1%igen alkoholischen Lösung von Naphthoresorcin und 5 ccm Salzsäure vom spezifischen Gewicht 1,19 versetzt, 1 Minute gekocht, und dann abgekühlt; waren gepaarte Glucuronsäuren vorhanden, so entsteht ein blauvioletter Farbstoff, der mit Äther ausgeschüttelt werden kann. Nach einzelnen Autoren fällt diese Probe auch bei anderen Kohlenhydraten positiv aus, allerdings mit einer anderen Farbennuance. Soll der Nachweis der Glucuronsäure in einem Harne erfolgen, der auch Zucker enthält, so ist es zweckmäßiger, die Glucuronsäure aus dem mit Phosphorsäure schwach angesäuerten Harne durch Ausschütteln mit einem Gemisch von 10 ccm Alkohol und 20 ccm Äther zu isolieren; der sich abscheidende Äther wird mit Wasser gewaschen, verjagt und im Rückstande die Bestimmung wie oben vorgenommen.

d) Die Tollenssche Phloroglucin- und die Orcinprobe fallen positiv aus, wie bei den Pentosen (S. 202).

Die Isolierung, eventuell die quantitative Bestimmung der Glucuronsäuren, geschieht wie folgt:

a). Man fällt den Harn mit Bleiessig, zerlegt den Niederschlag mit Schwefelwasserstoff und extrahiert das Filtrat mit Ätheralkohol (2 : 1). Aus diesem Auszug wird die Glucuronsäure durch Krystallisation erhalten.

b) durch das Verfahren, welches Tollens zur Bestimmung der Pentosen ausgearbeitet hat (S. 203).

Fettsäuren, Fette, Oxyfettsäuren.

Einbasische Fettsäuren. Im normalen Harn des Menschen, so auch in dem der Fleisch- und Pflanzenfresser, kommen niedere, einbasische Fettsäuren vor, wie Ameisen-, Essig-, Propion- und Buttersäure, die offenbar während der Gärungsvorgänge im Darm entstanden sind. Im 24stündigen Menschenharn beträgt ihre Menge 0,02—0,06 g.

Nachweis und quantitative Bestimmung erfolgen auf Grund ihrer Eigenschaft, mit Wasserdampf überzudestillieren. Eine größere Menge des Harns wird mit Schwefelsäure bis zu einem Gehalt von etwa 5—8% versetzt und so lange destilliert, bis die Dämpfe nicht mehr sauer reagieren. Das Destillat wird mit kohlensaurem Natrium alkalisch gemacht, eingedampft und der Rückstand mit Alkohol extrahiert. Benzoesäure, die in das Destillat übergegangen ist, wird entfernt, indem man das alkoholische Extrakt eindampft, den Rückstand in Wasser löst und mit Schwefelsäure ansäuert; hierbei wird die Benzoesäure gefällt und im Filtrat sind nunmehr nur Phenole und Fettsäuren enthalten. Zur Entfernung der Phenole wird die Flüssigkeit mit kohlensaurem Natrium alkalisch gemacht und mit Äther extrahiert; hierbei gehen die Phenole in das ätherische Extrakt über, während fettsaures Alkali im Wasser gelöst bleibt. Nun werden die Fettsäuren durch Ansäuern der Flüssigkeit mit Schwefelsäure in Freiheit gesetzt und mit Wasserdampf abdestilliert. Das Destillat wird dann titriert.

Fette. Normaler Harn enthält kaum nachweisbare Spuren von Fett; nach dem Genuß sehr fettreicher Speisen oder nach subkutaner Einverleibung von Fett, ferner in Diabetes, in der Gravidität, nach Knochenbrüchen, endlich, wenn auch im Blute größere Mengen von Fett enthalten sind (Lipämie), kommt es auch im Harn in Form kleinerer oder größerer Tröpfchen vor (Lipurie). Ferner kann in gewissen Nierenkrankheiten Fett aus verfetteten Nierenepithelien in den Harn gelangen; schließlich auch mit dem Inhalt der Chylusgefäße (Chylurie) auf eine bisher noch unbekannte Weise. Mit Chylurie geht auch die durch Filaria sanguinis verursachte parasitäre Erkrankung der Tropen einher.

Nachweis. a) Im mikroskopischen Präparat des Harns sind die Fettröpfchen leicht an ihrer Form zu erkennen, sowie auch an ihrer Löslichkeit in Äther; letzterer Umstand gestattet auch ihre Unterscheidung von den ähnlich geformten, jedoch in Äther nicht löslichen Leucinkügelchen.

b) Der ätherische Auszug des Harns wird eingedampft und der Rückstand mit trockener Borsäure erhitzt, wobei sich der für Fette sehr charakteristische Geruch nach Acrolein entwickelt (S. 90).

Oxalsäure, $C_2H_2O_4$ (ausführlich S. 43), ist ein regelmäßiger Bestandteil des normalen Harns, und zwar in einer Menge von etwa 0,01 bis 0,03 g pro 24 Stunden; in weit größerer Menge, wenn oxalsäurehaltige Nahrung eingeführt wird.

Ein Teil der im Harn ausgeschiedenen Oxalsäure ist endogenen Ursprunges und entsteht im Organismus auch bei oxalsäurefreier Nahrung oder im Hungerzustand; auf welche Weise, ist nicht sicher bekannt, denn im Laboratoriumsversuch kann sie sowohl aus Eiweiß und Leim durch Oxydation, als auch aus Kohlenhydraten unter Mitwirkung von Bakterien erhalten werden; im Organismus dürfte sie jedoch bloß aus Collagen resp. aus Leim entstehen.

Ein anderer Teil der Oxalsäure ist exogenen Ursprunges und rührt hauptsächlich von gewissen, an Oxalsäure besonders reichen Pflanzenteilen her, die in der Nahrung eingeführt werden, wie z. B. Paradeis, Spargel, Schnittbohnen, Äpfel usw.

Die Oxalsäure kommt im Harn hauptsächlich in Form ihrer Calcium- und Magnesiumsalze vor. Ein Teil des oxalsauren Calcium wird durch die sauren Phosphate des Harns in Lösung erhalten. Ein anderer Teil kann krystallinisch ausfallen; die oktaederförmigen Krystalle erscheinen unter dem Mikroskop betrachtet, von der Spitze aus gesehen, in charakteristischer „Briefkuvertform". Sie sind in Essigsäure nicht, in Salzsäure leicht löslich.

Unter Oxalurie wäre eigentlich ein Zustand zu verstehen, in welchem mehr Oxalsäure als normalerweise im Harn enthalten ist. Nun wird aber dieser Ausdruck vielfach für den Fall angewendet, daß im Sediment des Harns viel oxalsaures Calcium zu sehen ist, ohne daß die Gesamtmenge der Oxalsäure bekannt wäre. Es ist klar, daß diese Anwendung falsch ist; denn aus der Menge des sich krystallinisch ausscheidenden oxalsauren Calciums kann auf den Oxalsäuregehalt des Harns nicht gefolgert werden: relativ große Mengen können im Harn gelöst enthalten sein, ohne daß es zu einer Ausscheidung des Calciumsalzes käme, und umgekehrt kann die Oxalsäure sogar in geringerer Menge vorhanden sein als im normalen Harn, dabei aber zum großen Teil krystallinisch ausfallen.

Eine Steigerung des Oxalsäuregehaltes des Harns wird bei verschiedenen Krankheiten beobachtet; jedoch ist es bis heute nicht gelungen, diesbezüglich eine diagnostisch verwertbare Gesetzmäßigkeit festzustellen.

Oxalsaures Calcium, das sich aus dem Harn noch vor seiner Entleerung ausscheidet, kann auch größere Konkremente, Nieren- oder Blasensteine, bilden.

Der Nachweis der Oxalsäure erfolgt entweder auf Grund der oben beschriebenen charakteristischen Form und der Löslichkeitsverhältnisse des ausgeschiedenen oxalsauren Calciums (unlöslich in Essigsäure, löslich in Salzsäure) oder mit dem Verfahren, das auch zu seiner quantitativen Bestimmung dient. (Siehe weiter unten.)

Die quantitative Bestimmung erfolgt nach der Methode von Autenrieth und Barth: Die ganze Tagesmenge des Harns wird mit einer Lösung von Calciumchlorid und mit Ammoniak bis zu stark alkalischer Reaktion versetzt; nach 24 Stunden wird die Flüssigkeit auf einer Nutsche abgesaugt, der Niederschlag mit Wasser gewaschen, in ein wenig warmer Salzsäure gelöst, die Lösung mit 100—200 ccm Äther, der 3% Alkohol enthält, mehrmals extrahiert, der filtrierte ätherische Auszug mit 5 ccm Wasser versetzt und Äther und Alkohol abdestilliert. Nun wird der wäßrige Rückstand auf die Hälfte eingeengt, mit Ammoniak alkalisch gemacht, mit Calciumchlorid gefällt, mit Essigsäure ein wenig angesäuert und am nächsten Tage filtriert. Der Niederschlag von oxalsaurem Calcium wird entweder in verdünnter Schwefelsäure gelöst, die Lösung auf 40—50° C erwärmt und mit einer Lösung von Kaliumpermanganat titriert, oder aber geglüht und als Calciumoxyd gewogen.

d-Milchsäure, Para- oder Fleischmilchsäure, $C_3H_6O_3$ (ausführlich S. 44); sie ist die einzige unter den stereoisomeren Modifikationen der α-Oxypropionsäure, deren Vorkommen im Harn sicher nachgewiesen ist. Angeblich ist sie spurenweise auch im normalen Menschenharn enthalten, in größeren Mengen nach Vergiftungen (mit Curare, Kohlenoxyd, gewissen Alkaloiden), bei Sauerstoffmangel, bei der akuten Leberatrophie.

Der Nachweis der Milchsäure ist nur möglich, nachdem sie aus dem Harn in Form ihres Zinksalzes isoliert wurde. (Siehe weiter unten.)

a) Das Zinksalz ist unter dem Mikroskop an seiner charakteristischen Krystallform zu erkennen; ferner an seinem Gehalt von zwei Molekülen Krystallwasser.

b) Durch Zersetzung des Zinksalzes wird Milchsäure in Freiheit gesetzt und durch die Uffelmannsche Reaktion nachgewiesen (S. 169).

Die quantitative Bestimmung ist nur annähernd möglich. Eine größere Menge des Harns wird mit Phosphorsäure angesäuert und mit Äther extrahiert, der ätherische Auszug eingedampft, der Rückstand in Wasser gelöst, mit Bleioxyd gekocht, heiß filtriert und das Filtrat eingedampft; das im Rückstand enthaltene milchsaure Blei wird mit heißem Alkohol extrahiert, der alkoholische Auszug eingedampft, der Rückstand in Wasser gelöst, mit Schwefelwasserstoff zersetzt, filtriert, das Filtrat mit kohlensaurem Zink gekocht, filtriert, das Filtrat eingeengt und zur Krystallisation beiseite gestellt. Das ausgeschiedene milchsaure Zink wird gewogen.

Acetonkörper.

1.β-Oxybuttersäure, $C_4H_8O_3$ (Eigenschaften S. 45), ist im normalen Harn entweder gar nicht oder nach manchen Autoren in Spuren enthalten, hingegen oft deutlich nachweisbar nach Entziehung der Kohlenhydrate; in bedeutenden Mengen in schweren Fällen von Diabetes, so daß in 24 Stunden 50—100 g ausgeschieden werden können. Die Säure verbindet sich mit einem Teil des aus abgebautem Eiweiß entstehenden Ammoniak und hält solcherart dessen Umwandlung in Harnstoff hintan (S. 192).

Zur Darstellung werden 500 ccm Harn mit 25 g Ammoniumsulfat auf $^1/_5$ eingeengt, mit 40 ccm verdünnter, mit Ammoniumsulfat gesättigter Schwefelsäure angesäuert und mit viel Äther ausgeschüttelt. Der ätherische Auszug wird mit ein wenig Wasser geschüttelt, filtriert, eingedampft, der Rückstand in Wasser gelöst, durch Kochen mit Tierkohle entfärbt, mit Natronlauge neutralisiert, eingeengt, das hierbei entstandene Natriumsalz mit Schwefelsäure zersetzt und die in Freiheit gesetzte β-Oxybuttersäure mit Äther ausgeschüttelt.

Nachweis. a) Der Verdacht auf einen Gehalt an β-Oxybuttersäure ist gerechtfertigt, wenn der Harn, der d-Glucose enthält und daher nach rechts dreht, nach der Vergärung mit Hefe linksaktiv wird (es kann sich aber in solchen Fällen auch um gepaarte Glucuronsäuren handeln).

b) Das Blacksche Verfahren beruht darauf, daß die β-Oxybuttersäure in Anwesenheit von Eisensalzen mit Hydrogenhyperoxyd oxydiert, in Acetessigsäure verwandelt wird. Man engt 20 ccm Harn auf den fünften Teil ein, wobei die präformierte Acetessigsäure sich zersetzt und verflüchtigt. Der Rest wird mit Schwefelsäure angesäuert, mit Gips vermischt, die erstarrte getrocknete und pulverisierte Masse mit Äther extrahiert. Nun wird aus dem ätherischen Auszug der Äther verjagt, die wäßrige Lösung des Rückstandes mit kohlensaurem Barium neutralisiert und mit je einigen Tropfen einer $3^0/_0$igen Lösung von Hydrogenhyperoxyd und einer $5^0/_0$igen Lösung von Eisenchlorid versetzt, die sehr wenig Ferrosulfat enthält. Die Acetessigsäure, die auf diese Weise aus der β-Oxybuttersäure entstanden ist, gibt mit dem anwesenden Eisenchlorid eine rote Farbenreaktion (s. unten).

c) Der Nachweis kann auch dadurch erbracht werden, daß man die β-Oxybuttersäure zu Crotonsäure oxydiert. Man versetzt den Harn, der vorher eingeengt wurde, mit so viel Schwefelsäure, daß deren Konzentration $50-55^0/_0$ betrage, unterwirft das Gemisch der Destillation und sorgt durch ständiges Zutropfen von Wasser dafür, daß die angegebene Konzentration nicht zunehme. Hierbei entsteht durch Oxydation der β-Oxybuttersäure Crotonsäure, die mit dem ersten, wenige Kubikzentimeter betragenden Anteil des Destillates übergeht, sich nach dem Abkühlen krystallinisch ausscheidet und am charakteristischen Schmelzpunkt von 72^0 C erkannt werden kann.

Quantitative Bestimmung. Einige 100 ccm des Harns werden mit 30 g Ammoniumsulfat und (pro je 100 ccm des Harnes) mit 15 ccm $20^0/_0$iger Schwefelsäure versetzt, in einem entsprechenden Apparat $1-3$ Tage lang mit Äther extrahiert, die ätherischen Auszüge vereinigt und bei Zimmertemperatur eingedampft. Nun löst man den Rückstand in wenig Wasser, läßt stehen, entfernt die ausgeschiedene Hippursäure durch Filtrieren und polarisiert.

Acetessigsäure, Diacetsäure, $C_4H_6O_3$ (Eigenschaften S. 45), ist ein Oxydationsprodukt der β-Oxybuttersäure und erscheint oft neben dieser im Harn; läßt man den Harn stehen, so zersetzt sie sich sehr bald zu Aceton und Kohlensäure (S. 282).

Der Nachweis erfolgt:

a) Durch die Gerhardtsche Probe: einige Kubikzentimeter des Harns werden tropfenweise so lange mit einer $10^0/_0$igen Lösung von Eisenchlorid versetzt, bis der gelbe Niederschlag von Eisenphosphat nicht mehr zunimmt; nun wird filtriert und das Filtrat mit der Eisenchloridlösung versetzt, worauf in Anwesenheit von Acetessigsäure eine dunkel-weinrote Farbenreaktion eintritt.

Eine ähnliche Farbenreaktion ist auch nach Einfuhr gewisser Arzneimittel, z. B. Salicylsäure und deren Derivate, zu beobachten, die als solche oder in Form ihrer Umwandlungsprodukte im Harn ausgeschieden werden. Der Nachweis, ob die rote Farbenreaktion durch solche fremde Substanzen oder durch Acetessigsäure hervorgerufen wird, geschieht wie folgt: Der Harn wird 5 Minuten erhitzt und dann erst mit Eisenchlorid versetzt; fällt die Probe im gekochten Harn negativ aus, so war Acetessigsäure vorhanden, die sich während des Kochens zersetzt und verflüchtigt hatte; fällt sie positiv aus, dann waren es eben die oben erwähnten nichtflüchtigen Verbindungen, die die Reaktion im ungekochten Harn wie auch im gekochten verursacht hatten. Oder aber der Harn wird mit Schwefelsäure angesäuert, mit Äther extrahiert und der ätherische Auszug mit ein wenig wäßriger Eisenchloridlösung geschüttelt; war Acetessigsäure vorhanden, so färbt sich die wäßrige Schichte rot.

b) Durch die Legalsche Probe, die auch von Aceton gegeben wird. (Siehe S. 208.)

Die quantitative Bestimmung ist nur nach vorangehender Umwandlung in Aceton möglich; da jedoch solcher Harn sehr häufig ohnehin bereits Aceton enthält, das aus zersetzter Acetessigsäure entstanden ist, läßt sich die Menge der

unveränderten Acetessigsäure bloß auf indirektem Wege bestimmen, und zwar
so, daß in einem Teil des Harns die Menge des freien Acetons bestimmt wird,
in einem anderen Teile aber gleichzeitig das freie und aus der Acetessigsäure
abspaltbare Aceton (S. 209). Der Unterschied zwischen beiden Werten entspricht der im Harn vorhandenen unveränderten Acetessigsäure.

Aceton, Dimethylketon, C_3H_6O (Eigenschaften S. 40), ist im nor-
malen 24stündigen Harn in einer Menge von etwa 0,01 g, in der Atem-
luft in der doppelten bis dreifachen Menge enthalten. In größerer
Menge kommt es vor: nach Entziehung der Kohlenhydrate aus der
Nahrung, im Hunger, im Fieber, bei Kindern, die an Magen- und Darmleiden erkrankt sind; ferner bei verschiedenen Vergiftungen (mit Phosphor,
Kohlenoxyd usw.), in kachektischen Zuständen (Karzinom, chronische
Anämie); besonders aber und oft in sehr großen Mengen bei Diabetikern.
Im diabetischen Koma wurden zuweilen 10—15 g, seltener noch weit
mehr, im 24stündigen Harn gefunden, in welcher Menge jedoch auch
das aus der Acetessigsäure bereits vorher abgespaltene Aceton enthalten ist (siehe oben).

Nachweis. a) Liebensche Jodoformprobe; sie beruht darauf, daß Aceton
mit Jod in Gegenwart von Lauge Jodoform bildet (s. unten). Der Harn wird mit
einigen Tropfen Jod-Jodkaliumlösung und ein wenig Natronlauge versetzt; war
Aceton vorhanden, so entsteht eine gelbweiße Trübung, verursacht durch aus-
fallendes Jodoform, das sich später in Form von mikroskopischen sechseckigen
Krystallen zu Boden setzt. Das Jodoform ist auch an seinem Geruch zu erkennen.
Diese sehr empfindliche Probe hat den Nachteil, daß unter den angegebenen
Bedingungen auch Alkohol, Milchsäure und gewisse Eiweißderivate Jodoform
bilden; letztere sind auszuschließen, wenn die Reaktion im Destillat des Harns
ausgeführt wird.

b) Legalsche Probe; 5 ccm Harn werden mit 5 Tropfen einer frisch bereiteten
$10^0/_0$igen Lösung von Nitroprussidnatrium und 1 ccm $15^0/_0$iger Natronlauge versetzt, worauf bei Anwesenheit von Kreatinin oder Aceton eine Rotfärbung eintritt. War die Rotfärbung bloß durch Kreatinin verursacht, so verblaßt die
Flüssigkeit nach dem Ansäuern mit Essigsäure sofort und färbt sich später grün,
endlich blau. War hingegen Aceton vorhanden, so wird die Rotfärbung nach
Zusatz der Essigsäure noch dunkler, intensiv weinrot. Kreatinin ist gänzlich
auszuschließen, wenn die Reaktion im Destillat des Harns ausgeführt wurde.
Die Legalsche Probe fällt auch bei der Acetessigsäure positiv aus.

c) Die Penzoldtsche Probe beruht darauf, daß Aceton mit Orthonitrobenz-
aldehyd in Anwesenheit von Lauge Indigo bildet. Ein wenig Orthonitrobenz-
aldehyd wird in warmem Wasser gelöst und nach dem Abkühlen mit einigen
Kubikzentimetern Harn und ein wenig Lauge versetzt, worauf, falls Aceton vorhanden war, erst ein Farbenumschlag in Sattgelb, dann in Grün und schließlich
in Blau eintritt. Auch diese Reaktion wird von der Acetessigsäure gegeben.

d) Um Aceton neben der Acetessigsäure mittels der Legalschen und Penzoldt-
schen Proben nachweisen zu können, wird der Harn mit Natronlauge schwach
alkalisch gemacht und mit Äther ausgeschüttelt; in den ätherischen Auszug geht
bloß das Aceton über, während acetessigsaures Natrium in Wasser gelöst zurückbleibt. Nun wird der ätherische Auszug mit Wasser geschüttelt, welches dem
Äther das etwa vorhanden gewesene Aceton entzieht; wenn die mit dieser wäßrigen
Flüssigkeit angestellten Proben positiv ausfallen, so muß Aceton vorhanden
gewesen sein.

Die quantitative Bestimmung des Aceton beruht auf der Liebenschen
Jodoformreaktion, in welcher die Bindung des Jod durch das Aceton den nach-
folgenden Gleichungen entsprechend erfolgt; der Überschuß des hinzugefügten
Jods wird titrimetrisch bestimmt.

$$2\,KOH + 2\,I = H_2O + KI + KOI$$
$$CH_3 \cdot CO \cdot CH_3 + 3\,KOI = CH_3 \cdot CO \cdot CI_3 + 3\,KOH$$
$$CH_3 \cdot CO \cdot CI_3 + KOH = CHI_3 + CH_3 \cdot COOK$$

a) **Präformiertes plus aus Acetessigsäure abspaltbares Aceton** werden durch das **Huppert-Messingersche** Verfahren bestimmt. Man säuert 100 bis 500 ccm Harn mit Essigsäure schwach an, dampft auf ein Zehntel ein und fängt das Destillat unter Kühlung auf. Da aus Traubenzucker in dem Maße, als seine Lösung sich durch Kochen mehr und mehr konzentriert, Körper abgespalten werden, die ebenfalls Jod binden, läßt man, falls es sich um einen zuckerhaltigen Harn handelt, zur Verhütung der fortschreitenden Zunahme der Konzentration während der Destillation Wasser in dem Maße zutropfen, als die Menge der siedenden Flüssigkeit abnimmt. Das Destillat wird, um die mitübergangene Ameisen- und salpetrige Säure zu binden, mit kohlensaurem Calcium geschüttelt und wieder destilliert. Das zweite Destillat wird mit $33^0/_0$iger Kalilauge und einem genau abgemessenen überschüssigen Volumen einer $\frac{n}{10}$-Jodlösung versetzt.

Nun wird die alkalische Flüssigkeit mit Salzsäure stark angesäuert und die Menge des nicht in Jodoform verwandelten Jod mit einer Natriumthiosulfatlösung von genau festgestelltem Gehalt, unter Verwendung einer Stärkelösung als Indicator titriert; 1 ccm der $\frac{n}{10}$-Jodlösung entspricht 0,967 mg Aceton.

b) **Präformiertes Aceton allein** wird folgendermaßen bestimmt: Man säuert den Harn mit Phosphorsäure an und läßt einen Luftstrom eine halbe Stunde lang durchstreichen, der das Aceton aus dem Harn austreibt; das Aceton wird in $33^0/_0$iger Kalilauge aufgefangen (je 10 ccm pro 25 ccm Harn) und diese wie sub a) behandelt.

c) **Die Menge des aus Acetessigsäure abspaltbaren Aceton** (mithin auch die Menge der Acetessigsäure) erhält man durch Substraktion des präformierten Aceton von dem gesamten (präformierten plus aus Acetessigsäure abspaltbaren) Aceton.

Aromatische Säuren, aromatische Oxysäuren und Phenole.

Die aromatischen Kerne (Phenylalanin und Tyrosin) der während der Stoffwechselvorgänge abgebauten Eiweißkörper erleiden neben der Desaminierung und Oxydation eine fortschreitende Verkürzung ihrer Fettsäureseitenkette. Dasselbe Schicksal erfahren auch die aromatischen Kerne der Eiweißkörper, die im Darmtrakte (hauptsächlich im Dickdarm) während der dort regelmäßig, jedoch in wechselnder Intensität, verlaufenden Fäulnisvorgänge zerfallen waren. Auf diese Weise entstehen und gelangen dann in den Harn:

1. aromatische Säuren, 2. aromatische Oxysäuren, und 3. aus letzteren durch vollständige Absprengung der Seitenkette Phenole.

1. Von den aromatischen Säuren, wie **Phenylpropionsäure, Phenylessigsäure** und **Benzoesäure** verbindet sich die zweite mit Glyko-

Phenylalanin	Phenylpropionsäure	Phenylessigsäure	Benzoesäure

koll zur **Phenacetursäure** (S. 217); die dritte, ebenfalls mit Glykokoll zur **Hippursäure** (S. 216).

2. Die aromatischen Oxysäuren, wie **p-Oxyphenylpropionsäure**, **p-Oxyphenylessigsäure**, **p-Oxyphenyloxyessigsäure**, werden durch die Millonsche Probe (S. 114) nachgewiesen, welche Reaktion jedoch ihnen und den Phenolen gemeinsam ist. Ferner sollen die aromatischen Oxysäuren neben dem aus dem Eiweißabbau herrührenden Histidin auch zum

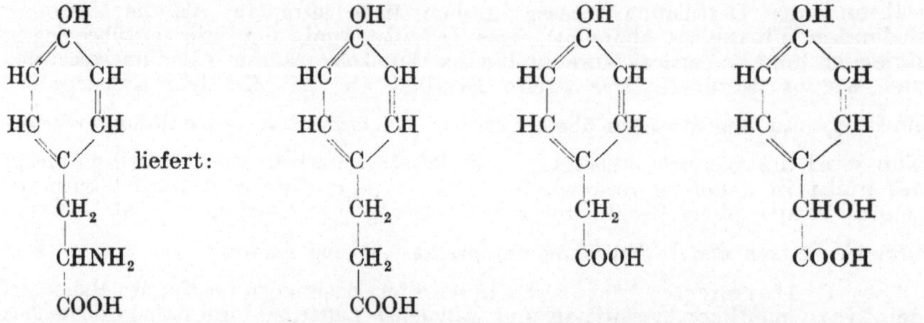

Tyrosin Oxyphenylpropionsäure Oxyphenylessigsäure Oxyphenyloxyessigsäure

positiven Ausfall der Ehrlichschen Diazoreaktion im Harne beitragen. Nach der Ansicht anderer Autoren soll jedoch diese Reaktion größtenteils von gewissen hochmolekularen, den Proteinsäuren (S. 238) nahestehenden Eiweißabbauprodukten, nach einer anderen Ansicht wieder vom Urochromogen, der Vorstufe des normalen gelben Harnfarbstoffes, des Urochroms (S. 238) herrühren.

Zur Ausführung dieser Reaktion werden 3 ccm des Harns mit demselben Volumen des Ehrlichschen Diazoreagens I (0,5 g Sulfanilsäure und 5 g 25%iger Salzsäure in 100 ccm Wasser gelöst) und 1 Tropfen des Diazo-Reagens II (0,5%igen Lösung von Natriumnitrit) versetzt, umgeschüttelt und 2 ccm 10%igen Ammoniaks hinzugefügt. Während normaler Harn sich hierbei gelbbraun färbt, entsteht in anderen Harnen eine rosenrote bis carminrote Färbung und auch eine leichte Rotfärbung des Schaumes; so namentlich im Harn bei Lungenschwindsucht und Typhus abdominalis, was früher sogar als diagnostisch verwertbar betrachtet wurde.

Wichtiger als diese auch im normalen Harn vorkommenden Oxysäuren ist die **Dioxyphenylessigsäure** (Hydrochinonessigsäure), oder nach einer älteren, heute noch allgemein gebräuchlichen Bezeichnung **Homogentisinsäure**. Sie ist im normalen Harn nicht enthalten, von manchen Menschen werden jedoch im 24 stündigen Harn bis zu 14 g Homogentisinsäure ausgeschieden.

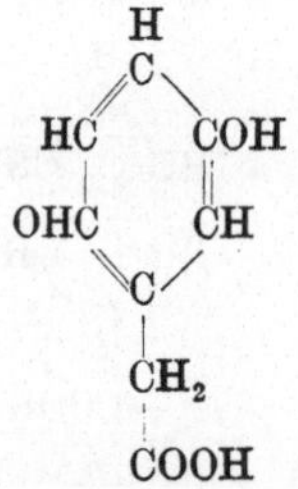

Eigenschaften. Die Homogentisinsäure ist krystallisierbar, in Wasser, Alkohol und Äther leicht löslich; in der Kalischmelze verwandelt sie sich in die nächst niedere Homologe, in Gentisinsäure. Sie ist optisch inaktiv und vergärt nicht mit Hefe. Ihre Lösung reduziert in Anwesenheit von Lauge Silbersalze bereits in der Kälte, Kupferoxydsalze in der Wärme; Bismutsalze jedoch auch dann nicht, wenn erwärmt wird.

Homogentisinsäure

Ihre alkalische wäßrige Lösung wird an der Luft rasch braun; desgleichen auch ein Harn, der sie enthält und beim Stehen an der Luft eine alkalische Reaktion annimmt. Da die Bräunung an die Anwesenheit von Alkali gebunden ist, wurde zur Zeit, als die Homogentisinsäure noch nicht

bekannt war, die vermutete Verbindung als „Alkaptonkörper“ (Alkali
und $\varkappa\alpha\pi\tau\varepsilon\iota\nu$), der Zustand selbst als „Alkaptonurie“ bezeichnet.

Zu ihrer Darstellung wird ein größeres Quantum des Harns aufgekocht,
pro je 100 ccm mit 6 g festem Bleiacetat gefällt und heiß filtriert; aus dem in Eis
gekühltem Filtrat fällt das Bleisalz aus, wird in Wasser suspendiert, mit Schwefelwasserstoff zersetzt, filtriert und das Filtrat zur Krystallisation beiseite gestellt.

Entstehen. Es steht fest, daß sie aus der unvollkommenen Oxydation des Phenylalanin- und Tyrosinkernes der Eiweißkörper hervorgeht.
Gibt man nämlich diese beiden Aminosäuren einem Menschen mit normalem Stoffwechsel ein, so werden sie vollständig verbrannt, während
sie vom „Alkaptonuriker“ in Form von Homogentisinsäure ausgeschieden
werden. Dasselbe findet statt, wenn dem Alkaptonuriker Eiweiß gegeben wird, das jene Aminosäuren enthält. Über das Wesen der hier
in Frage stehenden Stoffwechselanomalie sowie über ihren Zusammenhang mit Organerkrankungen konnte nichts Näheres ermittelt werden;
gewiß ist nur, daß die Alkaptonuriker häufig Abkömmlinge von Bluts-
verwandten sind. Der Zustand der Alkaptonurie ist ein chronischer
und dauert zumeist lebenslang.

Nachweis. Die Bräunung eines Harns, den man nach Zusatz von Alkali
an der Luft hat stehen gelassen, erweckt den Verdacht auf Homogentisinsäure;
desgleichen eine gesteigerte Reduktionsfähigkeit bei gleichzeitiger optischer In-
aktivität und negativem Ausfall der Gärungsprobe.

Dioxyphenyl-Milchsäure (Hydrochinon-Milchsäure), oder nach der
älteren Bezeichnung Uroleucinsäure, die nach manchen Autoren
im Harn vorkommt, soll nach anderen Autoren bloß unreine Homogentisinsäure gewesen sein.

3. Phenole. Die aromatischen Oxysäuren können eine weitere
Veränderung durch gänzliche Absprengung der Seitenkette erleiden, so
daß der aromatische Kern in Form von Phenol resp. zu p-Kresol umgewandelt, zurückbleibt. Daß diese tatsächlich Produkte der Eiweißfäulnis sind, geht daraus hervor, daß

a) sie im Harn des Neugeborenen nur in sehr geringen Spuren nachzuweisen sind, eben weil in dem fast steril zu nennenden Darminhalt
des Neugeborenen keine Fäulnisvorgänge stattfinden; b) daß ihre Menge
durch Verabreichung von Darmantisepticis auch beim Erwachsenen
verringert werden kann; c) daß, umgekehrt, ihre Menge durch Darm-
verschluß, welcher die Fäulnisprozesse sehr begünstigt, wesentlich gesteigert werden kann.

Phenol und p-Kresol, die auf die genannte Weise entstehen, werden
aus dem Darm resorbiert, gelangen in das Blut und verbinden sich mit

Phenol   p-Kresol   Phenolschwefelsäure

Schwefelsäure und Glucuronsäure zu Phenolschwefelsäure und -Glucuron-
säure, resp. zu entsprechenden -p-Kresolsäuren, die im Harn an Alkali

14*

gebunden ausgeschieden werden. In freiem Zustand wird im Harn
weder Phenol noch p-Kresol je angetroffen. Der Ort der Synthese ist
wahrscheinlich in der Leber zu suchen, und zwar wird die Schwefel-
säurekomponente von zerfallendem Eiweiß, die Glucuronsäure aber
durch Oxydation der d-Glucose geliefert. Auch von außen eingeführtes
Phenol und p-Kresol werden in Form der genannten gepaarten Säuren
ausgeschieden.

Die Menge des Phenol und p-Kresol, welche man gewöhnlich nicht
voneinander getrennt bestimmt, beträgt in 24stündigem Menschenharn
0,03—0,07 g; in 1 Liter Pferdeharn oft über 1 g. Menschenharn enthält
in der Regel mehr p-Kresol als Phenol.

Darstellung. Phenolschwefelsaures und p-Kresolschwefelsaures
Kalium sind krystallisierbare, in Wasser leicht lösliche Verbindungen, die aus
normalem Pferdeharn sowie aus Harn von Hunden, die mehrere Tage hindurch
Phenol resp. p-Kresol erhielten, dargestellt werden können. Der Harn wird zu
Sirupkonsistenz eingeengt, mit Alkohol extrahiert, aus dem alkoholischen Extrakt
der Harnstoff durch Oxalsäure gefällt, das Filtrat mit alkoholischer Kalilauge
schwach alkalisch gemacht, filtriert und wieder zu Sirup eingeengt, worauf die
fraglichen Säuren in Form ihrer Kaliumsalze ausfallen.

Der Nachweis erfolgt mit der Millonschen Probe; 5 ccm Harn werden mit
1—2 ccm des Millonschen Reagens (S. 114) versetzt und gelinde erwärmt, worauf
eine rosenrote bis dunkelrote Färbung eintritt; diese Probe fällt auch bei den
aromatischen Oxysäuren (S. 210) positiv aus. Weit eindeutiger gelingt der
Nachweis, wenn p-Kresol und Phenol aus dem Harn erst isoliert werden: 200 ccm
Harn werden behufs Spaltung der gepaarten Säuren mit 60 ccm 20$^0/_0$iger Schwefelsäure gekocht und die ersten 70 ccm des Destillates aufgefangen. In diesem
Destillat können außer der Millonschen Probe noch folgende Reaktionen ausgeführt werden: a) 3—4 ccm des Destillates werden genau neutralisiert, mit
einigen Tropfen einer frisch bereiteten Lösung von Eisenchlorid versetzt, worauf
eine blaurote bis violette Farbenreaktion eintritt; b) auf Zusatz von Bromwasser
entsteht in dem Phenol oder p-Kresol enthaltenden Destillat ein gelbweißer, aus
Tribrom-p-Kresol resp. -Phenol bestehender Niederschlag.

Quantitative Bestimmung. Phenol und p-Kresol werden in der Regel
zusammen bestimmt, und zwar am besten nach dem Koßler-Penny-Neuberg-
schen Verfahren. Dasselbe beruht auf dem Prinzip, daß man Phenol und p-Kresol
durch Kochen des Harnes mit Mineralsäuren aus den Doppelverbindungen in
Freiheit setzt und das Destillat mit Natronlauge und einer genau bekannten
Menge einer Jodlösung versetzt, wobei unter der Einwirkung der Lauge Natrium-
jodid und Natriumhypojodit entstehen. Letzteres verbindet sich mit Phenol und
p-Kresol zu Trijod-Phenol resp. zu Trijod-p-Kresol; der Überschuß des Jod wird
durch Titration bestimmt.

Man engt 500 ccm Harn am Wasserbad auf 100 ccm ein, wobei Alkohol,
Acetessigsäure und Ammoniak, die störend einwirken könnten, vertrieben werden.
Der eingeengte Harn wird in einem Kolben mit 20 g Schwefelsäure und Wasser
auf 400 ccm aufgefüllt und etwa 200 ccm abdestilliert; dann wird wieder auf
400 ccm aufgefüllt, wieder werden 200 ccm abdestilliert und der ganze Vorgang
wird noch viermal wiederholt. Nun werden die vereinigten Destillate zur Bindung
der übergegangenen Ameisen- und salpetrigen Säure mit einigen Gramm kohlensaurem Magnesium geschüttelt und wieder zweimal abdestilliert. Dieses Destillat
kann noch aldehyd- oder ketonartige Produkte enthalten, welche während des
Kochens durch die Einwirkung der Mineralsäure auf die Kohlenhydrate oder
Glucuronsäuren des Harns entstanden sein konnten; um sie zu entfernen, wird
das Destillat mit 1 g fester Natronlauge und 6 g festem Bleiacetat versetzt,
und am Wasserbad $^1/_4$ Stunde erwärmt, wobei Phenol und p-Kresol in ihre nicht-
flüchtige Bleiverbindungen überführt werden. Nun kocht man die Flüssigkeit
eine kurze Zeit und vertreibt hierdurch die genannten Aldehyde und Ketone.
Dann wird nach Ansäuerung mit Schwefelsäure, unter Auffangen des Destillates,
weiter gekocht, wobei die Bleiverbindungen des Phenol und des p-Kresol

gespalten werden und letztere in das Destillat übergehen. Dieses wird mit 25 bis 30 ccm $\frac{n}{10}$-Natronlauge versetzt, am Wasserbad auf ca. 60° erwärmt, 40—50 ccm einer $\frac{n}{10}$-Jodlösung hinzugefügt, umgeschüttelt und abgekühlt; dann wird mit verdünnter Schwefelsäure angesäuert und durch Titration mit einer $\frac{n}{10}$-Natriumthiosulfatlösung, unter Verwendung einer Stärkelösung als Indicator, die Menge des nicht gebundenen Jod bestimmt.

Gallensäuren [1]) (ausführlich S. 174).

Gallensäuren sollen nach manchen Autoren spurenweise auch im normalen Harn enthalten sein; sicher nachweisbar sind sie, wenn auch in geringen Mengen, bei Ikterus.

Der Nachweis erfolgt mit der Pettenkoferschen Probe; doch müssen die Gallensäuren aus dem Harn erst isoliert werden. Zu diesem Behufe wird der Harn mit Bleiessig und Ammoniak gefällt, der Niederschlag, welcher das gallensaure Blei enthält, mit heißem Alkohol extrahiert und der alkoholische Auszug mit einigen Tropfen Sodalösung eingedampft, wobei eine Umsetzung des gallensauren Bleies in gallensaures Natrium erfolgt. Aus dem Eindampfungsrückstand wird das gallensaure Natrium mit heißem Alkohol extrahiert und aus dem eingeengten Auszug mit Äther gefällt. (Enthält der Harn Eiweiß, so wird er zunächst durch Koagulieren eiweißfrei gemacht. Da jedoch das Eiweißkoagulum Gallensäure mitreißt, wird es mit heißem Alkohol extrahiert, der alkoholische Auszug eingedampft, der Rückstand in Wasser gelöst, die Lösung mit dem vom koagulierten Eiweiß abfiltrierten Harn vereinigt und nun erst mit Bleiessig usw. wie oben behandelt.)

In der wäßrigen Lösung der auf obige Weise isolierten Gallensäuren wird die Pettenkofersche Probe wie folgt angestellt: Die Lösung wird mit einigen Tropfen einer $1\,^0/_0$igen Lösung von Rohrzucker und dann mit wenig konzentrierter Schwefelsäure versetzt, wobei jedoch darauf zu achten ist, daß die Temperatur des Gemisches 60—70° C nicht übersteige; waren Gallensäuren vorhanden, so tritt eine schöne kirschrote Farbenreaktion ein. An dieser Reaktion sind die Gallensäuren bloß durch die Cholalsäurekomponente beteiligt, die sich mit dem aus dem Rohrzucker unter der Einwirkung der Schwefelsäure abgespaltenen Furfurol zu einem roten Farbstoff vereinigt.

Nach Udránszky läßt sich dieselbe Reaktion einfacher so ausführen, daß man 1 ccm der Lösung der isolierten Gallensäuren mit 1 Tropfen einer $0,1\,^0/_0$igen Lösung von Furfurol, dann mit 1 ccm konzentrierter Schwefelsäure versetzt, wobei einer übermäßigen Erwärmung vorgebeugt werden muß.

F. Stickstoffhaltige organische Bestandteile des Harns.

Gesamtstickstoff.

Die stickstoffhaltigen Schlacken der im Organismus zersetzten stickstoffhaltigen Verbindungen, in erster Linie der Eiweißkörper, werden überwiegend im Harn, zu einem geringen Teil im Kot entleert. Ein erwachsener Mensch entleert bei gemischter Kost im 24stündigen Harn 10—15 g Stickstoff, wovon 80—90 $^0/_0$ auf Harnstoff, 5 $^0/_0$ auf Ammoniumsalze, 3 $^0/_0$ auf Kreatinin und 1—3 $^0/_0$ auf Purinkörper entfallen. Es ist selbstverständlich, daß die Gesamtmenge des ausgeschiedenen Stickstoffes

---

[1]) Da die charakteristische Komponente aller Gallensäuren, die Cholalsäure, stickstofffrei ist, sollen die Gallensäuren hier erörtert werden.

von der Zusammensetzung der eingeführten Nahrung abhängt: nach Einfuhr von Fleisch nimmt sie zu, bei eiweißarmer vegetabilischer Nahrung nimmt sie ab; in letzterem Falle kann sogar noch weniger Stickstoff als im Hungerzustande ausgeschieden werden, da der hungernde Organismus seinen eigenen Eiweißbestand in erhöhter Menge zersetzt (S. 309).

Die quantitative Bestimmung des Gesamtstickstoffes im Harn wird am besten nach dem Verfahren von Kjeldahl ausgeführt, welches auf folgendem Prinzip beruht: Werden die stickstoffhaltigen Verbindungen, die in der Nahrung des Menschen und unserer Haustiere, ferner in deren Entleerungen enthalten sind, durch Kochen mit konzentrierter Schwefelsäure zerstört, so wird ihr gesamter Stickstoff in Ammoniak resp. in schwefelsaures Ammonium überführt. Wird nun die Flüssigkeit durch Hinzufügen eines Überschusses an Lauge stark alkalisch gemacht und erhitzt, so erfolgt eine Spaltung des schwefelsauren Ammonium und es wird Ammoniak in Freiheit gesetzt; dieses wird abdestilliert und in einem genau abgemessenen Volumen einer Säure von bekannter Konzentration aufgefangen. Dabei wird eine entsprechende Menge der Säure durch das Ammoniak gebunden und läßt sich durch Titration bestimmen.

Das Kjeldahlsche Verfahren gliedert sich demnach in zwei Abschnitte: a) die Zerstörung des Harns, b) das Abdestillieren des Ammoniak. Namentlich für die erste Phase wurden die verschiedensten Modifikationen vorgeschlagen, die jedoch nichts an dem Wesen des Verfahrens änderten. Eine der gebräuchlichsten Ausführungsarten ist die folgende:

a) Zerstörung des Harns. Man läßt 3—5 ccm des Harns (von konzentriertem Harn weniger, von verdünntem mehr) mittels einer genau kalibrierten Pipette in einen langhalsigen, 700—800 ccm fassenden Kolben aus jenenser Glas fließen, fügt 5—10 ccm konzentrierter Schwefelsäure und zur Beschleunigung der Reaktion 1 g (= 1 Tropfen) Quecksilber hinzu. (Zu demselben Zweck kann man auch Kupfersulfat, Kaliumsulfat, Kaliumpermanganat usw. verwenden.) Während des nun folgenden Erhitzens wird der Harn anfangs braun, dann schwarz; blaßt jedoch wieder ab und wird endlich vollständig farblos. Nach dem Abkühlen werden die gegen den Kolbenhals gespritzten halbverkohlten Partikelchen mit Wasser zur übrigen Flüssigkeit gespült und es wird weiter bis zur vollständigen Entfärbung gekocht.

b) Abdestillation des Ammoniak. Die erkaltete Flüssigkeit wird mit destilliertem Wasser auf 200—300 ccm verdünnt und zum Verhüten des Stoßens während der nachfolgenden Destillation mit einem Löffel voll Talkum versetzt. Da während der Zerstörung des Harns, im Falle als Quecksilber zugefügt wurde, Quecksilberamidverbindungen entstanden sein konnten, deren Stickstoff nur teilweise in Form von Ammoniak abspaltbar ist, läßt man der Flüssigkeit 5 ccm einer konzentrierten Lösung von Natriumthiosulfat zufließen, wodurch die erwähnte Doppelverbindung unter Fällen des Quecksilbers zerlegt wird. Nun läßt man längs des Kolbenhalses von einer 30%igen Lösung von Natronlauge so viel zufließen, daß ein reichlicher Überschuß an Lauge vorhanden sei, verschließt den Kolben mit einem Gummistopfen und vermischt erst jetzt die Flüssigkeit durch Umschwenken des Kolbens. Der Gummistopfen ist doppelt durchbohrt: eine Bohrung dient zur Aufnahme eines Quecksilberventils, das sich nur nach innen öffnet; durch die zweite Bohrung wird ein Glasrohr gesteckt, das zu einem Erlenmeyerschen Kolben führt und dort, unter einem genau abgemessenen

Volumen $\frac{n}{5}$-Schwefelsäure, die mit destilliertem Wasser verdünnt wurde, mündet.

Nun wird die zu destillierende alkalische Flüssigkeit erhitzt und wenigstens $^3/_4$ Stunden im Sieden erhalten, das nicht eher unterbrochen werden darf, als bis die durch das Glasrohr entweichenden Dämpfe rotes Lackmuspapier nicht

mehr bläuen, und zum Schluß die Schwefelsäure mit $\frac{n}{5}$-Lauge unter Verwendung

einiger Tropfen einer 1%igen alkoholischen Lösung von Kongorot als Indicator titriert. Von der Lauge läßt man so viel zufließen, daß ein Umschlag von rein Blau in Violett erfolgt.

Aminosäuren.

Glykokoll (ausführlich S. 98) kommt auch in normalem Harne vor.

Zu seiner quantitativen Bestimmung eignet sich am besten die Sörensensche Formoltitration, welche auf der Umwandlung der Aminosäuren in Methylenaminosäuren (S. 98) beruht. Vor der Titration werden die Phosphate und Carbonate durch Bariumhydroxyd und Bariumchlorid gefällt und in einem Teil des mit Salzsäure genau neutralisierten Filtrates die Titration ausgeführt; in einem anderen Teil des Filtrates jedoch, da in dem durch Titration erhaltenem Werte auch die Ammoniumsalze enthalten sind, die Menge des Ammoniaks bestimmt und vom obigen Wert abgezogen.

l-Leucin (ausführlich S. 99) und **Tyrosin** (ausführlich S. 102) sind im normalen Harn nicht enthalten, kommen jedoch bei akuter gelber Leberatrophie oder bei Phosphorvergiftung vor, teils im Harn gelöst, teils im Sediment. In letzterem Falle bildet das Leucin mikroskopische Kügelchen, das Tyrosin feine Nadeln.

Zu ihrer Darstellung wird der Harn erst mit einer Bleizuckerlösung, dann mit Bleiessig gefällt, das Filtrat mit Schwefelwasserstoff entbleit und das abermalige Filtrat eingeengt. Beim Stehen scheiden sich Leucin und Thyrosin krystallinisch aus und können durch Eisessig voneinander getrennt werden, in welchem Leucin leicht, Tyrosin jedoch schwer löslich ist.

Nachweis des Tyrosin siehe S. 103.

Eine genaue quantitative Bestimmung der beiden Aminosäuren ist derzeit nicht möglich; eine annähernde Bestimmung kann durch Isolieren (siehe oben) und durch Wägen erfolgen.

l-Cystin (ausführlich S. 100) ist im normalen Harn nur spurenweise enthalten; in größeren Mengen kommt es nach Phosphorvergiftung vor; selten im Harn sonst vollständig gesunder Menschen in einer Menge bis zu 0,5 g pro 24 Stunden (Cystinurie), und zwar teils gelöst, teils in Form mikroskopischer Krystalle. In solchen Fällen kommt es häufig auch zur Bildung kleinerer oder größerer aus Cystin bestehender Harnkonkremente.

Wesen und Ursache der Cystinurie sind uns nicht bekannt; sicher ist nur, daß die Oxydationsfähigkeit des Cystinurikers, dessen Stoffwechselvorgänge sonst ganz regelrecht verlaufen, dem Cystin und auffallenderweise häufig auch anderen Aminosäuren gegenüber herabgesetzt ist. Werden nämlich einem Menschen mit normalem Stoffwechsel Cystin oder Tyrosin oder Diaminosäuren von außen beigebracht, so erscheint keine dieser Aminosäuren im Harn, weil sie glatt verbrannt werden. Gibt man sie jedoch einem Cystinuriker ein, so werden Cystin, eventuell auch Tyrosin unverändert, und die Diaminosäuren auch nur bis zu Diaminen abgebaut im Harne ausgeschieden.

Zum Nachweis muß das Cystin aus dem Harn erst isoliert werden. In manchen Fällen genügt es, den Harn stark anzusäuern und einige Tage auf Eis stehen zu lassen, um das ganze Cystin zum Ausfallen zu bringen; in anderen Fällen wird der Harn pro je 1 Liter mit 10 ccm Benzoylchlorid und 120 ccm 10%iger Natronlauge versetzt und so lange geschüttelt, bis der Geruch nach Benzoylchlorid verschwunden ist. Nun wird die Flüssigkeit filtriert, das Filtrat mit Schwefelsäure stark angesäuert und mit Äther, der das gebildete Benzoylcystin aufnimmt, ausgeschüttelt. Sowohl am krystallinisch ausfallenden als auch am Benzoylcystin werden die (S. 100) beschriebenen Reaktionen angestellt.

Zur quantitativen Bestimmung eignet sich am besten das Gaskellsche Verfahren. Das spontan ausgeschiedene Cystin wird am Filter gesammelt, in $2^1/_2 \%$igem Ammoniak gelöst, die Lösung mit dem gleichen Volumen Aceton versetzt, mit Essigsäure angesäuert, auf einige Tage zur Krystallisation beiseite gestellt und dann das am Filter gesammelte Cystin gewogen. Um das im Harn gelöst enthaltene Cystin zu bekommen, wird der Harn filtriert, mit Ammoniak alkalisch gemacht, mit Calciumchlorid gefällt, das Filtrat mit dem gleichen Volumen Aceton versetzt, mit Essigsäure angesäuert und, wie oben, weiter behandelt.

Diamine.

Putrescin oder Tetramethylendiamin und **Cadaverin** oder Pentamethylendiamin (ausführlich S. 51) sind im normalen Harn nicht enthalten; im Harn von Cystinurikern (siehe S. 215) kommen sie in Mengen von 0,2—0,4 g pro 24 Stunden vor; ferner auch in Infektionskrankheiten, bei Darmleiden. Dieser Zustand wird als Diaminurie bezeichnet.

Zum Nachweis und zur quantitativen Bestimmung müssen die Diamine aus dem Harn isoliert werden, wozu sich besonders das Verfahren von Udránszky und Baumann eignet. $1^1/_2$ Liter Harn werden mit 200 ccm 10%iger Natronlauge und 20—25 ccm Benzoylchlorid so lange geschüttelt, bis der Geruch nach letzterem verschwunden ist. Die Benzoyldiamine (S. 51) werden von den anderen Benzoylverbindungen isoliert und gewogen.

Gepaarte Aminosäuren.

Hippursäure, Benzoyl-Glykokoll, $C_9H_9NO_3$, ist im normalen Menschenharn in geringen, jedoch wechselnden Mengen enthalten. Der 24 stündige Harn enthält ca. 0,2 g, kann aber nach Genuß gewisser Früchte 2 g übersteigen. Sie wird im Organismus, und zwar hauptsächlich in den Nieren durch Synthese aus Glykokoll und Benzoesäure gebildet, die unter Abspaltung von Wasser zur gepaarten Verbindung zusammentreten. Die eine Komponente, das Glykokoll, steht als Spaltungsprodukt des Eiweißmoleküls ständig zur Verfügung; die andere, die

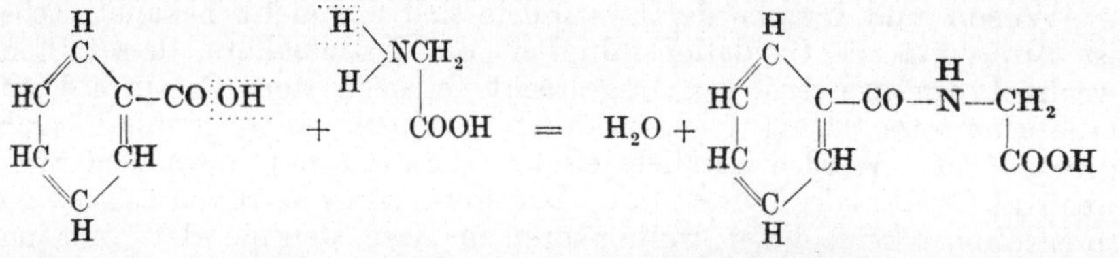

Hippursäure

Benzoesäure, entsteht durch Desaminierung und Oxydation des Phenylalanin und vielleicht auch des Tyrosinkernes des Eiweiß. Dieselbe Synthese geht auch vor sich, wenn man Benzoesäure oder eine andere aromatische Verbindung, die in Benzoesäure verwandelt wird, in den Organismus einführt.

Im Harn von Pflanzenfressern ist unverhältnismäßig mehr Hippursäure als im Menschen- oder Fleischfresserharn enthalten, und zwar entsteht dieselbe teils aus dem aromatischen Kern des im Futter eingeführten Eiweißes, teils aus gewissen, zur Zeit noch unbekannten Bestandteilen der im Futter enthaltenen Rohfaser. Wird einem Pflanzenfresser Benzoesäure beigebracht, so wird mehr als die Hälfte des

Stickstoffes in Form von Hippursäure ausgeschieden. Vögeln eingegeben, paart sich die Benzoesäure nicht mit Glykokoll zu Hippursäure, sondern mit Ornithin zu. Ornithursäure (S. 101).

Die Hippursäure bildet farblose, zuweilen milchweiße Krystalle, löst sich schwer in kaltem, leichter in warmem Wasser und leicht in Alkohol und Essigäther; in Petroleumäther ist sie unlöslich. Mit starken Säuren oder Alkalien erhitzt zerfällt sie in Benzoesäure und Glykokoll; desgleichen unter der Einwirkung eines in vielen Organen nachgewiesenen Enzyms, des sog. Histozym.

Zur Darstellung wird am besten Pferde- oder Rinderharn verwendet. Dieser wird zunächst durch Barytwasser oder Kalkmilch von Phosphaten befreit, dann mit Salzsäure neutralisiert, eingedampft und nach dem Abkühlen mit Salzsäure stark angesäuert, worauf die Hippursäure auskrystallisiert.

Zum Nachweis muß die Hippursäure aus dem Harn isoliert werden. Zu diesem Behufe wird der Harn schwach alkalisch gemacht, am Wasserbad zum Sirup eingeengt, mit Alkohol extrahiert, der Alkohol vertrieben, der Rückstand in Wasser gelöst, mit Salzsäure angesäuert, mit Essigsäure extrahiert, der Auszug eingedampft und aus dem Rückstande die Benzoesäure mit Petroleumäther entfernt.

Eine charakteristische Reaktion der Hippursäure (jedoch auch der Benzoesäure) ist, daß sie mit konzentrierter Schwefelsäure eingedampft in Nitrobenzoesäure verwandelt wird; verreibt man den Rückstand mit Sand und erhitzt das Pulvergemisch in einem trockenen Reagensglase, so entsteht der charakteristische Geruch nach Nitrobenzol.

Behufs quantitativer Bestimmung der Hippursäure im Harn wird jene zersetzt und die Menge des abgespaltenen Glykokolls bestimmt. Eine größere Menge des Harns wird mit $^1/_{10}$ Volumen $\frac{n}{5}$-Salzsäure versetzt, und die Hippursäure mit Essigäther ausgeschüttelt, der Essigäther vertrieben, der Rückstand mit $30^0/_0$iger Salzsäure gekocht, wobei die Hippursäure in Benzoesäure und Glykokoll zerlegt wird. Nun wird die Flüssigkeit am Wasserbad eingedampft, mit $\frac{n}{5}$-Lauge neutralisiert und die Menge des Glykokoll durch Formoltitration (S. 98) bestimmt; zum Schluß wird das Glykokoll in Hippursäure umgerechnet.

Phenacetursäure entsteht aus der Verbindung je eines Moleküls Phenylessigsäure (S. 209) und Glykokoll; sie ist regelmäßig auch im normalen Menschenharn enthalten; Pferdeharn enthält mehr davon.

Mercaptursäuren sind Cystinderivate, aus welchen durch Laugenwirkung Mercaptane abgespalten werden. Im Organismus entstehen sie nach Einfuhr von Brom-, Jod- und Chlorbenzol aus dem Cystin- resp. dem Cysteinkern der Eiweißkörper, indem dieser einerseits mit dem halogen-substituierten Benzol, andererseits mit einem Essigsäurerest zusammentritt. So erscheint z. B. nachstehende Bromphenyl-mercaptursäure im Hundeharn nach Eingabe von Brombenzol.

Stickstoffhaltige Kohlensäurederivate.

Carbaminsäure, CH_3NO_2, als Kohlensäure, $CO(OH)_2$, zu betrachten, in der eine OH-Gruppe durch eine NH_2-Gruppe ersetzt ist. Sie ist in freiem Zustande nicht bekannt; bloß in Form ihrer Salze; kommt hauptsächlich in alkalischem Pferdeharn vor, doch spurenweise auch im Menschenharn; ferner in relativ großen Mengen im Harne von Hunden mit einer Eckschen Fistel, bei welchen also das Blut der Vena portae mit Umgehung der Leber direkt in die Vena cava strömt. Sie entsteht aus Eiweiß bei der Oxydation mit Kaliumpermanganat; charakteristisch ist ihr Calciumsalz, welches in Wasser leicht, in Alkohol nicht löslich ist.

$$CO\begin{cases} OH \\ NH_2 \end{cases}$$

Carbaminsäure

Harnstoff, Carbamid, CH_4N_2O, als Kohlensäure, $CO(OH)_2$, zu betrachten, in der beide OH-Gruppen durch je eine NH_2-Gruppe ersetzt sind. Der Harnstoff ist der wichtigste stickstoffhaltige Bestandteil des Säugetierharnes und in größeren Mengen auch im Harn von Fischen und Fröschen enthalten. Außer im Harn ist Harnstoff in geringen Mengen auch in den meisten Organen und Säften der Säugetiere nachzuweisen; in besonders großer Konzentration ($2^0/_0$) im Blute von Selachiern.

$$CO\begin{cases} NH_2 \\ NH_2 \end{cases}$$

Ein erwachsener Mensch entleert im Harn täglich ca. 20—30 g Harnstoff; doch ist die Harnstoffausscheidung in hohem Grade von der Eiweißzufuhr abhängig. Nach Fleischgenuß ist nicht nur die absolute, sondern auch die relative Menge des Harnstoffes vermehrt, indem $95—98^0/_0$ des Gesamtstickstoffes in dieser Form ausgeschieden werden; bei gemischter Kost jedoch nur $80—90^0/_0$; am hungernden Menschen sowie am Neugeborenen kann dieser Wert unter $75^0/_0$ sinken. Die Menge des Harnstoffes ist erhöht in allen Krankheiten, die mit einer gesteigerten Eiweißzersetzung einhergehen; so z. B. in akuten fieberhaften Erkrankungen; umgekehrt ist sie herabgesetzt bei Phosphorvergiftung, bei der akuten gelben Leberatrophie.

Eigenschaften. Harnstoff krystallisiert ohne Krystallwasser in farblosen Prismen, die im Wasser sehr leicht, in Alkohol leicht, in einem Gemisch von Alkohol und Äther genügend löslich, im Äther unlöslich sind. Mit Säuren und Salzen bildet der Harnstoff Doppelverbindungen; unter diesen sind für uns infolge ihrer Schwerlöslichkeit besonders wichtig die Verbindung mit Salpetersäure, $CO(NH_2)_2 \cdot HNO_3$, und mit Oxalsäure, $2CO(NH_2)_2 \cdot (COOH)_2$, die in konzentrierten Lösungen des Harnstoffes durch konzentrierte Salpeter- bezw. Oxalsäure erzeugt werden; ferner eine komplexe, in Wasser schwer lösliche Verbindung, die aus wechselnden Anteilen von Harnstoff, Mercurinitrat und Mercurioxyd besteht und durch Fällen der Harnstofflösung mit einer Lösung von Mercurinitrat erzeugt wird.

Bringt man trockenen Harnstoff in einem Reagensglas zum Schmelzen und erhitzt vorsichtig weiter, so tritt eine Zersetzung unter Gasbildung ein; das Gas ist Ammoniak, während der feste Rest unter anderen

Verbindungen Biuret und Cyanursäure enthält. Ersteres ist in der Lösung der Schmelze durch die Reaktion nachzuweisen, die nach ihm als Biuretprobe bezeichnet wird: die Lösung wird stark alkalisch gemacht und mit einigen Tropfen einer sehr verdünnten Lösung von Kupfersulfat versetzt; der entstehende blaue Niederschlag von Cuprihydroxyd löst sich beim Umschütteln der Flüssigkeit mit violettroter Farbe.

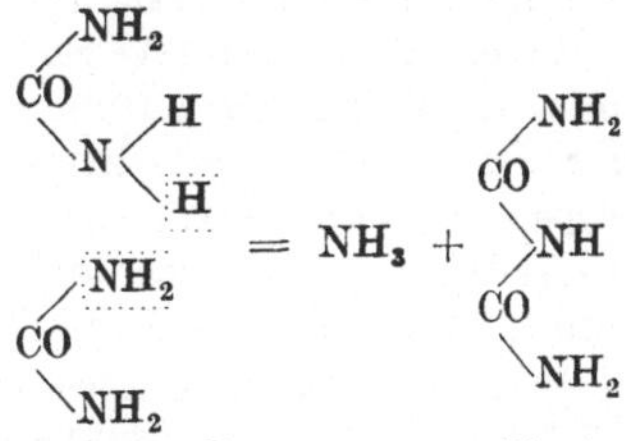

Unter der Einwirkung von untersalpetrig-, unterbrom- oder unterchlorsaurem Alkali wird der Harnstoff zu Kohlensäure, Wasser und Stickstoff, unter Einwirkung mancher Bakterien, wie z. B. des Micrococcus ureae, ferner der sog. Urease (s. S. 221) in kohlensaures Ammonium verwandelt. Mit konzentrierter Phosphorsäure erhitzt, wird er in Ammoniumphosphat verwandelt.

Zur Darstellung des Harnstoffes wird Harn bei schwachsaurer Reaktion zum Sirup eingeengt und unter Kühlen mit konzentrierter Salpetersäure versetzt, wobei ein Niederschlag von salpetersaurem Harnstoff entsteht. Der Krystallbrei wird abgepreßt, in Wasser suspendiert und mit Bariumcarbonat zersetzt, wobei Bariumnitrat und Harnstoff entstehen. Nun wird das Ganze im Wasserbad eingedampft und aus dem Rückstand der Harnstoff mit Alkohol extrahiert, während Bariumnitrat ungelöst zurückbleibt.

Künstliche Synthese Die Darstellung kann auch auf dem Wege der Synthese erfolgen: beim Eindampfen einer Lösung von Ammoniumisocyanat wird dieses in Harnstoff überführt und gerade der Harnstoff war es, der unter allen im Organismus vorkommenden organischen Verbindungen als erster künstlich dargestellt wurde (Wöhler).

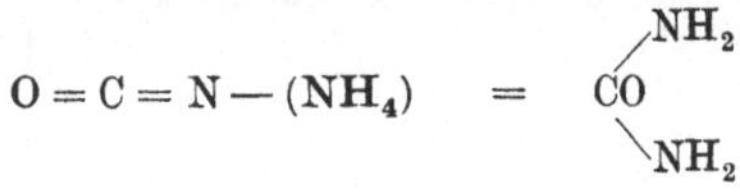

Harnstoffbildung im Organismus. Wir wissen, daß das im Eiweiß enthaltene Arginin beim Kochen mit Barytwasser, ferner auch unter Einwirkung eines in der Leber enthaltenen Enzyms, der Arginase, unter Wasseraufnahme in Harnstoff und Ornithin zerfällt (S. 101). Da jedoch die in unserer Nahrung enthaltenen Eiweißkörper wenig Arginin enthalten und Arginin die einzige Aminosäure ist, aus der durch einfache Abspaltung Harnstoff entstehen kann, kommt dieser Art der Harnstoffbildung keine wichtige Rolle zu. Weit wichtiger ist die Synthese aus Ammoniak und Kohlensäure, die auf verschiedene Weise möglich ist. Nach der Schmiedebergschen Anhydridtheorie vereinigen sich Kohlensäure und Ammoniak, die bei den Verbrennungsprozessen entstehen, zu kohlensaurem Ammonium, welches unter Abspaltung von Wasser in Harnstoff verwandelt wird.

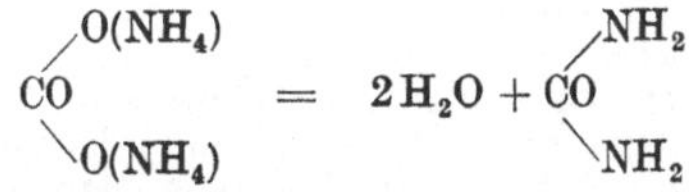

Hierfür spricht, daß, wenn die überlebende Leber mit Blut durchströmt wird, dem kohlensaures (oder ameisensaures) Ammonium hinzugefügt war, in dem austretenden Blut neugebildeter Harnstoff nachzuweisen ist. Durch dieselbe Versuchsanordnung wurde nachgewiesen, daß die Aminogruppe der Aminosäuren (Glykokoll, Leucin, Asparaginsäure usw.) in der Leber abgespalten und zu Harnstoffbildung verwendet wird. Überhaupt ist die Leber die wichtigste, wenn auch nicht die alleinige Stätte der Harnstoffbildung.

Andere Erklärungsversuche, wie z. B. Überführung des kohlensauren Ammoniums in Carbaminsäure und dieser in Harnstoff (Drechsel), oder Oxydation des Eiweißes zu Oxaminsäuren mit nachfolgender Abspaltung von Harnstoff (Hofmeister) oder Oxydation des Eiweißes zu Cyansäure und Ammoniak, die dann zu Harnstoff zusammentreten würden (Hoppe-Seyler), finden heute nur mehr wenig Anklang.

Nachweis. a) Zur Identifizierung von Harnstoffkrystallen, die aus Harn oder aus einer anderen tierischen Flüssigkeit isoliert wurden, dient die Reaktion nach Schiff: in einer Porzellanschale werden 2 ccm einer konzentrierten wäßrigen Lösung von Furfurol mit 4—5 Tropfen konzentrierter Salzsäure versetzt und ein Kryställchen der Substanz hineingeworfen; tritt um dasselbe herum eine gelbe, dann bläuliche, violette und endlich eine purpurviolette Farbenreaktion auf, so hatte es sich um Harnstoff gehandelt.

b) Soll Harnstoff in einer Körperflüssigkeit nachgewiesen werden, so wird diese mit Essigsäure neutralisiert, mit dem vierfachen Volumen Alkohol gefällt, der Rückstand des eingeengten Filtrates in Alkohol gelöst, das Filtrat eingedampft, in Wasser gelöst, mit salpetersaurem Quecksilber gefällt, der in Wasser suspendierte Niederschlag mit Schwefelwasserstoff versetzt, das Filtrat eingeengt, einige Tropfen desselben auf einem Objektträger mit 1 Tropfen Salpetersäure vorsichtig erwärmt und dann bei Zimmertemperatur eingetrocknet; im Rückstand sind die sechseckigen Krystalltafeln des salpetersauren Harnstoffes unter dem Mikroskop leicht zu erkennen.

Quantitative Bestimmung des Harnstoffes. Von den älteren Methoden ist relativ am verläßlichsten

a) ein Verfahren, in welchem die Vorschriften von Mörner und Sjöquist und von Folin vereinigt sind. Es beruht darauf, daß auf Zusatz von Barytwasser die meisten stickstoffhaltigen Harnbestandteile gefällt werden, während Harnstoff nebst einer geringen Menge anderer Verbindungen in Lösung bleibt. Wird nun das Filtrat mit einem Alkohol-Äthergemisch extrahiert, so erhält man einen Auszug, der Harnstoff, Kreatinin und Hippursäure enthält; mit Magnesiumchlorid und Salzsäure erhitzt, bleiben die beiden letzteren unverändert, während der Harnstoff in Ammoniumchlorid verwandelt wird. Aus diesem entweicht der Stickstoff bei der Destillation mit Lauge in Form von Ammoniak, der in einer abgemessenen Menge einer Säure von bekannter Konzentration aufgefangen wird. Die Bestimmung wird folgendermaßen ausgeführt: 5 ccm Harn werden mit gepulvertem Bariumhydroxyd längere Zeit geschüttelt, dann mit 100 ccm eines Alkohol-Äthergemisches (3 : 1) versetzt, am nächsten Tag filtriert, der Niederschlag eingedampft und der Rückstand mit ein wenig Wasser in einen Kolben gespült. Nun fügt man 2 ccm Salzsäure vom spez. Gew. 1,12 hinzu und dampft am Wasserbad ein; der Rest wird mit 2 ccm konzentrierter Salzsäure und 20 g krystallinischem Magnesiumchlorid mit aufgesetztem Rückflußkühler 2 Stunden gekocht, dann mit Wasser auf $^3/_4$ Liter verdünnt, mit 10 ccm 20%iger Natronlauge versetzt und das entweichende Ammoniak wie im Kjeldalschen Verfahren (S. 214) aufgefangen.

b) Das Pflügersche Verfahren, welches von mehreren Autoren modifiziert wurde, basiert auf der Fällbarkeit der meisten stickstoffhaltigen Harnbestandteile durch Phosphorwolframsäure, während Harnstoff und ein Teil der Ammoniumsalze im Filtrat verbleiben. Man säuert 100 ccm Harn mit Salz- oder Schwefelsäure stark an und fällt mit einem Überschuß von 10%iger Phosphorwolframsäure. In einem gemessenen Teil des Filtrates wird die Phosphorwolframsäure durch Calciumoxyd gefällt, das Filtrat 4—5 Stunden mit konzentrierter Phosphorsäure gekocht, wobei der Harnstoff zersetzt und in Ammoniumphosphat umgewandelt wird. Aus diesem wird der Stickstoff durch Destillation mit Lauge in Form von Ammoniak in Freiheit gesetzt und wie im Kjeldalschen Verfahren

(S. 214) aufgefangen. Da ein Teil der Ammoniumsalze beim Fällen des Harns durch Phosphorwolframsäure mit in das Filtrat übergeht, wird in einem zweiten Teile des Filtrates eine Ammoniakbestimmung (S. 193) vorgenommen und der so erhaltene Wert von dem oben erhaltenen in Abzug gebracht.

c) Mehrere Verfahren (nach Knop-Hüfner, Jolles usw.) haben die (S. 219) erwähnte Eigenschaft des Harnstoffes zum Prinzip, daß dieser durch Bromlauge (100 ccm $40^0/_0$ige Natronlauge $+$ 25 g Brom) zersetzt und sein ganzer Stickstoff in Freiheit gesetzt wird; aus dessen Volumen läßt sich die Menge des vorhanden gewesenen Harnstoffes berechnen. Diese Verfahren haben bei ihrer Einfachheit den Nachteil, daß außer dem Harnstoff auch andere stickstoffhaltige Harnbestandteile teilweise in ähnlicher Weise zersetzt werden.

d) Im Liebigschen Verfahren, dem heute nur mehr ein historisches Interesse zukommt, titriert man den Harn mit einer Lösung von Mercurinitrat, wobei Harnstoff in Form eines weißen Niederschlages gefällt wird (S. 218); als Indicator dient Natriumbicarbonat, das mit ein wenig Wasser zu einem flüssigen Brei angerührt wird. Im Verlaufe der Titration bringt man von Zeit zu Zeit je einen Tropfen Harn und Bicarbonat auf eine Porzellanplatte zusammen: ein Überschuß des zur Titration verwendeten Mercurinitrates wird durch eine gelbe Farbenreaktion angezeigt. Ein Hauptmangel dieses Verfahrens ist, daß viele andere stickstoffhaltige Harnbestandteile sich zum Mercurinitrat ebenso verhalten wie der Harnstoff, so daß mit diesem Verfahren eigentlich der Gesamtstickstoff bestimmt wird, jedoch einerseits durchaus nicht genau, andererseits auf einem recht umständlichen Wege.

e) Neuestens wurden mit vielversprechendem Erfolg Versuche angestellt, die Menge des Harnstoffes mittels des in den Sojabohnen enthaltenen Enzymes, der Urease, durch die der Harnstoff in kohlensaures Ammonium verwandelt wird, quantitativ zu bestimmen. Es werden 2 ccm des Harns mit sehr wenig Kochsalz, sehr wenig verdünnter Lauge und einer Messerspitze des trocken dargestellten Fermentes versetzt, mit 10 ccm Wasser verdünnt und 20 Stunden lang stehen gelassen. Nach Ablauf dieser Zeit wird mit n/10-Salzsäure und Methylorange als Indicator titriert, die Säure aber, die der native Harn allein verbraucht, sowie die hinzugefügte Lauge in Abzug gebracht.

Es wurde auch mit Erfolg versucht, das aus dem Harnstoff entstandene kohlensaure Ammonium durch Säure zu zersetzen, und aus dem Volumen bezw. Druck des in Freiheit gesetzten CO_2 die Menge des ursprünglich vorhanden gewesenen Harnstoffes zu bestimmen.

Oxalursäure, $C_3H_4N_2O_4$, ist im Harn in sehr geringen Mengen, hauptsächlich in Form ihres Ammoniumsalzes, enthalten und entsteht wahrscheinlich im Harn selbst aus Harnstoff und Oxalsäure unter Austritt von Wasser. Mit Säuren erhitzt, zerfällt sie in die beiden Komponenten. Das Ammoniumsalz ist in kaltem Wasser schwer, in warmem leicht löslich; durch Calciumsalze wird es aus seinen Lösungen nicht gefällt, wohl aber erfolgt eine Fällung, wenn aus der Oxalursäure durch Kochen mit Mineralsäure Oxalsäure abgespalten wird.

Kreatin, Methylguanidin-Essigsäure, $C_4H_9N_3O_2$ (Eigenschaften S. 263) soll nach manchen Autoren in normalem Harn überhaupt nicht, in nachweisbaren Mengen bloß im Harn von Frauen nach der Entbindung, ferner in fieberhaften Erkrankungen, bei Leberkrebs usw., vorkommen.

Nachweis und Bestimmung sind nur nach erfolgter Umwandlung in Kreatinin möglich (s. unten S. 223).

Kreatinin, Methylguanidin-Essigsäure-Anhydrid, $C_4H_7N_3O$, ist im 24stündigen Menschenharn bei gemischter Kost in einer Menge von etwa 1,8—2,4 g enthalten; bei akuten fieberhaften Erkrankungen wird mehr, in der Rekonvalescenz, bei Muskellähmungen weniger entleert. Bezüglich seines Entstehens gibt es mehrere Möglichkeiten:

a) zunächst wäre es vom Kreatin abzuleiten, dessen Anhydrid es ist;

$$\underset{\text{Kreatin}}{\begin{array}{l} \text{CO·OH} \\ \text{CH}_2 \end{array}\!\!\!\begin{array}{l} \text{H} \\ \diagdown\text{N}\diagup\!\!\diagdown\text{CNH} \\ \diagup\text{N}\diagup \\ \quad\text{CH}_3 \end{array}} = H_2O + \underset{\text{Kreatinin}}{\begin{array}{l} \text{OC—N} \\ \text{H}_2\text{C—N} \end{array}\!\!\!\begin{array}{l} \text{H} \\ \diagdown\text{CHN} \\ \diagup \\ \text{CH}_3 \end{array}}$$

b) dann vom Hydantoin, dem Oxydationsprodukt des Imidazols (S. 52); auf diese Weise bildet das Kreatinin einen Übergang von den stickstoffhaltigen Kohlensäurederivaten zu den Imidazolkörpern;

$$\underset{\text{Imidazol}}{\begin{array}{l} \text{HC—N} \\ \text{HC—N} \\ \;\text{H} \end{array}\!\!\diagup\!\!\diagdown\text{CH}} \qquad \underset{\text{Hydantoin}}{\begin{array}{l} \text{H} \\ \text{OC—N} \\ \text{H}_2\text{C—N} \end{array}\!\!\diagup\!\!\diagdown\text{CO}} \qquad \underset{\text{Methylhydantoin}}{\begin{array}{l} \text{H} \\ \text{OC—N} \\ \text{H}_2\text{C—N} \\ \quad\text{CH}_3 \end{array}\!\!\diagup\!\!\diagdown\text{CO}} \qquad \underset{\text{Kreatinin}}{\begin{array}{l} \text{H} \\ \text{OC—N} \\ \text{H}_2\text{C—N} \\ \quad\text{CH}_3 \end{array}\!\!\diagup\!\!\diagdown\text{CNH}}$$

c) endlich nach neueren Autoren aus dem Guanidinkern des Arginins (S. 101).

Daß jeder Harn Kreatinin enthält, ist längst bekannt, doch war die Art und Weise seiner Bildung im Organismus bis in die jüngste Zeit recht strittig. Heute kann folgendes als feststehend angesehen werden: Nach Fleischgenuß wird im Harn mehr Kreatinin entleert, im Hungerzustande und bei rein vegetabilischer, also kreatinfreier Nahrung weniger. Die in beiden letzteren Fällen ausgeschiedene Menge entsteht in den Zellen selbst als Stoffwechselprodukt derselben und wird als **endogenes Kreatinin** bezeichnet; das Plus, das im Falle einer Fleischnahrung entleert wird, stammt von dem im Fleische eingeführten Kreatin her und wird als **exogenes Kreatinin** bezeichnet. Außerdem soll nach neuesten Untersuchungen Kreatin im Muskel nicht während der der Muskelaktion zugrunde liegenden raschen Kontraktionen gebildet (und dann als Kreatinin an den Harn abgegeben werden), sondern bei der tonischen Anspannung der Muskeln, die keine äußere Arbeitsleistung zum Effekt hat. Auf alle Fälle ist der Kreatin- resp. Kreatininumsatz **vom Eiweißstoffwechsel ganz unabhängig.**

Eigenschaften. Es ist in kaltem Wasser schwer, in warmem leichter, in Alkohol schwer löslich; aus einer heißen wäßrigen Lösung fällt es beim Abkühlen in wasserfreien Krystallen aus. Mit gewissen Salzen bildet es krystallisierbare Doppelverbindungen, unter welchen die mit Zinkchlorid gebildete $(C_4H_7N_3O)_2 \cdot ZnCl_2$, am wichtigsten ist und in Form von schwer löslichen Rosetten erhalten wird, wenn man eine konzentriertere wäßrige oder alkoholische Lösung von Kreatinin mit einer Lösung von Zinkchlorid versetzt. Kreatinin reduziert in alkalischer Lösung Kupferoxydsalze, doch wird das entstandene Cuprooxyd in

Form einer farblosen Verbindung in Lösung erhalten. Es werden daher die dem Nachweis des Zuckers dienenden Reduktionsproben durch anwesendes Kreatinin auf doppelte Weise gestört: einerseits durch die Reduktionsfähigkeit des Kreatinin, andererseits dadurch, daß es die Ausscheidung des Cuprooxyd hintanhält.

Bismutsalze werden durch Kreatinin nicht reduziert.

Die Darstellung aus Kreatin erfolgt, indem eine wäßrige Lösung desselben mit Schwefelsäure oder Salzsäure angesäuert und erwärmt wird, wobei unter Austritt von 1 Molekül Wasser die Umwandlung erfolgt.

Aus dem Harn kann es auf dem Wege seiner Zinkchlorid- oder Pikrinsäureverbindung isoliert werden: a) Der Harn wird mit Kalkmilch alkalisch gemacht, mit einer Lösung von Calciumchlorid gefällt, filtriert, das Filtrat angesäuert und zum Sirup eingedampft, mit ein wenig essigsaurem Natrium versetzt, mit Alkohol extrahiert und der filtrierte Auszug mit einer Lösung von Zinkchlorid gefällt. Nach zwei Tagen wird der Niederschlag am Filter gesammelt, mit Alkohol gewaschen, in Wasser suspendiert, durch Kochen mit Bleihydroxyd zerlegt, das Filtrat eingedampft, der Rückstand mit Alkohol extrahiert und der alkoholische Auszug bis zur beginnenden Krystallisation eingeengt.

b) Man fällt 10 Liter Harn mit 450 ccm einer heißen, 40%igen alkoholischen Lösung von Pikrinsäure, läßt eine Stunde stehen, filtriert, wäscht den aus Kreatininpikrat bestehenden Niederschlag mit einer konzentrierten Lösung von Pikrinsäure, verreibt ihn in einem großen Mörser während einer Stunde mit der halben Menge von Kaliumbicarbonat und 370 ccm Wasser; hierdurch wird das Kreatininpikrat zerlegt und das Kreatinin geht mit einem Teile des Kaliumbicarbonates in Lösung. Durch Neutralisation mit Schwefelsäure wird das Bicarbonat in Kaliumsulfat verwandelt, und dieses durch Zusatz des doppelten Volumen von Alkohol gefällt, während Kreatinin in Lösung bleibt und in der oben beschriebenen Weise in die Zinkchloridverbindung überführt und weiterbehandelt wird.

Der Nachweis erfolgt:

a) Durch die Weylsche Reaktion; der Harn wird mit einigen Tropfen einer sehr verdünnten wäßrigen Lösung von Nitroprussidnatrium und einigen Tropfen verdünnter Natronlauge versetzt, worauf eine rubinrote Farbenreaktion auftritt, die aber bald abblaßt. Wird nun die Flüssigkeit mit Essigsäure versetzt und gekocht, so entsteht zunächst eine grüne, dann eine blaue Farbenreaktion. Die Rotfärbung kann auch durch Aceton bedingt sein, doch blaßt in diesem Falle das Rot nicht ab; ja es wird auf Zusatz von Essigsäure noch dunkler (S. 208). Kreatin verhält sich bei der Weylschen Probe negativ.

b) Jafférsche Reaktion; der Harn wird mit einigen Tropfen einer verdünnten wäßrigen Lösung von Pikrinsäure und einigen Tropfen Natronlauge versetzt, worauf eine stark rote Farbenreaktion eintritt, die allmählich abblaßt. Kreatin verhält sich bei dieser Probe negativ; Aceton und Acetessigsäure schwach positiv.

Zur quantitativen Bestimmung ist das Folinsche colorimetrische Verfahren am geeignetsten. Es beruht auf dem Prinzip, daß man eine bestimmte Menge Harn mit der vorgeschriebenen Menge von Pikrinsäure und Lauge versetzt, worauf die Intensität der entstehenden (bei der Jafféschen Reaktion beschriebenen) Farbenreaktion durch den kolorimetrischen Vergleich des Harns mit einer $\frac{n}{2}$-Lösung von Kaliumbichromat bestimmt wird. Die Bestimmung wird folgendermaßen ausgeführt: 10 ccm Harn werden mit 15 ccm einer 1,2%igen wäßrigen Lösung von Pikrinsäure und 5 ccm 10%iger Natronlauge versetzt und mit Wasser auf $\frac{1}{2}$ Liter aufgefüllt; nun wird die Schichtdicke bestimmt, bei der der Harn dieselbe Farbennuance zeigt wie eine 8 mm dicke Schichte der Kaliumbichromatlösung. Als Basis der Berechnung dient die Tatsache, daß eine Lösung von 10 mg Kreatinin in der oben vorgeschriebenen Weise mit Lauge und Pikrinsäure behandelt, in einer Schichtdicke von 8,1 mm dieselbe Farbennuance zeigt, wie die Lösung von Kaliumbichromat in einer Schichtdicke von 8 mm.

Imidazolkörper.

Allantoin, $C_4H_6N_4O_3$, läßt sich aus dem Hydantoin, dem Oxydationsprodukte des Imidazols (S. 52), ableiten, welches mit 1 Molekül Harnstoff Allantoin gibt. Es läßt sich auch als ein

Harnstoffderivat auffassen, das aus der Verbindung von 2 Molekülen Harnstoff und 1 Molekül Glyoxylsäure unter Austritt von 3 Molekülen Wasser entsteht, demnach als ein Glyoxyldiureid anzusehen ist. Das

Allantoin steht aber auch der Harnsäure nahe, wie dies unter anderem auch aus dem Vergleich ihrer Strukturformeln, sowie daraus hervorgeht, daß Harnsäure bei alkalischer Reaktion mit Kaliumpermanganat oxydiert neben Kohlensäure auch Allantoin liefert.

Die Konfiguration des Allantoinmoleküls wird verschiedenartig aufgefaßt (s. I und II in obigen Abbildungen).

Es wurde zuallererst in der Allantoisflüssigkeit, dann auch im Harn des Kalbes nachgewiesen; später hat man es auch im Harn der Hunde, Kaninchen und Katzen nachgewiesen; neuestens auch im Menschenharn, und zwar in einer Menge von 9—10 mg pro 24 Stunden. In großer Menge ist es im Harn solcher Hunde enthalten, die man mit Thymus oder Pankreas füttert; ferner nach Einfuhr von Harnsäure und bei Vergiftung mit Phenylhydrazin.

Es krystallisiert in monoklinen Prismen, ist in warmem Wasser und in Alkohol löslich; es kann am einfachsten aus Harnsäure durch Oxydation mit Bleisuperoxyd dargestellt werden. Bei der Schiffschen Harnstoffreaktion (S. 220) verhält es sich positiv; bei der Murexidprobe (S. 227) negativ; nach längerem Kochen reduziert es Kupfersalze.

Eine quantitative Bestimmung ist erst seit dem von Wiechowski mitgeteilten umständlichen Verfahren möglich. Dasselbe beruht auf dem Prinzip, daß Harnstoff, Harnsäure und Ammoniumsalze des Harnes mit Phosphorwolframsäure, Phosphate mit Bleiacetat, Chloride mit Silberacetat gefällt werden, und aus dem Filtrate das Allantoin in Gegenwart von Natriumacetat mit einer $0,5\%$igen Lösung von Mercuriacetat isoliert wird.

Purinkörper.

Harnsäure, Acidum uricum, Trioxypurin, $C_5H_4N_4O_3$, entsteht aus dem Purin (S. 54) durch Substitution von 3 Atomen Wasserstoff durch je eine Hydroxylgruppe, und zwar entweder nach I oder II der nachstehenden Strukturbilder.

Im Falle II tritt nur das Sauerstoffatom der Hydroxylgruppe an Stelle des zu substituierenden Wasserstoffes, während das Wasserstoffatom der Hydroxylgruppe an eine nächste Stelle rückt, wo eine Valenz durch Umwandlung einer doppelten Bindung in eine einfache frei geworden ist. Die Harnsäure kommt demnach in zwei tautomeren Modifikationen vor; die durch das Strukturbild II veranschaulichte ist offenbar die häufigere.

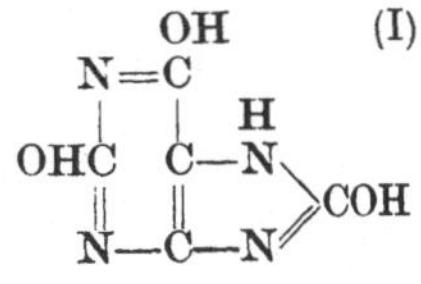

Harnsäure (Lactimform)

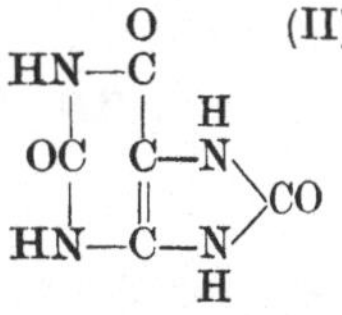

Harnsäure (Lactamform)

Eigenschaften. Sie krystallisiert in mikroskopischen, dem rhombischen System angehörenden Krystallen, welche wetzstein-, tonnen-, hantelförmig und, wenn sie aus dem Harn ausgeschieden werden, immer gelbgefärbt sind. Sie ist in der 40 000 fachen Menge Wasser löslich (in Anwesenheit von etwas Schwefelsäure noch schwerer), leichter in Laugen, organischen Basen (z. B. Piperazin); leicht in Glycerin; sehr leicht in konzentrierter Schwefelsäure. Aus letzterer scheidet sie sich durch Verdünnen mit Wasser unverändert aus, wird aber durch Erhitzen der schwefelsauren Lösung vollkommen zu Kohlendioxyd, Wasser und Ammoniak verbrannt.

Mit Metallen bildet sie Salze, und zwar kann der Ersatz an einem oder an zwei Wasserstoffatomen erfolgen; dementsprechend unterscheidet man primäre und sekundäre Urate; in wäßriger Lösung sind bloß die primären Urate, auch Monourate genannt, beständig.

Die Löslichkeit der Kalium-, Natrium- und Ammoniumsalze beträgt ca. 1 : 700 resp. 1300 resp. 3300; in warmem Wasser sind diese Salze viel leichter löslich; aus erkaltendem Harn scheiden sie sich oft in großen Mengen aus (S. 186).

Aus ihren Lösungen werden die harnsauren Salze durch Phosphorwolframsäure, ferner durch ammoniakalische Silberlösung gefällt; werden sie in alkalischer Lösung mit ein wenig Kupfersulfat erhitzt, so entsteht ein weißer, aus harnsaurem Kupfer bestehender Niederschlag; beim Erhitzen in Gegenwart von Lauge mit viel Kupfersulfat wird dieses reduziert und es kann zu einer Ausscheidung von Cuprooxyd kommen.

Bismutsalze werden durch die Harnsäure nicht reduziert.

Mit oxydierenden Mitteln behandelt, verwandelt sich die Harnsäure in Verbindungen, die aus dem Harnstoff teilweise bloß abgeleitet, teilweise aber auch tatsächlich dargestellt werden können; dieser Umstand zeugt von dem engen Zusammenhang zwischen den beiden wichtigsten stickstoffhaltigen Harnbestandteilen: dem Harnstoff und der

Harnsäure. So wird Harnsäure in alkalischer Lösung mit Kaliumpermanganat oder mit Bleisuperoxyd behandelt, in Allantoin (S. 224) verwandelt, welches seinerseits als eine Verbindung von je 1 Molekül Harnstoff und Hydantoin angesehen werden kann.

Wirkt konzentrierte Salpetersäure in der Kälte auf Harnsäure ein, so wird sie zu Harnstoff und Alloxan (Mesoxalylharnstoff) zerlegt,

$$
\underset{\text{Harnsäure}}{
\begin{array}{l}
HN-CO \\
\;|\quad\;\; | \qquad H \\
OC\quad C-N \\
\;|\quad\;\;\| \qquad\quad CO + H_2O + O = \\
HN-C-N \\
\qquad\quad\; H
\end{array}}
\qquad
\underset{\text{Alloxan}}{
\begin{array}{l}
HN-CO \qquad\qquad NH_2 \\
\;|\qquad\quad\;\; CO + CO \\
OC\quad CO \qquad\qquad NH_2 \\
\;|\qquad\; \\
HN-CO
\end{array}}
$$

welch letzterer aus Harnstoff und Mesoxalsäure dargestellt werden kann (S. 53).

Durch verdünnte Salpetersäure entsteht aus der Harnsäure zunächst Alloxan, resp. Alloxan und Dialursäure; je zwei Moleküle Alloxan, oder aber je ein Molekül Alloxan und Dialursäure verbinden sich zu Alloxanthin.

Für das Alloxanthin werden verschiedene Formeln angegeben, in denen die Verbindung zwischen den beiden Molekülhälften eine verschiedene ist, wie z. B.:

$$
\begin{array}{l}
H\quad H \\
C-O-O-C
\end{array}
\qquad oder \qquad
\begin{array}{l}
\qquad\; OH \\
C-\!-\!-\!-C \\
HO
\end{array}
\qquad oder \qquad
\begin{array}{l}
\qquad\; OH \\
C-O-C \\
HO
\end{array}
$$

oder noch anders. Alloxanthin liefert mit Ammoniak die sog. Purpursäure resp. dessen Ammoniumsalz, das sog. Murexid, einen Körper von prachtvoll roter Farbe, der in der Murexidprobe (S. 227) figuriert. und dessen Konstitution ebenfalls verschiedenartig aufgefaßt wird.

Die Darstellung der Harnsäure erfolgt:

a) Auf dem Wege der Synthese, indem Harnstoff mit Glykokoll geschmolzen wird.

b) Aus Harn; eine größere Menge wird mit Salzsäure stark angesäuert (25 ccm einer 25%igen Salzsäure pro 1 Liter Harn) und nach zwei Tagen der am Boden des Gefäßes befindliche Niederschlag am Filter gesammelt, in verdünnter Lauge gelöst, die Lösung durch Kochen mit Tierkohle entfärbt und mit Salzsäure stark angesäuert, worauf die Harnsäure krystallinisch ausfällt.

c) Am bequemsten aus Schlangenexkrementen (oder Guano), die zum großen Teil aus Harnsäure bestehen. Die Exkremente werden mit 4%iger Lauge (Guano mit einer verdünnten Lösung von Borax) gekocht, die Lösung wird heiß filtriert, durch Einleiten von Kohlensäure gefällt und der so entstandene Niederschlag von saurem harnsaurem Natrium durch Salzsäure zersetzt.

Im Menschenharn übersteigt die Menge der Harnsäure weitaus die Menge der übrigen Purinkörper; im Harn der fleischfressenden Säugetiere kann sie vollständig fehlen; dagegen scheiden Vögel und beschuppte Amphibien den größten Teil des Stickstoffes in Form von Harnsäure aus; diese kommt auch in den Ausscheidungen der Insekten vor. Der erwachsene gesunde Mensch scheidet bei gemischter Kost täglich ca. 0,5—1,0 g Harnsäure aus; in Krankheiten, die mit einem reichlichen Zerfall von Zellen resp. Zellkernen einhergehen, wobei purinhaltige Nucleoproteide in größerer Menge abgebaut werden, nimmt die Harnsäureausscheidung zu, so bei Leukämikern, ferner zur Zeit der Resorption eines pneumonischen Exsudates usw.

Das Verhalten der Harnsäure in der Gicht (Arthritis uratica) ist seit langer Zeit strittig gewesen; aus neuesten Untersuchungen geht mit großer Wahrscheinlichkeit hervor, daß es sich hierbei nicht um eine gesteigerte Produktion, sondern um eine verlangsamte Ausscheidung von Harnsäure handelt, die eben aus diesem Grunde sich in einzelnen Organen und Geweben anhäuft.

Nachweis. Die Notwendigkeit des Nachweises der Harnsäure ergibt sich entweder bei der Untersuchung von festen Substanzen (Bodensatz des Harns, Konkremente, Ablagerung in den Geweben), die ohne weiteres geprüft werden können; oder aber bei der Untersuchung von verschiedenen Körperflüssigkeiten oder von Harn. Diese werden erst mit Salzsäure stark angesäuert, stehen gelassen und erst an dem sich bildenden Bodensatz führt man, ebenso wie an obigen festen Körpern, folgende Reaktionen aus:

a) Murexidprobe; ein Bröckelchen der Substanz wird in einer Porzellanschale mit einigen Tropfen verdünnter Salpetersäure vorsichtig erwärmt und dann am Wasserbad eingedampft; der gelb bis rötlich gefärbte Rückstand färbt sich mit Ammoniak purpurrot, indem hierbei purpursaures Ammonium, das sog. Murexid (S. 226) entsteht. Wird der Eindampfungsrückstand nicht mit Ammoniak, sondern mit Natronlauge benetzt, so entsteht eine blaurote Farbenreaktion, die beim Erwärmen oder Eintrocknen verschwindet.

b) Denigéssche Probe. Ein Partikelchen der Substanz wird mit verdünnter Salpetersäure solange erwärmt, bis ein Aufbrausen erfolgt; nun wird die Salpetersäure am Wasserbad vertrieben, die verbleibende dicke Flüssigkeit abgekühlt, mit 2—3 Tropfen konzentrierter Schwefelsäure und einigen Tropfen käuflichen Benzols (das tiophenhaltig ist) versetzt, worauf, wenn Harnsäure vorhanden war, eine Blaufärbung eintritt.

Zur quantitativen Bestimmung dienen mehrere Verfahren:

a) Das Verfahren von Salkowski-Ludwig, welches auf dem Prinzip beruht, daß Purinbasen und Harnsäure aus ihren Lösungen in Gegenwart von Magnesiumsalzen mit ammoniakalischer Silberlösung in Form von Silbermagnesiumverbindungen abgeschieden werden. Zersetzt man diese durch Schwefelwasserstoff, so werden die Purinbasen und Harnsäure in Freiheit gesetzt; säuert man nun die Lösung mit Salzsäure an, so fällt die Harnsäure aus, während die übrigen Purinkörper in Lösung bleiben.

Man verfährt folgendermaßen: Je 20 ccm Magnesiamischung und ammoniakalische Silberlösung werden zusammengegossen und solange mit Ammoniak versetzt, bis der entstandene Niederschlag von Silberchlorid eben wieder in Lösung geht. (Die Magnesiamischung wird bereitet, indem man 100 g krystallisiertes Magnesiumchlorid und 200 g Ammoniumchlorid in Wasser löst, mit Ammoniak stark alkalisch macht und die Lösung mit Wasser auf 1 Liter auffüllt. Die ammoniakalische Silberlösung wird bereitet, indem man 20 g Silbernitrat in Wasser löst, solange Ammoniak zuführt, bis der anfangs entstehende Niederschlag sich wieder löst und dann mit Wasser auf 1 Liter auffüllt.)

Die obige Silber-Magnesiumlösung wird zu 200 ccm Harn hinzugefügt, der Niederschlag nach $1^{1}/_{2}$ Stunden am Filter gesammelt, mit schwach ammoniakalischem Wasser gewaschen, in einen Kolben gespült, mit Salzsäure schwach angesäuert, mit Schwefelwasserstoff gesättigt, während einiger Minuten gekocht und vom Silbersulfidniederschlag abfiltriert. (Damit das Silbersulfid sich vollkommen abscheide, ist es zweckmäßig, vorher einige Kubikzentimeter einer $1^{0}/_{0}$igen Lösung von Kupfersulfat hinzuzufügen, da durch den Niederschlag von Kupfersulfat auch das Silbersulfid vollkommen mitgerissen wird.) Das Filtrat wird in der Wärme auf einige Kubikzentimeter eingeengt, mit einigen Tropfen Salzsäure angesäuert, die ausgeschiedene Harnsäure am nächsten Tage am Filter gesammelt, getrocknet und gewogen. Man kann in der solcherart isolierten Harnsäure auch eine Stickstoffbestimmung nach Kjeldahl vornehmen.

b) Das Hopkinssche Verfahren in der Modifikation, welche von Wörner herrührt; die Harnsäure wird in Form von harnsaurem Ammonium aus dem Harn isoliert. Nach Wörner werden 150 ccm Harn auf 40—50° C erwärmt und darin 30 g Ammoniumchlorid gelöst; der Niederschlag von Ammoniumurat wird nach einer Stunde am Filter gesammelt und mit einer 10%igen Lösung von Ammoniumsulfat chlorfrei gewaschen, dann behufs Entfernung des Ammoniumsulfates mit 1—2%iger Natronlauge solange erwärmt, bis keine Ammoniakdämpfe mehr entweichen; zum Schluß wird an dem so gereinigten Niederschlag eine Stickstoffbestimmung nach Kjeldahl vorgenommen.

c) Das Folin-Shaffersche Verfahren beruht ebenfalls auf der Isolierung der Harnsäure in Form von harnsaurem Ammonium. Es werden 300 ccm Harn zunächst mit 75 ccm einer Lösung gefällt, welche 50% Ammoniumsulfat, 0,5% Uranacetat und 0,6% Essigsäure enthält. Durch diese Lösung werden manche derzeit noch unbekannte stickstoffhaltige Verbindungen aus dem Harn entfernt, die später, nach Hinzufügen des Ammoniak gleichzeitig mit der Harnsäure ausfallen würden. (Der Zusatz von Uranacetat hat bloß den Zweck, daß ein sich gut zusammenballender Niederschlag von phosphorsaurem Uranyloxyd entstehe; dieses reißt nämlich den kolloidalen Niederschlag der erwähnten unbekannten Substanzen, die das Filtrieren des Harns sehr erschweren würden, mit sich.) Der Harn wird 5 Minuten nach erfolgter Fällung filtriert und 125 ccm des Filtrates mit 5 ccm konzentriertem Ammoniak versetzt, wodurch die Harnsäure in Form von harnsaurem Ammonium gefällt wird. Der Niederschlag wird am nächsten Tag am Filter gesammelt, mit einer 10%igen Lösung von Ammoniumsulfat gewaschen, mit ca. 100 ccm Wasser in ein Becherglas gespült und mit 15 ccm konzentrierter Schwefelsäure versetzt. Der größte Teil des Niederschlages geht hierbei in Lösung und die Flüssigkeit wird noch warm mit einer $\frac{n}{20}$-Lösung von Kaliumpermanganat titriert, von der 1 ccm 3,75 mg Harnsäure entspricht. Da das Ammoniumurat in Wasser nicht ganz unlöslich ist, werden zu obigem Endergebnis pro je 100 ccm der verwendeten Harnmenge noch 3 mg Harnsäure als Korrektion hinzuaddiert.

d) Von Folin und Denis wurde auch eine colorimetrische BestimmungsMethode angegeben, darauf beruhend, daß eine nach einer besonderen Vorschrift bereitete Phosphor-Wolframsäure mit der Harnsäure eine äußerst intensive Blaufärbung erzeugt, die nach dem Alkalisieren mit kohlensaurem Natrium hervortritt.

Purinbasen. Mit Ausnahme der Harnsäure haben alle übrigen Purinkörper basische Eigenschaften, sie werden daher auch als Purinbasen bezeichnet. (Sie wurden früher als Xanthinbasen oder auf Grund ihrer Beziehungen zu anderen Körpern Nuclein- oder auch Alloxurbasen genannt.) Sie sind wichtige Bestandteile der in den Zellkernen enthaltenen Nucleoproteide resp. der Nucleinsäurekomponente derselben (S. 122, 123); sie bilden nebst der Harnsäure auch einen ständigen Bestandteil des Harns, in welchen sie teils durch den Abbau von Körperzellen, resp. deren Kernen, teils nach der Zersetzung purinhaltiger Nahrung, gelangen. Die wichtigsten Purinbasen sind:

6-Oxypurin = Hypoxanthin.

2.6-Dioxypurin = Xanthin.

6-Aminopurin = Adenin.

2-Amino-6-Oxypurin = Guanin.

1-Methyl-, 2.6-Dioxypurin = 1-Methylxanthin.

7-Methyl-, 2.6-Dioxypurin = Heteroxanthin.

1.7-Methyl-, 2.6-Dioxypurin = Paraxanthin.

7-Methyl-, 2-Amino-, 6-Oxypurin = Epiguanin.

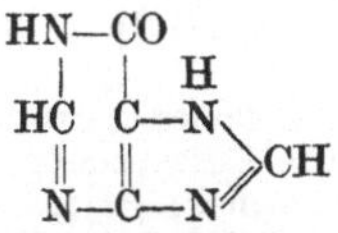

HN—CO
HC C—N
N—C—N   CH   H

Hypoxanthin
(6-Oxypurin)

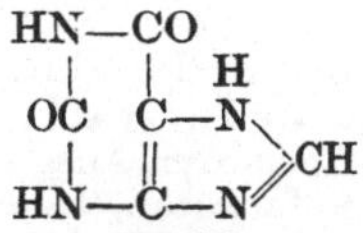

HN—CO
OC C—N
HN—C—N   CH   H

Xanthin
(2.6-Dioxypurin)

CH_3-N—CO
OC C—N
HN—C—N   CH   H

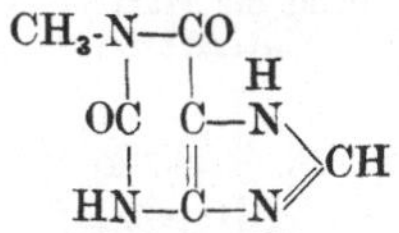

1-Methylxanthin
(1-Methyl, 2.6-Dioxypurin)

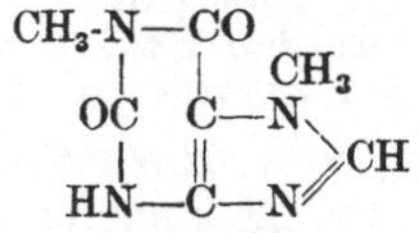

CH_3-N—CO
OC C—N
HN—C—N   CH CH_3

Paraxanthin
(1.7-Methyl, 2.6-Dioxypurin)

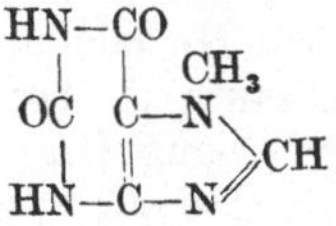

HN—CO
OC C—N
HN—C—N   CH CH_3

Heteroxanthin
(7-Methyl, 2.6-Dioxypurin)

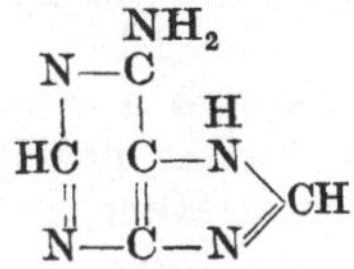

NH_2
N—C
HC C—N
N—C—N   CH   H

Adenin
(6-Aminopurin)

HN—CO
NH_2-C C—N
N—C—N   CH   H

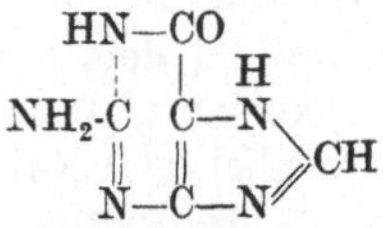

Guanin
(2-Amino-, 6-Oxypurin)

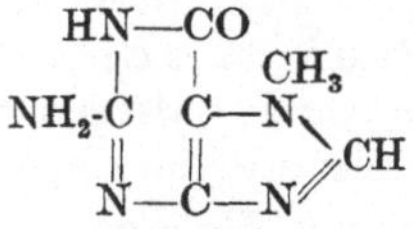

HN—CO
NH_2-C C—N
N—C—N   CH CH_3

Epiguanin
(7-Methyl, 2-Amino, 6-Oxypurin)

Im Harn kommen folgende Purinbasen vor: Hypoxanthin, Xanthin, 1-Methyl-Xanthin, Heteroxanthin, Paraxanthin, Adenin, Epiguanin, Guanin. In 10 000 Liter normalem Menschenharn wurden pro 1 Liter Harn gefunden:

Hypoxanthin	. . 0,008 g		Paraxanthin	. . 0,015 g
Xanthin	. . . . 0,010 g		Adenin	. . . . 0,004 g
1-Methylxanthin	. 0,031 g		Epiguanin	. . . 0,003 g
Heteroxanthin	. . 0,022 g			

Es sind daher 1-Methylxanthin, Heteroxanthin und Paraxanthin mit den relativ größten Mengen vertreten.

Die Gesamtmenge der Purinbasen ist schwankend, beträgt aber im Menschen- wie im Rinderharn ungefähr den zehnten bis achten Teil, im Pferdeharn, umgekehrt, das 7—8fache der Harnsäure.

Die Purinbasen sind in Wasser und Alkohol schwer löslich; mit Säuren bilden sie krystallisierbare Verbindungen; aus ihren Lösungen werden sie durch Phosphorwolframsäure gefällt.

Nachweis. a) Bei der Murexidprobe verhalten sie sich folgendermaßen: dampft man Xanthin oder Guanin mit Salpetersäure ein, so bleibt ein citronengelber Rückstand, der sich in Natron- oder Kalilauge mit orangegelber Farbe löst und nach dem Eindampfen der Lauge violettrot wird. (Diese Farbe verschwindet beim Eindampfen, wenn keine Purinbasen, sondern Harnsäure vorhanden war.)

b) Wird wie in der Murexidprobe vorgegangen, jedoch nach Weidel anstatt der Salpetersäure Chlorwasser oder aber Chlorwasser und eine Spur Salpetersäure verwendet, so geben Xanthin, Methylxanthin, Heteroxanthin und Paraxanthin eine Rotfärbung, die übrigen nicht.

Für die quantitative Bestimmung der einzelnen Purinbasen sind umständliche Verfahren ausgearbeitet worden. Um die Gesamtmenge zu bestimmen, ist es am einfachsten, in einem Teil des Harns sämtliche Purinkörper nach dem Salkowski-Ludwigschen Verfahren (S. 227) in Form ihrer Silber-Magnesiumsalze zu fällen und im Niederschlag eine Stickstoffbestimmung auszuführen; in einem anderen Teile jedoch nach demselben Verfahren die Harnsäure zu isolieren und auch hier den Stickstoff zu bestimmen. Der Unterschied zwischen diesen beiden Werten gibt den Purinbasenstickstoff an.

Bildung von Harnsäure und Purinbasen im tierischen Organismus. Es wurde früher vielfach angenommen, daß die Harnsäure ein unvollkommenes Oxydationsprodukt des Eiweiß sei. Der erste Befund, der die Untersuchungen in andere Bahnen lenkte, war, daß die Milzpulpa sowie auch das Blut aus ihnen beigemischten Nucleinen, noch leichter aber aus Xanthin und Hypoxanthin Harnsäure zu bereiten vermag. Es wurde ferner gezeigt, daß nach Einverleibung von Nucleinen die Menge der im Harn ausgeschiedenen Harnsäure stark zunimmt. Durch diese und ähnliche Versuche wurde ermittelt, daß bezüglich der Harnsäurebildung ein prinzipieller Unterschied zwischen Säugetieren einerseits und Vögeln und beschuppten Amphibien andererseits besteht.

Im Säugetierorganismus gibt es zwei Quellen für die Harnsäure: die purinhaltigen Bestandteile des Organismus, d. h. die Nucleoproteide namentlich der Zellkerne und die purinhaltigen Nahrungsmittel.

a) Bei der Verbrennung der Nucleoproteide der Zellkerne wird eine gewisse Menge von Purinkörpern frei; diese werden zum größeren Teil in Harnsäure verwandelt und als endogene Harnsäure ausgeschieden; ferner wird höchstwahrscheinlich das Hypoxanthin, das im ruhenden Muskel in geringerer, im arbeitenden Muskel in größerer Menge entsteht, zum Teil ebenfalls in Harnsäure verwandelt. Die Menge der endogenen Harnsäureausscheidung wird bestimmt, indem die Versuchsperson oder das Versuchstier für längere Zeit auf eine purinfreie resp. möglichst purinarme Kost, z. B. Milch, gesetzt wird. Aus solchen Bestimmungen ergab sich, daß gesunde Menschen täglich 0,07—0,25 g endogene Harnsäure ausscheiden. Die Werte zeigen also recht große Schwankungen; doch sollen an einem und demselben Individuum die Tagesmengen ziemlich konstante sein.

b) Der exogene Teil der Harnsäure rührt von der Nahrung her, und zwar entsteht sie größeren Teiles aus deren Nucleoproteiden und zu einem kleineren Teile aus dem Xanthin und Hypoxanthin, die z. B. im Fleisch und im Fleischextrakt in freiem Zustande eingeführt werden; endlich aus den Purinen, die im Tee, Kaffee und Kakao (S. 54) eingeführt wurden.

Vermittelt wird die Umwandlung von Purinbasen in Harnsäure durch eine Reihe von Enzymen, die in verschiedenen Organen nachgewiesen wurden. So wurden unter anderen desaminierende Enzyme, Adenase und Guanase, nachgewiesen, durch welche die Aminogruppe der Aminopurine abgespalten wird; ferner oxydierende Enzyme, durch welche die desaminierten Purinkörper zu Xanthin resp. zu Harnsäure oxydiert werden. Doch wird immer nur ein Teil der eben

genannten, in der Nahrung eingeführten Purinkörper im Harn als Harnsäure wiedergefunden; denn entweder schreitet die Veränderung nicht
bis zur Harnsäure vor, oder aber geht sie darüber hinaus: es gibt eben
außer den harnsäurebildenden Enzymen in verschiedenen Organen auch
solche, welche Harnsäure zu zerstören imstande sind. Es sind dies die
sog. Uricasen, die je nach den verschiedenen Säugetierarten in verschiedener Weise wirksam sind. So wird z. B. im Hunde die Harnsäure abweichend vom Menschen teils in Harnstoff, teils in Allantoin
überführt; letzteres aber zum größeren Teil vollständig verbrannt.

Dieser, die Harnsäure zerstörenden Wirkung der Uricasen ist es
hauptsächlich zuzuschreiben, daß, obwohl die in den Säugetierorganismus
eingeführten Purinkörper zum weitaus größten Teil in Harnsäure überführt werden, die im Harn ausgeschiedene Harnsäure doch keinen ver-
läßlichen Maßstab zur Beurteilung des Purinkörperumsatzes resp. der
Harnsäurebildung abgeben kann.

Als übereinstimmendes Ergebnis zahlreicher Versuche und Beobachtungen ging zwar im Sinne obiger Ausführungen hervor, daß die Harnsäure im Säugetierorganismus nicht synthetisch gebildet wird; doch
muß für neugeborene Säuger in der ersten Periode ihres Lebens eine
synthetische Bildung von Purinkörpern angenommen werden, denn eben
während dieser Periode findet eine rapide Zunahme ihres Körperbestandes, mithin auch der purinhaltigen Nucleoproteide statt, wiewohl
ihre ausschließlich aus Milch bestehende Nahrung purinfrei oder zumindest äußerst arm an Purin ist.

An Vögeln, die 60—70 % des Stickstoffes in Form von Harnsäure
entleeren, finden sich ganz andere Verhältnisse; hier entsteht die
Harnsäure zum geringsten Teile aus der Purinkomponente der Nucleoproteide; zum größten Teile wird sie von der Leber hauptsächlich aus
Milchsäure und Ammoniak synthetisch aufgebaut. Dies geht aus Versuchen hervor, die an der überlebenden Vogelleber ausgeführt wurden;
ferner auch daraus, daß das Vogelblut nach Exstirpation der Leber viel
Ammoniak und Milchsäure, jedoch keine Harnsäure enthält; daß hingegen nach Exstirpation der Nieren eine reichliche Ablagerung von
Harnsäure in den Geweben stattfindet; ferner auch daraus, daß alle
Umstände, welche im Säugetierorganismus eine vermehrte Harnstoffbildung zur Folge haben (wie gesteigerte Eiweißverbrennung, Einfuhr
von Ammoniumsalzen) im Vogel zu einer vermehrten Harnsäurebildung
führen; endlich, daß im Vogelorganismus von außen eingeführter Harnstoff zum großen Teil in Harnsäure überführt und als solche ausgeschieden wird.

Es ist wahrscheinlich, daß die Harnsäuresynthese im Vogelorganismus folgendermaßen stattfindet: Milchsäure oder eine andere, im Verlauf der Stoffwechselvorgänge entstehende Oxyfettsäure wird in Tartron-

$$
\begin{array}{ccc}
\begin{array}{c} CH_3 \\ | \\ CHOH \\ | \\ COOH \end{array}
&
\begin{array}{c} COOH \\ \\ CHOH \\ \\ COOH \end{array}
&
\quad
\end{array}
\qquad
CO\Big\langle{}^{N<{}^{H}_{H}}_{N<{}^{H}_{H}}
\;+\;
\begin{array}{c} CO\,OH \\ | \\ CHOH \\ | \\ CO\,OH \end{array}
\;=\;
2\,H_2O \;+\;
\begin{array}{c} HN\!-\!CO \\ | \qquad | \\ OC \quad CHOH \\ | \qquad | \\ HN\!-\!CO \end{array}
$$

Milchsäure   Tartronsäure   Tartronsäure   Dialursäure

säure verwandelt; diese verbindet sich mit Harnstoff zu Dialursäure
und diese wieder mit Harnstoff zur Harnsäure. Für die Möglichkeit

$$HN-CO \qquad H_2N \qquad HN-CO$$
$$OC\ \ C \cdot HOH\ +\ \qquad CO\ =\ OC\ \ C-N\qquad \qquad$$
$$HN-C \cdot O \qquad H_2N \qquad HN-C-N\qquad CO + 2\,H_2O$$

Dialursäure   Harnsäure

einer ähnlichen Synthese im Säugetierorganismus fehlt vorläufig jeder
Anhaltspunkt.

Indol und Indolderivate.

Der Tryptophankern des Eiweißes erleidet durch die Fäulnisprozesse
im Darm verschiedene Veränderungen:

a) Diese bestehen in einer Absprengung der Aminogruppe der Fett-

Tryptophan   Indolpropionsäure

Indolessigsäure   Indolcarbonsäure

säureseitenkette und in einer Verkürzung der letzteren. So entstehen
Indolpropionsäure, Indolessigsäure und Indolcarbonsäure.

Indolessigsäure. Sie wird durch starke Salzsäure und einige Tropfen
einer 2%igen Lösung von Natriumnitrit in eine rosenrote Verbindung
verwandelt, die nach manchen Autoren mit dem Urorosein (S. 239)
genannten Farbstoff des Harns identisch ist; nach anderen Autoren
ist auch der als Skatolrot bezeichnete Farbstoff ein Derivat der
Indolessigsäure.

b) Die Umwandlung des Tryptophankernes kann noch weiter fort-
schreiten, wodurch es zu einer Absprengung der ganzen Fettsäureseitenkette kommt, das restierende Indol zu Indoxyl (S. 56) oxydiert
wird, und dieses sich, nach Analogie des Phenol und p-Kresol (S. 211)
mit Schwefelsäure oder Glucuronsäure zu gepaarten Säuren, Indoxylschwefelsäure und Indoxylglucuronsäure verbindet und an Alkali gebunden im Harn erscheint.

Indoxylschwefelsaures Kalium ist eine krystallisierbare Verbindung,
die im Wasser leicht löslich ist und mit verdünnter Salzsäure erhitzt

in die Komponenten: Schwefelsäure und Indoxyl zerfällt. Findet diese Spaltung in Gegenwart oxydierender Mittel, z. B. von Eisenchlorid statt, so wird das Indoxyl in Indigoblau (S. 56) verwandelt. Unter gewissen Umständen, namentlich wenn man die Spaltung mittels Schwefelsäure vornimmt, entsteht neben blauem auch roter Farbstoff, das sog. Indigorot, Indirubin, und zwar so, daß das Indigoblau zu Isatin weiter oxydiert wird und dieses sich mit Indoxyl zu Indirubin verbindet. Die beiden einander sehr nahestehenden Farbstoffe sind leicht zu unterscheiden, indem das Indirubin in Äther löslich ist, Indigoblau aber nicht, oder wenigstens viel schwerer.

Auf Grund ihrer Oxydierbarkeit zu Indigoblau wurden die indoxylschwefelsauren Salze mit dem Namen Harnindican (indigobildende Substanz des Harns) belegt, da die in manchen Pflanzen (Indigoferaarten) vorkommenden Glucoside, die sich in Indigoblau verwandeln lassen, schon seit längster Zeit mit dem Sammelnamen Indican benannt wurden.

Indoxylschwefelsaure Salze sind in jedem normalen Menschenharn in einer Menge von 10—20 mg pro 24 Stunden enthalten (im Pferdeharn wesentlich mehr); zuweilen werden sie schon, wenn man den Harn einfach stehen läßt, gespalten, wobei Indigoblau in mikroskopischen Krystallen ausfällt.

Ihre Menge wird gesteigert nach Einfuhr tryptophanhaltiger Eiweißkörper, sowie infolge der durch Stauung gesteigerten Fäulnisvorgänge bei Verengung des Dünndarmes; ferner bei profuser Eiterbildung, Gangrän; hingegen verringert nach der Einfuhr von Darmantisepticis und nach Milchfütterung. Auch das von außen eingeführte Indol wird im Harne in Form von indoxylschwefelsauren Salzen ausgeschieden.

Der Nachweis beruht auf der Spaltbarkeit der Doppelverbindung und der Oxydation der Indolkomponente zu Indigo.

a) Jaffésche Probe. 10 ccm des Harns werden mit demselben Volumen Salzsäure, dann mit einigen Kubikzentimetern Chloroform und tropfenweise mit einer Lösung von Calciumhypochlorit (Chlorkalk) versetzt und dann geschüttelt; das Indigoblau wird vom Chloroform mit blauer Farbe gelöst. Ein Nachteil dieser Probe ist, daß der Harn beim Schütteln mit dem Chloroform eine Emulsion bildet, in welcher die Blaufärbung leicht übersehen werden kann; ferner daß durch einen geringen Überschuß des Chlorkalks das blaue Indigo zu einer farblosen Verbindung weiteroxydiert wird.

b) Die Obermayersche Probe weist diesen Nachteil nicht auf, da man den Harn (10 ccm) zunächst mit einer 20%igen Lösung von neutralem Bleiacetat fällt, wodurch der größte Teil auch derjenigen Substanzen entfernt wird, welche die Emulgierung des Chloroform veranlassen. Das Filtrat wird mit dem gleichen Volumen rauchender Salzsäure versetzt, die 2—4 g Eisenchlorid im Liter gelöst enthält; es wird eine Weile stehen gelassen und nun fügt man einige Kubikzentimeter Chloroform hinzu, schüttelt um und läßt 1—2 Minuten stehen. Das mehrminder blaugefärbte Chloroform sammelt sich vollständig klar am Boden des Reagensglases.

Zur quantitativen Bestimmung der gepaarten Indoxylverbindungen stehen uns keine genauen Verfahren zur Verfügung; die gebräuchlichen Methoden beruhen auf der Spaltung der Doppelverbindung und Oxydation der Indoxylkomponente zu Indigoblau. Dieses wird entweder auf colorimetrischem Wege oder nach erfolgter Isolierung und Reinigung durch Titration mit einer Kaliumpermanganatlösung bestimmt.

Chinolinderivate.

Kynurensäure, γ-Oxy-β-chinolincarbonsäure, $C_{10}H_7NO_3$. Diese Verbindung ist ein Derivat des Chinolins, das man sich aus je 1 Molekül Benzol und Pyridin entstanden denkt.

Die Kynurensäure ist krystallisierbar, in kaltem Wasser unlöslich, löst sich in heißem Alkohol; ihre Alkalisalze sind auch in Wasser löslich. Sie kommt als regelmäßiger Bestandteil im Hundeharn vor und entsteht im Organismus des Hundes durch Umwandlung des Tryptophankernes der Eiweißkörper. Im Kaninchenharn erscheint sie nur, wenn dem Tier Tryptophan per os einverleibt wird.

Der Nachweis erfolgt an der aus dem Harn isolierten Substanz; 100 ccm Harn werden mit konzentrierter Salzsäure während einiger Tage stehen gelassen und die ausfallende Substanz mit Salzsäure und chlorsaurem Kalium am Wasserbad eingedampft. War Kynurensäure vorhanden, so erhält man einen rotgefärbten Rückstand, der mit Ammoniak befeuchtet nach einigen Minuten eine schöne grüne Färbung annimmt.

G. Eiweißkörper und deren höhere Derivate.

Einfache Eiweißkörper.

1. Serumalbumin und Serumglobulin.

Die gesunde Niere ist für Eiweiß nur in sehr geringem Grade durchlässig, so daß Eiweiß im normalen Harn zwar immer, jedoch nur mittels eigener Verfahren in einer Konzentration von bloß $0{,}002-0{,}008\,^0/_0$ nachzuweisen ist.

Unter gewissen, meist pathologischen Verhältnissen kann der Harn mehr, auch mittels der gewöhnlichen Eiweißreaktionen nachweisbares Eiweiß enthalten; dieser Zustand wird als Albuminurie bezeichnet. Und zwar unterscheidet man

a) die Albuminuria vera, welche auf der gesteigerten Durchlässigkeit der Niere beruhend bei der primären Nierenentzündung, bei verschiedenen Vergiftungen (mit Alkohol, Phosphor, Kohlenoxyd) vorkommt; ferner auf sekundärem Wege bei Harnstauung (Ureterkonkremente, Druck des graviden Uterus auf den Ureter) und Zirkulationsstörungen entsteht.

Das Verhältnis zwischen dem aus dem Blute in den Harn übergehenden Serumalbumin und Serumglobulin, der sog. Eiweißquotient, ist ein recht schwankendes und weist keinerlei Gesetzmäßigkeit auf, die etwa diagnostisch verwertbar wäre; bei akuter Nierenentzündung sollen allerdings in der Regel mehr Globuline als Albumin im Harn enthalten sein. Die Menge von Serum-Albumin + -Globulin beträgt meistens bloß einige Zehntel Prozente, oft auch $0{,}5-1\,^0/_0$; ausnahmsweise kann sie aber bis $8\,^0/_0$ ansteigen.

Von den beschriebenen Fällen der Albuminuria vera sind die der akzidentellen Albuminurie wohl zu unterscheiden, die durch den Mangel anderer, auf eine Erkrankung der Nieren hinweisender Erscheinung, wie Nierenepithelien, Zylinder (S. 245, 246) gekennzeichnet sind. Sie werden von manchen Autoren als physiologische, von anderen als an der Grenze zwischen physiologischer und pathologischer Albuminurie stehend aufgefaßt. Hierher gehört die Ausscheidung von Eiweiß, die an jugendlichen Individuen beobachtet wird, die sog. juvenile Albuminurie. Hierher gehört ferner die sog. cyclische Albuminurie, die nur zu gewissen Tagesstunden, z. B. jeden Morgen, zu beobachten ist; die sog. orthostatische oder orthotische Albuminurie, die nur bei aufrechter Stellung des Betreffenden besteht und vollständig fehlt, solange er ruhig liegt. Endlich kann Albuminurie, zuweilen recht hohen Grades, nach starker Muskelarbeit (Sport, Militärmärsche), nach kalten Bädern, bei starker psychischer Erregung, auftreten.

b) Als **Albuminuria spuria** werden diejenigen Formen bezeichnet, wo die Durchlässigkeit der Nieren für Eiweiß nicht gesteigert ist und dieses dem Harn nur durch Blut, Eiter, Sperma usw. beigemischt wird.

Nachweis von Serumalbumin und Serumglobulin.

Es ist selbstverständlich, daß die (S. 113, 114) angegebenen Farbenreaktionen zu dem Nachweis von Eiweiß in dem an und für sich schon gefärbten Harn nicht verwendet werden können, sondern bloß die unten anzuführenden Präcipitationsproben. Da es sich im Harn oft um recht geringe Mengen von Eiweiß handelt, (und dies sind eben die kritischen Fälle), die auch mit sehr empfindlichen Reagenzien keinen Niederschlag, sondern bloß eine Trübung geben, muß es als Grundregel gelten, daß man die Prüfung auf Eiweiß bloß an filtriertem, klarem Harn vornimmt, und zwar am besten so, daß gleiche Mengen desselben in zwei gleich weite Reagensgläser gefüllt werden, in einem der Reagensgläser die Reaktion ausgeführt und dann durch den Vergleich beider konstatiert wird, ob eine Trübung entstanden ist oder nicht. (Bacterienreicher Harn kann oft auch durch wiederholtes Filtrieren nicht klar erhalten werden.)

Als weitere Regel gilt, daß immer zumindest zwei oder drei der nachstehend angeführten Proben ausgeführt werden müssen, um die Anwesenheit oder Abwesenheit von Eiweiß konstatieren oder ausschließen zu können.

a) **Kochprobe:** Man prüft zunächst die Reaktion des Harns mit Lackmuspapier; ist der Harn nicht ausgesprochen sauer, so wird er mit einigen Tropfen verdünnter Essigsäure vorsichtig angesäuert, dann erhitzt und während einiger Minuten im Sieden erhalten. Das Entstehen einer Trübung oder eines Niederschlages allein beweist noch nicht die Anwesenheit von Eiweiß, denn es könnte dies auch von ausfallenden Phosphaten bedingt sein. In letzterem Falle wird der Harn auf Zusatz von 10—15 Tropfen Salpetersäure sofort klar; hingegen bleibt die Trübung unverändert, wenn es sich um Eiweiß gehandelt hat.

Trübt sich der Harn bereits bei der Ansäuerung mit Essigsäure (S. 236), so wird er zunächst mit Wasser auf das Dreifache verdünnt, mit Essigsäure vorsichtig angesäuert, durch Zentrifugieren oder 12stündiges Sedimentieren vom Niederschlag befreit und die klare Flüssigkeit gekocht.

War der Harn alkalisch und hat man unterlassen, ihn anzusäuern, so wird die Koagulation daher auch die Niederschlagsbildung resp. Trübung oft auch im Falle der Anwesenheit von Eiweiß ausbleiben, da eine Alkali-Eiweißverbindung entsteht, die eben nicht koagulabel ist. Die Koagulation kann unter solchen Umständen mitunter auch dann noch ausbleiben, wenn man nach erfolgtem Aufkochen nachträglich ansäuert.

b) **Hellersche Probe:** 5 ccm Harn werden mittels einer Pipette mit 1—2 ccm konzentrierter Salpetersäure unterschichtet; war Eiweiß vorhanden, so scheidet sich dasselbe in Form einer scharf begrenzten weißen Schichte (oft fälschlich als Ring bezeichnet) an der Trennungsfläche beider Flüssigkeiten aus. An derselben Stelle findet zuweilen auch eine Fällung von salpetersaurem Harnstoff statt, die jedoch als solche leicht daran zu erkennen ist, daß sie aus kleinsten Krystallen besteht. Einige Millimeter oberhalb der Grenzfläche zwischen Salpetersäure und Harn kann auch eine Ausscheidung von Harnsäure stattfinden; sie ist als solche daran zu erkennen, daß bei Wiederholung der Probe an dem zwei- oder dreifach verdünnten Harn die Fällung ausbleibt.

c) **Essigsäure-Ferrocyankaliumprobe:** 5 ccm Harn werden mit Essigsäure stark angesäuert und mit 10—15 Tropfen einer 10%igen Lösung von Ferrocyankalium versetzt; in eiweißhaltigem Harn entsteht hierbei eine Trübung oder ein Niederschlag, die sich beim Erwärmen nicht lösen. Wird der Harn bereits bei der Ansäuerung trübe, so verfährt man wie sub a).

d) **Sulfosalicylsäureprobe:** 5 ccm Harn werden mit 10—15 Tropfen einer 20%igen Lösung von Sulfosalicylsäure versetzt; im eiweißhaltigen Harn entsteht eine Trübung oder ein Niederschlag, die sich beim Erwärmen nicht lösen.

e) **Spieglersche Probe:** Vom Spieglerschen Reagens (4% Mercurichlorid, 2% Weinsäure und 10% Glycerin enthaltend) werden 1—2 ccm unter 5 ccm Harn geschichtet; war Eiweiß vorhanden, so scheidet sich dasselbe an der Grenzfläche beider Flüssigkeiten in Form einer weißen Schichte aus. Diese Probe ist so empfindlich, daß sie bereits in solchem Harn, dessen Eiweißgehalt an der Grenze zwischen dem physiologischen und pathologischen steht (S. 234), positiv ausfallen kann.

Quantitative Bestimmung.

Serumalbumin und Serumglobulin werden entweder zusammen oder aber getrennt bestimmt.

a) Gleichzeitige quantitative Bestimmung von Serumalbumin und Serumglobulin.

α) Man verdünnt 50—100 ccm Harn so weit, daß der Eiweißgehalt 0,2—0,3% nicht übersteige, fügt $^1/_{10}$ Volumen einer konzentrierten Kochsalzlösung hinzu, säuert mit verdünnter Essigsäure schwach an, erwärmt, läßt die Flüssigkeit während einiger Minuten sieden oder längere Zeit am kochenden Warmbad stehen. Nun filtriert man durch ein bei 110° C getrocknetes und genau gewogenes Filter, wäscht den Niederschlag erst mit Wasser, dann mit Alkohol und Äther und wägt.

β) Für praktische Zwecke genügt die annäherungsweise Bestimmung nach Esbach. Das Esbachsche Albuminimeter (ein dickwandiges Reagensrohr) wird bis zum Zeichen „U" mit Harn, dann bis zum Zeichen „R" mit dem Esbachschen Reagens gefüllt, welches 1% Pikrinsäure und 2% Citronensäure enthält, worauf sich in Anwesenheit von Eiweiß ein flockiger Niederschlag bildet. Nun wird die Flüssigkeit durch mehrmaliges Umdrehen des Reagensglases (geschüttelt darf nicht werden!) durcheinander gemischt, durch einen Gummistopfen verschlossen und für 24 Stunden beiseite gestellt. Nach Ablauf dieser Zeit wird der Skalenstrich abgelesen, den die Kuppe des am Boden zusammengeballten Niederschlages erreicht; die angebrachten Ziffern bedeuten $^1/_{10}$ Prozente. Hatte das spezifische Gewicht des Harns mehr als 1,008 betragen, muß er vorher mit destilliertem Wasser auf das Doppelte, Dreifache usw. verdünnt werden.

b) Quantitative Bestimmung von Serumglobulin.

100 ccm Harn werden mit Ammoniak genau neutralisiert, filtriert und ein bestimmter Teil des Filtrates mit dem gleichen Volumen einer konzentrierten Lösung von Ammoniumsulfat gefällt. Der Niederschlag wird auf einem vorher genau gewogenen Filter gesammelt, mit einer halbgesättigten Lösung von Ammoniumsulfat gewaschen, eine halbe Stunde lang bei 110° C getrocknet, nach dem Trocknen sulfatfrei gewaschen, getrocknet und gewogen.

c) Quantitative Bestimmung des Serumalbumin.

Das Filtrat nach der Fällung des Serumglobulins wird angesäuert, wodurch das Serumalbumin gefällt und wie oben behandelt wird.

2. Phosphorglobuline.

Es kommt häufig vor, daß ein sonst normaler Harn beim schwachen Ansäuern mit Essigsäure (das manchen Eiweißproben vorangeht) sich trübt; diese Trübung wurde früher „Nucleoalbuminen" zugeschrieben.

Heute wissen wir, daß Nucleoalbumine, richtiger Phosphorglobuline, im Harn nicht vorkommen und jene Trübung von den Eiweißspuren herrührt, die auch im normalen Harn enthalten sind. Eiweiß wird nämlich nicht nur durch die (S. 113) erwähnten Reagenzien, sondern bei saurer Reaktion auch durch die im normalen Harn in wechselnden Mengen vorkommende Nucleinsäure, Chondroitinschwefelsäure usw. gefällt. Es ist demnach klar, daß, wenn der Eiweißgehalt des Harns die Norm um ein Geringes überschreitet — jedoch noch immer innerhalb der Breite der physiologischen Albuminurie bleibt — und der Harn auch mehr Nucleinsäuren usw. enthält, es zur Fällung des Eiweißes durch die erwähnten Harnbestandteile kommen muß, sobald der Harn angesäuert wird.

3. Bence-Jonessches Eiweiß.

In Fällen von Osteomalazie und von Knochenmarksarkomen wird im Harn zuweilen eine Art von Eiweiß entleert, das nach seinem ersten Beobachter als Bence-Jonessches bezeichnet wird. Diese Eiweißart gibt sämtliche Eiweißreaktionen und unterscheidet sich von anderen bloß bei der Kochprobe dadurch, daß während des Erhitzens (bis 60—70° C) wohl eine Koagulation erfolgt, der Niederschlag jedoch beim weiteren Erwärmen wieder verschwindet und nach dem Erkalten neuerdings erscheint. Anfangs meinte man, es mit einer Albumose zu tun zu haben; später wurde nachgewiesen, daß es sich um ein natives Eiweiß handelt, das nach erfolgter Fällung bei weiterem Erhitzen durch Harnstoff und Ammoniumsalze wieder in Lösung gebracht wird. Wird nämlich die Koagulation in der wäßrigen Lösung des rein dargestellten Bence-Jonesschen Eiweißes, also in Abwesenheit der genannten Verbindungen vorgenommen, so ist diese Fällung irreversibel, so wie die jeder anderen Eiweißart.

Glykoproteide.

Ein der Gruppe der Glykoproteide angehörender mucinartiger Körper, das sog. Harnmucoid, ist ein regelmäßiger Harnbestandteil und scheidet sich beim Stehen des Harns in Form der Nubecula (S. 186) aus.

Das Harnmucoid wird dargestellt, indem man den Harn filtriert, das am Filter gesammelte Mucoid in verdünntem Ammoniak löst, die Lösung durch Einleiten von Kohlensäure fällt, filtriert, das Filtrat mit Essigsäure ansäuert und das Mucoid hierdurch zum Abscheiden bringt.

Nachweis. Das laut obigem isolierte Harnmucoid gibt sämtliche Farbenreaktionen des Eiweiß; durch Kochen mit Mineralsäure wird d-Glucose abgespalten; daher nimmt die Lösung reduzierende Eigenschaften an.

Albumosen.

In gewissen Krankheiten, wie z. B. bei Darmleiden, zur Zeit der Resorption größerer Exsudate (Pneumonie), bei profuser Eiterung usw., können Eiweißumwandlungsprodukte im Harn ausgeschieden werden, die nach der älteren Nomenklatur als Peptone (S. 118) bezeichnet wurden, von welchen jedoch heute sicher nachgewiesen ist, daß es Albumosen sind. Anstatt Peptonurie, wie dieser Zustand früher genannt wurde, soll es demnach richtiger **Albumosurie** heißen, umso eher **da**, wie sich herausgestellt hat, Peptone kaum je im Harn vorkommen.

Nachweis. Die Albumosen verhalten sich in den (S. 235) erwähnten Reaktionen, die dem Nachweis von Eiweiß im Harn dienen, folgendermaßen:

a) da sie nicht hitzekoagulabel sind, fällt die Kochprobe negativ aus;

b) Albumosen werden durch Salpetersäure, ferner durch Essigsäureferrocyankalium und durch Sulfosalicylsäure wie Eiweiß gefällt, mit dem Unterschiede jedoch, daß das Präzipitat beim Erwärmen des Harns verschwindet und beim Abkühlen wieder erscheint. Sollen in einem Harn neben Eiweiß auch Albumosen nachgewiesen werden, so wird das Eiweiß durch Kochen entfernt und die im Filtrat verbliebenen Albumosen durch Sättigung mit Ammoniumsulfat gefällt, sodann der Niederschlag in Wasser gelöst und in der Lösung die charakteristischen Reaktionen vorgenommen.

Proteinsäuren und Uroferrinsäure.

Die Proteinsäuren (Oxyproteinsäure, Alloxyproteinsäure, Antoxyproteinsäure) sowie auch die Uroferrinsäure sind schwefelhaltige Derivate der Eiweißkörper, die aber noch nicht sicher rein dargestellt werden konnten. Ein großer Teil des sog. neutralen oder nichtoxydierten Schwefels (S. 196) sowie $3-5\%$ des Stickstoffes im Harn ist in Form der genannten Verbindungen enthalten. Sie geben bloß einen Teil der Farbenreaktionen des Eiweiß.

H. Farbstoffe.

Harnfarbstoffe.

Im Harn kommen unter normalen sowohl, wie auch unter pathologischen Umständen teils vorgebildete fertige Farbstoffe vor, teils solche an und für sich farblose Verbindungen, die beim Stehen an Licht und Luft, sowie unter der Einwirkung gewisser Reagenzien in Farbstoffe verwandelt werden. Zur ersteren Gruppe gehören: im **normalen** Harn Urochrom, sehr oft auch **Uroerythin**, selten **Hämatoporphyrin**; unter **pathologischen** Umständen Gallenfarbstoffe, Hämoglobin und deren Umwandlungsprodukte; zur zweiten Gruppe gehören **Urobilin, Indigo, Melanine** usw.

Das **Urochrom** entsteht aus einer farblosen Vorstufe, dem sog. Urochromogen, das im normalen Harn nicht vorkommt. Das Urochrom ist zweifellos derjenige Farbstoff, dem der Harn seine gelbe Farbe verdankt; jedoch kann es, so wie es gegenwärtig dargestellt wird, nach Ansicht der meisten Autoren nicht als eine einheitliche Verbindung angesehen werden. Es stellt ein amorphes, gelbes Pulver dar, welches N-haltig, jedoch eisenfrei, in Wasser und Alkohol leicht löslich, ist und aus seiner wäßrigen Lösung durch Ammoniumsulfat nicht gefällt wird. Seine Lösung gibt mit Zinkchlorid und Ammoniak versetzt keine Fluorescenz. Das Spektrum einer Urochromlösung sowohl als auch des normalen Harns weist keine charakteristische Absorptionsstreifen auf, sondern bloß eine ausgebreitete Verdunkelung am blauen Ende.

Darstellung. a) Harn wird mit Ammoniumsulfat gesättigt und mit Alkohol versetzt, worauf das Urochrom in die alkoholische Schichte übergeht; diese wird abgegossen, mit Wasser verdünnt, durch Sättigung mit Ammoniumsulfat von anderen etwa vorhandenen Farbstoffen befreit und die filtrierte Lösung vorsichtig eingedampft.

b) Man läßt das Urochrom durch tierische Kohle adsorbieren und entzieht es nachher der Kohle.

Uroerythrin ist meistens auch im normalen Harn enthalten; in größeren Mengen nach reichlichem Weingenuß, bei Leberkrankheiten, Pneumonie usw. Es ist ein amorphes, rosenrotes Pulver, das in Wasser, besonders aber in Amylalkohol und Essigäther mit roter Farbe löslich ist, die jedoch am Sonnenlicht rasch abblaßt. Mit konzentrierter Schwefelsäure gibt Uroerythrin eine intensiv carminrote Farbenreaktion. Durch die aus erkaltendem Harn ausfallenden Urate wird es mitgerissen; so entsteht die Färbung des Sedimentum lateritium (S. 186).

Zur Darstellung eignet sich am besten das Sedimentum lateritium des Harns; man löst dasselbe in warmem Wasser und extrahiert den Farbstoff mit Amylalkohol.

Urorosein. Nach älteren Autoren entsteht es durch Einwirkung von Säuren auf eine im Harn vorkommende farblose Verbindung, welche nach neueren Autoren nichts anderes ist als die (S. 232) erwähnte Indolessigsäure. In amylalkoholischer Lösung ist das Urorosein durch einen charakteristischen Absorptionsstreifen in Grün gekennzeichnet.

Die Darstellung erfolgt aus Harn, der mit Schwefelsäure oder Salzsäure angesäuert und mit Amylalkohol ausgeschüttelt wird. Hierbei kann es von Vorteil sein, die im Harn befindlichen indigogebenden Körper vorher zu Indigo zu oxydieren und durch Ausschütteln zu entfernen.

Skatolrot soll nach älteren Autoren ein durch Einwirkung von Säuren entstandenes Umwandlungsprodukt der angeblich im Harn vorkommenden Skatoxylschwefelsäure sein; nach anderen Autoren soll es von der Indolessigsäure (S. 232) abstammen und sogar mit dem Urorosein (s. oben) identisch sein, endlich wird auch angenommen, daß es mit Indirubin (S. 233) identisch ist.

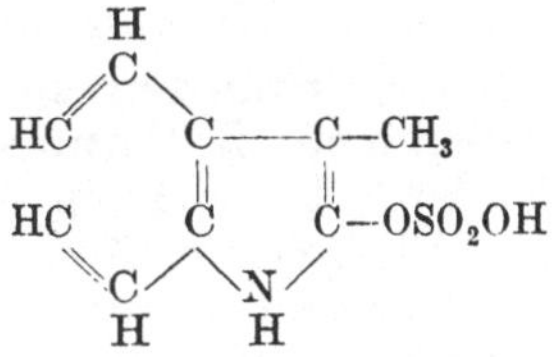

Melanine. Bei Melanosarkomatosis können braune bis schwarze Farbstoffe, oder aber deren farblose Vorstufen, Melanogene, in den Harn übergehen; letztere werden sofort in den dunklen Farbstoff verwandelt, wenn man den Harn mit einem oxydierenden Reagens, z. B. mit Eisenchlorid, Bromwasser usw. versetzt.

Nach Thormählen geben manche melanogenhaltige Harne, mit Nitroprussidnatrium und Lauge versetzt, eine violette Farbenreaktion, die nach Übersättigung mit Essigsäure in reines Blau umschlägt.

Urobilin und Urobilinogen. Es ist schon lange her bekannt, daß manche durch ihre dunklere Farbe ausgezeichnete Harne diese einem Farbstoffe, dem Urobilin, verdanken. Später wurde gefunden, daß in einzelnen Harnen neben dem Farbstoffe Urobilin auch ein farbloser, durch eine spezielle Reaktion nachweisbarer Körper enthalten ist, der sich beim Stehen des Harn an Licht und Luft in Urobilin verwandelt.

Daher wurde dieser Körper, der demnach eine farblose Vorstufe des Urobilins darstellt, als Urobilinogen bezeichnet. Heute steht es fest, daß fertiges Urobilin im frischen Harne nicht ausgeschieden wird, sondern nur seine farblose Vorstufe. Da jedoch der Harn meistens nicht sofort nach seiner Entleerung zur Untersuchung kommt, wird es nach wie vor notwendig sein, neben dem Urobilinogen auch die Eigenschaften des Urobilins, wie sie schon längst festgestellt sind, kennen zu lernen.

Die Muttersubstanz des Urobilinogens ist Bilirubin, das mit der Galle in den Darm gelangt und dort unter Einwirkung von Bakterien in eine dem Urobilin recht nahestehende Verbindung, in das sog. Sterkobilin, verwandelt wird; dieses wird aus dem Darm resorbiert, gelangt in das Blut und wird dort in das Urobilinogen verwandelt. Auf den nahen Zusammenhang zwischen Urobilinogen und Bilirubin weisen folgende Umstände hin:

a) Ein Reduktionsprodukt, das aus Bilirubin erhalten werden kann, das sog. Hydrobilirubin (S. 176) ist, wenn es auch keine chemisch wohldefinierte einheitliche Verbindung darstellt, dem Urobilin ziemlich ähnlich.

b) Aus Bilirubin erhält man durch Reduktion auch den Farbstoff Mesobilirubin, $C_{33}H_{40}N_4O_6$, durch weitere Reduktion das farblose Mesobilirubinogen, $C_{33}H_{44}N_4O_6$. Letzteres kommt auch im Harne vor und soll mit dem Urobilinogen identisch sein.

c) Es gibt auch klinische Momente, die in diesem Sinne zu deuten sind; so verschwindet das Urobilin aus dem Harne, wenn der Abfluß der Galle (daher auch des Bilirubins) gegen den Darm gestört ist; desgleichen auch, wenn durch Anwendung von Abführmitteln eine rasche Entleerung des Darminhaltes erfolgt; ferner enthält der Harn des Neugeborenen kein Urobilin, weil in seinem Kot mangels an Darmbakterien die Umwandlung des Bilirubin nicht vor sich gehen kann.

Das **Urobilinogen** konnte bisher noch nicht in Substanz erhalten werden, bloß in Form seiner farblosen Lösung, die am Sonnenlicht oder durch Einwirkung oxydierender Substanzen (wie Hydrogenhyperoxyd, alkoholische Jodlösung) in kurzer Zeit in Urobilin verwandelt wird. Umgekehrt wird Urobilin während der ammoniakalischen Gärung des Harns zu Urobilinogen reduziert.

Der Nachweis des Urobilinogens erfolgt mit einer $2^0/_0$igen Lösung von p-Dimethylaminobenzaldehyd in $25^0/_0$iger Salzsäure, indem 10 ccm Harn mit 1 ccm des Reagens versetzt werden. Ist Urobilinogen vorhanden, so entsteht eine rosenrote bis rote Färbung, während Urobilin diese Reaktion nicht gibt. Die geringen Mengen von Urobilinogen, die im normalen Harn enthalten sind, lassen sich durch obige Reaktion nicht nachweisen.

Urobilin stellt ein amorphes braunes, rotes oder rötlich-braunes Pulver dar, das in Wasser schwer, in Alkohol und Chloroform gut löslich ist. Das Spektrum seiner Lösungen ist durch charakteristische Absorptionsstreifen gekennzeichnet, die jedoch verschieden sind, je nachdem die Lösung alkalisch oder sauer ist. Es ist aus seiner wäßrigen Lösung, daher auch aus dem Harn durch Sättigung mit Ammoniumsulfat fällbar. Seine alkoholische Lösung ist gelbbraun, schwach grünlich fluorescierend. Wird sie mit einer Lösung von Zinkchlorid und einigen Tropfen Ammoniak versetzt, so färbt sich die Flüssigkeit schön rot und zeigt eine starke grüne Fluorescenz. Auf Zusatz von Quecksilbersalzen (Mercurichlorid usw.) färben sich Urobilinlösungen rosenrot.

Im normalen Harn ist Urobilin in Form von Urobilinogen in einer Tagesmenge von etwa 0,02—0,08 g enthalten; unter pathologischen Umständen kann seine Menge 1—2 g überschreiten; so z. B. bei inneren Blutungen, oder unter der Einwirkung von Blutgiften, wo rote Blutkörperchen in großer Anzahl im Organismus selbst zugrunde gehen, ferner in akuten infektiösen Erkrankungen, bei gesteigerter Eiweißfäulnis im Darm, bei Leberkrankheiten usw. Aus letzterem Umstande läßt sich folgern, daß unter normalen Bedingungen das aus dem Bilirubin in reichlicher Menge im Darm entstandene und dann resorbierte Urobilinogen durch die gesunde Leber zum größten Teile weitgehend abgebaut wird und bloß geringe Mengen unverändert in den Harn übergehen.

Nachweis. Ein größerer Urobilingehalt des Harns ist bereits an dessen eigentümlicher rotbrauner Farbe zu erkennen; in diesem Falle können nachfolgende Reaktionen am Harn selbst ausgeführt werden:

a) Man prüft den mit Schwefelsäure angesäuerten Harn spektroskopisch und sucht nach den charakteristischen Absorptionsstreifen einer sauren Urobilinlösung;

b) 10—15 ccm des Harns werden mit einigen Tropfen einer 10%igen Lösung von Zinkchlorid, dann mit soviel Ammoniak versetzt, bis der sich zunächst bildende Niederschlag wieder verschwindet; bei Anwesenheit von Urobilin ist eine grüne Fluorescenz wahrzunehmen;

c) Huppertsche Probe (S. 243): bei Anwesenheit von Urobilin erscheint der über dem Niederschlag stehende Alkohol rosenrot gefärbt.

Ist der Urobilingehalt des Harns gering, so wird folgendermaßen verfahren:

a) 50 ccm des Harnes werden mit einigen Tropfen Salzsäure angesäuert und mit 25 ccm Amylalkohol ausgeschüttelt; nun wird der Amylalkohol entweder spektroskopisch untersucht oder aber mit einigen Tropfen einer 1%igen ammoniakalischen Lösung von Chlorzink versetzt und auf grüne Fluorescenz geprüft;

b) 100 ccm des Harns werden mit einigen Tropfen Salzsäure angesäuert, mit 20 ccm Chloroform ausgeschüttelt und 2 ccm des Chloroforms mit 2 ccm einer 10%igen alkoholischen Lösung von Zinkacetat überschichtet. Bei Anwesenheit von Urobilin entsteht an der Grenze beider Flüssigkeiten eine grüne Farbenreaktion; vermischt man dann Alkohol und Chloroform, so wird die Flüssigkeit rosenrot und zeigt grüne Fluorescenz.

Darstellung und quantitative Bestimmung:

a) Ein älteres Verfahren beruht darauf, daß das Urobilin aus dem Harn ausgesalzen und in einem Gemisch von Chloroform und Äther aufgenommen wird. Der Harn wird mit Ammoniumchlorid gesättigt, filtriert, das Filtrat mit Schwefelsäure angesäuert und mit einem Chloroform-Äthergemisch (1 : 2) ausgeschüttelt. Nun wird die Chloroform-Ätherschichte von der wäßrigen geschieden und mit einer größeren Menge Wasser geschüttelt; das Urobilin wird vom Wasser aufgenommen, aus der wäßrigen Lösung mit Ammoniumsulfat ausgesalzen und durch Schütteln mit Chloroformäther in Lösung gebracht; aus dieser Lösung wird es durch Schütteln mit ammoniakhaltigem Wasser wieder in wäßrige Lösung gebracht, wie oben gefällt, in Alkohol gelöst, der Alkohol vertrieben, der Rückstand getrocknet und gewogen.

b) Zweckmäßiger ist es, das Urobilin durch Reduktion in Urobilinogen zu überführen und dieses erst zu isolieren. Der Harn wird mit einer Lösung von Ammoniumcarbonat bis zur alkalischen Reaktion versetzt und während 24 Stunden in einem Thermostaten bei 37—40° C stehen gelassen. Infolge der hierdurch eingeleiteten ammoniakalischen Gärung des Harns wird das Urobilin zu Urobilinogen reduziert. Nun wird der Harn mit einer Lösung von Weinsäure angesäuert, mit

Äther extrahiert, die in den Äther mitaufgenommenen anderen Farbstoffe durch Petroleumäther gefällt, das Filtrat mit ein wenig Wasser gewaschen und bei Zimmertemperatur am Sonnenlicht eingedampft, wobei das Urobilinogen wieder zu Urobilin oxydiert wird. Der Rückstand wird in 38° warmem Wasser gelöst, aus der wäßrigen Lösung durch Sättigen mit Ammoniumsulfat gefällt, am Filter gesammelt, in Alkohol gelöst, die filtrierte alkoholische Lösung im Vakuum bei Zimmertemperatur eingedampft und der Rückstand gewogen.

c) Es wurden auch colorimetrische und spektrophotometrische Verfahren ausgearbeitet.

Indigobildende Substanzen (S. 233).

Blutfarbstoffe.

Hämoglobin. Es kann in zweierlei Form in den Harn gelangen:

a) in roten Blutkörperchen eingeschlossen, die sich in den Nieren, in den Nierenbecken, in der Harnblase dem Harn beimischen: ein Zustand, der als Hämaturie bezeichnet wird. Läßt man den Harn während längerer Zeit stehen, so kann das Hämoglobin in Lösung gehen, derart, daß im Sedimente des Harns nur mehr die Stromata der roten Blutkörperchen (Blutschatten) zu sehen sind;

b) oder aber es kann der Austritt des Hämoglobins bereits innerhalb der Blutbahn erfolgen, Hämoglobinämie (S. 139), so daß das Hämoglobin bereits in gelöstem Zustand gleichzeitig mit den übrigen Harnbestandteilen ausgeschieden wird: Hämoglobinurie. In beiden Fällen kommt es leicht zu einer Umwandlung des Hämoglobin in Methämoglobin; hämoglobinhaltiger Harn ist heller oder dunkler rot; methämoglobinhaltiger zeigt einen braunschwarzen Farbenton.

Nachweis. a) Hellersche Probe: Der Harn wird stark alkalisch gemacht und gekocht, wobei ein Niederschlag von Phosphaten entsteht, der durch mitgerissenen, mehr-minder veränderten Blutfarbstoff rot gefärbt ist. Doch kann ein roter Niederschlag bei diesem Verfahren auch in Harnen entstehen, die nach Einfuhr von Senna-, Rheumpräparaten usw. entleert werden.

b) Guajacprobe: 5 ccm des Harns werden mit einigen Tropfen einer frisch bereiteten alkoholischen Lösung von Guajac-Harz und 20 Tropfen verharztem Terpentin geschüttelt, wobei in Anwesenheit von Blutfarbstoff rasche Bläuung eintritt. Es wird nämlich ein Bestandteil des Guajac-Harzes, die sog. Guajaconsäure, durch den locker gebundenen Sauerstoff des verharzten Terpentins, welches die Rolle einer organischen Peroxydase spielt, in eine blaugefärbte Verbindung überführt, wobei Hämoglobin als Katalysator wirkt, der den sonst recht langsam verlaufenden Prozeß beschleunigt. Das Terpentin läßt sich auch durch eine 3%ige Lösung von Hydrogenhyperoxyd ersetzen. Außer dem Blutfarbstoff geben auch Eiter, Rhodanide, salpetrige Säure, Jodide usw. diese Reaktion; daher ist es zweckmäßiger, die Guajacprobe in dem ätherischen Auszug des mit einigen Kubikzentimetern konzentrierter Essigsäure versetzten Harnes auszuführen.

c) Anstatt der Guajaclösung kann man auch einen alkoholischen Auszug von Barbadosaloë verwenden; im hämoglobinhaltigen Harn entsteht eine rote Farbenreaktion. Auch diese Probe fällt bei Anwesenheit der sub b) genannten Körper positiv aus.

d) Benzidinprobe: 10—15 ccm des Harns werden mit einigen Kubikzentimetern Eisessig versetzt und mit Äther ausgeschüttelt. Sodann werden 2—3 ccm einer gesättigten Lösung von Benzidin in Eisessig angefertigt, diese mit dem gleichen Volumen einer 3%igen Lösung von Wasserstoffsuperoxyd vermengt und nun 1—2 ccm des ätherischen Harnextraktes hinzugefügt. Hatte der Harn Blutfarbstoff enthalten, so entsteht eine ausgesprochen grüne bis grünblaue Farbenreaktion.

Wird das Benzidingemisch mit dem nativen Harn selbst versetzt, tritt positive Reaktion auch bei Anwesenheit der sub b) genannten Stoffe und Abwesenheit von Blutfarbstoff auf.

e) **Spektroskopische Untersuchung:** Ist der Harn trübe, so wird er mit einigen Tropfen einer 10%/$_0$igen Lösung von Natriumcarbonat versetzt, die Flüssigkeit filtriert und erst das Filtrat spektroskopisch geprüft; doch darf man sich nicht etwa mit der Auffindung der Absorptionsstreifen des Hämoglobin oder des Methämoglobins begnügen; vorsichtshalber muß durch entsprechende Zusätze (S. 142) auch die Umwandlung in reduziertes Hämoglobin vorgenommen und muss der betreffende Absorptionsstreifen aufgefunden werden.

f) **Der Harn wird alkalisch gemacht,** mit einigen Tropfen einer frisch bereiteten Lösung von Gerbsäure und mit Essigsäure angesäuert; der Niederschlag, welcher das Hämoglobin enthält, wird getrocknet und nach Teichmann (S. 149) geprüft.

g) **Sehr wichtig ist das Auffinden von roten Blutkörperchen** resp. der Stromata durch die mikroskopische Untersuchung des Harnsedimentes (S. 244); auf diese Weise kann noch Blut nachgewiesen werden, welches sowohl der spektroskopischen als auch der chemischen Prüfung entgangen ist.

Hämatoporphyrin (Eigenschaften S. 152) ist nach manchen Autoren in jedem normalen Harn, wenn auch in sehr geringen Mengen, enthalten; in etwas größeren Mengen im Kaninchenharn; reichlich im Menschenharn bei Sulfonal-, manchmal auch bei Trionalvergiftung; ferner in manchen Leberkrankheiten, in der Addisonschen Krankheit usw. Zum Nachweis wird der Harn mit Amylalkohol oder Kohlenstofftetrachlorid usw. extrahiert und der Auszug spektroskopisch geprüft.

Bilirubin (Eigenschaften S. 175).

Bilirubin ist nach Ansicht mancher Autoren in sehr geringen Mengen auch im normalen Menschenharn enthalten; in größeren Mengen bei Gallenstauung, bei gewissen Vergiftungen, welche die Leberfunktion schädigen, in Infektionskrankheiten, bei Lebererkrankungen.

Nachweis. a) **Gmelinsche Probe:** Einige Kubikzentimeter Harn werden mit konzentrierter Salpetersäure unterschichtet, der man ein wenig salpetrige Säure (solche ist in der rauchenden Salpetersäure enthalten) zugesetzt hat. Bei Anwesenheit von Bilirubin sind, von der Grenze beider Flüssigkeiten ausgehend, farbige Schichten in folgender Reihenfolge zu beobachten: grün, blau, violett, rot und gelbrot; von diesen Farben ist bloß die grüne für Bilirubin charakteristisch und beruht, wie auch in den nachfolgenden Proben auf der Oxydation desselben zu Biliverdin. Gegenwart von Eiweiß stört nicht; ja, von der durch Salpetersäure bedingten Eiweißfällung heben sich die genannten Farben noch besser ab.

b) **Fleischlsche Probe:** Einige Kubikzentimeter des Harns werden mit dem gleichen Volumen einer konzentrierten Lösung von Natriumnitrat versetzt und mit konzentrierter Schwefelsäure unterschichtet. Die Empfindlichkeit der Probe, die im übrigen wie die sub a) verläuft, beruht auf der Wirkung der Salpetersäure in statu nascendi.

c) **Rosenbachsche Probe:** 40—50 ccm Harn werden durch ein kleines Filter gegossen, welches viel Bilirubin durch Adsorption festhält; wird nun auf das noch feuchte Filter mittels eines Glasstabes ein Tropfen Salpetersäure gebracht, welche salpetrige Säure enthält, so entstehen farbige Ringe in der sub a) genannten Reihenfolge.

d) **Huppertsche Probe:** Man macht 10—15 ccm Harn mit einigen Tropfen einer Lösung von kohlensaurem Natrium alkalisch, fällt mit einer Lösung von Calciumchlorid, oder aber ohne vorangehende Alkalisierung mit Kalkmilch, sammelt den Niederschlag am Filter, füllt ihn noch feucht mittels eines Spatels in ein Reagensglas, suspendiert ihn durch Schütteln in 10—15 ccm Alkohol, säuert mit einigen Tropfen konzentrierter Schwefelsäure an und erhitzt vorsichtig. Bei

Anwesenheit von Bilirubin erscheint die klare, über dem Niederschlag stehende alkoholische Schichte smaragdgrün gefärbt.

e) **Hammarstensche Probe**: 1 Vol. 25%iger Salpetersäure wird mit 19 Vol. 25%iger Schwefelsäure vermischt und aufgehoben: das ist das **Hammarsten**sche **Reagens**. Will man die Reaktion ausführen, so wird 1 Vol. dieses Gemisches mit dem vierfachen Vol. Alkohol versetzt, sodann werden zu 2—3 ccm dieses Reagens einige Tropfen des Harns hinzugefügt, worauf gleich nach dem Umschütteln eine schöne Grünfärbung eintritt. Enthält der Harn bloß sehr wenig Bilirubin, so werden 10 ccm des sauren Harns mit einer Lösung von Baryumchlorid gefällt, zentrifugiert, die Flüssigkeit abgegossen, zum Niederschag 1 ccm des Reagens hinzugefügt und wieder zentrifugiert. Bei den geringsten Mengen von Bilirubin entsteht nun eine schöne grüne Verfärbung der über dem Niederschlag stehenden Flüssigkeit.

f) Sehr empfindlich ist die Reaktion nach **Obermayer** und **Popper**. 75 g Kochsalz, 12 g Jodkalium und 3,5 ccm einer 10%igen alkoholischen Jodlösung werden in 125 ccm 95%igem Alkohol plus 625 ccm Wasser gelöst. Unterschichtet man den Harn mit einigen Kubikzentimetern des Reagens, so entsteht in Anwesenheit von Bilirubin an der Grenze beider Flüssigkeiten eine Grünfärbung.

g) Das **Ehrlich**sche Drazoreagens wird mit Vorteil zum Nachweis von Bilirubinspuren im Blutplasma bezw. -Serum verwendet (s. S. 136).

III. Das Harnsediment.

Außer den gelösten Bestandteilen kommen im Harn auch ungelöste vor, welche entweder frei schweben und eine mehr-minder starke Trübung des Harns verursachen, oder zu Boden fallen und das sog. Harnsediment darstellen. Dieses besteht teils aus zelligen Elementen verschiedenen Ursprunges, dem sog. organisierten Sediment, teils aus organischen oder anorganischen Harnbestandteilen, die sich unter ganz bestimmten Bedingungen aus dem Harn amorph oder krystallinisch abscheiden, dem sog. unorganisierten Sediment.

Die im Harn frei schwebenden Elemente werden durch längeres Stehenlassen (Sedimentieren) oder weit bequemer durch Zentrifugieren vom Harn getrennt und der Untersuchung zugeführt.

A. Organisiertes Sediment.

Rote Blutkörperchen.

Die roten Blutkörperchen kommen im Harn bald einzeln, bald haufenweise vor; sie erscheinen bald unverändert, bald in der bekannten Stechapfelform, oder aber ausgelaugt in Form der sog. Blutschatten. Sie entstammen der Niere, dem Nierenbecken, der Harnblase usw.; bei Frauen auch dem Menstrualblut. Handelt es sich nicht bloß um den Durchtritt einzelner roter Blutkörperchen, sondern um die Ergießung kleinerer oder größerer Blutmengen in die Harnwege, so mischt sich selbstverständlich auch Blutplasma dem Harn bei, in welchem dann Eiweiß nachzuweisen ist.

Weiße Blutkörperchen.

Im Sediment eines normalen Harns sind in jedem Sehfeld mehrere (2—7) weiße Blutkörperchen sichtbar; wesentlich mehr bei verschiedenen Formen der Nierenentzündung, und in sehr großer Menge bei katarrhalischen und eitrigen Entzündungen des uropoetischen Systems. In letzterem Falle fällt auch die sog. Eiterprobe positiv aus; man versetzt 5 ccm des Harns mit 1—2 ccm 10%iger Lauge, schüttelt um, wodurch kleine Luftblasen erzeugt werden, die in der viskös gewordenen Flüssigkeit entweder nur langsam oder überhaupt nicht emporsteigen. Die gesteigerte Viscosität des Harns rührt davon her, daß sich die Eiterzellen resp. ihre Kerne in der starken Lauge lösen und dabei die Nucleinsäuren aus den Nucleoproteiden der Zellkerne frei werden; die Viscosität einer einigermaßen konzentrierten Lösung von Nucleinsäure ist aber eine recht starke. Wird diese Probe in einem Harn angestellt, der keinen Eiter enthält, so steigen die Luftblasen rasch an die Oberfläche. Im Filtrat eines eiterhaltigen Harns läßt sich Eiweiß in geringen Mengen nachweisen.

Epithelien.

In jedem, auch normalem Harnsediment sind Epithelien in wechselnder Anzahl nachzuweisen, und zwar große, rundliche oder polygonale Plattenepithelien, welche den oberflächlichsten Schichten der Schleimhaut der Harnblase, der Urethra, und bei Frauen der Vagina entstammen; ferner kleinere Epithelien, welche dem Nierenbecken oder den tieferen Schichten des Blasenepithels angehören. Hingegen kommen im normalen Harn Nierenepithelien kaum je vor. Unter pathologischen Umständen kann sich das Bild wesentlich verändern: a) Bei Blasenkatarrh oder Urethritis findet eine reichliche Desquamation von größeren (oberflächlichen) und kleineren (tiefen) Epithelien statt; ein heftiger Blasenkatarrh ist in der Regel auch mit Eiterbildung und einer ammoniakalischen Gärung des Harns verbunden, der dann ausgesprochen alkalisch reagiert. b) Bei Erkrankungen des Nierenbeckens werden die für die Nierenbeckenschleimhaut charakteristischen geschwänzten, birn- oder spindelförmigen Epithelien angetroffen; die Zahl der weißen Blutkörperchen kann eine ansehnliche sein, und unter ihnen überwiegen die kleinen, einkernigen, sog. Lymphozyten. Gleichzeitig bleibt der Harn ausgesprochen sauer. Treffen diese Erscheinungen alle zusammen, so ist die Diagnose der Nierenbeckenentzündung (Pyelitis) sehr nahe gelegt. c) Am wichtigsten sind die Nierenepithelien; es sind dies kleinere Epithelzellen mit gekörntem, oft von Fetttröpfchen durchsetztem Protoplasma und mit einem großen Kern. Ihr Vorkommen bildet einen wichtigen Behelf in der Diagnose einer Nierenentzündung; doch sind sie oft schwer von den sehr ähnlichen Epithelien zu unterscheiden, die z. B. aus den tieferen Schichten der Schleimhaut der männlichen Urethra herrühren und auch im normalen Harn vorkommen können. Am leichtesten sind die Nierenepithelien als solche zu erkennen, wenn mehrere derselben noch im ursprünglichen Verband zusammenhängen, oder aber, wenn sie der Oberfläche der sog. Zylinder (s. unten) anhaften. In zweifelhaften Fällen kann der Eiweißgehalt des Harns darüber entscheiden, ob es sich um Nierenepithelien handelt oder nicht, denn im eiweißfreien Harn kommen sie kaum je vor.

Spermatozoen.

Sie sind an der charakteristischen Form, zuweilen auch an den charakteristischen Bewegungen, welche sie auch im Harn oft lange Zeit beibehalten, leicht zu erkennen. Ist dem Harn eine größere Menge von Sperma beigemischt, so ist auch Eiweiß nachzuweisen.

Prostatakörperchen.

Sie sind an der charakteristischen konzentrischen Schichtung, sowie an der Blau- oder Violettfärbung mit einer Lösung von Jod-Jodkalium zu erkennen.

Bakterien.

Sie können sich dem Harn in der Niere selbst, im Nierenbecken, längs der übrigen Harnwege beimischen, oder aber erst nach der Entleerung in großer Anzahl im Harn vermehren. Am wichtigsten unter ihnen ist der Tuberkelbacillus, der Gonococcus und der Bacillus coli.

Nierenzylinder.

Die Nierenzylinder bestehen aus geronnenem Eiweiß, das höchstwahrscheinlich aus dem Blute (nicht aus den Nierenepithelien) herrührt, also Serumeiweiß ist. Zum Entstehen der Zylinder ist eine saure Reaktion des Harns notwendig. Man unterscheidet verschiedene Formen: a) Hyaline Zylinder, vollkommen farblose, durchsichtige Gebilde von wechselndem Längen- und Dickendurchmesser; sie sind in geringer Zahl auch im normalen Harn enthalten; reichlicher bei Nierenentzündungen. b) Fein- oder grobgranulierte Zylinder, die in der Regel kürzer sind als die hyalinen. Im normalen Harn kommen sie nie vor und sind für die Nierenentzündung charakteristisch. Sowohl die hyalinen als auch die granulierten Zylinder sind oft von einzelnen oder mehreren zusammenhängenden Nierenepithelien bedeckt. c) Wachszylinder sind scharf konturiert, dicker als die hyalinen und granulierten; mit einer Lösung von Jod-Jodkalium geben sie rotbraune bis violette Amyloidreaktion (S. 122). d) Endlich gibt es Zylinder, deren Oberfläche mit Uraten, Krystallen von oxalsaurem Calcium oder Bakterien bedeckt, und solche, die aus Nierenepithelien, roten oder weißen Blutkörperchen zusammengeballt sind.

Zylindroide.

Häufig werden Zylindern ähnliche Gebilde angetroffen, die aus Mucin bestehen und sich im Gegensatz zu den Zylindern in Essigsäure und in alkalisch reagierendem Harn nicht lösen; sie sind in der Regel länger und schmäler als die echten Zylinder und an einer Längsstreifung kenntlich.

B. Nicht organisiertes Sediment.

Nebst den leicht löslichen Harnbestandteilen gibt es auch eine ganze Anzahl solcher, die in Wasser daher auch im Harne eigentlich nur wenig oder kaum löslich sind, und doch im Harne in einer Konzentration gelöst vorkommen, die ihre Wasserlöslichkeit weit überschreitet. Man kann annehmen, daß sie im Harne durch eine Art von Schutzkolloiden (S. 35) in Lösung erhalten werden, als welche die in geringen Mengen stets anwesenden kolloidalen Harnbestandteile, wie Eiweiß, Nucleinsäuren, Chondroitinschwefelsäure usw. gelten. Findet nun eine Zustandsänderung der genannten Kolloide im Sinne einer Fällung statt, so muß es auch zu einer Fällung der bis dahin in übergroßer Konzentration gelöst gewesenen Bestandteile kommen. Das qualitative Ergebnis dieser Fällung wird naturgemäß weitgehend von der Reaktion des Harns abhängen.

1. Sediment des sauren Harnes.

Harnsäure. Durch die Einwirkung von Alkaliphosphat auf harnsaure Salze entsteht freie Harnsäure, die sich zuweilen in kleinen, dem rhombischen System angehörenden sechseckigen Krystallen ausscheidet, öfter jedoch in Krystallen von charakteristischer Wetzstein-, Tonnen-, Hantelform usw., die immer mehr oder minder stark gelb gefärbt erscheinen. Sie sind unlöslich in Säuren und löslich in Natron- oder Kalilauge. Charakteristisch ist die Murexidprobe (S. 227).

Harnsaures Kalium und Natrium scheidet sich beim Abkühlen des Harns in amorphen Körnchen, seltener in krystallinischen Nadeln ab und bildet das ziegelrote Sedimentum lateritium, welches durch Erwärmen des Harns sowie durch Zusatz von Lauge leicht und vollkommen in Lösung geht; der Niederschlag löst sich auch in Mineralsäuren, jedoch erfolgt nachträglich eine Ausscheidung von Harnsäure. Der Nachweis erfolgt durch die Murexidprobe (S. 227).

Oxalsaures Calcium bildet kleinere und größere Oktaeder, die, im mikroskopischen Präparat von der Spitze aus gesehen, sehr oft die bekannte Briefkuvertform aufweisen, zuweilen auch Krystallen von phosphorsaurem Ammoniummagnesium sehr ähnlich sind (s. unten). Zum Unterschied von diesen löst sich das oxalsaure Calcium wohl in Salzsäure, jedoch nicht in Essigsäure. Es kommt sowohl in saurem als in neutralem und alkalischem Harn vor.

Neutrales phosphorsaures Calcium, $CaHPO_4$, bildet keilförmige Krystalle, die oft strahlenförmig gruppiert und in Essigsäure löslich sind.

Cystin bildet kleine sechseckige Täfelchen, die bald an Harnsäure, bald an Calciumphosphat erinnern. Von jener unterscheiden sie sich durch Lösbarkeit in Salzsäure; von diesen durch Unlöslichkeit in Essigsäure. Cystin kommt auch im neutralen und alkalischen Harn vor.

Leucin bildet gelbliche, oft konzentrisch geschichtete mikroskopische Kügelchen, die sich von Fetttropfen durch die Unlöslichkeit in Äther, von den Kügelchen des Ammoniumurates durch Unlöslichkeit in Salzsäure unterscheiden.

Tyrosin kommt in der Regel gleichzeitig mit Leucin in Form oft garbenförmig geordneter Krystallnadeln vor, die sich von Fettsäurenadeln durch Unlöslichkeit in Äther unterscheiden.

Cholesterin kommt im Harnsediment in Form von dünnen, mehrfach übereinander geschichteten Tafeln mit zackig ausgebrochenen Rändern vor. (Nachweis S. 48.)

2. Sediment des alkalischen Harns.

Harnsaures Ammonium kommt in Form von gelben oder gelbbraunen Kugeln oder morgensternförmigen Gebilden vor, die in der Wärme und auf Zusatz von Lauge löslich sind; sie lösen sich auch in Salzsäure, doch erfolgt nachher eine Ausscheidung von Harnsäure. Sie geben die Murexidprobe (S. 227).

Tricalciumphosphat, $Ca_3(PO_4)_2$, bildet amorphe Körnchen, die sich in Essigsäure ohne Gasbildung lösen.

Phosphorsaures Ammonium-Magnesium, Triplephosphat, bildet relativ große, farblose, „sargdeckelförmige" Krystalle, die zuweilen den Krystallen von oxalsaurem Calcium ähnlich sind; im Gegensatz zu diesen lösen sie sich in Essigsäure. Sie kommen in großer Anzahl in ammoniakalisch gärendem Harn vor; in geringer Menge in schwach alkalischem, sogar in schwach saurem Harn.

Kohlensaures Calcium kommt im Menschenharn in der Regel in Form von amorphen Körnchen vor; in weit größeren Mengen im Harn von Pflanzenfressern, und zwar in sog. Hantel-, Biskuitform usw. Es löst sich in Essigsäure unter Gasbildung.

C. Konkremente.

Einzelne Körnchen der aus dem Harn ausgeschiedenen Substanzen können noch innerhalb des Harnapparates (Nieren, Nierenbecken, Harnblase) durch ständige Apposition immer größer werden; so kommt es zur Bildung von Harnsand, Harngrieß und endlich von Harnsteinen, welche die Größe von Haselnuß bis Gänseei erreichen. Harnsand und Harngrieß werden oft ständig im Harn entleert, während man die Harnsteine im Nierenbecken, in den Nieren, in der Urethra, in der Blase freiliegend oder eingezwängt findet.

Gelegenheit zur Bildung von Konkrementen ist auch durch die Anwesenheit von Fremdkörpern gegeben, die durch irgend einen Zufall in die Harnblase gelangt sind, weitaus häufiger durch die Anwesenheit von Schleimklümpchen, Bakterien-Aggregaten, Fibringerinnseln, die nach einer stattgehabten Blutung zurückgeblieben sind, usw., die insgesamt die Rolle von Fremdkörpern spielen. An den Oberflächen dieser Körper werden die (S. 246) erwähnten, an sich schwer löslichen Harnbestandteile adsorbiert und so kommt es auch zur Ausscheidung derselben.

Die Harnsteine sind in der Regel nicht von homogener Zusammensetzung; wenn sie auch anfangs bloß aus einer Verbindung bestehen (primäre Steinbildung), so finden doch später Auflagerungen (sekundäre Steinbildung) statt, die je nach den etwa eintretenden katarrhalischen Zuständen der Schleimhaut des betreffenden Organes, oder nach der wechselnden Reaktion des Harns verschiedener Natur sein können.

Dem allmählichen Wachstum und der wechselnden Zusammensetzung entspricht auch die an der Sägefläche eines Steines oft sehr ausgeprägte Schichtenbildung. Bei vier Fünfteln aller Harnsteine besteht der älteste, zentral gelegene Teil, der sog. Kern, aus Harnsäure; seltener aus Phosphaten, oxalsaurem Kalk; ganz selten aus Cystin. Tritt Blasenkatarrh mit alkalischer Harnreaktion auf, so erfolgt eine sekundäre Auflagerung von Phosphaten oder Ammoniumurat.

Harnsäuresteine sind gewöhnlich glatt, gelblich gefärbt, hart.

Oxalatsteine sind durch ihre unebene Oberfläche einer Maulbeere ähnlich, werden daher auch „Maulbeersteine" genannt, sind sehr hart und veranlassen hierdurch und durch ihre rauhe Oberfläche Schleimhautblutungen. Durch den Blutfarbstoff wird dann die Oberfläche der Steine dunkelbraun gefärbt.

Phosphatsteine sind meistens rauh, gelblich oder gelbweiß gefärbt und leicht zu zerbröckeln; ihre äußeren Schichten bestehen aus phosphorsaurem Calcium, Magnesium und Ammoniummagnesium; der Kern zumeist aus Harnsäure oder aus oxalsaurem Calcium.

Ammoniumurat bildet ebenfalls sekundäre Auflagerungen um einen aus Harnsäure oder oxalsaurem Calcium bestehenden Stein.

Carbonatsteine kommen in der Harnblase von Pflanzenfressern häufig vor.

Chemische Untersuchung der Harnkonkremente:

Ein kleines Bröckelchen des Konkrementes wird am Platinblech erhitzt und festgestellt, daß es a) keinen Rückstand hinterläßt, oder b) vollkommen unverbrennlich ist, oder c) zum Teil unverbrennlich ist.

a) In diesem Falle prüft man auf Harnsäure (S. 227), Xanthin (S. 229, 230), Cystin, endlich auf Ammoniumurat. Cystin wird nachgewiesen, indem man ein kleines Stückchen des Konkrementes in Ammoniak löst, die filtrierte Lösung mit Essigsäure ansäuert, mit Aceton versetzt und in dem nun sich bildenden Niederschlag unter dem Mikroskop nach den kleinen sechseckigen Tafeln des Cystins sucht. Ammoniumurat wird einerseits mit der Murexidprobe nachgewiesen, andererseits, indem man das Konkrement mit Natronlauge erhitzt, wobei Ammoniak in Freiheit gesetzt wird.

b) In diesem Falle kann es sich um kohlensaures Calcium oder um phosphorsaures Calcium oder Magnesium handeln.

Ein Teil des Konkrementes wird in warmer, verdünnter Salzsäure gelöst; erfolgt hierbei ein Aufbrausen, so waren Carbonate vorhanden.

Von der Anwesenheit von Phosphorsäure kann man sich überzeugen, indem man das Konkrement in Salpetersäure löst und mit einer Lösung von molybdänsaurem Ammonium versetzt, worauf, am besten beim Erwärmen, ein gelber Niederschlag (S. 199) entsteht.

Zum Nachweis von Calcium wird der salzsaure Auszug mit Ammoniak versetzt, worauf ein Niederschlag entsteht, der sich in Essigsäure löst. Wird nun eine Lösung von oxalsaurem Ammonium hinzugefügt, so entsteht ein Niederschlag von oxalsaurem Calcium.

Auf Magnesium wird das Filtrat nach Fällung des Calciums geprüft, indem man es stark ammoniakalisch macht und mit einer Lösung von Ammoniumchlorid und phosphorsaurem Natron versetzt; hierbei entsteht allmählich ein Niederschlag von phosphorsaurem Ammoniummagnesium.

c) In diesem Falle handelt es sich in der Regel um harnsaures Kalium oder Natrium, oder um oxalsaures Calcium.

Urate werden mittels der Murexidprobe (S. 227) nachgewiesen.

Um auf oxalsaures Calcium zu prüfen, wird ein Teil des Konkrementes in warmer, verdünnter Salzsäure gelöst und der filtrierte Auszug mit Ammoniak versetzt; hierbei entsteht ein Niederschlag, der sich in Essigsäure nicht löst. Oder aber es wird ein Teil des Konkrementes mit einer Lösung von kohlensaurem Natrium erhitzt, das Filtrat mit Essigsäure angesäuert und mit einer Lösung von Calciumchlorid versetzt, worauf ein Niederschlag von oxalsaurem Calcium entsteht.

Neuntes Kapitel.

Milch und Colostrum.

Die Milchdrüsen beginnen bereits im 2.—3. Monat der Schwangerschaft ein dünnes Sekret abzusondern; dieses, wie auch das in größeren Mengen abgesonderte, dickere, gelbgefärbte Sekret, welches nach der Entbindung (zuweilen auch vor derselben) während einiger Tage abgesondert wird, nennt man Colostrum. Innerhalb der ersten Woche nach erfolgter Entbindung ist an Stelle des Colostrums die Milch getreten, welche, falls die Brüste regelmäßig entleert werden, nun in großen Mengen abgesondert wird. Ausnahmsweise wird die Bildung von Milch auch an Männern (Hexenmilch), oder gar auch an Neugeborenen beobachtet.

I. Milch.

A. Eigenschaften.

Die Milch ist eine weiße bis gelblichweiße, mehr oder minder süß schmeckende Flüssigkeit von eigenartigem Geruch. Ihr spezifisches Gewicht beträgt 1,026—1,036; ihre Gefrierpunktserniedrigung ist beinahe gleich der des Blutes. Die Milch von Pflanzenfressern und Omnivoren reagiert mit Lackmus geprüft amphoter; mit Phenolphthalein als Indicator sauer; mit physikalisch-chemischen Methoden gemessen ist die Reaktion eine neutrale, indem z. B. in der Kuhmilch die Konzentration der Wasserstoffionen $1-2 \cdot 10^{-7}$ beträgt. Die Milch von Fleischfressern reagiert auf Lackmus sauer.

Die Milch ist eine kompliziert zusammengesetzte und auch sonst nicht homogene Flüssigkeit, die sich unter dem Einfluß gewisser physikalischer und chemischer Einflüsse in mehrere Teile sondert. Bereits unter dem Mikroskop betrachtet, besteht sie aus zwei Teilen: dem Milchplasma, in welchem verschiedene Krystalloide und kolloidale Bestandteile gelöst sind. und Fett, das in Form sehr kleiner Tröpfchen, der sog. Milchkügelchen, im Plasma emulgiert ist.

Mit dem Ultramikroskop betrachtet, erweist sich auch das Milchplasma als eine inhomogene Flüssigkeit, in welcher schwebende Teilchen, offenbar durch Casein oder durch deren Calciumverbindung gebildet, suspendiert sind. Wird Milch durch ein Tonfilter filtriert, so werden Casein, Fett sowie kolloidal gelöste Calciumsalze zurückgehalten, während in der durchsickernden klaren Flüssigkeit nur mehr sämtliche Krystalloide, ferner Lactalbumin und Lactoglobulin enthalten sind.

Läßt man Milch stehen, oder wird die Milch zentrifugiert, so sammeln sich die Milchkügelchen vermöge ihres geringeren spezifischen Gewichtes zu einer oberen fettreichen Schicht, der sog. Sahne an. Ist die Milch inzwischen sauer geworden, so ist auch die obere fettreiche Schichte säuerlich; in diesem Falle wird sie Rahm genannt. Wird der fettreiche Teil der Milch abgeschöpft und „geschlagen“, so kommt es zu einer Verdichtung der Milchkügelchen, wobei vielfach auch die (S. 253) erwähnten haptogenen Membranen zerstört werden; auf diese Weise entsteht die Butter; die fettarme Flüssigkeit, die übrig bleibt, wird als Buttermilch bezeichnet.

Unter gewissen Umständen tritt ein Bestandteil der Milch, das Casein, in fester Form aus seiner Lösung: die Milch gerinnt (s. ausführlich auf S. 255 ff.). Und zwar tritt dieser Zustand ein:

a) wenn man frische Milch der Labwirkung aussetzt; durch Zusammenziehung des Koagulum wird eine trübe Flüssigkeit, die sog. süße Molke ausgepreßt, welche Lactose in der ursprünglichen Menge, jedoch keine Milchsäure enthält.

b) Läßt man Milch bei etwa $8-16^0$ C an der Luft stehen, so geht der Milchzucker eine milchsaure Gärung ein, und durch die entstandene Milchsäure kommt es ebenfalls zu einer Fällung des Caseins. Durch Zusammenziehung des Koagulum wird die sog. saure Molke ausgepreßt, die wenig Lactose, dagegen viel Milchsäure enthält.

c) Wird abgerahmte und während des Stehens ein wenig sauer gewordene Milch aufgekocht, so wird das Casein in Form von Quark (Topfen) gefällt. Wird dieser unter gewissen äußeren Bedingungen stehen gelassen, so kommt es unter der Einwirkung von pflanzlichen Mikroorganismen, durch die das Eiweiß teilweise abgebaut wird, zur Bildung von Käse, der aber ganz verschiedenartig ausfällt, je nach dem verschiedenen Fett- und Feuchtigkeitsgehalte des ursprünglichen Substrates, der Temperatur, der Art der beteiligten Mikroorganismen usw.

B. Zusammensetzung.

Da die Milch die ausschließliche Nahrung des neugeborenen Säugetieres darstellt, ist es klar, daß sie alle Nährstoffe enthält, deren der in Entwicklung begriffene Organismus bedarf. Ihre Bestandteile sind: von Kohlenhydraten hauptsächlich Lactose; Fett und von den Lipoiden hauptsächlich Lecithin; Eiweißkörper, und zwar Casein, Lactalbumin und Lactoglobulin; wenig Citronensäure ($0,1^0/_0$ in der Kuhmilch, $0,05-0,07^0/_0$ in Frauenmilch); Cholesterin, Harnstoff, Milch-Phosphorfleischsäure, ein Analogen einer ähnlichen in den Muskeln vorkommenden Säure (S. 263); Kreatin, Kreatinin. Von Enzymen: Katalase, Reduktase, Oxydase, Lipase usw.; ferner Salze und Gase. Arzneien oder Gifte, wie Alkaloide des Opium, Alkohol, Jod, Arsen usw. können unverändert oder in Form ihrer Umwandlungsprodukte in der Milch abgeschieden werden. Gallensäuren und Gallenfarbstoffe treten in die Milch nicht über.

Die prozentuale Zusammensetzung der Milch beträgt im Durchschnittswerte zahlreicher Analysen [1]):

---

[1]) Im wesentlichen nach dem Lehrbuch von Hoppe-Seyler-Thierfelder.

	Frauenmilch	Kuhmilch
Trockensubstanz	13,6	12,0
Wasser	86,4	88,0

Von der Trockensubstanz

	Frauenmilch	Kuhmilch
Casein	1,0	3,0
Albumin + Globulin	0,5	0,5
Fett	3—5	3,5
Milchzucker	5—8	4,5
Lecithin	0,06	0,06
Salze	0,25	0,75

Von der Gesamtmenge der Kationen entfallen in der

	Frauenmilch	Kuhmilch
auf Kalium	50%	43%
„ Natrium	20 „	11 „
„ Calcium	25 „	42 „
„ Magnesium	5 „	4 „

Auffallend ist die Armut der Milch an Eisen (1—3 mg pro 1 Liter), woran es demnach dem Säugling fehlen würde, wenn er nicht nachgewiesenermaßen über einen gegenüber dem Erwachsenen relativ reichen Vorrat an Eisen verfügte, der ihn in den Stand setzt, das zur Bildung der roten Blutkörperchen benötigte Eisen diesem Vorrate zu entnehmen.

Von der Gesamtmenge der Anionen entfallen in der

	Frauenmilch	Kuhmilch
auf Phosphor	24%	44%
„ Chlor	76 „	56 „

Auffallend ist auch die Armut der Milch an Purinkörpern, die es notwendig macht, daß der kindliche Organismus solche synthetisch aufbaue (s. S. 231).

Der Gasgehalt der Milch beträgt in der

	Frauenmilch	Kuhmilch
CO_2	2,3—2,9 Vol.-%	5,7—8,6 Vol.-%
N	3,4—3,8 „	0,8—2,3 „
O	1,1—1,4 „	0,1—1,1 „

In der Zusammenziehung von Frauenmilch und Kuhmilch gibt es demnach bemerkenswerte Unterschiede: Frauenmilch enthält weniger Casein und mehr Albumin, indem sich die Menge von Albumin und Globulin zu der des Caseins verhält wie 1—2, hingegen in der Kuhmilch wie 1 : 6. Frauenmilch enthält mehr Zucker und weniger Salze; so beträgt z. B. ihr Calciumgehalt den siebenten Teil von dem der Kuhmilch; in der Frauenmilch sind vier Fünftel der Phosphorsäure in Form organischer Verbindungen (Lecithin, Milchphosphorfleischsäure) enthalten; in der Kuhmilch umgekehrt bloß ein Viertel organisch, drei Viertel anorganisch gebunden. Auch sonst zeigt die Milch verschiedener Säugetiere wesentliche Unterschiede; so enthält Büffelmilch 7,7, Hundemilch 10%, Renntiermilch 17% und Elefantenmilch ungefähr 10% Fett; letztere enthält auch mehr Zucker, ca. 8,8%; Renntiermilch hingegen bloß 2,8%.

Doch kann auch die getrennt aufgefangene Milch beider Brüste eines Individuums Unterschiede sowohl in der Menge als auch in der Zusammensetzung zeigen, so wie auch die Milch einer Brust wesentlich anders beschaffen sein kann, je nachdem man die Probe vor dem Säugen, oder, nachdem während einiger Zeit gesäugt wurde, nimmt.

Durch gesteigerte Nahrungseinfuhr läßt sich bloß der Fettgehalt der Milch erhöhen; insbesondere gilt dies von einer gesteigerten Eiweißzufuhr. Von der Natur des im Futter gereichten Fettes hängt auch bis zu einem bestimmten Grade die Zusammensetzung des Milchfettes ab; es können ferner auch andere Eigenschaften der Milch durch die Art der Fütterung beeinflußt werden. Durch Steigerung der Wasserzufuhr läßt sich keine Verdünnung der Milch erzielen.

C. Die wichtigsten Bestandteile der Milch.

Kohlenhydrate.

Von Kohlenhydraten sind in der Milch enthalten: ca. $0,1\,^0/_0$ d-Glucose; ferner ein krystallisierbarer, dextrinartiger Körper und als wichtigster Bestandteil Lactose in beträchtlicher Menge.

Lactose, Milchzucker, $C_{12}H_{22}O_{11}$; krystallisierbar mit 1 Molekül oder ohne Krystallwasser; kommt nur in der Tierwelt vor, und zwar in der Milch, im Colostrum, zuweilen im Harn von Wöchnerinnen und von Säuglingen, die am Magen und Darm erkrankt sind. Sie löst sich in kaltem Wasser schwer, in warmem leicht, in Alkohol und Äther gar nicht. In wäßriger Lösung beträgt $[\alpha]_D = + 52,5^0$. Sie gibt die Reduktionsproben der Monosaccharide. Ihr Phenylosazon, das sog. Phenyllactosazon, schmilzt bei 200^0 C. Durch Kochen mit verdünnten Mineralsäuren, ferner durch die sog. Kefirlactase, sowie auch durch Lactase, die in der Dünndarmschleimhaut von Säuglingen gebildet wird, zerfällt die Lactose in je 1 Molekül d-Glucose und d-Galaktose. Vermöge ihrer Galaktosekomponente gibt sie die Schleimsäurereaktion (S. 76). Durch gewöhnliche Hefe wird sie nicht vergoren; wohl aber geht sie unter der Einwirkung anderer Pilze teils eine alkoholische, teils eine milchsaure Gärung ein; dies geschieht bei der Bereitung des „Kefir" aus Kuhmilch und des „Kumys" aus Stutenmilch.

Auch die Spontansäuerung beruht auf der milchsauren Gärung der Lactose, wobei je nach der Art der dabei tätigen Bakterien d-, oder l-, oder d.l-Milchsäure (S. 44) entsteht.

Die Darstellung erfolgt aus frischer Milch, indem das Casein durch Lab und die noch restierenden Eiweißkörper durch Hitzekoagulation gefällt werden. Wird das Filtrat eingeengt, so scheidet sich die Laktose, am besten um einen hineingehängten Faden, krystallinisch aus.

Zur quantitativen Bestimmung müssen erst die Eiweißkörper aus der Milch entfernt werden. a) Die Milch wird mit Wasser auf das Vierfache verdünnt, das Casein mit ein wenig Essigsäure niedergeschlagen, und aus dem Filtrat das Lactalbumin und Lactaglobulin durch Kochen gefällt. Nun wird das Filtrat auf ein bestimmtes Volumen eingeengt und der Zuckergehalt entweder durch Polarisation (S. 72) oder mit irgend einem der (S. 73) beschriebenen Reduktionsverfahren bestimmt. b) Man fällt die auf das mehrfache Volumen verdünnte und mit verdünnter Schwefelsäure angesäuerte Milch mit $10\,^0/_0$iger Phosphorwolframsäure und führt im Filtrat die polarimetrische Bestimmung aus.

Fett.

Das Fett ist in der Milch in Form außerordentlich kleiner, 2—5 μ im Durchmesser haltender Tröpfchen, der sog. Milchkügelchen, emulgiert; in 1 ccm Kuhmilch hat man 1—5 Millionen, in der Frauenmilch weniger, jedoch größere Tröpfchen gezählt. Früher wurde angenommen, daß jedes der Fetttröpfchen von einer Membran, der sog. haptogenen Membran, umgeben sei und dies sei auch die Ursache, warum das Fett der Milch durch Äther nur entzogen werden kann, wenn die genannten Membranen durch vorherigen Zusatz von Lauge oder Säure in Lösung gebracht wurden. Neuere Untersuchungen machten es wahrscheinlich, daß es solche Membranen, als wirklich selbständige Gebilde, nicht gibt und daß es nur die an den Oberflächen der Fetttröpfchen adsorbierten Eiweißkörper (Casein) sind, die als Membranen imponieren. Neuestens soll es dennoch gelungen sein, die Membranen sowohl vom Fett als vom Milchplasma getrennt zu erhalten und nach hydrolytischer Spaltung festzustellen, daß das Membraneiweiß auch Glykokoll im Molekül enthält; da nun Glykokoll dem Caseinmolekül fehlt, könnten auch die Membranen nicht durch adsorbiertes Casein gebildet werden.

Die Butter, d. h. das Milchfett, so wie es aus der Milch erhalten wird, ist mehr oder minder gelb gefärbt und verdankt diese Färbung einem Farbstoff, der in der Milch frei weidender Kühe in größerer Menge vorhanden ist als in der Milch der Tiere, die im Stalle bei Trockenfutter gehalten werden. Das Milchfett besteht aus den Triglyceriden mehrerer Fettsäuren, unter denen Palmitinsäure und Ölsäure überwiegen; daneben ist von nichtflüchtigen Fettsäuren in geringerer Menge die Stearin- und Myristinsäure, sowie auch Laurin- und Arachinsäure vertreten. Von flüchtigen Fettsäuren sind im Butterfett die Butter-, Capron-, Capryl- und die Caprinsäure enthalten.

Im Fett der Frauenmilch sind Palmitin-, Stearin- und Myristinsäure zu etwa 49%, in der Kuhmilch zu 60%, Ölsäure in der Frauenmilch zu 49%, in der Kuhmilch zu 32%, die oben genannten flüchtigen Fettsäuren in der Frauenmilch zu 1—2%, in der Kuhmilch zu 6—8% enthalten. Das Fett der Frauenmilch hat, entsprechend seinem höheren Ölsäuregehalt einen niedrigeren Schmelzpunkt als das der Kuhmilch.

Zur quantitativen Bestimmung des Fettes müssen die Proben immer aus der gut durcheinander gemischten Milch genommen werden, weil sich beim Stehen das Fett obenauf sammelt, daher der Fettgehalt der nicht durchgerührten Milch ein durchaus ungleichmäßiger ist.

a) Man füllt 25 ccm der Milch mittels Pipette in einen Meßzylinder mit gut schließendem Glasstopfen, fügt 2—3 ccm Lauge oder Ammoniak, dann 100 ccm Äther oder Petroleumäther hinzu, welches unter 60° siedet und schüttelt das Ganze während $^1/_2$ Stunde. Nach einiger Zeit, zuweilen jedoch erst nach Zusatz von einigen Kubikzentimetern Alkohol, sondert sich der Äther von der wäßrigen Flüssigkeit, worauf 25 ccm des Äthers mittels einer Pipette in ein vorher genau gewogenes Glasschälchen gefüllt und am Wasserbad verdampft werden. Der Rückstand wird im Vakuumtrockenschrank bis zur Gewichtskonstanz getrocknet und gewogen.

b) In eine eigens hierzu bereitete Hülse aus entfettetem Filterpapier wird reiner ausgeglühter Sand eingefüllt, ein genau bestimmtes Volumen der Milch aufgetropft, dann das Ganze bei 100° C getrocknet und im Soxhletschen Extraktionsapparat während 24 Stunden mit Äther oder mit Petroleumäther, der unter 60⁰ C siedet, extrahiert; der ätherische Auszug wird wie oben behandelt.

c) Nach einem von Soxhlet angegebenen Verfahren wird das spezifische Gewicht des ätherischen Extraktes der Milch in einem eigens hierzu konstruierten Apparat bestimmt und aus demselben mit Hilfe von Tabellen die Menge des Fettes berechnet.

Eiweißkörper.

Casein gehört zur Gruppe der Phosphorglobuline (S. 116). Nach den neuesten Untersuchungen enthält Kuhcasein $52{,}69\,^0/_0$ C, $6{,}81\,^0/_0$ H, $0{,}83\,^0/_0$ S, $0{,}88\,^0/_0$ P, $15{,}65\,^0/_0$ N und $23{,}14\,^0/_0$ O. Stuten- und Eselinnencasein enthält wesentlich mehr Stickstoff ($16{,}3-16{,}4\,^0/_0$), weniger Schwefel ($0{,}5-0{,}6$); die Eselinnenmilch mehr Phosphor ($1{,}0\,^0/_0$).

Darstellung. Die durch Zentrifugieren vom Fett möglichst befreite Milch wird mit Wasser auf das Vierfache verdünnt und tropfenweise solange verdünnte Essigsäure hinzugefügt, bis das Casein eben in Flocken auszufallen beginnt; der Niederschlag wird am Filter gesammelt, mit Wasser gewaschen, sodann mit wenig Wasser verrieben, in einer verdünnten Lösung von kohlensaurem Natrium gelöst, die Lösung durch Schütteln mit Äther entfettet, das Casein mit verdünnter Essigsäure gefällt und das ganze Verfahren noch dreimal wiederholt.

Casein stellt ein amorphes, weißes, nicht hygroskopisches Pulver dar, welches in reinem Wasser unlöslich ist, sich jedoch leicht in verdünnten Laugen, in Lösungen von Erdalkalien und kohlensauren Alkalien unter Bildung von sog. Caseinaten löst. Aus den alkalischen Lösungen ist es durch Säuren fällbar. In alkalischer Lösung beträgt je nach der Konzentration der Lauge $[\alpha]_D = -76$ bis -90^0. Das Casein ist eine Verbindung von ausgesprochenem Säurecharakter, indem es z. B. aus kohlensaurem Calcium Kohlensäure unter Bildung von Calciumcaseinat austreibt; letzteres wird im Milchplasma offenbar mit Hilfe von Eiweiß, dem hier die Rolle eines Schutzkolloides (S. 35) zufällt, in kolloidaler Lösung erhalten. Die Lösung des Calciumcaseinates stellt, insbesondere wenn sie mit Phosphorsäure schwach angesäuert wird, eine opalisierende Flüssigkeit dar, und wahrscheinlich kommt das Casein auch in der Milch an Calcium gebunden vor; außer dem fein emulgierten Fett dürfte auch dieses kolloidal gelöste Calciumcaseinat es sein, dem die Milch ihre weiße Farbe verdankt.

Dem Caseinmolekül fehlen Glykokoll und Glucosamin, während Tyrosin und Tryptophan reichlich vorhanden sind.

Wird Kuhcasein mittels Pepsinsalzsäure verdaut, so geht zuweilen das ganze Casein in Lösung; in anderen Fällen bleibt ein phosphorhaltiger, ungelöster Rückstand übrig, den man vermöge seiner äußeren Ähnlichkeit mit dem bei der Verdauung der Nucleoproteide entstehenden Nuclein (S. 123) als Pseudonuclein bezeichnet hat.

Lactalbumin gehört zur Gruppe der Albumine, ist krystallisierbar, koaguliert zwischen $72-84^0$ C. Optische Aktivität: $[\alpha]_D = -37^0$.

Aus Milch wird es dargestellt, indem zuerst Casein und Lactoglobulin durch Sättigen mit Magnesiumsulfat entfernt werden und das Filtrat mit Essigsäure bis zu einem Gehalt von etwa $1\,^0/_0$ versetzt wird. Aus der sauren Flüssigkeit fällt das Lactalbumin in Flocken aus, die in verdünnter Lauge gelöst werden, worauf dann die Lösung gegen reines Wasser dialysiert wird. Aus der beinahe salzfreien Lösung erhält man das Lactalbumin durch Eintrocknen oder durch Fällen mit Alkohol.

Lactoglobulin, gehört zur Gruppe der Globuline und gleicht in seinen Eigenschaften dem Serumglobulin. Aus Milch kann es dargestellt werden, indem das Casein durch Sättigen mit Kochsalz entfernt und das Filtrat durch Sättigen mit Magnesiumsulfat gefällt wird.

Die quantitative Bestimmung der verschiedenen in der Milch enthaltenen Eiweißkörper kann zusammen oder getrennt vorgenommen werden; das Grundprinzip aller dieser Bestimmungen ist, die betreffende Eiweißart aus ihrer Lösung durch Fällen zu isolieren, im Niederschlag eine Stickstoffbestimmung nach Kjeldahl (S. 214) auszuführen und den Stickstoff in Eiweiß umzurechnen.

a) Zur Bestimmung des gesamten Eiweißgehaltes werden 5 ccm Milch mit Wasser auf das Zehnfache verdünnt, durch einen Überschuß an Gerbsäure gefällt und der Niederschlag am Filter gesammelt und gewaschen.

b) Zur Bestimmung des Casein werden 20 ccm Milch mit Wasser auf das zwanzigfache Volumen verdünnt und unter fortwährendem Umrühren solange mit verdünnter Essigsäure versetzt, bis das Casein ausfällt. Dann wird während $1/_2$ Stunde Kohlensäure durch die Flüssigkeit geleitet, während 12 Stunden stehen gelassen und der Niederschlag am Filter gesammelt.

c) Zur Bestimmung von Lactalbumin + Lactoglobulin wird das Filtrat nach der sub b) beschriebenen Fällung des Casein aufgekocht und der durch Koagulation erhaltene Niederschlag am Filter gesammelt.

d) Lactalbumin allein wird bestimmt, indem man 10 ccm Milch mit 20 bis 40 ccm einer konzentrierten Lösung von Magnesiumsulfat versetzt, dann die Flüssigkeit auf 40° C erhitzt und mit festem Magnesiumsulfat sättigt. Hierbei werden Casein und Lactoglobulin gefällt, während das im Filtrat in Lösung verbliebene Lactalbumin durch Kochen koaguliert und der Niederschlag am Filter gesammelt wird.

Enzyme.

Der Nachweis verschiedener Enzyme ist aus dem Grunde praktisch wichtig, weil durch den positiven Ausfall der Reaktion erwiesen wird, daß die Milch „roh" ist, d. h. vorher nicht aufgekocht war.

Der Nachweis erfolgt durch Zusatz von 2 Tropfen einer 2%igen Lösung von p-Phenylendiamin und 1 Tropfen einer 0,2%igen Lösung von Wasserstoffsuperoxyd zu 10 ccm Milch. Ist die Milch roh und enthält sie daher wirksame Oxydase, so färbt sich das Gemisch nach dem Schütteln blau.

Zum selben Zweck dient auch die sog. Schardingersche Reaktion. Man vermischt je 5 ccm einer gesättigten alkoholischen Lösung von Methylenblau und käuflichen Formalins (40%iges Formaldehyd) mit 190 ccm destilliertem Wasser. Nun werden in einer Eprouvette 10 ccm der zu untersuchenden Milch mit 1 ccm des Reagens versetzt und die Eprouvette in ein Wasserbad von 70° C gestellt. Hatte man es mit roher Milch zu tun, so entfärbt sich die Flüssigkeit nach wenigen Minuten; war die Milch vorher aufgekocht, so tritt keine Entfärbung auf, da das Enzym, das die die Oxydation des Formaldehyds und Reduktion des Methylenblaues beschleunigen sollte, durch das Aufkochen zerstört war.

D. Gerinnung der Milch.

1. Labgerinnung.

Wenn man Kuhmilch, an der die Erscheinungen der Labgerinnung besser als an anderen Milcharten zu beobachten sind, mit genau neutralisiertem Magensaft oder mit irgend einem Labpräparate versetzt und in einem bei 40° C gehaltenen Thermostaten stehen läßt, so entsteht unter Einwirkung des Chymosin (S. 168) erst eine flockige Fällung von Casein und bald darauf gerinnt die ganze Milch zu einer Gallerte.

Frauenmilch läßt sich durch Lab weit schwerer als Kuhmilch zum Gerinnen bringen; denn bald scheidet sich Casein überhaupt nicht, bald nur in spärlichen, sehr feinen Flöckchen aus, am ehesten noch in Gegenwart von sehr wenig Säure. Die Ursache hierfür ist nicht bekannt; sie dürfte entweder darin liegen, daß Casein in geringerer Menge oder vielleicht in anderer Form als in der Kuhmilch enthalten ist, oder aber darin, daß es durch die relativ größere Menge von Lactalbumin und Lactoglobulin in Lösung erhalten wird. Auch das Stutencasein gerinnt in Form feiner Flöckchen, während Ziegen- und Schafcasein noch größere Schollen bildet als Kuhcasein.

Die Gerinnung beruht auf folgenden zwei Vorgängen:

a) Das in der Milch gelöste Casein wird unter dem Einflusse des Chymosins offenbar auf dem Wege der Hydrolyse in zwei Verbindungen gespalten: in einen größeren, ca. $90^0/_0$ betragenden Anteil, das sog. Paracasein, und in einen kleineren, etwa $10^0/_0$ betragenden Anteil, das sog. Molkeneiweiß, die aber zunächst beide in Lösung bleiben. Zu dieser Spaltung bedarf es weder der Anwesenheit von Calciumsalzen, noch aber einer höheren Temperatur.

b) In Gegenwart von gelösten Calciumsalzen, richtiger von Calciumionen, am leichtesten bei Brutofentemperatur, wird das durch die Labwirkung abgespaltene Paracasein in Paracaseincalcium verwandelt und als solches gefällt.

Daß die Wirkung des Labfermentes tatsächlich nur in einer Spaltung des Casein besteht, jedoch nichts mit der Koagulation selbst zu tun hat, geht aus folgendem Versuch hervor: Setzt man Milch, die durch Zusatz von oxalsaurem Salz calciumfrei gemacht wurde, oder aber eine Lösung von calciumfreiem Casein in verdünnter Lauge der Labwirkung aus, so wird keine Spur einer Gerinnung zu sehen sein. Kocht man nun die Flüssigkeit auf und schließt hierdurch jede weitere Labwirkung aus, so tritt trotzdem eine sofortige Gerinnung ein, wenn man die abgekühlte Flüssigkeit mit der Lösung eines Calciumsalzes (am besten Calciumchlorid) versetzt; zum Zeichen dessen, daß die Spaltung des Casein zwar durch das Labferment, die Fällung des Paracasein hingegen durch die zugesetzten Calciumionen erfolgt war.

Paracasein ist dasjenige Spaltprodukt des Casein, in das auch dessen gesamter Phosphor übergeht; es gleicht letzterem in seinen meisten Eigenschaften, doch ist es aus seinen Lösungen sowohl durch Alkohol als auch durch Salze leichter zu fällen.

Dargestellt kann es werden aus gereinigtem, also fett- und calciumfreiem Casein, indem dieses, in sehr verdünnter Lauge gelöst, bei 37° C während zehn Minuten der Labwirkung ausgesetzt, die Flüssigkeit auf 90° erhitzt, mit Wasser verdünnt und durch tropfenweisen Zusatz von verdünnter Essigsäure gefällt wird.

Molkeneiweiß, das phosphorfreie Spaltprodukt des Casein, wird von den meisten Autoren den Albumosen zugezählt, denn die Fällung, die in einer Lösung durch Salpetersäure erzeugt wird, schwindet beim Erwärmen.

2. Die Säurekoagulation

beruht darauf, daß das Casein aus seiner Lösung fällt, sobald ihm die zugesetzte Säure jene Basen entzieht, die es in Lösung erhielten. Dies ist auch bei der Spontangerinnung der Milch der Fall, indem hierbei aus der Lactose unter dem Einflusse verschiedener Bakterien (neben Bernstein-, Butter-, Essigsäure) Milchsäure gebildet wird. Die Bildung der Milchsäure geht jedoch nur allmählich vor sich, so, daß die Koagulation unter stets wechselnden Bedingungen erfolgt. So wird z. B. frische Milch beim Kochen kaum verändert; die obenauf entstehende „Haut" besteht hauptsächlich aus geronnenem Lactalbumin. Milch, die bereits durch kurze Zeit gestanden hatte, gerinnt beim Aufkochen, jedoch nur, wenn vorangehend Kohlensäure durchgeleitet wurde. Hatte die Milch längere Zeit gestanden, so bedarf es keiner Durchleitung von Kohlensäure, um sie durch Kochen zum Koagulieren zu bringen. Läßt man die Milch noch länger stehen, so gerinnt sie schon durch bloßes Durchleiten von Kohlensäure, ohne aufgekocht zu werden; endlich erfolgt auch die wirkliche Spontangerinnung. Der Zeitpunkt, in dem letztere eintritt, hängt natürlich von der Menge und Art der Bakterien, sowie von der Temperatur ab; bei 8^0 C durchschnittlich nach 2—3 Tagen, bei 16^0 C nach 1 Tag langem Stehen.

Das Casein wird außer durch Milchsäure auch durch andere Säuren gefällt, deren Konzentration jedoch passend gewählt sein muß, denn die Fällung löst sich leicht im Überschuß der Säure. Da letzteres bei der Essigsäure am wenigsten der Fall ist, ist diese zum Fällen des Casein am besten geeignet.

Die Frauenmilch verhält sich auch betreffs der Säurekoagulation abweichend von der Kuhmilch: durch Essigsäure läßt sich das Casein aus ihr nur fällen, wenn sie nach der Ansäuerung auf 2—3 Stunden in den Eischrank gestellt und dann am Wasserbad von 40^0 C erwärmt wird, oder indem man sie zuerst gefrieren und nachher bei höherer Temperatur, mit Essigsäure angesäuert, stehen läßt.

E. Mechanismus der Milchbildung.

Über den Mechanismus der Milchbildung wissen wir recht wenig. So viel ist sicher, daß es zur Bildung der Lactose, des Casein und der Salze einer aktiven sekretorischen Tätigkeit des Milchdrüsenepithels bedarf; denn Lactose und Casein sind im Blute überhaupt nicht, die Salze aber in einer anderen Konzentration enthalten.

Den Ursprung des Milchfettes hat man so erklärt, daß die einzelnen Drüsenepithelien ganz oder teilweise verfetten, zerfallen und die nun frei gewordenen Fetttröpfchen in das Sekret gelangen. Woher jedoch das Fett in das Drüsenepithel gelangt, ist nicht bekannt. Es ist möglich, daß es in den Zellen selbst aus Kohlenhydraten gebildet wird, oder aber, daß es sich um Fett handelt, welches aus anderen Körperzellen frei geworden und auf dem Wege der Blutbahn zur Milchdrüse gelangt ist; endlich ist es auch möglich, daß es aus dem Nahrungsfett herrührt.

Die Lactose wird in der Milchdrüse gebildet; die eine Komponente, die d-Glucose, steht in den Körpersäften gelöst stets reichlich zur Verfügung; die andere, die d-Galactose, ist offenbar ein Umwandlungsprodukt der d-Glucose.

II. Colostrum.

Das Colostrum ist eine gelbliche Flüssigkeit, welche unter dem Mikroskop betrachtet, einerseits Fetttröpfchen von sehr wechselnder Größe, andererseits sog. Colostrumkörper enthält. Es sind dies Zellen mit stark gekörntem und von Fetttröpfchen durchsetztem Protoplasma, die nach einigen Autoren lymphoiden Ursprunges, nach anderen Drüsenepithelien wären. Das spezifische Gewicht beträgt 1,046—1,080 (Kuhcolostrum) resp. 1,040—1,060 (Frauencolostrum). Seine Zusammensetzung ist sehr veränderlich, je nachdem es vor oder nach der Entbindung abgeschieden wird; doch läßt sich im allgemeinen sagen, daß es mehr Eiweiß und Salze und weniger Fett als Milch enthält.

Seine prozentuale Zusammensetzung beträgt:

Trockensubstanz . . . . 17—25%
Wasser . . . . 75—83 „

Von der Trockensubstanz:

Casein . . . . 3— 4 %
Albumin + Globulin . . . . . . 5—10 „
Fett . . . . 2,4—3,6 „
Lactose . . . . 1,2—3 „
Anorganische Salze . . . . . . 0,8—1 „

Durch den relativ hohen Gehalt an Trockensubstanz wird das hohe spezifische Gewicht verursacht; durch den hohen Gehalt an Albumin + Globulin die Erscheinung, daß das Colostrum beim Erhitzen im ganzen erstarrt. Eine spontane Gerinnung des Colostrum erfolgt auch bei Sommertemperatur erst in etwa einer Woche oder noch später; und die Säurekoagulation tritt mit derselben Schnelligkeit wie in der Milch nur ein, wenn das Colostrum vorher auf das Vielfache mit Wasser verdünnt war.

Zehntes Kapitel.

Chemie verschiedener Organe, Gewebe und Sekrete.

I. Leber.

Die Funktion der Leber ist eine mannigfaltige: durch Absonderung der Galle kommt ihr eine wichtige Rolle in der Verdauung und Resorption der Nahrung zu (S. 177); ferner verlaufen in ihr viele lebenswichtige Vorgänge, wie Polymerisation des Traubenzuckers zu Glykogen (S. 276), Verzuckerung des Glykogen usw. (S. 279), Harnstoffbildung (S. 219), Harnsäurebildung bei Vögeln usw. (S. 230), Bildung von Acetonkörpern (S. 252 ff.), die an anderen Stellen erörtert werden. Funktionen der Leber sind ferner:

Cystinabbau. Ein Teil des aus dem Eiweißmolekül abgesprengten Cystins wird in der Leber in Taurin verwandelt (S. 101).

Bildung von gepaarten Säuren. Wahrscheinlich ist es die Leber, in welcher die Entgiftung mancher, aus dem Darm in das Blut gelangter giftiger Verbindungen stattfindet; so die des Phenols und des Indols durch die Vereinigung mit Schwefelsäure und Glucuronsäure zu ungiftigen Doppelverbindungen (S. 87 und 232).

Giftbindung. Zahlreiche von außen in den Organismus gelangte Gifte werden in der Leber entweder dadurch unschädlich gemacht, daß sie (z. B. Alkaloide) in nichtgiftige Verbindungen übergeführt, oder dadurch, daß sie (z. B. Metallgifte) in Form unlöslicher Verbindungen zurückgehalten werden.

Fibrinogenbildung (s. S. 133).

Antithrombinbildung. Blut, das man durch eine überlebende Leber strömen läßt, gerinnt schwerer als gewöhnliches Blut. Hieraus hat man gefolgert, daß in der Leber Antithrombin gebildet wird, welches die Gerinnung des im gesunden Organismus kreisenden Blutes verhindert (s. auch S. 130).

Bestandteile und Zusammensetzung. Von den Kohlenhydraten der Leber ist das Glykogen am wichtigsten; seine Menge beträgt durchschnittlich $1-4^0/_0$, nach reichlicher Aufnahme von Kohlenhydraten bis $14-16^0/_0$. Der Glykogengehalt hängt aber auch von manchen anderen Umständen ab; so z. B. bei Fröschen auch von der Jahreszeit und von der Temperatur der Umgebung: die Leber des hungernden Winterfrosches enthält mehr Glykogen als die des wohlgenährten Sommerfrosches. Durch anhaltende Körperbewegung kann ein großer Teil des Glykogens zum Schwinden gebracht werden. Außer Glykogen enthält die Leber noch wenig Traubenzucker, Xylose und Jecorin (S. 93).

Der Fettgehalt ist veränderlich und beträgt im Menschen ca. $4^0/_0$; im Säugling nach der Milchaufnahme mehr. Der Lecithingehalt beträgt ca. $2^0/_0$; nach Phosphorvergiftung und in gewissen infektiösen Erkrankungen weniger.

Die Leber enthält auch Eisen, und zwar im menschlichen Fötus bis zu $0,03^0/_0$, im Erwachsenen ca. $0,02^0/_0$. Unter pathologischen Umständen, so z. B. in Fällen von Anaemia perniciosa, kann der Eisengehalt ein wesentlich höherer sein. Von den organischen Eisenverbindungen der Leber ist das Schmiedebergsche Ferratin am wichtigsten.

In der Leber wurden, entsprechend ihrer mannigfaltigen Funktion, eine Anzahl von Enzymen nachgewiesen; so ein autolytisches Enzym (S. 62), das sich an mit Phosphor vergifteten Tieren besonders wirksam zeigt, ein desaminierendes (S. 230), das auf Aminosäuren und Aminopurine wirkt, ein Harnsäure zerstörendes (S. 231), ein Arginin spaltendes Enzym, die sog. Arginase (S. 101) usw.

II. Hirn und Nerven.

Hirn- und Nervengewebe enthalten gewisse charakteristische Bestandteile, durch welche sie sich von allen anderen Geweben unterscheiden; solche sind das Neurokeratin, Sphingomyelin, Kephalin (S. 94), die Cerebroside und Cholesterin.

Neurokeratin (S. 124) kommt in den markhaltigen Nervenfasern vor.

Sphingomyelin ist ein phosphorhaltiger Körper, aus dem die Basen Cholin und Sphingosin (S. 50), ferner auch Lignocerinsäure (S. 42) abgespalten werden könnten.

Die **Cerebroside** sind phosphorfreie, stickstoffhaltige Körper, die aus verschiedenen Fettsäuren, wie z. B. Cerebronsäure, Basen, wie z. B. Sphingosin (S. 50), bestehen und aus welchen mittels Säuren reduzierendes Kohlenhydrat, und zwar Galaktose, abgespalten werden kann. Von den vielen Cerebrosiden, die beschrieben wurden, wie Enkephalin, Phrenosin, Cerebrin, Cerebron usw., ist nur letzteres einigermaßen sichergestellt.

Protagon wird von manchen Autoren als charakteristischer Bestandteil der Hirnsubstanz angesehen; andere bestreiten, daß man es im Protagon mit einer einheitlichen Verbindung zu tun hätte.

Cholesterin ist in der Hirnsubstanz in relativ großen Mengen enthalten, und zwar in freiem Zustande, nicht in Form seiner Ester.

Die durchschnittliche prozentuale Zusammensetzung des Gehirns ist die folgende:

	weiße Substanz	graue Substanz
Wasser	68—73%	83—85%
Trockensubstanz	27—32 „	15—17 „
Eiweißkörper (Globuline und ein Nucleoproteid)	7 %	8 %
Lecithin	5 „	3 „
Kephalin	3,5 „	0,7 „
Cerebroside	5 „	2 „
Cholesterin	5 „	0,7 „
Neurokeratin	3 „	0,4 „
Anorganische Substanz	0,8 „	0,8 „

Aus obiger Zusammenstellung ist ersichtlich, daß die weiße Substanz reicher an Trockensubstanz und diese wieder reicher an Cholesterin, Cerebrosiden und Neurokeratin ist als die graue Substanz.

Von organischen Verbindungen werden ferner noch Harnstoff, Harnsäure, Inosit und Cholin in geringen Mengen nachgewiesen.

Das Nervengewebe ist ähnlich der Hirnsubstanz zusammengesetzt.

III. Muskelgewebe.

A. Quergestreifte Muskeln.

1. Zusammensetzung.

In 100 Gewichtsteilen des von Fettgewebe befreiten Muskels sind enthalten:

	Gewichtsteile		
	im Säugetier	im Vogel	im Kaltblüter
Wasser	75—78	72—78	80
Trockensubstanz	22—25	22—28	20

Wie zu ersehen ist, enthält der Muskel des Kaltblüters mehr Wasser als der des Vogels und des Säugetieres; im allgemeinen sind auch

Muskeln jüngerer Individuen derselben Tierart wasserreicher als die des älteren Individuums.

Im Säugetier sind von den $22-25\%$ Trockensubstanz 1% durch anorganische Salze gebildet. In der möglichst entfetteten Muskelsubstanz sind $49,6\%$ C, $6,9\%$ H und $15,3\%$ N enthalten; die Mengen von C und N verhalten sich demnach wie $3,24 : 1$; nach manchen Autoren wie $3,28 : 1$.

Der größte Teil der organischen Substanz wird durch Eiweißkörper gebildet; außer diesen sind im Muskel von stickstoffhaltigen Verbindungen enthalten: Kreatin, wenig Kreatinin, Purinkörper, Harnstoff; von stickstoffreien: Fett (Lipoide), Glykogen, d-Glucose, d-Milchsäure, Inosit.

Stickstoffreie organische Bestandteile.

Glykogen (ausführlich S. 83) ist im lebenden Muskel in einer Menge von etwa 1% enthalten; im Hungertier weniger als im wohlgenährten; im Hundemuskel weniger als im Katzenmuskel. Im ruhenden Muskel findet eine Anhäufung, im arbeitenden ein Verbrauch von Glykogen statt; dementsprechend läßt sich die Muskulatur eines Tieres annähernd glykogenfrei machen, wenn man es mit nicht tödlichen Strychnindosen vergiftet und von Zeit zu Zeit heftige krampfartige Kontraktionen seiner Muskeln auslöst.

Die Menge des Glykogen nimmt im Hungerzustande ab, und zwar betrifft die Abnahme zuerst immer das Leberglykogen und erst nachher das Muskelglykogen; es darf jedoch nicht unbeachtet bleiben, daß die Muskeln des Kaninchens auch nach achttägigem Hungern nicht wirklich glykogenfrei werden, die des Hundes zuweilen auch nach wochenlangem Hungern nicht. Stirbt der Muskel ab, so nimmt sein Glykogengehalt, offenbar unter Einwirkung eines Enzymes, rasch ab.

Andere Kohlenhydrate (d-Glucose, Maltose, Dextrine) wurden in sehr geringen Mengen im Muskel nachgewiesen.

d-Milchsäure (Para- oder Fleischmilchsäure) ist die einzige der drei Modifikationen der α-Oxypropionsäure (S. 44), die im Muskel vorkommt.

Die Angaben bezüglich des Milchsäuregehaltes der Muskeln lauten vielfach widersprechend, was sich aus den Schwierigkeiten erklären läßt, die einer quantitativen Bestimmung im Wege stehen. Zu diesen Schwierigkeiten gehört unter anderem der Umstand, daß sich das Glykogen des toten Muskels sehr leicht in Milchsäure verwandelt, wenn das Herauspräparieren, Zerkleinern usw. des Muskels nicht bei genügend niederer Temperatur vorgenommen wird. So findet man z. B., falls alle nötigen Kautelen eingehalten werden, im Froschmuskel bloß $0,01-0,02$ Milchsäure; sonst aber, besonders wenn Alkohol oder Chloroform bei den Manipulationen mitverwendet wurden, bis zu $0,5\%$. Noch schwieriger ist es, die Bildung der Milchsäure infolge von Muskelkontraktionen quantitativ zu verfolgen. Wird nämlich der Versuch am lebensfrisch ausgeschnittenen Muskel angestellt, so entstehen eben infolge Wegfallens der Blut- resp. Sauerstoffzufuhr bedeutende Mengen von Milchsäure; läßt man jedoch den Muskel in situ, mit Erhaltung seiner Zirkulation, so wird die gebildete Milchsäure durch das strömende Blut kontinuierlich weggeschwemmt.

Trotz vieler Unsicherheiten steht folgendes fest: Während die Substanz des ruhenden, lebenden Muskels auf Lackmus amphoter reagiert, ist die Reaktion des lebenden, arbeitenden, sowie des abgestorbenen

Muskels sauer; diese saure Reaktion rührt zum kleineren Teile von
sauren Phosphaten her, zum größeren Teile ist sie jedoch der Milchsäure zuzuschreiben. Der arbeitende Muskel enthält mehr Milchsäure
als der ruhende; der größte Teil der Milchsäure entsteht aus Kohlenhydraten.

Inosit (S. 47) kommt in einer Menge von etwa $0,03\%$ vor.

Fett ist nicht nur im intramuskulären Bindegewebe, sondern auch
in den Muskelfasern selbst enthalten, jedoch ist dieser Teil schwerer
durch Äther zu extrahieren. Mageres Fleisch enthält ca. 1% Fett;
das mancher Fischarten weit mehr; so z. B. das vom Lachs bei 10%,
das des Aales 30%. Außer Fett enthält das Fleisch auch andere mit
Äther extrahierbare Verbindungen, wie freie Fettsäuren, Phosphatide
(Lecithin); ja im ätherischen Extrakt des Herzfleisches findet sich mehr
Lecithin als Fett; in anderen Muskeln überwiegt das Fett.

Stickstoffhaltige organische Bestandteile.

Eiweißkörper [1]). Der aus dem frischen Froschmuskel erhaltene
Preßsaft, das sog. **Muskelplasma**, gerinnt spontan bei Zimmertemperatur mit der Vollkommenheit wie das Blutplasma, jedoch nur,
wenn man den Froschmuskel in gefrorenem Zustand zu sog. Muskel-
schnee zerrieben hatte und dann auftauen läßt. Weit weniger vollkommen gerinnt der Preßsaft des Säugetiermuskels. Die Gerinnung
beruht auf der Fähigkeit zweier in den Muskeln enthaltener Eiweißkörper, des Myogen und des Myosin, bei Zimmertemperatur spontan
zu koagulieren. Nach manchen Autoren soll es sich hierbei um eine
Fermentwirkung, ähnlich wie beim Blute handeln; nach anderen um
eine Wirkung der im abgestorbenen Muskel gebildeten Milchsäure, oder
aber um die von Calciumsalzen. Myosin und Myogen sollen hierbei
zuerst in lösliches, sodann in koaguliertes „Myosinfibrin“ und „Myogen-
fibrin“ verwandelt werden.

Dem allmählich fortschreitenden Gerinnungsprozesse ist es zu verdanken, daß man aus dem abgestorbenen Muskel wohl einen Teil der
Eiweißkörper durch geeignete Salzlösungen, wie z. B. durch eine 5%ige
Lösung von Magnesiumsulfat extrahieren kann, ein anderer Teil jedoch
ungelöst zurückbleibt. Letzterer ist es, der den weitaus größten Teil
des sog. **Muskelstromas** bildet und es ist selbstverständlich, daß
seine Menge, je nachdem die Gerinnung mehr oder weniger vorgeschritten
ist, bald bloß 10%, ein andermal jedoch auch 50% der Eiweißkörper
betragen kann.

Die Eiweißkörper des Muskels sind:

a) **Myogen** (auch Myosinogen genannt), bildet $71—80\%$ sämtlicher
Eiweißkörper; es ist aus seiner Lösung durch Verdünnung nicht zu

---

[1]) Die von verschiedenen Autoren verwendete Terminologie der Muskeleiweiß-
körper ist recht widerspruchsvoll; mit dem Namen „Myosin“ bezeichnete K ü h n e
ursprünglich den Preßsaft des auf 0^0 gekühlten Muskels; später wurde hierunter
der geronnene Teil des Muskelplasma verstanden. Im nachstehenden werden
die Ausdrücke „Myosin“ und „Myogen“ im Sinne von Fürths Terminologie
verwendet.

fällen, ist also kein echtes Globulin. Durch Halbsättigung mit Ammoniumsulfat ist es fällbar. Es gerinnt allmählich auch bei Zimmertemperatur, weit rascher bei 55—65⁰ C.

b) **Myosin** (auch Muskulin oder Paramyosinogen genannt), zeigt alle Eigenschaften der Globuline; im Wasser ist es nur in Gegenwart von Salzen löslich und durch Verdünnung dieser Lösung fällbar; es löst sich auch in verdünnten Laugen und Säuren. Durch Ammoniumsulfat wird es erst in Konzentrationen gefällt, welche die Halbsättigung überschreiten. Es gerinnt allmählich auch bei Zimmertemperatur; rascher bei 46—50⁰ C.

c) **Myochrom,** der charakteristische Farbstoff der Muskelfasern, dem sie die rote Farbe verdanken; es steht dem Hämoglobin sehr nahe; ist mit demselben vielleicht sogar identisch. In größter Menge ist es in den am kräftigsten und anhaltendsten arbeitenden Muskeln (Herzmuskel) enthalten. Im Hungerzustande, sowie in kachektischen Zuständen nimmt seine Menge ab.

Von anderen stickstoffhaltigen Bestandteilen sind noch zu erwähnen:

Kreatin, Methylguanidinessigsäure, $C_4H_9N_3O_2$, kann als Guanidin angesehen werden, in welchem ein Wasserstoffatom einer Aminogruppe durch die Methylgruppe, ein zweites aber durch Essigsäure ersetzt ist. In Säugetiermuskeln ist es in einer Menge von etwa $0,1—0,5\%$ enthalten; Vogelmuskeln enthalten mehr. Es ist ein krystallisierbarer Körper, der in kaltem Wasser schwer, in warmem Wasser leichter löslich ist. Mit verdünnter Salzsäure erhitzt, wird es in Kreatinin verwandelt.

Die Darstellung erfolgt, indem man Muskelbrei während $^1/_4$ Stunde mit 50grädigem Wasser extrahiert, das Eiweiß aus dem Extrakt durch Kochen, andere Verbindungen durch Fällen mit Bleiessig entfernt. Aus dem Filtrat wird das Blei durch Schwefelwasserstoff entfernt, die abermals filtrierte Flüssigkeit eingeengt und zur Krystallisation hingestellt.

Der Nachweis und die quantitative Bestimmung des Kreatin kann nur nach vorangehender Umwandlung in Kreatinin ausgeführt werden.

Kreatinin (ausführlich S. 222) ist in der Regel neben Kreatin nachzuweisen, und zwar im ruhenden Muskel weniger, im arbeitenden mehr.

Von **Purinkörpern** (S. 225) ist Hypoxanthin in einer Menge von etwa $0,1—0,2\%$ enthalten; Xanthin, Harnsäure und Guanin in noch geringerer Menge.

Harnstoff (S. 218) kommt im Säugetiermuskel in einer Menge von etwa $0,01—0,05\%$ vor; im Hungertier weniger, nach Fleischfütterung mehr; im Muskel der Selachier ist auffallend viel, gegen 2%, Harnstoff vorhanden.

Außer den genannten sind im frischen Fleisch noch andere stickstoffhaltige Verbindungen enthalten, die in weit größerer Menge in dem fabrikmäßig dargestellten „Fleischextrakt" vorkommen. Diese sind:

Karnin, das von manchen Autoren als ein Gemenge von je 1 Molekül Hypoxanthin und Inosin angesehen wird: letzteres besteht aus je 1 Molekül d-Ribose, Hypoxanthin und Karnosin, dieses wieder aus je 1 Molekül Histidin und β-Alanin $(CH_2 \cdot NH_2 \cdot CH_2 \cdot COOH)$; ferner **Inosinsäure** (S. 122); dann **Phosphorfleischsäure,**

eine komplizierte, an Antipeptone erinnernde Verbindung, die nach manchen Autoren bloß als ein Gemenge anzusehen ist. Aus der Phosphorfleischsäure, die im Vereine mit anderen ähnlichen Verbindungen die Gruppe der **Nucleone** bildet, lassen sich d-Milchsäure, Bernsteinsäure, Phosphorsäure, Kohlenhydrat usw. abspalten.

Anorganische Bestandteile sind im Säugetiermuskel in folgenden Verhältnissen enthalten:

K . . .	2,5 —4,0⁰/₀₀	Fe . . .	0,04—0,2⁰/₀₀
Na . . .	0,6 —1,6 „	P	1,7 —2,5 „
Mg . . .	0,2 —0,3 „	Cl . . .	0,4 —0,8 „
Ca . . .	0,02—0,2 „	S	1,9 —2,3 „

Aus obiger Zusammenstellung ist zu ersehen, daß von sämtlichen Basen das Kalium in größter Menge vorkommt. Da Schwefel beinahe ausschließlich als neutraler Schwefel des Eiweißmoleküls enthalten ist, Chlor aber hauptsächlich von zurückgebliebenem Blut oder von Lymphe herrührt, so kann es nur Phosphor resp. nur Phosphorsäure sein, an welche die relativ große Menge von Kalium gebunden ist. **Unter den anorganischen Salzen des Muskels überwiegt demnach das phosphorsaure Kalium.**

Von **Gasen** kommen im Muskel Kohlensäure in größeren, Stickstoff in sehr geringer Menge vor; Sauerstoff fehlt.

2. Muskelstarre.

Sowohl der frisch aus dem Tiere ausgeschnittene, als auch der in der Leiche belassene Muskel wird unter gewissen Umständen starr, wobei das Muskeleiweiß eine eigentümliche Umwandlung erfährt. Der erstarrte Muskel ist hart, undurchsichtig, dicker und kürzer als der lebende, ruhende Muskel.

Muskelstarre tritt ein:

a) Einfach durch Koagulation des Muskeleiweißes, wenn der Muskel einer höheren Temperatur ausgesetzt wird; die Koagulation findet am Froschmuskel bei etwa 40⁰, am Säugetiermuskel bei etwa 50⁰ statt.

b) Unter der Einwirkung von **Giften**. Als solches gilt auch destilliertes Wasser, das durch das Sarkolemma diffundiert und die kontraktile Substanz zum Quellen bringt. Hierher gehören auch die eiweißpräzipitierenden Verbindungen, wie Alkohol, Gerbsäure; ferner Laugen, Säuren, Chinin, die auch das ausgepreßte Muskelplasma zur Koagulation bringen. Manche der genannten Gifte lassen den Muskel nur erstarren, wenn er sich vorher anhaltend kontrahiert hatte und demzufolge eine Anhäufung von Milchsäure stattgefunden hatte.

c) Durch die spontane Erstarrung des Leichenmuskels entsteht die sog. Leichenstarre, die am Säugetier innerhalb einiger Stunden, am Kaltblüter jedoch erst in 1—2 Tagen nach dem Tode eintritt, und zwar an einem vorher hungernden oder müde gehetzten oder mit Strychnin vergifteten Tiere schneller, als an einem vorher gut genährten, normalen Tiere, ferner auch in der Hitze schneller als in der Kälte. Später löst sich die Leichenstarre und die Muskeln werden wieder weich. In der Erklärung der Leichenstarre stimmen die Autoren nicht überein: manche halten sie für eine der Gerinnung des Muskelplasmas identische Erscheinung, andere betrachten sie als letzte Lebensäußerung des Muskels. Neuestens sucht man die ganze Erscheinung auf physikalisch-chemischem Wege zu erklären. Wie eine Gelatineplatte bei Gegenwart von sehr wenig Säure, also bei einer geringen Wasserstoffionenkonzentration weit stärker anquillt als in reinem, säurefreiem Wasser, so findet auch ein rasches und starkes Anquellen des Muskeleiweißes unter der Wirkung der Säuren statt, die sich im absterbenden Muskel in großer Menge bilden. Das Schwinden der Leichenstarre wurde früher fälschlich als Fäulnisprozeß angesehen; später, mit größerer Berechtigung, autolytischen Vorgängen zugeschrieben. Eine physikalisch-chemische Erklärung scheint auch hier am plausibelsten zu sein: unter der Einwirkung der zunehmenden Säurebildung wird das gequollene Muskeleiweiß endlich gefällt, worauf natürlich auch der Quellung ein Ende gesetzt wird. Aus dieser Erklärung folgt auch, daß die Koagulation des Muskelplasmas resp. des Muskeleiweißes nicht zur Leichenstarre führt, sondern im Gegenteil: die Leichenstarre schwindet, wenn das Muskeleiweiß gerinnt.

B. Glatte Muskelfasern.

Die Zusammensetzung der glatten Muskelfasern wurde am Magen und an der Harnblase verschiedener Tiere studiert und in ihnen ein koagulierbares Eiweiß nachgewiesen, das bald dem Myosin, bald dem Myogen der quergestreiften Muskeln gleicht. In glatten Muskelfasern wurde mehr Natrium als in quergestreiften gefunden.

IV. Stützgewebe.

Bindegewebe. Die Bindegewebsfasern, welche die Grundsubstanz der Bindegewebe darstellen, bestehen aus Kollagen (S. 124), die elastischen Fasern aus Elastin (S. 124). Im Sehnengewebe ist außerdem noch ein Mucoid (S. 122) enthalten. Der das Bindegewebe durchtränkende Gewebesaft enthält die (S. 133ff.) genannten Bestandteile des Blutplasma resp. der Lymphe, welche Bestandteile selbstverständlich nicht als für das Bindegewebe charakteristisch angesehen werden können. Jüngeres Bindegewebe enthält durchschnittlich mehr Wasser und Mucoide als älteres. Die Isolierung der einzelnen Bestandteile des Bindegewebes beruht auf ihrer verschiedenen Löslichkeit. Die dem Blutplasma resp. der Lymphe zugehörenden Bestandteile werden durch Wasser extrahiert, die Mucoide durch halbgesättigtes Kalkwasser; ungelöst bleiben nur mehr Kollagen, Elastin und die Bindegewebszellen.

Knorpel. Die Grundsubstanz des Knorpels enthält als wesentlichsten Bestandteil ein Kollagen, das mit dem des Bindegewebes offenbar identisch ist; außerdem ein Mucoid (S. 122) und ein Albuminoid. Der Knorpel enthält:

Wasser	68—74%
Trockensubstanz	26—32 „
Organische Substanz	25—30 „
Anorganische Substanz	1,5— 2 „

Der Knorpel gehört zu den an Natrium reichsten Geweben des Körpers, indem 90% seines anorganischen Rückstandes durch Kochsalz gebildet werden; Calcium ist bloß in einer Menge von etwa 1% enthalten.

Knochen. Die Grundsubstanz des Knochens wird hauptsächlich durch Ossein gebildet, das mit dem Kollagen des Bindegewebes wahrscheinlich identisch ist. Außer diesem Ossein sind in der Grundsubstanz noch ein Mucoid (S. 122) und ein Albuminoid enthalten. In die Grundsubstanz sind außer den Knochenzellen anorganische Salze, hauptsächlich Calciumverbindungen, eingelagert, denen das Knochengewebe seine große Festigkeit verdankt. Die Art der chemischen Bindung zwischen organischer Grundsubstanz und den Salzen ist derzeit noch nicht bekannt; vielleicht handelt es sich bloß um eine sog. Adsorptionsbindung. Die Ermittlung der Zusammensetzung des eigentlichen Knochengewebes ist dadurch sehr erschwert, daß es kaum gelingt, die Knochen von Blutgefäßen, Mark usw. rein zu bekommen.

Der menschliche Knochen enthält:

$$\text{Wasser} \dots \dots \dots \quad 14-44\%$$
$$\text{Trockensubstanz} \dots \dots \quad 56-86\,,,$$

Von der Trockensubstanz:

$$\text{Organische} \dots \dots \dots \quad 30-40\%$$
$$\text{Anorganische} \dots \dots \dots \quad 60-70\,,,$$

Von der organischen Trockensubstanz:

$$\text{Fett} \dots \dots \dots \dots \quad 13-27\%$$

Die Knochenasche enthält:

Ca	37,0%	P	17,6%
Mg	0,7 ,,	Cl	0,1 ,,
Na	0,7 ,,	Fl	0,1 ,,
K	0,2 ,,	CO_2	5,0 ,,

Aus diesen Daten berechnet, enthält die Knochenasche:

$$\text{Calciumphosphat} \dots \dots \quad 85,0\%$$
$$\text{Magnesiumphosphat} \dots \dots \quad 1,5\,,,$$
$$\text{Calciumcarbonat, -chlorid und -fluorid} \quad 10,5\,,,$$

Die Trennung und Isolierung der einzelnen Knochenbestandteile erfolgt auf Grund ihrer verschiedenen Löslichkeit. Der gut gereinigte, mit Wasser gewaschene und zerkleinerte Knochen wird durch Äther von Fett und Lipoiden, durch verdünnte Salzsäure von den Salzen befreit. Dem Rückstande werden die Mucoide durch halbgesättigtes Kalkwasser entzogen, worauf nur mehr Ossein und das Albuminoid zurückbleiben. Das Ossein wird mit heißem Wasser in Form von Glutin (S. 125) in Lösung gebracht; ungelöst bleibt das Albuminoid.

Das Zahnzement, das die Zähne in dünner Schichte deckt, ist gewöhnliches Knochengewebe; das Dentin gleicht dem Knochengewebe, doch enthält es weniger Wasser und organische Substanz; der Zahnschmelz ist das an Wasser und auch an organischer Substanz ärmste Gewebe des Körpers.

Knochenmark. Der überwiegende Teil, etwa 78—96%, des gelben Markes wird durch Fett gebildet, welches zu einem großen Teil aus

Triglyceriden der Ölsäure besteht. Außerdem enthält das Knochenmark Globuline, Fibrinogen, Phosphatide, Cholesterin, wenig Milchsäure, Inosit usw. Das rote Knochenmark unterscheidet sich vom gelben durch seinen größeren Gehalt an roten Blutkörperchen, sowie durch seine festere Konsistenz.

V. Schweiß, Hauttalg, Tränen, Sperma, Amnios-Flüssigkeit.

Schweiß. Ist eine farblose, klare, gewöhnlich sauer reagierende Flüssigkeit; bei profuser Absonderung kann er auch alkalisch reagieren. Sein spezifisches Gewicht beträgt 1,002—1,005, seine Gefrierpunktserniedrigung ist geringer als die des Blutes. Eiweiß enthält er bloß in Spuren; von anderen organischen Verbindungen wenig Fettsäuren, Cholesterin, Harnstoff. Bei Niereninsuffizienz wird im Schweiß zuweilen soviel Harnstoff abgesondert, daß, sobald das Wasser von der Hautoberfläche verdampft, dieselbe mit Harnstoffkrystallen übersät erscheint. Von anorganischen Verbindungen sind hauptsächlich Kochsalz, ferner Phosphate und Sulfate in geringer Menge nachgewiesen.

Hauttalg. Hat Salbenkonsistenz und enthält außer Fetten Cholesterin- und Isocholesterinester, Phosphatide, wenig Proteide, endlich auch Salze. Eine ähnliche Zusammensetzung weist auch die Vernix caseosa des Neugeborenen, ferner der Inhalt von Dermoidcysten und Hautatheromen, endlich auch das Ohrenschmalz auf.

Tränen. Sie reagieren auf Lackmus alkalisch, in physikalisch-chemischem Sinne sind sie neutral; sie enthalten ein koagulierbares Eiweiß, von anorganischen Verbindungen hauptsächlich Kochsalz.

Sperma. Das menschliche Sperma ist eine weiße oder gelbe Flüssigkeit von charakteristischem Geruch, die aus einer flüssigen Grundsubstanz und aus zelligen Elementen besteht. Die flüssige Grundsubstanz wird teils durch die Prostata, teils durch die Testikel abgesondert. Der Trockensubstanzgehalt beträgt gegen $10\,^0/_0$, wovon $9\,^0/_0$ organisch sind und $1\,^0/_0$ auf organische Salze entfällt. Die organische Substanz besteht zu einem Viertel aus Eiweißkörpern: unter diesen vorwiegend Albumine, daneben sind wenig Albumosen und Glykoproteide enthalten. Die anorganische Substanz wird hauptsächlich durch Kochsalz gebildet. Das Prostatasekret enthält wenig Albumin, ein Mucoid, Lecithin und das phosphorsaure Salz eines basischen Körpers, genannt Spermin, dessen Zersetzungsprodukte dem Samen den charakteristischen Geruch verleihen und das sich aus dem eintrocknenden Samen in Form der Schreiner-Böttcherschen Krystalle ausscheidet (S. 51). Die Samenfäden sind gegen Mineralsäuren auffallend resistent. Die hauptsächlich an Fischsperma ausgeführten Analysen ergaben, daß die Köpfe viel, hauptsächlich an Histone und Protamine gebundene Nucleinsäuren (S. 122) enthalten. In den Schwänzen wurden viel Fett und Lipoide gefunden. Die Samenfäden enthalten ca. 5% anorganische Salze, hauptsächlich phosphorsaures Calcium.

Amniosflüssigkeit. Die Amniosflüssigkeit des Menschen ist dünnflüssig, hat ein spezifisches Gewicht von 1,002—1,008, reagiert neutral oder schwach alkalisch; ihr Trockensubstanzgehalt beträgt ca. 2%, wovon $0,5\%$ auf Kochsalz entfallen. Außerdem wurden Harnstoff, Harnsäure, Allantoin usw. nachgewiesen. Ihre Gefrierpunktserniedrigung ist gleich der des Blutes.

VI. Eier.

Die Eizellen der Säugetiere sind viel zu klein als daß sie chemisch untersucht werden könnten; hingegen ist das Vogel-, insbesondere das Hühnerei, qualitativ und quantitativ genau erforscht. Das Hühnerei hat ein durchschnittliches Gewicht von 40—60 g; hiervon entfallen auf die Eischale und Eischalenhaut 5—8 g, auf das Eiklar 22—35 g, auf das Eigelb 12—18 g.

Die Eischale enthält bloß gegen $3—6\%$ organische Substanz; in überwiegender Menge, gegen 90%, kohlensaures Calcium, sehr wenig kohlensaures Magnesium und wenig phosphorsaures Calcium und Magnesium. Die Eischalenhaut besteht aus einem nicht näher bekannten, dem Keratin nahestehenden Eiweißkörper.

Das Eiklar gleicht, insolange die feinen Membranen, die es kreuz und quer durchziehen, nicht zerstört sind, einer zarten Gallerte; werden die Membranen zerstört, so erhält man eine dünne, blaßgelbe Flüssigkeit, deren spezifisches Gewicht bei 1,040 beträgt, und die auf Lackmus alkalisch reagiert. Das Eiklar enthält:

Wasser	$85—88\%$
Trockensubstanz	$12—15$ „
Eiweißkörper	$10—13$ „
Fett, Lecithin, Cholesterin	$1,3$ „
Salze	$0,7$ „

Unter den Salzen überwiegen die Chloride gegenüber den phosphorsaurem Calcium. Das Eiklar enthält drei Eiweißkörper: ein Albumin, ein Globulin und ein Glykoproteid: das Ovomucoid.

Ovalbumin, ist eines der wenigen Eiweißkörper, die krystallisierbar sind; doch ist es wahrscheinlich nicht einheitlich, sondern ein Gemisch zweier Albumine, denn es läßt sich immer nur ein Teil des Ovalbumins zur Krystallisation bringen, während ein anderer Teil, das sog. Conalbumin, in Lösung bleibt oder amorph ausfällt. Das Ovalbumin gleicht dem Serumalbumin in seinen meisten Eigenschaften; seine Lösung gerinnt bei 50—60° C. Aus seinem Molekül lassen sich ca. 10% Glucosamin abspalten.

Ovoglobulin, dem Serumglobulin sehr ähnlich, koaguliert bei etwa 75%; es enthält gegen 10% abspaltbares Glucosamin.

Ovomucoid, ist aus seiner Lösung weder durch organische noch durch anorganische Säuren fällbar; es ist nicht hitzekoagulabel; aus seinem Molekül lassen sich gegen 30% Glucosamin abspalten.

Dargestellt wird es aus dem mehrfach verdünnten Eiklar, indem man Ovalbumin und Ovoglobulin durch Koagulation entfernt und das Filtrat mit Alkohol oder Ammoniumsulfat fällt.

Das Eigelb ist eine dicke, undurchsichtige, heller- oder dunklergelbe Flüssigkeit, die auf Lackmus alkalisch reagiert. Es folge hier das Beispiel einer Analyse:

Wasser	47 %
Trockensubstanz	53 ,,
Eiweißkörper	16 ,,
Fett	23 ,,
Lecithin	11 ,,
Cholesterin	1,5 ,,
Anorganische Substanz	1,0 ,,

Ein charakteristischer Bestandteil des Eigelb ist das phosphorhaltige **Vitellin,** welches wahrscheinlich an Lecithin gebunden, demnach in Form eines Lecithalbumins, vorkommt. Es gehört zur Gruppe der Phosphorglobuline, ist in reinem Wasser unlöslich, löst sich leicht in verdünnten Laugen, Säuren und Salzlösungen. Es koaguliert bei ca. 70° C. Mit Pepsinsalzsäure verdaut, liefert es einen Niederschlag von Pseudonuclein (S. 254). Dem Vitellin analog ist das im Fischlaich enthaltene **Ichthulin.** Im Eigelb hat man außer dem Lecithin noch ein Di- und ein Triaminophosphatid nachgewiesen. Die charakteristische Farbe rührt von einem, der Gruppe der Lipochrome zuzuzählenden Farbstoffe her. Unter den anorganischen Salzen überwiegen die Phosphate, und zwar ist mehr Calcium- als Kalium- und Natriumphosphat vorhanden.

Elftes Kapitel.

Innere Sekretion.

Es gibt eine Reihe von Organen, die ihrer Struktur nach an Drüsen erinnern, jedoch keinen dem Abfluß des Sekrets dienenden Ausführungsgang besitzen und demzufolge ihr Sekret dem Organismus auf dem Wege der Blut- resp. Lymphcapillaren zuführen. Man nennt sie „Drüsen mit innerer Sekretion", oder „endokrine Drüsen" oder auch „Hormondrüsen", und bezeichnet ihre Produkte als „Increte" oder auch „Hormone" (s. S. 64). Es ist jedoch zu bemerken, daß auch echte, mit einem Ausführungsgange versehene Drüsen sog. innere Sekrete liefern können.

I. Schilddrüse und Nebenschilddrüsen.

Die lebenswichtige physiologische Funktion der Schilddrüse geht aus der mehr-minder schweren Schädigung des Organismus hervor, die nach ihrer Exstirpation eintritt. Die Folgen eines solchen Eingriffes sind jedoch nicht bei allen Säugetierklassen gleich; so gehen

z. B. Fleischfresser in der Regel sehr rasch zugrunde, während von Pflanzenfressern manche oft längere Zeit hindurch überhaupt keine pathologischen Veränderungen zeigen; andere wieder gehen nach einer länger dauernden Kachexie doch zugrunde. Diese Unterschiede sind zum Teil darauf zurückzuführen, daß an einer Tierart die Nebenschilddrüsen bei der Schilddrüsenexstirpation infolge ihrer anatomischen Lage gleichzeitig mit der Schilddrüse entfernt werden, an einer anderen Tierart jedoch von der Schilddrüse räumlich getrennt gelegen sind und bei der Operation verschont bleiben. Nach Ansicht der meisten Autoren sind kachektische und myxödematöse Veränderungen (siehe unten) dem Fehlen der Schilddrüse zuzuschreiben, die schweren nervösen Störungen (Tetanie usw.) dem der Nebenschilddrüsen, indem neuestens den Nebenschilddrüsen die Funktion zugeschrieben wird, das im Muskelstoffwechsel gebildete Guanidin zu entgiften, bezw. in das ungiftige Kreatin zu überführen.

Auf Störungen in der Sekretionstätigkeit (Verringerung oder Steigerung) der Schilddrüse beruhen auch manche an Menschen häufig vorkommende Krankheitserscheinungen. So bleibt ein Kind, dessen Schilddrüse mangelhaft entwickelt ist, auch in seiner körperlichen und geistigen Entwicklung zurück und zeigt den Zustand des sog. Kretinismus. Im Erwachsenen besteht bei mangelhafter Funktion der Schilddrüse ein Zustand, in dem die Haut ganz eigentümlich ödematös ist (Myxödem), ferner ist der Stoffwechsel, insbesondere auch der des Eiweißes, und auch die Körpertemperatur herabgesetzt. Als Gegensatz hierzu werden die Erscheinungen der Basedowschen Krankheit, wie Herzklopfen, Zittern, Hervordrängen der Augäpfel, einer vermehrten Sekretionstätigkeit der Schilddrüse zugeschrieben.

Aus all den genannten Erscheinungen wurde mit Recht gefolgert, daß dem inneren Sekret der Schilddrüse resp. der Nebenschilddrüsen eine wichtige Rolle sowohl in der Weiterentwicklung des jungen, als auch im Stoffwechsel des erwachsenen Organismus zukommt. Dies geht mit Sicherheit aus den überraschenden Heilerfolgen hervor, welche sich im Falle einer mangelhaften Entwicklung oder nach Exstirpation der Schilddrüse einerseits durch Einpflanzung der Schilddrüse eines anderen Tieres, andererseits durch Verfütterung von Schilddrüse oder deren Präparate erzielen lassen. Es ist vielfach diskutiert worden, welcher der wirksame Bestandteil der Schilddrüse sei. Baumann erhielt durch Behandlung der Schilddrüse mit Säuren eine jodhaltige Substanz, die er „Jodothyrin" nannte; später gelang es Oswald, aus der Schilddrüse ein Gemenge von Globulinen, sog. Thyreoglobuline, darzustellen, und aus diesen ein jodhaltiges, das sog. Jod-Thyreoglobulin, zu isolieren. Dieses ist speziell in dem Schilddrüsenkolloid enthalten. Endlich wurde jüngst das sog Thyroxin, eine jod-substituierte Indolpropionsäure krystallisiert erhalten, das das eigentlich wirksame Prinzip der Schilddrüse darstellen soll. In der Schilddrüse erwachsener Menschen hat man 0,008—0,010 g Jod, in den Nebenschilddrüsen mehr nachgewiesen.

II. Hypophyse.

Nach neueren Untersuchungen gehört auch die Hypophyse zu den Drüsen mit innerer Sekretion, doch scheinen Vorder-, Hinter- und Zwischenlappen, die voneinander auch histologisch sehr verschieden sind, auch ganz verschiedene Funktionen zu haben. So folgt der Exstirpation des Vorderlappens eine Abnahme des Gaswechsels, sowie auch eine Behinderung des Wachstums; umgekehrt: Verfütterung von Vorderlappensubstanz führt zu gesteigerten Wachstumsvorgängen. Mit Recht werden die Erscheinungen der Akromegalie, bestehend in einer gesteigerten Knochenproduktion am Unterkiefer und an den Extremitäten auf eine Erkrankung des Vorderlappens der Hypophyse zurückgeführt. Versuche, die mit dem Hinterlappen ausgeführt wurden, sprechen für bedeutsame Zusammenhänge zwischen diesem und dem Blutdruck; solche mit den Zwischenlappen für die Beeinflussung der Konzentrationsarbeit der Nieren durch das innere Sekret der Zwischenlappen: auf letzteren Umstand sind die überraschenden Erfolge zurückzuführen, die in Fällen von Diabetes insipidus (S. 185) durch Verfütterung von Hypophyse erreicht wurde.

III. Die Nebennieren.

Die Nebennieren bilden das typische Beispiel einer Drüse mit innerer Sekretion. Zuerst ist von Oliver und Schaefer erkannt worden, daß durch den aus diesem Organ bereiteten Auszug der Blutdruck in außerordentlichem Maße erhöht wird; später wurde als ihr wirksamer Bestandteil das Adrenalin erkannt. Gewebe mit Adrenalin enthaltenden Zellen werden, wenn man eine Lösung von Kaliumbichromat auftropft, gebräunt; solche Gewebe werden als chromaffine bezeichnet. Mit Hilfe dieser Reaktion konnte nachgewiesen werden, daß die Marksubstanz der Nebennieren es sei, welche das Adrenalin produziert, und daß chromaffines Gewebe auch anderwärts im Körper vorkommt, so z. B. in der Carotisdrüse, am Herzen usw.

l-Adrenalin oder Suprarenin ist ein krystallisierbarer Körper, der in kaltem Wasser schwer, in wärmerem leichter löslich ist, mit Alkalien leicht wasserlösliche Salze bildet. Es ist linksdrehend. Adrenalin läßt

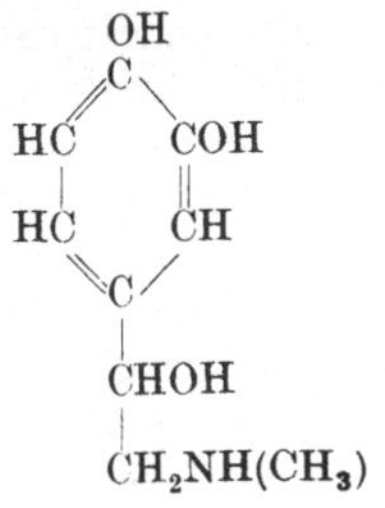

OH
|
C
/ \
HC   COH
| |
HC   CH
\ /
C
|
CHOH
|
CH$_2$NH(CH$_3$)

Adrenalin oder Dioxyphenyl-Methylamino-Äthanol
oder Methylamino-Äthanol-Brenzkatechin

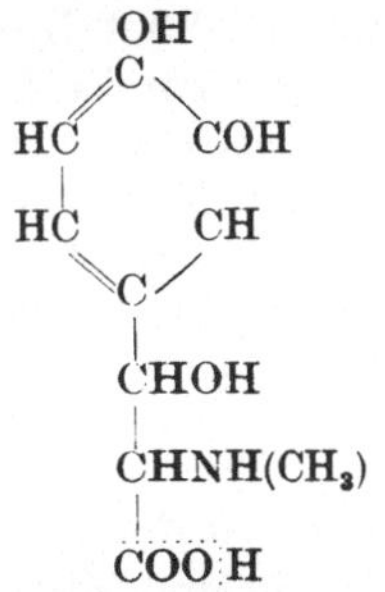

OH
|
C
/ \
HC   COH
| |
HC   CH
\ /
C
|
CHOH
|
CHNH(CH$_3$)
|
COOH

Dioxyphenyl-α-methylamino-
β-oxypropionsäure

sich auch synthetisch darstellen. Seine Struktur wurde erst neuestens erforscht; es kann als ein Methylamino-Äthanol-Brenzkatechin oder Dioxyphenyl-Methylamino-Äthanol, ein Derivat der Dioxyphenyl-α-methylamino-β-oxypropionsäure angesehen werden, aus dem es durch Abspaltung von Kohlendioxyd entsteht.

Es ist aber möglich, daß es im Tierkörper aus Tyrosin entsteht, das zunächst in Oxyphenyläthylamin und nachher in Adrenalin verwandelt wird.

Nachweis: 1. Zusatz von einigen Tropfen einer verdünnten Lösung von Eisenchlorid erzeugt eine rasch vorübergehende Grünfärbung.

2. Nach Comessatti wird durch Zusatz einiger Tropfen einer $1-2\,^0/_{00}$igen Lösung von Sublimat eine durch längere Zeit haltbare Rotfärbung erzeugt. Die Reaktion fällt dann besonders deutlich aus, wenn die zu untersuchende Substanz nicht in destilliertem, sondern in Leitungswasser gelöst ward, das immer Calciumhydrocarbonat enthält.

3. Nach Fränkel und Allers werden einigen ccm der vorher entweißten bezw. auch entfärbten zu untersuchenden Lösung mit dem gleichen Volumen einer n/1000-Kaliumbijodat-Lösung und einigen Tropfen verdünnter Phosphorsäure versetzt und bis zum beginnenden Sieden erhitzt. War Adrenalin vorhanden, so entsteht eine schöne rosenrote Farbenreaktion.

Die Wirkungen des Adrenalin äußern sich an solchen Organen resp. Geweben, in denen es vom Sympathikus innervierte Elemente gibt. Solche Wirkungen sind: a) Verengung der kleinen Arterien, namentlich im Gebiete des Splanchnikus und hierdurch Steigerung des Blutdruckes; bei intravenöser Applikation ist die Wirkung sehr stark, jedoch rasch vorübergehend; bei subkutaner oder intraperitonealer Einwirkung schwächer, jedoch anhaltender. b) Erweiterung der Pupillen, die am Froschauge auch zum Nachweise des Adrenalins verwendet wird; c) außerdem noch Glukosurie, besonders bei intraperitonealer Applikation; d) schwere, der menschlichen Arteriosklerose ähnliche Veränderungen an der Aorta und anderen Arterien des Kaninchens, wenn längere Zeit hindurch Adrenalin gegeben wird.

IV. Die innere Sekretion des Pankreas.

Die sog. innere Sekretion ist nicht nur an „Drüsen ohne Ausführungsgang“ festgestellt, sondern vielfach auch an solchen „mit Ausführungsgang“. So ist z. B. die Rolle und Wirksamkeit des Bauchspeichels, des äußeren Sekretes des Pankreas, seit alter Zeit bekannt, hingegen erst seit 30 Jahren, daß dem Pankreas eine andere sehr wichtige Rolle, und zwar im Zuckerhaushalt des Organismus, zukommt. Minkowski und Mering haben nämlich als erste gefunden, daß durch die Exstirpation des Pankreas eine schwere Zuckerharnruhr, ein sog. Pankreasdiabetes, erzeugt wird, und haben spätere Untersuchungen zu der heute wohl feststehenden Ansicht geführt, daß es ein inneres Sekret des Pankreas, und zwar speziell der Langerhansschen Inseln im Pankreas ist, an dessen Vorhandensein der normale Ablauf derjenigen komplizierten Vorgänge gebunden ist, in die auch Nebennierenmark und Vorderlappen der Hypophyse, Schilddrüse usw. eingreifen, und die eben den normalen Zuckerhaushalt bedingen. Unter normalen Umständen wird nämlich die Konzentration des Traubenzuckers im Blute, der sog. Blutzuckerspiegel, auf einer ständigen Höhe erhalten, indem einerseits der durch die Verbrennung bedingte Abgang von Zucker ständig, und zwar genau im Maße des Abganges (größtenteils von der Leber her auf Kosten ihres Glykogengehaltes) gedeckt wird, andererseits einer Überschwemmung des Organismus mit dem vom Darme her resorbierten Zucker dadurch vorgebeugt wird, daß das Zuckerplus, ehe es noch in die allgemeine Zirkulation gelangen könnte, von der Leber abgefangen und in Form von Glykogen fixiert wird. Daß dieser mit so wunderbarer Präzision ineinander greifende Mechanismus funktioniert, verdankt der normale Organismus eben dem inneren Sekret des Pankreas. Fehlt dieses, so wird der Leber die Fähigkeit benommen, den Zuckerüberschuß in Form von Glykogen einzulagern, es muß daher zu einer Überschwemmung des Blutes mit Zucker, zu einer Hyperglykämie und zu einer konsekutiven Glykosurie kommen.

V. Ovarien und Hoden.

Ovarien und Hoden müssen als Drüsen mit innerer Sekretion angesehen werden (letztere unbeschadet ihrer hiervon ganz unabhängigen äußeren Sekretion, ebenso wie am Pankreas). Am Menschen führt die Entfernung von Ovarien oder Hoden zu einer abnormen Ablagerung von Fett im Unterhautzellgewebe; die Entfernung der Ovarien am jugendlichen Individuum zu einer mangelhaften Entwicklung der Brustdrüsen; die der Hoden zu einem Ausbleiben des Haarwuchses an vielen Körperstellen, wo dieser sich am normalen Erwachsenen charakteristischerweise entwickelt; ferner auch zu einem mangelhaften Wachstum des Kehlkopfes. Mit einem Wort, es unterbleibt die Entwicklung der sog. sekundären Geschlechtsmerkmale. Am beweisendsten sind Versuche, in denen man einem weiblichen Tiere die Ovarien entfernte, ihm dafür einen Hoden implantierte, demzufolge sich an diesem „maskulierten" weiblichen Tiere die sekundären Geschlechtsmerkmale eines Männchens entwickelten. Wurden umgekehrt einem jugendlichen männlichen Tiere die Hoden entfernt, und dafür Ovarien implantiert, so entwickelten sich an dem so „feminierten" Tiere die sekundären Geschlechtsmerkmale eines Weibchens (Steinach).

Zwölftes Kapitel.

Stoffwechsel und Energieumsatz.

Die Lebenserscheinungen bestehen in einer Umwandlung der chemischen Energie organischer Substanzen in andere Energiearten, womit selbstverständlich auch eine chemische Veränderung dieser organischen Substanzen verbunden ist. Diese chemischen Prozesse sind von verschiedenster Art; jedoch überwiegt unter ihnen gegenüber den Reduktionen, Spaltungen und Synthesen die Oxydationen, so daß im Endergebnis hochmolekulare, an Sauerstoff relativ ärmere Verbindungen in solche von weit geringerer Molekulargröße und weit größerem Sauerstoffgehalt überführt werden, die den Körpersubstanzen unähnlich sind. Der ganze Prozeß wird daher als Dissimilation, Katabolismus bezeichnet.

Gleichzeitig wird aber die chemische Energie der organischen Substanzen zu einem Teile sofort in Wärme, ein anderer Teil, je nach der Art der Lebenserscheinungen, um die es sich handelt, zunächst in Volums-, mechanische-, Oberflächenenergie, usw. verwandelt, um aber zum Schlusse ebenfalls in Form von Wärme zu erscheinen. Abgesehen von einer gewissen Energiemenge, die im Falle einer äußeren Arbeitsleistung den Körper noch vorher in Form von mechanischer Energie verläßt, oder aber in Form von chemischen Energien anderer Art, in Se- und Exkreten zur Ausscheidung gelangt, wird im Endergebnisse die gesamte umgesetzte chemische Energie, unmittelbar oder mittelbar in Wärme verwandelt und dann an das umgebende Medium (Luft, Wasser) abgegeben.

Durch diese ständige Stoffveränderung resp. diese ständige Energieumwandlung wird aber auch ein ständiger Stoff- resp. Energieverlust bedingt; und dieser Verlust kann vom tierischen Organismus durch nichts anderes als durch Aufnahme von organischen, chemische Energie enthaltenden Substanzen, also durch Nahrungsaufnahme, gedeckt werden, wobei hochmolekulare Körpersubstanz wieder aufgebaut wird resp. aus einfacheren, der Körpersubstanz nicht ähnlichen Bausteinen solche Verbindungen entstehen, die der Körpersubstanz ähnlich, richtiger mit ihr identisch sind. Dieser Prozeß wird als Assimilation, Anabolismus, bezeichnet, und zwar besteht diesbezüglich ein Gegensatz zwischen Tieren und Pflanzen, welch letztere unter anderem auch die strahlende Energie der Sonne in chemische Energie zu verwandeln, also sich nutzbar zu machen imstande sind, während, wie oben gesagt, in den tierischen Körper Energie bloß in Form von chemischer Energie eingeführt werden kann.

Selbstverständlich kann nicht jede organische Substanz als Nahrung dienen, sondern nur diejenige, deren chemische Energie einer entsprechenden Umwandlung im Tierkörper fähig ist und keine Giftwirkung ausübt. Solche Substanzen werden als Nährstoffe bezeichnet; sie werden uns in den Naturprodukten in der Regel nicht chemisch rein, sondern in den „Nahrungsmitteln" mit mehr oder weniger wertlosem, weil unverwendbarem Material vermischt, geboten.

Als Nährstoff ist nebst den organischen Substanzen auch der Sauerstoff anzusehen, da derselbe zur Verbrennung der organischen Substanzen unentbehrlich ist; ferner auch solche Verbindungen, die, wie Wasser und Salze, keine chemische Energie enthalten, ohne deren Vorhandensein jedoch eine Verbrennung der organischen Substanz im Tierkörper gar nicht denkbar ist.

Endlich seien noch die sog. „accessorischen Nährstoffe" erwähnt, denen eine große Bedeutung zukommt, deren Wirkungsweise jedoch zur Zeit noch sehr wenig bekannt ist (s. auch S. 328).

Die Zersetzung organischer, chemische Energie enthaltender Verbindungen auf dem Wege der Oxydation, Spaltung usw. (Dissimilation, Katabolismus), die Ausscheidung der

Zersetzungsprodukte, der Ersatz der zersetzten Substanzen durch Nahrungsaufnahme (Assimilation, Anabolismus) bilden zusammen jenen Erscheinungskomplex, den wir als Stoffwechsel, Stoffumsatz (Metabolismus) bezeichnen.

Aus dem energetischen Standpunkt betrachtet, bildet derselbe Komplex, d. h. die Umwandlung der chemischen Energie im Tierkörper, die Entfernung der umgewandelten chemischen Energie aus dem Tierkörper, und der Ersatz der umgewandelten chemischen Energie durch die der eingeführten Nahrung, den Energieumsatz oder Energiewechsel.

I. Der Stoffwechsel.

Die Oxydation der organischen Verbindungen findet nicht, wie man früher vielfach annahm, im Blute oder in den Gewebssäften statt, sondern in den lebenden Zellen selbst. Dies wurde zuerst durch Pflüger am sog. Salzfrosch gezeigt, dessen Blut durch physiologische Kochsalzlösung ersetzt war und der trotzdem auch weiterhin Sauerstoff verbrauchte und Kohlensäure produzierte. Abgesehen von den Formelementen des Blutes, die ebenfalls lebende Zellen, daher Stätten der Oxydation sind, besorgen der flüssige Teil des Blutes, sowie die Gewebssäfte bloß den Transport der Nährsubstanzen zu den Zellen und den Abtransport der Zersetzungsprodukte.

Die Hauptrolle im Stoffwechsel spielen organische Verbindungen, die der Gruppe der Kohlenhydrate, Fette und Eiweißkörper angehören, doch ist bei deren Verbrennung auch das Vorhandensein von anorganischen Verbindungen, wie Wasser und Salze unentbehrlich. Denn diese Umwandlungen gehen nur in dem charakteristischen Komplex vor sich, der aus Eiweiß, Fett, Lecithinen, gewissen Kohlenhydraten und Salzen einerseits, aus Wasser andererseits gebildet wird. Dieser Komplex wird lebendes Eiweiß genannt, und ihm verdankt das Zellplasma nicht nur den charakteristischen festflüssigen Aggregatzustand, sondern, auf diesem fußend, auch die innere Struktur, auf die es in den verschiedenen, in den Zellen lokalisierten chemischen Prozessen sehr ankommt.

Über den Mechanismus der Verbrennungsvorgänge ist uns zur Zeit nur wenig bekannt; bloß als wahrscheinlich kann man annehmen, daß Enzyme hierbei eine wichtige Rolle spielen. So, wie es bereits früher gelungen ist, das Enzym der alkoholischen Gärung des Traubenzuckers von der lebenden Hefezelle gesondert, klar gelöst, zu erhalten (S. 58), hat man in neuerer Zeit durch Laboratoriumsversuche nachgewiesen, daß die Oxydationen, die nach unseren bisherigen Anschauungen bloß in den lebenden Zellen vor sich gehen sollten, auch in Abwesenheit von lebenden Zellen durch isolierte Zellbestandteile allein unterhalten werden können. So hat man gefunden, daß man aus Muskelbrei durch kurzdauerndes Waschen mit Wasser einen sog. Atmungskörper isolieren kann, der an sich ebenso wenig Sauerstoff verbraucht, wie der gewaschene Muskelbrei allein. Werden aber Muskelbrei und Atmungskörper vermischt, so ist Sauerstoffverbrauch, also Oxydation, zu konstatieren.

Auch betreffs der Art des oxydativen Abbaues sind die Ansichten noch sehr geteilt. Man hat z. B. angenommen, daß die Oxydation im tierischen Körper durch sog. Peroxydasen vermittelt wird, die aus den Peroxyden aktiven Sauerstoff abspalten, der dann die Oxydation bewirkt. So ansprechend diese Theorie auch ist, so wenig war sie imstande, gewisse Widersprüche zu klären. Solche bestehen z. B. darin, daß der Organismus, der ja die Oxydation sonst sehr schwer brennbarer Stoffe spielend bewältigt, manche Stoffe, die außerhalb des Körpers gar nicht schwer oxydabel sind, überhaupt nicht zu oxydieren vermag.

Beweisende Versuche über den enzymatischen Abbau der Körpersubstanzen liegen übrigens bisher nur in geringer Anzahl, so z. B. bezüglich des Abbaues der in den Nucleoproteiden enthaltenen Purinkörper, vor. Nach den Untersuchungen einzelner Autoren scheint der Sulfhydrylgruppe (SH), enthalten im Cystin-, resp. im Cysteinkern der Eiweißkörper, eine Bedeutung in der Oxydation der Eiweißkörper zuzukommen.

Der Oxydation der zu den genannten drei Gruppen gehörenden organischen Verbindungen geht in der Regel eine hydrolytische Spaltung voran, in deren Folge die Poly- und Disaccharide zu Monosacchariden, die Fette zu Glycerin und Fettsäuren, und die Eiweißkörper zu Aminosäuren zerfallen.

A. Der intermediäre Stoffwechsel.

Ein genauer Einblick in die Stoffwechselvorgänge wäre uns nur möglich, wenn wir das Schicksal jeder einzelnen in den Körper eingeführten oder zum Körperbestand gehörenden Verbindung vom Beginne ihrer Umwandlung bis an deren Ende verfolgen könnten; wenn uns also die Gesamtheit der im Körper vor sich gehenden Umwandlungen, d. h. der gesamte intermediäre Stoffwechsel in allen seinen Einzelheiten bekannt wäre. Davon sind wir aber zur Zeit noch weit entfernt. Im allgemeinen müssen wir uns damit begnügen, die der Umwandlung unterliegenden Verbindungen einerseits in ihrem ursprünglichen Zustande, andererseits in der Form zu prüfen, in welcher sie den Körper verlassen und diesbezügliche qualitative und quantitative Zusammenhänge festzustellen. Dies soll in den nächsten Abschnitten geschehen; zunächst sollen aber hier einige der besser bekannten Erscheinungen des intermediären Stoffwechsels behandelt werden, nachdem in den vorangehenden Kapiteln auch bereits einiges an Ort und Stelle (bei Kreatinin, Oxalsäure, Harnstoff, Harnsäure usw.) erwähnt war.

1. Aufbau und Abbau der Kohlenhydrate.

a) Glygogenbildung.

Die d-Glucose, die mit dem Blutstrome der Vena portae von dem Darm zur Leber gelangt, wird in der Leber zu Glykogen polymerisiert, vorausgesetzt, daß es sich um normale gesunde Menschen handelt und daß die Menge des Monosaccharides keine allzu große ist. Doch gibt es auch diesbezüglich Unterschiede, je nachdem, um welches Monosaccharid es sich handelt. So wurde festgestellt, daß, wenn ein Erwachsener ca. 100 g d-Glucose oder ebensoviel d-Fructose zu sich nimmt, in seinen Harn kein unverbrannter Zucker übertritt: man sagt die Assimilationsgrenze oder Toleranz gegen die beiden Zuckerarten beträgt ca. 100 g. Der d-Galaktose gegenüber ist die Toleranz eine weit geringere, sie beträgt ca. 40 g. Werden von d-Glucose oder d-Fructose erheblich mehr als 100, von d-Galaktose erheblich mehr als 40 g eingeführt, so erscheint ein Teil unverändert im Harne wieder. Praktisch und auch theoretisch wichtig ist, daß die Toleranz gegenüber der d-Fructose im Falle von Leberkrankheiten sehr oft herabgesetzt ist, insbesondere, wenn es sich nicht um lokal umschriebene, sondern um eine diffuse, allgemeine Erkrankung des Leberparenchyms resp. um eine Funktionsstörung der gesamten Leberzellen handelt.

Dem wichtigen Prozesse der Fixierung der Monosaccharide in Form von Glykogen ist es zu verdanken, daß der Organismus durch die oft in großen Mengen zur Resorption gelangende d-Glucose nicht überflutet, resp. der ganze Zucker nicht auf einmal verbrannt wird. Denn dadurch, daß die krystalloide d-Glucose in das kolloidale Glykogen verwandelt wird, kann sie während längerer Zeit unverändert aufgestapelt und nach Maßgabe des Bedarfs in Zirkulation gebracht werden.

Das Fassungsvermögen der menschlichen Leber für Glykogen soll ungefähr 150 g betragen. Die Bildung des Glykogen gehört zu den am heißesten umstrittenen Problemen der Biochemie, umsomehr, als man von jedem einzelnen der für uns wichtigen Nährstoffe, den Kohlenhydraten, den Fetten und den Eiweißkörpern angenommen hatte und heute wieder annimmt, daß sie zur Glykogenbildung befähigt sind. Die Feststellung, ob eine Substanz im Organismus in Glykogen verwandelt werden kann, also glykogenbildend ist oder nicht, kann auf mehreren Wegen erfolgen.

α) Läßt man ein Tier längere Zeit hungern oder läßt man es Muskelarbeit bis zur Übermüdung verrichten, so nimmt die Menge des Glykogens in der Leber dieses Tieres bis zur Erschöpfung ab; führt man nun eine gewisse Menge der zu untersuchenden Substanz in den betreffenden Tierkörper ein und findet nachher Glykogen in seiner Leber, so kann dasselbe nur aus der eingeführten Substanz entstanden sein.

β) In einem kleinen abgetrennten Lappen der dem Tiere frisch entfernten Leber wird eine Glykogenbestimmung vorgenommen, die übrige Leber läßt man mit Blut durchströmen, dem eine gewisse Menge der zu untersuchenden Substanz zugesetzt ist und stellt dann den Glykogengehalt der Leber fest. Der Unterschied zwischen beiden Bestimmungen entspricht dem Zuwachs an neugebildetem Glykogen.

γ) Das in der Wurzelrinde zahlreicher unserer Obstbäume enthaltene Glykosid Phlorizin, resp. auch dessen Spaltprodukt, das Phloretin (S. 86), haben die Eigenschaft, in den tierischen Körper eingebracht, eine Glykosurie zu erzeugen (Mering), und zwar rein auf Grund einer veränderten Durchlässigkeit der Niere für d-Glucose, daher man diese Form der Glykosurie auch als eine renale bezeichnet. Wird nun ein Tier in den Zustand der chronischen Phlorhizin-Glucosurie versetzt, indem man ihm längere Zeit 2—3 mal täglich eine gewisse Menge Phlorhizin subkutan beibringt, so kommt es innerhalb 2—3 Tagen zu einer totalen Erschöpfung des Glykogenvorrates. Trotzdem wird weiterhin täglich eine gewisse Menge d-Glucose ausgeschieden, die geringer ist als in den ersten 2—3 Tagen, jedoch nicht mehr abnimmt. Diese d-Glucose stammt ausschließlich aus Eiweiß, was

schon daraus hervorgeht, daß das Mengenverhältnis zwischen d-Glucose und
Stickstoff (der Quotient D : N) ein konstantes bleibt. Wird nun dem phlorhizin-
vergifteten Tiere eine Substanz beigebracht, welche zur Glykogenbildung befähigt
ist und im normalen Tiere auch als Glykogen zur Ablagerung gekommen wäre,
so geht die aus der beigebrachten Substanz hervorgegangene d-Glucose ohne
vorangehende Polymerisation zu Glykogen in den Harn über und verursacht
eine Steigerung des in den vorangegangenen Tagen konstant gebliebenen Zuckergehaltes des Harns. Das Plus entspricht derjenigen Menge an d-Glucose, die
aus der eingeführten Substanz entstanden ist.

δ) Ähnliche Versuche lassen sich auf Grund derselben Überlegung auch an
einem Tiere anstellen, welches durch Entfernung des Pankreas glykosurisch geworden ist; ferner auch am Menschen, der an Diabetes leidet.

Auf Grund zahlreicher Versuche wurde festgestellt, daß manche
Verbindungen direkt in Glykogen überführt werden können. Man nennt
sie echte Glykogenbildner. Andere sind einer direkten Umwandlung
nicht fähig, tragen aber zur Glykogenbildung bei, indem sie leicht verbrennlich sind und so eine entsprechende Menge der echten Glykogenbildner vor der Verbrennung schützen. Man nennt sie Pseudo-
glykogenbildner.

Die Glykogenbildung aus Kohlenhydraten geht unzweifelhaft
aus der Tatsache hervor, daß der Glykogengehalt der Leber nach Aufnahme reichlicher Mengen von Kohlenhydraten sehr erheblich zunimmt
(S. 259). Echte Glykogenbildner sind unter den Monosacchariden
die d-Glucose, die d-Fruktose und in geringerem Grade auch die
d-Galaktose und vielleicht auch die d-Mannose. Pseudoglykogen-
bildner sind Glucosamin und die Pentosen. Ist es nicht die d-Glucose,
die zu Glykogen polymerisiert wird, sondern eine der übrigen Monosaccharide, so müssen diese offenbar erst in Glucose verwandelt
werden.

Da die meisten der gewöhnlich vorkommenden Di- und Polysaccharide unter
der Einwirkung von Enzymen im Darmkanal zu Monosacchariden gespalten
werden, die echte Glykogenbildner sind, müssen auch die Di- und Polysaccharide
selbst als solche bezeichnet werden. Werden sie jedoch nicht per os, sondern
parenteral (subkutan oder intravenös) beigebracht, so werden sie, mangels an
entsprechenden Enzymen im Blut und in den Säften, nicht gespalten und nicht
in Glykogen verwandelt, sondern zum größten Teil unverändert im Harn ausgeschieden (S. 80). Eine Ausnahme ist nur betreffs der Maltose zu konstatieren,
denn ein Maltose spaltendes Enzym ist sowohl im Darm wie auch im Blute vorhanden.

Neuestens wurde nachgewiesen, daß wiederholte Einspritzung von Saccharose
in das Blut zur Bildung von saccharosespaltenden Enzymen führt, die sonst im
Blute fehlen.

Die Umwandlung der d-Glucose in Glykogen gehört zu den sog. Anhydrid-
prozessen, indem mehrere kleine Moleküle unter Austritt von Wasser zu einem
größeren Molekül polymerisiert werden. Diese Polymerisierung erfolgt offenbar
unter Einwirkung eines in den Leberzellen tätigen Enzymes; doch ist es höchstwahrscheinlich, daß dabei die Mitwirkung eines vom Pankreas gelieferten inneren
Sekretes nicht entbehrt werden kann. Denn ein Tier, dessen Pankreas entfernt
wurde, hat seine glykogenbildende Fähigkeit eingebüßt und scheidet die eingeführte d-Glucose, die dem gesunden Tiere beigebracht, in Form von Glykogen
abgelagert wird, unverändert im Harn aus.

Die Bildung von Glykogen aus Eiweiß ist eine Frage, deren
Beantwortung sehr schwer ist; zunächst wohl aus dem Grunde, weil
sehr viele Eiweißarten auch Kohlenhydrate (Aminozucker) im Molekül
enthalten. Entsteht nun Glykogen aus einer solchen Eiweißart, so muß

es sich nicht notwendigerweise um eine „Bildung" von Kohlenhydrat
aus Eiweiß handeln, sondern es konnte eine einfache Abspaltung stattgefunden haben. Natürlich ist letztere Möglichkeit ausgeschlossen, wenn
es sich z. B. um Casein handelt, dessen Molekül keine Kohlenhydrat-
gruppe enthält.

Die Autoren, welche die Bildung von Glykogen aus Eiweiß verfechten, stützen
sich auf Versuche, in denen die betreffenden Tiere angeblich erst vollkommen
glykogenfrei gemacht worden waren und dann infolge gewisser Eingriffe doch
größere Mengen von Zucker ausschieden, der auf diese Weise nur aus Eiweiß
entstanden sein konnte. Von dem größeren Teil dieser Versuche hat jedoch
Pflüger durch Berechnung nachgewiesen, daß die dem Versuche dienenden Tiere
durchaus nicht glykogenfrei gewesen sein konnten; ja, daß ihr Glykogenvorrat
mehr als hingereicht hatte, die ganze Menge des ausgeschiedenen Zuckers zu
decken. Demnach ist durch diese Versuche die Bildung von Glykogen aus Eiweiß
durchaus nicht erwiesen. Andererseits muß zugegeben werden, daß in manchen
Fällen von Diabetes solch große Mengen von Zucker im Harn ausgeschieden
werden, daß diese weder aus dem Glykogenvorrat noch aus der Kohlenhydrat-
komponente des Körpereiweißes entstanden sein konnten. Schließlich hat Pflüger
in einem eigenen einwandfreien Versuch die Zuckerbildung aus Eiweiß direkt
bewiesen, also seinen früheren Standpunkt aufgegeben.

Die Bildung von Glykogen aus Fett ist ebenfalls noch strittig;
denn es konnte wohl bewiesen werden, daß die kleinere Komponente
des Fettes, das Glycerin, ein Glykogenbildner ist; bezüglich der Fettsäurekomponente ist jedoch dieser Beweis noch nicht erbracht worden.

b) Verzuckerung des Glykogen.

Das in der Leber abgelagerte Glykogen wird nach Maßgabe des
Bedarfes des Organismus an kreisender d-Glucose unter Vermittlung
der sog. Leberdiastase wieder in d-Glucose gespalten und gelangt als
solche in das Blut. Dies geht unter anderem auch daraus hervor, daß
das Blut der Lebervene zur Zeit, wo keine Resorption aus dem Darm
stattfindet, etwas mehr d-Glucose enthält, als das Blut der Pfortader.
Weiterhin auch aus folgendem: Schaltet man die Leber aus dem Blutkreislauf aus, so sinkt der Zuckergehalt des Blutes auf die Hälfte bis
auf etwa den dritten Teil ihres normalen Wertes.

Erfolgt die Verzuckerung des Glykogen, die sog. „Mobilisierung des
Zuckers" verhältnismäßig rasch, so wird der Zuckergehalt des Blutes
über das Normalmaß gesteigert und es kommt zu der sog. Hyperglykämie.

Glykogen und Diastase sind in jeder Leberzelle nebeneinander enthalten,
was bei der besonders intensiven Wirkung der Diastase auf das Glykogen nicht
ohne weiteres verständlich ist. Manche Autoren nehmen an, daß die beiden
innerhalb je einer Leberzelle durch lipoide Membranen getrennt sind, welche nur
unter ganz besonderen Umständen durchlässig werden; andere setzen voraus,
daß die Diastase auf das Glykogen nur dann einwirkt, wenn eine bestimmte
Änderung der Reaktion im Zellinneren erfolgt. Nach neueren Untersuchungen
soll die Diastase ihre glykogenverzuckernde Wirkung nur dann entfalten können
wenn den Leberzellen gewisse, in anderen Organen produzierte Körper, Hormone,
auf dem Wege der Blutbahn zugeführt werden.

In der dem lebenden Tiere frisch entnommenen Leber findet eine rasch fortschreitende Verzuckerung des Glykogens statt; also ein rascher Schwund des
Glykogen und eine ebenso rasche Zunahme der d-Glucose. Es ist möglich, daß
hierbei die oben erwähnten Änderungen der Membrandurchlässigkeit und der
chemischen Reaktion im Spiele sind.

Es sind uns eine ganze Reihe von Beobachtungen bekannt, die darauf hinweisen, daß die in den Körpersäften in auffallend konstanter Konzentration kreisende d-Glucose auch am lebenden Organismus durch Verzuckerung des Glykogen in der Leber entsteht:

α) Im Hunger nimmt der Glykogengehalt der Leber ständig, die d-Glucose im Blute nicht ab; doch ist zu bemerken, daß im Falle protrahierten Hungerns wieder eine Neubildung von Glykogen aus Fett oder aus Eiweiß stattfinden kann.

β) Durch forcierte Muskelarbeit kann der größte Teil des Glykogenvorrates binnen weniger Stunden erschöpft werden, der Blutzucker bleibt unverändert.

γ) Es gibt Reflexvorgänge, welche die Verzuckerung des Glykogen regulieren und deren Zentrum im verlängerten Mark gelegen ist. Hierfür zeugt der berühmte Zuckerstichversuch (Piqûre) von Claude Bernard: Verletzt man eine bestimmte Stelle am Boden des vierten Gehirnventrikels (am Calamus scriptorius) des Kaninchens, so wird während einiger Stunden d-Glucose im Harn entleert. Daß die d-Glucose aus dem Leberglykogen entsteht, geht daraus hervor, daß der Zuckerstich am Hungertiere, dessen Glykogenvorrat erschöpft ist, keine Glucosurie hervorruft.

δ) Die intravenöse Eingießung einer Lösung von Kochsalz, sowie die Vergiftung mit Phosphor, Chloroform, Curare, Kohlenoxyd führen wahrscheinlich ebenfalls durch Reizung des genannten Zentrums zur Verzuckerung von Glykogen und hierdurch zu einer Glycosurie.

ε) Adrenalin, subkutan oder intraperitoneal beigebracht, hat ebenfalls Erschöpfung des Glykogenvorrates und Ausscheidung von d-Glucose im Harn zur Folge; diese Glykosurie kommt offenbar durch periphere Einwirkung auf die das Glykogen enthaltenden Gewebe zustande.

Nach neueren Untersuchungen dürfte die gesteigerte Verzuckerung des Glykogen in den meisten der oben angeführten Fälle auf eine einheitliche Ursache zurückgeführt werden können, darin bestehend, daß durch die genannten Einflüsse (Zuckerstich, Giftwirkung) eine Reizung der Nebennieren und hierdurch eine erhöhte Produktion von Adrenalin stattfindet; dieses soll dann auf dem Wege des kreisenden Blutes zu den Leberzellen gelangen und sie zu einer erhöhten Verzuckerung von Glykogen veranlassen. Für die Richtigkeit dieser Auffassung sprechen so manche anscheinend überzeugenden Versuche, deren Richtigkeit und Beweiskraft aber von anderen Autoren bezweifelt wird.

c) Oxydation des Zuckers.

Der Gang der Oxydation der Monosaccharide, seien diese nun durch die Spaltung der in der Nahrung eingeführten Polysaccharide oder aber des im Tierkörper vorrätigen Glykogen entstanden, ist noch nicht geklärt. Nach manchen Autoren soll z. B. die d-Glucose vor allem zu d-Glucuronsäure oxydiert, nach anderen zunächst in Dioxyaceton $CH_2OH \cdot CO \cdot CH_2OH$ verwandelt werden; einige Autoren nehmen an, daß die d-Glucose erst in Äthylalkohol und Kohlensäure, wie im allbekannten Gärungsprozeß, gespalten wird, andere, daß aus ihr zunächst Milchsäure entsteht usw.

Welchen Weg immer die Oxydation auch nimmt, verbrennt die d-Glucose zum überwiegenden Teil schließlich fast vollkommen zu Kohlensäure und Wasser.

2. Auf- und Abbau der Fette.

Aufbau. Ein Teil des Fettes, das im Organismus zur Ablagerung kommt, rührt selbstverständlich von Nahrungsfett her, das nach vorangehender Spaltung resorbiert, jedoch gleich darauf wieder aus den Spaltprodukten zusammengetreten ist (S. 182). Ein weiterer Anteil des Fettes wird aus Kohlenhydraten gebildet, was einerseits aus unbestreitbaren allgemeinen Erfahrungstatsachen hervorgeht (Fettmast der Tiere durch kohlenhydratreiches Futter), andererseits aber auch experimentell nachgewiesen werden kann (S. 294). Durch welche Zwischenstufen hindurch es zur Bildung des Fettes aus Kohlenhydraten kommt, ist nicht sicher bekannt.

Die Lehre, daß sich Fett aus Eiweiß bilden könne, wurde wesentlich unterstützt durch die lange Zeit hindurch unbestrittene Annahme, wonach bei der in verschiedenen Krankheitszuständen eintretenden „fettigen Degeneration" das Fett aus dem Plasmaeiweiß der betreffenden Zellen durch Abspaltung entstehe, während es im Falle einer sog. „fettigen Infiltration" von außen in die betreffenden Zellen einwandere. Neuere Untersuchungen haben jedoch einerseits gezeigt, daß auch in den klassischen Fällen der „fettigen Degeneration" (z. B. nach Phosphorvergiftung) der gesteigerte Fettgehalt der betroffenen Zellen von einer erhöhten Einfuhr von Fett aus anderen Körperteilen herrührt; andererseits, daß in vielen Fällen, in denen die Zunahme der mikroskopisch sichtbaren Fetttröpfchen Veranlassung zur Annahme eines vermehrten Fettgehaltes der Zelle gab, dieser überhaupt nicht verändert war, sondern nur eine Zustandsänderung des Fettes in dem Sinne stattgefunden hat, daß Fett, das vorher auch mit dem Mikroskop nicht sichtbar, vielleicht an andere Substanzen gebunden war, jetzt frei geworden und eine sichtbare Form, die von Tröpfchen, angenommen hat.

Abbau. Von den durch die hydrolytischen Spaltungen der Fette freigewordenen Komponenten verbrennt das Glycerin vollständig, oder wird vielleicht teilweise in Glykogen verwandelt; während die Fettsäurekomponente mit der langen Kohlenstoffkette offenbar zunächst zu kurzgliedrigen Fettsäuren gespalten wird, und erst diese verbrennen nachher fast vollkommen zu Kohlensäure und Wasser.

Sehr wichtige Aufschlüsse über die bei der Fettverbrennung entstehenden intermediären Abbauprodukte lieferte das Studium der Acetonkörper: β-Oxybuttersäure, Acetessigsäure, Aceton. Es ist nämlich eine längst bekannte Tatsache, daß auch der gesunde Mensch geringe Mengen von Aceton im Harn, etwas größere Mengen durch die Atemluft ausscheidet; ferner auch, daß in gewissen Krankheiten, so in erster Linie in Diabetes, große Mengen von Aceton im Harn entleert werden können (Acetonurie). Später wurde nachgewiesen, daß in solchen Fällen neben dem Aceton auch Acetessigsäure (Diacetsäure) vorkommen kann, zuweilen auch β-Oxybuttersäure in kleineren oder größeren Mengen; ferner, daß die Acetessigsäure durch Oxydation der β-Oxybuttersäure entsteht und ihrerseits durch Abspaltung von Kohlensäure in Aceton übergeht.

$$
\begin{array}{ccc}
CH_3 & CH_3 & CH_3 \\
| & | & | \\
CHOH & CO & CO \\
| & | & | \\
CH_2 & CH_2 & CH_3 \\
| & | & \\
COOH & COO.H & \\
\text{β-Oxybuttersäure.} & \text{Acetessigsäure.} & \text{Aceton.}
\end{array}
$$

Neuestens wird aber angenommen, daß der frische Harn in den genannten Fällen bloß Acetessigsäure und β-Oxybuttersäure enthält und daß das Aceton nur, wenn man den bereits entleerten Harn stehen läßt, oder während der zum Nachweis des Acetons vorgenommenen chemischen Prüfung aus der Acetessigsäure entsteht. Mithin sollte man statt von einer Acetonurie richtiger von einer Diaceturie sprechen. Den Zustand, der durch eine gesteigerte Säureproduktion (es handelt sich hier um die Produktion von Acetessigsäure und β-Oxybuttersäure) des Organismus hervorgerufen wird, bezeichnet man als Acidosis.

Das Problem der Entstehung der Acetonkörper ist auch heute noch nicht gelöst. Soviel ist sicher, daß von den Acetonkörpern die β-Oxybuttersäure es ist, welche in primärer Weise im Organismus entsteht, während die beiden anderen nur deren Derivate sind. Daß dem so ist, geht auch aus Versuchen hervor, die an Menschen angestellt wurden. Bringt man nämlich einem Menschen β-Oxybuttersäure in einer 20 g nicht übersteigenden Menge bei, so wird sie im Organismus glatt verbrannt; führt man aber eine größere Menge ein, so wird zwar der größere Teil ganz verbrannt, ein kleiner Teil jedoch in Form von Acetessigsäure ausgeschieden; wird die Menge der beigebrachten β-Oxybuttersäure noch weiter gesteigert, so erscheint sie teilweise unverändert im Harn.

Wenn man daher im normalen Harn bloß Aceton, jedoch keine β-Oxybuttersäure nachweisen kann, so rührt dies davon her, daß letztere wohl auch im normalen Organismus ständig entsteht, jedoch gleich weiter zu Acetessigsäure oxydiert wird; auch diese verbrennt zum größten Teile gänzlich zu Wasser und Kohlensäure, zu einem kleineren Teile aber wird sie durch einfache Abspaltung von Kohlensäure in Aceton überführt und als solches in Atemluft und Harn ausgeschieden.

Es muß ferner angenommen werden, daß unter gewissen pathologischen Umständen, wie namentlich in Diabetes, der Organismus

a) entweder nicht oder weniger befähigt ist, die normalerweise entstehenden Mengen von β-Oxybuttersäure resp. die aus ihr entstehende Acetessigsäure zu verbrennen, so daß letztere oder Aceton im Harn in erhöhter Menge angetroffen werden. Für diese Möglichkeit spricht die Tatsache, daß β-Oxybuttersäure oder Acetessigsäure, Diabetikern beigebracht, in relativ größeren Mengen im Harn wieder ausgeschieden werden, als dies bei Gesunden der Fall ist.

b) Oder aber ist es möglich, daß es sich im Diabetes nicht um eine Verringerung der Oxydationsfähigkeit handelt, sondern um eine gesteigerte Produktion von Acetonkörpern; hierfür spricht die Tatsache, daß die überlebende Leber eines künstlich diabetisch gemachten Tieres bei der Durchströmung mit Blut weit mehr Acetessigsäure bildet als die Leber eines normalen Tieres.

Noch komplizierter gestaltet sich das Problem des Entstehens der Acetonkörper dadurch, daß dieselben nicht nur im Diabetikerharn in erhöhter Menge ausgeschieden werden, sondern auch im Harn des gesunden hungernden Menschen (Inanitionsacetonurie), sowie auch in fieberhaften Krankheiten (febrile Aceturie), offenbar infolge der mangelhaften Nahrungsaufnahme. Ja, zur Erzeugung der Acetonurie ist es nicht einmal notwendig, die Nahrung gänzlich zu entziehen, es genügt, wenn aus derselben die Kohlenhydrate fehlen. Umgekehrt kann eine Acetonurie, die auf obige Weise entstanden ist, durch Zufuhr von Kohlenhydraten oft in der kürzesten Zeit behoben werden. Diese Wirkung der Kohlenhydrate, insbesondere der d-Glucose und der d-Glucose enthaltenden Polysaccharide wird als „antiketogen“ oder „antiketoplastisch“ bezeichnet. Ähnlich wirken auch andere, teilweise der d-Glucose nahestehende Verbindungen, wie z. B. Glycerin, Weinsäure; ferner einzelne Aminosäuren, wie Glykokoll, Alanin usw., Eiweiß, Alkohol usw.

Das Wesen dieser antiketogenen Wirkung ist derzeit nicht bekannt; man könnte sich vorstellen, daß die Fette, welche an und für sich schwer verbrennlich sind, nur in Anwesenheit der leicht verbrennlichen Kohlenhydrate vollkommen verbrennen; fehlen diese, so erfolgt bloß ein Abbau bis zur β-Oxybuttersäure. Dasselbe könnte auch im diabetischen Organismus der Fall sein, und zwar aus dem Grunde, weil bei der verringerten Oxydationsfähigkeit dieses Organismus gegenüber den Kohlenhydraten gerade die „zündende“ Wirkung der verbrennenden Kohlenhydrate ausfiele.

Eine weitere wichtige Frage ist die, aus welcher der drei Hauptgruppen der den Organismus bildenden resp. dem Organismus als Nahrung dienenden organischen Verbindungen (Kohlenhydrate, Fette und Eiweißkörper) die β-Oxybuttersäure entsteht, oder wie man zu sagen pflegt: welche dieser Verbindungen die „ketoplastische“ ist?

Diese Frage ist lange Zeit strittig gewesen und erst in neuester Zeit konnte auf experimentellem Wege gezeigt werden, daß der größte Teil der β-Oxybuttersäure von den Fetten resp. ihren Fettsäurekomponenten mit gerader Kohlenstoffanzahl herrührt.

Der oxydative Abbau dieser Fettsäuren erfolgt nämlich stufenweise, so, daß das Fettsäuremolekül zwischen dem α- und β-C-Atom gesprengt (Knoop), hierdurch einerseits die endständige Carboxylgruppe immer gleichzeitig mit dem nächststehenden C-Glied abgespalten und das letzte Glied der verkürzten Fettsäure zu Carboxyl oxydiert wird. Das Abspalten von je zwei Kohlenstoffatomen setzt sich solange fort, bis endlich eine Fettsäure mit vier Kohlenstoffatomen, Buttersäure, übrigbleibt, welche durch Oxydation an der β-Stelle in die β-Oxybuttersäure übergeht. Wenn dem in der Tat so ist, können Fettsäuren mit ungerader Kohlenstoffanzahl keine β-Oxybuttersäure liefern, was auch tatsächlich experimentell erwiesen ist. Da aber die in den tierischen Fetten enthaltenen Fettsäuren durchwegs solche mit einer geraden C-Zahl sind (S. 42), haben sie auch die Eignung, β-Oxybuttersäure zu bilden.

Durch weitere Experimente wurde gezeigt, daß β-Oxybuttersäure auch aus manchen Aminosäuren, wie Leucin, Tyrosin, Phenylalanin entstehen kann, aus anderen Aminosäuren, wie Glykokoll, Alanin usw., sowie Eiweiß selbst nicht.

Endlich wurde auch erwogen, in welchem Organe die Bildung der β-Oxybuttersäure vor sich geht. Es stellte sich heraus, daß auch dieser Prozeß, wie so viele andere Teilprozesse des intermediären Stoffwechsels, höchstwahrscheinlich in der Leber vor sich geht.

Hierfür spricht unter anderem auch folgender Versuch: Wird an einem Hunde, der sich im Zustande der Acidosis (S. 282) befindet, eine Ecksche Fistel angelegt (d. i. eine Anästomose zwischen Portal- und unterer Hohlvene geschaffen und die Portalvene am Leberhilus abgebunden), so strömt das gesamte Portalblut mit Umgehung der Leber direkt durch die Hohlvene gegen das Herz; wird nun einem solchen Hunde d-l-Leucin in die Beinvene eingespritzt, so wird die Ausscheidung der Acetonkörper hierdurch nicht verändert. Wird hingegen derselbe Versuch einem Hunde mit einer sog. umgekehrten Eckschen Fistel ausgeführt (wobei die Portalvene gegen die Leber nicht abgebunden ist, wohl aber die untere Hohlvene oberhalb der neu hergestellten Anastomose ligiert ist), so daß das ganze Blut der unteren Körperhälfte durch die Leber fließen muß, so wird nach Einspritzung des d-l-Leucins die Bildung der Acetonkörper stark gesteigert.

3. Auf- und Abbau der Eiweißkörper.

Aufbau. Wie (S. 183) gezeigt wurde, wird das im Darmlumen hydrolysierte Nahrungseiweiß in Form von Aminosäuren resorbiert, aber allem Anscheine nach noch während der Resorption, also während des Durchganges durch die Darmwand auf synthetischem Wege in Eiweiß rückverwandelt. Bei dieser Gelegenheit hat schon eine wesentliche Umformung des Nahrungseiweißes stattgefunden, indem die aus der Hydrolyse hervorgegangenen Aminosäuren in solcher Qualität, Quantität und in einer solchen Reihenfolge zum wiedererneuten Eiweißmolekül zusammentreten, daß sie, zunächst bloß im Blutplasma kreisend, dem Organismus nunmehr ebensowenig fremd sind, als dessen ursprüngliche Eiweißbestandteile. Es ist also aus artfremdem Eiweiß arteigenes geworden, während dasselbe Eiweiß mit Umgehung des Darmtraktes, also auf parenteralem Wege, in das Blut eingebracht, als Fremdkörper, als artfremdes Eiweiß, im Organismus bedeutende, zum Teil pathologische, zum Teil eine Art Abwehr bezweckende Veränderungen herbeiführt (s. S. 64).

Ein Teil des resorbierten arteigen gewordenen Eiweißes kann zu Zeiten, wo Eiweißansatz (S. 319) stattfindet, nach einer zweiten, der betreffenden Zelle jeweils angepaßten Umformung zu deren integrierendem Bestandteile, also zu sog. Organeiweiß (S. 319) werden. Der größte Teil des resorbierten Eiweißes bleibt jedoch, wenn auch nur für kurze Zeit, als sog. zirkulierendes Eiweiß (S. 319) im Blutplasma, um alsbald während der Umsetzungen, die eben die Funktion der Zellen ausmachen, von diesen nach vorübergehender Aufnahme weiter verarbeitet zu werden.

Abbau. Abgesehen von gewissen Eiweißmengen, die in bestimmten Lebensperioden (im Sperma, im Menstrualblut, in der Milch, in krankhaften Zuständen im Harn) kaum oder gar nicht verändert entleert werden, erfahren die Eiweißkörper, die in die Umsetzungen einbezogen werden — am gefütterten Tiere ist es überwiegend das während der

Resorption umgeformte Nahrungseiweiß, das zum zirkulierenden Eiweiß geworden ist, am Hungertiere aber dessen Organeiweiß (S. 319) — tiefgreifende Veränderungen. Ein Teil des Eiweißes wird allerdings nur bis zu Komplexen abgebaut, die noch relativ recht groß sind, die, wie z. B. die schwefelhaltigen Proteinsäuren (S. 238) im Harn, oder andere, die im Kote ausgeschieden werden. Der überwiegende Teil des Eiweißes wird jedoch vollkommen bis zu Aminosäuren abgebaut. Aber auch diese haben ein verschiedenes Schicksal: Aus den homo- und heterocyclischen Aminosäuren können durch einfache Abspaltung von Kohlensäure sog. „proteinogene Amine" entstehen, denen teils eine physiologische Bedeutung zukommt, wie z. B. dem Adrenalin (S. 271), dem Taurin, das aus dem Cystin entsteht (S. 101) und sich mit der Cholsäure zu Taurocholsäure paart. Teils kommt ihnen eine pathologische Bedeutung zu, wie z. B. dem Phenyläthylamin (S. 102), das aus Phenylalanin, dem Tyramin oder Oxyphenyläthylamin (S. 103), das aus Tyrosin, dem Indoläthylamin (S. 104), das aus dem Tryptophan, dem Imidazoläthylamin oder Histamin (S. 105), das aus dem Histidin entsteht. Oder es kann in gewissen Fällen das Tyrosin in Form von Dioxyphenylessigsäure, auch Homogentisinsäure genannt (S. 210) im Harne ausgeschieden werden; desgleichen können die Diaminosäuren durch Abspaltung von Kohlensäure in Diamine (S. 51) verwandelt im Harne erscheinen.

Die weitaus größte Menge der frei gewordenen Aminosäuren erfährt jedoch sehr wichtige Veränderungen anderer Art; es werden nämlich vor allem ihre Aminogruppen abgespalten, sie werden desaminiert, und

a) der stickstofffreie Rest wird entweder vollkommen zu Wasser und Kohlensäure verbrannt, oder aber teilweise zur Glykogenbildung verwendet. (Neuestens wurde von Knoop die sehr interessante Beobachtung gemacht, daß von Phenylfettsäuren, die durch Desaminierung aromatischer Abbauprodukte der Eiweißkörper entstehen, diejenigen, welche eine gerade Kohlenstoffanzahl haben, zu Phenylessigsäure, jene mit der ungeraden Kohlenstoffanzahl aber zu Benzoesäure oxydiert ausgeschieden werden können);

b) der aus den Aminosäuren abgespaltene Ammoniak wird — zum größten Teil in der Leber — in Harnstoff umgewandelt (S. 219) und als solcher im Harn entleert.

B. Prinzipien und Methodik der Stoffwechsel-Untersuchungen.

Der Eiweiß-, Kohlenhydrat- und Fettumsatz eines Tieres wird auf Grund des Vergleiches seiner Einnahmen (Nahrung und Sauerstoff) und Ausgaben (Kohlendioxyd, Wasserdampf, Harn und Kot) berechnet. Es sollen zunächst folgende Einzelheiten der Versuchsmethodik vorausgeschickt werden:

1. Sammeln von Harn und Kot.

Das Sammeln und Abgrenzen des 24stündigen Harns stößt beim Menschen in der Regel auf keine Schwierigkeiten. Handelt es sich um einen Tierversuch, so wird das Tier für die Versuchsdauer in einem sog. Stoffwechselkäfig gehalten,

dessen Boden zu einem flachen Trichter ausgebildet ist. Über dem Trichter ist
ein weitmaschiges Drahtnetz angebracht, auf dem das Tier steht und durch dessen
Lücken der Harn ohne jedweden Verlust in ein unter dem Käfig resp. unter den
Trichter gestelltes Sammelgefäß fließt, während der Kot obenauf bleibt. Da die
meisten Tiere ihre Blase oft nur unvollkommen entleeren, muß der zurückgebliebene
Harn sowohl am Beginn als am Ende einer jeden Versuchsperiode mittels Katheter
und durch Blasenspülung mit 1%iger Borsäurelösung entfernt werden. Der Kot
wird in der Regel nicht täglich, sondern bloß in Perioden von mehreren Tagen
abgegrenzt, und zwar durch Verfüttern von Substanzen, die durch ihre Farbe
auffallen, wie Kohlenpulver, Kieselsäure usw.

2. Chemische Analyse der Nahrung, des Harns und Kotes.

Stickstoffbestimmung. Der Einfachheit halber nimmt man, in der Regel
ohne einen wesentlichen Fehler zu begehen, an, daß Stickstoff in der eingeführten
Nahrung bloß in Form von Eiweiß enthalten ist und daß der Stickstoff des Harns
bloß aus zersetztem Eiweiß herrührt. Die Bestimmung des Stickstoffes erfolgt
sowohl in der Nahrung als auch in Harn und Faeces nach dem Kjeldahlschen
Verfahren (S. 214).

Kohlenstoffbestimmung. Der Kohlenstoff wird am besten auf nassem
Wege durch Oxydation mit konzentrierter Schwefelsäure und doppeltchrom-
saurem Kalium nach dem Verfahren von Messinger, Brunner und Scholtz
bestimmt. 2—3 ccm des Harns resp. 0,10—0,15 g der trockenen Substanz (Nahrung, Kot) werden mit 80 ccm konzentrierter Schwefelsäure und 10 g doppelt-
chromsaurem Kali gekocht, wodurch einerseits die Kohlensäure der Carbonate
ausgetrieben, andererseits der gesamte Kohlenstoff der organischen Verbindungen
in Kohlensäure umgewandelt und als solche ausgetrieben wird. Durch den Kochkolben und eine mit ihm verbundene Pettenkofersche Röhre, die eine genau
abgemessene Menge Barytwasser von bekannter Konzentration enthält, zieht ein
langsamer, vor seinem Eintritt von Kohlensäure befreiter Luftstrom, der die
gesamte im Kolben entwickelte Kohlensäure durch das Barytwasser führt. Da
aus den organischen Verbindungen außer der Kohlensäure auch etwas Kohlenoxyd entstehen kann, läßt man, um das Kohlenoxyd zu Kohlensäure zu oxydieren,
die aus dem Kochkolben austretenden Gase durch eine Verbrennungsröhre aus
schwer schmelzbarem Glas passieren, welches mit Kupferoxyddraht oder Kupfer-
oxydasbest beschickt ist und im Verbrennungsofen bis zu schwacher Rotglut
erhitzt wird. Die Verbrennungsröhre ist an ihrem Austrittsende mit grobkörnigem
Bleisuperoxyd beschickt, welches, bei einer Temperatur von 150—180° C gehalten,
saure Verbrennungsprodukte der schwefel- und stickstoffhaltigen Bestandteile
zurückhält. Ist die Menge des Barytwassers sowie dessen Konzentration vor und
nach der Verbrennung bekannt, so läßt sich der Kohlenstoffgehalt der verbrannten
Substanz leicht berechnen.

Die Fette in Nahrung und Kot werden durch Extraktion mittels Äther
(S. 91) bestimmt, wobei aber zu bemerken ist, daß außer den Fetten auch andere,
ätherlösliche Stoffe in den Äther übergehen können. Zweckmäßiger erfolgt daher die
Bestimmung der Fette nach dem Verfahren von Liebermann und Székely (S. 91).

Die Kohlenhydrate werden durch Berechnung erhalten; und zwar wird
als Kohlenhydrat der Rest der aschenfreien Trockensubstanz nach Abzug des
Eiweißes und des Fettes betrachtet.

3. Bestimmung des Gaswechsels. Respirationsversuche.

Der gesamte Gaswechsel, d. h. die Kohlensäureproduktion und der
Sauerstoffverbrauch, meistens auch die Wasserdampfabgabe, wird durch
sog. Respirationsversuche bestimmt (der Sauerstoffverbrauch oft
nur berechnet). Die nachfolgend zu beschreibenden Versuchseinrich-
tungen unterscheiden sich voneinander teils durch die kürzere oder
längere Dauer des Versuches, teils in der Art der Feststellung des
Sauerstoffverbrauches, indem derselbe entweder durch Berechnung
oder durch direkte Bestimmung erfolgt.

a) Respirationsversuche von längerer Dauer (6—24 Stunden) ohne direkte Bestimmung des Sauerstoffverbrauches; nach dem Prinzipe von Pettenkofer und Voit.

Bei dieser Einrichtung, welche die Bestimmung der gesamten Kohlensäure- und Wasserdampfabgabe und eine Berechnung des Sauerstoffverbrauches gestattet, wird das Versuchsobjekt in einem geschlossenen, jedoch zur Ventilation geeigneten Kasten, einem sog. Respirationskasten, gehalten, der auch zum Sammeln von Harn und Kot eingerichtet ist; hierdurch wird es möglich, nebst dem Gaswechsel auch den gesamten Kohlenstoff- und Stickstoffumsatz zu bestimmen.

Durch ein weites Rohr wird mittels eines Pumpwerkes frische Luft aus dem Freien in das Innere des Respirationsschrankes und von hier durch eine große Gasuhr getrieben, an der die Menge der Ventilationsluft abgelesen werden kann. Durch ein eigenartiges, mit Quecksilberventilen versehenes Pumpwerk wird je ein kleiner Bruchteil (ca. $^1/_{300}$ bis $^1/_{3000}$) der Ventilationsluft sowohl vor ihrem Eintreten in den Schrank als auch knapp nach ihrem Austreten angesogen, erst durch konzentrierte Schwefelsäure, dann durch eine Pettenkofersche Röhre mit Barytwasser und schließlich gegen eine kleine Gasuhr getrieben. Der Gewichtszuwachs der Schwefelsäure ergibt die Menge des in der Luftprobe enthaltenen Wasserdampfes; aus der Konzentrationsveränderung des Barytwassers läßt sich die Menge der Kohlensäure berechnen. Aus dem Verhältnisse zwischen der an der großen Gasuhr und der an den kleinen Uhren abgelesenen Luftvolumina ergibt sich der Faktor, mittels dessen wir die für Wasserdampf und Kohlensäure erhaltenen Werte auf die gesamte Ventilationsluft umrechnen können. Durch Subtraktion des Wasserdampfes und der Kohlensäure in der eintretenden Luft von dem Wasserdampf und der Kohlensäure in der austretenden Luft ergibt sich die gesamte Produktion des Versuchsobjektes.

Dieses System der sog. Teilstrom-Analyse kann, namentlich wenn es sich um Versuche an kleinen Tieren handelt, durch ein solches ersetzt werden, in dem die ganze Ventilationsluft, also nicht bloß ein aliquoter Teil derselben, analysiert und dadurch der Fehler, der durch die Multiplikation (in obigen Beispielen mit 300 bezw. 3000) bedingt ist, ausgemerzt wird. Auch kann zum Auffangen des CO_2 statt des Barytwassers starke Kalilauge oder noch besser gekörnter Natronkalk verwendet werden.

Ist uns das Gewicht des Versuchsobjektes am Anfang und am Ende des Versuches, sowie das Gewicht der während des Versuches aufgenommenen Nahrung, ferner das des ausgeschiedenen Wasserdampfes und der Kohlensäure, endlich das Gewicht des ausgeschiedenen Harns und Kotes bekannt, so läßt sich aus diesen Daten auch der Sauerstoffverbrauch berechnen, indem dieser gleich ist dem

Endgewicht — (Anfangsgewicht + Nahrung — gesamte Ausgaben).

Der so berechnete Sauerstoffverbrauch ist aber infolge der zahlreichen Fehlerquellen, die den obigen Bestimmungen anhaften, recht unsicher.

b) Respirationsversuche von längerer Dauer (6—24 Stunden) mit direkter Bestimmung des Sauerstoffverbrauches; nach dem Prinzip von Regnault und Reiset.

Bei dieser Einrichtung wird nicht nur die Kohlensäureproduktion, sondern auch der gesamte Sauerstoffverbrauch direkt bestimmt.

Vom Respirationsschrank, der zum Auffangen von Harn und Kot eingerichtet ist, geht ein Ventilationsrohr ab, das durch ein System von Absorptionsgefäßen, (am besten mit konz. Schwefelsäure bezw. Natronkalk beschickt) und ein Pumpwerk unterbrochen, wieder in den Schrank einmündet, also im Verein mit diesem ein geschlossenes Kreissystem bildet. Die Pumpe hält die Luft in ständiger Zirkulation und das Absorptionssystem hält Wasserdampf und Kohlensäure, die vom Versuchsobjekt gebildet werden, quantitativ zurück. Aus einem Sauerstoffbehälter (Gasometer oder Druckflasche) strömt ständig Sauerstoff in den Respirationsschrank und ersetzt den verbrauchten Sauerstoff. Wird der Strom so reguliert, daß der im Schrank herrschende Innendruck sich nicht verändert, so muß, konstanten äußeren Luftdruck und konstante Temperatur im Schrank vorausgesetzt, ebensoviel Sauerstoff vom Versuchsobjekt verbraucht worden sein als zugeströmt ist, da ja der produzierte Wasserdampf und die Kohlensäure in den Absorptionsgefäßen zurückbehalten wurden. Aus der Volum- oder Gewichtsveränderung, die der Sauerstoff im Behälter (Gasometer oder Druckflasche) während der Versuchsdauer erfährt, ergibt sich also unmittelbar das Volumen oder das Gewicht des verbrauchten Sauerstoffes; nur muß entsprechend einer etwaigen Änderung in der Zusammensetzung der durch den Schrank zirkulierenden Luft eine Korrektion angebracht werden. Diese Änderung wird durch Gasanalyse ermittelt, die an einer Probe der Luft im Respirationsschrank je am Beginn und am Ende des Versuches vorgenommen wird.

c) Respirationsversuche von kurzer Dauer mit direkter Bestimmung des Sauerstoffverbrauches; nach dem Prinzip von Zuntz-Geppert.

Mittels dieser Methode können Versuche von weit geringerer Dauer (10—20 Minuten betragend) angestellt werden, wodurch sie sich für die Lösung so mancher Probleme besonders eignet. In diesen Versuchen wird die Menge der durch die Lunge ausgeschiedenen Kohlensäure und der gesamte Sauerstoffverbrauch, also der sog. respiratorische Gaswechsel, bestimmt; hingegen die Kohlensäure vernachlässigt, welche durch die Haut eliminiert wird und nicht mehr als $1\,^0/_0$ der gesamten Kohlensäureproduktion ausmacht.

Es wird bei dieser Versuchseinrichtung die Größe der Lungenventilation und die Zusammensetzung der Exspirationsluft wie folgt ermittelt:

Größe der Lungenventilation. Am Menschen wird die Nasenatmung durch Abklemmen der Nase aufgehoben und der Mund der Versuchsperson mittels eines entsprechenden Verschlußstückes aus Kautschuk luftdicht mit dem Schaft eines T-Rohres verbunden. Der eine Schenkel dieses Rohres führt ins Freie, während der andere mit einer leicht rotierenden Gasuhr verbunden ist. Im Inneren des Rohres sind geeignete Ventile so angebracht, daß Luft nur aus dem Freien in die Lunge einströmen kann, die ausgeatmete Luft aber nur gegen die Gasuhr strömen kann, wobei die Atmung ohne jede Anstrengung erfolgt. Wenn es sich um ein Versuchstier handelt, wird an demselben die Tracheotomie ausgeführt und in den zentralen Stumpf der Trachea eine Kanüle eingebunden, die mit dem Schaft des vorangehend beschriebenen T-Rohres verbunden ist.

An der Gasuhr wird das Volumen der Luft abgelesen, welche während eines genau bestimmten Zeitraumes ausgeatmet wurde; durch Ablesung einer am Apparat angebrachten, nach dem Prinzip des Thermobarometers konstruierten Vorrichtung wird das abgelesene Volumen auf Normalvolumen reduziert.

Zusammensetzung der Exspirationsluft. Von dem zur Gasuhr führenden Rohr zweigt seitlich eine enge Röhre ab, durch welche von Zeit zu Zeit je ca. 100 ccm Exspirationsluft abgesogen und in zwei genau kalibrierten Büretten über angesäuertem Wasser aufgefangen werden. Treibt man nun die beiden Luftproben erst in eine Pipette, wo ihre Kohlensäure durch starke Kalilauge in 2 bis 5 Minuten absorbiert wird, dann in je eine Pipette, wo sie durch gelben Phosphor in 8 bis 15 Minuten vom Sauerstoff befreit werden, und liest jedesmal, nachdem die Gasprobe wieder in Büretten überführt wurde, die Volumina ab, so lassen sich aus der Volumsverminderung der prozentische Kohlensäure- und Stickstoff-, resp. mit Hilfe dieser beiden Daten der Sauerstoffgehalt der ausgeatmeten Luft berechnen. Selbstverständlich müssen etwaige Veränderungen des Luftdruckes und der Temperatur durch gleichzeitige Ablesung eines Thermobarometers berücksichtigt werden.

Berechnung. Aus dem Normalvolumen der in der gewählten Zeiteinheit $(1')$ exspirierten und in obiger Weise analysierten Luft läßt sich die Kohlensäureproduktion in einfachster Weise berechnen, wenn man für den Kohlensäuregehalt der eingeatmeten (Straßen-) Luft, der in eigens hierzu angestellten Versuchen bestimmt werden muß, $0,03-0,06\%$ in Abzug bringt.

Der Sauerstoffverbrauch ist gleich Sauerstoffgehalt der in der gewählten Zeiteinheit eingeatmeten Luft minus Sauerstoffgehalt der ausgeatmeten Luft.

Hierzu stehen uns, als bekannt, folgende Daten zur Verfügung:

N-Gehalt der Inspirationsluft (Straßenluft) . . . . $= 79,07\%$,
O-   „   „   „   „   . . . . $= 20,90\%$,
Volumen der Exspirationsluft (an der Gasuhr abgelesen) . . $= V$
N-Gehalt der Exspirationsluft ⎱ durch Analyse . . . . . $= N$
O-   „   „   „   ⎰ ermittelt . . . . . $= O$

Hingegen ist uns das Volumen der Inspirationsluft (da nicht diese, sondern die Exspirationsluft, die an O_2 ärmer, an CO_2 reicher geworden ist, durch die Gasuhr streicht) zunächst nicht bekannt, kann jedoch aus dem N-Gehalt der Exspirationsluft leicht berechnet werden. Da es nämlich feststeht, daß der tierische Körper gasförmigen Stickstoff weder aufnimmt noch aber abgibt, und da die Volumina der In- und Exspirationsluft ihrem Stickstoffgehalt umgekehrt proportional sich verhalten müssen, ist das gesuchte Volumen der Inspirationsluft

gleich $V \cdot \dfrac{N}{79,07}$. Demzufolge ist der Sauerstoffgehalt der Inspirationsluft

$= V \cdot \dfrac{N}{79,07} \cdot \dfrac{20,90}{100}$; da aber der Sauerstoffgehalt der Exspirationsluft $= V \cdot \dfrac{O}{100}$, ist

der Sauerstoffverbrauch $V \cdot \dfrac{N}{79,07} \cdot \dfrac{20,90}{100} - V \cdot \dfrac{O}{100} = \dfrac{V}{100}(0{,}2643\,N - O)$.

4. Der respiratorische Quotient.

Als respiratorischer Quotient (R Q) wird nach Pflüger der Quotient aus dem Volumen des ausgegebenen Kohlendioxyds und dem Volumen des verbrauchten Sauerstoffes bezeichnet. Also $R\,Q = \dfrac{CO_2\ \text{Vol.}}{O_2\ \text{Vol.}}$

Die organischen Verbindungen beanspruchen bei ihrer Verbrennung, also zur Überführung des Kohlenstoffes in Kohlensäure, des Wasserstoffes in Wasser, des Schwefels der Eiweißkörper in Schwefelsäure usw. eine ganz bestimmte Menge von Sauerstoff. Nun ist aber selbstverständlich, daß das Verhältnis zwischen dem gesamten Sauerstoffverbrauch eines verbrennenden Moleküls und der entstehenden Kohlensäure bezüglich verschiedener organischer Verbindungen eine verschiedene sein wird, a) je nach dem prozentualen Kohlenstoff- und Wasserstoffgehalt der Verbindung, b) je nach der Menge des Sauerstoffes, den die Verbindung im Molekül bereits enthält, c) je nach dem Grade der Oxydation, die die betreffende organische Verbindung im Tierkörper erleidet, indem Kohlenhydrate und Fette vollkommen zu Kohlensäure und Wasser verbrennen (S. 281), die Eiweißkörper aber nebst Kohlensäure und Wasser auch stickstoffhaltige, nicht vollkommen oxydierte Produkte liefern, die zum größten Teile im Harn entleert werden (S. 290). Aus allem dem geht hervor, daß, wenn man einerseits das Volumen des verbrauchten Sauerstoffes, andererseits das des ausgegebenen Kohlendioxyds feststellt, man zwei Werte enthält, deren Quotient als direkt charakteristisch für die drei genannten Hauptgruppen der organischen Verbindungen angesehen werden darf, so daß dieser Quotient, in Respirationsversuchen festgestellt, genau erkennen läßt, welche der genannten Verbindungen im Tierkörper während der Versuchsdauer verbrannt wurde.

Es ist, wenn

ausschließlich Kohlenhydrat verbrennt, der $RQ = 1$

„ Fett „ „ „ $= 0{,}711$

„ Eiweiß „ „ „ $= 0{,}801$.

Diese Zahlen ergeben sich aus nachfolgender Berechnung:

Im Kohlenhydratmolekül sind Wasserstoff und Sauerstoff im selben Verhältnis wie im Wasser ($H_2 : O$) enthalten, daher es zur Verbrennung des ganzen Moleküls nicht mehr Sauerstoffes bedarf als zur Überführung des Kohlenstoffes in Kohlensäure. Da nun aber das Volumen einer bestimmten Menge von Kohlensäure genau so groß ist wie das Volumen des Sauerstoffes, der beim Entstehen der Kohlensäure verbraucht wurde, so ist der RQ beim Verbrennen von Kohlenhydraten immer $= 1$.

In den Fetten ist nicht soviel Sauerstoff enthalten als zur Überführung des H_2 in H_2O notwendig ist, daher ihr respiratorischer Quotient kleiner als 1 sein muß.

Die Fette enthalten durchschnittlich $76{,}1\%$ Kohlenstoff, $11{,}8\%$ Wasserstoff und $12{,}1\%$ Sauerstoff.

Bei der Verbrennung von 1 g Fett entstehen aus den darin enthaltenen 0,761 g Kohlenstoff 2,790 g Kohlensäure, da

$$12 : 44 = 0{,}761 : x, \text{ woraus } x = \frac{0{,}761 \times 44}{12} = 2{,}790.$$

Da 1 Liter Kohlensäure bei 0^0 C und 760 mm Hg-Druck 1,965 g wiegt, beträgt das Volumen obiger 2,790 g Kohlensäure $\dfrac{2{,}790}{1{,}965} = 1{,}419$ Liter.

Ferner werden bei der Verbrennung von 1 g Fett zur Überführung von 0,761 g Kohlenstoff in Kohlensäure 2,029 g Sauerstoff verwendet; denn

$$12 : 32 = 0{,}761 : x, \text{ woraus } x = \frac{0{,}761 \times 32}{12} = 2{,}029.$$

Ferner werden zur Überführung von 0,118 g Wasserstoff (die in 1 g Fett enthalten sind) in Wasser 0,944 g Sauerstoff verwendet, da

$$2 : 16 = 0{,}118 : x, \text{ woraus } x = \frac{0{,}118 \times 16}{2} = 0{,}944.$$

Der Sauerstoffbedarf des Kohlenstoffes und Wasserstoffes von 1 g Fett beträgt daher $2{,}029 + 0{,}944 = 2{,}973$ g; 0,121 g Sauerstoff sind im Fettmolekül bereits enthalten; es werden also bei der Verbrennung von 1 g Fett außerdem noch

$$2{,}973 - 0{,}121 = 2{,}852 \text{ g Sauerstoff verbraucht.}$$

Da 1 Liter Sauerstoff bei 0^0 C und 760 mm Hg-Druck 1,429 g wiegt, beträgt das Volumen des ganzen verbrauchten Sauerstoffes $\dfrac{2{,}852}{1{,}429} = 1{,}995$ Liter.

Hieraus berechnet beträgt der respiratorische Quotient $\dfrac{1{,}419}{1{,}995} = 0{,}711$.

Die Eiweißkörper werden im Tierkörper nicht vollständig verbrannt, sondern liefern C-, H-, N-, O- und teilweise auch S-haltige Verbindungen, die dann im Harn und Kot entleert werden; darum kann ihr respiratorischer Quotient nur annähernd unter Berücksichtigung der im Harn und Kot entleerten Verbindungen berechnet werden. Im hungernden Hunde, an dem diese Berechnung ausgeführt wurde, enthält das Körpereiweiß $52{,}38\%$ C, $7{,}27\%$ H, $16{,}65\%$ N, $22{,}68\%$ O. Hiervon werden im Harn und Kot entleert $10{,}88\%$ C, $2{,}87\%$ H, $16{,}65\%$ N, $14{,}99\%$ O, der Rest, der vollkommen verbrennt, beträgt $41{,}50\%$ C, $4{,}40\%$ H, $7{,}69\%$ O.

Es werden demnach, wenn 1 g Eiweiß zersetzt wird, 0,415 g Kohlenstoff in Kohlensäure und 0,044 g Wasserstoff in Wasser überführt. Aus 0,415 g Kohlenstoff, die in 1 g Eiweiß enthalten sind, entstehen 1,522 g Kohlensäure, da

$$12 : 44 = 0,415 : x, \text{ woraus } x = \frac{0,415 \times 44}{12} = 1,522.$$

Da 1 Liter Kohlensäure bei 0° C und 760 mm Hg-Druck 1,965 g wiegt, beträgt das Volumen obiger 1,522 g Kohlensäure $\frac{1,522}{1,965} = \mathbf{0,775 \ Liter.}$

Ferner: Es verbrauchen 0,415 g Kohlenstoff bei ihrer Überführung in Kohlensäure 1,107 g Sauerstoff, da

$$12 : 32 = 0,415 : x, \text{ woraus } x = \frac{0,415 \times 32}{12} = 1,107;$$

0,044 Wasserstoff verbrauchen bei ihrer Überführung in Wasser 0,352 g Sauerstoff, da

$$2 : 16 = 0,044 : x, \text{ woraus } x = \frac{0,444 \times 16}{2} = 0,352.$$

Bei der Verbrennung des Kohlenstoffes und Wasserstoffes, die in 1 g Eiweiß enthalten sind, werden demnach $1,107 + 0,352 = 1,459$ g Sauerstoff verbraucht. Laut vorangehender Berechnung stehen hierfür 0,077 g im Eiweißmolekül zur Verfügung; der gesamte Bedarf beträgt daher

$$1,459 - 0,077 = 1,382 \text{ g.}$$

Da 1 Liter Sauerstoff bei 0° C und 760 mm Hg 1,429 g wiegt, beträgt das Volumen des gesamten verbrauchten Sauerstoffes $\frac{1,382}{1,429} = \mathbf{0,967 \ Liter.}$

Aus diesen beiden Daten berechnet, beträgt der respiratorische Quotient $\frac{0,775}{0,967} = \mathbf{0,801.}$

Die Definition des R Q läßt sich jedoch auch anders wie wir sie (S. 289) gaben, und zwar logischer ableiten. Das Volumen des ausgegebenen Kohlendioxydes ist nämlich gleich dem Volumen des Sauerstoffes, der zur Überführung des Kohlenstoffes der Verbindung in Kohlendioxyd verwendet wird; daher das Volumen des Kohlendioxydes im Quotienten durch das Volumen des bei der Entstehung des Kohlendioxydes verbrauchten Sauerstoffes ersetzt werden kann. Also

$$\mathrm{R\,Q} = \frac{CO_2 \text{ Vol}}{O_2 \text{ Vol}} = \frac{O_2 \text{ (zur Oxydation des Kohlenstoffes) Vol}}{O_2 \text{ (Gesamt-Verbrauch) Vol}}, \text{ naturgemäß}$$

$$\text{auch} = \frac{O_2 \text{ (zur Oxydation des Kohlenstoffes) g.}}{O_2 \text{ (Gesamt-Verbrauch) g.}}$$

Diese beiden letztgenannten Formen des Quotienten haben selbstverständlich denselben Wert wie der ursprüngliche Pflügersche Quotient, bringen es jedoch weit klarer zum Ausdruck, daß der Wert des Quotienten durch den Sauerstoff bestimmt wird, der einerseits zur Oxydation des Kohlenstoffes, andererseits zur Oxydation des ganzen Moleküles erforderlich ist, ob nun beide in Volum- oder Gewichtsteilen angegeben sind, was bei dem Pflügerschen Quotienten nicht der Fall ist. Die Berechnung erfolgt auf Grund der oben angeführten Daten, indem

R Q bei Verbrennung von Glykogen $= 1$

$$\text{,, \quad ,, \quad ,, \quad ,, \quad Fett} \quad = \frac{2,029}{2,852} = 0,711$$

$$\text{,, \quad ,, \quad ,, \quad ,, \quad Eiweiß} \quad = \frac{1,107}{1,382} = 0,801.$$

Da sich kaum je der Fall ergibt, daß Kohlenhydrat, Fett oder Eiweiß allein verbrennen würde, vielmehr alle diese Verbindungen gleichzeitig — aber zu sehr verschiedenen und wechselnden Anteilen — sich am Stoffwechsel beteiligen, wird auch der respiratorische Quotient das oben erwähnte Minimum von 0,711 und das Maximum von 1 unter normalen Bedingungen kaum je erreichen. Andererseits ist aber zu beachten, daß der respiratorische Quotient sich nur dann in den erwähnten Grenzen zwischen 0,711 und 1 hält, wenn die Kohlenhydrate und Fette vollständig, die Eiweißkörper aber in der (S. 290) beschriebenen Weise verbrennen; ferner die betreffenden Oxydationsprodukte auch tatsächlich ausgeschieden werden; und endlich, wenn weder Sauerstoff anders, als zur Bildung von Kohlensäure und Wasser, verwendet wird, als zu der beschriebenen Art der Verbrennung von organischen Verbindungen. Trifft nun eine dieser Möglichkeiten zu, so können jene Grenzen sowohl unter- als auch überschritten werden. So ist z. B. der respiratorische Quotient im protrahierten Hunger oft kleiner als 0,711 (S. 310), kann sogar noch tiefer, auf 0,60—0,50 sinken, wenn, wie an winterschlafenden Säugetieren beobachtet wurde, innerhalb des Tierkörpers aus einer sauerstoffärmeren Verbindung, wie etwa Fett, eine sauerstoffreichere Verbindung, wie etwa Glykogen, gebildet wird. Hierzu im Gegensatz kann der respiratorische Quotient weit mehr als 1 betragen, wenn aus Kohlenhydraten im tierischen Organismus Fett entsteht, wie z. B. an mit Kohlenhydraten gemästeten Tieren. Bei der Überfütterung mit Kohlenhydraten wird nämlich einerseits aus sauerstoffreicheren Verbindungen, wie die Kohlenhydrate es sind, eine sauerstoffärmere Verbindung, wie Fett, gebildet; der auf diese Weise frei gewordene Sauerstoff wird zur Oxydation verwendet und läßt den Sauerstoffverbrauch kleiner erscheinen als er es tatsächlich ist. Andererseits wird aus den Kohlenhydraten eine beträchtliche Menge von Kohlensäure einfach (ohne Verbrennung) abgespalten. Da auf diese Weise mehr Kohlendioxyd ausgeatmet wird, als bloß durch Verbrennungsprozesse entsteht, muß unter diesen Umständen der respiratorische Quotient aus doppelten Gründen größer sein als der theoretisch denkbar größte Wert von 1; er steigt auf 1,2 oder 1,3 und darüber.

5. Berechnung des Eiweißstoffwechsels.

a) Am Hungertier.

Da die überwiegende Menge der stickstoffhaltigen Zerfallsprodukte der Eiweißkörper im Harn, und nur zu einem geringen, meist zu vernachlässigenden Anteil im Kot, eventuell auch im Schweiß ausgeschieden wird; da es ferner durch überzeugende Versuche definitiv festgestellt ist, daß der Tierkörper weder elementaren Stickstoff aus der Umgebung aufnimmt, noch aber Stickstoff in Gasform abgibt, können wir aus der Menge des im Harn (eventuell auch im Kot und im Schweiß) ausgeschiedenen Stickstoffes auf die Menge der zersetzten Eiweißkörper schließen. Der Stickstoffgehalt des Harns (eventuell auch des Kotes und des Schweißes) wird nach Kjeldahl (S. 214) bestimmt; und da die Eiweißkörper durchschnittlich 16% Stickstoff enthalten, ist die Menge des in 24 Stunden zersetzten Eiweißes gleich: in 24 Stunden ausgeschiedener Stickstoff $\times \dfrac{100}{16}$, oder Stickstoff $\times$ 6,25.

b) Bei Nahrungsaufnahme.

Soll der Eiweißstoffwechsel an einem Organismus bestimmt werden, dem Nahrung zugeführt wird, so darf der Stickstoffgehalt des Kotes nicht vernachlässigt werden. Da dieser Stickstoff nur zu einem geringeren Teile von den in das Darmlumen ergossenen Sekreten, zum größten Teil aber von dem nicht resorbierten Anteile der eingeführten Nahrung herrührt, bezeichnen wir, ohne einen nennenswerten Fehler zu begehen, die gesamte Menge des Kotstickstoffes als von der „nicht resorbierten" Nahrung herrührend.

Die Differenz zwischen dem in der Nahrung eingeführten und dem im Kot entleerten Stickstoff gibt uns die Menge des resorbierten Eiweißes an; das in Prozenten ausgedrückte Verhältnis zwischen resorbiertem und eingeführtem Eiweiß bezeichnen wir als dessen Verdauungs- oder Ausnützungs-Koeffizienten.

Von dem resorbierten Eiweiß kann ein Teil im Organismus zurückgehalten werden, ein anderer Teil wird zersetzt; der Stickstoff des letzteren wird im Harn ausgeschieden; daher gilt der Harnstickstoff auch am Tier, das Nahrung aufnimmt, als Maß des zersetzten Eiweißes.

Aus einem Vergleich des Stickstoffgehaltes der eingeführten Nahrung einerseits und dem des Harns und Kotes andererseits ergibt sich die Bilanz des Stickstoff- resp. Eiweißumsatzes: α) Wenn in Harn und Kot mehr Stickstoff entleert wird, als in der Nahrung eingeführt wurde, ist die Stickstoff- resp. Eiweißbilanz negativ; d. h. außer Nahrungseiweiß wurde auch Körpereiweiß zersetzt. β) Wenn im Harn und Kot weniger Stickstoff entleert wird, als in der Nahrung eingeführt wurde, so ist die Stickstoff- resp. Eiweißbilanz positiv; es wurde also eine der Differenz entsprechende Menge von Nahrungseiweiß im Organismus angesetzt. γ) Wenn die im Harn und Kot entleerte Stickstoffmenge der in der Nahrung eingeführten gleich ist, so befindet sich der Organismus im Stickstoff- resp. Eiweißgleichgewicht, d. h. sein Eiweißbestand hat sich nicht verändert.

6. Berechnung des Fett- und Kohlenhydratumsatzes.

a) Am Hungertier.

Während der Eiweißumsatz aus dem Stickstoffgehalt der Entleerungen ohne weiteres berechnet werden kann, läßt sich der Fettumsatz nur ermitteln, wenn außer der Menge des ausgeschiedenen Stickstoffes auch die des ausgeschiedenen Kohlenstoffes (in der ausgeatmeten Kohlensäure, ferner im Harn und Kot), der Kohlenhydratumsatz jedoch nur, wenn außerdem noch der Sauerstoff-, eventuell auch der Wasserstoffumsatz bestimmt wird (S. 296).

α) Berechnung des Fettumsatzes allein.

Im hungernden Warmblüter ist die Menge der zur Verbrennung kommenden Kohlenhydrate (Glykogen) so gering, daß sie ohne weiteres vernachlässigt werden kann, so daß sich der Fettumsatz aus den Stickstoff- und Kohlenstoffausgaben in einfachster Weise, wie folgt, berechnen läßt:

Da das Körpereiweiß durchschnittlich $16^0/_0$ Stickstoff, dagegen $52,5^0/_0$, also 3,28mal soviel Kohlenstoff enthält, muß auch die Menge des Kohlenstoffes, die in den Ausgaben (Exspirationsluft und Harn) bei der Zersetzung von Eiweiß erscheint, 3,28mal soviel betragen als der Stickstoff im Harn. Wenn daher der Harnstickstoff mit 3,28 multipliziert und das Produkt von den gesamten Kohlenstoffausgaben subtrahiert wird, so verbleibt ein Rest von Kohlenstoff, der nur aus der Verbrennung von Fett herrühren kann. Da aber der Kohlenstoffgehalt der Fette durchschnittlich $76^0/_0$ beträgt, ist es klar, daß einem Gramm Kohlenstoff, das aus Fettverbrennung hervorging, $\frac{100}{76} = 1,3$ g Fett entsprechen. Die Menge des verbrannten Fettes ist daher $= 1,3 \times$ (gesamte Kohlenstoffausgabe $- 3,28 \times$ gesamte Stickstoffausgabe).

Es wurden z. B. von einem 8,7 kg schweren Hund in 24 Stunden ausgeschieden: 2,54 g Stickstoff, entsprechend **15,87** g verbranntem Eiweiß.

Weiterhin 120,8 g CO_2, enthaltend . .	32,95 g C
ferner im Harn	1,96 g C
Gesamte Ausscheidung	34,91 g C
Den 2,54 g Stickstoff entsprechen	
2,54 $\times$ 3,28 = ...	8,33 g C
Von verbranntem Fett rühren her .	26,58 g C
entsprechend 26,58 $\times$ 1,3 = ...	**34,55** g verbranntem Fett.

β) Berechnung des Fett- und Kohlenhydratumsatzes.

Soll außer dem Eiweiß- und Fettverbrauch auch der der Kohlenhydrate (Glykogen) berechnet werden, muß nebst der gesamten Stickstoff- und Kohlenstoffausgabe auch der gesamte Sauerstoffverbrauch bestimmt werden. Mittels dieser beiden Daten kann der Fett- und Kohlenhydratumsatz auf zweierlei Weise berechnet werden:

$\alpha\alpha$) Aus dem Sauerstoffverbrauch und dem respiratorischen Quotienten.

Es läßt sich aus der Größe des respiratorischen Quotienten meistens ohne jede weitere Berechnung beurteilen, welche der drei Hauptgruppen der organischen Verbindungen während der Versuchsdauer in überwiegender Menge verbrannt wurde; nähert er sich dem Minimum von 0,711, so wurde überwiegend Fett zersetzt; nähert er sich dem Maximum von 1, so wurden überwiegend Kohlenhydrate verbrannt.

Doch läßt sich aus dem respiratorischen Quotienten auch annähernd das Verhältnis berechnen, in welchem sich Kohlenhydrate und Fette am Stoffwechsel beteiligt haben. Es entstehen nämlich, wie vorangehend (S. 291) gezeigt wurde, bei der Zersetzung von 1 g Eiweiß

0,775 Liter Kohlensäure und werden 0,967 Liter Sauerstoff verbraucht, gleichzeitig aber 0,163 g Stickstoff im Harn entleert; folglich müssen, wenn 1 g Stickstoff im Harn erscheint, durch die Zersetzung von Eiweiß $\frac{0,775}{0,163} = 4{,}75$ Liter Kohlensäure erzeugt und $\frac{0,967}{0,163} = 5{,}93$ Liter Sauerstoff verbraucht worden sein. Wenn daher in einem gegebenen Versuche x Gramm Stickstoff aus zersetztem Eiweiß entleert werden, sind 4,75 · x Liter Kohlensäure und 5,93 · x Liter Sauerstoff auf Rechnung des Eiweißes zu stellen. Ziehen wir diese Werte von der gesamten Kohlensäureproduktion und von dem gesamten Sauerstoffverbrauche ab, so bleibt ein Rest, der von der Verbrennung von Fett und Kohlenhydraten hervorging. Hieraus lassen sich die relativen Mengen von verbranntem Fett und Kohlenhydraten auf Grund der folgenden Überlegung ermitteln:

Es läßt sich aus den Daten (auf S. 290) leicht berechnen, wie groß der Sauerstoffverbrauch und die Kohlensäureproduktion ist, wenn Fette und Kohlenhydrate zu verschiedenen Anteilen zur Verbrennung kommen, resp. welchen Wert zwischen 0,711 und 1 der respiratorische Quotient in diesen Fällen annehmen muß. Eine solche Berechnung liegt auch der nachfolgenden Tabelle zugrunde; in derselben entsprechen

einem respiratorischen Quotienten von	pro je 1 Liter verbrauchten Sauerstoffes verbranntes	
	Glykogen g	Fett g
0,711	0	0,503
0,800	0,365	0,351
0,900	0,786	0,175
1	1,207	0

Es werden also in einem gegebenen Versuche von der gesamten Kohlensäureproduktion und von dem gesamten Sauerstoffverbrauch die auf verbranntes Eiweiß entfallenden Anteile abgezogen (s. oben), aus den Restbeträgen der respiratorische Quotient berechnet, und aus dem restierenden Sauerstoffverbrauch mit Hilfe obiger Tabelle in einfachster Weise die dem erhaltenen Quotienten entsprechenden Anteile von Glykogen und Fett ermittelt.

$\beta\beta$) Wenn von der gesamten Kohlensäureausgabe und dem gesamten Sauerstoffverbrauch der auf verbranntes Eiweiß entfallende Anteil abgezogen wird, läßt sich nach Zuntz die Kohlenhydrat- und Fettverbrennung auch auf Grund folgender Überlegung berechnen:

Da, wie (S. 290) gezeigt wurde, bei der Verbrennung von 1 g Fett 1,419 Liter und bei der von 1 g Kohlenhydrat (z. B. Glykogen) 0,828 Liter Kohlensäure erzeugt werden, entstehen bei der Verbrennung von x Gramm Fett und y Gramm Glykogen zusammen

$$1{,}419\ x + 0{,}828\ x \text{ Liter Kohlensäure} = a \ \ldots \ldots \ (\mathrm{I})$$

Desgleichen werden verbraucht bei der Verbrennung von 1 g Fett 1,995 Liter, bei der von 1 g Glykogen 0,828 Liter Sauerstoff; daher bei der Verbrennung von x Gramm Fett und y Gramm Glykogen insgesamt

$$1{,}995\ x = 0{,}828\ y \text{ Liter Sauerstoff} = b \ \ldots \ldots \ (\mathrm{II})$$

Wird Gleichung (I) von Gleichung (II) abgezogen, so erhält man

$$1{,}995\ x - 1{,}419\ x = b - a,\ \text{woraus}$$

$$x = \frac{b-a}{0{,}576}, \quad \text{d. i. die gesuchte Menge des verbrannten Fettes.}$$

Die Menge des Glykogen wird erhalten, wenn man den gefundenen Wert von x in eine der beiden Gleichungen einsetzt. Selbstverständlich bedeuten a und b immer die Restbeträge der in dem betreffenden Versuche ermittelten Kohlensäureproduktion und des Sauerstoffverbrauches, welche nach Abzug der auf verbranntes Eiweiß entfallenden Anteile verbleiben.

$\gamma\gamma$) Eiweiß-, Kohlenhydrat- und Fettumsatz lassen sich am genauesten aus der Bestimmung des gesamten N-, C-, H- und O-Umsatzes berechnen, und zwar in analoger Weise, wie bei der Berechnung des Fettumsatzes (S. 294), doch wurden solche Versuche wegen ihrer Umständlichkeit bisher nur in geringer Zahl durchgeführt (hauptsächlich in Amerika durch Atwater und dessen Schüler).

b) Bei Nahrungsaufnahme.

Der Kohlenhydrat- und Fettumsatz eines ernährten Tieres kann recht genau, wie am Hungertier berechnet werden:

- α) aus dem Sauerstoffverbrauch und dem respiratorischen Quotienten (S. 294);
- β) aus der Kohlensäureproduktion und dem Sauerstoffverbrauch (S. 295);
- γ) am genauesten aus dem gesamten N-, C-, H- und O-Umsatz (s. oben);

Ist der Sauerstoffverbrauch nicht bekannt, so läßt sich bloß eine annäherungsweise Berechnung ausführen, und auch diese nur, wenn außer dem Stickstoff- und Kohlenstoffumsatz auch der Eiweiß-, Fett- und Kohlenhydratgehalt in der Nahrung und im Kot bestimmt wird.

Es müssen hierbei gewisse Voraussetzungen gemacht werden, welche zwar nicht ganz zutreffen, aber für derlei annäherungsweise Berechnung wohl zulässig sind: So wird der Kot als der nicht resorbierte Rest der eingeführten Nahrung angesehen, obzwar er zu einem geringen Anteil sicher von den in das Darmlumen ergossenen Sekreten herrührt; ferner setzt man voraus, daß von den resorbierten Kohlenhydraten und Fetten die ersteren immer in ihrer ganzen Menge vor den Fetten verbrennen. Im Sinne dieser Voraussetzung betrachten wir den Rest der Kohlenstoffausgaben, der nach Abzug des auf verbranntes Eiweiß entfallenden Betrages verbleibt, zunächst als ausschließlich von Kohlenhydraten herrührend; und nur wenn dieser Rest mehr beträgt als den gesamten resorbierten Kohlenhydraten entspricht, stellen wir das derart resultierende Plus auf Rechnung von verbranntem Fett. (Diese zweite Voraussetzung ist schon aus dem Grunde falsch, weil nachgewiesenermaßen relativ beträchtliche Mengen von resorbierten Kohlenhydraten im Organismus in Form von Glykogen abgelagert werden können.) Da der ganze vorangehend angeführte Berechnungsmodus eine Anzahl von Fehlerquellen in sich birgt, ist es natürlich, daß auf diese Weise nur ein annähernder Aufschluß über den Umsatz von Kohlenhydrat und Fett zu erhalten ist.

Beispiel: Eine Versuchsperson soll pro 24 Stunden 320 g Fleisch (enthaltend 67 g Eiweiß), 111,1 g Butter (enthaltend 100 g Fett) und 520 g Brot (enthaltend

300 g Kohlenhydrat und 33 g Eiweiß) verzehrt haben. Einfuhr und Ausfuhr verhielten sich wie folgt:

	Eiweiß	Fett	Kohlen-hydrate	N	C
	g	g	g	g	g
Einfuhr in der Nahrung	100,0	100,0	300,0	16,0	261,8
Ausfuhr { im Kot . .	6,0	5,0	8,0	1,0	9,6
„ Harn . .	—	—	—	18,0	20,2
„ CO_2 . .	—	—	—	—	220,0

Eiweiß: Resorbiert wurden $100 - 6 = 94$ g, welche 15 g N enthalten; da im Harn 18 g N entleert wurden, müssen $18 - 15 = 3$ g N aus verbranntem Körpereiweiß entstanden sein; die Versuchsperson hat demnach 94 g Nahrungseiweiß und $3 \times 6,25 = 18,7$ g Körpereiweiß, insgesamt 112,7 g Eiweiß zersetzt.

Kohlenhydrate: Resorbiert wurden $300 - 8 = 292,0$ g mit einem C-Gehalt (bei $44,4\%$) von 129,6 g. Im Harn und in der CO_2 wurden 240,2 g C ausgeschieden; hiervon rühren $18 \times 3,28 = 59,0$ (S. 294) von verbranntem Eiweiß her; von den restlichen $240,2 - 59 = 181,2$ g C stammen laut der oben erörterten Voraussetzung die ganzen 129,6 g aus der Verbrennung von Kohlenhydraten her.

Fett: Resorbiert wurden $100 - 5 = 95$ g. Von den gesamten C-Ausgaben verbleiben nach Abzug der auf Eiweiß und Kohlenhydrate entfallenden Anteile $240,2 - (59,0 + 129,6) = 51,6$ g, entsprechend $51,6 \times 1,3 = 67,1$ g Fett. Da auf diese Weise von den 95 g resorbierten Fettes bloß 67,1 g verbrannt sind, wurden im Organismus $95 - 67,1 = 27,9$ g Fett angesetzt.

Im Endergebnis hatte demnach die Versuchsperson 94 g Nahrungseiweiß und 18,7 g Körpereiweiß zersetzt, ferner von dem eingeführten Fett 67,1 g verbrannt und 27,9 g angesetzt, außerdem noch 292 g Kohlenhydrate verbrannt.

II. Allgemeines über den Energieumsatz.

Ehe wir an die Besprechung des Energieumsatzes gehen, müssen wir zunächst die Methoden kennen lernen, mittels deren der Gehalt der organischen Verbindungen an chemischer Energie bestimmt wird; wir müssen ferner den Begriff des physiologischen Nutzeffektes der Nahrungsmittel erörtern, und endlich die Methoden kurz skizzieren, welche zur Bestimmung des Energieumsatzes gemeinhin verwendet werden.

A. Bestimmung des Gehaltes organischer Verbindungen an chemischer Energie.

Der chemische Energiegehalt, d. h. die Verbrennungswärme organischer Verbindungen wird am besten durch calorimetrische Verbrennung in der Berthelotschen Bombe in reiner Sauerstoffatmosphäre bei erhöhtem Druck vorgenommen.

Zu diesem Behufe werden von der zu verbrennenden Substanz Pastillen im Gewicht von 0,5—1,0 g bereitet. Eine Pastille wird auf 0,1—0,2 mg genau gewogen, in eine kleine Platinschale gelegt und diese in einen hierfür bestimmten Ring im Innern der Bombe eingehängt. Die Bombe ist aus Gußstahl angefertigt und besteht aus einem etwa 300 ccm fassenden Unterteil und einer abschraubbaren Decke. Durch die Decke treten, sowohl voneinander als auch von der Decke selbst isoliert, zwei Platinastäbe, deren einer hohl ist und zur Einführung des Sauerstoffes in das Bombeninnere dient, während der zweite zu dem Ringe umgebogen ist, welcher die Platinschale mit der Pastille aufnimmt. Die über die Decke hinausragenden Enden beider Stäbe werden mit je einem Pole eines elektrischen Stromkreises verbunden, der durch Niederdrücken eines Kontakthebels geschlossen werden kann; im Bombeninneren sind die Stäbe mit einem kurzen Stück dünnen (0,1—0,2 mm) Platindrahtes verbunden. An den dünnen

Platindraht wird ein Baumwollfaden geknüpft, dessen unteres Ende unter die Pastille im Platinschälchen hinunterreicht.

Die Bombe wird durch Anschrauben der Decke verschlossen, mit Sauerstoff bei einem Druck von etwa 25—30 Atmosphären gefüllt und in ein Blechgefäß, enthaltend ungefähr 2,5 kg destilliertes Wasser (auf einige 0,1 g genau gewogen) so versenkt, daß bloß die zwei oberen Enden der Platinstäbe aus dem Wasser herausragen. Das Blechgefäß wird in das Innere eines „Calorimeter" genannten größeren Gefäßes gestellt, dessen Wände aus mehreren wärmeisolierenden Schichten bestehen und die Temperatur des Wassers im Blechgefäß von der Temperatur der Umgebung möglichst unabhängig machen. Durch ein entsprechendes Rührwerk wird das Wasser im Blechgefäß ständig durchgemischt, so daß es überall dieselbe Temperatur hat. Sobald sich diese gar nicht mehr oder nur mehr gleichmäßig um einige 0,001° C verändert, was durch Ablesen eines eingetauchten Beckmannschen Thermometers von Minute zu Minute kontrolliert wird, bringt man durch Schließen des elektrischen Stromkreises den dünnen Platindraht zum Glühen und hierdurch den Baumwollfaden, sowie gleich darauf auch die Pastille zum Entflammen.

Durch die bei der Verbrennung der Pastille entstandene Wärme wird zunächst die Bombe selbst und durch diese das Wasser in Blechgefäße erwärmt. Das Ablesen des Thermometers wird von Minute zu Minute fortgesetzt und die Temperaturerhöhung des Wassers [1]), die der Verbrennungswärme der Pastille proportionell ist, festgestellt.

Aus der Menge des Wassers sowie aus dessen Temperaturerhöhung ließe sich die Verbrennungswärme der Pastille ohne weiteres berechnen, wenn nicht außer dem Wasser auch die Bombe, das Blechgefäß, der Rührer und das Thermometer miterwärmt würden und wenn nicht die Vernachlässigung dieses Umstandes einen argen Fehler in obiger Berechnung ergebe. Um diesen Fehler zu eliminieren, müßte eigentlich eine Korrektion, entsprechend dem Gewichte und der spezifischen Wärme eines jeden der genannten Calorimetergeräte angebracht werden. An Stelle dieses umständlichen Verfahrens ist es weit bequemer, den „Wasserwert" des calorimetrischen Systemes auf folgende einfache Weise zu bestimmen: Es wird eine genau abgewogene Pastille einer chemisch reinen organischen Verbindung von genau bekannter Verbrennungswärme in der oben beschriebenen Weise verbrannt und hierdurch eine bekannte Menge von Wärme erzeugt. Aus dieser Wärmemenge und der beobachteten Temperatursteigerung des genau abgewogenen Wassers kann in der einfachsten Weise die Wassermenge berechnet werden, die eigentlich vorhanden gewesen sein hätte müssen, wenn die erwähnten Calorimeterbestandteile nicht miterwärmt worden wären. Man wird finden, daß diese Wassermenge immer größer ist als die, die tatsächlich in das Blechgefäß eingefüllt wurde. Das Plus wird als Wasserwert des calorimetrischen Systems bezeichnet, denn es bedeutet diejenige Menge von Wasser, die durch ein bestimmtes Wärmequantum um denselben Betrag erwärmt worden wäre, wie die genannten Calorimeterbestandteile mit den verschiedenen spezifischen Wärmen.

Ist man nun im Besitze dieses „Wasserwertes", so ist es klar, daß der oben erwähnte Fehler vermieden werden kann, wenn man den Wasserwert zu der Menge des im Blechgefäß tatsächlich vorhandenen Wassers hinzuaddiert und die Verbrennungswärme aus dieser Summe und der beobachteten Temperatursteigerung berechnet. Es ist jedoch zuvor noch eine weitere Korrektion anzubringen, entsprechend der Wärmemenge, die vom verbrennenden Baumwollfaden, sowie durch die Verbrennung des dem komprimierten Sauerstoff stets beigemischten Stickstoffes herrührt. Die Verbrennungswärme des Baumwollfadens wird durch calorimetrische Verbrennung von ca. 1 g der Baumwollfäden festgestellt; die des Stickstoffes aber dadurch, daß in die Bombe vor dem Verschließen derselben

---

[1]) Da in dem beschriebenen Calorimeter eine vollkommene Wärmeisolierung nicht zu erreichen ist, muß für den nicht zu vermeidenden Wärmeaustausch gegen die Umgebung eine entsprechende Korrektion angebracht werden. Bei einem neueren, sog. adiabatischen Verfahren ist dem Wärmeverlust gegen die Umgebung dadurch vorgebeugt, daß in die Calorimeterwand befindliches Wasser durch einen elektrischen Heizstrom annähernd in demselben Maße erwärmt wird, wie das Wasser im Blechgefäß durch die verbrennende Substanz.

1 ccm destillierten Wassers eingegossen wird, in welchem die Verbrennungsprodukte des Stickstoffes sich zu Salpetersäure lösen. Da die Bildungswärme der Salpetersäure bekannt ist, brauchen wir nur nach erfolgter Verbrennung den Salpetersäuregehalt des Wassers in der Bombe durch Titration festzustellen, um auch die durch Verbrennung von Stickstoff entstandene Wärme berechnen zu können.

Soll die Verbrennungswärme von Kot bestimmt werden, so wird derselbe getrocknet, pulverisiert und in Form von Pastillen, wie oben, verbrannt.

Von Harn werden 10—15 ccm in kleinen Verbrennungsschalen aus Platin am Wasserbad eingedampft, der Rückstand im Vakuumtrockenschrank bei 50—60° C getrocknet und dann verbrannt. Da während des Eindampfens des Harnes wechselnde Anteile des Harnstoffes hauptsächlich unter Einwirkung der Phosphate zersetzt werden, womit ein Verlust an (Stickstoff- und) Energiegehalt einhergeht, muß der durch das Eindampfen erzeugte Stickstoffverlust in eigens hierzu angestellten Versuchen bestimmt werden und die gefundene Verbrennungswärme dem Verluste entsprechend (5,4 kg-Cal. pro 1 g N), korrigiert werden.

Die Verbrennungswärme von 1 g aschenfreier Trockensubstanz der organischen Verbindungen wird als deren spezifischer Energiegehalt bezeichnet. Derselbe beträgt für folgende im Stoffwechsel häufig figurierende Verbindungen, wie

Glykogen	4190	g‑Cal.
Stärke	4206	,, ,,
Traubenzucker	3743	,, ,,
Rohrzucker	3959	,, ,,
Menschenfett	9540	,, ,,
Butterfett	9230	,, ,,
Muskeleiweiß	5650	,, ,,

Wie aus dieser Tabelle zu ersehen ist, gibt es auch innerhalb der einzelnen Hauptgruppen der organischen Verbindungen recht ansehnliche Unterschiede im spezifischen Energiegehalt; daher müssen für die Berechnungen des Energieumsatzes teils Durchschnittswerte, teils solche angenommen werden, auf die es in erster Linie ankommt; und zwar

für Kohlenhydrate [1]	4,2	kg-Cal.
,, Fett	9,4	kg- ,,
,, Eiweiß	5,6	kg- ,,

B. Der physiologische Nutzeffekt der Nährstoffe.

Laut dem Gesetze der Erhaltung der Energie muß durch die Verbrennung der organischen Substanzen im Tierkörper genau soviel Wärme erzeugt werden, als wenn sie außerhalb des Tierkörpers in der calorimetrischen Bombe verbrannt würden; natürlich immer vorausgesetzt, daß infolge der Verbrennung hier wie dort Verbindungen entstehen, die keine chemische Energie mehr enthalten. Daß sich dies so verhält, war a priori zu erwarten und wurde für Kohlenhydrate und Fette durch Tierversuche bewiesen. Bezüglich der Eiweißkörper ist dies jedoch nicht der Fall; ihr chemischer Energiegehalt wird innerhalb des Tierkörpers nicht vollkommen in Wärme, sondern zum Teil in chemische Energien

---

[1] Von den Kohlenhydraten kommen hauptsächlich Stärke und Glykogen in Betracht.

anderer Art umgesetzt; dieser Teil verläßt den Tierkörper in Form
verschiedener, nicht vollständig oxydierter Verbindungen im Harn (und
im Kot). Aber auch hier behält das Gesetz der Erhaltung der Energie
seine Gültigkeit; denn die Wärmemenge, welche bei der Verbrennung
von Eiweißkörpern entsteht, plus chemischer Energiegehalt der nicht
vollkommen oxydiert ausgeschiedenen Anteile, ist gleich dem durch
calorimetrische Verbrennung in der Bombe ermittelten Energiegehalt.

Derjenige Anteil des Energiegehaltes einer organischen
Verbindung, der innerhalb des Tierkörpers in Wärme umgesetzt werden kann, wird als physiologischer Nutzeffekt,
auf 1 g der betreffenden Verbindung bezogen als spezifischer
physiologischer Nutzeffekt bezeichnet. Da Kohlenhydrate und
Fette im Tierkörper vollkommen verbrennen, dagegen bei der Verbrennung von 1 g Eiweiß chemische Energie in einer Menge von etwa
1,5 kg Cal. in Harn und Kot ausgeschieden wird, beträgt der spezifische
physiologische Nutzeffekt

$$
\begin{aligned}
&\text{der Kohlenhydrate}^{1}) \ . \ . \quad 4{,}2 \ \text{kg Cal.}\\
&\text{der Fette} \ . \ . \ . \ . \ . \ . \quad 9{,}4 \ \text{kg} \ \text{,,}\\
&\text{des Eiweißes}^{2}) \ . \ . \ . \ . \quad 4{,}1 \ \text{kg} \ \text{,,}
\end{aligned}
$$

C. Ermittlung des Energie-Umsatzes.

Die Menge der chemischen Energie, die in einem Tiere in Wärme
umgesetzt wird, kann 1. berechnet werden aus dem Kohlen- und
Stickstoff-Umsatz des Tieres, und der eingeführten Nahrung; oder
aus dem Sauerstoffverbrauch (indirekte Calorimetrie); 2. direkt
bestimmt werden (direkte Calorimetrie).

1. Indirekte Calorimetrie.

**a) Aus dem C- und N-Umsatz und der eingeführten
Nahrung.**

α) Im Hungerzustande, wo die Einnahmen (außer Sauerstoff)
gleich Null sind und das Glykogen vernachlässigt werden kann (S. 294),
läßt sich der Energieumsatz aus den im Stoffwechselversuch ermittelten
Mengen von verbranntem Eiweiß und Fett mittels der für den physiologischen Nutzeffekt angegebenen Werte berechnen.

So wurde im (S. 294) angegebenen Beispiel festgestellt, daß 15,87 g Eiweiß
und 34,55 g Fett verbrannt sind;

$$
\begin{aligned}
\text{aus verbranntem Eiweiß sind entstanden } 15{,}87 \times 4{,}1 &= 65{,}1 \ \text{kg-Cal.}\\
\text{,, \qquad ,, \qquad Fett \qquad ,, \qquad ,, } \qquad 34{,}55 \times 9{,}4 &= 324{,}8 \ \text{kg-Cal.}\\
\hline
\text{Zusammen} \quad &\ 389{,}9 \ \text{kg-Cal.}
\end{aligned}
$$

Genauere Resultate erhält man, wenn nicht mit dem physiologischen Nutzeffekt gerechnet wird, sondern mit dem spezifischen Energiegehalt von Eiweiß und Fett, hinterher jedoch die Menge an chemischer
Energie, die im Harn entleert und durch calorimetrische Verbrennung
bestimmt wurde, abgezogen wird.

---

^{1}) Hier sind hauptsächlich Stärke und Glykogen gemeint.
^{2}) $5{,}6 - 1{,}5 = 4{,}1$.

Es waren in 15,87 g Eiweiß enthalten 15,87 × 5,65 = 89,6 kg-Cal.
in 34,55 g Fett „ 34,55 × 9,4 = 324,8 kg-Cal.
Zusammen 414,4 kg-Cal.
im Harn wurden entleert . . . . 21,1 kg-Cal.
in Wärme wurden verwandelt . . . . . **393,3 kg-Cal.**

Die letztere Art der Berechnung ist die richtigere, weil ja die Eiweißverbrennung durchaus nicht immer gleichmäßig verläuft und der für den physiologischen Nutzeffekt des Eiweißes angegebene Wert nur ein annähernder ist.

β) Findet Nahrungsaufnahme statt, so kann der Kohlenhydratumsatz natürlich nicht vernachlässigt werden. Es muß vielmehr (laut S. 294 ff.) festgestellt werden, wieviel Eiweiß, Kohlenhydrat und Fett im Tierkörper verbrannt ist; aus der Menge und dem spezifischen physio-. logischen Nutzeffekt einer jeden der genannten Verbindungen kann der Energieumsatz leicht berechnet werden.

So wurden in dem (S. 297) angeführten Beispiel verbrannt:
112,7 g Eiweiß, 67,1 g Fett und 292 g Kohlenhydrat.
Hieraus sind entstanden:
Aus Eiweißverbrennung . . . . . 4,1 × 112,7 = 462 kg-Cal.
„ Kohlenhydratverbrennung . . 4,2 × 292,0 = 1226 „ „
„ Fettverbrennung . . . . . . 9,4 × 67,1 = 631 „ „
Zusammen 2319 kg-Cal.

Jedoch liefert eine derartige Berechnung nur einen annähernden Aufschluß über die Menge der in Wärme umgesetzten chemischen Energie, da ihr ja nur der durchschnittliche spezifische Nutzeffekt der reinen Nährstoffe zugrunde gelegt wurde.

γ) Soll die Berechnung genauer sein, so muß der Energiegehalt sowohl der Nahrung als auch der Ausscheidungen (Harn und Kot) in jedem Versuch eigens bestimmt werden.

Im selben (S. 296 angeführten) Beispiel soll die Versuchsperson pro 24 Stunden 320 g Fleisch, 111,1 g Butter und 520 g Brot verzehrt haben. Die calorimetrische Verbrennung ergab pro 1 g Fleisch 1,37, pro 1 g Butter 7,83 und pro 1 g Brot 2,60 kg-Cal. Entleert wurden 1500 ccm Harn, die pro 1 ccm 0,070 kg-Cal. enthielten und 95 g Kot, der pro 1 g 1,09 kg-Cal. enthielt. Die vergleichende Analyse der Einnahmen und Ausgaben ergab ferner, daß außer 94 g Nahrungseiweiß 18,7 g Körpereiweiß verbrannt und 27,9 g Fett angesetzt wurden.

Es wurden also eingeführt:
in 320 g Fleisch . . . . 434 kg-Cal.
in 111,1 g Butter . . . . 869 „ „
in 520 g Brot . . . . 1352 „ „
aus verbranntem Körpereiweiß entstanden . . . 106 „ „
Zusammen 2761 kg-Cal.

Es wurden ausgeführt:
im Harn . . . . 105 kg-Cal.
im Kot . . . . 104 „ „
in angesetztem Fett enthalten . . . . 262 „ „
Zusammen 471 kg-Cal.

Mithin wurden in Wärme umgesetzt . . . . . 2761 kg-Cal.
— 471 „ „
2290 kg-Cal.

In manchen Pflanzenfressern entstehen durch Gärung der in der Nahrung eingeführten Cellulose außer anderen Spaltungsprodukten auch brennbare Gase (Wasserstoff, Methan) in wechselnder Menge, deren chemischer Energiegehalt besonders groß ist. Daher muß in Versuchen, die an solchen Tieren ausgeführt werden, und die in obiger Weise berechnet werden sollen, die Menge der Gase bestimmt, ihr Energiegehalt berechnet und, wie die des Harns und Kotes, als chemische Energie, die im Tierkörper nicht umgewandelt wurde, vom Energiegehalt der eingeführten Nahrung abgezogen werden.

δ) Noch genauer läßt sich natürlich der Energieumsatz in solchen, bisher nur in geringer Anzahl ausgeführten Versuchen berechnen, in welchen der gesamte N-, C-, O- und H-Umsatz bestimmt wurde (S. 296), daher die Menge verbrannter Kohlenhydrate auch ohne die (S. 296) genannten Voraussetzungen berechnet werden kann.

b) Aus dem Sauerstoffverbrauch.

Aus dem Sauerstoffverbrauch läßt sich der Energieumsatz, gleichviel ob im Hungerzustande oder bei Nahrungsaufnahme, auf Grund folgender Überlegung berechnen: Bei der Verbrennung von 1 g Glykogen werden (S. 295) 0,828 Liter Sauerstoff verbraucht und es entsteht Wärme in einer Menge von 4,2 kg cal.; folglich geht mit dem Verbrauch von 1 Liter Sauerstoff, wenn Glykogen verbrennt, ein Energieverbrauch von 4,2 : 0,828 = 5,07 kg Cal. einher. Das ist der sog. calorische Wert des Sauerstoffes bei Glykogenverbrennung.

Desgleichen werden bei Verbrennung von 1 g Fett 1,995 Liter Sauerstoff verbraucht und es entsteht eine Wärmemenge von 9,4 kg Cal.; folglich ist der Verbrauch von 1 Liter Sauerstoff bei der Verbrennung von Fett mit einem Energieumsatz von 9,4 : 1,995 = 4,72 kg Cal. verbunden, d. i. der sog. calorische Wert des Sauerstoffes bei der Verbrennung von Fett.

Da die so berechneten Werte des verbrauchten Sauerstoffes in den extremen Fällen ausschließlicher Glykogen- resp. Fettverbrennung bloß um etwa 7,6% voneinander verschieden sind, läßt sich der Energieverbrauch aus dem Sauerstoffverbrauch in guter Annäherung berechnen, indem der Fehler dieser Berechnung in maximo 7,6% beträgt. Selbstverständlich darf nur mit dem Sauerstoffrest gerechnet werden, der aus dem gesamten Sauerstoffverbrauch nach Abzug des auf die Eiweißverbrennung entfallenden Anteiles (S. 295) übrig bleibt; und erst zum Endergebnis wird die Wärmemenge hinzuaddiert, welche dem zersetzten Eiweiß entspricht.

Die Rechnung mit den calorischen Werten der Kohlensäureproduktion birgt größere Fehlerquellen, da jene Werte in weit höherem Grade als die des Sauerstoffes voneinander abweichen. Es werden nämlich bei der Verbrennung von 1 g Glykogen (S. 295) 0,828 g Kohlensäure und 4,2 kg-Cal. Wärme gebildet; folglich geht mit der Bildung von 1 Liter Kohlensäure, die bei der Verbrennung von Glykogen entsteht, ein Energieumsatz von 4,2 : 0,828 = 5,07 kg-Cal. einher; d. i. der calorische Wert der produzierten Kohlensäure bei der Verbrennung von Glykogen.

Desgleichen entstehen bei der Verbrennung von 1 g Fett (S. 290) 1,419 Liter Kohlensäure und 9,4 kg-Cal. Wärme; folglich ist mit der

Bildung von 1 Liter Kohlensäure, die aus Fettverbrennung hervorgegangen ist, ein Energieumsatz von 9,4 : 1,419 = 6,62 kg-Cal. verbunden; d. i. der calorische Wert der Kohlensäure bei Fettverbrennung. Wird daher der Energieumsatz aus der Kohlensäureproduktion berechnet, kann der begangene Fehler mehr als 30% in maximo betragen.

c) Aus dem Sauerstoffverbrauch und dem respiratorischen Quotienten.

Weit genauer als aus dem Sauerstoffverbrauch allein kann der Energieumsatz auf folgende Weise berechnet werden. Wenn nämlich Kohlenhydrat (Glykogen) verbrennt, beträgt der respiratorische Quotient 1 und der calorische Wert des verbrauchten Sauerstoffes 5,07 kg-Cal.; bei Fettverbrennung beträgt der respiratorische Quotient 0,711 und der calorische Wert des verbrauchten Sauerstoffes 4,72 kg-Cal. Wenn daher Kohlenhydrat (Glykogen) und Fett gleichzeitig, jedoch zu verschiedenen Anteilen verbrennen, wird sich der calorische Wert des verbrauchten Sauerstoffes im selben Verhältnis 4,72 resp. 5,07 nähern, wie der respiratorische Quotient sich 0,711 resp. 1 nähert. Die Daten in der nachstehenden Tabelle sind auf dieser Grundlage berechnet und läßt sich mit ihrer Hilfe der Energieumsatz aus dem Sauerstoffverbrauch und dem respiratorischen Quotienten mit einer für viele Fälle hinreichenden Genauigkeit berechnen.

	Calorischer Wert von 1 Liter Sauerstoff:
R. Q.	kg-Cal.
0,711	4,72
0,800	4,83
0,900	4,95
1	5,07

Selbstverständlich müssen auch hier von dem gesamten Sauerstoffverbrauch und von der gesamten Kohlensäureproduktion die auf Eiweißzersetzung entfallenden Anteile (S. 295) abgezogen und muß aus den Restbeträgen der respiratorische Quotient berechnet werden; die Wärmemenge, welche dem zersetzten Eiweiß entspricht, wird nachträglich hinzuaddiert.

2. Direkte Calorimetrie.

Da im ruhenden Tierkörper der gesamte chemische Energiegehalt der verbrennenden organischen Verbindungen unmittelbar oder mittelbar (S. 274) in Wärme umgesetzt wird, kann die Wärmeproduktion als Maß des Energieumsatzes eines in Ruhe befindlichen Organismus angesehen werden. Wird auch äußere, mechanische Arbeit geleistet, so ist zur Wärmeproduktion das thermische Äquivalent der geleisteten Arbeit hinzuzuaddieren.

Was nun die Wärmeproduktion anbelangt, so sind wir nicht in der Lage, diese zu bestimmen; uns stehen nur Mittel zur Verfügung, die Wärmeabgabe zu bestimmen. Nun sind aber Wärmeproduktion und Wärmeabgabe nur in dem Falle identisch, wenn sich Körpergewicht und Körpertemperatur im Laufe des Versuches nicht veränderten; und da dies bezüglich der Körpertemperatur zuweilen, beim Gewicht natürlich nie der Fall ist, läßt sich die gesuchte Wärmeproduktion der gefundenen Wärmeabgabe nur gleichsetzen, wenn man entsprechend den obigen Veränderungen eine Korrektion in der Wärmeabgabe anbringt.

Die **Wärmeabgabe** erfolgt auf verschiedenen Wegen:

    a) durch Strahlung von der Körperoberfläche aus;
    b) durch Leitung;
    c) durch Wasserverdampfung.

Es ist selbstverständlich, daß die Beteiligung der genannten Komponenten der Wärmeabgabe sowohl von äußeren Umständen als auch von individuellen Eigenschaften der Tiere abhängt. So ist es klar, daß in kalter Umgebung mehr Wärme durch Strahlung und Leitung abgegeben wird als in warmer; in trockener Luft mehr Wasser verdampft wird als in feuchter. Ferner auch, daß ein langhaariges, gegen Wärmeverlust besser geschütztes Tier weniger Wärme durch Strahlung und Leitung abgeben kann, somit entsprechend mehr durch Wasserverdampfung abgeben muß, als ein weniger behaartes. Die Wasserdampfabgabe erfolgt zum größeren Anteil von der Oberfläche der Lungenalveolen; dieser Teil des Wasserdampfes erscheint also in der ausgeatmeten Luft; zum kleineren Teil erfolgt die Wasserdampfabgabe von der Hautoberfläche. Der letztere Anteil wird auch als Perspiratio insensibilis [1]) bezeichnet, worunter also diejenige Menge des Wassers zu verstehen ist, die von der Haut nicht in Form von Schweißperlen abfällt, oder von der Haarbekleidung (am Menschen von Wäsche!) aufgenommen wird, sondern von der Hautoberfläche verdampft.

Die Haut des Menschen ist reichlich mit Schweißdrüsen versehen und daher in hohem Grade geeignet, von seiner Oberfläche Wasser verdampfen zu lassen; im Gegensatze hierzu fehlen dem Hunde die Schweißdrüsen längs des größten Teiles seiner Körperoberfläche; demzufolge kann er Wasser hauptsächlich nur von der Oberfläche der Lungenalveolen resp. während des sog. Hachelns von der Oberfläche der lange ausgestreckten Zunge verdampfen.

Behufs direkter Bestimmung der Wärmeproduktion wird das Tier in einem eigens hierzu konstruierten, Tier-Calorimeter genannten Kasten gehalten, in welchem die Wärmeausgabe nach verschiedenen Prinzipien gemessen wird. In allen diesen Apparaten wird die durch Strahlung und Leitung abgegebene Wärme zum größeren Teile für Anwärmung gewisser Calorimeterbestandteile (Wandung des Tierraumes, eingeschlossene Luft, zirkulierendes Wasser) verwendet; ein kleinerer Teil wird in der Ventilationsluft entführt. Selbstverständlich müssen diese Apparate für eine möglichst genaue Bestimmung der Wasserdampfabgabe eingerichtet sein, da ja, wie oben erwähnt war, ein ansehnlicher Teil der Wärmeabgabe durch Wasserverdampfung erfolgt. Die derzeit gebräuchlichen

---

[1]) Früher wurde hierunter der gesamte wägbare Gewichtsverlust — außer den flüssigen und festen Ausscheidungen — verstanden.

Calorimeter sind auch zur Bestimmung der Kohlensäureabgabe, eventuell auch zur direkten Bestimmung des Sauerstoffverbrauches eingerichtet und werden daher als **Respirationscalorimeter** bezeichnet; die vollkommensten unter ihnen sind die folgenden:

a) **Der Rubnersche Apparat**; derselbe hat zum Prinzip, daß ein abgeschlossenes Luftquantum, welches den Tierraum umgibt, durch die vom Tiere durch Strahlung und Leitung abgegebene Wärme ausgedehnt wird; durch graphische Registrierung dieser Ausdehnung kann die Wärmeabgabe direkt ermittelt werden.

Das Rubnersche Respirationscalorimeter ist folgendermaßen konstruiert: Als Tierraum dient ein Kasten aus dünnem Kupferblech, der von einem zweiten größeren Kupferkasten umgeben ist. In dem sog. Mantelraum, d. i. in dem Raume zwischen den beiden Kästen, sind etwa 40—50 Liter Luft eingeschlossen, die durch eine einzige Öffnung des Mantelraumes mit der Luft eines „Volumeters" (I) kommunizieren. Das Volumeter besteht aus einer in Petroleum tauchenden Glocke aus dünnstem Kupferblech und wird in jeder Lage durch eine Seidenschnur schwebend erhalten, welche über zwei leicht bewegliche Räder läuft und an ihrem freien Ende ein genau austariertes Gewicht trägt. An diesem Gewicht ist eine mit Farblösung gefüllte Feder befestigt, an der ein mit Millimeterpapier bespannter Metallzylinder, durch ein Uhrwerk angetrieben, langsam vorüberrotiert. Wird im Tierraum auf irgend eine Weise Wärme erzeugt (elektrischer Widerstand, Versuchstier), so wird durch die dünne Wand des Tierraumes hindurch auch die Luft im Mantelraum erwärmt und ausgedehnt; und da die Ausdehnung bloß gegen die Volumeterglocke stattfinden kann, wird diese gehoben, gleichzeitig aber auch das Gegengewicht mit der an demselben befestigten Feder gesenkt. Hierdurch wird auf dem langsam rotierenden Papier eine absteigende Kurve gezeichnet, die wieder in eine gerade umbiegt, sobald der Apparat ins Wärmegleichgewicht gelangt.

Wenn wir am Ende des Versuches die vor dem Beginn der Wärmeentwicklung gezeichnete horizontale Linie verlängern und entsprechend dem Beginne und dem Ende des Versuches je eine Senkrechte ziehen, erhalten wir eine Fläche, welche der Menge der während der Versuchsdauer abgegebenen Wärme proportional ist. Um aus diesem Flächeninhalt die erfolgte Wärmeausgabe berechnen zu können, muß erst durch eigens zu diesem Zwecke angestellte Kalibrierungsversuche jene Wärmemenge bestimmt werden, welche der Einheit (z. B. 1 qmm) der umschriebenen Fläche entspricht. Dies geschieht auf folgende Weise: Im Tierraum wird ein elektrischer Widerstand, z. B. eine Spirale aus Konstantandraht mit dem Widerstand von etwa 350 Ω untergebracht und elektrischer Strom durch ihn geschickt. Aus dem bekannten Widerstand und der abgelesenen Stromstärke läßt sich die Menge der während einer gewissen Zeitdauer (etwa 5—6 Stunden) entwickelten Wärme berechnen; messen wir dann die während dieser Zeitdauer umschriebene Fläche (etwa mit einem Planimeter) aus, so können wir die 1 qmm entsprechende Wärmemenge ermitteln.

Damit die Luft im Mantelraum gegen die Schwankungen der Zimmerluft möglichst geschützt sei, ist der zweite Kupferkasten von einem dritten umgeben; der Zwischenraum zwischen den beiden enthält nur Luft, die hier als Isolator wirkt. Schließlich ist das ganze, ineinander geschachtelte System in ein großes Wasserbad versenkt, dessen Temperatur durch einen Thermoregulator auf 0,05⁰ C konstant erhalten werden kann.

Nun wird aber das Volumen der in dem Mantelraum befindlichen Luft auch durch die Luftdruckschwankungen ständig verändert, wodurch auch die Feder am Millimeterpapier bald auf-, bald absteigende Kurven beschreiben wird; es ergeben sich also Abweichungen von der Geraden, die weder im Kalibrierungs- noch im eigentlichen Tierversuch von Wärmeproduktion herrühren. Diese sehr störenden Fehler werden durch einen sog. „Korrektionsapparat" ausgemerzt, bestehend in einem System von zahlreichen Kästchen aus dünnwandigem Kupferblech, die, durch kurze Röhren miteinander verbunden, ebensoviel Luft enthalten, wie im Mantelraum eingeschlossen ist und durch eine einzige Öffnung mit der Luft in der Glocke eines zweiten Volumeters (II) kommunizieren. Der ganze Korrektionsapparat ist in das Wasserbad so versenkt, daß seine einzelnen Kästchen den Tier- und Mantelraum von allen Seiten umfassen. Die Schwankungen des Luftdruckes wie auch die etwaigen Temperaturschwankungen des Wasserbades erzeugen an beiden Volumeterpapieren gleichgroße und gleichsinnige Ausschläge, werden also eliminiert, wenn die am Volumeterpapier II ausgemessene Fläche von der am Volumeterpapier I abgezogen wird. Folgendes Beispiel soll die Berechnung eines Rubnerschen Versuches demonstrieren:

Die 24stündige Wärmeabgabe eines Hundes mit dem Anfangsgewicht von 8852 g war:

Am Volumeterpapier des Mantelraumes ausgemessen . . 11040 qmm,
„ „ „ Korrektionsraumes ausgemessen 2472 „
Den letzteren Wert vom ersteren abgezogen, bleiben 8568 qmm.

Die Kalibrierung des Apparates ergab, daß 1 qmm einer Wärmeabgabe von 20,41 g-Cal. entspricht; folglich

entsprechen obige 8568 qmm . . . . 174,9 kg-Cal.;
in der Ventilationsluft wurden entführt . . . . 25,4 „ „
zur Verdampfung von 194,2 g Wasser wurden verwendet
194,2 × 0,587 = ... 114,1 „ „

Gesamte Wärmeabgabe 314,4 kg-Cal.

Während des Versuches hat das Gewicht des Tieres um 185 g und dessen Temperatur um 0,4° C abgenommen; beides zusammen involviert eine Korrektion von . . . . 8,4 kg-Cal.

Die Wärmeproduktion beträgt daher **306,0 kg-Cal.**

b) **Im Apparat von Atwater und Benedict** wird die vom Versuchsobjekt abgegebene Wärme von Wasser aufgenommen, welches in kupfernen Spiralröhren entlang der Innenfläche des Calorimeterkastens vorüberströmt. Aus der Menge des durchströmenden Wassers und deren Erwärmung läßt sich die Wärmemenge berechnen, die durch Strahlung abgegeben wurde; zu dieser wird jene hinzuaddiert, welche zur Erwärmung der Ventilationsluft und zur Wasserverdampfung verwendet wurde.

Der Raum, in welchem sich das Versuchsobjekt aufhält, ist von einer vierfachen Wand umgeben; die zwei äußeren sind aus Holz, die nächste aus Zink und die innerste aus Kupfer angefertigt. Längs der Innenfläche der Kupferwand strömt innerhalb des Kastens Wasser durch Kupferspiralen, dessen Temperatur und Stromgeschwindigkeit so geregelt wird, daß die Temperatur im Innenraume sich nicht verändere. Zur Wärmeisolierung gegen die Umgebung ist in den Raum zwischen der inneren Holzwand und der Zinkwand eine Heiz- und eine Kühlvorrichtung eingebaut; erstere besteht aus einem elektrischen Widerstand, durch welchen ein regulierbarer elektrischer Strom geleitet wird; letztere aus einer Röhrenleitung, durch welche kaltes Wasser in gewünschter Geschwindigkeit strömt. Geheizt oder gekühlt wird nur, wenn zwischen Zink- und Kupferwand ein Temperaturunterschied besteht. Um diesen konstatieren zu können, ist zwischen beide Wände ein System von Thermoelementen eingebaut, welche im Falle eines Temperaturunterschiedes Thermoströme liefern. Diese werden durch ein Galvanometer angezeigt und es wird nun entsprechend der Ausschlagsrichtung bald die Heiz-, bald die Kühlvorrichtung in Gang gebracht. So wird erreicht, daß Zink- und Kupferwand immer dieselbe Temperatur haben, daher Wärme vom Kasten (außer an das Wasser) weder abgegeben noch aber aufgenommen werden kann und die gesamte ausgegebene Wärme, und nur diese, von dem durchströmenden Wasser aufgenommen wird. Ist die Menge des durchströmenden Wassers, sowie dessen Temperatur beim Eintritt sowohl als auch beim Austritt bekannt, so läßt sich hieraus die Menge der abgegebenen Wärme berechnen.

c) Neuestens wurden Apparate konstruiert, in welchen die durch Strahlung und Leitung abgegebene Wärme durch elektrische Kompensation

bestimmt wird. Der erste solche Apparat wurde von Bohr und
Hasselbalch, ein neuerer nach demselben Prinzip von Tangl konstruiert.

Der Tanglsche Apparat besteht aus zwei gleichdimensionierten dünnwandigen
Kupferkästen, deren äußere Flächen sowohl voneinander als auch von der
Umgebung durch ein mehrfaches System von schlechten Wärmeleitern (Federn,
Luft, Vakuum) isoliert sind. Beide Kästen sind an symmetrischen Stellen ihrer
äußeren Oberfläche durch angelötete Konstantandrähte verbunden; außerdem geht
von beiden Kästen je ein dicker Kupferdraht zu den Polklemmen eines empfindlichen Galvanometers. Kupfer und Konstantan stellen ein Thermoelement dar,
in welchem ein Thermostrom erzeugt wird, sobald ein Temperaturunterschied
in den beiden Kästen besteht; der Thermostrom wird durch das Galvanometer
angezeigt. Der eine Kasten dient zur Aufnahme des Tieres; der andere enthält einen genau bekannten elektrischen Widerstand, durch welchen ein elektrischer
Strom geschickt werden kann; die Intensität dieses Stromes wird mittels eines
Rheostaten so reguliert, daß das Galvanometer keinen Ausschlag gebe, der Thermostrom daher = 0 sei. Dies ist der Fall, wenn die vom Tier an den einen Kasten
abgegebene und im Widerstand im anderen Kasten erzeugte Wärme gleich
groß ist; die letztere läßt sich aus Widerstand und Stromstärke, die beide
bekannt sind, leicht berechnen.

Der Tierraum wird wie an anderen Apparaten ventiliert und kann außerdem
sowohl zu Respirationsversuchen nach dem Pettenkofer- und Voitschen System,
wie zur direkten Bestimmung des Sauerstoffverbrauches verwendet werden. Auch
hier wird zur Wärmemenge, die durch Strahlung und Leitung ausgegeben wurde,
diejenige hinzuaddiert, die zur Erwärmung der Ventilationsluft und zur Wasserverdampfung verwendet wurde.

3. Übereinstimmung zwischen der berechneten und direkt bestimmten Wärmeproduktion.

In tadellosen Versuchen dürfte eigentlich zwischen der aus den Zersetzungen berechneten und der — nach einer der obigen Methoden —
direkt bestimmten Wärmeproduktion kein Unterschied oder höchstens
ein solcher von einigen $0,1\,^0/_0$ bestehen; tatsächlich beträgt jedoch der
Unterschied sogar in guten Versuchen oft $1-2\,^0/_0$ und darüber. Als
Beispiel diene folgender Versuch.

Die Wärmeproduktion eines hungernden Hundes von 7058 g Körpergewicht
betrug:

Aus den Zersetzungen berechnet:

aus verbrannten 30,2 g Fett	283,9 kg -Cal.
„ „ 10,8 g Eiweiß	61,0 „ „
Zusammen	344,9 kg -Cal.
Im Harn entleert	17,3 „ „
Wärmeproduktion	327,6 kg -Cal.

Direkt bestimmt:

Durch Strahlung und Leitung abgegeben	188,7 kg -Cal.
an die Ventilationsluft abgegeben	49,8 „ „
zur Wasserverdampfung verwendet	88,7 „ „
Gesamte Wärmeabgabe	327,2 kg -Cal.
Der Gewichts- und Temperaturveränderung entsprechend sind abzuziehen	0,8 „ „
Wärmeproduktion	326,4 kg -Cal.

III. Stoffwechsel und Energieumsatz im Hungerzustand.

A. Stoffwechsel.

Wir wollen zunächst den Stoffwechsel im Hungerzustand besprechen, da hier die Verhältnisse am klarsten zu überblicken sind.

Als totalen Hunger bezeichnet man den Zustand, in dem dem Organismus jedwede Nahrung entzogen wird. Von partiellem Hungern spricht man, wenn nicht die ganze Nahrung entzogen wird, sondern bloß gewisse Bestandteile aus derselben fehlen. So kann z. B. einem Tiere chemische Energie in hinreichender Menge gegeben werden, wobei jedoch eines der drei wichtigen Nährstoffe (Eiweiß, Kohlenhydrate oder Fette) fehlt: das Tier wird partiellen Hunger leiden. Oder es können bei sonst tadelloser Zusammensetzung der Nahrung gewisse oder es kann ein gewisses Salz fehlen; oder es kann ein Mangel an gewissen Substanzen bestehen, deren chemischer Energiegehalt bei den geringen in Frage stehenden Mengen wohl kaum in Betracht kommt, deren Mangel jedoch vermöge ihrer spezifischen, derzeit noch kaum erforschten Wirkungen auf den Stoffwechsel sehr stark ins Gewicht fällt (S. 327). In nachfolgendem wird vorerst nur vom totalen Hunger die Rede sein.

Menschen und Tiere vermögen mehr-minder lange zu hungern und erhalten ihr Leben während dieser Zeit durch Umsetzung der chemischen Energie ihres eigenen Körperbestandes. Ein Mensch kann 1 bis 2 Wochen ohne Nahrung am Leben bleiben; Cetti, Succi und andere „Hungerkünstler" konnten nachweislich 30 Tage fasten, ohne an ihrer Gesundheit Schaden zu nehmen. Auch die meisten Hunde vertragen 1—2 Wochen langes Hungern sehr gut; manche bleiben 2 Monate lang am Leben, ohne Nahrung zu erhalten. In der Regel gehen Warmblüter durch Hunger ein, wenn sie $40^0/_0$ ihres ursprünglichen Körpergewichtes eingebüßt haben.

Das qualvolle Hungergefühl wird meistens nur in den ersten Tagen empfunden und ist später kaum mehr vorhanden; auch wird kein besonderer Durst empfunden, da das durch Verbrennung der organischen Verbindungen entstandene Wasser hinreicht, um den Wasserbedarf zu decken. Von den Symptomen, die an Hungernden zu beobachten sind, fallen besonders auf: zunehmende Muskelschwäche, Verlangsamung der Herz- und Atemfrequenz.

Das Körpergewicht nimmt natürlich ständig ab, doch sind an dieser Abnahme die verschiedenen Organe und Gewebe nicht in gleichem Grade beteiligt. So fehlen am verhungerten Tiere $93—97^0/_0$ der ursprünglichen Masse des Fettes, $30—60^0/_0$ der quergestreiften Muskulatur (das Herz ausgenommen), $50—70^0/_0$ der Leber, $60—70^0/_0$ des Pankreas, $30—60^0/_0$ der Nieren, ca. $24^0/_0$ der Knochen und $18^0/_0$ des Blutes; hingegen weit weniger von der ursprünglichen Masse des Herzens und gar nichts von dem des zentralen Nervensystems. Hieraus ist zu folgern, daß die Organe, welche die wichtigsten Lebensfunktionen (Blutkreislauf, Innervationsvorgänge) zu verrichten haben, offenbar imstande sind, ihren Bestand auf Kosten anderer Organe und Gewebe möglichst unverändert zu erhalten. Wir haben für das wechselseitige Eintreten der Organe ein Beispiel am Rheinlachs, der zur Laichzeit aus dem Meere stromaufwärts in den Rhein wandert und sich hier mehrere Monate aufhält, ohne Nahrung zu sich zu nehmen. Während dieser Zeit nehmen Hoden resp. Eierstöcke gewaltig an Masse zu, während die früher so starke Muskulatur ebenso bedeutend an Masse verliert. Es hatten also die Geschlechtsdrüsen die zu ihrer Massenzunahme erforderliche Substanz den Muskeln entnommen.

1. Eiweißumsatz.

Wie (S. 292, 293) erwähnt, dient der im Harn entleerte Stickstoff als Maß der Eiweißzersetzung. Die Größe der Stickstoffausscheidung nimmt einen an den meisten Tieren wiederkehrenden charakteristischen Verlauf und es lassen sich diesbezüglich im großen und ganzen folgende Gesetzmäßigkeiten feststellen:

Am ersten Tage ist die Stickstoffausscheidung um so beträchtlicher, je mehr Eiweiß vor dem Beginne des Hungerns zugeführt ward, nimmt aber dann umso rapider ab und erreicht bald ein Minimum. Auf diesem Minimalstand kann die Stickstoffausfuhr einige Tage verharren und man nimmt an, daß es das Glykogen der Leber und einiger anderer Organe ist, welches während dieser Tage in erhöhter Menge verbrennt und den Eiweißbestand vor ausgiebigerer Zersetzung quasi schützt.

Sobald aber der Glykogenvorrat dem Erschöpfen nahe ist, steigt die Eiweißzersetzung wieder an, bleibt dann einige Zeit unverändert, und zwar ist sie ungefähr proportionell dem jeweiligen Eiweißbestand des Tieres.

Im weiteren Verlauf des Hungerns verhalten sich nicht nur die verschiedenen Tierarten, sondern auch Individuen derselben Art recht verschieden. An einem Tiere nimmt die Stickstoffausscheidung ganz allmählich bis zum Tode ab, an einem anderen steigt sie allmählich an und nimmt bis zu dem Tode des Tieres immerfort noch zu. An einem dritten Tiere ist die Stickstoffausscheidung Tage hindurch unverändert oder schwankend, um einige Tage vor dem Tode ganz bedeutend anzusteigen. Diese Steigerung wird als „prämortal“ bezeichnet. Sie rührt nach einigen Autoren davon her, daß zu dieser Zeit der Fettvorrat des Tieres nahezu gänzlich erschöpft ist, so daß das Tier seinen Eiweißbestand in erhöhter Menge in Angriff nehmen muß, wofür auch die Tatsache spricht, daß man die Stickstoffausscheidung sogar noch in diesem Stadium durch Verfütterung von Kohlenhydraten oder Fetten herabdrücken kann. Nach anderen Autoren soll der protrahierte Hunger die Körperzellen in ihrer Lebensfähigkeit schädigen, so daß sie auf einmal in größerer Zahl absterben, demzufolge aufgelöst werden, ihr Plasmaeiweiß verbrannt wird und ihr Stickstoff im Harn erscheint. An manchen Tieren stellt sich die starke Steigerung der Stickstoffausscheidung bereits in den ersten Hungertagen ein und dauert bis zu dem viel später erfolgenden Tode des Tieres an; diese Art der Steigerung läßt sich kaum als „prämortale“ bezeichnen.

2. Der respiratorische Quotient.

An den ersten Hungertagen wird die zur Unterhaltung der Lebenserscheinungen nötige chemische Energie durch das von der letzten Nahrungsaufnahme herrührende Eiweiß, ferner durch den Fett- und Glykogenvorrat des Tieres geliefert; etwa vom 4.—5. Tage angefangen werden nur mehr Körperfett und -eiweiß verbrannt, und zwar liefert ersteres 85—93, letzteres 7—15% der gesamten umzuwandelnden chemischen Energie. Es müßte daher auch der respiratorische Quotient im Hunger zwischen 0,711 und 0,801, näher zu 0,711, liegen, vorausgesetzt, daß Fett und Eiweiß so weit verbrannt würden, wie dies (S. 281, 285) ausgeführt war. Die Erfahrung zeigt jedoch, daß die Oxydationen gerade im Hungerzustande weniger vollkommen verlaufen; denn Acetonkörper und andere nicht vollkommen oxydierte Verbindungen werden in erhöhter Menge gebildet und im Harn ausgeschieden. Wenn aber dies der Fall ist, so wird eine ansehnliche Menge von Sauerstoff zur Oxydation verwendet, ohne daß hierbei das Oxydationsprodukt in Form von Kohlendioxyd ausgeschieden würde. Dann muß aber der Respirationsquotient noch tiefer sinken, als sogar einer ausschließlichen Fettverbrennung entspräche: am Menschen und anderen Säugern, die lange Zeit hindurch hungern, wurden Quotienten bis herab zu 0,68 gefunden.

B. Energieumsatz.

1. Einfluß des Körpergewichtes und der Körperoberfläche.

Der Energieumsatz eines hungernden Tieres nimmt, wie aus nachstehender Tabelle ersichtlich, von Tag zu Tag ab. Reduziert man jedoch die einzelnen Tageswerte auf die Körpergewichtseinheit, so ist wohl an den ersten Hungertagen ein Absinken der 24stündigen Wärmeproduktion zu konstatieren, weiterhin bleibt jedoch diese (von natürlichen Schwankungen und unvermeidlichen Versuchsfehlern abgesehen) unverändert.

So fand z. B. Rubner in einer Versuchsreihe, die an einem Meerschweinchen angestellt wurde, folgendes:

Hungertag	Körpergewicht kg	24stündige Wärmeproduktion in kg-Cal.	
		beobachtet	auf 1 kg Körpergewicht reduziert
1.	0,672	101,1	149,9
2.	0,625	102,6	162,6
3.	0,582	89,9	156,5
4.	0,550	77,1	140,5
5.	0,524	72,4	137,3
6.	0,498	75,5	150,6
7.	0,474	74,4	157,4
8.	0,450	65,1	155,6
9.	0,428	69,1	162,6

Dasselbe wurde auch an anderen Tieren beobachtet:
Wärmeproduktion pro 24 Stunden und 1 kg Körpergewicht; kg-Cal.

Hungertag	Mensch	Hund
2.	32,0	61,2
3.	31,2	55,0
4.	31,1	53,3
5.	31,2	—
6.	—	—
7.	—	—
8.	—	52,7

Es ist aus diesen Zahlen wohl zu konstatieren, daß der Energieumsatz auf 1 kg Körpergewicht reduziert, an einem und demselben
Tiere von Tag zu Tag ziemlich konstant bleibt; hingegen finden wir,
daß er an Tieren verschiedener Art sehr verschieden ist; und zwar ist
er relativ umso größer, je kleiner das Tier ist.

Ja sogar an derselben Tierart erhält man sehr verschiedene Resultate,
wenn man Tiere von größerem oder kleinerem Wuchs untersucht.

So betrug z. B. die 24stündige auf 1 kg Körpergewicht berechnete Wärmeproduktion am

erwachsenen Hund von 30,4 kg . . . . 34,8 kg-Cal.

„ „ „ 11,0 kg . . . . 57,3 „ „

„ „ „ 3,1 kg . . . . 85,8 „ „

Weiterhin betrug der Sauerstoffverbrauch, der ja als Maß des Energieumsatzes
gelten kann, pro 1′ und 1 kg Körpergewicht am

erwachsenen Menschen von 99,4 kg . . . . . 3,0 ccm

„ „ „ 81,6 kg . . . . . 3,0 „

„ „ „ 49,1 kg . . . . 3,8 „

Es ist dies nach Rubner die natürliche Folge der relativ größeren
Oberflächenentwicklung des kleinen Tieres, das relativ mehr Wärme
durch Strahlung und Leitung an die Umgebung verliert und daher zur
Erhaltung seiner Körpertemperatur mehr Wärme als ein größeres Tier
produzieren muß; während von Hoeßlin der Zusammenhang zwischen
Körperoberfläche und Energieumsatz anders gedeutet worden ist. Es
soll nicht der relativ größere Wärmeverlust des kleineren, der relativ
geringere des größeren Tieres das maßgebende Moment darstellen,
sondern der zur Fortbewegung des Körpers nötige Arbeitsaufwand, der,
ebenso wie der Wärmeverlust, der Körperoberfläche direkt proportional
ist, und der an kleineren Tieren relativ größer, an größeren relativ
kleiner ist.

Wie dem immer sei, die auf die Oberflächeneinheit [1]) bezogene Wärmeproduktion verschieden großer Warmblüter ist laut nachfolgender Zusammenstellung annähernd gleich.

		24stündige Wärmeproduktion in kg -Cal.	
		pro 1 kg Körpergewicht	pro 1 qm Körperoberfläche
Mensch . . . . . . (Körpergewicht 64 kg)		31,2	995
Hund . . . . . . „ 30,4 „		34,8	984
„ . . . . . . „ 11,0 „		57,3	1191
„ . . . . . . „ 3,1 „		85,8	1099
Meerschweinchen . „ 0,55 „		144,8	1341

Desgleichen beträgt auch der pro 1′ und 1 qm Körperoberfläche berechnete
Sauerstoffverbrauch in obigen Versuchen am

Menschen von 99,4 kg . . . . . . 112,8 ccm

„ „ 81,6 „ . . . . . . 107,2 „

„ „ 49,1 „ . . . . . . 113,7 „

Es kann jedoch auch die, auf die Einheit der Körperoberfläche berechnete Wärmeproduktion zweier Individuen, die derselben Tierart

[1]) Die Berechnung der Körperoberfläche geschieht nach der folgenden (Meeh'-
schen) Formel: $O = K \sqrt[3]{G^2}$; wo O die Oberfläche in d/m², G das Körpergewicht
in kg, und K eine Konstante darstellt, die für jede Tierart eigens bestimmt werden
mußte; K beträgt für den Menschen 12,3, für den Hund 11,2, für die Ratte 9,1 usw.

angehören, verschieden sein, wenn es sich um Individuen verschiedenen Alters handelt: **Die Wärmeproduktion** eines ganz jungen Tieres ist erheblich größer als die eines älteren. Man schreibt diesen Unterschied der größeren Intensität zu, mit der die Oxydationsprozesse im wachsenden Organismus ablaufen. So wurde der Sauerstoffverbrauch eines zweijährigen Kindes, auf die Einheit des Körpergewichtes berechnet, dreimal so groß gefunden, wie der eines Erwachsenen, und auch, auf die Einheit der Körperoberfläche berechnet, noch 1,6mal so groß; die von Greisen hingegen, verglichen mit dem Sauerstoffverbrauch des mittelalten Erwachsenen vom selben Gewicht, also auch von der gleichen Körperoberfläche, um etwa 20% geringer.

2. Der Einfluß der Umgebungstemperatur auf den Energieumsatz.

Zwischen Kalt- und Warmblütern besteht ein Unterschied in der Regulation ihrer Körpertemperatur. Die Temperatur des Kaltblüters ist veränderlich; sie folgt den Schwankungen der Temperatur des umgebenden Mediums, wobei sie aber immer um 0,5—2 Grade höher liegt. Aus diesem Grunde werden diese Tiere auch als **poikilotherm**, richtiger **heterotherm**, bezeichnet. Nun nehmen aber bei der bekannten Abhängigkeit der Reaktionsgeschwindigkeit von der Temperatur die Oxydationen im Tierkörper bei höherer Temperatur zu, bei niedrigerer Temperatur ab; es muß demzufolge auch die Wärmeproduktion des Kaltblüters innerhalb gewisser physiologischer Grenzen im selben Sinne zu- resp. abnehmen.

Im Gegensatze hierzu ist die Körpertemperatur des gesunden Warmblüters nicht, oder nur in sehr engen Grenzen, veränderlich; daher diese Tiere auch als **homöotherme** bezeichnet werden. Ihre Körpertemperatur liegt wesentlich höher als die der Umgebung, ist von der Umgebungstemperatur nahezu unabhängig und stellt einen für je eine Warmblüterart **charakteristischen Wert dar**.

Es gibt Warmblüter, welche unter gewissen Umständen sich wie Kaltblüter verhalten; das sind die winterschlafenden Säugetiere, die, sobald sich die Umgebungstemperatur 0° nähert, in den sog. Winterschlaf verfallen, wobei ihre Temperatur die der Umgebung nur um ein Geringes überragt und ihr Energieumsatz ca. auf $^1/_{100}$ des normalen absinkt.

Der Warmblüter verdankt die Fähigkeit, seine Körpertemperatur unverändert und von der Umgebung unabhängig zu erhalten, einem präzis funktionierenden Wärmeregulationsmechanismus, durch welchen je nach Bedarf

> entweder die **Wärmeproduktion** verändert wird; das ist die **chemische** Regulation der Körpertemperatur;
> oder die **Wärmeabgabe** verändert wird; das ist die **physikalische** Regulation der Körpertemperatur.

a) Die chemische Regulation der Körpertemperatur.

Bestimmen wir die Wärmeproduktion eines Warmblüters erst bei einer Umgebungstemperatur von 20° C, dann in fortlaufenden Versuchen bei 15, 10 und 5° C, so werden wir die Wärmeproduktion in jedem folgenden Versuche größer als in dem vorangehenden finden, und zwar beträgt die pro 1 ° C berechnete Zunahme durchschnittlich 2—6 %. Es ist dies ganz selbstverständlich, wenn wir uns klar legen, daß das Tier umsomehr Wärme durch Strahlung und Leitung von seiner Körperoberfläche abgeben wird, je größer der Unterschied in der Temperatur seines Körpers von der seiner Umgebung ist. Als homöothermes Tier muß es aber seine Körpertemperatur unverändert erhalten und kann dies dadurch erreichen, daß der in der kälteren Umgebung erlittene größere Wärmeverlust durch eine Steigerung der Oxydationsvorgänge, also durch Erhöhung der Wärmeproduktion ersetzt wird. Letzterer Vorgang wird als chemische Regulation der Körpertemperatur bezeichnet.

Als Beispiel der chemischen Regulation diene folgende, an einem Hunde ausgeführte Versuchsreihe Rubners:

Umgebungstemperatur C°	24stündige Wärmeproduktion pro 1 kg Körpergewicht; kg-Cal.
18,0	67,1
17,3	69,8
14,9	74,7
13,8	78,7

Doch hat die chemische Regulation ihre Grenzen; ihre untere Grenze variiert je nach der Behaarung (Federkleid) des Tieres; je besser diese es vor der Abkühlung schützen, desto niedriger ist die unterste Temperaturgrenze gelegen, bei welcher das Tier seine Körpertemperatur noch unverändert erhalten kann. Da jedoch die Oxydationen nicht ins Ungemessene gesteigert werden können, ist es klar, daß eine weitere exzessive Abkühlung der Umgebung auch zu einem Sinken der Körpertemperatur führen muß, wodurch es zu einer Störung wichtiger Lebensvorgänge kommt, so unter anderem auch zu einer Abnahme der Oxydationen, da, wie (S. 312) erwähnt war, das Gesetz der Abhängigkeit der Reaktionsgeschwindigkeit von der Temperatur auch für die Stoffwechselvorgänge seine Gültigkeit hat. Weit häufiger wird die obere Grenze der chemischen Regulation erreicht, ist uns daher auch weit wichtiger. Wird nämlich ein Versuchstier zuerst in einer Umgebung von 5 ° C gehalten und dann aufsteigend bis 10, 15 und 20 ° C, so wird in jedem weiteren Versuche weniger Wärme an die Umgebung abgegeben, daher auch die zur Deckung des Verlustes notwendige Wärmeproduktion geringer gefunden wird. Es hat jedoch diese Verringerung ihre obere Grenze; denn der Energieumsatz, auf welchem die unumgänglich notwendigen Lebenserscheinungen (wie Atmung, Blutkreislauf, Muskeltonus, Drüsentätigkeit) beruhen, läßt sich nicht einschränken. Die obere Grenze der chemischen Regulation wird also durch jene Umgebungstemperatur dargestellt, an der die Oxydationen an ihr Minimum angelangt sind, und die als die kritische Temperaturgrenze bezeichnet wird (S. 315).

Es fragt sich nun, welche Organe es sind, in denen eine Steigerung oder Verringerung der Oxydationsprozesse stattfindet, die eben das Wesen der chemischen Regulation bilden. Bereits die Erfahrung lehrt, daß in einer kälteren Umgebung Frösteln eintritt, bestehend in mehrminder rhythmischen Muskelkontraktionen, welche, wie in kurzen (nach Zuntz-Geppert ausgeführten) Respirationsversuchen besonders leicht gezeigt werden kann, mit einer Steigerung des Sauerstoffverbrauches und der Kohlensäureproduktion einhergehen. Außer diesen groben, unter Umständen auch dem freien Auge sichtbaren Muskelkontraktionen kann die Wärmeproduktion auch durch eine Steigerung des Muskeltonus erhöht werden. Welch großen Einfluß gerade der Muskeltonus auf die Wärmeproduktion und speziell auf die Regulation der Körpertemperatur ausübt, erhellt aus Versuchen, in welchen die Muskulatur eines Tieres durch Curareeinspritzung oder durch hohe Rückenmarksdurchschneidung gelähmt wird. Ein solches Tier kann wohl durch künstliche Respiration am Leben erhalten werden, doch tritt infolge des Ausfalles der Kontraktionen und des Tonus der Muskulatur alsbald ein kontinuierlicher Abfall der Körpertemperatur ein, der nur durch wärmende Decken oder, wenn sich das Tier in einem entsprechend temperierten Thermostaten befindet, hintangehalten werden kann.

b) Die physikalische Regulation der Körpertemperatur.

So wie bei abnehmender Umgebungstemperatur das Tier durch Strahlung und Leitung mehr und mehr Wärme an die Umgebung abgibt, welcher Verlust durch zunehmende Oxydationen gedeckt werden muß, so wird es umgekehrt bei zunehmender Umgebungstemperatur immer weniger Wärme abgeben, daher seine Oxydationen einschränken. Nun haben wir aber oben gesehen, daß auch diese Einschränkung ihre natürlichen Grenzen hat, indem einerseits die Oxydationen unter ein gewisses Mindestmaß nicht hinuntergedrückt werden können, andererseits, wenn die Umgebungstemperatur weiter ansteigt, die durch natürliche Strahlung und Leitung erfolgende Wärmeabgabe immerfort geringer wird. Soll das Tier also seine Körpertemperatur auch in der wärmeren Umgebung unverändert beibehalten, so muß es, da seine Wärmeproduktion nicht mehr verringert werden kann, seine Wärmeabgabe künstlich steigern, sei es durch Veränderungen in seinen Strahlungsverhältnissen, sei es durch vermehrte Wasserdampfabgabe. Dies gelingt ihm dank einer Reihe von regulatorischen Vorgängen, die ihm zu Gebot stehen und die insgesamt als physikalische Regulation bezeichnet werden. Diese Vorgänge sind: eine passend gewählte Körperhaltung (Ausstrecken), durch die die Ausstrahlung infolge Vergrößerung der freiliegenden Körperoberfläche erhöht wird; ferner Erweiterung der Blutgefäße der Haut, wodurch mehr körperwarmes Blut an die Oberfläche gelangt und daher größere Mengen von Wärme mit Leichtigkeit ausgestrahlt werden können; weiterhin eine stärkere Sekretion der Schweißdrüsen, wodurch relativ große Mengen Wasser von der Körperoberfläche verdampft werden können (Mensch); endlich eine Steigerung der Atemfrequenz, wodurch ebenfalls mehr Wasser verdampft wird, und zwar hauptsächlich von der Gesamtoberfläche der Lungenalveolen, an manchen Tieren auch von der Oberfläche der Zunge (Hund). Dank dieser Vorgänge wird die Körpertemperatur der Tiere auch oberhalb der kritischen Temperatur auf ihrem normalen Stand erhalten, wenn auch die gesamte Wärmeproduktion im Falle einer abnorm gesteigerten Tätigkeit der Atemmuskulatur zuweilen noch um einen geringen Betrag erhöht wird.

Doch hat auch die physikalische Regulation ihre obere Grenze. Wenn nämlich die Umgebungstemperatur noch mehr ansteigt, läßt sich die Wärmeabgabe nicht mehr steigern; es muß daher zu einer Erhöhung der Körpertemperatur, zu einer sog. Hyperthermie, kommen. Diese gibt, wenn sie längere Zeit andauert, Anlaß zu schweren Gesundheitsstörungen; hat aber auch bei kürzerer Dauer zur Folge, daß die Wärmeproduktion zunimmt, wie dies aus nachfolgender, von Rubner an einem 4 kg schweren Hunde ausgeführten Versuchsreihe erhellt.

Umgebungstemperatur C^0	24stündige Wärmeproduktion pro 1 kg Körpergewicht; kg-Cal.
7,6	86,4
15,0	63,0
20,0	55,9
25,0	54,2
30,0	56,2
35,0	68,5

Die Zunahme der Wärmeproduktion wird durch die Steigerung der Reaktionsgeschwindigkeit der Oxydationsprozesse bedingt.

c) Die kritische Umgebungstemperatur. Grundumsatz.

Diejenige Umgebungstemperatur, unterhalb deren ein Tier seine Körpertemperatur hauptsächlich durch chemische, oberhalb deren aber hauptsächlich durch physikalische Regulation unverändert erhält, wird als kritische Temperatur bezeichnet; sie liegt für den Hund bei etwa 27° C. Da das Tier, wie S. 314 erwähnt war, seine Wärmeproduktion oberhalb der kritischen Temperatur nicht weiter reduzieren kann, stellt die Menge der bei der kritischen Temperatur umgesetzten Energie das Minimum jenes Energieumsatzes dar, das zur Erhaltung des Tieres unbedingt nötig ist. Von diesem minimalen Umsatz, der als Grundumsatz, oder Erhaltungsumsatz, nach Tangl als minimale Erhaltungsarbeit bezeichnet wird, entfallen je ca. 5% auf Blutkreislauf und Respiration, 35% auf den Muskeltonus, der Rest auf Drüsen- und andere Zellfunktionen.

Die kritische Temperatur der verschiedenen hungernden Warmblüter ist nicht gleich; sie hängt sogar am selben Tiere von der jeweiligen Beschaffenheit der Behaarung, des Federkleides (am Menschen von der Kleidung) ab; denn selbstverständlich wird es für das vor Wärmeverlust besser geschützte Tier, ceteris partibus, bereits bei einer niedrigeren Umgebungstemperatur dazu kommen, daß es seine Körpertemperatur nur mehr durch erhöhte Wärmeabgabe (S. 314) vor einer Steigerung bewahren kann, als für das weniger gut geschützte Tier. Daher ist es auch begreiflich, daß die kritische Temperatur für den nackten Menschen bei 30, für den angekleideten jedoch bei etwa 16—18° C liegt.

Hieraus folgt aber auch, daß der Mensch, der ja unter unserem
Himmelstrich Wäsche und Kleider trägt, und außerdem einen großen
Teil seines Lebens im Zimmer bei einer durchschnittlichen Temperatur
von etwa 20⁰ C zubringt, seine Körpertemperatur hauptsächlich
durch physikalische Regulation erhält; die Tiere hingegen, die
sich im Freien, also in der Regel in einer Temperatur aufhalten,
welche niedriger ist als ihre kritische Temperatur, ihre Körpertemperatur
hauptsächlich auf chemischem Wege regulieren.

IV. Stoffwechsel und Energieumsatz bei Ernährung.

A. Eiweißumsatz.

1. Das physiologische Eiweißminimum.

Das Eiweiß bildet einen durch kein anderes Nahrungsmittel ersetzbaren Bestandteil der tierischen Nahrung; und ein Tier, dem bloß
Kohlenhydrate und Fette zugeführt werden, geht unfehlbar zugrunde,
wenn auch etwas später, als im Falle vollkommener Nahrungsentziehung.
Dies ist auch begreiflich, wenn man des ständigen Eiweißverlustes ein-
gedenk ist, den der Organismus durch die fortdauernde Zersetzung
von Eiweißkörpern in den lebenden Zellen und Ausscheidung der Zersetzungsprodukte (Abnützungsquote!); ferner durch Absonderung stick-
stoffhaltiger Sekrete, durch Abschilferung von Epithel, Abstoßen von
Haaren, Federn usw. erleidet. Dieser Verlust läßt sich naturgemäß
bloß durch stickstoffhaltige Nahrung ersetzen. Findet kein Ersatz
statt, so muß das Tier in den Zustand steten Eiweißdefizites geraten.

Diejenige geringste Menge von Eiweiß, welche, in der Nahrung
eingeführt, eben noch genügt, um ein Tier vor dem Eiweißdefizit zu
bewahren, wird als physiologisches Eiweißminimum bezeichnet.
Dieses Minimum läßt sich am Hungertiere nicht bestimmen, sondern
bloß an dem mit N-freien Nährstoffen reichlich gefütterten Tier. Denn
am Hungertiere wird Eiweiß nicht nur in Mengen verbrannt, die zu den
Zelleistungen unbedingt notwendig sind, sondern es wird auch zur Bestreitung des Gesamtumsatzes neben Körperfett in Anspruch genommen.
Anders am gefütterten Tiere. Der Organismus hält an seinem Eiweißbestand, wenn irgend möglich, zähe fest. Stehen ihm für die Zwecke
des Energieumsatzes die weniger wertvollen N-freien Nährstoffe in hinreichender Menge zur Verfügung, so wird er diese in erster Linie in
Anspruch nehmen und der Eiweißverlust wird nur soviel betragen, als
aus obigen Gründen unvermeidlich ist.

Nun sind es aber verschiedenartigste Zellen des Körpers, die den
oben erörterten Verlust erleiden, und das Eiweiß dieser Zellen ist ver-
schiedenartigst zusammengesetzt. Daher wird nicht von jedem sonst
vollwertigen Eiweiß dieselbe Quantität genügen, um den Eiweißabgang
der verschiedenen Körperzellen zu decken. Das physiologische Eiweißminimum wird also, je nach den verschiedenen Eiweißarten, die dem
Tiere gereicht werden, ein verschiedenes sein. Es liegt am Menschen
bei etwa 10—20 g Eiweiß pro 24 Stunden.

2. Eiweiß-(Stickstoff-)Gleichgewicht.

Wenn wir einem erwachsenen Hund, der längere Zeit mit derselben Fleischmenge ernährt wurde und sich im Stickstoffgleichgewicht befunden hatte, von einem gewissen Tage angefangen, mehr Fleisch geben, wird er an diesem ersten Tage zwar mehr Stickstoff als bisher ausscheiden, jedoch weniger als die Einfuhr im Fleisch betragen hatte: das Tier setzt also Stickstoff an. An den nächsten Tagen nimmt die Stickstoffausscheidung allmählich zu; es wird daher täglich weniger Stickstoff angesetzt, bis endlich die Stickstoffabgabe die Höhe der Einfuhr wieder erreicht hat, das Tier sich also wieder im Stickstoffgleichgewicht befindet.

So hatte sich z. B. in einem bekannten Versuche von Voit der Hund in einem geringen Stickstoffdefizit befunden, indem die Einfuhr 17,0 g, die Ausfuhr aber 18,6 g Stickstoff betrug, worauf mit der erhöhten N-Einfuhr begonnen wurde. Es betrug:

						die Stickstoff-Einfuhr g	Ausfuhr g
am letzten Tage der geringen N-Einfuhr					. . . .	17,0	18,6
„	1.	„	„	erhöhten	„	51,0	41,6
„	2.	„	„	„	„	„	44,6
„	3.	„	„	„	„	„	47,3
„	4.	„	„	„	„	„	47,9
„	5.	„	„	„	„	„	49,0
„	6.	„	„	„	„	„	49,3
„	7.	„	„	„	„	„	51,0

Wenn man — umgekehrt — die Stickstoffeinfuhr von einem bestimmten Tage angefangen, reduziert, so wird am ersten Tage mehr Stickstoff ausgeschieden, als das Tier in der Nahrung erhielt: es wird sich im Zustand des Stickstoffdefizites befinden; in den nächsten Tagen wird jedoch das Defizit von Tag zu Tag abnehmen und das Stickstoffgleichgewicht alsbald hergestellt sein.

In einem Versuche von Voit hatte sich der Hund in Stickstoffgleichgewicht befunden, indem die Ein- und Ausfuhr je 51 g betrug; hierauf wurde die N-Einfuhr herabgesetzt. Daraufhin betrug

						die Stickstoff-Einfuhr g	Ausfuhr g
am letzten Tage der größeren N-Einfuhr					. . . . . .	51,0	51,0
„	1.	„	„	herabgesetzten	„	34,0	39,2
„	2.	„	„	„	„	„	36,9
„	3.	„	„	„	„	„	37,0
„	4.	„	„	„	„	„	36,7
„	5.	„	„	„	„	„	34,9

Für dieses eigentümliche Verhalten des Eiweißes wurden verschiedene Erklärungen gesucht.

Grubers recht plausible Erklärung beruht auf der Tatsache, daß die verschiedenen Bausteine des Eiweißmoleküls nicht gleich schnell abgebaut werden; einige derselben werden so rasch zersetzt, daß ihr Stickstoff bereits 24 Stunden nach erfolgter Resorption im Harn erscheint, andere wieder so langsam, daß die Ausscheidung ihres Stickstoffes erst innerhalb mehrerer Tage beendet ist. Gruber nimmt ganz beiläufig an, daß am ersten Tage 80% des resorbierten Stickstoffes im Harn erscheinen, am zweiten Tage 13, am dritten 5 und am vierten Tage der Rest von 2%. In dem in nachstehender Zeichnung reproduzierten schematischen Beispiel wurden dem Tiere erst täglich 12,0, dann täglich 18,0, dann wieder täglich bloß 8,0 g N pro Tag gereicht. Am 4. und 5., am 9. und 10., endlich am 14. und 15. Tag hatte N-Gleichgewicht geherrscht.

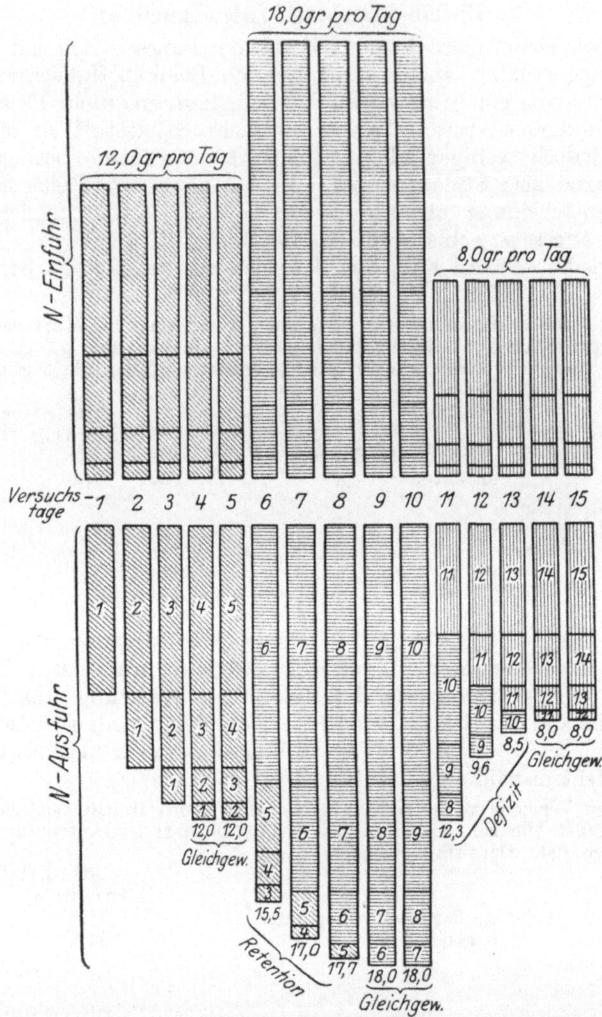

Abb. 6. In der oberen Hälfte der Zeichnung sind die durch Gruber angenommenen 80, bezw. 13, bezw. 5, bezw. 2% durch entsprechend angebrachte Querteilung der Säulen angedeutet, allerdings aus technischen Gründen in verzerrten Proportionen. Die den verschiedenen Versuchsperioden entsprechenden N-Mengen sind durch verschiedene Schraffierung gekennzeichnet: Die ersten 5 Versuchstage durch schräge, die zweiten 5 Versuchstage durch horizontale und die dritten 5 Versuchstage durch vertikale Schraffierung. In der unteren Hälfte der Zeichnung, durch die die N-Ausfuhr dargestellt werden soll, ist sowohl durch entsprechende Schraffierung, wie auch durch die eingeschriebenen Zahlen angedeutet, von welchem Versuchstag der betreffende N-Anteil herrührt.

Nebst anderen Erscheinungen hatte namentlich das eben besprochene Verhalten des Eiweißes C. Voit zur Annahme geführt, daß das Eiweiß im tierischen Organismus in zwei Formen vorkomme:

a) als sog. zirkulierendes oder labiles, welches aus dem Nahrungseiweiß herrührt und leicht verbrennlich ist. Es wird auch als nichtorganisiertes Eiweiß, als Reserve- oder Vorrats-Eiweiß, als Zelleinschluß-Eiweiß, bezeichnet.

b) als sog. Organ- oder stabiles Eiweiß, welches den eigentlichen Eiweißbestand des Tieres darstellt und weit schwerer verbrennlich ist. Nach dieser Anschauung wäre es das zirkulierende Eiweiß, welches im Augenblick der Entziehung oder Reduktion des Nahrungseiweißes den Tieren noch von der vorausgegangenen Eiweißzufuhr zur Verfügung steht und die Quelle der ansehnlichen Stickstoffausscheidung des ersten Tages darstellt. Dieselbe muß an den nächsten Tagen in dem Maße abnehmen, als der Vorrat an zirkulierendem Eiweiß erschöpft wird. Im Gegensatz hierzu würde die gesamte Stickstoffausscheidung des Hungertieres vom Organeiweiß bestritten werden.

3. Ersatz des Eiweißes durch andere stickstoffhaltige Verbindungen.

Es ist bereits seit längerer Zeit bekannt, daß der Leim ungefähr zwei Drittel des Eiweißes, jedoch nie das ganze Eiweiß in der Nahrung zu ersetzen imstande ist. Der Grund dieser Erscheinung wurde in dem Umstande gefunden, daß dem Leimmolekül das Tyrosin, insbesondere aber das Tryptophan und das Cystin fehlt (S. 125). Dementsprechend wird der Leim Eiweiß nur dann vollkommen ersetzen können, wenn man dem Leim die beiden fehlenden Aminosäuren beimischt.

Neuestens wurden Versuche angestellt, in welchen ein Tier wochenlang bloß mit vollkommen abiureten Eiweißabbauprodukten, erhalten durch Pankreasautolyse, oder mit einem künstlichen Gemisch von N-freien Nährstoffen, denen bloß Aminosäuren, jedoch kein Eiweiß zugefügt waren, ernährt wurde; die Nahrung enthielt keine Spur von intaktem Eiweiß, sondern bloß die abgespaltenen Aminosäuren; trotzdem wurde Eiweiß- resp. Stickstoffansatz erzielt. Die Aminosäuren sind also geeignet, Eiweiß vollkommen zu ersetzen, vorausgesetzt, daß aus dem betreffenden Gemisch keine der Aminosäuren fehlt, die an dem Aufbau des Eiweißmoleküls beteiligt sind.

So wichtig die Resultate dieser Versuche für die Stoffwechsellehre auch sind, können aus denselben doch nicht ohne weiteres praktische Konsequenzen gezogen werden. Denn, wenn es auch richtig ist, daß durch stickstoffhaltige Spaltungsprodukte das Stickstoffgleichgewicht eine gewisse Zeit hindurch aufrecht erhalten werden kann, so läßt sich der Organismus doch keinesfalls auf diese Weise längere Zeit hindurch gesund und funktionstüchtig erhalten. Dasselbe gilt auch für das physiologische Eiweißminimum (S. 316).

4. Eiweißansatz.

Auf Grund von Hundeversuchen wurde vorangehend (S. 317) ausgeführt, daß sich der Organismus in kürzester Zeit mit beliebigen Stickstoffmengen ins Stickstoffgleichgewicht bringen läßt; woraus hervorginge, daß ein mehr als über wenige Tage hinaus reichender Eiweißansatz sich überhaupt nicht erzielen läßt. Das gilt auch in der Tat für das gesunde, erwachsene, seine Funktionen normal verrichtende Tier. Hiervon abweichend kann ein beträchtlicher, während längerer Zeit andauernder Ansatz von Eiweiß unter folgenden Umständen beobachtet werden:

a) In einzelnen Gruppen von Muskeln kann es auch bei einer relativ geringen Eiweißzufuhr zu einer Zunahme von Muskeln, also zum Eiweißansatz kommen, wenn sie dauernd stark in Anspruch genommen werden; dies sehen wir an Skelettmuskeln von Sportbetreibenden oder am Herzen im Falle gewisser Zirkulationsstörungen usw.

b) Ein Organismus, dessen Eiweißbestand durch Hunger oder Krankheit eine wesentliche Einbuße erlitten hat, setzt in der Rekonvaleszenz leicht Eiweiß an, besonders wenn ihm neben Eiweiß auch reichlich Kohlenhydrate und Fett gegeben werden.

c) Hierher gehört auch die neueste Beobachtung, wonach Kopf- und Barthaare, die während einer vorangehenden Periode einer an Eiweiß armen Nahrung nur langsam wuchsen, nach internem Gebrauch des cystinreichen Hyrolysates von Hornsubstanz auffallend rascher zu wachsen anfingen. Ein ähnliches Verhalten wurde auch an den Wollhaaren des Schafes beobachtet. In allen diesen Fällen handelt es sich um Eiweißansatz in bestimmten Epidermoidalgebilden.

d) Daß der im Wachstum befindliche Organismus große Mengen von Eiweiß ansetzt, folgt aus der Tatsache des Wachstums selbst; besonders reichlich ist der Eiweißansatz in den ersten Lebensjahren, später auch während der Pubertätszeit.

B. Der Umsatz stickstofffreier Nährstoffe.

Eine bloß aus Eiweiß resp. Fleisch bestehende Nahrung eignet sich nur für den reinen Fleischfresser; wahrscheinlich spielen aber die ansehnlichen im Fleisch eingeführten Mengen von Fett und Glykogen eine wichtige Rolle auch im Stoffwechsel des Fleischfressers.

In der Ernährung des Menschen sind Eiweiß, Kohlenhydrate und Fett gleich wichtig und wenn auch ihre relativen Mengen in sehr weiten Grenzen variabel sind, kann doch keines das andere vollkommen ersetzen resp. entbehrlich machen. So kann der Mensch bei ausschließlicher Eiweiß(Fleisch-)nahrung schon aus dem Grunde nicht bleiben, weil die zur Bestreitung des ganzen Energiebedarfes notwendigen großen Fleischmengen von seinem Magen und Darm für die Dauer nicht bezwungen werden könnten. Eiweiß und Fett allein, ohne Kohlenhydrate, können dem Menschen auch nicht als Nahrung dienen, weil die Entziehung der Kohlenhydrate zur Bildung von pathologischen Stoffwechselprodukten und zu einem Zustand führt, den wir als Acidosis bezeichnen (S. 282, 283). Endlich sind Kohlenhydrate allein (nebst einer entsprechenden Menge von Eiweiß) mit Ausschluß von Fett ebenfalls nicht geeignet, weil von den Kohlenhydraten bei ihrem relativ geringen spezifischen Energiegehalt zur Deckung des Bedarfes Mengen eingeführt werden müßten, die den Magen und Darm über Gebühr belasten würden.

Eine wertvolle Eigenschaft der stickstofffreien Nahrungsmittel ist ihre eiweißsparende Wirkung. Es war schon (S. 309) erwähnt, daß die zunehmende Eiweißzersetzung eines Hungertieres durch Zufuhr von Fetten und Kohlenhydraten wieder eingeschränkt werden kann. Diese eiweißsparende Wirkung ist jedoch auch am gefütterten Tiere nachzuweisen: Wenn man ein Tier durch gemischtes Futter in Stickstoffgleichgewicht gebracht hat, kann man durch Vermehrung der Kohlenhydrat- oder Fettration Eiweißansatz erzielen, ohne die Eiweißzufuhr zu erhöhen. Von beiden stickstofffreien Verbindungen sind es zweifelsohne die Kohlenhydrate, mit welchen sich eine Ersparnis an Eiweiß leichter erreichen läßt; einerseits weil Fett, in größerer Menge zugeführt, störend auf Verdauung und Resorption des Eiweißes einwirkt; andererseits weil in Abwesenheit von Kohlenhydraten die Fette nur unvollkommen verbrennen (S. 283).

C. Spezifisch-dynamische Wirkung der Nährstoffe.

Bestimmen wir den Energieumsatz eines Tieres zuerst im Hungerzustand und dann unter denselben äußeren Versuchsbedingungen (Umgebungstemperatur usw.), wenn ihnen Nahrung zugeführt wird, so wird in letzterem Falle der Energieumsatz größer werden. Es tritt nämlich zu den Energieumwandlungen, die zur Erhaltung des Lebens unumgänglich notwendig sind, die chemische Energie hinzu, welche beim Kauen, Schlucken der aufgenommenen Nahrung, bei der Weiterbeförderung des Chymus, bei der Sekretion der Verdauungssäfte, bei der Resorption verbraucht resp. in Wärme umgesetzt wird. Dieses Plus des Energieumsatzes wird von Zuntz als Verdauungsarbeit bezeichnet.

Es ist daher der Energieumsatz eines ernährten Tieres, ceteris paribus, größer als die des Hungertieres, und zwar um diejenige Energiemenge größer, welche zur mechanischen Verarbeitung, Verdauung und Resorption der eingeführten Nahrung erforderlich ist.

Rubner schreibt die Zunahme des Energieumsatzes nicht der Verdauungsarbeit zu, sondern einer spezifisch reizenden, von ihm spezifisch dynamisch genannten Wirkung der resorbierten Substanzen auf die Körperzellen. Die in den Zellen stattfindenden Umsätze sollen durch diesen Reiz zunehmen, woraus dann eine Steigerung des gesamten Energieumsatzes hervorgeht.

Tangl bezeichnet die genannte Steigerung als „Ernährungsarbeit" und glaubt, daß an ihrem Entstehen sowohl die Verdauungsarbeit im Sinne von Zuntz als auch die spezifisch dynamische Wirkung im Sinne von Rubner beteiligt ist.

Es wurde in eigens zu diesem Zwecke angestellten Versuchen der Einfluß der einzelnen Nährstoffe auf den Energieumsatz bestimmt und gefunden, daß Eiweiß bereits in relativ kleinen Mengen den Energieumsatz steigert, während Fett und Kohlenhydrate eine solche Wirkung nur, wenn sie in relativ sehr großen Mengen verabreicht werden, auszuüben imstande sind. Die Steigerung des Energieumsatzes soll bei Eiweißeinfuhr ca. 17%, bei

Kohlenhydrateinfuhr 9%, bei Fetteinfuhr 2,5% der eingeführten chemischen Energie betragen.

D. Das Kompensationsgesetz.

Die der Nahrungsaufnahme folgende Steigerung des Energieumsatzes wird in vollem Grade nur dann manifest, wenn die Umgebungstemperatur gleich ist der kritischen Umgebungstemperatur oder höher als diese ist. Es wurde nämlich (S. 313) gezeigt, daß der größere Wärmeverlust, den ein Tier in einer kälteren Umgebung erleidet, durch Steigerung der Oxydationen, also durch gesteigerte Wärmeproduktion, ersetzt wird. Nun kann aber dieser Wärmeverlust auch durch das Plus an Wärmeproduktion gedeckt werden, das durch Einfuhr von Eiweiß erzeugt und (s. oben) als spezifisch dynamische Wirkung des Eiweißes bezeichnet wird. In diesem Falle wird es daher einer weiteren Steigerung der Oxydationen nicht bedürfen.

Bestimmen wir z. B., wie dies in nachfolgendem Versuch von Rubner geschehen ist, den Energieumsatz eines hungernden Hundes erst in einer Umgebungstemperatur von 30°, dann von 15 und 7 C°, so erhalten wir im ersten, bei der kritischen Temperatur angestellten Versuch den minimalen Energieumsatz (Erhaltungsumsatz) des Tieres; in den nächsten Versuchen aber einen um soviel größeren Umsatz, als behufs Deckung des stärkeren Wärmeverlustes mehr Energie umgesetzt werden mußte.

24stündige Wärmeproduktion pro 1 kg Körpergewicht; kg-Cal.

Umgebungstemperatur C°	im Hunger	mit 320 g Fleisch gefüttert
30	56,2	83,0
15	63,0	86,6
7	86,4	87,9

Wenn wir nun in einer weiteren Reihe von Versuchen den Hund mit Fleisch füttern und wieder erst bei 30° C untersuchen, wird sein Energieumsatz größer sein, als der oben bestimmte minimale Erhaltungsumsatz, und zwar um soviel mehr, als der spezifisch dynamischen Wirkung des Fleisches entspricht. Bei niedrigerer Temperatur, also etwa bei 7° C, wird aber das durch die spezifisch dynamische Wirkung erzeugte Plus hinreichen, um den durch die stärkere Strahlung bedingten Verlust zu decken; eine Steigerung der Oxydationen in der Muskulatur usw. wird also überflüssig: die spezifische dynamische Wirkung des eingeführten Fleisches tritt kompensatorisch für die Oxydationen ein.

Diese Kompensation hat zur natürlichen Folge, daß der Energieumsatz eines Tieres bei niedriger Temperatur (z. B. 7° C) gleich groß sein kann, ob es im Hungerzustand oder mit Fleisch gefüttert untersucht wird, während dasselbe Tier bei der kritischen Temperatur untersucht im gefütterten Zustand, wie wir oben sahen, mehr Wärme als im Hungerzustand produziert, wobei es aber keine Verwendung für das durch die Fleischzufuhr erzeugte Wärmeplus hat. Dieses Plus wird als unnütz an die Umgebung abgegeben.

Diese im vorangehenden beschriebene Gesetzmäßigkeit wurde zuerst von Rubner erkannt und als „Kompensationsgesetz" bezeichnet.

E. Kritische Temperatur bei Nahrungsaufnahme.

Wir haben vorangehend (S. 315) ausgeführt, daß die kritische Temperatur des hungernden Hundes etwa bei 27° C liegt; dies will einerseits besagen, daß der Energieumsatz des Tieres bei dieser Temperatur sein Minimum erreicht hat, sich also nicht weiter einschränken läßt, andererseits, daß die natürliche Wärmeabgabe noch eben hinreicht, um die Körpertemperatur des Tieres auf dem normalen Stand zu erhalten. Erhält aber derselbe Hund bei der für das Hungertier als kritisch befundenen Umgebungstemperatur Futter, z. B. eine größere Menge Fleisch, so ist es klar, daß seine Wärmeproduktion jetzt größer sein wird, indem sich dem Erhaltungsumsatz diejenige Wärmemenge hinzugesellt, die durch die spezifisch dynamische Wirkung der eingeführten Nahrung erzeugt wird; da es aber seine Körpertemperatur unverändert beibehalten soll, seine natürliche Wärmeabgabe aber nicht größer ist als am Hungertier, muß das gefütterte Tier seine Wärmeabgabe durch die (S. 314) beschriebenen Vorgänge steigern, während das Hungertier einer derartigen Steigerung bei dieser Umgebungstemperatur noch nicht bedarf. Beziehungsweise: es wird die kritische Temperaturgrenze, d. h. die Umgebungstemperatur, bei der das gefütterte Tier einerseits das Minimum an chemischer Energie umsetzt, andererseits seine Körpertemperatur noch durch die natürliche Wärmeabgabe, also ohne die erwähnte Steigerung derselben unverändert erhalten kann, niedriger sein, als am Hungertier; sie wird je nach der Art und Menge der eingeführten Nahrung um ein geringes oder bedeutend tiefer, und zwar in einem Temperaturbereich liegen, in dem das Hungertier sich noch im Zustande der chemischen Regulation befindet.

F. Gesetz der Isodynamie.

Wir haben (S. 300) festgestellt, daß der spezifische physiologische Nutzeffekt des Eiweißes 4,1, des Fettes 9,4 und der Kohlenhydrate (speziell der Stärke und des Glykogen) 4,2 kg Cal. beträgt. Es ist nun a priori zu erwarten, daß der Organismus zur Deckung seines Bedarfes an chemischer Energie welchen immer der genannten Nährstoffe in Anspruch nehmen kann. Es soll z. B. ein hungernder Hund in einer Umgebungstemperatur von 15° C täglich 299,8 kg Cal. produziert haben. Es kann sein Energiebedarf durch ein Futtergemisch gedeckt werden, bestehend in

$$27,3 \text{ g Eiweiß} = 111,9 \text{ kg-Cal.}$$
$$20,0 \text{ g Fett} = 188,0 \text{ ,, ,,}$$
$$\overline{299,9 \text{ kg-Cal.}}$$

oder
$$42,4 \text{ g Eiweiß} = 173,8 \text{ kg-Cal.}$$
$$30,0 \text{ g Stärke} = 126,0 \text{ ,, ,,}$$
$$\overline{299,8 \text{ kg-Cal.}}$$

oder
$$7,1 \text{ g Eiweiß} = 29,1 \text{ kg-Cal.}$$
$$15,0 \text{ g Fett} = 141,0 \text{ ,, ,,}$$
$$30,9 \text{ g Stärke} = 129,7 \text{ ,, ,,}$$
$$\overline{299,8 \text{ kg-Cal.}}$$

In all diesen Fällen wird das Tier genau soviel chemische Energie umsetzen als das Hungertier; denn laut dem Kompensationsgesetz (S. 322) wird das gefütterte Tier genau um so viel weniger Wärme durch chemische Regulation produzieren, als aus der spezifisch dynamischen Wirkung (die in den drei Beispielen ganz verschieden groß ist) der eingeführten Nahrung hervorgeht. Das Tier wird also an seinem Körperbestand in keinem der drei Fälle etwas einbüßen, und man kann daher füglich sagen, daß sich unter diesen Umständen die Nährstoffe gegenseitig in isodynamen Mengen, d. h. im Verhältnis ihres physiologischen Nutzeffektes vertreten können. Dies ist, wie gesagt, bei 15⁰ C der Fall.

Nun soll aber derselbe Hund, den wir früher bei 15⁰ C untersucht hatten, in einer Umgebungstemperatur von 27⁰ C (kritische Temperatur) untersucht werden; er wird selbstverständlich weit weniger, z. B. täglich 243,3 kg Cal. Wärme produziert haben. Sein Energiebedarf wäre vollkommen gedeckt durch ein Futtergemisch, bestehend in

$$\begin{array}{rl} 6,0 \text{ g Eiweiß} = & 24,6 \text{ kg-Cal.} \\ 52,1 \text{ g Stärke} = & \underline{218,8 \quad ,, \qquad ,,} \\ & 243,4 \text{ kg-Cal.} \end{array}$$

wenn wir die geringe spezifisch dynamische Wirkung, die das wenige Eiweiß und die relativ nicht große Menge von Stärke ausübt, vernachlässigen.

Verfüttern wir jedoch ein Gemenge, bestehend in

$$\begin{array}{rl} 42,4 \text{ g Eiweiß} = & 173,8 \text{ kg-Cal.} \\ 16,5 \text{ g Stärke} = & \underline{69,3 \quad ,, \qquad ,,} \\ & 243,1 \text{ kg-Cal.} \end{array}$$

so gelingt es nicht, den ganzen Energiebedarf des Tieres durch dieses Futter zu decken. Da nämlich die Umgebungstemperatur die kritische gewesen ist, stellt der im Hungerversuch festgestellte Energieumsatz von 243,4 kg-Cal. gleichzeitig den minimalen Umsatz des Tieres dar, welcher sich nicht mehr einschränken läßt. Zu diesen 243,4 kg-Cal. kommt noch die Wärmemenge „a", welche der spezifisch dynamischen Wirkung des in ansehnlichen Mengen gereichten Eiweißes entspricht; eine Wärmemenge, die sich, eben weil der Energieumsatz bei seinem Minimum angelangt ist, durch Kompensation (S. 322) nicht ersparen läßt. Werden also in einem eiweißreichen Futtergemisch 243,3 kg-Cal. eingeführt, so wird, da der Energieumsatz bei dieser Art der Ernährung 243,4 + a kg-Cal. beträgt, der Energiebedarf nicht gedeckt und das Tier muß noch einen Teil seines Körperbestandes zersetzen, während ein eiweißarmes Futtergemisch, das ebenfalls bloß 243,3 kg-Cal. enthält, fast vollkommen hinreicht.

Die beiden Futterrationen vom gleichen physiologischen Nutzeffekt sind also nicht isodynam, wenn das Tier bei der kritischen Temperatur gehalten wird; während sie isodynam sind bei einer Umgebungstemperatur, die kälter als die kritische ist.

Wir können also aussagen, daß die Nährstoffe einander nach Maßgabe ihres physiologischen Nutzeffektes, also in isodynamen Mengen vertreten können, jedoch nur in einer

Umgebungstemperatur, die unterhalb der kritischen Temperaturgrenze liegt.

Ferner ist aus dem, was (S. 316) über die Abnützungsquote des Eiweißes ausgeführt wurde, klar, daß es eine gewisse minimale Menge von Eiweiß gibt, welche weder durch Kohlenhydrate noch durch Fette ersetzt werden kann. Dies bedeutet eine zweite Einschränkung des Gesetzes der Isodynamie.

G. Nährstoff- und Energiebedarf des Menschen.

1. Qualität der Nahrung. Biologische Wertigkeit des Nahrungs-Stickstoffes. Accessorische Nährstoffe.

Es wurde (S. 274) gezeigt, daß das Leben des Menschen sich nur auf Kosten von chemische Energie enthaltenden Stoffen, wie Eiweiß, Kohlenhydrat und Fett erhalten läßt.

Es genügt aber nicht, chemische Energie in hinreichender Menge einzuführen; es muß zum normalen Ablauf der Lebenserscheinungen auch das entsprechende günstige Milieu geschaffen werden resp. erhalten bleiben: Hierzu gehören Salze, die einerseits eine ständige osmotische Konzentration in den Säften unterhalten (S. 127), andererseits gewisse Ionenwirkungen ausüben (S. 37). Da nun ständig eine gewisse Menge von Salzen den Organismus in den verschiedenen Sekreten und Exkreten verläßt, ist es nur selbstverständlich, daß für diesen Verlust Ersatz geschaffen, für eine entsprechende Menge von verschiedenen Salzen gesorgt werden muß. Den Salzen kommt jedoch nicht nur diese allgemeine Wirkung zu; sie haben auch Spezialfunktionen. So ist die Einfuhr von Chlor unentbehrlich, da ja bei dem fortwährenden Chlorverlust (in Harn usw.) sehr bald die so notwendige Salzsäurebildung durch die Magenschleimhaut versiegen müßte; der fortwährende Abgang von Erdalkalien und Phosphorsäure (in Harn und Kot) erheischen ebenfalls Ersatz, da sonst die Knochen, die im Verlaufe ihres Eigenstoffwechsels fortdauernd gewisse Mengen der genannten Stoffe abgeben, an diesen schließlich verarmen müßten. Dasselbe gilt auch für das Eisen, das aus dem Hämoglobin der fortwährend untergehenden roten Blutkörperchen herstammend, in Zirkulation kommt und dann teils ausgeschieden, teils in verschiedenen Organen in nicht mehr verwendbarer Form abgelagert wird. Sollen aber neue Blutkörperchen gebildet und auf diese Weise Ersatz für die zugrunde gegangenen geschaffen werden, ist Eisen unumgänglich nötig, es muß also von außen eingeführt werden.

Aber auch wenn nicht nur für die nötige Menge an chemischer Energie, sondern auch für eine entsprechende Menge und Auswahl von Salzen im obigen Sinne gesorgt wird, ist es, wie die Erfahrung lehrt, nicht möglich, Menschen oder Tiere höherer Art mit einem Gemisch, bestehend aus den genannten Nährstoffen in chemisch reinem Zustande, nebst einer entsprechenden Menge von Wasser und Salzen längere Zeit hindurch zu ernähren.

Denn erstens haben wir gesehen, daß die Absonderung des Speichels (S. 164), des Magensaftes (S. 170), sowie auch höchstwahrscheinlich die

des Pankreassaftes in hohem Grade von Reflexen beeinflußt wird, die
ihrerseits durch gewisse, eigentümlich riechende und schmeckende
Bestandteile der Nahrung ausgelöst werden. In Ermangelung dieser
Bestandteile ist ein Gemisch trotz eines entsprechenden Gehaltes an
chemischer Energie nicht zur Ernährung des Menschen geeignet; einerseits weil es infolge der mangelhaften und auch qualitativ nicht entsprechenden Sekretion der Verdauungssäfte nicht recht ausgenützt
werden kann; andererseits weil die Einführung eines solchen für die
Dauer ekelerregenden Gemisches an und für sich auf Schwierigkeiten
stoßen muß. Aus demselben Grund sind außer Eiweiß, Kohlenhydrat
und Fett noch solche Stoffe von Wichtigkeit, welche bei der Zubereitung
(Kochen, Braten) der Speisen entstehen, oder als Gewürze zugesetzt werden.

Zweitens hat es sich bezüglich gewisser Eiweißkörper herausgestellt,
daß sie, wenn auch in den gleichen Mengen resorbiert, für andere Eiweißkörper nicht vollen Ersatz leisten können, also letzteren nicht gleich-
wertig sind. Diese Unterwertigkeit mancher Eiweißkörper rührt
davon her, daß ihrem Molekül gewisse Bausteine, Aminosäuren, abgehen, von denen es sich herausgestellt hat, daß sie für die Lebensvorgänge resp. für das Wachstum unentbehrlich sind. Solche Aminosäuren sind in erster Linie Cystin, Tryptophan und Lysin. Insbesondere sind nach der Ansicht mancher Autoren die beiden ersten
für den regelrechten Ablauf der Lebensvorgänge, das Lysin jedoch für
das Wachstum unentbehrlich, was jedoch von anderen Autoren,
wenigstens in dieser decidierten Formulierung, abgelehnt wird. Wenn
also die chemische Analyse ergeben hat, daß dem Glutinmolekül das
Tyrosin, Cystin und Tryptophan abgehen, im Molekül des Zeins (einem
Eiweißkörper des Maiskornes) Lysin und Tryptophan fehlen oder das
Molekül des Gliadin (ein Eiweißkörper des Weizenkornes) kein Lysin
enthält, so ist es nur zu begreiflich, daß diese Eiweißkörper sich unterwertig erweisen müssen, wenn sie rein, d. h. ohne andere Eiweißkörper an Tiere verfüttert werden, und zwar als unterwertig im Vergleiche zu Casein, Ovalbumin, Ovovitelin usw., die, da sie alle lebens-
wichtigen Aminosäuren in hinreichender Menge enthalten, als voll-
wertig angesehen werden müssen und sich bei der Verfütterung auch
als solche erweisen.

Diese Unterschiede im Aminosäuregehalt der Eiweißkörper in den
verschiedenen Nahrungsmitteln, ferner aber auch der verschiedene
Gehalt an gewissen nicht eiweißartigen N-haltigen Bestandteilen derselben, machen es erklärlich, daß gewissen Nahrungsmitteln für die
Erhaltung des Individuums, also biologisch, ein weit größerer Wert
zukommt als anderen von demselben Gehalt an chemischer Energie
und von demselben oder gar größeren Gehalt an resorbierbarem Eiweiß.
Auf diesen Unterschied bezieht sich der Ausdruck „Biologischer Wert
des Nahrungsstickstoffes" (Thomas). Diese biologische Wertigkeit wird auf folgende Weise ermittelt: Man vergleicht den N-Verlust
des Körpers während der Einfuhr einer bestimmten Menge des zu untersuchenden Nahrungsmittels mit dem N-Verlust während der Einfuhr
einer calorisch äquivalenten, jedoch N-freien Nahrung. Im ersten Falle
wird der N-Verlust natürlich geringer sein, da der resorbierte Anteil

des in der Nahrung zugeführten Eiweißes — es kann ja natürlich nur dieser Anteil in Frage kommen — für einen gewissen Teil des Körpereiweißes eintritt, diesen vor der Verbrennung bewahrt. Die Menge des so ersparten Körpereiweißes ergibt sich aber gerade aus dem Unterschied zwischen dem N-Verlust bei N-freier und bei der zu untersuchenden N-haltigen Nahrung. Je größer dieser Unterschied im Verhältnis zu dem resorbierten Eiweiß-N ist, umso größer ist auch die biologische Wertigkeit des betreffenden Nahrungs-N. Diese wird ziffernmäßig durch das prozentuale Verhältnis zwischen dem resorbierten Nahrungs-N und dem N in den ersparten Körpereiweiß ausgedrückt. So beträgt z. B. die biologische Wertigkeit des N im Fleische über $100^0/_0$, in Kartoffeln ca. $80^0/_0$, im Weißbrot bloß ca. $50^0/_0$, im Mais noch weniger.

Drittens ist aber auch ein Nahrungsgemisch, das obige Mängel nicht aufweist, also vollwertiges Eiweiß in genügender Menge enthält, nicht immer zweckentsprechend. Es wohnt nämlich einem alten Glauben nach den frischen Gemüsen, der rohen Milch usw. eine besondere Nährkraft inne, und neuere Beobachtungen, denen exakte Versuche folgten, haben gezeigt, daß dieser alte Glauben das Richtige getroffen hat. Soll nämlich der Erwachsene seinen Körperbestand erhalten und nach aller Hinsicht funktionstüchtig bleiben, oder soll der noch in Entwicklung begriffene Organismus seinen Bestand regelrecht vermehren, also entsprechend wachsen, so muß seine Nahrung außer den reinen Nährstoffen (vollwertiges Eiweiß, Kohlenhydrate und Fette, Salze, Riechstoffe usw.) noch eine Reihe von Substanzen enthalten, die erfahrungsgemäß nur in gewissen pflanzlichen oder tierischen Gebilden resp. Produkten enthalten sind. Es handelt sich um folgende neue, exakte Beobachtungen: Man hat gefunden, daß Hühner bei ungeschältem Reis sehr gut gedeihen, hingegen unfehlbar an einer Art Polyneuritis erkranken und daran auch zugrunde gehen, wenn sie bloß mit geschliffenem (poliertem) Reis, an dem die Fruchthülle, das sog. Silberhäutchen, entfernt ist, gefüttert werden. Durch dieses Experiment lernte man auch die Ursache der schweren Polyneuritis (Beri-Beri) kennen, an der die ärmsten Volksschichten des fernen Ostens (Japan) in dem Maße in zunehmender Anzahl erkrankten, als der Reis, unter diesem Himmelstriche das Hauptnahrungsmittel jener Bevölkerungsklasse, immer mehr in poliertem Zustand in den Verkehr gelangte. Es muß also in der Fruchthülle des Reiskornes eine Substanz enthalten sein, die dem übrigen Korne fehlt, und deren Abwesenheit direkt gesundheitsschädlich wirkt.

Eine weitere Tatsache ist die folgende: Die uralte Erfahrung, daß die als Skorbut bezeichnete schwere Allgemeinerkrankung des Menschen vom Mangel an frischen Gemüsen herrührt, konnte auch wissenschaftlich erhärtet werden, indem sich analoge Zustände auch an manchen Tierarten durch Fütterung mit Brot, trockenen Hülsenfrüchten oder Getreidesamen (bei Ausschluß von frischen Vegetabilien) experimentell hervorrufen, durch Verfütterung frischer Gemüse, aber auch von Fruchtsäften, roher Milch wieder prompt beseitigen ließen. Diese Tatsachen führten zur berechtigten Annahme, daß in den frischen grünen Pflanzenteilen, Früchten, in der Milch usw. lebenswichtige, zur Zeit allerdings noch nicht näher gekannte Stoffe enthalten sein müssen.

Endlich hat es sich auch herausgestellt, daß junge, noch in Entwicklung begriffene Individuen mancher Tierarten im Falle der Fütterung mit einem Futtergemisch, bestehend aus gereinigtem Casein, reinen Kohlenhydraten, Speck, Salzen, und zwar in einer Menge, die chemische Energie wie auch vollwertiges Eiweiß in hinreichender Menge enthält, wohl eine Zeitlang gedeihen können, jedoch das Wachstum bald vollständig einstellen. Das Wachstum setzt aber in kürzester Zeit wieder ein, wenn der Nahrung ein wenig Milch hinzugefügt wird.

Es müssen also in der Fruchthülle des Reises Stoffe enthalten sein, die die Polyneuritis verhüten, in den grünen Pflanzenteilen usw. solche, die dem Skorbut entgegenwirken, und in der Milch solche, die das Wachstum fördern, und man vermutete mit Recht, daß es solche Substanzen auch in anderen Produkten tierischer und pflanzlicher Herkunft geben dürfte. Die hierauf gerichteten Untersuchungen haben in der Tat ergeben: a) daß Erbsen, Linsen, gewisse Bohnenarten, Hefe, Eigelb, Kuhmilch usw. sich als wirksame Zusätze im Falle eines Nahrungsgemisches erweisen, das ohne diesen Zusatz zu einer Polyneuritis führen würde; b) daß sich zur Verhütung skorbutähnlicher Zustände, die durch den Mangel an frischen Vegetabilien erzeugt werden, Kartoffeln, Äpfel, Sauerampfer, Citronen sehr wirksam erweisen; c) daß in der Butter, im Eifett, im Lebertran usw. das Wachstum fördernde Substanzen enthalten sind, die jedoch dem Speck, dem Olivenöl usw. abgehen.

Von allen diesen pflanzlichen und tierischen Produktien ist es die Fruchthülle des Reiskornes allein, aus der es gelungen ist, das wirksame Prinzip in Form eines N-haltigen krystallisierbaren Körpers zu isolieren, wenn es auch zur Zeit noch nicht ganz sicher ist, ob der isolierte Körper auch wirklich chemisch rein sei. Mit Rücksicht auf seine Lebenswichtigkeit und seinen N-Gehalt wurde er von seinem Entdecker, C. Funk, „Vitamin" benannt.

Von den anderwärts vorkommenden, ähnlich wirkenden Stoffen weiß man zur Zeit nur soviel, daß manche von ihnen bereits beim Trocknen, andere beim Erwärmen der Produkte, in denen sie enthalten sind, ihre Wirksamkeit verlieren; ferner, daß manche von ihnen wasserlöslich resp. alkohollöslich sind, von anderen hingegen, daß sie bloß in Fetten resp. in Fettsolventien sich lösen. Per analogiam wurde die von Funk geprägte Bezeichnung Vitamin auch auf diese noch ganz und gar unbekannten Stoffe übertragen und wurden sie allgemein als „Vitamine" bezeichnet. Von den Bezeichnungen, die von anderen Autoren vorgeschlagen wurden, wie „Ergänzungsstoffe", „Nahrungshormone", „Nutramine", „accessorische Nährstoffe" usw., dürfte die letztere am treffendsten sein.

Zum Schluß sei noch bezüglich der Spezifizität dieser Stoffe die Komplikation erwähnt, daß durch die Entziehung gewisser Produkte, die einen dieser Stoffe enthalten, bei der einen Tierart ein eher der Polyneuritis ähnlicher Zustand, bei der anderen Tierart aber eine eher dem Skorbut ähnlicher erzeugt wird.

2. Menge der Nahrung und der einzelnen Nährstoffe.

Da die Lebenserscheinungen auf einer fortwährenden Umwandlung der chemischen Energie und hiermit auch der organischen Verbindungen beruhen (S. 273), müssen die zersetzten organischen Verbindungen fortwährend durch Nahrungsaufnahme ersetzt werden; hieraus folgt selbstverständlich, daß die Nahrungsaufnahme sich nach dem Verbrauche richten muß. Die Größe des Energieverbrauches, mithin auch die des Nahrungsbedarfes des Menschen, wurde für verschiedene Lebensverhältnisse experimentell festgestellt, wobei sich für den 24stündigen Energieumsatz eines erwachsenen Menschen von 70 kg Körpergewicht folgende Werte ergeben:

a) Vollkommen ruhiges Liegen im nüchternen Zustande; unter sorgfältiger Vermeidung jeder willkürlichen Bewegung . . . . 1700 kg-Cal.

b) Behagliche Körperruhe; kein Bedacht auf Vermeidung geringster Bewegung, jedoch Ausschluß jedweder Arbeitsleistung . . . . 2350 ,, ,,

c) Mittelschwere Arbeit . . . . 3700 ,, ,,.

d) Schwerste Arbeit . . . . 5000 ,, ,,

Um den Nahrungsbedarf des Menschen unter den angeführten Umständen berechnen zu können, muß auch der Energiegehalt der verschiedenen Nahrungsmittel bekannt sein. So sind in je 1 g der nachstehend angeführten Nahrungsmittel enthalten kg-Cal.:

Fleisch (fett) vom Rind . .	3,4	Schweizer Käse	4,0
,, (mager) vom Rind .	1,0	Butter	7,8
,, vom Huhn	1,3	Erbsen, Linsen, Bohnen . .	3,3
,, ,, Karpfen oder Hecht	1,0	Kartoffel	0,9
		Weizenbrot	2,7
,, ,, Lachs	2,0	Roggenbrot	2,4
Eigelb	3,6	Äpfel, Birnen, Pflaumen . .	0,5
Kuhmilch	0,6		

C. Voit stellte das Kostmaß eines Menschen, der nicht übermäßig starke Arbeit verrichtet, zu

118 g Eiweiß,
56 g Fett und
500 g Kohlenhydrate fest.

Auf Grund neuerer Untersuchungen muß man dieser Zusammenstellung eine allgemeine Gültigkeit absprechen; denn, wenn man auch eine vollkommene Ausnützung der genannten Kostbestandteile annimmt, beträgt ihr physiologischer Nutzeffekt bloß

$$118 \times 4,1 = 483 \text{ kg-Cal. aus Eiweiß,}$$
$$56 \times 9,4 = 527 \text{ ,, ,, ,, Fett}$$
$$\underline{500 \times 4,2 = 2100 \text{ ,, ,, ,, Kohlenhydraten,}}$$
$$\text{zusammen } 3110 \text{ kg-Cal.,}$$

also weniger, als der Energiebedarf eines mittelschwere Arbeit verrichtenden Menschen (S. oben).

Andererseits hat sich herausgestellt, daß der auch starke Arbeit verrichtende Mensch mit weit geringeren Mengen von Eiweiß, mit 100, ja 80 g sein Auskommen finden kann, vorausgesetzt, daß ihm stickstofffreie Substanzen in entsprechend großen Mengen zugeführt werden. Geradezu erstaunlich ist es für unsere Begriffe, daß nach sorgfältiger Fetststellung der Eiweißgehalt in der Nahrung breiter, arbeitstüchtiger Volksschichten in Japan nicht mehr als etwa 40—60 g pro Tag beträgt, ja daß nach amerikanischen Beobachtungen (Chittenden) der tägliche Eiweißbedarf junger, kräftiger, Sport betreibender Leute noch unter jene Werte heruntergedrückt werden konnte. In einzelnen Versuchen konnte gar auf 25 g (!) hinuntergegangen werden (Hindhede).

Da Kohlenhydrate und Fette einander in isodynamen Mengen vertreten können, wird ihr Mengenverhältnis innerhalb weiter Grenzen variiert werden können. Dieser Variation werden einerseits durch den weit höheren Preis der Fette die Grenzen gesteckt, andererseits durch die (S. 320) erwähnten Umstände.

3. Ausnützungs- oder Verdauungsgrad (oder -koeffizient) verschiedener Nahrungsmittel.

Bei der Berechnung des Quantums, durch das das Nahrungsbedürfnis eines Menschen oder Tieres gedeckt werden soll, darf nicht vergessen werden, daß von der eingeführten Nahrung selbstverständlich nur derjenige Anteil in Rechnung gestellt werden kann, der im Darm verdaut resp. auch resorbiert wird. Dieser verdaute resp. resorbierte Anteil ist jedoch in den verschiedenen Nahrungsmitteln, ja in demselben Nahrungsmittel verschiedener Herkunft ein sehr verschiedener. So wird z. B. das Muskeleiweiß, wenn das Fleisch nicht zu viel grobes Bindegewebe, Sehnen usw. enthält, bis zu $99^0/_0$ ausgenützt; Milchcasein bis etwa $90^0/_0$. Hingegen hängt die Ausnützung des Pflanzeneiweißes vielfach von der Art der Zerkleinerung des betreffenden Pflanzenparenchyms ab. So wird das Eiweiß des feinsten Weizenmehles bis zu $85^0/_0$, das eines groben Roggenmehles nur bis zu etwa $60^0/_0$ ausgenützt; Eiweiß der Hülsenfrüchte, wenn diese als Mehl verwendet werden bis zu $90^0/_0$, ungemahlen als Gemüse verzehrt bloß bis zu etwa $70^0/_0$.

Der Ausnützungsgrad der Fette hängt zum Teil von ihrem Schmelzpunkt ab, indem von Talgarten etwas weniger ($92—94^0/_0$) resorbiert wird als von Fetten mit niedrigerem Schmelzpunkt oder von Ölarten ($98^0/_0$). Das Fett von Pflanzenteilen wird um so besser resorbiert, je zarter die das Fett umschließenden Cellulosehüllen sind.

Dasselbe gilt auch für Kohlenhydrate, die in Form von Zucker oder mehr weniger verzuckerter Stärke eingeführt, vollständig resorbiert werden, während die in dickwandige Zellen eingeschlossene Stärke des Pflanzenparenchyms, wenn dieses grob verkleinert genossen wird, weit schlechter auszunützen ist. Noch schlechter ist die Ausnützung der Cellulose der Zellwände; dieselbe wird mit Ausnahme der zartesten Pflanzenteile vom Fleischfresser fast unverändert ausgeschieden und auch vom Pflanzenfresser bloß bis zu $40—60^0/_0$ ausgenützt.

4. Ansatz der Nährstoffe im Organismus.

Es wurde vom Eiweiß (S. 320) gezeigt, daß es im erwachsenen Organismus nur unter ganz bestimmten Bedingungen zum Ansatz gebracht werden kann, und daß es unter normalen Verhältnissen bei Einführung beliebig großer Mengen von Eiweiß in kürzester Zeit zum Stickstoff- resp. zum Eiweißgleichgewicht kommt. Nicht so nach Einführung größerer Mengen von Fett oder Kohlenhydraten! Wenn mehr chemische Energie in Form von Fett eingeführt wird als dem Energiebedarf entspricht, so wird in verschiedenen Organen oder Geweben Fett angesetzt. Wenn Kohlenhydrate im Überfluß eingeführt werden, kann ein Teil derselben zu Glykogen polymerisiert in gewissen Organen (Leber, Muskeln) angesetzt werden; da jedoch das Fassungsvermögen der Organe für Glykogen ein recht beschränktes ist, wird ein anderer Teil des überschüssigen Kohlenhydrates in Fett verwandelt und als solches angesetzt. Hierauf beruht die Fettmast mit Kohlenhydraten. Indessen lehrt die Erfahrung, daß im Betreffe des Ansatzes des im Überschuß eingeführten Fettes, resp. der in Fett umgewandelten Kohlenhydrate, Racen- und individuelle Verschiedenheiten bestehen, indem an manchen Personen ein therapeutisch erwünschter Fettansatz trotz reichlicher Darreichung einer in jeder Hinsicht zweckentsprechend zusammengesetzten Nahrung, die zudem auch noch tadellos ausgenützt wird, nicht erlangt werden kann und umgekehrt an anderen Individuen ein in lästiger Weise fortdauernder Fettansatz auch durch quälende Selbstbeschränkung der Nahrungseinfuhr nicht verhütet werden kann. Wenn für den ersterwähnten Fall eine über die Norm resp. über den wirklichen Bedarf gesteigerte Erhöhung der Umsetzungen (Luxuskonsumption) angenommen werden darf, so kann für den zweiterwähnten vielleicht ein abnorm geringer Umsatz als Ursache angenommen werden.

V. Energieumsatz bei der Muskelarbeit.

Es läßt sich sowohl durch kurze Gaswechselversuche als auch durch direkte Calorimetrie leicht nachweisen, daß die Oxydation, daher auch die Wärmeproduktion, durch die Muskeltätigkeit bedeutend gesteigert wird. Wenn der Sauerstoffverbrauch eines ruhig liegenden Tieres = 1 gesetzt wird, beträgt derselbe, wenn das Tier steht, ca. 1,4, wenn es auf ebener Erde geht, ca. 4 und wenn es einen Abhang hinaufgeht ca. 7 Einheiten. Es wurde ferner durch entsprechend eingerichtete Versuche der Nutzeffekt der Muskelarbeit ermittelt, d. h. festgestellt, welcher Anteil der umgewandelten chemischen Energie in Form von mechanischer Energie erscheint.

In einer Reihe von Versuchen wurde der Sauerstoffverbrauch und die Kohlensäureproduktion von Menschen und Tieren bestimmt, einerseits während sie eine bestimmte Strecke auf einem horizontalen und andererseits, wenn sie eine bestimmte Strecke auf einem steil (mit bekannter Steigung) ansteigendem Wege zurücklegten. Der so festgesetzte Sauerstoffverbrauch und die Kohlensäureproduktion dividiert durch das Produkt aus dem Gewicht des fortbewegten Körpers und der zurückgelegten Weglänge ergab für beide Fälle die Menge des Sauerstoffes, die verbraucht wurde, um das Gewicht von 1 kg längs 1 m des horizontalen und des steilen Weges fortzubewegen resp. auch die Menge der dabei produzierten Kohlensäure. Auf dem steil ansteigenden Wege waren die Werte natürlich viel größer und die Differenz entspricht dem Mehraufwand an chemischer Energie, die während und neben der horizontalen Fortbewegung noch zur Hebung von 1 kg der Körperlast gegen die Gravitation umgesetzt wurde. Wird diese Differenz auf 1 m der Vertikalerhebung umgerechnet, so erhält man die Menge des Sauerstoffes, die bei einer Arbeitsleistung von 1 m/kg verbraucht wird; diese Menge betrug ca. 1,5 ccm. Nun wissen wir aber (S. 302), daß beim Verbrauch von 1 Liter Sauerstoff, je nach der Menge der produzierten Kohlensäure, also nach Maßgabe des respiratorischen Quotienten, 4,72—5,07 kg-Cal., daher im Durchschnitt (der in diesem Beispiel gestattet ist) 4,9 kg Cal. chemischer Energie umgesetzt werden. Dem Mehrverbrauch von 1,5 ccm Sauerstoff entspricht daher ein Energieaufwand von 7,4 g Cal.; da aber das Wärmeäquivalent von 1 g-Cal. 0,427 m/kg beträgt, sind, entsprechend dem Verbrauch von 1,5 ccm Sauerstoff, zur Leistung einer äußeren Arbeit von **1 m/kg** eine Gesamtarbeit von $0,427 \times 7,4$ $= \mathbf{3,2}$ **m/kg** erforderlich.

Andere Versuche wurden im Atwaterschen Respirationscalorimeter in der Weise ausgeführt, daß die Versuchsperson ein stabiles Bicycle resp. eine damit in Verbindung befindliche Dynamomaschine antreiben mußte, in welch letzterem die geleistete Arbeit in elektrischen Strom verwandelt wurde. Dieser Strom wurde durch einen elektrischen Widerstand geleitet, dort in Wärme umgewandelt und vom Apparate im Sinne eines Wärmeplus (im Vergleiche mit den Ruheversuchen) registriert. Es ergab sich, daß während einer Arbeitsleistung von 1 m/kg 12 g Cal. chemischer Energie umgesetzt wurden. Da aber das Wärmeäquivalent von 1 g-Cal. 0,427 m/kg beträgt, hätten durch obige 12 g-Cal. eine Arbeit von $12 \times 0,427 = 5,1$ m/kg geleistet werden müssen. In der Tat war es aber bloß 1 m/kg, also bloß 20% der erwarteten Leistung.

Es stellte sich also heraus, daß der Nutzeffekt des arbeitenden Muskels ca. 30%, oft allerdings weniger, bis 20%, beträgt, aber auch, daß die Muskeln weit ökonomischer arbeiten als die beste Dampfmaschine, indem letztere bloß 10% der in der Kohle eingeführten chemischen Energie in mechanische Arbeit zu verwandeln imstande ist.

Eine weitere Frage ist folgende: Welcher der Nährstoffe ist es, sei es des Körperbestandes, sei es der eingeführten Nahrung, dessen chemische Energie im Muskel während der Kontraktion umgesetzt werden kann? Die allerersten Pioniere der Stoffwechsellehre waren der Ansicht, daß der arbeitende Muskel seinen eigenen Eiweißbestand verbrauche; späterhin wurde in einwandfreien Versuchen gezeigt, daß die Menge des im Harn ausgeschiedenen Stickstoffes auch nach ganz bedeutenden Muskelleistungen nicht anzusteigen braucht, woraus gefolgert wurde, daß die Quelle der Muskelarbeit in Kohlenhydraten und Fetten zu suchen sei. Einzelne Autoren gingen noch weiter und behaupteten, daß bloß Kohlenhydrat unmittelbar im Muskel verbrennen kann, Fett hingegen vor der Verbrennung erst in Kohlenhydrat umgewandelt werden muß.

Die Ansicht, wonach bloß die stickstofffreien Substanzen als Quelle der Muskelarbeit angesehen werden können, ist erst durch einen allbekannten Versuch von Pflüger entkräftet worden. Pflüger hatte einen Hund Monate hindurch mit Fleisch ernährt, welches möglichst arm an Fett und Glykogen war. Von Zeit zu Zeit mußte das Tier anstrengende Arbeit leisten und da hierbei die Stickstoffausscheidung jedesmal stark zunahm, war es erwiesen, daß in diesem Falle das Eiweiß die umzuwandelnde chemische Energie geliefert hatte.

Auf Grund des vorangehend Angeführten läßt sich mit Wahrscheinlichkeit sagen, daß sowohl Eiweiß als auch Kohlenhydrat oder Fett als Quelle der Muskelarbeit dienen können, und daß es hauptsächlich von dem Mengenverhältnis der zu Gebote stehenden Nährstoffe abhängt, welcher derselben vom Muskel in Anspruch genommen wird; am leichtesten kann er allerdings die chemische Energie der Kohlenhydrate umsetzen und wird zum Eiweiß nur dann greifen, wenn Kohlenhydrate und Fett fehlen.

Bezüglich der Umsätze, die in dem in Aktion befindlichen Muskel vor sich gehen, ist man neuestens zu Anschauungen gekommen, die von den älteren wesentlich abweichen. Nach dieser Anschauung soll die Muskelkontraktion aus zwei Phasen bestehen: In der ersten Phase, wo Arbeit geleistet wird, entsteht aus Glykogen bezw. aus d-Glucose — vielleicht über eine derzeit noch unbekannte, als Lactacidogen bezeichnete Zwischenstufe — Milchsäure, jedoch einfach durch Spaltung und jedenfalls ohne Sauerstoffverbrauch, wobei chemische Energie teils in Wärme, teils in mechanische Arbeit umgewandelt wird. Letztere wird als eine durch die Säure gesetzte Quellungserscheinung aufgefaßt. In einer zweiten Phase, die der Restitution, Erholung des Muskels gewidmet ist, kommt es zur Rückbildung des größeren Anteiles der Milchsäure in das oben erwähnte hypothetische Lactacidogen, und erst in diesem Stadium findet starker Sauerstoffverbrauch statt. Dieser zweite Abschnitt der Muskelaktion ist es demnach, in der Sauerstoff verbraucht bezw. Kohlensäure produziert wird.

Sachverzeichnis.

Die konstitutionelle Disposition zu inneren Krankheiten.
Von Dr. **Julius Bauer**, Wien. Z w e i t e, vermehrte und verbesserte Auflage. Mit 63 Textabbildungen. 1921.

Preis M. 88.—; gebunden M. 104.—

Vorlesungen über allgemeine Konstitutions- und Vererbungslehre. Für Studierende und Ärzte. Von Dr. **Julius Bauer**, Privatdozent für innere Medizin an der Wiener Universität. Mit 47 Textabbildungen. 1921.

Preis M. 36.—

Lehrbuch der Differentialdiagnose innerer Krankheiten.
Von Geh. Med.-Rat Prof. Dr. **M. Matthes**, Direktor der Medizinischen Universitätsklinik in Königsberg i. Pr. D r i t t e, durchgesehene und vermehrte Auflage. Mit etwa 110 Textabbildungen.

Erscheint im Frühjahr 1922

Diagnostik der chirurgischen Nierenerkrankungen. Von Prof.
Dr. **Wilhelm Baetzner**, Privatdozent, Assistent der Chirurgischen Universitäts-Klinik in Berlin. Praktisches Handbuch zum Gebrauch von Chirurgen und Urologen, Ärzte und Studierende. Mit 263 größtenteils farbigen Textabbildungen. 1921. Preis M. 240.—; gebunden M. 256.—

Grundriß der gesamten Chirurgie. Ein Taschenbuch für Studierende
und Ärzte. (Allgemeine Chirurgie. Spezielle Chirurgie. Frakturen und Luxationen. Verbandlehre. Operationskurs.) Von Prof. Dr. **Erich Sonntag**, Assistent an der Chirurgischen Universitätsklinik zu Leipzig. 1920.

Gebunden Preis M. 38.—

Die Knochenbrüche und ihre Behandlung. Ein Lehrbuch für
Studierende und Ärzte. Von Privatdozent Dr. med. **Hermann Matti**, Bern.
E r s t e r B a n d: Die allgemeine Lehre von den Knochenbrüchen und ihrer Behandlung. Mit 420 Textabbildungen. 1918.

Preis M. 25.—; gebunden M. 29.60
Z w e i t e r B a n d: Die spezielle Lehre von den Knochenbrüchen und ihrer Behandlung einschließlich komplizierende Verletzungen des Gehirns und Rückenmarks. Mit etwa 1000 Textabbildungen und 4 Tafeln.

Unter der Presse

Anatomie des Menschen. Ein Lehrbuch für Studierende und Ärzte.
In drei Bänden. Von Professor **Hermann Braus**, Direktor der Anatomie in Heidelberg.
E r s t e r B a n d: **Bewegungsapparat.** Mit 400 zum großen Teil farbigen Abbildungen. 1921. Gebunden Preis M. 96.—
Z w e i t e r u. d r i t t e r B a n d werden 1922 erscheinen.

M. Runges Lehrbücher der Geburtshilfe und Gynäkologie.
Fortgeführt von **R. Th. von Jaschke** und **O. Pankow**.
Lehrbuch der Geburtshilfe. N e u n t e Auflage. Mit 476, darunter zahlreichen mehrfarbigen Figuren im Text. 1920. Gebunden Preis M. 78.—
Lehrbuch der Gynäkologie. S e c h s t e Auflage. Mit 317, darunter zahlreichen farbigen Figuren im Text. 1921. Gebunden Preis M. 84.—

Einführung in die gynäkologische Diagnostik. Von Prof. Dr. Wilhelm Weibel, Wien. Zweite, neu bearbeitete Auflage. Mit 144 Textabbildungen. 1921. Preis M. 27.—

Kompendium der Frauenkrankheiten. Ein kurzes Lehrbuch für Ärzte und Studierende. Von Dr. med. Hans Meyer-Rüegg, Professor der Geburtshilfe und Gynäkologie an der Universität Zürich. Vierte, umgearbeitete Auflage. Mit 163 teils farbigen Figuren. 1921. Gebunden Preis M. 28.—

Lehrbuch der Säuglingskrankheiten. Von Prof. Dr. H. Finkelstein in Berlin. Zweite, vollständig umgearbeitete Auflage. Mit 174 zum Teil farbigen Textabbildungen. 1921. Preis M. 140.—; gebunden M. 160.—

Prophylaxe und Therapie der Kinderkrankheiten mit besonderer Berücksichtigung der Ernährung, Pflege und Erziehung des gesunden und kranken Kindes nebst therapeutischer Technik, Arzneimittellehre und Heilstättenverzeichnis. Von Professor Dr. F. Göppert, Direktor der Universitäts-Kinderklinik zu Göttingen, und Professor Dr. L. Langstein, Direktor des Kaiserin Auguste Viktoria-Hauses, Berlin. Mit 37 Textabbildungen. 1920. Preis M. 36.—; gebunden M. 42.—

Grundriß der Augenheilkunde für Studierende. Von Geh. Medizinalrat Professor Dr. F. Schieck, Direktor der Universitäts-Augenklinik in Halle a. S. Zweite, verbesserte Auflage. Mit 110 zum Teil farbigen Textabbildungen. 1921. Gebunden Preis M. 25.—

Der Augenhintergrund bei Allgemeinerkrankungen. Ein Leitfaden für Ärzte und Studierende von Dr. med. H. Köllner, a. o. Professor an der Universität Würzburg. Mit 47 großenteils farbigen Textabbildungen. 1920. Preis M. 38.—; gebunden M. 44.—

Lehrbuch der Psychiatrie. Von Dr. E. Bleuler, o. Professor der Psychiatrie an der Universität Zürich. Mit 51 Textabbildungen. Dritte Auflage. 1920. Preis M. 36.—; gebunden M. 44.—

Allgemeine Psychopathologie für Studierende, Ärzte und Psychologen. Von Dr. med. Karl Jaspers, a. o. Professor der Philosophie an der Universität Heidelberg. Zweite, neubearbeitete Auflage. 1920. Preis M. 28.—

Rezeptur für Studierende und Ärzte. Von Dr. John Grönberg, Oberarzt und Apotheker. Mit einem Geleitwort von Dr. R. Heinz, Professor für Pharmakologie an der Universität Erlangen. Zweite, vermehrte und verbesserte Auflage. Mit 18 Textfiguren. 1920. Preis M. 14.—

Einführung in die experimentelle Therapie. Von Professor Dr. Martin Jacoby. Zweite, neubearbeitete Auflage. Mit 12 Textabbildungen. 1919. Preis M. 22.—

Berichtigung.

Auf Seite 2 soll es in der 11., 17., 18., 22., 33.,
36., 37. Zeile überall Λ statt $\varDelta$ heißen.

Hári, Physiologische Chemie, 2. Aufl.